本书为国家社科基金项目（14BZS082）
"古代丝绸之路与华夏饮食文明对外传播网络研究"
资助成果

SILU SHANG DE
HUAXIA YINSHI WENMING
DUIWAI CHUANBO

丝路上的
华夏饮食文明
对外传播

杜莉 刘彤 王胜鹏 张茜 刘军丽/著

人民出版社

责任编辑：翟金明
封面设计：石笑梦

图书在版编目（CIP）数据

丝路上的华夏饮食文明对外传播／杜莉 等 著 . — 北京：人民出版社，
　2019.12
ISBN 978－7－01－021142－8

I.①丝… II.①杜… III.①丝绸之路－饮食－文化－传播－中国
　IV.① TS971.2

中国版本图书馆 CIP 数据核字（2019）第 173122 号

丝路上的华夏饮食文明对外传播
SILU SHANG DE HUAXIA YINSHI WENMING DUIWAI CHUANBO

杜 莉　刘 彤　王胜鹏　张 茜　刘军丽　著

人 民 出 版 社 出版发行
（100706　北京市东城区隆福寺街 99 号）

中煤（北京）印务有限公司印刷　新华书店经销

2019 年 12 月第 1 版　2019 年 12 月北京第 1 次印刷
开本：710 毫米 ×1000 毫米 1/16　印张：31.75
字数：519 千字

ISBN 978－7－01－021142－8　定价：88.00 元

邮购地址 100706　北京市东城区隆福寺街 99 号
人民东方图书销售中心　电话（010）65250042　65289539

序　一

　　"丝绸之路"一词，最早是由德国地理学家、地质学家李希霍芬于 1877 年提出的，特指公元前 128 年到公元 150 年间从中国汉王朝通往中亚地区的贸易通道。1910 年，德国历史学家赫尔曼在《中国和叙利亚之间的古丝绸之路》一书中将从中国出发的丝绸之路线路延伸到地中海东岸和小亚细亚，认为"丝绸之路"是中国古代经陆路由中亚通往南亚、西亚以及欧洲的贸易交往通道，因在这条路线上运送的大宗物品为中国丝绸而得名。1936 年，李希霍芬的学生斯文·赫定出版《丝绸之路》一书，认为丝绸之路是"连结地球上存在过的各民族和旧大陆的最重要的纽带"，大大扩展了丝绸之路概念的内涵和空间范围。此后，"丝绸之路"的内涵得到不断丰富和进一步深化，对"丝绸之路"线路的认识也从单线扩展到多线，并且确认了"海上丝绸之路""南方丝绸之路"和"草原丝绸之路"等多条线路的存在。2013 年 9 月和 10 月，国家主席习近平分别提出建设"新丝绸之路经济带"和"21 世纪海上丝绸之路"的合作倡议，赋予丝绸之路在新时代的历史使命。

　　文化交流从来都不是单向的，而是在互动、互鉴和互融的过程中向前发展的。互动、互鉴和互融是人类文化的基本要素，也是推动人类文化不断发展的重要因素。正是因为人类文化的互动、互鉴和互融，才使得世界文明有了丰富多彩的内容，构成了世界文明的绚丽图景。人类文化通过各种方式和途径相互联系，在不同地区之间形成各种各样的交通道路，通过这些交通道路，人类文化的互动、互鉴和互融得以波澜壮阔地展开并取得无数重要成果。

　　丝绸之路在人类文化的相互交往中占有重要地位，它在中国与世界文化的交往中扮演着重要角色，是中国与世界相互联系的重要纽带。丝绸之路不仅仅是中国与世界各国进行贸易的商路，更是中国与世界文明交流互动的重要载体。就饮食文化而言，丝绸之路上中外饮食文化交流、互动和互融的内容十分丰富多彩，这一方面体现为异域饮食文明的传入，如张骞出使西域带回石榴等农作物,青花瓷器中的阿拉伯元素和玉米、马铃薯等美洲作物传入中国等,对异域文明的兼收并蓄丰富了中华文明,并促进了中华文明的不断进步与发展。另一方面,更体现为中华饮食文明的对外传播,如中国茶叶和瓷器传入西方,为西方人所接受、珍爱,推动了英国茶文化的兴起;中国筷子在东亚、东南亚国家的传播,为当地所接受并广泛使用;等等,如此例子不胜枚举。可见,饮食文化在丝绸之路中外文明的交流中扮演了重要角色。可以毫不夸张地说,饮食文化的交流是带动东西方丝绸之路沿线地区文明多元互动和互融的重要因素之一,而饮食文化交流所产生的广泛而深刻的成果是其他方面的交流所不能替代的。因此,在丝绸之路的研究中,中外饮食文化的交流和互动无疑是值得学术界关注的重要课题,无论是异域饮食文化的传入还是中华饮食文明的对外传播都值得进行深入研究与探索。

应当指出的是,长期以来,饮食文化在丝绸之路的研究中较少得到关注,在有关中外饮食文化交流的不多成果中,学术界关注的也主要是从外域传入的饮食文化,而对华夏饮食文明传至域外的研究则相对较少,这无疑是丝绸之路研究中的一大缺憾。四川旅游学院杜莉教授主持的国家社会科学基金项目《古代丝绸之路与华夏饮食文明对外传播网络研究》,对中华饮食文明的对外传播进行了深入全面的研究,填补了这一缺憾。本书即是该项目的最终成果。

这部著作将古代华夏饮食文明对外传播的历史,从时间上划分为先秦至汉魏南北朝、隋唐、宋元和明清等四个历史时期,分别标志着华夏饮食文明对外传播的形成发展期、鼎盛期、复兴期和衰落期,而这四个时期的相继变迁是由华夏饮食文明传播的历史背景、传播内容和方式等所决定的。在空间方面,本书对华夏饮食文明在西北丝绸之路、海上丝绸之路和南方丝绸之路等三条线路上的对外传播和变迁进行了详细的分区和分期研究,涉及的空间范围包括了东亚、东南亚、南亚、中亚、西亚以及欧洲、北非、北美等地区,可以说十分广阔。在内容方面,本书对不同时期丝绸之路中华饮食文化对外传播的途径、内容、区域以至传播者进行了详细考察,并列出一览表给予清楚说明,较为全面系统地归纳和总结了从先秦到明清时期丝绸之路上华夏饮食文明传播的特点与规律,以及华夏饮食文明对外传播的多重价值。作者在实证研究的基础上,还进一步提炼出古代丝绸之路华夏饮食文化对外传播的历史作用和意义,有着重要的参考价值。

　　总的说来，本书在很大程度上弥补了丝绸之路史、饮食史、中外文化交流史等领域的缺憾，同时对当今中华文化对外传播以及中外文化交流互动也有着重要的借鉴作用。相信本书的出版，会引起中外饮食文化界和社会各界的广泛关注。

段　渝

2019 年 5 月于四川省社会科学院

序　二

"夫礼之初，始诸饮食。"的确，人类文明起源于饮食。饮食是人类生存和发展的基本物质条件。吃什么？怎么吃？这些基本问题是人类物质文明和精神文明的重要方面，它既反映了一个时代的生产力水平，也反映了与之相适应的道德思想和礼仪习俗。灿烂的华夏饮食文明和博大精深的华夏饮食文化是中华文明和中华文化的重要组成部分，系统深入地研究古代丝绸之路与华夏饮食文明对外传播具有重要理论和现实意义。

首先，它进一步拓展了"一带一路"的研究领域。习近平主席提出的"一带一路"倡议既包含经济和社会层面，又包含文明对话和文化交流层面，在文化与文明的交融、包容中促进各国经济发展和社会进步。在此之前，"丝绸之路"的研究已经较为丰富，但极少从饮食文明交流的角度进行研究。而饮食文明是人类文明的重要组成部分，丝绸之路上的饮食文明交流促进了各国经济发展和社会进步，它是丝路研究领域的一个重要部分，值得进行系统深入地研究。

其次，它对我们增强文化自信有重要作用。文化自觉、文化自信的坚实根基源于华夏文明和中华优秀传统文化，数千年积累的华夏饮食文明就是其中之一。通过挖掘整理和归纳总结古代丝绸之路上的华夏饮食文明，我们将倍受鼓舞和激励，我们的文化自觉和文化自信也会得到增强。

最后，研究古代丝绸之路华夏饮食文明的对外传播方式、传播规律，对身处网络和信息时代的我们有重要的现实意义。我们可借鉴古人的智慧，并与时俱进，进一步丰富和完善中华饮食文明对外传播的方式与方法，让更多的国家分享中华饮食文明，促进各国文明对话和文化交流与传播，从而提升我国在世界上的文化软实力和影响力。

让世界共享中华文明，饮食文明。

是为序。

卢　一

2019 年 3 月于蓉城廊桥南岸小鲜书屋

目　　录

序　一 ………………………………………………………………001

序　二 ………………………………………………………………004

绪　论 ………………………………………………………………001

一、"丝绸之路"的概念及内涵 ……………………………001

二、华夏饮食文明的含义及特点 …………………………003

三、研究范围与研究状况 …………………………………007

四、研究方法及价值、意义 ………………………………030

第一章　西北丝绸之路与华夏饮食文明对外传播 ………………034

第一节　先秦至汉魏晋南北朝时期：形成发展期 ………037

一、商周先民与粟、黍、稻向西传播 ……………………046

二、大月氏西迁阿姆河与华夏农业生产技术的传播 ……048

三、张骞"凿空西域"与桃、杏、梨等水果及家畜的西传 …050

四、汉朝轮台等地屯田戍边与食物原料及生产技术的传播 …053

五、汉朝与西域等的朝贡贸易和漆器向西传播 …………057

六、楼兰、精绝、高昌等的兴盛与筷、甑的传播 ………059

七、汉朝公主和亲乌孙、龟兹与华夏饮食礼俗西传 ……061

八、高昌地区的汉族移民与华夏饮食思想的传播 ………063

第二节　隋唐时期：鼎盛期 ………………………………064

一、河西、高昌移民屯田与稻作在西域的传播 …………071

二、波斯商人的丝路贸易与生姜西传 ……………………073

三、粟特、回鹘商人的丝路贸易与茶叶西传 ……………074

四、安西都护府的设立与食物原料及其生产技术西传........................077

五、唐朝与突厥的和亲、通婚及食物原料生产技术的传播...........079

六、呼罗珊大道的商贸活动与饮食用瓷器的西传........................080

七、中原汉人移民高昌等地与面食制作技艺的传播........................082

八、敦煌文书与药食同源的华夏饮食养生思想传播........................086

九、人员往来与华夏节日习俗在西域的传播........................087

第三节　宋元时期：由渐衰至短暂复兴期........................089

一、党项羌人的崛起与食物原料及生产技术的传播........................097

二、耶律大石创建"西辽"与食物原料及生产技术在中亚的传播...........098

三、回回商人的贸易活动与瓷器在伊利汗国的传播...........100

四、《马可波罗行纪》与华夏饮食品及制作技术在欧洲的传播...........102

五、忽思慧《饮膳正要》与食治养生思想在伊利汗国的传播...........105

六、《马可波罗行纪》对元朝饮食礼俗与思想的记录与传播...........107

第四节　明清时期：日渐衰落期........................109

一、陕西商帮的贸易活动与茶在中亚、西亚的兴盛........................116

二、中亚"东干人"与水稻、蔬果及种植技术在中亚的传播...........120

三、明朝与帖木儿的贡赐贸易及瓷器在中亚、西亚的深入传播...........122

四、"东干人"在中亚与华夏饮食品及制作技术的传播...........125

五、"东干人"与华夏饮食礼仪在中亚的传播........................126

第二章　海上丝绸之路与华夏饮食文明对外传播........................129

第一节　先秦至汉魏南北朝时期：形成期........................131

一、箕子入朝鲜与井田制农业生产技术的传播........................138

二、徐福东渡日本与水稻等食物原料及其生产技术的传播...........139

三、中国先民迁移东南亚与黍粟稻及其生产技术的传播...........142

四、卫满朝鲜和武帝置郡与饮食用漆器及其制作技术传入朝鲜...........144

五、使节互访、归化人与饮食器具及其制作技术传入日本...........145

六、汉武帝遣使"黄支国"与早期餐饮器具传播...........147

七、箕子朝鲜时饮食礼仪与习俗的传播........................149

八、儒学传入朝鲜"三国"与儒学典籍包括涉及饮食的典籍传播...........150

九、儒学博士赴日与儒学典籍包括涉及饮食的典籍传入日本...........152

第二节　隋唐时期：发展期 153

　　一、新罗僧侣、遣唐使与茶在朝鲜半岛的传播 161

　　二、日本学问僧最澄、永忠等与茶的传播 163

　　三、人员往来交流与食物原料的传日 165

　　四、日本遣唐使朝贡贸易与陶瓷器传播 167

　　五、唐、罗私商民间贸易与瓷器传播 169

　　六、"市舶使"的初设与饮食器具在东南亚、阿拉伯等地的传播 173

　　七、鉴真东渡与素食及其制作技艺传播 176

　　八、"食经"传入日本与饮食品及其制作技艺传播 181

　　九、隋朝使节互访与箸食、宴会礼俗的传日 185

　　十、吉备真备与饮食制度及礼仪的传日 188

　　十一、苏莱曼赴唐与华夏饮食习俗在阿拉伯地区的传播 194

第三节　宋元时期：兴盛期 195

　　一、日僧荣西与中国茶的再传 207

　　二、宋朝与高丽朝贡贸易及龙凤团茶和腊茶传播 210

　　三、东南亚华侨与华夏食物原料及其制作技术的传播 212

　　四、宋朝与日本的贸易以及陶瓷饮食器东传 216

　　五、加藤四郎"濑户烧"与中国瓷器制作技艺东传 219

　　六、宋朝与高丽的贸易及中国瓷器传入高丽 222

　　七、蒲寿庚与宋元瓷器的外销 225

　　八、汪大渊著述与中国炊餐器具在亚非地区的传播 228

　　九、日本僧人圆尔辨圆与面条 232

　　十、日本僧人道元与寺院素食传播 234

　　十一、林净因与馒头传日 236

　　十二、高丽汉语教材与中国饮食品传播 239

　　十三、径山茶宴与宋朝饮茶习俗传日 241

　　十四、程朱理学传入高丽与儒家饮食礼仪传播 244

　　十五、中外使臣、传教士、旅行家

　　　　　与中国饮食习俗在欧亚非的传播 247

第四节　明清时期：由盛转衰期 249

　　一、长崎贸易与蔗糖等食物原料输入日本 257

二、华人移民入印尼与蔗糖及其制作技术的传播 260

三、商贸、人员往来与茶及其栽制技术
在东南亚、南亚等地传播 263

四、闽粤移民"下南洋"与食物原料及种植养殖技术的传播 267

五、卜弥格等传教士与食物原料及其种植技术在欧洲的传播 276

六、郑和下西洋与明代饮食瓷器及其制作技术的传播 280

七、东印度公司瓷器贸易与明清瓷器传入欧洲 288

八、殷弘绪与中国瓷器制作技术传入欧洲 292

九、江户时代"食经"传日与馔肴及其制法传播 295

十、中国书籍传入朝鲜与馔肴及其制法传播 299

十一、东南亚语言中的汉语借词与中国饮食品的传播 302

十二、日本中华街与饮食习俗传日及中餐馆创办 305

十三、移民入朝与饮食习俗传朝及中餐馆创办 311

十四、东印度公司茶叶贸易与饮茶之风在欧洲的盛行 315

十五、华人移民欧美与中餐馆的创办 322

第三章　南方丝绸之路与华夏饮食文明对外传播 328
　第一节　先秦至汉魏南北朝时期：形成期 331
　　一、古蜀人南迁与稻等食物原料向南传播 339

　　二、蜀商贸易与盐的向南传播 341

　　三、僧人与茶的南传 344

　　四、蜀滇移民和商贸活动与青铜器及制作技术在越南等地传播 345

　　五、移民、商贸活动与铁器及其制作技术的传播 347

　　六、移民、商贸活动与陶器、漆器及制作技艺的南传 351

　　七、蜀商贸易与蒟酱的南传 352

　　八、秦汉时人口迁移和粽子等糯米食品在东南亚的传播 354

　第二节　隋唐时期：发展期 355
　　一、南诏的井盐生产及贸易与食盐在缅甸等的传播 361

　　二、移民与粮食作物及其生产技术的南传 364

　　三、民间贸易与邛窑瓷器的南传 367

　　四、朝贡贸易与瓷器的传播 371

　　五、南诏子弟入唐学习与儒家饮食思想及礼仪的传播·····················372

　　六、使节往来与唐朝宫廷饮食礼俗的对外展示及传播·····················373

　第三节　宋元时期：巩固期··375

　　一、人口迁移、往来与食物原料生产技术在缅甸和印度的传播········381

　　二、茶马贸易与茶叶、食盐等在大理国、交趾等的传播················384

　　三、民间贸易与茶叶在印度及缅甸的传播·····································386

　　四、民间贸易与邛窑瓷器等的南传··390

　　五、中缅贸易、人员往来与漆器及制作技术在缅甸的传播············392

　　六、汉文典籍与饮食礼仪、习俗及思想的南传······························393

　　七、南方移民外迁与泰—傣人饮食民间信仰的形成·······················395

　第四节　明清时期：由盛转衰期···397

　　一、中外商人贸易与食盐在东南亚、南亚等国的传播···················405

　　二、滇商与茶叶在东南亚的传播··407

　　三、滇商与蔬果、蜜饯及禽畜、杂粮等

　　　　食物原料输入缅甸、越南···413

　　四、移民入缅及其在缅甸的食物原料生产与贸易··························416

　　五、人员、贸易往来与青花瓷器及制作技术

　　　　在越南的传播、影响···421

　　六、鹤庆与云南餐饮器具在缅甸的传播·······································424

　　七、滇商与云南火腿等肉制品在缅甸等国的传播··························426

　　八、移民入越南与米粉在越南的传播···427

　　九、移民入缅与缅甸中餐馆及中餐厨师的出现······························428

　　十、缅甸"汉人街"、寺庙、会馆与华夏饮食习俗

　　　　在缅甸的传播···431

第四章　丝路上华夏饮食文明对外传播特点与价值··························436

　第一节　传播特点及规律···436

　　一、先秦汉魏晋南北朝时期··436

　　二、隋唐时期··444

　　三、宋元时期··452

　　四、明清时期··460

　　五、总体规律 468
　第二节　价值及启示 472
　　一、古代丝绸之路上华夏饮食文明对外传播的价值 472
　　二、对当代"一带一路"华夏饮食文明对外传播的启示 477

主要参考文献 484
后　　记 495

绪　　论

自人类文明诞生以来，不同地域、民族、国家间就开始了文化交流、冲突与融合，人类文明史也是一部文化交流史。文化交流是推动人类文化发展的重要动力。各民族文化的发展离不开自身的创新、进取，同时也需要并且接受着外来文化的补充和刺激。世界上任何一个国家都不是孤立的，必然与其他国家发生各种文化联系，共生共存。恰如古语所说："国于大地，必有与立。"华夏文明在漫长的历史发展过程中，也通过多种途径与世界上许多国家建立了联系，实现了文明的互动与交流，一方面不断吸收借鉴外部优秀文化元素，丰富发展了自身，另一方面也将文明精华传播至海外，对世界文明作出了重大贡献。其中，"丝绸之路"是最为重要的途径之一。它被人们看作是东西方政治、经济、文化交流的桥梁，成了中外文明交流的代名词。

一、"丝绸之路"的概念及内涵

"丝绸之路"一词，最早是由德国地质学家李希霍芬于 1877 年提出的。他在《中国亲程旅行记》一书中首次将中国经中亚到两河流域和印度之间的交通路线称为"丝绸之路"。20 世纪初，德国历史学家赫尔曼在《中国和叙利亚之间的古丝绸之路》一书中根据考古的新发现，进一步把丝绸之路延伸到地中海西岸和小亚细亚，并确定了"丝绸之路"是中国古代经由中亚通往南亚、西亚以及欧洲的陆上贸易交往的重要通道，因在这条路线上运送的大宗物品为中国丝绸而得名。其后，随着各国学者纷纷进行不断深入的研究，"丝绸之路"概念的内涵得到不断丰富和深化，学者们认为它不只是单纯的商贸大通道，还是文化交流大通道。正如我国著名学者季羡林所说："横亘欧亚大陆的'丝绸之路'，稍有历史知识的人没有不知道的。它实际上是在极其漫长的历史时期东西文化交流的大动脉，对沿途各国、对我们中国，在政治、经济、文化、艺术、宗教、哲学等方面影响既广且深。"① 不仅如此，"丝绸之路"的概念在空间范围上也不断扩大，逐渐出现"海上丝绸之路""南方丝绸之路""草原丝绸之路"等多种说法。

1913 年，法国汉学家沙畹首先提出"海上丝绸之路"的概念，其《西突厥史料》言："丝路有陆、海两道。北道出康居，南道为通印度诸港之海道。"② 至 20 世纪 30 年代，我国学者冯承钧先生就提出南海海路交通比西域陆路交通还要早的观点。1967 年，日本学者三杉隆敏的《探索海上丝绸之路》一书正式使用"海上丝绸之路"这一名称。后来，逐渐被学术界普遍接受并有所扩大。对于"南方丝绸之路"的关注是从 20 世纪初开始的。最早注意到这条路线的是法国汉学家伯希和，他认为公元前 2 世纪之前，"中国和印度已由缅甸一道发生贸易关系"。关于这条道路的名称，最早用"西南丝绸之路"称呼的是陈炎；任乃强于 20 世纪 80 年代提出中国西南通印度、阿富汗的道路应称为"蜀布之路"，认为其年代远远早于西北丝绸之路；徐治则称其为"南方陆上丝绸之路"。后来，成都三星堆遗址竖起"古代南方丝绸之路 0 公里"碑，基本定其名为"南方丝绸之路"。由此，"丝绸之路"的概念有了狭义和广义之分。其中，狭义的"丝绸之路"主要指起于中国西北、横贯欧亚，以丝绸贸易为主要媒介的陆上重要通道，又称"西北丝绸之路"或"北方丝绸之路"。广义的"丝绸之路"则是指起于中国、连接东西之间商贸往来和文明交流的多条重要通道，除了西北丝绸之路，还有海上丝绸之路、南方丝绸之路、草原丝绸之路、高原丝绸之路等。其中，海上丝绸之路主要指起于中国沿海港口经东海、黄海、南海及印度洋等到达东亚其他地区和东南亚、南亚、西亚及欧洲、非洲等地进行贸易交往与文化交流的海上重要通道。南方丝绸之路主要指起于中国西南，通往东南亚和南亚等地进行贸易交往与文化交流的陆上重要通道，又称"西南丝绸之路"。而每条丝绸之路既有主要的干线，也有一些重要的支线，由此形成了一个极大的交通、贸易和文明交流的跨地域、跨国家的国际网络。当前，随着"一带一路"倡议的提出，"丝绸之路"也进入了"4.0 时代"③，"丝绸之路"的概念已经发展成为中外文化交流（或称中西文化交流）的代称，不再是指代

---

① 季羡林：《丝绸之路贸易史研究·序》，甘肃人民出版社 1991 年版。
② 冯承钧译：《西突厥史料》，中华书局 1958 年版，第 167 页。
③ 张海鹏：《为"一带一路"国家战略提供历史依据》，载《"天府之国与丝绸之路"学术会议论文集》，2017 年 4 月 8 日。

某一确切时期、某条具体的道路，而是指代起于中国的东方与西方、中国与外域交流的交通网络及其主要干线。①

二、华夏饮食文明的含义及特点

（一）华夏与华夏文明

"华夏"，也称"夏""诸夏""华""诸华"。"华""夏"两字在上古同音，相互通用。《尚书·武成》言："华夏蛮貊，罔不率俾。"《春秋左传正义》有"裔不谋夏，夷不乱华"一语，华、夏同义反复，华即是夏。大约从春秋时代起，中国古籍上开始将"华"与"夏"连用。孔颖达疏言："中国有礼仪之大，故称夏；有服章之美，谓之华。"②意即因中国是礼仪之邦，故称"夏"，"夏"有高雅之意；中国人的服饰很美，故作"华"。"华夏"合起来就代表了中国是一个有高度文明和发达文化的泱泱大国，久而久之则成为中国的代名词。有一种说法称，古代汉族往海外移民时自称华夏人，由此产生"华人"一词。"华人"最初主要指汉族，但随着华夏文明扩展到全国各地，"华人"的概念和内涵逐渐扩展，也包括了中华大地上的少数民族，成为全体中华民族的代称。因此，"华夏文明"是指华夏民族在长期历史实践过程中创造和积累的文明。它是世界上最古老的文明之一，也是世界上持续时间最长的文明，内涵十分丰富。而华夏饮食文明是其中的重要组成部分，也是华夏文明对外传播交流最具代表性的载体。

（二）华夏饮食文明

1. 文明与文化的含义及关系

文化与文明是两个相互关联、又有所区别的概念。一般来说，文明是指人类在一定发展阶段所形成的历史形态，包括了文化的基本构成。而文化是一定阶段文明的具体存在模式，是文明形态的实践方式。可以说，文化是具体的、感性的实践行为和意识形态，文明是概括的、总体的、历史的形态。③文明是文化的内在价值，文化是文明的外在形式，二者相互依存、相互促进、密不可分，文明所具有的内在价值必须通过文化的外在形式体现出来，而文化的外在

---

① 霍巍：《"高原丝绸之路"的形成、发展及其历史意义》，《社会科学家》2017 年第 11 期。
② 《春秋左传正义》卷 56 定公十年，中华书局 2009 年版，第 4664 页。
③ 林坚：《文化学研究引论》，中国文史出版社 2014 年版，第 66 页。

形式之中又总会包含着文明的内在价值。①

2.饮食文明与饮食文化

所谓饮食文明，从历史的、整体的角度来看，是人类社会发展过程中与饮食相关的一切进步成果的统称。《礼记·礼运》中有云：“夫礼之初，始诸饮食。”②饮食是人类赖以生存的最基本条件，也是礼仪道德的重要基础。由吃什么、怎么吃形成的饮食文明内涵丰富，是人类物质文明和精神文明的有机组合。而饮食文化，从广义上讲，指的是人们在长期的饮食品生产与消费实践过程中所创造并积累的物质财富和精神财富的总和，主要构成要素包括食物原料及生产技术、饮食器具及其制作技术、饮食品及其制作技术、饮食习俗与礼仪、饮食典籍与思想、餐饮店铺等多个方面。从文明与文化的关系来看，饮食文明是饮食文化的内在价值、需要通过饮食文化得以体现，而饮食文化则是饮食文明的外在形式，二者之间相互依存、相互促进，有着密不可分的关系。在古代发达的华夏文明中，华夏饮食文明一直处于世界领先地位，成为丝绸之路传播历史过程中的主要内容，不仅充当着华夏文明的醒目符号与标志，还成为世界许多地区文明发展的重要基因，为人类文明作出了独特贡献。

3.华夏饮食文明的特点

中国历来非常重视饮食，“民以食为天”的思想根深蒂固，通过历代人们的不懈努力，创造出了光辉灿烂而又特色鲜明的华夏饮食文明，其特点主要表现在6个方面：

（1）烹饪历史悠久

中国烹饪历史起源于早期的用火熟食，历经了新石器时代的孕育萌芽时期、夏商周的初步形成时期、秦汉至唐宋的蓬勃发展时期，到明清时期逐渐成熟、定型，然后进入近现代繁荣创新时期。而在每个时期，中国的烹饪与饮食不论是在物质上还是在精神上，尤其是在食物原料、炊餐器具、烹饪技法、饮食品种、饮食礼俗、饮食著述、饮食思想等方面都有独特之处，并对世界尤其是周边国家的烹饪与饮食产生了一定影响。

（2）烹饪技艺精湛

先秦时期，孔子就提出了“食不厌精，脍不厌细”的主张。此后，中国

---

① 陈炎：《“文明”与“文化”》，《学术月刊》2002 年第 2 期。
② 《礼记正义》卷 21《礼运》，中华书局 2009 年版，第 3065 页。

人在饮食的制作上十分注重精益求精、追求完美，无论菜点烹制还是茶酒制作都表现出精湛技艺。仅以菜点烹制技艺为例，在原料使用上讲究用料广博、物尽其用，注重辨证施食和荤素搭配、性味搭配、时序搭配；在刀工上讲究切割精工、刀法多样，常常是基本刀法与混合刀法并用，切割而成的原料形态多为丝、丁、片、条等小巧型，有利于满足快速成菜和造型美化等需要；在加热制熟上讲究用火精妙、烹法多样，擅长以液体为介质传热的烹饪方法，如炒、爆、蒸、炖、焖等；在调味上讲究精巧与多变，十分重视加热过程中的调味，特别强调味型的丰富与层次；在菜点的造型与美化上十分强调意境美，装盘讲究繁复、秀丽，常常刻意通过细致入微的拼摆、雕刻装饰点缀菜品，并且非常重视美食与美名、美食与美器、美食与美境的配合，以此达到美学上的享受。

（3）饮食科学独特

中国的饮食科学内容比较丰富，其核心是独特的饮食思想以及受其影响形成的食物结构。在饮食思想上，由于中国古代哲学讲究气与有无相生，在文化精神上形成了天人合一、强调整体功能、注重模糊等特色，使得中国人在饮食烹饪科学上产生了独特的观念，即天人相应的生态观念、食治养生的营养观念与五味调和的美食观念，强调饮食与自然的和谐统一、食用养生与审美欣赏的和谐统一，讲究饮食品的色、香、味、形、器与养的协调之美，既满足人的生理需求、也满足人的心理需求。从这些饮食思想出发，中国人选择了"五谷为养，五果为助，五畜为益，五菜为充"的食物结构，即以素食为主、肉食为辅。长期的历史实践证明，这个结构是比较科学与合理的，有益于人体健康。

（4）饮食品种丰富

中国地大物博，在悠久的烹饪历史发展过程中，人们凭借丰富的物产和精湛的烹饪技艺，创造了数以万计的馔肴和饮品。在馔肴方面，许多菜点是在不同社会背景中孕育出来的，如果从馔肴的产生历史和饮食对象等角度看，可以分为民间菜、宫廷菜、官府菜、寺观菜、民族菜、市肆菜等不同类别。如果从地域来看，则可分为众多的地方风味流派，最著名和最具代表性的是四川菜、山东菜、江苏菜、广东菜、北京菜和上海菜等。这些著名的地方风味菜大都有各自独特的发展历史、精湛的烹饪技艺。而其他的地方风味流派，如福建菜、安徽菜、湖南菜、东北菜、陕西菜等，也有各自浓郁的地方特色和艺术风格。在饮品方面，中国茶叶品类繁多，仅根据制造方法和品质差异，就分为绿茶、红茶、乌龙茶、白茶、黄茶和黑茶 6 大类，每一类都有许多著名品种；中国的酒，按照日常生活习惯则分为白酒、黄酒、果酒、药酒和啤酒 5 大类，每一类也有众多著名品种。

（5）饮食民俗多彩

饮食民俗，即民间饮食风俗，是广大民众从古至今在饮食的生产与消费过程中形成的行为传承和风尚，又简称为食俗。中国地域辽阔，民族众多，因而拥有多姿多彩的饮食民俗。其中，在日常食俗方面，汉族的食品是以素食为主、肉食为辅，饮品主要是茶和酒，而少数民族却各不相同，但在进餐方式上，无论汉族还是少数民族大多采用合餐制，即多人共食一菜或多道菜，具有团聚、共享、热闹等特点；在节日食俗方面，汉族的节日基本上是源于岁时节令，以吃喝为主，祈求幸福，少数民族则有自己的节日及相应的食品；在人生礼俗方面，中国各族人民的共同特点是以饮食成礼，祝愿健康长寿；在社交礼俗方面，中国各族人民也有共同特点，那就是在行为准则上注重长幼有序、尊重长者；在宗教食俗方面，主要有道教食俗、佛教食俗和伊斯兰教食俗，而道教、佛教食俗对中国素食的发展起到了推波助澜的重要作用。

（6）饮食著述繁多

从先秦至今，关于烹饪与饮食的著述十分浩繁，不仅有专门记载和论述饮食烹饪之事的烹饪典籍，主要包括论述烹饪技术理论与实践的食经、食谱和茶经、酒谱；而且有涉及饮食烹饪的各种文献，包括史书、野史笔记、方志、医书、农书、诗词文赋等。根据著述的内容来划分，仅烹饪典籍就分为烹饪技术类、饮食文化与艺术类、烹饪科学类和综合类等类型，每一类型中都有众多典籍，有的还声名卓著、影响深远。如《饮膳正要》由元代忽思慧根据管理宫廷饮膳工作的经验和中国医学理论写成，是一部营养卫生与烹调密切结合的食疗著作。《随园食单》是清代袁枚撰写的一部烹饪技术理论与实践相结合的著作，书中的 20 须知和 14 戒首次较为系统地总结了前人烹饪经验，从正反两方面阐述了烹饪技术理论问题；其菜单则比较系统地介绍了当时流行的菜肴 342 种。这些著作为中国烹饪技术理论和饮食保健理论形成完整的体系打下了坚实基础。

总之，华夏饮食文明完整、系统、发达、独树一帜。孙中山《建国方略》开篇言："烹调之术本于文明而生"，中国"惟饮食一道之进步，至今尚为各国所不及"①。而通过古代丝绸之路传播到域外的华夏饮食文明更以其极强的生命力与亲和力在世界各地活态传承、影响极大，为深入研究古代华夏文明对外传播提供了鲜活的样本。

三、研究范围与研究状况

（一）研究范围

1. 研究对象

其研究对象涉及如下三组关键词，需要在此对其研究范围进行说明。

第一，关于"古代丝绸之路"。"丝绸之路"有狭义与广义之分。这里采用的是广义上的"丝绸之路"概念，认为古代丝绸之路不仅是中外贸易往来之路，也是沟通东西方文明联系与交流的重要纽带和渠道，是华夏文明对外传播之路，在欧亚大陆广阔的区域一直发挥着"中外文化交流的大动脉"的作用。它把古代中国的华夏文明与印度文明、波斯文明、阿拉伯文明以及古希腊与古罗马文明连接起来，极大地促进东西方文明的交流与发展。鉴于研究团队所处的地理位置是四川，尤其是，成都不仅作为古代北方丝绸之路、南方丝绸之路和长江经济带三大交通走廊和经济带的交汇点，而且通过长江各重要节点城市与海上丝绸之路有着密切联系②。结合当前中国有关"一带一路"倡议，以古鉴今，选取先秦至明清时期的西北丝绸之路、南方丝绸之路和海上丝绸之路等3条丝绸之路构成的华夏饮食文明对外传播为主要研究对象进行较为系统细致的研究。

第二，关于"华夏饮食文明"。华夏，在古代长期是汉族的称谓，后来扩大指全体中华民族。华夏饮食文明是华夏文明的重要组成部分，内涵丰富、繁杂，由中华民族共同创造，常常通过饮食文化的各个要素得以体现，对人类文明作出了重要贡献。在此，仅以古代汉族创造的饮食文化为主要对象进行研究，来反映华夏饮食文明及其对世界饮食文明乃至整个世界文明所作出的突出贡献。

第三，关于"对外传播"。文化交流是不同文化体系之间的信息传递、能量流动，造成双方变化的趋势。文化交流具有双向性，而非单向传播，这种双

---

① 黄彦编注：《建国方略》，广东人民出版社 2007 年版，第 5、6 页。

② 何一民：《对内对外开放的枢纽与古代成都的三次崛起——重新认识成都在中国历史上的地位与作用》，《四川师范大学学报（社会科学版）》2016 年第 2 期。

向性一方面体现在异域文明的内徙，如就饮食而言，张骞出使西域将石榴等农作物带入中原，青花瓷器中的阿拉伯元素，玉米、马铃薯等美洲作物传入中国等，这种对异域文明的兼收并蓄造就了华夏文明的不断进步与发展；另一方面更包括华夏文明的外传，如中国茶叶和瓷器传入西方、为西方人所接受、产生英国茶文化。可以说，文明的双向交流与传播丰富和发展了双方的文化，构成了世界文化发展史上的积极因素，是世界文明发展的基本状态。丝绸之路在这种频繁的双向交流中扮演了重要角色，是古代东西方文明与文化交流的重要通道。它由多条线路构成，而每条丝路又包括一些主要干线和重要支线，形成了一个极大的国际交通与交流网络，将世界不同地域的古代文明连接在一起。东西方不同地区、国家和民族的政治、经济、宗教、文化、艺术都通过这个重要通道进行了广泛传播、交流与融合，促进了各地区、各个国家、各民族的发展与进步。同样，东西方饮食文明沿丝绸之路也实现了双向交流与传播。从学术研究角度看，不管是外来饮食元素的传入还是中国饮食文化对外传播都值得进行深入研究与探索，但是由于涉及的内容十分庞杂，本书在此仅以古代华夏饮食文明的对外传播为主要对象展开相关研究。

2. 研究内容

主要分析、阐述以古代汉族饮食文明为主的华夏饮食文明在先秦至明清时期的北方、南方和海上3条丝绸之路上的对外传播状况，归纳总结和勾勒出古代丝绸之路上华夏饮食文明对外传播的特点、规律和示意图，并在此基础上提出一些建议、以促进当前"一带一路"建设中华夏饮食文明的传播并更好地发挥其作用。其研究内容主要分为三个部分、五个篇章：

第一部分：主要是第一章绪论，对本书"丝绸之路""华夏饮食文明"等核心概念进行界定，并就本书主要研究范围、研究状况、研究方法及价值与意义进行阐述。

第二部分：包括第二章、第三章、第四章，主要研究华夏饮食文明沿3条丝绸之路对外传播的历史状况。每一章均根据古代丝绸之路上华夏饮食文明传播情况大体划分为先秦至汉魏南北朝、隋唐、宋元、明清4个时期。在每一时期，一方面探讨3条丝路华夏饮食文明对外传播的历史背景，主要阐述各条丝绸之路在各个时期所处的政治、经济、外交等环境和交通道路、交通工具情况；另一方面从食物原料及生产技术、饮食器具及其制作技术、饮食品及其制作技术、饮食典籍及礼俗与思想、餐饮店铺等传播内容入手，将重点人物、重点事件与其所传播的重点内容相结合，展开深入探讨。

第三部分：是第五章，包括两节，主要对丝绸之路上华夏饮食文明对外传播的历史特点规律进行总结，并阐述其多重价值和对当代的借鉴意义。第一节是按照先秦至汉魏南北朝、隋唐、宋元、明清4个时期的顺序，归纳、总结出各个时期华夏饮食文明对外的特点与规律，梳理并列出4个时期丝绸之路上华夏饮食文明对外传播的主要情况一览表，绘制出4个时期丝绸之路上华夏饮食文明对外传播示意图。第二节在前面章节论述的基础上，首先阐述古代丝绸之路上华夏饮食文明对外传播的多重价值，并受其启发，对当前"一带一路"建设如何加强华夏饮食文明与沿线国家和地区的交流和传播、推动沿线国家共同发展和人类命运共同体的构建提出一些思考与建议。

总之，本书力图做到有经有纬、有史有论、地分亚欧乃至美非、时间由古代延伸到现代，构成一个较为完整的体系。其中，在内容上，不仅有随着中国历史演进变迁而产生的传播内容上的差异，而且有沿丝绸之路由近及远延伸带来的传播范围上的不断扩大；在时间上，由上古、中古到近古、近代乃至对现代的影响；在空间上，遍及东亚、东南亚、南亚、中亚、西亚以及欧洲、北非、北美等地区；在叙述上，点面结合、轻重不同、繁简有别、特征各异，从而在总体上形成一个以"华夏饮食文明向海外传播"为核心、辐射亚欧美非等地的国际性文化传播体系。

（二）研究状况

目前，关于丝绸之路的研究十分丰富，但主要集中在历史、地理、考古和政治、经济、宗教、艺术、交通等领域，对华夏饮食文明的对外传播研究较少，难以借古鉴今，充分认识和发挥华夏饮食文明在对外传播中的独特作用，从而影响当今华夏文明更好地走向世界，希望本书能在一定程度上弥补这一不足。这里主要针对古代北方丝绸之路、海上丝绸之路、南方丝绸之路上文化交流的研究状况，包括华夏饮食文明对外传播的研究状况进行梳理。

1.古代西北丝绸之路方面

在西北丝绸之路之上，中西方各民族的生活方式经由人、物来往和事件发生进行着永不停息的传播与影响，华夏饮食文明也正是通过这条道路向西传播。关于"西北丝绸之路上文化交流"的研究，吸引着古今中外众多研究者的目光，而对西北丝绸之路上华夏饮食文明西传进行的独立专题研究，尚属首次，面临着研究视野、资料文献、研究方法等一系列的难题。其一，从古代研究来看，"西北丝路"是东西交往的重要孔道，相关研究历来兴盛，典籍著述颇多，主要集中于古代的官修正史和使臣、僧侣、旅行家、商人、将领等群体的游记，以地理气候、政治军事与经贸交往等为主，有关饮食交流的内容只在风土风俗记载中零星散见。其二，从现代研究来看，"西北丝绸之路与华夏饮食文明传播"的相关研究属于交叉范畴，主要研究以食物原料及生产技术、饮食器具及其制作技术、饮食及其制作技术、饮食习俗与礼仪等所构成的华夏饮食文化经由西北丝绸之路进行的传播与发展，涉及道路交通史、商业贸易史、科学技术史、移民史、文化交流史等多个方面，相关资料庞杂但针对性不强。现就"西北丝绸之路与华夏饮食文明传播"所涉内容进行研究历程回溯。

（1）古代典籍的相关记载与研究

关于丝绸之路的相关记载由来已久，我国秦汉之前即有《穆天子传》和《山海经》等载有上古时中原政权与域外交往的人和事；汉朝司马迁《史记》中《匈奴列传》《大宛列传》等，作为记载域外状况最早和最有权威的史学典籍，以汉武帝和张骞为中心记载了当时与西域等地交往的情形；此后，各个朝代官方修史中常常有相关列传记载西北丝绸之路上中外交往的情况。

正史之外，对于西北丝绸之路及其文化交流记载最多、涉猎最广泛的是各种游记。公元 4 世纪末，高僧法显由陆道西出，经中亚抵达印度求法，著成《法显传》，对于 15 年来求法路途中的风土人情、地理、历史、宗教文化均有记述。北魏时期，宋云奉命出使西域，所著《宋云行纪》不但记录了从中国经由西域到印度的交通路线，更描绘了沿途诸地区的物产、风俗、信仰等状况。至唐朝，则诞生了最为著名的西部域外游记——由玄奘口述、辩机整理的《大唐西域记》，记载了玄奘西行亲历的 100 多个国家，从长安出发，经西域，西抵伊朗和地中海东岸，南达印度半岛、斯里兰卡，北及中亚南部和阿富汗东北部，东到印度尼西亚一带，全景式展示了 7 世纪时中亚、西亚、南亚等地的概况，具有极高的历史价值。宋朝时由于疆域相对缩小，经陆上丝绸之路开展的对外交往日益衰落，因此游记著述较少。元朝时，当时的东西方交通与交流盛况空前，相关著述也层出不穷。如耶律楚材于 1218—1224 年追随成吉思汗远征军前往西域，于 1228 年撰写的《西游录》对于西北丝绸之路所经的今新疆境内和中亚楚河、锡尔河、阿姆河流域多地历史地理记载成为研究 13 世纪前后丝绸之路及中外交通的重要文献。与此同时，长春真人丘处机弟子李志常所著《长春真人西游记》，记载了丘处机一行自山东蓬莱出发，经北京出居庸关，北上翻阿尔泰山、越准噶尔盆地，再南下经中亚达兴都库什山谒见成吉思汗的见闻。另外，由刘郁笔录的常德于 1259 年奉命出使波斯、觐见旭烈兀国王的游记《常德西使记》，较为详细地记载了旭烈兀国王征服阿拔斯王朝以及西亚各地风土人情。明朝时，经由西北丝绸之路进行的对外交往相对衰落，相关著述主要是永乐时期西域使臣陈诚撰写的《西域行程记》和《西域番国志》，记述其经中亚地区、交往 27 国的路线与见闻，包括各国的山川风物等。清朝时疆域空前扩大，"新疆"之名也正式诞生，当时无论是政府还是学者，对于西北边疆及其对外交通与交流都十分重视，相关著述十分丰富，尤其是清朝中后期所产生的"西北舆地之学"更为后人研究西北边疆史地奠定了坚实基础。其中，主要代表作有祁韵士《皇朝藩部要略》、张穆《蒙古游牧记》、徐松《西域水道记》、何秋涛《朔方备乘》等。

（2）20 世纪 80 年代以前的相关研究

近现代意义上对"丝绸之路""中西交通"的专门研究始于西方，尤其是 19 世纪末到 20 世纪 20 年代的 30 年间，由于欧洲各国和日本在新疆等地的考古发掘，促使中国古代西域研究、中外关系研究领域的飞速发展，对丝绸之路的研究逐渐成为一门汇聚了众多学科、综合研究多元文化的学问，不仅涵盖文化、历史、宗教、民族、考古等人文科学，也涉及地理、气象、地质、生物等自然科学。20 世纪上半叶，罗振玉、王国维、陈寅恪、丁谦、陈垣、张星烺、冯承钧、方豪、向达等人均为丝绸之路相关研究的佼佼者，他们的研究一方面植根于清朝以来西北舆地学传统，另一方面又吸收了大量西方考古学成就，成果斐然。从国际研究来看，西方学者对文化交流的研究较深入细致，仅饮食文化涉及的作物交流就有多部著作。如法国玛扎海里的著作《丝绸之路：中国—波斯文化交流史》，其中第三编为"丝绸之路和中国物质文明的西传"，重点探讨了中国的谷子、高粱、水稻、樟脑、肉桂、姜黄、生姜等的栽培史、用途以及如何由丝绸之路经波斯传向西方的过程。[1] 美国劳费尔所著《中国伊朗编》一书主要阐述了中国对古代伊朗文明史的贡献，着重于栽培植物及产品之历史，其中涉及食物原料、民风民俗等内容的有桃、杏、肉桂、姜、庵摩

---

[1] ［法］阿里：《丝绸之路：中国—波斯文化交流史》，耿昇译，中华书局 1993 年版。

勒、蜀葵、中国玫瑰、芒果、茶、土茯苓及汉语外来词、亚历山大故事中的
中国人等。①

（3）20 世纪 80 年代至今的相关研究

20 世纪 80 年代以来，丝绸之路研究进入了一个全新发展时期，其研究范
畴包括 3 个方面，即丝绸之路、中外交往和内陆欧亚研究。其中，以西北丝绸
之路为载体所进行的中外文化交往研究是重点研究方向，相关学术著作极为丰
富，但涉及"西方饮食文化的东传"内容颇为丰富，学者们更多关注的是西域
饮食文化对中原地区的影响，对"华夏饮食文化的西传"研究虽然有一些，却
较为薄弱，呈现出以下情形：

一是以西北丝绸之路的特定历史时期、特定地域的饮食文化状况为视角研
究、撰写的专著。其中，主要聚焦于汉唐时期敦煌和西域的饮食文化研究。如
高启安《唐五代敦煌饮食文化研究》《旨酒羔羊——敦煌的饮食文化》等系列
专著，通过对敦煌文献和敦煌石窟壁画中大量饮食资料全面、系统的整理，结
合传统史料中的饮食资料及现今甘肃乃至整个西北地区的饮食现象，分别从食
物原料、饮食结构、饮食加工具、餐饮具、食物品种和名称、宴饮活动和宴饮
坐具、坐姿、座次以及婚丧仪式饮食和饮酒习俗、僧人饮食、饮食胡风等十几
个方面，系统研究了唐五代时期敦煌人饮食文化的诸多方面，揭示了敦煌饮食
文化农牧结合、东西荟萃，内承悠久的中原传统饮食习惯，外融周边游牧民族
以及西域乃至中亚、西亚等地的饮食风俗，呈现出色彩斑斓、百花齐放的基本
特征，构建出当时敦煌地区饮食文化的基本框架和体系，全面深刻地阐述了公
元 7—9 世纪华夏饮食文明经由丝绸之路传播至敦煌的具体情况。贺菊莲《天
山家宴——西域饮食文化纵横谈》一书以清乾隆年间的西域地理范围为基础，
聚焦汉唐时期西域饮食文化，从"西域饮食文化概况与发展特征""汉唐西域
绿洲农耕饮食文化与草原游牧饮食文化"以及"西域饮食文化变迁""西域饮
食文化交流"等多个方面对汉唐西域饮食文化进行系统研究，认为由于西域地
区在地理位置方面的特殊性，一直存在着文化多元性与文化交流的传统，周边
地区发展水平较高的先进文化，如黄河流域古代文明、古印度文明、波斯文
明、古希腊古罗马文明等，对西域各地都产生深远影响。西域饮食文化与中原
饮食文化有着良好的互动发展，中原地区的饮食品、食生产技术、日常饮食用

---

① ［美］劳费尔：《中国伊朗编》，林筠因译，商务印书馆 1964 年版。

具、中原饮食礼仪和观念等都得到了一定程度的西传。①

　　二是以西北丝绸之路传播的食物原料、器具及风俗等为主的研究，散见于中外文化交流史的相关著作中，常常只是其中一节、内容较为简略。如杨建新和卢苇所著的《丝绸之路》，介绍了丝绸之路开辟、发展和变化的情况，以及古代中国与亚欧地区、中国内地和边疆地区通过丝绸之路在政治、经济、文化等方面的交流情况。其中第六章"丝绸之路上的经济、文化交流"，论及"中国植物品种和漆器输向西方""中国冶铁技术和水利灌溉的传入西亚"。② 李明伟的《丝绸之路贸易史》从商品贸易的视角切入，展示中国与西方以及西方各民族之间进行的物质文明和精神文明的双向和多向交流，在其中西商贸活动中有大量商品与饮食生活息息相关。③ 武斌在《中华文化海外传播史》中论及"中华文化在西域的传播""唐代文化在西亚地区的传播"等。④ 芮传明的《中国与中亚文化交流志》论述了数千年来中国与中亚地区的文化交流状况，全书以每一时代具有代表性的交流专题为主，其第八章"中国与中亚的物产交流"阐述了中国的大黄和茶叶经中亚西运传播的发展历程。⑤ 沈福伟的《中国与西亚非洲文化交流志》按照不同的文化区介绍了中国与该地区的历史关系和文化交流状况，其地域涉及伊朗、土耳其、叙利亚、埃及等地，有少量内容涉及饮食文化的西传。⑥

　　三是西北丝绸之路上相关考古发现及其研究著述。如王炳华《丝绸之路考古研究》一书的"丝绸之路新疆段考古新收获""新疆细石器考古遗存初步研究""从考古资料看新疆的农业生产"等部分对于出土的各类生产器具、生活器具、粮食种子等的研究，为研究西北丝绸之路上华夏饮食文化的西传提供极为重要的实物佐证。⑦ 近年来，世界各地考古学家在中亚的研究成果被我国译介，如意大利考古学家康马泰所著《唐风吹拂撒马尔罕》、法国考古学家葛乐耐所著《驶向撒马尔罕的金色旅程》等专著，均为当前西北丝绸之路中亚考古佳作，部分内容为华夏饮食风俗在中亚一带的传播提供有力证明。

---

①　贺菊莲：《天山家宴——西域饮食文化纵横谈》，兰州大学出版社 2011 年版。
②　杨建新、卢苇：《丝绸之路》，甘肃人民出版社 1994 年版。
③　李明伟：《丝绸之路贸易史》，甘肃人民出版社 1997 年版。
④　武斌：《中华文化海外传播史》，陕西人民出版社 1998 年版。
⑤　芮传明：《中国与中亚文化交流志》，上海人民出版社 1998 年版。
⑥　沈福伟：《中国与西亚非洲文化交流志》，上海人民出版社 1998 年版。
⑦　王炳华：《丝绸之路考古研究》，新疆人民出版社 2010 年版。

2. 古代海上丝绸之路方面

古代海上丝绸之路是古代中国通过海洋连接世界其他地区的重要通道，不仅包括从中国通往朝鲜半岛及日本列岛的东海航线，还有从中国通往东南亚及印度洋地区乃至非洲、欧洲等地的南海航线。海上丝绸之路将古代东西方不同文明连接起来，促进了中外文化的交流，对世界文明史发展产生了深远影响。从古至今，相关研究持续不断，不仅涉及港口、造船、航海，还包含贸易、外交、文化传播、人员往来等多方面内容。尤其是"海上丝绸之路"这一名称提出以来、进入 20 世纪 80 年代以后，这一研究领域不仅得到越来越多的学者重视，还逐渐发展成专门的学术领域，相关学术团体、学术刊物和会议纷纷出现，直接以"海上丝绸之路"概念为主题的研究不断涌现，并且随着众多新的考古成果出现以及中外文新史料的挖掘，针对海上丝绸之路展开了更为细致的研究。① 但是，总体而言，这些研究大多从宏观视角探讨海上丝路，具体到饮食文明传播的研究则相对较少。而饮食文明作为华夏文明重要的组成部分，在古代海上丝绸之路也有大量且广泛的传播，它不仅涉及与饮食直接相关的饮食器具、饮食品等元素，也与古代不同时期的航海水平、商贸移民、宗教交流等紧密相连。因此，这里首先对中国古代记载海上丝绸之路的典籍进行梳理，其次按照海上丝绸之路的线路分布及所到的主要地区即东亚、东南亚及印度洋沿岸、欧洲等 3 个地区，对海上丝绸之路饮食文化交流的研究状况进行历程回溯。

（1）古代典籍的相关记载与研究

先秦时期已有诸多关于海洋的神话和故事。西汉时，中国除了加强与朝鲜半岛及日本的海上联系外，还开辟了由中国南方港口通向印度洋的航线。《汉书·地理志》首次记载了这条航线。现存记述海上丝绸之路的史籍主要有官修史书、私人杂史笔记以及档案文献和部分地方志。其中，以官方编修的史书为例，中国从《汉书》开始、各个朝代的正史大多在《地理志》或列传中记载了海上丝绸之路上中外交往的情况；其他国家和地区也在其正史书中有一些记载，如朝鲜半岛的《三国史记》《高丽史》等。

除正史之外，对于海上丝绸之路及其文化交流等记载最多、涉猎最广、

---

① 龚缨晏主编：《中国"海上丝绸之路"研究百年回顾》，浙江大学出版社 2011 年版，第 102 页。

最为重要的是大量杂史笔记。仅以中国而言，有东晋法显《佛国记》；唐朝义净《南海寄归内法传》《大唐西域求法高僧传》，杜环《经行记》；宋代周去非《岭外代答》，赵汝适《诸蕃志》，徐兢《宣和奉使高丽图经》；元代周达观《真腊风土记》，汪大渊《岛夷志略》；明代黄省曾《西洋朝贡典录》，黄衷《海语》，马欢《瀛涯胜览》，费信《星槎胜览》，巩珍《西洋番国志》，茅瑞徵《皇明象胥录》，严从简《殊域周咨录》，罗曰褧《咸宾录》，张燮的《东西洋考》，李言恭、郝杰《日本考》，郑舜功《日本一鉴》，郑若曾《筹海图编》，王士性《广志绎》，沈德符《万历野获编》，王临亨《粤剑编》，何乔远《名山藏》，顾炎武《天下郡国利病书》；清代屈大均《广东新语》，陈伦炯《海国闻见录》，印光任《澳门记略》，樊守义《身见录》，王大海《海岛逸志》，谢清高《海录》，邵大纬《薄海番域录》等。这些文献资料内容丰富，有的记录了当时海外各国的宗教、民生、物产等发展状况，有的则记录了航线拓展、航海技术、中外贸易、海外移民情况，其中一些部分展现了当时华夏饮食文明在海外的传播与推广。然而，从漫长的中国古代发展历史看，目前能够看到的文献数量还相对较少，并且相关记述的文学性语言多于对事实的描述，特别是缺乏数量的记载。

（2）20 世纪 80 年代以前的相关研究

20 世纪 80 年代以前，已有众多国内外学者开始研究海上丝绸之路相关内容，但涉及饮食文明传播交流的内容较少。在 20 世纪前半期，国外学者的相关研究在一定意义上推动了中国学术界开展海上丝绸之路相关问题研究。如日本桑原骘藏著有《蒲寿庚考》，在考证宋元时期曾担任泉州提举市舶的阿拉伯人蒲寿庚个人事迹的同时，指出此间中国造船技术已凌驾于在南洋航行素享盛名的"狮子国舶"之上，还运用大量中西史料，在既有研究基础上深入探讨了唐宋元时代中国与阿拉伯国家的海上交流。[①] 与此同时，中国的冯承钧、张星烺、向达等多位学者深受国外汉学研究影响、在海上丝路研究方面作出了重大贡献。如冯承钧不仅对《瀛涯胜览》《星槎胜览》《诸蕃志》关于海上丝绸之路的中国重要典籍进行了校注整理，还撰写了《中国南洋交通史》（1937）等论著，梳理了从汉唐到明朝初年中国与南洋诸国的海上往来。张星烺最重要的研究成果是《中西交通史料汇编》，对 17 世纪中叶以前中国与欧、亚、非洲各国和地

---

① ［日］桑原骘藏：《蒲寿庚考》，陈裕菁译订，中华书局 2009 年版。

区往来关系的史料摘编。①

此外，还有众多关于海上丝绸之路贸易、移民、文化交流等方面的专门研究论文和著作发表出版。在中外贸易史方面，有陈翰笙《最初中英茶市组织》（《北大社会科学季刊》1924 年第 1 期）、张德昌《清代鸦片战争前之中西沿海通商》（《清华学报》1935 年第 1 期）、何建民《十七、八世纪中国和西班牙及荷兰的贸易》（《中国经济》1933 年第 7 期）等；在海外移民研究方面，有刘继宣、束世澂《中华民族拓殖南洋史》（国立编译馆 1934 年版）、温雄飞《南洋华侨通史》（东方印书馆 1929 年版）、李长傅《南洋华侨史》（商务印书馆 1934 年版）等；在中外文化交流史研究方面，有张星烺《欧化东渐史》（上海书店出版社 1934 年版）、蒋廷黻《欧风东渐史》（普益书社 1937 年版）、朱谦之《中国思想对于欧洲文化之影响》（商务印书馆 1940 年版）、方豪《中外文化交通史论丛》（独立出版社 1944 年版）、贺昌群《唐代文化之东渐与日本文明之开发》（《文史杂志》1941 年第 12 期）、张旭庭《唐代的中日通聘与中国文化之输日》（《东方文化》1943 年第 1 卷）等。20 世纪 40 至 50 年代，日本学者还曾掀起一股研究中国饮食文化的热潮，如青木正儿《中国的面食历史》（《东亚的衣和食》，京都，1946）、篠田统《白干酒——关于高粱的传入》（《学芸》第 39 集，1948）、《古代中国的烹饪》（《东方学报》第 30 集，1995）、天野元之助《中国臼的历史》（《自然与文化》第 3 集，1953）、冈崎敬《关于中国古代的炉灶》（《东洋史研究》第 14 卷，1955）等，都论述了中国饮食在日本的传播情况。

进入 20 世纪后半期的 50—80 年代之前，尽管当时国内海上丝绸之路的研究处于非主流地位，但依然出现了部分研究成果，包括交通史、海外贸易史、中外关系史等方面。如乌廷玉《隋唐时期的国际贸易》（《历史教学》1957 年第 2 期）、吴晗《元代的民间海外贸易》（《人民日报》1959 年 2 月）、林家劲《两宋时期中国与东南亚的贸易》（《中山大学学报》1964 年第 4 期）、张维华《明代海外贸易简论》（学习生活出版社 1955 年版）、贾敬颜《明代瓷器的海外贸易》（《历史教学》1958 年第 8 期）、陈万里《宋末—清初中国对外贸易中的瓷器》（《文物》1963 年第 1 期）、韩槐准《谈我国明清时代的外销瓷器》（《文物》1965 年第 9 期）等。而从国外角度看，这一阶段日本对中国饮食文化传播的

---

① 张星烺编注：《中西交通史料汇编》，中华书局 2003 年版。

相关研究颇为突出。如 1958 年，冈崎敬根据从巴基斯坦、阿富汗、伊朗等地考察获得的陶瓷资料，撰文《瓷器所见的东西交流史》，对唐宋元明时期中国与伊斯兰世界的交流进行了探讨。① 三上次男在对菲律宾、斯里兰卡、印度、阿富汗、伊朗和两河流域、土耳其、埃及等地的考察过程中发现了大量中国古瓷器碎片，撰文《陶瓷之路与东西文化交流》，首次将这条沟通东西交流的通道命名为"陶瓷之路"；② 其后又将相关研究进一步充实，整理成《陶瓷之路——探寻东西文明的接点》一书。③ 三杉隆敏《探寻海上丝绸之路——东西陶瓷交流史》一书则第一次使用了"海上丝绸之路"的提法。一些日本学者对于中国饮食的研究兴趣不减，并关注中国饮食在日本的发展历史，如篠田统《中世食经考》（收于薮内清《中国中世科学技术史研究》1963）、《中国食物史之研究》（八坂书房，1978）等。

（3）20 世纪 80 年代至今的相关研究

进入 20 世纪 80 年代以后，海上丝绸之路研究迈上新台阶，其中，联合国教科文组织发起的《"丝绸之路"：对话之路综合项目》影响重大。1987 年，联合国教科文组织决定对丝绸之路进行国际性的全面研究，旨在推动东西方全方位的对话和交流，于 1990 年、1991 年分别对丝绸之路沙漠路、海上丝绸之路、草原丝绸之路进行了考察。80 年代以后，对于海上丝绸之路考古成果的发掘也取得重大进展，尤其是一系列沉船遗址的发掘和随船陶瓷器的发现。如福建连江定海"白礁一号""白礁二号"沉船，福建平潭"碗礁一号"沉船，广东"南海一号""南澳一号"沉船等，这些沉船中还发现了大量的中国各个时期用于炊餐器具的陶瓷器，为海上丝绸之路饮食文明传播提供了大量考古证据。从 20 世纪 80 年代以来，海上丝绸之路研究的成果更是数量繁多，在此仅根据研究所需择要进行梳理。

第一，东海航线上古代中国与东亚其他地区交流的相关研究。

海上丝绸之路的东海航线主要涉及当今的日本列岛、朝鲜半岛。20 世纪 90 年代初，陈炎《略论海上"丝绸之路"》一文阐述了海上丝绸之路东海航线的出现和演变。该文认为我国的丝绸成品以及养蚕、丝织技术早在

---

① ［日］冈崎敬：《瓷器所见的东西交流史》，载座右宝刊行会编：《世界磁器全集 15 海外篇》，东京河出书房 1958 年版。

② ［日］三上次男：《陶瓷之路与东西文化交流》，《中央公论》1966 年第 10 期。

③ ［日］三上次男：《陶瓷之路——探寻东西文明的接点》，东京岩波书店 1969 年版。

先秦时期就已从海路传播到朝鲜，到汉朝时又经由朝鲜传到日本，并特别指出，丝绸从海上东传朝鲜、日本的路线是海上丝绸之路的重要组成部分，也是海上丝绸之路最早的一条航线。① 陈炎的另一篇论文《东海丝绸之路初探——唐代以前的东海航路和丝绸外传》，以海上丝绸之路的概念对早期东亚海上交通发展历程进行了重新诠释，文章着重论述了唐以前历代丝绸通过海路外销朝鲜、日本的历史状况。就历史上的东亚文化交流而论，中日古代文化交流都通过海上丝绸之路展开，双边往来都在海域空间留下了历史印迹。与之不同，古代中国与朝鲜半岛的文化交流海陆并行，路径更为复杂，而且不同历史时段又各有偏重。一般而言，南朝—百济、唐—新罗、宋—高丽之间的往来主要借助海上航路，而元、明、清各朝与朝鲜半岛的交流则偏于陆路、兼取海道，事实上，海域交流与陆路交流彼此交融、很难截然分割。②

从 20 世纪 80—90 年代，关于海上丝绸之路东海航线的研究成果逐渐增多并不断细化深入，涉及港口、海上航线、贸易往来和文化交流等方面，其中也兼及饮食文化的交流传播。在中国与日本、朝鲜半岛的贸易史研究方面，或多或少涉及饮食器具传播等内容，同时也体现出商人在饮食文化传播中的地位和作用。如相关专著有陈高华和吴泰合著的《宋元时期的海外贸易》（天津人民出版社 1981 年版）、朴真奭的《中朝经济文化交流史研究》（辽宁人民出版社1984 年版）和任鸿章的《近世日本与日中贸易》（六兴出版社 1988 年版）等。相关论文较多，1980 年陈高华《北宋时期前往高丽贸易的泉州舶商——兼论泉州市舶司的设置》和 1986 年魏能涛《明清时期中日长崎商船贸易》是当时具有重要意义的两篇学术论文。陈高华的论文以郑麟趾编纂的《高丽史》为主，以《宋史》《续资治通鉴长编》和《东坡奏议》为辅，整理罗列了北宋各个时期泉州商人赴高丽贸易的状况，指出在海商籍贯明确的北宋赴高丽贸易活动记录中，泉州商人赴高丽贸易频次最高、最为活跃。③ 魏能涛的论文将明末至清末以日本长崎为枢纽港的中日贸易分作三个时期，指出这期间中国输往日本贸

① 陈炎：《略论海上"丝绸之路"》，《历史研究》1982 年第 3 期。

② 陈炎：《东海丝绸之路初探——唐代以前的东海航路和丝绸外传》，《海交史研究》1985年第 2 期。

③ 陈高华：《北宋时期前往高丽贸易的泉州舶商——兼论泉州市舶司的设置》，《海交史研究》1980 年第 2 期。

易品中糖与丝织品都是大宗。① 此外，相关论文还有任鸿章《从渤海与日本交聘看唐代东北地区与日本的经济交流》（《中日关系史论文集》，黑龙江人民出版社 1984 年版）、李培浩和夏应元《宋代中日经济文化交流》（《北京大学学报》1983 年第 5 期）、方安发《元代中日贸易简论》（《南昌大学学报（人文社会科学版）》1984 年第 1 期）、朱亚非《略论明后期的中日贸易》（《东岳论丛》1985 年第 4 期）以及陈高华《从〈老乞大〉〈朴通事〉看元与高丽的经济文化交流》（《历史研究》1995 年第 3 期）。其中，陈高华的论文根据元代高丽文献《老乞大》《朴通事》中有关元代高丽和中国商人活动细节描述，探讨了两国的贸易状况。

在中国与日本、朝鲜半岛文化交流研究方面，部分成果也涉及饮食文化传播内容。以代表性著作而言，日本木宫泰彦著、胡锡年译的《日中文化交流史》由商务印书馆在 1980 年出版，进一步推动了中日文化交流史研究的进展；日本田中静一的《中国饮食传入日本史》由日本柴田书店在 1987 年出版，该书主要论述了古代中国传入日本的食物原料、饮食及其制作技术等。此外，1996 年，中日两国学者合作完成、浙江人民出版社的"中日文化交流史大系"系列丛书，共 10 卷，包括民俗、文学、典籍、思想、历史和人物等专题，全景式地展现中日文化交流的历史演变脉络，其中不乏饮食传播的相关内容。熊海堂《东亚窑业技术发展与交流史研究》一书比较研究了古代中国、朝鲜、日本的窑业技术发展状况，并对三国窑业技术和陶瓷文化的传播与交流进行了探讨。以论文而言，蔡凤书的《古代中国与史前时代的日本——中日文化交流溯源》（《考古》1987 年第 11 期）、武陵子的《唐代文物典籍对日本的传播》（《史学月刊》1987 年第 6 期）、王金林的《日本奈良时代对唐文化输入、改造和创新》（《日本研究》1988 年第 2 期）、苏渊雷的《略论"入唐八家"及中国高僧对于沟通中日文化的卓越贡献》（《学术月刊》1988 年第 5 期）等都具有重要价值。其中，蔡凤书的论文探讨了古代中国稻作栽培等技术东传对于日本史前社会的影响。这一时期中朝文化交流研究方面的成果也颇为丰富。如陈尚胜著的《中韩交流三千年》（中华书局 1997 年版）是继朴真奭的《中朝经济文化交流史研究》之后又一部中朝交流史的通论著作。此外，还有林士民的《唐吴越时期浙东与朝鲜半岛通商贸易和文化交流之研究》（《海交史研究》1993 年第 1 期）和杨昭全《唐文化对新罗之影响》（《学术研究丛刊》1986 年第 5 期）、何鸣雁的《新

---

① 魏能涛：《明清时期中日长崎商船贸易》，《中国史研究》1986 年第 2 期。

罗诗人崔致远——传播中朝文化的先驱》（《社会科学战线》1984 年第 4 期）、
黄心川的《隋唐时期中国与朝鲜的佛教交流——新罗来华佛教僧侣考》（《世界
宗教研究》1989 年第 1 期）等论文。林士民的论文重点考察了唐末浙东地区
与朝鲜半岛间青瓷文化与佛教文化交流。① 这一时期还出版了研究遣唐使的著
作，如池步洲的《日本遣唐使简史》（上海社会科学出版社 1983 年版）、姚嶂
剑的《遣唐使——唐代中日文化交流史略》（陕西人民出版社 1984 年版）和武
安隆的《遣唐使》（黑龙江人民出版社 1985 年版）。

　　进入 21 世纪后，学界对中日、中韩之间文化交流的研究更加关注，成果
更多。如代表性著作有苈岚的《7—14 世纪中日文化交流的考古学研究》（中
国社会科学出版社 2001 年版）、王维坤的《中日文化交流的考古学研究》（陕
西人民出版社 2002 年版）、李寅生的《论宋元时期的中日文化交流及相互影响》
（巴蜀书社 2007 年版）等。其中，苈岚的著作利用日本出土的中国陶瓷等考古
遗物，着重考察了 7—14 世纪中日文化交流状况。王维坤著作的第 2 编论述了
唐代器物文化向日本的传播。此外，蔡丰明主编的《吴越文化的越海东传与流
布》（学林出版社 2006 年版）一书涉及吴越稻作文化、茶文化、青瓷文化以
及民俗文化的东传与流布。② 这一时期关于中日茶文化交流的论文也较多，比
较具有代表性的有石慧敏的《中国茶文化东渐日本的三次高峰》（《学术月刊》
2001 年第 11 期）、施由明的《中国茶文化与日本茶道比较略论》（《农业考古》
2002 年第 2 期）和关剑平《茶文化传播模式研究—以平安时代的日本茶文化
为例》（《饮食文化研究》2006 年第 2 期）等。此外，2000—2001 年，《农业考
古》杂志连续刊载了中国稻作文化东传日本的文章，包括黄粟嘉《江南早期文
化对日本稻作文化的影响》（《农业考古》2000 年第 3 期）、金健人《中国稻作
文化东传日本的方式与途径》（《农业考古》2001 年第 3 期）、罗二虎《中日古
代稻作文化——以汉代和弥生时代为中心》（《农业考古》2001 年第 1、3 期）等。
在这一时期，中朝文化交流研究也有很多代表性成果，如李梅花的《10—13
世纪宋丽日文化交流研究》（华龄出版社 2005 年版）、刘凤鸣的《山东半岛与
东方海上丝绸之路》（人民出版社 2007 年版）等专著，以及陈尚胜的《宋朝和
丽日两国的民间交往与汉文化传播——高丽和日本接受宋朝文化的初步比较》

---

① 林士民：《唐吴越时期浙东与朝鲜半岛通商贸易和文化交流之研究》，《海交史研究》
1993 年第 1 期。

② 蔡丰明主编：《吴越文化的越海东传与流布》，学林出版社 2006 年版。

《中国文化研究》2004年冬之卷）等论文都具有重要价值。

第二，南海航线上古代中国与东南亚、印度洋地区交流的相关研究。

在中国古代文献中，关于海上丝绸之路南海航线的记载最为丰富。许多学者也一直关注这一航线的发展与演变，成果斐然，诸多成果对于研究华夏饮食文明对外传播具有重要价值。

首先，在海外贸易史研究方面，瓷器贸易是其重要内容。瓷器不仅是中国与东南亚、印度洋地区海外贸易过程中最主要的商品，而且其中有大部分是中国最具代表性的饮食器具。20世纪80年代以来，相关的著述和论文成果众多，在此仅就一些代表性成果进行梳理。在著作方面，如陈高华、吴泰的《宋元时期的海外贸易》（天津人民出版社1981年版），沈光耀的《中国古代对外贸易史》（广东人民出版社1985年版），李金明的《明代海外贸易史》（中国社会科学出版社1990年版），林仁川的《福建对外贸易与海关史》（鹭江出版社1991年版），陈柏坚、黄启臣的《广州外贸史》（广东人民出版社1994年版），喻常森的《元代海外贸易》（西北大学出版社1994年版），李金明、廖大珂的《中国古代海外贸易史》（广西人民出版社1995年版），陈尚胜的《中国海外交通史》（台北文津出版社1997年版），高荣盛的《元代海外贸易研究》（四川人民出版社1998年版），中国广西壮族自治区博物馆、中国广西文物考古研究所、越南国家历史博物馆编著的《海上丝绸之路遗珍——越南出水陶瓷》（科学出版社2009年版）等。陈高华和吴泰的著作涉及的内容非常广泛，包括海外贸易经营者的类型及组织情况、海外贸易管理机构的具体情况、各贸易港口的贸易状况、造船和航海技术的发展状况、海外贸易对社会经济的影响及其对中外文化交流的促进作用等，不仅展示了宋元海外贸易的全貌，而且为后人的研究打下了扎实的基础。[1] 在论文方面，如冯先铭的《中国古代瓷器的外销》（《海交史研究》1980年第2期）和《元以前我国瓷器销行亚洲的考察》（《文物》1981年第6期），叶文程、徐本章的《畅销国际市场的古代德化外销瓷器》（《海交史研究》1980年第2期），叶文程的《宋元时期中国东南沿海地区陶瓷的外销》（《海交史研究》1984年第6期），马文宽的《大津巴布韦与中国瓷器》（《海交史研究》1985年第2期），叶文程、芮国耀的《宋元时期龙泉青瓷的外销及其有关问题的探讨》（《海交史研究》1987年第2期），张浦生、程晓中的《略述

---

① 　陈高华、吴泰：《宋元时期的海外贸易》，天津人民出版社1981年版。

明代青花瓷器的外销》(《海交史研究》1987 年第 2 期),杨琮、林蔚文译的《东南亚的中国贸易陶瓷器》(《海交史研究》1987 年第 2 期),韩振华、李金明的《明代福建的海外贸易》(《东南文化》1990 年第 3 期),陈希育的《清代的海外贸易商人》(《海交史研究》1991 年第 2 期),秦大树的《埃及福斯塔特遗址中发现的中国陶瓷》(《海交史研究》1995 年第 1 期),栗建安的《从水下考古的发现看福建古代瓷器的外销》(《海交史研究》2001 年第 1 期),等等。其中,冯先铭的论文考察了宋元及此前的中国瓷器外销问题,认为瓷器在唐朝就有出口,但大规模的生产和外销时期则是宋元时期,主要集中在福建、浙江、河南、江西等 4 个地区输出瓷器,同时探讨了宋代出口瓷器骤增的 5 个原因。①

其次,在文化交流的相关研究方面,也涉及饮食文化传播内容。以代表性著作而言,研究中国与东南亚及印度洋地区文化交流的主要有季羡林的《中印文化关系史论文集》(生活·读书·新知三联书店 1981 年版),常任侠的《海上丝绸之路与文化交流》(海洋出版社 1985 年版),朱亚非的《明代中外关系史研究》(济南出版社 1993 年版),陈炎的《海上丝绸之路与中外文化交流》(北京大学出版社 1996 年版),黄盛璋的《中外交通与交流史研究》(安徽教育出版社 2002 年版)等。以代表性论文而言,有林更生的《古代从海路外传的植物与生产技术初探》(《海交史研究》1988 年第 2 期),林乃燊的《略论中外饮食文化交流》(《海交史研究》1992 年第 2 期),陈伟明的《明清时期农业科学技术文化交流》(《海交史研究》1993 年第 1 期)等。

再次,在海外移民研究方面,也涉及饮食文化传播。海外移民是中国古代饮食文化传播者,相关研究成果十分丰富,其中一些关注了移民过程中食物原料及生产技术、饮食等的传播。以相关的代表性著作而言,有朱杰勤的《东南亚华侨史》(高等教育出版社 1990 年版),林远辉、张应龙的《新加坡、马来西亚华侨史》(广东高等教育出版社 1990 年版),葛剑雄主编的《中国移民史》(福建人民出版社 1997 年版),郭梁的《东南亚华侨华人经济简史》(经济科学出版社 1998 年版),杨国桢、郑甫弘、孙谦的《明清中国沿海社会与海外移民》(高等教育出版社 1998 年版)等。以相关代表性论文而言,有张莲英的《明代中暹的贸易关系及华侨对暹罗经济发展的作用》(《中国社会经济史研究》1982

---

① 冯先铭:《中国古代瓷器的外销》,《海交史研究》1980 年第 2 期;《元以前我国瓷器销行亚洲的考察》,《文物》1981 年第 6 期。

年第 2 期)、《明清时期中菲两国农业交流与华侨》(《农业考古》1985 年第 2 期),
范金民的《郑和下西洋与南洋华侨》(《海交史研究》1987 年第 1 期),郑甫弘
的《十六十七世纪南洋华人移民与生产技术的传播》(《南洋问题研究》1993
年第 1 期),陈伟明的《十六至十八世纪闽南华侨在菲律宾的经济发展与历史
贡献》(《海交史研究》1997 年第 1 期),李金明的《明代后期的海外贸易与海
外移民》(《中国社会经济史研究》2002 年第 4 期)等。这些成果大多都涉及
华夏饮食文明中的部分元素随着移民传至东南亚等地的内容,影响至今。

第三,南海航线上古代中国与欧洲等地交流的相关研究。

中国与欧洲之间的联系有着悠久的历史,最早主要通过陆上丝绸之路进行
交流,此后又通过海上丝路进行间接的交流。直到 16 世纪,随着新航路的开
辟,东西方之间建立了直接交流,华夏饮食文明则大量沿着海上丝绸之路南海
航线传入欧洲。

首先,在中欧海上贸易的研究中包含众多饮食文化传播的内容,其中最主
要的是瓷器和茶叶的贸易。随着学界对瓷器和茶叶对欧洲的传播关注越来越
多,有的学者甚至将"海上丝绸之路"称之为"陶瓷之路"或"茶叶之路"。
1980 年,朱杰勤发表了《十七、八世纪华瓷传入欧洲的经过及其相互影响》
一文,介绍了 17—18 世纪中国陶瓷传入欧洲的历程、欧洲社会掀起的追求中
国陶瓷的热潮和所起的重要作用。沈定平的《明清之际几种欧洲仿制品的输
出——兼论东南沿海外向型经济的初步形成》(《中国经济史研究》1988 年第 3
期)中比较全面地考察了明清之际专门为外销欧洲而生产的仿制品,其中就包
括瓷器等商品。其他比较具有代表性的论文有李金明的《明清时期中国瓷器文
化在欧洲的传播与影响》(《中国社会经济史研究》1999 年第 2 期)、孙锦泉的
《华瓷西传对欧洲的影响》(《四川大学学报》2001 年第 3 期)、李国清等人的《中
国德化白瓷与欧洲早期制瓷业》(《海交史研究》2004 年第 1 期)、詹嘉等人的
《明清时期景德镇瓷器在欧洲文明进程中的作用》(《中华文化论坛》2008 年第
4 期)等。茶叶是中国通过海上丝路销往欧洲的另一种主要商品,对欧洲饮食
生活产生了深刻影响。有关茶叶输往欧洲的代表性研究成果较多。如庄国土的
《18 世纪中国与西欧的茶叶贸易》一文追溯了中国茶叶输往欧洲的历史,指出
"18 世纪中国与西欧贸易格局基本上是西欧各国以白银、丝织品、欧洲殖民地
上的产品换中国的茶、丝、瓷、布等产品";从 18 世纪 20 年代到鸦片战争前
夕,茶叶是中国最重要的出口商品和欧洲人在华购买的主要商品;大量茶叶输

往西欧是中国同期贸易顺差的最重要组成部分，也是 18 世纪白银内流的最重要源泉。他的《从丝绸之路到茶叶之路》一文着重探讨了茶叶在国际贸易中的重要地位，以及茶叶贸易对中国社会近代转型的重大影响，指出"18 世纪前期，沟通东西方经济文化的传统海上丝绸之路已成为海上茶叶之路"。此外，还有萧致治、徐方平《中英早期茶叶贸易——写于马戛尔尼使华 200 周年之际》（《历史研究》1994 年第 3 期），杨仁飞《清前期广州的中英茶叶贸易》（《学术研究》1997 年第 5 期），张应龙《鸦片战争前中荷茶叶贸易初探》（《暨南学报》（哲学社会科学）1998 年第 3 期），陶德臣《论清代茶叶贸易的社会影响》（《史学月刊》2002 年第 5 期），张燕清《垄断政策下的东印度公司对华茶叶贸易》（《浙江学刊》2006 年第 6 期）等。

其次，在中欧文化交流和欧洲华侨华人移民、传教士研究中也涉及了部分饮食文化传播。中西文化交流史的研究中，欧洲华侨华人的历史及影响是其重要内容，一些学者对华人在欧洲从事餐饮业的进程进行了论述。最具代表性的著作是李明欢的《欧洲华侨华人史》（中国华侨出版社 2002 年版）一书，不仅详细梳理华人移民欧洲历史，而且写到早期华人在英国、荷兰等国开设中餐厅的情况。此外，沈福伟《中西文化交流史》（上海人民出版社 1985 年版）、周一良主编《中外文化交流史》（河南人民出版社 1987 年版）、张维华《明清之际中西关系简史》（齐鲁书社 1987 年版）、张国刚等《中西文化关系史》（高等教育出版社 2006 年版）等都涉及中国饮食文化的传播。除了华人华侨，传教士也是华夏饮食文明传至欧洲的重要群体，有一些相关研究。其中，多部译著具有重要地位，如爱德华·卡伊丹斯基的《中国的使臣卜弥格》（张振辉译，大象出版社 2001 年版），郑德弟等译《耶稣会士中国书简集》（大象出版社 2001—2005 年版），耿昇翻译的《16—20 世纪入华天主教传教士列传》（广西师范大学出版社 2010 年版）、《明清间耶稣会士入华与中西汇通》（东方出版社 2011 年版）等。此外，许明龙主编的《中西文化交流先驱——从利玛窦到郎世宁》（东方出版社 1993 年版）一书对明清时期的重要传教士进行了介绍。在对耶稣会士进行深入研究的同时，一些学者也研究他们对中国农业科技、食俗等方面的传播，如樊洪业《耶稣会士与中国科学》（中国人民大学出版社 1992 年版）、韩琦《中国科学技术的西传及其影响》（河北人民出版社 1999 年版）等。

可以说，目前的海上丝绸之路研究涉及的内容十分丰富，在部分领域也开展了相对深入的探讨，但是针对华夏饮食文明沿海上丝绸之路对外传播的研究则十分零散，缺少系统完整的梳理与总结。

3.南方丝绸之路方面

学术界对于中国西南地区与东南亚、南亚等的通道及其各种交流的研究早在 20 世纪初便开展。其开先河者是法国汉学家学者伯希和（Paul Pelliot），他在 20 世纪初撰写出版了《交广印度两道考》（中华书局 1955 年译本），其上卷及附录对中国西南地区与东南亚、南亚等的通道研究尤深，被称之为"西方汉学界不朽之名作"。

（1）古代典籍的相关记载与研究

在我国古代文献中，最早记载了巴蜀通往境外的交通路线的是汉朝司马迁《史记》。《史记·大宛列传》记载了公元前 122 年张骞出使西域，在大夏时见邛杖、蜀布，并得知可从汉朝西南边地经身毒而到大夏的道路。《史记·西南夷列传》的记载也反映了巴蜀地区有通往西南边陲的通道。《后汉书·西南夷传》记载："永宁元年（122），掸国王雍由调复遣使者诣阙朝贺，献乐及幻人，能变化吐火，自支解，易牛、马头。又善跳丸，数乃至千。自言我海西人。海西即大秦也，掸国西南通大秦。"这说明大秦（罗马）的艺人可经身毒道进入中国。《三国志·魏书》记载大秦有"水道通益州永昌，故永昌出异物，前世但论有水道不知有陆道"，也说明了由滇入缅而至中亚、西亚等地已有交通路线。到了唐朝，随着我国对外贸易和交通的发展，南方丝绸之路得到进一步发展，有关文献记载增多。唐朝贾耽所撰《海内华夷图》和《古今郡国县道四夷述》详细叙述了安南通天竺道、云南入缅印道，可以说是第一次较为翔实地考证了南方丝绸之路。元朝时，意大利马可·波罗曾沿着南方丝绸之路从四川经云南前往缅甸，然后又沿路返回北京，撰写的《马可波罗行纪》相关内容成为人们研究元朝云南、缅甸以及南方丝绸之路沿线情况的重要资料。明朝徐霞客在云南大部分是沿南方丝绸之路而行，其所著《徐霞客游记》记录了当时滇缅古道的真实面貌。明末清初，南明永历帝及其随从遁缅，吴三桂率清军劫掳永历帝，南方丝绸之路开始被更多人关注，相关记载在清朝逐渐增多，但大多属于记叙性质的对于线路和沿途情况的介绍，学术研究较少。

（2）20 世纪 80 年代以前的相关研究

20 世纪 40 年代是研究这条通道的第一个高峰。抗战时期，滇缅路是我国西南通往国外的重要国际通道，中国与同盟国共同修筑和开通的滇缅公路与中印公路引起社会各界广泛关注，中国的学术界也纷纷研究这一通道，并出现了一批影响大的代表作，如严德一《论西南国际交通路线》（《地理学报》1938年第5卷）、方国瑜《云南与印度缅甸之古代交通》（《西南边疆》1941年第12期）、夏光南《中印缅道交通史》（中华书局，1948）等。夏光南的著作比较系统地记述了中、印、缅之间从古代直到抗战时期在各方面的交往和联系，其出版代表了中国西南地区与东南亚、南亚等的通道及其经济文化交流研究前进了一大步。20世纪50年代至70年代，我国大陆（内地）对这一通道的研究较少，但是中国台湾与中国香港地区的一些学者却推出了一些颇有见地的研究成果。如桑秀云《蜀布邛竹杖传至大夏路径之蠡测》（《"中研院"历史语言研究所集刊》41本10分册，1969）、饶宗颐《蜀布与Cinapatta——论早期中、印、缅之交通》（《"中研院"历史语言研究所集刊》45本4分册，1974）、严耕望《汉晋时期滇越通道辩》和《唐代滇越通道辩》（《中国文化研究所学报》1976年8卷第1期）等。

（3）20世纪80年代至今的相关研究

20世纪80年代至21世纪初是研究这条通道的第二个高峰。此时，我国学术界对历史上从中国西南地区沟通东南亚、南亚到中亚、西亚、欧洲的这一通道进行了大量研究，形成了丰硕的成果。其中，较早对这条道路以"西南丝绸之路"相称的学者是陈炎，见其《汉唐时缅甸在西南丝道中的地位》一文（《东方研究》1980年第1期）。以后又有学者称其为"南方陆上丝绸之路""西南丝绸之路""南方丝绸之路""蜀布之路"等。陈茜先生较系统地研究了此路，并著有《川滇缅印古道初考》（《中国社会科学》1981年第4期）。1987年，中共中央发出（13号）文件，号召重开"南、北丝绸之路"，四川省委随后提出四川省"借边出境，借船出海"的对外经贸方针，同时大力支持学术界加强对南方丝绸之路的研究。李绍明认为，"这样四川逐渐形成以成、渝两地为中心以及联系川滇两省文博考古学界的三个研究南方丝绸之路的研究团队"①。在新的历史条件下，南方丝绸之路研究涌现出一大批具有代表性的成果。20世纪80年代南方丝绸之路研究获得国家社科"七五"规划重点项目"古代南方丝绸之路综合考察"，该项目由四川大学童恩正先生主持。1986年，四川大学成立古代南方陆上丝绸之路综合考察课题组，通过实地踏勘考察和文献研究，探索古代中国西南地区循此路与东南亚、南亚进行的文化交流，出版论文集《古

---

① 李绍明：《近30年来的南方丝绸之路研究》，《中华文化论坛》2009年第1期。

代西南丝绸之路研究》（伍加伦、江玉祥主编，四川大学出版社 1990 年版）和《古代西南丝绸之路研究第二辑》（江玉祥主编，四川大学出版社 1995 年版）。这两本论文集不仅包含了国内学者中最具代表性的研究成果，还组织学者精心翻译了印度、日本等国外学者对于西南丝绸之路的最新研究成果，可以说是对此前西南丝绸之路研究成果的集中展示和全面总结。1987 年，徐冶、王清华和段鼎周的《南方陆上丝绸路》（云南民族出版社 1987 年版）一书对西南丝绸之路作了初步介绍。随后，徐冶等又在《中国报道》、中国台湾《大地》杂志、中国香港《中国旅游》等刊物上连续刊文对南方丝绸之路做了进一步探索。这一时期，还有《西南丝绸之路考察札记》（邓廷良，成都出版社 1990 年版）等。1992 年，蓝勇的《南方丝绸之路》（重庆大学出版社 1992 年版）一书出版，不仅探讨和分析了南方丝绸之路上的经济贸易活动、贸易水平和地位，也关注了南方丝绸之路与中外文化交流的问题等，具有重要的参考价值。1994 年，申旭的《中国西南对外关系史——以西南丝绸之路为中心》（云南美术出版社 1994 年版）一书出版，吸收了很多新的国外研究成果，将南方丝绸之路的发展及这条路上的政治交往、经济贸易、文化交流等活动置于国际大背景，尤其是亚洲的整体背景中进行研究，提出和拓展了南方丝绸之路概念的内涵和外延，认为不但从四川通过云南到缅甸、印度等国的古道应列属于西南丝绸之路，而且从四川、云南起南到越南、老挝、泰国、柬埔寨，北到西藏再进入印度、尼泊尔、巴基斯坦、阿富汗等国的古道，以及这些国家之间的古道，都属于西南丝绸之路的范围。一些相关的学术会议陆续召开，并汇编出版了会议论文集，如 1990 年、1992 年在四川西昌、会理举办了两次西南丝绸之路学术研讨会，出版了《南方丝绸之路文化论》(云南民族出版社 1991 年版)。此外，还有一些重要学术著作也涉及南方丝绸之路的贸易活动、政治交往等，如董孟雄、郭亚非著《云南地区对外贸易史》（云南人民出版社 1998 年版），张莉红《在闭塞中崛起——两千年来西南对外开放与经济社会变迁蠡测》（电子科技大学出版社 1999 年版）。

21 世纪以来，南方丝绸之路的相关领域研究持续深入地发展。2007 年，"三星堆与南方丝绸之路青铜文化学术研讨会"召开，出版了《三星堆研究：三星堆与南方丝绸之路青铜文化研讨会论文集》（肖先进主编，文物出版社 2007 年版）。段渝先生主持了成都市建设重大研究项目"古蜀文明与南方丝绸之路研究"，开展对南丝路沿线国家如印度、缅甸等的考察，出版了《南方丝绸之路研究论集》（段渝主编，巴蜀书社 2008 年版）。该论集涉及南方丝绸之路的交通、民族贸易、青铜文化与中外文化交流诸多方面。这一时期有代表性的论文主要有两大类：一是综述类，有李绍明《近 30 年来的南方丝绸之路研究》（《中华文化论坛》2009 年第 1 期）、蓝勇《南方陆上丝绸之路研究现状的思考》（《中华文化论坛》2008 年第 2 期）、邹一清《2007 年以来的南方丝绸之路文化交流研究》（《中国史研究动态》2009 年第 8 期）、屈小玲《中国西南与境外古道：南方丝绸之路及其研究述略》（《西北民族研究》2011 年第 1 期）等。二是文化交流类，有段渝《中国西南早期国际交通——先秦两汉的南方丝绸之路》（《历史研究》2009 年第 1 期），段渝、刘弘《论三星堆与南方丝绸之路青铜文化的关系》（《学术探索》2011 年第 4 期），雷雨《从考古发现看四川与云南古代文化交流》（《四川文物》2006 年第 6 期），霍巍《"西南夷"与南方丝绸之路》（《中华文化论坛》2008 年第 2 期），全洪涛《南方丝绸之路的文化探析》（《思想战线》2012 年第 6 期），杨晓富《永昌：南方丝绸之路的重要门户》（《社会主义论坛》2010 年第 9 期），胡立嘉《南方丝绸之路与"邛窑"的传播》（《中华文化论坛》2008 年第 2 期），吴红《三星堆文明和南方丝绸之路》（《西南民族大学学报（人文社科版）》2008 年第 3 期）等。这些文化交流类论文的研究对象主要是丝绸、青铜器、民族迁徙、政治交往等，只有部分内容涉及饮食文明交流。

　　2013 年，习近平总书记提出建设"一带一路"倡议后南方丝绸之路的研究迎来第三个高峰期。学术界深感历史责任和时代使命，有关南方丝绸之路的研究也蓬勃开展，取得了较为丰硕的研究成果。著作有张璐《重访南方丝绸之路：云南茶马古道音乐文化研究》（北京师范大学出版社 2015 年版），屈小玲《南方丝绸之路沿线古国文明与文明传播》（人民出版社 2016 年版），幸晓峰、沈博、钟周铭《南方丝绸之路文化带与中国文明对外传播与交往》（电子科技大学出版社 2017 年版）等，但这些专著主要关注的是线路考察以及音乐、绘画、佛教等交流情况，仅有屈小玲《南方丝绸之路沿线古国文明与文明传播》的下编"中国西南与东南亚文明的交流互动"中研究了"中国西南茶文明及其传播"，对中国饮食文明的对外传播具有启发和参考价值。代表性的研究论文有三类：一是综述类，有罗群、朱强《20 世纪以来"南方丝绸之路"研究述评》（《长安大学学报（社会科学版）》2015 年第 3 期），王海婷《近十年来云南学界"南方丝绸之路"研究述评》（《云南社会主义学院学报》2016 年第 1 期），车辚《南方丝绸之路上的陌生人——清末民初在云南游历和工作的外国人述略》（《云南农业大学学报（社会科学）》2015 年第 3 期）。二是定位及现实意义类、有段渝《南方丝绸之路：中—印交通与文化走廊》（《思想战线》2015 年第 6 期），马勇《南北丝绸之路与海上丝绸之路比较研究》（《社会主义论坛》2015 年第 2 期），林文勋《南方丝绸之路的历史特征和历史启示》（《社会主义论坛》，陆璐《南方丝绸之路对大理的影响及当前的对策》（《大理学院学报》2015 年第 3 期）。三是饮食文化研究类，有方铁《马可波罗所见南方丝绸之路的饮食习俗》（《楚雄师范学院学报》2014 年第 10 期），曹茂、秦莹《南方丝路重镇会理端午饮食习俗考》（《中南民族大学学报（人文社会科学版）》2015 年第 3 期）等。其中，第二类论文数量呈上升趋势，表明了在新形势下南方丝绸之路的研究具有极高的历史和当代价值，而饮食文化类论文的研究对象仍然大多集中于国内，对于南方丝绸之路上国外情况的关注较少。此外，有关南方丝绸之路学术会议的举行，也进一步推动了相关研究，尤其是 2017 年 4 月，"天府之国与丝绸之路学术研讨会"在成都举行，90 余名中外学者参加并撰文，认为四川作为丝绸之路交汇点在丝绸之路形成、发展、繁荣过程中发挥了独特作用，应进一步加强、推动四川与丝绸之路沿线国家进行全方位、多层次、宽领域的合作。学者们的研究成果陆续在《光明日报》等权威媒体刊发，如张海鹏《为"一带一路"建设提供历史根据》、谭继和《天府四川：丝绸文明的重要摇篮》等，可以说新时期的南方丝绸之路研究呈现出多学科融合、历史和现实结合、国际视野开阔等新的特征。

与国内对南方丝绸之路的大量细致研究相比，国外的相关研究较少。在 20 世纪 90 年代，申旭认为"虽然近代有些西方人怀着不可告人但又路人皆知的目的，对这条路的部分地段做过勘察或探险，但这些活动与学术研究无涉。近来已有部分外国学者对这条路产生了浓厚的兴趣，不过尚未看到比较有分量的成果面世"[1]。江玉祥先生主编的《古代西南丝绸之路研究》两辑中收录了部分国外学者的论文，如日本藤泽义美《古代东南亚的文化交流——以滇缅路为中心》（第一辑，第 163—174 页），印度 Haraprasad Ray 教授《从中国至印度的南方丝绸之路——一篇来自印度的探讨》（第二辑，第 263—289 页），印度 S.L.Baruah 教授《关于南方丝绸之路的历史证据：阿豪马人迁居阿萨姆的路

---

[1]　申旭：《中国西南对外关系史研究——以西南丝绸之路为中心》，云南美术出版社 1994 年版，第 3 页。

线》。由于这些论文具有国际化视野，成为研究南方丝绸之路上文化交流的重要参考资料。此外，还有一些国外学者的著述中涉及南方丝绸之路沿线国家和地区的文化、经济等方面情况，如印度学者 S. 阿思塔娜《印度对外交往的历史和考古》（Asthana Shashi, *History and Archaeology of India's Contacts with Other Countries*, Deihi, 1976)，英国学者 A.M. 希尔《泰国北部的中国云南人》（载约翰·麦克金农和瓦纳·布鲁萨利编《泰国的高地人》，牛津大学出版社 1983年；Hill, Ann Maxwell, "The Yunnanese: Overland Chinese in Northern Thailand", *Highlanders of Thailand*, Edited by John McKinnon & Wanat Bhruksasri, Oxford University Press, 1983)。英国学者 D.G.E. 霍尔《东南亚史》（中山大学东南亚历史研究所译，商务印书馆 1982 年版），日本学者佐佐木高明《照叶树林文化的道路——从不丹、云南到日本》（刘愚山译，云南大学出版社 1998 年版），英国学者 G.E·哈威《缅甸史》（姚辛良译，商务印书馆 1973 年版）等。这些著述没有专题探讨华夏饮食文明对外交流和传播，只有部分零散资料有所涉及。

综上，学术界已在南方丝绸之路研究上取得了较多的研究成果，主要涉及民族迁徙、路线变迁、政治交往、商品贸易、宗教和艺术等文化交流、旅游开发，尤其是习近平主席提出建设"一带一路"倡议后，作为南方丝绸之路起点和沿线的四川、云南等地如何融入"一带一路"经济文化建设方面的研究增多，极大地提升了南方丝绸之路研究的当代价值和现实意义。但是在相关研究中，关于南方丝绸之路上华夏饮食文明的传播研究极为零散，且大多局限于南方丝绸之路国内段的传播，尚缺乏专题性、整体性地从历史学、传播学、人类学等角度对此路线上华夏饮食文明对外传播的研究。

四、研究方法及价值、意义

（一）研究方法

利用项目组所处区位优势和多次在丝路相关地区、国家实地调研所搜集的资料与研究成果，以历史学为基础，运用多学科的原理及多种方法，将历史学与文化人类学、传播学和经济学等多学科相结合，古今中外文献、考古成果互证与实地调查相结合，典型微观个案研究与宏观规律总结相结合，对西北、海上、南方 3 条丝路华夏饮食文明传播进行较为系统、深入的研究，在研究方法上主要包括以下两个方面的特点。

1.资料搜集较为丰富，多方引证，注重中外结合、史论结合

本书由于涉及丝绸之路、文化交流与传播、饮食文明等多个方面，虽然是以历史学为根基，但是，也与考古学、传播学、文化人类学、民俗学、经济学等学科密切相关，需要大量多学科、跨文化资料，因此在研究过程中广泛搜集古今经籍典志、外域异邦游记著述和考古发掘成果，并通过实地调研等形式收集海内外实物资料，在大量征引原撰的同时多方引证，引述各方相关见解，采用"三重证据法"，较多地运用考古成果以及实地调查资料，强调从资料生观点、以资料证观点、为资料引观点，注重中外结合、史与论结合、材料与逻辑结合，做到水到渠成、言至材出。

2.研究内容突出重点，以点带面，同时注重点面结合

丝绸之路上华夏饮食文明传播途径、传播者与传播内容之间的联系纷繁复杂，一个或一类传播途径、传播者所传播的内容既有单一性，也有多样性。如人的移动，不仅将产生物质文化的移动，也将产生非物质文化的移动。就饮食文化要素的传播而言，随着移民、使节、商人、宗教人士和留学生等人群的迁移、往来，既有食物原料、饮食器具、饮食品等物质类饮食文化要素的传播，也有食物原料、饮食器具、饮食品的制作技艺及饮食习俗、礼仪和思想等非物质类饮食文化要素的传播。而每条丝绸之路作为古代中国与世界其他地区进行贸易交往、文化交流的重要通道，是由当时东西方之间的一系列重要节点地区（主要包括重要城镇，重要港口如国际主港、支线港等）组成的国际贸易网，而这些重要节点地区在华夏饮食文明传播中发挥着重要作用。因此，在研究过程中采取以点带面、突出重点的方法，主要选取各条丝绸之路上华夏饮食文明对外传播所涉及的重点人物、重点事件、重要节点地区与其传播的重点内容相结合进行分类研究和阐述。此外，还通过梳理、制作"丝绸之路上华夏饮食文明对外传播主要情况一览表"，绘制"丝绸之路上华夏饮食文明对外传播示意图"，做到点面结合，从而对古代丝绸之路华夏饮食文明对外传播进行较为全面、系统、深入的研究。

（二）研究价值与意义

以历史学为基础，运用文化人类学和传播学等多学科原理及方法，对古代丝绸之路华夏饮食文明对外传播情况进行系统研究，梳理、绘制华夏饮食文明对外传播的一览表和示意图，本书将是目前为止较为系统且深入的、既区分时

间阶段又构成整体叙述和论证丝绸之路上华夏饮食文明传播历史、特点规律及其当代价值的著述,具有较高学术价值和现实意义。

1. 学术价值

本书有别于以往丝绸之路研究成果,不论在研究视角与方法上,还是研究内容与主要观点上都具有许多创新,开创了丝绸之路研究的一个新领域。

(1)在中国历史的记叙方面是一个新的独特视角,即古代丝绸之路上的华夏饮食文明对外传播,这一视角既立足于中国又扩展于异域。因此,可以说,它既有中国历史之叙述,又有外国历史之叙述,成为一种既是从中国文化史"看"外国文化发展,又是从外国文化史"看"中国文化成就的"双向互动之历史叙述"。

(2)在研究内容涉及的时空范围上具有"长时段""广地域"的特点。20世纪70年代以来,法国新史学在年鉴学派基础上汇合形成、在国际学术界产生了广泛影响并带来新的学术景象。这一新史学在历史认识论和方法论方面的更新包括历史时段的划分、问题史学和跨学科研究等。在历史时段的划分上,新史学将其分为"短时段""中时段""长时段",并以"长时段"作为认识历史的关键。以往对丝绸之路和中华文化海外传播的研究常常分时段、分地区(如"郑和下西洋""东亚文化圈"等)进行叙述,本书则是一种"长时段"叙述,内容涉及先秦汉魏南北朝至明清时期,其对华夏饮食文明海外传播及其对世界的贡献,都是"长时段"范围的评估。同时,本书还实现了"广地域",研究内容涵盖古代丝绸之路沿线的国家和地区,涉及陆路与海洋、欧亚美非,囊括了饮食文明相关的各个领域,可以说较为全面系统、深入细致地呈现了丝绸之路上华夏饮食文明对外传播的总体状况,形成了以"华夏饮食文明向海外传播"为核心、辐射亚欧美非等地的国际性文化传播体系,在一定程度上填补了丝绸之路、饮食文化研究领域的空白。

2. 现实意义

本书的现实意义主要有两个方面:一方面,随着习近平主席提出建设"一带一路"的倡议,丝绸之路作为华夏文明对外传播的和平通途,再次成为世界关注的焦点。而作为华夏文明重要组成部分的华夏饮食文明,是对外传播中最具亲和力、最乐意为人接受的重要内容,可扮演先行者和永恒参与者的角色。历史上丝路传播的华夏饮食文明至今依然在世界各国活态传承、影响极大,为深入研究华夏文明对外传播提供了鲜活的样本。另一方面,本书总结华夏饮食文明在对外传播中的独特之处和历史经验，阐述其对提升中华民族影响力所作的重要贡献，唤醒古代丝路传播出去的华夏饮食文明因子，并注入更多的华夏文明内涵，为当今华夏文明对外传播、"一带一路"建设提供历史经验和决策依据，让世界在愉悦地体验极具亲和力的饮食文明中认识和喜爱华夏文明，让华夏文明以"润物细无声"的独特方式更好地走向世界。

综上所述，从德国地质学家李希霍芬提出"丝绸之路"开始，"丝绸之路"这一概念逐渐被学界所接受，并出现了狭义和广义之分。20世纪80年代以来，丝路相关研究如雨后春笋般出现，但主要集中在历史、地理、考古和政治、经济、宗教、艺术、交通等领域，对华夏饮食文明的对外传播及其网络研究较少，使丝绸之路的研究领域有所欠缺。本研究在广义丝绸之路概念框架内，以先秦至明清时期为时间段，主要选取西北丝绸之路、南方丝绸之路、海上丝绸之路等3条丝路上的华夏饮食文明对外传播为研究对象，以历史学为根基，充分运用文化人类学和传播学等多学科原理，搜集丰富资料、多方引证，采取以点带面、突出重点、点面结合的方法，在梳理、论述丝绸之路上华夏饮食文明对外传播历史状况的基础上，不仅较为全面系统地归纳、总结出4个历史时期丝绸之路上华夏饮食文明传播特点与规律，梳理并列出各时期丝绸之路上华夏饮食文明对外传播的主要情况一览表，绘制出各时期丝绸之路上华夏饮食文明对外传播示意图，而且较为系统地阐述古代丝绸之路上华夏饮食文明对外传播的多重价值，对加强华夏饮食文明与沿线国家和地区的交流和传播、促进当前"一带一路"建设、推动沿线国家和地区共同发展和人类命运共同体的构建提出一些思考与建议，做到有经有纬、有史有论，地域从亚洲到欧美乃至非洲，时间由古代延伸到现代，由此构成一个较为完整的体系，在一定程度上填补了丝绸之路、饮食文化研究领域的部分空白，对当今华夏饮食文明及华夏文明对外传播具有重要的借鉴意义。

第一章　西北丝绸之路与华夏
饮食文明对外传播

　　"丝绸之路"，最早由德国地理学家李希霍芬在 1877 年提出。他在《中国亲程旅行记》一书中把"从公元前 114 年到公元 127 年间，中国与河中地区以及中国与印度之间，以丝绸贸易为媒介的这条西域交通路线"，称为"Silk Road"，汉文译名就是"丝绸之路"。后来，得到学术界广泛认可，并在内涵和外延上不断扩大，出现了狭义与广义之分。其中，狭义的丝绸之路主要指起于中国西北、横贯欧亚、以丝绸贸易为主要媒介的陆上重要通道。同时，这条道路在广义上又称为"西北丝绸之路"或"北方丝绸之路"。它东起古代中国长安，经过河西走廊至新疆，然后分北路、中路、南路西行，是一条连接亚洲、非洲、欧洲的国际贸易网络与文化交流通路，是人类历史上重要的一条大动脉。日本学者长泽和俊认为：第一，丝绸之路作为贯通亚非大陆的动脉，是世界史发展的中心；第二，丝绸之路是世界主要文化的母胎；第三，丝绸之路是东西文明的桥梁。[①] 这第三点即可作为本研究立论之基础，出现在丝路各地的文明依靠人群横贯东西方万里路途的移动传播至其他国家和地区，同时也接受着异国异地异族之文明。这些人群包括商队、使节、宗教人士、工匠、士兵，甚至囚犯等。就族群而言，数千年里，塞人、羌人、丁零人、月氏人、匈奴人、突厥人、回人、蒙古人自东向西迁徙；希腊人、阿拉伯人、雅利安人、粟特人自西向东迁徙。如此一来，多元的物质文化与精神文化凝聚成一个个文化综合体在丝路之上流动传播，给予东西方文明重大的影响，丝绸之路成为东西文化与文明交流的大动脉，"西方古代、中世纪，甚至是近代文明中的许多内容都可以通过丝绸之路而追溯到波斯，进而从波斯追溯到中国"[②]。季羡林先生认为："文化交流或文化传播，总是要通过一定的道路。西域地处东西两大

---

　　① ［日］长泽和俊：《丝绸之路史研究》，钟美珠译，天津古籍出版社 1990 年版，第 3—5 页。

　　② ［法］阿里·玛扎海里：《丝绸之路——中国—波斯文化交流史》，耿昇译，中华书局 1993 年版，第 4 页。

文化体系群的中间，是东西文化交流的必由之路。在东方文化体系群的内部，各民族之间的文化交流，有时候也要通过西域。世界历史上有名的丝绸之路，就是横亘西域的东西方文化交流大动脉。"①

西北丝绸之路的形成、开通和发展、繁荣，是一个漫长的历史过程。其发展可以分为 4 个历史阶段：第一，先秦至汉魏南北朝是西北丝绸之路的形成发展期。目前研究表明，商周时期的贸易交换开始活跃起来，当时经商的地区已经远至甘肃的河西走廊、新疆和中亚一带。商周文明与丝织品通过荤粥、土方、鬼方等部落方国向西传播。春秋战国时期，地处关中的秦国发展了与西北游牧民族的贸易关系，受匈奴压迫西迁的大月氏成为中西交通与贸易的中转站，月氏人和散居中亚北部的塞人充当了当时中国与西域各国间最古老的贸易商。而西北丝绸之路的真正形成，学术界一般认为应是在公元前 139 年汉朝官方派遣张骞出使西域之后。两汉时期，中国内地与中亚、西亚甚至欧洲的交流往来十分密切。丝绸之路自长安出发，由葱岭西行，连接大月氏、乌孙、康居、大宛、大夏、安息、奄蔡、弗菻（即东罗马帝国），最后到地中海东岸，全线长度大约 7000 余公里，沿线途经平原、沙漠、戈壁、绿洲草原、高地等，地理环境复杂，主要交通和运输工具是骆驼、马匹、骡驴等。就当今的地理概念而言，两汉丝绸之路经行中国、印度、巴基斯坦、哈萨克斯坦、乌兹别克斯坦、塔吉克斯坦、土库曼斯坦、吉尔吉斯斯坦、阿富汗、伊朗、伊拉克、叙利亚、黎巴嫩、土耳其等 10 余个国家和地区。魏晋南北朝时期，中国长期处于分裂割据状态，但丝绸之路仍处于发展阶段，华夏饮食文明继续向西传播。第二，隋唐时期是西北丝绸之路的鼎盛期。隋唐时期，尤其是唐朝成为亚洲乃至世界的政治、经济、文化发展的中心，西北丝绸之路更加通达繁荣，成为唐朝经略西域，发展与西亚和欧洲经济文化交流的交通干道，往来的使节、商旅、宗教人士和旅行家络绎不绝、相望于途，而饮食文明沿丝绸之路的传播也进入了新时期，传播内容更加丰富、传播范围更加广阔，对中亚、西亚甚至欧洲各民族的饮食文化发展起到重要的推动作用。第三，宋元时期是西北丝绸之路的衰变与短暂复兴期。衰变时期主要在两宋时期，西北丝绸之路因沿线上各民族政权兴起和战争等原因受到阻碍，而随着中国经济重心的南移、海上丝绸之路兴盛并在对外交通中占据越来越重要的地位，西北丝绸之路上的贸易往来与华夏饮食文明的向

---

① 季羡林：《21 世纪东方文化的时代》，《文艺理论研究》1992 年第 4 期。

西传播不断走向衰弱、其重要性逐渐降低。而复兴时期主要在元朝，公元13世纪前期蒙古汉国的三次西征，为东西方之间的贸易和文化交流提供了前所未有的条件，使得西北丝绸之路再次畅通、一度恢复了汉唐的繁荣，许多欧洲的使者、传教士和商人如马可·波罗等都沿此路线来到中国，西北丝绸之路上的东西方经济文化交流出现了一定程度的复兴。第四，明清时期是西北丝绸之路的衰落期。此时，由于西北丝绸之路陆上运输的多重困难和阻碍远远大于海上丝绸之路，中国与中亚、西亚以及欧洲等通过西北丝绸之路进行的贸易日渐衰微，华夏饮食文明通过贸易而进行的传播也进入低迷状态，但仍然存在着通过移民所进行的传播，如清末西北地区回民群体移居中亚，将中国西北地区人民的饮食文化带入中亚，对当地饮食文明产生了较为深远的影响。

西北丝绸之路是起于中国西北、横贯亚欧大陆的重要国际通道，其主要线路则根据沿线的地理状况和各地政治、经济状况等因素，从东向西划分为东段、中段和西段，而每一段又由若干主要干线和重要支线构成，由此成为东西相连、南北交错的交通网络。其中，东段从长安出发，经河西走廊的武威、张掖、酒泉、安西到敦煌，敦煌郡龙勒县有玉门关和阳关。中段从玉门关和阳关以西，到帕米尔和巴尔喀什湖以东以南地区。①《汉书·西域传》记载："自玉门、阳关出西域有两道：从鄯善傍南山北，波河西行至莎车，为南道；南道西逾葱岭则出大月氏、安息。自车师前王廷随北山，波河西行至疏勒，为北道；北道西逾葱岭则出大宛、康居、奄蔡焉。"②西段则始于帕米尔和巴尔喀什湖以东以南地区，南到印度，西到欧洲。方豪指出："丝路实可称谓旧世界最长交通大动脉，为大陆国家文化交流之空前最大联络线。"③西北丝绸之路也是华夏文明的西传之路。在这漫漫长路上，沿线各国的民间商人、官方使节、虔诚的宗教信徒、勇敢的探险家和旅行家以及征战的军队和迁徙的移民往来于此，丝绸、瓷器等华夏物产经由此路输往沿途各国，华夏的生产技术、科学知识以及关于中国的种种游记、见闻乃至传闻也陆续传往西方世界。而在西北丝绸之路上的贸易主导者因不同的时期和区域而有所变化。

西北丝绸之路上华夏饮食文明对外传播的主要对象是古代"西域"及以西的国家和地区，包括中亚、西亚以及欧洲等。从现代地理学角度看，中亚和西

---

① 杨建新、卢苇编：《丝绸之路》，甘肃人民出版社1988年版，第62页。
② 《汉书》卷96《西域传》，中华书局1965年版，第3892页。
③ 方豪：《中西交通史》（上），上海人民出版社2008年版，第50页。

亚地区是古代华夏文明西传的最重要区域和中转站，把古代华夏文明传播到更远的欧洲各国。其中，中亚主要指里海以东、葱岭以西，伊朗、印度、中国以北，西伯利亚以南的广大地域，包括土库曼斯坦、乌兹别克斯坦、吉尔吉斯斯坦、塔吉克斯坦、哈萨克斯坦和阿富汗等国。① 西亚主要指里海、黑海、地中海、红海、阿拉伯海之间的广大地域，有"五海之地"的称号，包括伊朗、土耳其以及阿拉伯半岛各国等。在人类历史上，中亚和西亚地区是希腊罗马、波斯、阿拉伯与华夏古文明的交汇地，各种文明在这里进行大规模、广泛的接触、碰撞、吸收和融合，形成人类文明交流和传播史上的一大奇观。华夏文明也通过西北丝绸之路传播到中亚和西亚地区，并以此为中转站传播到更远的欧洲各国。从传播内容来看，华夏饮食文明通过西北丝绸之路对外传播内容较为丰富，不仅包括食物原料及生产技术、饮食器具及制作工艺、饮食品种及制作工艺，还包括饮食典籍、饮食习俗与礼仪、饮食思想、饮食店铺等。

第一节　先秦至汉魏晋南北朝时期：形成发展期

先秦至汉魏晋南北朝时期是西北丝绸之路华夏饮食文明对外传播的形成发展期。早在商周时期，中国已与中亚、西亚有了初期的交流，贸易交换开始活跃。春秋战国时期，伴随着商业贸易的扩大，其贸易通道由河西走廊、天山北麓越阿尔泰山，再经阿姆河和伊朗高原，穿过美索不达米亚，最终到达地中海北岸。西汉前期，随着国内政治和社会稳定，农业发展促进手工业的提升，汉武帝开展了反击匈奴的战争，客观上成就了中西经济文化交流的第一个高潮。汉王朝和中亚各国的交通道路从长安出发，经河西走廊的武威、张掖、酒泉、安西到敦煌，再由此西行、形成南北两道的西北丝绸之路，而华夏饮食文明也沿此道路向西传播。

先秦时期

中国同古代西方诸文明之间的交通与交流，可以追溯到远古时期。大量的

---

① 王治来：《中亚史纲》，湖南教育出版社 1986 年版，第 11 页。

文献及考古资料证实，至迟在夏商时期，中国的中原地区已与今新疆乃至以西的地区有了交通道路存在和经济文化交流。《山海经·海内西经》第十一言："海内昆仑之虚，在西北，帝下之都。"①中原文化与丝织品通过荤粥、土方、鬼方等部落方国传入今新疆境内。周朝与葱岭以西的民族间也有贸易和文化往来，《穆天子传》卷二记载周穆王西游天下，每到一处就以丝绸、黄金、贝币、金珠等馈赠当地各部落酋长，而各部落酋长也回赠礼物，"献酒千斛于天子，食马九百，羊牛三千，穄麦百载"②。《穆天子传》反映的是早期黄河流域与西域地区较早的交通与交流。顾颉刚研究周穆王西征的路线为：从南郑到宗周洛邑，渡黄河、漳水，穿井陉关循沱河之北，出雁门关、桑干河上游，到土默川平原，在包头一带即黄河—河套平原西北狼山（积石）之塞，顺贺兰山东侧南下至河首，登昆仑山（在青海巴颜喀拉山），由此西北行，再沿祁连山北麓西进，最远所到的西北大旷原，大约在今新疆哈密一带。③西周时期，黄河流域和中亚锡尔河上游地区交通上有一定联系，当时西去的道路有两条，一条是由祁连山北经河西走廊入新疆，进而到中亚；一条是由祁连山南经柴达木盆地入新疆，进而到中亚。

春秋战国时期，伴随着商业贸易的扩大，中西间的交流与交通得到了很大发展。除各诸侯国之间的交流与贸易外，周边各少数民族与西域、中亚等地的交流往来也日益增加。如地处关中的秦国，势力逐渐强大，秦穆公征服"西戎八国"后打开了通往河西走廊的交通，发展了秦与西北游牧民族的贸易关系，《尚书·禹贡》："织皮昆仑，析支渠搜，西戎即叙。衣皮之民居此昆仑、析支、渠搜三山之野者，皆西戎也。"④此时，月氏人最初聚居于河西走廊一带，因受匈奴侵略而西迁至伊犁河流域，后又迁至中亚阿姆河一带，吞并大夏，使中亚成为中西交通和贸易的中转站，并与散居中亚北部的塞人一起充当了最古老的中间贸易商。1977 年，在新疆阿拉沟东口墓中发现的春秋战国时期丝织珍品正是中原生产的。公元前 4 世纪，亚历山大东征，又把希腊文明带到了中亚地区，为此后的中西交通与文化交流创造了条件。在约 2500 年前成书的《旧约·以西结书》中，耶和华要为城市披上最美丽豪华的衣裳，其织品就是"丝

① 袁珂译注：《山海经校注》，上海古籍出版社 1980 年版，第 294 页。
② （晋）郭璞注：《穆天子传》，中华书局 1985 年版，第 9 页。
③ 顾颉刚：《顾颉刚民俗论文集》，中华书局 2011 年版，第 4 页。
④ （汉）郑玄注：《尚书郑注》，中华书局 1985 年版，第 31 页。

绸"，该书正是产生于阿契门尼德王朝统治下的波斯，这意味着此时的波斯帝国境内已有中国丝绸。王介南在《中外文化交流史》中指出，春秋战国时，中西方之间就已经存在一条贸易通路，即由河西走廊、天山北麓越阿尔泰山，再经过阿姆河和伊朗高原，穿过美索不达米亚，最终到达地中海北岸。

秦汉时期

公元前 221 年，秦王嬴政建立了中国历史上第一个统一的封建王朝。公元前 202 年，刘邦建立西汉，到汉武帝时代（前 140—前 87）步入鼎盛时期。随着国内政治和社会稳定，农业发展促进手工业提升，汉武帝开展了反击匈奴的战争，在客观上成就了中西经济文化交流的第一个高潮。汉朝军队追逐匈奴的兵锋远达天山南北，张骞出使西域、一举凿开西域交通南北干道上的阻隔，开辟了中原地区连接中亚、西亚的道路，丝绸之路南北二道正式形成。此后，汉朝设立西域都护府，保证了丝路贸易活动的顺利进行。汉使与商旅们穿过塔里木盆地和中亚山岭谷地、直达伊朗高原。东汉时期，甘英更是深入安息的条支海边即波斯湾，探寻欧亚交通路线。"丝绸之路"成为这一时期联络东西的主要渠道。至此，中西交流进入前所未有的发展时期，华夏饮食文明也沿着丝绸之路进行了广泛而深入的传播。

西汉前期，汉朝的西北边境遭遇严重威胁，当时西域北道包括楼兰、乌孙等 20 多国被匈奴控制，西域沿线诸国与汉朝的商贸往来也受到阻隔。但汉王朝对匈奴主要采用的是"通关市、遣公主"的和平相处之道，以便休养生息、促进经济繁荣。公元前 140 年，汉武帝刘彻即位之后，进一步加强中央集权，实行察举制度、建立太学，建立由中央随时调遣的"长从"军队，将打击匈奴、凿通西域提上了议事日程。汉武帝一方面厉兵秣马、积极备战，决心用武力解除匈奴的威胁，另一方面积极准备联合受匈奴欺凌和压迫的西域各族各部，对其产生钳形攻势。为了联络远遁西域的月氏人共击匈奴，汉武帝派遣张骞于建元二年（前 139）和元狩四年（前 119）两次出使西域。张骞经历十余年的艰险之旅，从长安出发，经河西走廊，到达伊犁河与楚河流域后取道巴尔喀什湖北岸，穿过吉尔吉斯山脉，依次到达大宛（今费尔干纳）、康居（今塔什干一带）、大夏（阿姆河、锡尔河一带），在与大月氏王斡旋交涉无果，于公元前 126 年回到长安。公元前 119 年，为联合在伊犁河居住的乌孙、实现彻底斩断匈奴右臂的军事构想，张骞再度率使团出使西域。通过张骞的两次出使，汉朝正式开辟了与西域的往来通道，司马迁称其为"凿空"之功。张骞第一次出使西域，虽然未能达到联盟月氏、共击匈奴的目的，却获得了大量前所未闻的有关西域地理、物产等的信息及匈奴一些内情，还听说了乌孙（在今伊犁河流域和伊塞克湖地区）、奄蔡（在今咸海和里海之间）、安息（今伊朗）、犁轩（亚历山大港，一说在今叙利亚一带）、条支（在今伊拉克）和身毒（今印度、巴基斯坦）等的情况。由此，汉武帝开始了广求西向通道的行动。张骞第二次出使，由 300 余人的庞大使团组成，携带牛羊、金币和彩帛，沿途通好西域各国，加强联系，此次到达的范围极远，包含大宛、康居、大月氏、大夏、安息、身毒等国家和地区，汉王朝的声威也由此传播到西域，西域各国与汉王朝的官方交往进入繁荣时期，东西往来不绝于道。《史记·大宛列传》载，就在张骞第二次出使之时，西域许多国家即派使节与汉使一起至长安，"其后岁余，骞所遣使通大夏之属者皆颇与其人俱来，于是西北国始通于汉矣"；"使者相望于道。诸使外国一辈大者数百，少者百余人，人所齐操大放博望侯时"，"汉率一岁中使多者十余，少者五六辈，远者八九岁，近者数岁而返"。①

公元前 121 年，汉武帝在章河西设武威、酒泉二郡，在敦煌设"酒泉玉门都尉"，隶属于酒泉郡，公元前 111 年后又设张掖和敦煌郡，史称"河西四郡"。由此，汉朝对中国内地通往西域的重要区域——河西走廊开展经略治理。河西地区因经济发展和贸易走廊的形成，密切了汉与西域的关系，促进了中西间经济文化交流，也成为华夏文明传入西域及以西乃至欧洲的重要枢纽。丝绸之路正式形成后，随着商业贸易的发展，沿线城市开始繁荣起来，《盐铁论·力耕》云："自京师东西南北，历山川，经郡国，诸殷富大都，无非街衢五通，商贾之所臻，万物之所殖者"②。如张掖地区，当时有不少西域商人从事商业活动，用马、骆驼、酥酪、毡毯、玉石等商品换取中原的丝织品、枸杞、大黄等。为确保西域交通道路的安全，汉武帝先后派兵出击姑师、楼兰、大宛等国，两次联合西域诸国进击匈奴，把匈奴势力基本赶出了天山南北地区。公元前 60 年，汉朝政府在西域设置"西域都护府"。自此，玉门关、阳关以西，天山南北，包括乌孙、大宛、葱岭范围内的西域诸国都由西域都护府管辖，为西域社

---

① 《史记》卷 123《大宛列传》，中华书局 1959 年版，第 3170 页。
② 王利器校注：《盐铁论校注》，上海古典文学出版社 1958 年版，第 13 页。

会经济的发展、保护中西商路的畅通等起到了极大推动作用。为了加强对丝绸之路的管理，汉朝政府实行了屯田戍边政策，伊犁昭苏、罗布卓尔楼兰、库车拜城、吐鲁番等都是丝绸之路东段较重要的政治、经济中心，也是当时屯田重点地区。通过屯田戍边，中原地区农具及农作物随屯田士卒、应募农民不断传入西域，对西域农业生产和饮食生活产生了重大影响。

汉朝不仅通过张骞出使西域、反击匈奴、经略河西走廊、实现屯田戍边等，为丝绸之路的正式形成和发展奠定良好的政治基础，还通过发达的农业、手工业和商业，为丝绸之路上的贸易和文化交流奠定良好的经济与文化等基础。此时，中国各地的农业区被统辖在同一个中央集权下、成为当时世界上面积最大和最为发达的农业区，铁犁牛耕已推广普及，农业生产力与农业科技的巨大进步促进了农业的繁荣与物质财富的积累。《汉书·食货志》载，"至武帝之初七十年间，国家亡事。非遇水旱，则民人给家足，都鄙廪庾尽满，而府库余财。京师之钱累百巨万，贯朽而不可校；太仓之粟陈陈相因，充溢露积于外，腐败不可食。众庶街巷有马，仟伯之间成群，乘牸牝者摈而不得会聚。守闾阎者食粱肉，为吏者长子孙，居官者以为姓号"。[①] 农业的供养水平明显超过前代是汉朝饮食文化繁荣的基础与前提。汉朝文景之治后，"农人纳其获，女工效其功"[②]。"农为百业之本"，发达的农业促进了织造业与工商业的快速发展，汉朝各地生产的丝绸量大质高。随着中西交流道路的畅通和商贸往来的频繁，丝绸在当时中外贸易活动中地位显赫，是最为重要的商品。

汉朝时，西北丝绸之路作为横贯亚欧大陆的重要国际通道，其主要线路可以分为东段、中段和西段，而每一段又有一些主要干线和重要支线，形成了东西相连、南北交错的交通网络。具体而言，西北丝绸之路的东段始于长安，经河西走廊的武威、张掖、酒泉、安西，到敦煌为止。西北丝绸之路的中段始于敦煌，该郡龙勒县有玉门、阳关（图1-1），由此西行而形成南、北两条主要干道，到达帕米尔和巴尔喀什湖以东以南地区为止。[③] 前文已列出东部南北两道的线路，中段北道的线路为：出玉门关以西经白龙堆至楼兰，然后向北绕道车师前王国，向西南依次经过塔克拉玛干沙漠北缘的危须、焉耆、龟兹、温宿、姑墨、尉头至疏勒，继续向西越过葱岭到大宛、康居，继续取道西北可通

---

① 《汉书》卷24《食货志》，中华书局1962年版，第1135页。

② 王利器校注：《盐铁论校注》，上海古典文学出版社1958年版，第4页。

③ 丁笃本：《丝绸之路古道研究》，新疆人民出版社2010年版，第115页。

奄蔡，向南可达大月氏，向西南则通安息。中段南道的线路为：出阳关沿阿尔金山北麓，依次至且末、精绝、于阗、皮山、莎车，之后沿兴都库什山北麓喷赤河上游西到达大月氏和安息。在西北丝路中段的南、北两道国际交通干线中间，还夹杂有许多支线交通道路。西北丝绸之路的西段则从帕米尔和巴尔喀什湖以东以南地区继续延伸，南到印度，西到欧洲为止。

西北丝绸之路途经欧亚大陆腹地，沿线地区雨量稀少，气候极为干燥，地理环境复杂，包含有帕米尔高原、昆仑山、天山、阿尔泰山、喜马拉雅山、兴都库什山等山脉和卡维尔沙漠、卡拉库姆沙漠、塔克拉玛干大沙漠等戈壁沙漠，还有险峻

图 1-1 汉代阳关烽燧遗址（笔者摄于甘肃阳关）

崎岖的雅丹地貌等。道路交通条件艰苦，行旅必须忍受长时间的饥渴。在这样的自然环境下，骆驼和骡马成为西北丝绸之路上的主要交通畜力。

根据我国考古发现和古生物学者的相关研究，在冰河时期就有一支原驼种群迁徙到中亚和蒙古高原地区，因适应荒漠戈壁的严格自然环境而得以繁衍，这也是我国最早的骆驼来源。骆驼与其他有蹄类动物相比，蹄齿特别发达，脚趾端有蹄甲，两脚趾之间有很大的开叉，增大接触地面的面积，能在松软的流沙中行走而不下陷。新疆和内蒙古出产的双峰骆驼在翻越帕米尔高原和伊朗高原的沿途运输上起着沙漠桥梁的作用，它们以强壮的驮运力、忍饥耐旱和抵御夏季沙漠热风的习性为长途跋涉的商旅开路运输。《史记·匈奴列传》载，"唐虞以上有山戎、猃狁、荤粥，居于北蛮，随畜牧而转移。其畜之所多则马、牛、羊，其奇畜则橐驼、驴"[1]。由此可以推测，中国早在史前时期就已经开始畜养骆驼，宁夏、新疆等地的古代岩画中均有不少历时久远的骆驼图像。《逸周书·商书》也记载，"正北空同、大厦、莎车、姑他、旦略、豹胡、代翟、匈奴、娄烦、月氏、孅犁、其龙、东胡，请以橐驼、白玉、野马、駒駼、駃

① 《史记》卷 110《匈奴列传》，中华书局 1959 年版，第 2879 页。

騠、良弓为献"①。春秋战国时期，养驼业有了一定进步。《山海经·北山经》载"其兽多橐驼"，郭璞云："有肉鞍，善行流沙中，日行三百里，其负千斤，知水泉所在也"②。《史记·苏秦列传》中也言，"燕、代橐驼良马必实外厩"③。这些表明先秦时期西北地区人民掌握了骆驼的生活习性，已成规模地、科学地饲养骆驼。汉朝时，养驼业有较大发展。如在新疆小东沟南口墓地、亚依德梯木遗址和甘肃敦煌悬泉置遗址等地已发现了许多骆驼骨骼遗存。公元前104年左右，贰师将军李广利留屯敦煌、准备再出师的期间，对既能运输又可骑乘的骆驼有了进一步认识，在备战中大量征用酒泉四郡民间早已饲养供运输用的骆驼。《汉书·西域传》载汉武帝在轮台诏中言："汉军破城，食甚多，然士自载不足以竟师。强者尽食畜产，羸者道死数千人。朕发酒泉驴橐驼负食，出玉门迎军。"颜师古注："士虽各自载粮，而在道已尽。至于归途，尚苦乏食不足，不能终师旅之事也。"④可以说，汉朝初年，河西一带的养驼业就已经大大发展起来。此外，天山南北的养驼业较为发达。《汉书·西域传》载："民随畜牧逐水草，有驴马，多橐它。"⑤汉朝骆驼养殖业的发展，使得骆驼在西北丝绸之路上的生产价值大增，也成为中西文明交流和华夏饮食文明对外传播的重要承载工具。

除了骆驼，马匹也是西北丝绸之路上的主要交通畜力。秦朝时，在游牧民族区与汉族农耕区之间横亘着广阔的半牧、半农区，这些地区成为沟通马文化与农耕文化相互联系的纽带。《史记·货殖列传》载："龙门、碣石北多马、牛、羊"，"天水、陇西、北地、上郡与关中同俗，然西有羌中之利，北有戎翟之畜，畜牧为天下饶"⑥。碣石（在今河北省昌黎县）经龙门（今陕西省韩城市与山西省河津市之间）西南斜向天水、陇西一带是当时半牧半农区与农耕区的分界线。《盐铁论·西域》载"长城以南、滨塞之郡，马牛放纵，蓄积布野"⑦，充分反映了边郡养马业的兴旺景象。汉朝时，养马技术有了较大提高，主要表现在优良品种的培育、饲养管理技术的进步、兽医及相马术的发展等方面。自汉武帝开始，汉朝实施了成规模、有计划的马匹杂交改良政策，大批引进西域良马，与

---

① （清）朱右曾：《逸周书集训校释》卷59，商务印书馆1937年版，第124页。
② 袁珂：《山海经校注》，上海古籍出版社1980年版，第70—71页。
③ 《史记》卷69《苏秦列传》，中华书局1959年版，第2261页。
④ 《汉书》卷96《西域传》，中华书局1962年版，第3913页。
⑤ 《汉书》卷96《西域传》，中华书局1962年版，第3876页。
⑥ 《史记》卷129《货殖列传》，中华书局1959年版，第3254、3262页。
⑦ 王利器校注：《盐铁论校注》，上海古典文学出版社1958年版，第297页。

西域之间的"马绢贸易"持续不断。今甘肃省的山丹军马场曾经是汉朝最大的马匹引进和繁殖育种中心。马匹的改良与驯养技术的提升，为当时的中国与中亚、西亚、欧洲等地的贸易往来和华夏饮食文明对外传播起到了重要作用。

魏晋南北朝时期

魏晋南北朝时期，是朝代更替频繁并有多国并存的时代。然而，由于阻碍西北丝绸之路贸易发展的匈奴在此时已经衰弱西迁，而沿线的游牧部落鲜卑、柔然、嚈哒、突厥等不具备控制整个西域的能力，中原和占据河西的诸政权以及西域地区各国为了各自的政治、经济等利益，都极力维护丝路的畅通。因此，这一时期，西北丝绸之路较为畅通，沿此路上的中西方贸易往来与文明交流持续进行。

公元 220 年始，曹魏政权先后在河西设立凉州刺史（驻地在今甘肃武威），由其监管中原与西域及西方各国的政治经济联系；在西域要冲高昌设立戊己校尉，名"高昌壁"驻军屯田；在海头（今罗布泊）设西域长史。曹魏政权恢复了西域的军事、行政管理机构，其中敦煌太守仓慈实行过所制度、平价收买商品、协助商人购买内地商品等一系列措施，维护西北丝绸之路的安全与畅通，加强了中原与西域的联系。西晋沿用前朝方略，西域诸国相继臣服，来往交通顺畅。[①] 到西晋末年，中原战乱频仍，河西诸凉政权交替更迭，大批中原及河西地区之人逐渐避居西域各地，尤以高昌为主。其后，中国北方进入混乱割据的五胡十六国时期，但大多与西域保持密切联系。公元 376 年，前秦王苻坚派大将吕光西征扫清丝路阻塞。到北魏统一中国北方后，西北丝绸之路空前畅通，外国商人、使节纷至沓来，北魏设立四通市等场所，专供西方商人开展商业贸易活动，促进了华夏饮食文明在丝绸之路沿线的传播。

在魏晋南北朝的 360 余年，中国经济处于曲折发展状态。此时，中国北方地区的农业发展可以分为魏晋时期和十六国北朝时期。河西地区原为少数民族杂居之地，匈奴、氐、羌、羯、鲜卑、杂胡等都曾活动于此，其主要方式是逐水草而居。曹魏时期，先进的农耕技术传入河西，涉及金城、武威、酒泉和敦煌四郡。当时，敦煌地方官员苏则在当地经历丧乱之后，"与民分粮而食，旬

---

① 白明编：《中国对外贸易史》，中国商务出版社 2015 年版，第 37 页。

月之间，流民皆归，得数千家……亲自教民耕种，其岁大丰收，由是归附者日多”①。皇甫隆更为河西之民带来了合理灌溉、播种、平整土地等精耕细作的先进农耕技术和知识。在两晋前期，随着全国统一、社会经济逐步恢复，商品经济也呈现出复苏景象。洛阳成为全国的经济中心和中外经济、文化交流中心，“纳三万而罄三吴之资，接千年而总西蜀之用……世属升平，物流仓府，宫闱增饰，服玩相辉”②。《三国志·傅嘏传》载“其民异方杂居，多豪门大族，商贾胡貊，天下四会，利之所聚”③。洛阳城中金市、马市和阳市这三个大市已相当繁荣，其他各州郡也有市集、商业往来日渐频繁。《魏书·邢峦传》载，从北魏孝文帝以来，“逮景明之初，承升平之业，四疆清晏，远迩来同，于是藩贡继路，商贾交入，诸所献贸，倍多于常”④。西北丝绸之路在此情况下进一步发展，中国对外贸易的国家显著增加，文化交流的范围日益扩大。《洛阳伽蓝记》载，北魏时“自葱岭已西，至于大秦，百国千城，莫不款附。商胡贩客，日奔塞下，所谓尽天地之区已。乐中国土风因而宅者，不可胜数。是以附化之民，万有余家”⑤。在民间贸易繁荣的同时，沿线各国使臣进行的朝贡贸易也得到发展，当时与中亚贵霜帝国、大宛、粟特、嚈哒和西亚波斯萨珊王朝及欧洲大秦等国都保持了密切的通商友好关系，华夏饮食文明随之西传。

从交通路线上看，魏晋南北朝时期的西北丝绸之路与两汉时期大体相同，其发展主要体现在吐谷浑道的兴起。这条通道大致走向是由临夏过黄河，沿西北方向行至乐都，再沿湟水西行至西宁，沿日月山经青海湖北面向西进入柴达木盆地边缘，至阿尔金山嘎斯山口进入若羌。⑥这条通道使得吐谷浑在南北朝时期成为西域及西方诸国与中原各朝进行经济联系的重要枢纽。与此同时，作为西北丝绸之路主要畜力的骆驼养殖业由于统治者的重视而发展迅速，尤其是南北朝时期的养驼业更是十分兴盛。据唐开元年间官书《唐六典》卷十七《上牧》条记载：“北齐太仆寺统左、右牝、驼牛、司羊等署令、丞；后周有典牡、典牝上士一人，中士一人；又有典驼、典羊、典牛，各有中士一人。”⑦历代多

---

①　《三国志》卷16《魏书·苏则传》，中华书局1959年版，第491页。

②　《晋书》卷16《晋书·食货志》，中华书局1974年版，第783页。

③　《三国志》卷21《魏书·傅嘏传》引《傅子》，中华书局1973年版，第624页。

④　《魏书》卷65《邢峦传》，中华书局1974年版，第1438页。

⑤　周祖谟校释：《洛阳伽蓝记校释》，中华书局1963年版，第132页。

⑥　石云涛：《三至六世纪丝绸之路的变迁》，文化艺术出版社2007年版，第17页。

⑦　李林甫：《唐六典》卷17，中华书局1992年版，第486页。

类官方文书对南北朝时期政府的畜牧管理体制都有清晰记载。贺新民在《中国骆驼资源图志》中指出，当时国家在各地设有大型牧场及管理机构，牧政体制完备，职责分明，对马、驼等重要运力牲畜进行严格管理，如分为管理、繁殖、饲养和鞍具等专业，还派人掌管司法、诉讼、祭祀、狩猎和财务等行政工作。所有这些设施，均有利于养驼业等畜牧业的发展。① 如北魏时的骆驼繁衍很快，仅官方养的骆驼就有百万多峰，成为我国养驼的高峰时期。值得一提的是，此时，骆驼不仅是西北丝绸之路上的主要交通工具，还成为了农耕工具。北魏自孝文帝实行均田制后经济开始发展，长期经营畜牧业的牧民在向汉人学习耕稼、从事农业生产的实践中，由于了解骆驼的生产技能而扩大了畜力利用范围。《魏书·食货志》载有"以马、驴、橐驼供驾、挽、耕"②，将骆驼用于农耕始于北魏，这对于后世农牧业发展有一定促进作用。

这一时期，在西北丝绸之路上，华夏饮食文明对外传播主要通过民间商旅往来、各国政府使节出访、军事对抗与屯田制度、中原与西域各国移民等多种途径进行，而传播内容包括了食物原料、饮食器具及相关生产制作工艺、饮食习俗及思想等，种类丰富多样。

食物原料及其农业生产技术

一、商周先民与粟、黍、稻向西传播

最早将华夏饮食文明带向西方的人群是古代游牧民族，他们繁衍生息在亚欧内陆草原，更由于生活的需求与农耕民族间进行频繁的商品交换，也因族群的生存而进行彼此间的战争与掠夺。如北方的北狄、匈奴，西北的塞人、月氏、乌孙等在民族发展历程中都曾有着长途迁徙发展的历史，有的举族西迁，有的往来盘桓，进入中亚、西亚地区，有的甚至从蒙古高原经中亚北部，沿里海、高加索、黑海北岸进入欧洲平原。中国的物质文明便伴随着这些古老游牧民族的足迹而传播到西方。

目前研究显示，早在距今1万年左右的哈密地区七角井新石器遗址出土的石器制作工艺已明显受到华北地区新石器工艺传统的影响，这表明新疆地区和

---

① 贺新民：《中国骆驼资源图志》，湖南科学技术出版社2002年版，第153页。
② 《魏书》卷110《食货志》，中华书局1974年版，第2856页。

黄河流域有十分久远的文化联系。[①] 至迟在新石器时代晚期，中原地区的农作物已经传播到了古代新疆。商周时期，贸易交换活跃起来。目前，新疆发现的最早的粟类标本见于距今 3000 年左右的哈密五堡墓地。[②] 此处曾出土一种小米饼，数量很多，饼多呈方形，长约 20 厘米，厚 3—4 厘米，由于粉碎不好，饼内的卵圆形小米粒仍清晰可见。穈子的碳化物在新疆和硕县新塔拉石器文化遗址中曾有发现，其时代都在新石器时代。而在尼雅遗址现已发现的粟类碳化物，其品种是中国的谷子，即"粟"。关于粟在世界上的传播问题，学术界的观点基本一致，即世界上的栽培粟是由中国外传的。粟起源于我国黄河流域的黄土丘陵地带，早在新石器时代早期的磁山文化、裴李岗文化以及稍后的仰韶文化、龙山文化遗址中都有大量的粟的碳化物出土。[③] 黍，亦称"黍子""穈子""稷"，同样在我国北方新石器时代早期就广泛种植，因为在这一时期的文化遗址中它常常伴随粟一起出现。正如瑞士植物学家德堪多所言，粟起源于中国华北，在史前时期由亚欧大陆的大草原，经阿拉伯、小亚细亚传入东欧、中欧等地区。瓦维洛夫也持同样的观点，认为粟的多样性中心在东亚，并推断中亚直至欧洲的粟都是从东亚西传过去。马扎海里在《丝绸之路——中国—波斯文化交流史》中认为，谷子和高粱是古代中国大陆上的农作物，通过丝绸之路而先传到波斯，后传到罗马。在公元前 4 世纪左右亚历山大东征时期，粟米已经成为远征军重要的军粮。法国考古学家、现任法兰西学院之丝路学科带头人葛乐耐教授在《驶向撒马尔罕的金色旅程》一书中描述了撒马尔罕古城中心处希腊军队马厩和谷仓的遗址情况，指出"马槽旁边是已经烧焦的谷仓，为上下两层的多个长方形屋子，每个长 36 英尺，宽 18 英尺，每个屋子都有各自的出口，在谷仓的尽头存满了一袋袋细细红红的粟米，深达数米。可惜此谷仓毁于公元 250 年左右希腊化王国一场突然的大火，大火引起房梁塌陷，当时的人们还没来得及把谷物袋抢救走，谷粒已经被统统烧焦了。考古学家推测那些粟米是给士兵和战马吃的。为什么亚历山大的军队在短短几年之内可以从地中海一直打到中亚，其原因在于他们的粮食是粟米，坚实且富有营养，又可以轻松储存上十年不坏"[④]。在罗马，公元前 1 世纪儒略·恺撒执政时期才知道了这种作

---

① 何炳棣：《黄土于中国农业的起源》，香港中文大学出版社 1969 年版，第 87 页。

② 王炳华：《新疆文物考古新收获》，新疆美术摄影出版社 1997 年版，第 112—119 页。

③ 何江中：《全球视野下的粟黍起源及传播探索》，《中国农史》2014 年第 2 期。

④ ［法］葛乐耐：《驶向撒马尔罕的金色旅程》，毛铭译，漓江出版社 2016 年版，第 48 页。

物，罗马人称谷子为 milium，因为其安息名称为（h）arzen，也就是 hozaran（千粒）。国内学者石兴邦也研究了这一问题，并指出在粟作西传到西亚以后，又分两个渠道即两条线路传播：一条线路是沿地中海北岸，从希腊到南斯拉夫的达尔马提亚、意大利、法国南部的普罗旺斯、西班牙一线，以印纹陶文化为代表；第二条线路是沿多瑙河流域，从东南欧穿过中欧，直到荷兰、比利时等低地国家地区，以线纹陶文化为代表。[1] 因此，可以说，粟、黍早在新石器时代就已辗转传播到西域及更远的西方国家。

对于水稻的起源，学术界有多种说法，但 20 世纪 80 年代中后期以来，国际上初步确认长江下游地区是亚洲栽培稻的起源地。[2] 中国至今已发现稻作遗址 170 多处。著名农学家丁颖认为，西北地区稻种来源于陕西关中地区。陕西是中国水稻栽培历史最古老的地区，在公元前已由此西经甘肃、新疆，西北经朔漠一带与当地各民族接触，再向西入中亚；同时，根据越南杜世俊的研究结果认为中亚的粳稻是公元前 1 世纪传入的。[3] 由上述研究成果可以推断，西北丝绸之路沿线各地的稻作品种有极大可能来自古代的陕西地区。《汉书·西域传》载："自且末以往皆种五谷，土地草木，畜产作兵，略与汉同。"[4] 这里的"且末以往"是指罽宾国、乌弋山离国、安息国、条支国，大约为今阿富汗、巴基斯坦北部及克什米尔西北部地区、巴尔喀什湖一带，均出产稻谷。栽培和食用水稻的民族主要为操印欧语系"吐火罗语"的焉耆—龟兹人、操印欧语系伊朗语族东伊朗语支的于阗塞种人以及疏勒人，同时还有从中国内地调集移入、在此地开垦屯田的士卒、犯人和普通百姓。

二、大月氏西迁阿姆河与华夏农业生产技术的传播

月氏是中国古代游牧民族羌族的一支，最早居住在河西走廊与祁连山一带，其风俗习惯、社会制度和乌孙、康居有许多相似之处。公元前 5—前 2 世纪初，月氏人游牧于河西走廊西部的张掖至敦煌一带，势力强大，为匈奴劲敌。公元前 2 世纪，月氏为匈奴所败，西迁伊犁河、楚河一带，后又败于乌孙，遂西击大夏，占领妫水即阿姆河两岸，建立大月氏王国。

---

① 石兴邦：《下川文化的生态特点与粟作农业的起源》，《考古与文物》2000 年第 4 期。

② 严文明：《我国稻作起源研究的新进展》，《考古》1997 年第 9 期。

③ 参见刘志一：《关于稻作农业起源问题的通讯》，《农业考古》1994 年第 3 期。

④ 《汉书》卷 96《西域传》，中华书局 1962 年版，第 3879 页。

公元前 2 世纪，大月氏西迁至大夏后，把中国的先进农业生产技术带到那里，对促进当地经济社会发展起到一定的作用。《中外关系史译丛》（第 1 辑）中载有印度学者纳拉因（A.K.Narain）的观点："月氏人是一个被赶出家园、正寻求安家立国之所的民族。我们不知道他们是否在自己新建立的国家从事过农业。但是他们不同于匈奴人，他们即使在甘肃和鄂尔多斯地区故地也不完全是游牧民族；他们实际上是居住在肥沃地带的民族，确实从事过某种农业。在阿姆河及其支流的这片肥沃河谷地带，他们中间的一部分人必然在这个地区定居下来过安定生活时，逐渐从事农业生产。大量考古材料都说明，月氏人通过采用新的灌溉方法并充分利用自然界向他们提供的新的资源，来改善他们所建立的新国家的农业生活和经济。月氏人从东方带来了一个崭新的世界，中国的政治和经济势力随着月氏人的西徙而向西发展。"①据《苏联中亚考古》一书中历史学家托尔斯托夫的看法，古代阿姆河—锡尔河三角洲广大地区大量灌溉系统遗迹的发现，表明公元前 1 世纪左右这里有过一个中央集权的强大政权，因此灌溉发达，管理良好。该地区的灌溉系统分为地表水渠式和地下潜流式两种，考古发掘证实，康居时代（前 4 世纪—1 世纪）该地区一条水渠残存部分的宽度达 20 米；地下水灌溉的方法在阿姆河流域及中亚地区广泛使用，这种方法在沙漠绿洲中能有效防止水分的大量蒸发和浪费，其主要特征是地上穿井若干，地下相通以行水。②灌溉系统实际上是古代新疆一带凿井取水技术的变异，王国维先生在《西域井渠考》一文中考证指出，这些水利灌溉方法均为"中国旧法也"。③《史记·河渠书》记载道："武帝初，发卒万余人穿渠，自征引洛水至商颜山下。岸善崩，乃凿井，深者四十余丈。往往为井，井下相通行水。"④《汉书·乌孙传》载："汉遣破羌将军辛武贤将兵万五千人至敦煌，遣使者案行表，穿卑鞮侯井以西，欲通渠转谷，积居庐仓以讨之。"此处通渠是为"大井六通渠也，下泉流涌出，在白龙堆东土山下"⑤。

① 中外关系史学会：《中外关系史译丛》（第 1 辑），上海译文出版社 1984 年版，第 39—40 页。

② ［苏联］弗鲁姆金：《苏联中亚考古》，新疆维吾尔自治区博物馆编译，新疆维吾尔自治区博物馆 1981 年版，第 44 页。

③ 王国维：《观堂集林》，河北教育出版社 2001 年版，第 391 页。

④ 《史记》卷 29《河渠书》，中华书局 1959 年版，第 1412 页。

⑤ 《汉书》卷 96《西域传》，中华书局 1962 年版，第 3907 页。

三、张骞"凿空西域"与桃、杏、梨等水果及家畜的西传

中国与西域的民间商贸往来早在商周时期就已开始，但是直到汉武帝派张骞通使西域，建立起汉朝与西域的官方关系，才使西北丝绸之路交通顺畅，中西文化交流进入鼎盛时期。其间，原产于中国的多种植物品种也随之传入西域、并经由西域的商队传至欧洲，而最为突出的是，原产自中国的桃、杏、梨等水果及中国优良猪种的西传。

张骞（前 164—前 114），字子文，汉中郡城固（今陕西汉中市城固县）人，杰出的外交家、旅行家、探险家，丝绸之路的开拓者。建元二年（前 139），张骞奉汉武帝之命出使大月氏。经过 10 余年艰苦努力，张骞翻越葱岭，抵达中亚费尔干纳的大宛，经位于锡尔河流域的康居而到达大月氏，元朔三年（前126）回到长安。他此行虽未达到联合大月氏抗击匈奴的目的，却对西域各国的军事、地理、物产有了深入了解，体会到了西域诸国对中国物产的喜爱和与中国开展友好往来、商品贸易的迫切愿望。作为汉朝官方使节，张骞实地考察了东西交通要道，司马迁谓之"凿空"，意味着东西交通大干线"丝绸之路"的正式开辟。元狩四年（前 119），张骞再次受汉武帝派遣出使西域，还分别派遣副使到大宛、康居、大月氏、大夏、安息、身毒、于阗等国，返汉时又带回了许多国家的使者。张骞两次出使西域，促进了中西经济文化的交流。此后中西交通畅通，贸易大盛，天山南北成为中西交通的桥梁，"丝绸之路"真正成为中西文化交流大动脉。张骞出使西域，被史学家们盛赞，方豪认为"此为中外关系史上空前大事，无论中国文明西传，或西方文明东传，均非先经西域不可也"①。向达指出"开通西域，中西交通自此始盛。后来西方文化之流入东土，中国文化之渐次西传，都是以张骞为始点"②。

随着张骞"凿空西域"、西北丝绸之路畅通，原产于中国的桃、杏、梨等水果也传入西域，并经由西域商队传至欧洲。桃子，曾被认为起源于波斯地区，通过丝绸之路向西传播到中国，但后来经过大量研究和考古发现证实，桃子的原产地是中国。佟屏亚在《果树史话》中指出，"我国是桃树的故乡。近代我国考古学家在浙江河姆渡新石器时代遗址中，发现了六七千年前的野生桃核。在河南郑州二里岗新石器时代遗址中，也发掘出数量极多的野生桃核。

① 方豪：《中西交通史》，上海人民出版社 2008 年版，第 79 页。

② 向达：《唐代长安与西域文明》，生活·读书·新知三联书店 1957 年版，第 532 页。

1973 年，河北藁城台西村出土了距今约 3000 多年的栽培桃的桃核，经鉴定，它和今天的栽培桃完全相同"①。这证明中国栽培桃的历史至少在距今 3000 年以前。2010 年云南的一次考古发现为桃树起源于我国提供了更加有力的证据，据《中国科学报》2016 年 1 月的报道，中国科学院西双版纳热带植物园古生态组研究人员在英国《科学报告》杂志上发表题为"中国西南化石证明：桃子比人类先达"一文，以 2010 年在云南昆明发现的桃核化石为证，宣布在中国西南发现世界上最早的桃核化石，将桃子的演化史向前推进到距今 260 万年，并为桃子起源于中国提供了有力证据。② 精绝国尼雅遗址中发现的桃树及桃核的意义也十分重要，除了枯死的桃树外，多处房址中都采集到 10 多枚桃核（图 1-2），进一步证明桃的传播应该是由中原地区沿西北丝绸之路，经由中亚向西传播到波斯，再扩散到地中海沿岸各国。中国桃种大约在公元前 1 世纪至公元 2 世纪时传入波斯，再传入亚美尼亚、希腊，到公元 1 世纪时传入罗马。早期希腊和罗马的作者们一再申述，桃是从波斯带到地中海沿岸的，罗马史学家白里内称其为波斯树，因此中亚和西亚无疑是桃的早期扩散地。杏子，原产地也是中国。苏联植物学家瓦维诺夫通过研究，确认了杏的原产地在中国。他把杏栽培种的起源总括为 3 个起源中心：第一是中国中心，包括东北、华中、华西以及西至甘肃和西藏东北部的广大山区；第二是中亚细亚中心，包括天山以南经阿富汗的兴都库什山脉至克什米尔的广大山区；第三是近东中心，包括自伊朗东北部以迄高加索和土耳其中部的整个山系。《管子》有"五沃之土，其木多杏"的记载，当前的考古发现，秦汉时期新疆早已种植杏树，若羌瓦什峡古城就发现过杏核。③ 至今，最早的杏的野生类型仍可见于天山西、中、东部和西藏以及秦岭山脉至北京北部诸山的杂林中。因此，杏是从中国传自中亚细亚，经伊朗进入外高加索地区而向西传播的。《伊朗中国编》指出，桃和杏是中国传到西方的。这两个礼物或许是绸缎商人带去的，首先带到伊朗（前200 年或前 100），从那里再到亚美尼亚、希腊和罗马（第一世纪），至迟罗马帝国的第一世纪才有这两种树。④ 中国桃种也很早传入印度。玄奘在《大唐西

---

① 佟屏亚：《果树史话》，农业出版社 1983 年版，第 23—24 页。

② 王晨绯：《上古之桃　源自中国》，《中国科学报》2016 年 1 月 4 日第 5 版。

③ ［美］赫西（C.O.Hesse）：《桃、李、杏、樱桃的育种进展》，沈德绪译，农业出版社 1980 年版，第 97 页。

④ ［美］劳费尔：《中国伊朗编》，林筠因译，商务印书馆 1964 年版，第 369 页。

域记》卷4中记述了中国桃和梨传入印度的情况,"昔迦腻色伽王之御宇也,声振邻国,威被殊俗,河西藩维,畏威送质。迦腻色迦王既得质子,赏遇隆厚,三时易馆,四兵警卫。此国则质子冬所居也,故曰至那仆底。质子所居,因为国号。此境已往,洎诸印度,土无梨、桃,质子所植,因谓桃曰至那你,梨曰至那罗阇弗呾逻。故此国人深敬东土"[1]。从此记录可知,桃、梨均是从中国甘肃的河西地区一带经由西北丝绸之路传入印度,至今在印度桃被称为"中国果",而梨被称作"汉王子"。[2]

图1-2 精绝国尼雅遗址出土桃核 [3]

丝绸之路畅通之后,中国的家畜饲养也传入西域甚至欧洲。中国家畜驯养的历史也是源远流长,"六畜"之说闻名遐迩,它们都是中国先民独立驯化而成的,其中最为著名者莫过猪与牛。据考古资料表明,公元前3000年左右,猪的养殖已经开始盛行。在殷墟出土的甲骨文中就有关于养猪的文字。西汉时期,由于牛耕区域扩大、耕作技术改进和水利的兴盛,养猪业也得到较大发展。从大量出土的西汉时的猪骨、陶猪来看,汉朝对猪的选种已有一定水平。其中,华南的广东猪种更是以早熟、易肥、繁殖力高而闻名。古罗马时期,因其国内猪种晚熟、生长慢、肉质差,不能满足需要,于是就引入中国华南的猪种,广泛地用

---

[1] 季羡林校注:《大唐西域记校注》卷1,中华书局1985年版,第367页。

[2] 杨建新、卢苇编:《丝绸之路》,甘肃人民出版社1988年版,第246—247页。

[3] 中日尼雅遗址学术考察队:《1988—1997年度民丰县尼雅遗址考古调查简报》,《新疆文物》2014年第3—4期,图版12。

以改良其本地的猪种。[①] 达尔文在《动物和植物在家养下的变迁》一文中认为，中国的猪种对中西亚乃至欧洲早期猪的进化具有了相当重要的影响[②]，正是因为2000 多年前罗马帝国引进了中国的猪种来改良已有品种而形成了今日的罗马猪。

四、汉朝轮台等地屯田戍边与食物原料及生产技术的传播

汉武帝为了保障丝绸之路的畅通，于太初四年（前 101）在西域设置校尉，令其率士卒数百人在轮台、渠犁一带进行屯田，以供给和保护来往使者和商贾。汉昭帝即位后，在霍光、桑弘羊等大臣的辅佐下，继续加大西域地区的经略，其中屯田就是重要措施。汉昭帝任命抒弥王太子赖丹为校尉，率领军士屯田于轮台、渠犁一带，公元前 77 年派司马 1 人、吏士 40 人屯田于鄯善境内的伊循城，后更置伊循都尉以领其事。到汉宣帝时，轮台、渠犁的屯田兵已有 1500 人，之后屯田区扩展到车师（今吐鲁番盆地）、楼兰（今罗布淖尔北岸）、赤谷等地。自从设立西域都护以后，各地的屯田事务统由都护总领。汉元帝时，又增置戊己校尉，专领车师境内的屯田部队。由此，两汉分别在渠犁、伊循、轮台、焉耆、车师、伊吾、高昌、柳中、疏勒、楼兰、民丰等地实行军屯[③]，据统计，西汉在西域的屯田士卒有两万多人。上述屯垦点设置于丝绸之路的沿途，有利于东西文化的交流和华夏文明的西传。随着屯垦制度的实行，屯田军士带去了中原地区的农耕、水利等先进生产技术，华夏饮食文明在西域的传播更加深入而广泛。

1. 中原农业生产技术的传播

士卒屯田首先要开垦荒地、兴修水利等。农田的开发逐渐改变了西域一些地区以畜牧业为主的经济结构，使农耕生产的比重上升。而兴修沟渠在干旱的西域是不可或缺的，屯卒引进了中原先进的水利设施和密集型灌溉农业的耕作方式，扩大了屯田范围。20 世纪我国著名考古学家黄文弼曾多次到新疆考察，在沙雅南、轮台南、罗布泊北和吐鲁番等地均发现了汉朝水渠遗址，当地有人称之为"汉人渠"。尼雅遗址出土"司禾府印"（图 1-3），汉朝在尼雅设有"司禾府"，专司屯田事务，这里的农业、畜牧业相当发达。此外，随着汉朝在新疆地区屯田，中原的牛耕技术也传入新疆地区。在罗布卓尔楼兰地区出土的晋

---

① 中国猪品种志编写组：《中国猪品种志》，上海科学技术出版社 1986 年版，第 2 页。
② ［英］达尔文：《动物和植物在家养下的变迁》，载《驯养动物的进化》，南京大学出版社 1991 年版。
③ 杜倩萍：《屯田与汉文化在西域的传播》，《西域研究》2014 年第 3 期。

简中，有一只简文写道："因主簿奉谨遣大侯究犁与牛谐营下受试。"[①] 这说明西域地区曾经有组织地大力推广一种新的驭牛犁耕技术。拜城县柯尔克孜千佛洞中出现的"二牛抬杠"耕作图，与同时期嘉峪关壁画墓中所见牛耕图一致，可见拜城县所在的古龟兹国在魏晋时期已普遍使用牛耕。

图 1-3 尼雅遗址出土"司禾府印"（笔者摄于新疆维吾尔自治区博物馆）

汉朝大力推行的屯田政策使中原农业生产技术沿丝路传播至新疆，有力推动了当地农业生产的发展，促进了食物原料及生产技术的传播与发展。根据《居延汉简》中关于农垦屯田的记载，可以看出当时西北边郡农作物生产及品种情况（见表 1-1）。表中所列 20 多种农作物仅仅是见于居延汉简者，而当时西北边郡地民的农作物绝不止以上品种，如武威汉墓中就曾发现小豆、黑豆和黑枣等。各种农作物虽因地制宜，各有差异，但简文所记的品种应是西北地所多见者。[②]

表 1-1 《居延汉简》所载汉朝西北边郡农作物品种列表

农作物名称	原简文摘录	简号
胡麻	会卒刈胡麻	无号
粱米	出粱米五斗二升	（226·1）
黄谷	黄谷系一斤直三百五十	（206·3）
土麦	土麦二石	（13·3）
糒糒	余谷糒糒大石六十一石	（2.06·7）
白米	出白米八升	（335·48）
穬麦	出穬麦二石六斗	（387·23）
黍米	黍米一斗	（10·39）

① 罗振玉、王国维编：《流沙坠简·簿书类》，中华书局 1993 年版，第 117 页。

② 甘肃省文物考古研究所：《居延新简释粹》，兰州大学出版社 1988 年版，第 8—9 页。

续表

农作物名称	原简文摘录	简号
黄米	黄米一石以付从官舍	(126·23)
白粟	白粟十石	(496·5)
胡豆	胡豆四石七斗	(310·X)
秫	籴秫四石	(6·6)
糜	糜一小石三斗三升自取	(57·20)
米石（1个字）	廪米石九斗三升少	(57·62)
荞	出荞六斗	(46·7)
茭	入茭廿石	(19·8)
秣	谨移秣粟麦米	(269·0)
谷	出谷百卅三石	(303·20)
菽	以食士卒菽	(41·9)
麦	出麦廿七石五斗二升	(303·2)
鞠	布鞠六斗	(237·5)
构	布纬构三斗	(181·8)
米	米一石九斗三升少	(177·20)
姜	置佐迁市姜二斤	(300·8)

2.铁制农具及制作技术的传播

尽管公元前5世纪—前3世纪，铁器已经在新疆普遍使用，但源于西亚的冶铁术的传播还仅仅局限于新疆当地各居国、行国（司马迁提出的概念，城郭之国，田畜土著；行国则畜逐水草）之间。到了公元前2世纪以后，汉武帝派李广利征大宛并在轮台、伊循等地开垦屯田，中原地区先进的高炉鼓风炼铁技术才传入新疆，大大提高了新疆的炼铁技术和质量，生铁冶铸技术也得以在新疆推广使用。[1] 自从张骞通西域后，中国的铁器和冶铁技术便沿着丝绸之路输向西方。公元1世纪时，中国铁器即在罗马市场上很受欢迎，而且出售价格最

---

[1]　卫斯：《新疆早铁器时代铁器考古发现概述——兼论新疆的铁器来源与冶铁术的传播问题》，《西部考古》2017年第1辑。

高。东汉名将陈汤在攻破郅支单于后也曾上言说到西域胡人的兵器弓弩生产比较落后，希望等学习到汉地的先进技术。汉朝屯田制度在西域的实行，使得铁制农具及冶炼技术能够迅速传入，这也进一步促进了当地冶铁手工业的发展和铁制农具的使用。[①] 在近代新疆考古调查和发掘中，曾在民丰尼雅遗址、洛浦南的阿其克山等地发现汉朝冶铁遗址，在库车北阿艾山发现汉朝冶炼坩埚、矿石和废渣等。冶铁遗址中还发现铁制生产工具铁斧、铁铲、铁镰刀等。在伊犁地区的昭苏县，相当于西汉时期的乌苏墓出土一张铁铧，舌形，中部鼓凸，铧体削面近三角形，这种形制，与关中礼泉、长安、陇县等地出土的西汉中晚期"舌形大铧"形制相同。利用这种铁铧发土，效率大大提高。[②]

　　由于铁制农具的使用，西域地区农业有了进一步发展。《汉书·西域传》记载："西域诸国大率土著，有城郭田畜"，"自且末以往皆种五谷，土地草木，畜产作兵，略与汉同。"[③]民丰古精绝国尼雅遗址内不仅发现了麦粒、青稞、糜

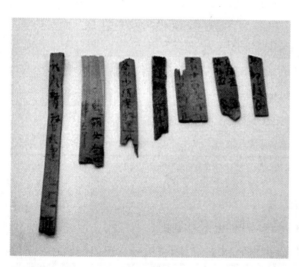

图1-4　楼兰故城出土汉文木简（笔者摄于新疆维吾尔自治区博物馆）

谷、干蔓菁等农作物遗存，还遗留了众多的引水渠、储水涝坝、田畦等。楼兰的农作物主要由内地引入，品种较为繁多，仅见于楼兰简牍者（图1-4）已有麦、大麦、小麦、粟、黑粟、禾、谷、杂、黍稷、芒、粮、米等，以麦类为主、加工为面制品，次为粟与禾。孟凡人据此分析指出："魏晋前凉时期楼兰城不但在政治和军事上，而且在文化生活、风俗习惯方面也具有浓厚的汉族色彩，使人感到这个时期的楼兰城，就好像是内地的小城镇一样。"[④]

① 周伟洲：《两汉时期新疆的经济开发》，《中国边疆史地研究》2005年第1期。
② 史树青：《新疆文物调查随笔》，《文物》1960年第6期。
③ 《汉书》卷96《西域传》，中华书局1962年版，第3872、3879页。
④ 孟凡人：《楼兰鄯善简牍年代学研究》，新疆人民出版社1995年版，第7页。

饮食器具

在当时的西域地区，特色饮食器具主要有草编器（芨芨草编制）、木器、角器等，如孔雀河古墓沟出土的作为盛器的草篓以及木盆、木杯、角杯，皆为就地取材，工艺相对简陋。尤其是小河墓地中的随葬品，每个墓中都有一个芨芨草编制的小篓，内装有麦粒、粟粒等干结的食物。而伴随丝绸之路西传的华夏饮食器具则主要是漆制饮食器具、陶制炊具等。

五、汉朝与西域等的朝贡贸易和漆器向西传播

朝贡贸易是在西汉时期形成的在朝贡体系下官方默许的一种贸易形式，也是西汉对外经济联系的主要形式。而朝贡体系是古代世界主要国际关系模式之一，是始于公元前3世纪至19世纪末期主要存在于东亚、东北亚、东南亚和中亚地区，以古代中国为主要核心的等级制网状政治秩序体系。汉朝与西域之间在张骞通西域后建立了朝贡及其贸易体系，经历了馈赠—和亲—征伐—朝贡的体系确立过程。张骞第二次出使西域就曾携"牛羊以万数，金币帛直数千巨万"，此后掀起了朝贡贸易的高潮。据《史记》《汉书》《后汉书》的记载，鲜卑、乌桓、车师、龟兹、莎车、大宛、康居、乌孙、鄯善、焉耆等西域诸国，都不同程度地与汉朝保持着朝贡关系。此外，汉朝与中亚、西亚诸国也经由朝贡而建立起了稳定的政治邦交，从而直接推动了中西间经济贸易活动的发展。而随着汉朝与西域等的朝贡贸易开展，漆器也因此向西传播。

漆器是指采用天然漆或者经过精制的天然漆所涂饰的器物，我国制作漆器的历史迄今为止已有7000余年。[①] 据《韩非子·十过》记载，尧舜时期，"尧禅天下，虞舜受之，作为食器，斩山木而财（裁）之，削锯修其迹，流漆墨其上，输之于宫，以为食器"[②]。漆器类型众多，主要分为日常生活用器、兵器、乐器等，而使用最为广泛、考古出土最多的是日常饮食生活用具。从战国时期开始，漆器因其本身所固有的光泽不变、器物轻盈耐用、色彩富丽、易于装饰、制作精细等诸多优点而取代青铜器，成为广泛使用的器具和重要的商品。[③] 汉朝漆器的器形主要分为杯、具、圆豆、盛、盂、盘、樽、觯、奁、案

[①]　中国社会科学院考古所：《新中国的考古发现与研究》，文物出版社1984年版，第7页。
[②]　（清）王先慎：《韩非子集解》，商务印书馆1933年版，第47页。
[③]　胡玉康：《战国秦汉漆器艺术》，陕西人民美术出版社2003年版，第14页。

等。杯常作为酒具或食具。盘作为食具使用的称为"平盘"，当作托盘；更小形制的称作"食盘"，主要用于盛装食物。长沙马王堆出土的漆盘中还盛有牛排骨、雉骨、面食、牛肩胛骨等食物。案的基本形状为长方形，四沿上翘、平底、多为四足，主要用作放置漆盘、漆杯、漆卮等食具，与餐桌的功能相似。奁，也称为"盒"，分为圆奁、椭圆奁、方奁，主要用于盛放食品或其他物品。[①] 秦汉时期，漆器作坊主要分布在山东、河南、陕西、四川、湖北、湖南等地，漆器制作成了一种可牟取厚利的手工业。

自中原到达西域的商品中，漆器与丝绸并驾齐驱、是占有重要地位的一种商品。新疆发现最早的漆器，来自阿拉沟第 18 号战国墓葬出土漆盘："木胎、黑色底，朱红彩，绘炫纹四道，盘底绘流去纹。"阿拉沟第 33 号墓，其中出土残耳杯一件，木胎，黑色漆底，绘朱红色彩，显云纹图案。[②] 汉朝时，漆器从中原等地传入西域，除了西域商人进入河西地区敦煌、武威、张掖等地大量贩运之外，另一传播途径是经由汉王朝与西域的外交活动包括朝贡贸易等进行。《史记·大宛列传》记载，"自大宛以西至安息，国虽颇异言，然大同俗，相知言……其地皆无丝漆，不知铸钱器"[③]。这说明西域最初并无漆器生产。丝路沿线的考古发掘也说明了这一点。在尼雅遗址，斯坦因和他的同伴们从住宅的垃圾堆里发现了漆器破片。楼兰，位于罗布泊西北孔雀河三角洲，扼丝路南、北两道的咽喉，自丝绸之路开拓后便由军事屯垦之地转变为丝绸贸易的中转站，中西商业贸易、文化交流甚盛。从楼兰遗址中发掘出了漆器破片，也成为中原漆器在西域使用的有力见证。《汉书·西域传》载，西汉细君公主、解忧公主和亲乌孙，曾为当地带去汉地的大量赠品与商品，"汉元封中，遣江都王建女细君为公主，以妻焉。赐乘舆服御物，为备官属宦官侍御数百人，赠送甚盛"[④]。可验证的是，乌孙墓葬中出土了漆器残片。更为完整的漆器遗存来自阿富汗的贝格拉姆遗址。1937—1939 年，法国考古队在距今阿富汗喀布尔以北 7 公里左右发现贝格拉姆遗址，这里曾是贵霜王国的夏都迦毕试。遗址第 13 号房间出土了中国汉代的漆奁、漆盘和漆耳杯等器具，根据其纹样和形制，考古学家判断其年代为西汉末年至王莽时期，同时根据"乘舆""上林"等铭文字样，确定他们

---

① 洪石：《战国秦汉漆器研究》，文物出版社 2006 年版，第 8 页。

② 王炳华：《丝绸之路考古研究》，新疆人民出版社 1993 年版，第 170—171 页。

③ 《史记》卷 123《大宛列传》，中华书局 1959 年版，第 3174 页。

④ 《汉书》卷 96《西域传》，中华书局 1962 年版，第 3903 页。

是御用品，产自汉代皇室作坊，即为汉代皇室赏赐给国内外上层贵族的礼物。①
漆器作为贵重产品，是两汉时期朝廷用来赏赐（或馈赠）外国和国内贵族的器
物，它们在贝格拉姆的出现反映了汉朝与中亚上层社会的政治经济交往。

六、楼兰、精绝、高昌等的兴盛与筷、甑的传播

据 20 世纪中外众多学者的研究显示，公元 1 世纪以后，汉文化在塔里木
盆地开始传播，其中最引人关注的是楼兰与精绝两个王国。楼兰是位于早期丝
绸之路重要地段上的一个城邦国，《史记·匈奴列传》和《大宛列传》均有记载。
张骞在古楼兰有实地见闻，指出"楼兰、姑师邑有城郭，临盐泽"②。西汉以来
西北丝绸之路的兴旺使得位于节点位置的楼兰开始兴盛，汉文化也开始传入。
《汉书·西域传》记载，"楼兰、姑师当道……汉使多言其国（楼兰）有城邑"，
"楼兰国最在东陲，近汉，当白龙堆，乏水草，常主发导，负水担粮，送迎汉
使"。③ 由此可以证实，楼兰位于西汉时期西北丝绸之路的交通要道上。精绝
国是当时西域三十六国之一，其记载始见于《汉书·西域传》："精绝国，王治
精绝城，去长安八千八百二十里。户四百八十，口三千三百六十，胜兵五百
人。精绝都尉、左右将、译长各一人。"④ 精绝国位于西北丝绸之路南道的交通
要冲。此外，高昌位于今新疆吐鲁番地区，经历了从西汉时"高昌壁"屯田据
点，到公元 327 年设高昌郡、成为凉州或沙洲政权的一个郡，最后在公元 502
年由河陇地区汉族移民拥戴麹氏建立了割据王国——高昌国的历史。在高昌国
中，汉族是主要民族、占总人口的 70%—75%，其他民族占总人口的 25%—
30%。自公元前 21 年西汉戊己校尉府移驻高昌壁，中原汉人开始迁居于此，
随后不断有汉人迁徙定居，尤其是十六国时期北凉残部一万余户在沮渠无讳率
领下西迁至高昌。汉族移民与汉文化传入楼兰、精绝、高昌，促进了当地的社
会经济兴盛，更促进了华夏饮食器具如筷箸、陶甑等的西传。

1. 筷箸的传播与使用

大量考古资料证明，两汉以前，西域各地的游牧行国、绿洲城邦居国存在
着很普遍的一个现象是以木盆、陶钵盛羊肉、羊肉，旁边（或插在羊排上）摆

---

① 罗帅：《阿富汗贝格拉姆宝藏的年代与性质》，《考古》2011 年第 2 期。
② 《史记》卷 123《大宛列传》，中华书局 1959 年版，第 3160 页。
③ 《汉书》卷 96《西域传》，中华书局 1962 年版，第 3876、3878 页。
④ 《汉书》卷 96《西域传》，中华书局 1962 年版，第 3880 页。

放一柄小铜刀、小铁刀。粮食制品则是烤饼、蒸饭，饭食置于陶制或木制盆、碗中。但是，到了两汉时期，筷箸等传入西域并得到使用。斯坦因、李遇春在楼兰遗址、尼雅遗址均发现了木筷。斯坦因发现的木筷出土于他所编号的 NX 遗址，李遇春发现的木筷则是在另一房址中。这表明当年尼雅遗址中，筷子并不少见。用木筷进食，明显是接受了中原文化的影响。出土的筷子，"用木棍削成圆柱形状，两端粗细微有不同，长 20—24 厘米，圆径为 0.5 厘米"[①]。这与现在的筷子几乎相同。此外，尼雅遗址中还出土了数量丰富的勺子，主要采用木制和铜制两种材质。木勺多为圆形或椭圆形，带长柄，用刀挖制削刻而成，制作比较粗糙，大的有长 35 厘米，直径 6.4—8 厘米，深 3.2 厘米；小的长只有 7.7 厘米，宽 3.2 厘米，厚 0.3 厘米；铜勺小的只有 3.6 厘米长，大的有 21 厘米长。[②] 从丰富的考古发现可以还原出当时人们在饮食活动中的主要进餐形式为：采用杯、碗等盛装食物，使用筷子和勺子取食。这说明西域多地居民受到汉地农耕文明的影响，采用了典型的农业地区生活方式。2006 年，新疆维吾尔自治区博物馆考古部与吐鲁番文物局阿斯塔那文物管理所联合对阿斯塔纳墓葬进行考古发掘，在墓葬中出土木筷 1 双，筷子形状完整，用红柳枝制成，保存有皮，稍有变形，截面均为圆形。[③]20 世纪初，德国探险家勒柯克对吐鲁番地区考察时，在高昌遗址的塔楼里也曾发现并出土了两双筷子，均为木制，其中一双染成黑色，已折断，上部为四方形，下部为圆形。另一双用轻质木料制成，涂有红色。而从楼兰、精绝以及高昌遗址中出土筷箸，则说明汉朝时中原饮食器具已随西北丝绸之路传播至西域许多国家。

2. 甑的使用与传播

甑是汉族地区一种常用的蒸食炊具，主要用来蒸煮粟饭和饼食。据王炳华先生对楼兰古城的科考显示，遗址中随处可见陶碎片，还见到了蒸、煮用的灰陶甑，造型与中原地区完全一致。它对于蒸制面食品、小米等非常适用，对改善楼兰人生活水平、增强体质也有重要作用[④]。这表明汉朝时楼兰王国已在相当

① 韩翔、王炳华：《尼雅考古资料》，内部资料，1988 年。

② 叶俊士、郑思阳：《考古出土材料视角下的精绝国饮食文化》，《四川旅游学院学报》2017 年第 3 期。

③ 张永兵、鲁礼鹏：《2006 年阿斯塔那古墓Ⅱ区 607 号墓清理简报》，《吐鲁番学研究》2010 年第 2 期。

④ 王炳华：《沧桑楼兰：罗布淖尔考古大发现》，浙江文艺出版社 2002 年版，第 75 页。

大程度上学习、接受了中原地区的陶器烧制技术。而吐鲁番出土文书中也有关于甑的记载，说明它是高昌人日常生活中不可缺少的炊具，各时期墓葬都有出土。在吐鲁番喀喇和卓墓葬中发现了北朝时期蒸制馒头的陶釜甑，一套两件，下面的釜可用于烧水，上面的甑底部留有透入蒸汽的孔，主要用于蒸煮食物。随着南人北迁及水稻的生产，米饭、粟饭的蒸食也为西域一些国家的人们所接受。1964 年吐鲁番出土一张纸绘的墓葬主人生活图（图 1-5），由六块大小相同的画纸拼接组成，大致分为了六个画面，画幅上方绘有庄稼繁茂的田园，田埂边绘有犁、耙、权等农具，画幅右下方的画面中集中描绘了墓主人厨房，其中摆满了各式各样厨具、酒具和马鞍形制的烤炉等，一位厨娘正在为主人精心烹制饭菜。画幅下方正中端坐的墓主人的穿着展现出明显的中原汉文化气息，厨房中的炊餐具和农田边的各式农具形制也与当时的观众地区完全相同。

图 1-5　吐鲁番出土十六国时期墓主人生活纸画（笔者摄于新疆维吾尔自治区博物馆）

饮食习俗与思想

这一时期，华夏饮食习俗与思想的传播主要有两个途径，一是通过西汉王朝与西域各国的和亲来实现；二是中原内地汉族移民西迁至西域定居，饮食生活行为习惯逐渐影响当地社会及民众。

七、汉朝公主和亲乌孙、龟兹与华夏饮食礼俗西传

乌孙最初是公元前 2 世纪开始兴起于河西走廊一带的一个游牧部落，早期

游牧于敦煌、祁连山之间，在首领难兜靡时被月氏打败、部落四散，人民逃亡匈奴。难兜靡的儿子猎骄靡（即昆莫）在匈奴王庭长大后，统领全族由河西走廊一带西徙至伊犁河上游流域，在匈奴单于的帮助下西征击破月氏、使其再次西走。此后，昆莫势力逐渐强大，乌孙脱离匈奴而独立。据《汉书·乌孙传》记载，乌孙人以畜牧业为主，兼营狩猎，不务农耕，住穹庐，食肉饮酪，"与匈奴同俗"。从公元前110年开始，西汉的细君公主、解忧公主及冯夫人相继远嫁于乌孙统治者，不仅使两国关系更为密切，而且使华夏饮食习俗与礼仪得以西传，对乌孙乃至西域诸国的经济、文化发展和工艺技术提升等都有着一定的积极意义。

西汉与乌孙和亲，实际是为了与匈奴争夺西北丝绸之路的控制权。细君公主出嫁，进一步打通了西北丝绸之路；解忧公主出嫁，彻底贯通了西北丝绸之路，其长女第史又出嫁龟兹王绛宾、次子万年出任莎车王，则更加巩固和拓展了西北丝绸之路。由于和亲具有明确的政治和军事目的，所以双方都十分重视。苏北海《丝绸之路与龟兹历史文化》一书中阐述了和亲的情况：一方面，每次和亲从提出到和亲公主出嫁都要经过求婚、报聘、交纳聘礼、回报、约定婚期、出嫁等若干礼仪程序，几乎每位和亲公主出嫁后都要经过派使臣答谢、报告公主情况、看望慰问公主等反复往来的礼仪，有时和亲公主也派人向"父母之国"报告情况，或带人回国省亲，因和亲而使双边人员往来大大增加，加强了互相接触和了解，促进了包括华夏饮食文化在内的文化交流；另一方面，和亲公主去乌孙时都带去了大批的手工业工人及各种服饰和艺术品，因此，乌孙的建筑、服饰、音乐、礼仪等都颇受汉文化影响。[①]

和亲公主和她们的随行人员进入西域后，积极向西域人介绍传授中原的先进技术和文化礼仪，包括华夏饮食礼仪。龟兹是丝绸之路上的重镇和人口密集、物产丰富的城郭国，也是汉初西域诸国中最有影响又较为发达、强盛的大国之一，"龟兹国，王治延城，去长安七千四百八十里。户六千九百七十，口八万一千三百一十七，胜兵二万一千七十六人"[②]。龟兹王绛宾与解忧公主之女第史结婚后，多次入长安朝贺，汉王朝"赐予车骑旗鼓，歌吹数十人，绮绣杂珍凡数千万，留且一年，厚赠送之"[③]。他回到龟兹后，即"治宫室，作徼道。周卫出入传呼，撞钟鼓，如汉家仪"。由此可知，龟兹国必有一定数量的汉人，包括

① 苏北海：《丝绸之路与龟兹历史文化》，新疆人民出版社1996年版，第34—35页。
② 《汉书》卷96《西域传》，中华书局1962年版，第3911页。
③ 《汉书》卷96《西域传》，中华书局1962年版，第3916页。

从事礼仪、音乐、服饰制作等人员，他们将中原地区的习风传入西域并产生了一定影响。可以说，和亲公主作为汉朝贵族女性，其自身就是一个重要和高层次的华夏文明载体，她们"随身"带去西域的是重大的、众多的华夏文明信息与文明因子，其中重要的内容就涉及饮食的思想观念、行为模式、礼仪风范等。

八、高昌地区的汉族移民与华夏饮食思想的传播

魏晋南北朝之际，是中国历史上空前的民族大融合时期。伴随周边少数民族竞相涌入中原，无数汉人却为躲避战祸陆续西徙。东晋盛和二年（327），河西地区崛起的张骏前凉王朝攻占高昌，置高昌郡，设太守，下辖高昌、田地二县，大批来自河西、陇右等地的汉人聚居于此，迅速形成了以汉人为主体的社会，这也是在吐鲁番盆地建立的第一个汉族统治的割据政权，其政治、经济、军事与文化亦自成体系。作为中原文化的负载者，高昌地区的汉族移民们传承和传播着华夏礼俗及思想，包括食物结构等。

《黄帝内经·素问》云："五谷为养，五果为助，五畜为益，五菜为充，气味和而服之，以补益精气。"这是华夏饮食思想中对于食物结构的精妙总结。公元 4 世纪—6 世纪的高昌人深受汉族饮食文化的影响，一直延续着汉族这种素食为主、肉食为辅的传统食物结构，与西域游牧民族以肉、乳为主的食物结构大相径庭。这从吐鲁番出土文书中的"供食账"中得以体现。《吐鲁番出土文书》（第 3 册）载有《高昌重光三年（622）条列虎牙汜某等传供食账》："义宣张善海二人五日食：次虎牙汜，传市肉十七节，细面一斛，细米一斗半，供襄邑夫人作食，送与张郎中。次传细面五斗，市肉六节，供送与侍郎涉弥子。次传酥一斗，付明威庆怀用治赤威十五张。次殿中杨氏子传白罗面贰斗，市肉三节，胡瓜三升，作汤饼供世子夫人食。"[①]"供食账"是指吐鲁番文书中用以记载食物消费的文书。此条记载明确记录了高昌张氏家族成员的饮食品种与数量。从现存文书来看，食物品类中包括有粮谷类、肉类、蔬菜水果类和豆类；从记录的频次来看，数量最多的是粮食类，其次为肉类，第三是豆类。以今天科学饮食理念来看，这也不失为一种营养均衡、品类丰富的膳食类型。由此可知，高昌人的膳食结构和饮食习惯为《黄帝内经》的"传统食物结构"理论提

---

① 国家文物局古文献研究室等编：《吐鲁番出土文书》（第 3 册），文物出版社 1981 年版，第 167—168 页。

供了实证依据。高昌人在饮食上不仅十分注重食物的粗细混食、干稀搭配、粮豆同吃，且在主副食多样化上也独具慧眼，例如对葡萄酒的饮用。[①] 营养均衡、品类丰富的膳食搭配为高昌张氏家族成员的健康与家族繁衍带来强大动力，而高昌张氏作为河西望族西迁高昌后，也将华夏传统饮食养生保健的思想与实践逐渐传播至西域各地，并影响了当地人的日常饮食生活。

第二节 隋唐时期：鼎盛期

隋唐时期是西北丝绸之路华夏饮食文明对外传播的鼎盛期。隋唐时期在经历了魏晋南北朝的分裂战乱之后再次实现了大一统。隋文帝杨坚于公元 581 年建立隋朝、结束了自汉末至南北朝四百余年的分裂和战乱，公元 618 年唐高祖李渊建立唐朝，从公元 7 世纪到公元 9 世纪的 200 多年时间是西北丝绸之路史上最繁荣的时期。这一时期，西北丝绸之路上的交通道路因贸易频繁而多有新道开辟，加之唐朝平定了西突厥，漠北诸部纷纷内附，长期受突厥统治压迫、互相攻伐的西域诸国在安西都护府、北庭都护府的有效管理下承担起维护西北丝绸之路地区安定的责任，吐蕃政权奉行松赞干布与唐和善相亲的政策、友好相处，在羁縻州府政策的影响下，波斯人、中亚昭武九姓各族成为西北丝绸之路贸易的中间商，也维护着西北丝绸之路的安定和政治均势，华夏饮食文明在西北丝绸之路上得到广泛而大量的传播。公元 9 世纪以后，中国西北地区战乱割据，欧洲基督教国家与穆斯林发生战争，西北丝绸之路上的贸易往来与文明交流时通时断，欧亚大洲间的贸易退缩为地区间贸易，华夏饮食文明的对外传播也受到影响。

隋朝时期

隋朝前期推行休养生息的国策，社会安定，中央政府在社会经济不断恢复发展的基础上，十分重视对西域及以西地区的经营并发展友好往来和经济文化

[①] 宋阿棣：《从高昌妇女的健康长寿看我国古代中医理论中的生物心理社会医学思想》，《医学与哲学》1999 年第 8 期。

交流，不断加强河西政权建设，大兴屯田，发展农牧，繁荣边疆贸易，有力地促进了西北丝绸之路沿线各区域经济社会的发展，河西走廊更成为隋朝与西北丝绸之路各个国家和地区间贸易往来及文明交流的关键节点，西北丝绸之路则成为当时世界经济和文化交流的最重要通道。

公元 589 年，隋文帝杨坚南下灭陈，使中国又一次进入大一统时期。隋朝统治者深刻认识到西北丝绸之路商业贸易的重要性以及对西北边疆加强经略与管理的紧迫性。隋炀帝大业初年（605），曾派遣侍御史韦节、司隶从事杜行满出使西域，到罽宾国（今克什米尔）得玛瑙盉，到王舍城（印度恒河旁）得佛经；到史国（阿姆河以北）得十舞女、狮子皮和火鼠毛而还。[1] 大业三年（607），隋炀帝派遣裴矩到张掖主持贸易和联络西域各族，为平定吐谷浑做准备。《隋书·裴矩传》载，裴矩上书朝廷言"突厥、吐谷浑，分领羌胡之国，为其拥遏，故朝贡不通。今并因商人密送诚款，引领翘首，愿为臣妾。圣情含养，泽及普天，服而抚之，务存安辑。故皇华遣使，弗动兵车，诸蕃既从，浑、厥可灭。"隋炀帝为了削弱西突厥和吐谷浑，"（帝）每日引矩至御座，亲问西方之事。矩盛言胡中多诸宝物，吐谷浑易可并吞。帝由是甘心，将通西域，四夷经略，咸以委之"[2]。因为当时居于西北丝路沿线的突厥、吐谷浑等游牧诸族与隋王朝的关系极不稳定，阻断了中国对外交流与商业贸易。《隋文帝讨突厥诏书》中写道："东夷诸国，尽挟私仇，西戎群长，皆有宿怨，突厥之北，契丹之徒，切齿磨牙，常伺其便。"[3] 因此，隋朝统治者展开了针对丝绸之路最具威胁的突厥和吐谷浑的战争。大业五年（609），隋炀帝亲征围剿吐谷浑残部，在焉支山以盛大典礼接见了来朝的西域 27 国使者，并组织了规模空前的商品博览会，这在西北丝绸之路的交往史上是一重大事件。吐谷浑三战皆败后投降，其属地全部纳入隋朝版图，隋朝在此设立西海、河源、鄯善、且末四郡，派遣军队、实行屯田，并设置西域校尉以管理西域事务。此外，隋朝还派遣裴矩在河西走廊进行招商活动，裴矩等人于武威、张掖间往来，大力地招揽西域各国商旅，扩大了与中亚各国以及波斯的经济往来，使得隋朝经济影响扩展到亚洲腹地、欧洲地区。李明伟《丝绸之路贸易史》指出，裴矩的招商活动为隋唐以来丝路贸易的全面繁荣奠定了坚实的政治经济基础，使数百年来发展迟缓的丝路贸易迎来快

---

① 韩国磐：《隋唐五代史纲》，生活·读书·新知三联书店 1961 年版，第 83 页。
② 《隋书》卷 67《裴矩传》，中华书局 1973 年版，第 1580 页。
③ 《隋书》卷 84《北狄传》，中华书局 1973 年版，第 1866 页。

速发展。①

与此同时，隋朝还采取一系列休养生息措施，促进国内社会、经济、文化等不断恢复发展。公元 609 年，全国人口为 8907546 户，人数为 46019956 人，比隋朝建立初期增加 450 万户，这也是中国古代历史上第一个人口增殖的高峰。在农业经济社会里，劳动力的增长意味着生产力的发展与壮大。随着人口增加，隋朝鼓励农民垦田，全国耕地面积在公元 589 年为田 4940.4 万多顷，到大业年间扩大到 5885.4 万顷。② 据《隋书·食货志》记载，隋文帝开皇十七年（597），"户口滋盛，中外仓库，无不盈积。所有赏给，不逾经费。京司帑屋既充，积于廊庑之下，高祖遂停此年正赋，以赐黎元"③。到隋文帝末年，"计天下储积，得供五六十年"④。

农业的发展促进了手工业恢复性发展和商业城市兴起。隋炀帝大业年间，曾下令在洛阳建十二坊，并将河北各地的手工业者 3000 余户移民至此，形成了相对密集的手工业中心。除洛阳之外，河北定州成为北方丝织业中心，而相州盛产精美的绫文𬘬布，除丝织业外，造船、瓷器、琉璃、玻璃、茶叶、制盐、漆器等多种行业都得到了发展。⑤ 工商业的发展进一步推动了城市发展与繁荣。隋炀帝兴建东都洛阳，长安与洛阳合称东西两都，成为国际性贸易都会。隋朝时，西北丝绸之路的线路除西安至敦煌一段的线路基本未变外，其余的路段则因贸易往来的频繁而有新的开辟及改变，主要见于裴矩撰写的《西域图记》。著名历史学家岑仲勉对隋朝时期的西北对外交通路线进行了梳理，认为"新疆对外通道，至矩撰《西域图记》，始大致完备"，该书所记即"发自敦煌，至于西海，凡为三道，各有襟带"。由敦煌出发后分为 3 条大道，敦煌是由内地到西域的咽喉，而伊吾、高昌、鄯善则分别为 3 条大道的起点。其中，第一条是北道，以伊吾（今哈密）为起点，经蒲类海（今巴里坤湖）、铁勒部（今准噶尔盆地一带）、突厥可汗庭（今巴尔喀什湖以南）、渡北流河水（今中亚锡尔河），至拂菻国（拜占庭帝国），达于西海（今地中海）。第二条是中道，

---

① 李明伟：《丝绸之路贸易史》，甘肃人民出版社 1993 年版，第 191 页。

② 李剑农：《中国古代经济史稿》第 2 卷，武汉大学出版社 2011 年版，第 567—568 页。

③ 《隋书》卷 48《食货志》，中华书局 1973 年版，第 672 页。

④ 《贞观政要》卷 8《辨兴亡》，上海古籍出版社 2008 年版，第 185 页。

⑤ 魏明孔：《中国手工业经济通史·魏晋南北朝隋唐五代卷》，福建人民出版社 2004 年版，第 232 页。

以高昌（即汉之车师前王庭）为起点，经焉耆、龟兹（今库车）、疏勒（今喀什），度葱岭，又经钱汗（位于今乌兹别克斯坦共和国东部的费尔干纳盆地）、苏对沙那国（今塔吉克斯坦共和国的乌拉秋别）、康国（今乌兹别克斯坦共和国的撒马尔罕）、大小安国和穆国（今土库曼斯坦共和国境内的查尔朱），至波斯，达于西海（今波斯湾）。第三条是南道，以鄯善为起点，经于阗（今和阗）、朱俱波（今叶城）、喝槃陀（今塔什库尔干），度葱岭，又经护密（今阿富汗东北端的瓦罕）、吐火罗（阿姆河中游地区）、挹怛（与吐火罗杂居）、帆延（今阿富汗中部的巴米安）、漕国（今阿富汗东部的加兹尼），至北婆罗门（即北印度），达于西海（今阿拉伯海）。岑仲勉考裴矩所记 3 条道路后总结，"矩所称南道之东段（葱岭以东），即《汉书》之南道，其西段则通至印度。彼所称中道之东段（葱岭以东），即汉书之北道，其西段则接入《汉书》之南道。又彼所称北道之东段，乃天山北边之交通路线，《汉书》未之载，其西段则接入《汉书》之北道。序中三个西海，函义不一；南道之'西海'指印度洋，中道之'西海'指波斯湾，北道之'西海'，指地中海"[①]。

唐朝时期

唐朝是中国封建时代的鼎盛时期，其疆域之广大、民族之众多、国力之强盛、文化之繁荣都是前所未有的，西北丝绸之路更加通达繁荣、成为唐朝经略西域和发展与西亚及欧洲经济文化交流的交通干道，往来的使节、商旅、僧侣和旅行家络绎不绝、相望于途。此时，西北丝绸之路发展到一个崭新的阶段，其特点是对西北丝绸之路上的贸易由中原地方政府的支持、鼓励转变为由中央政府直接经营、管理，使得除贸易之外的文明交流也更加丰富。英国汉学家崔瑞德指出："通往中亚和西方的各条路线对隋唐来说具有非常重大的意义。它们当然是通商要道，中国人就是通过它们出口丝织品以换取种类繁多的外国货物。但当中国正处于其世界思想极为盛行、受到的外来影响甚于以前或以后任何时候之际，它们也是主要的文化联系的环节。通过这些路线，许多中国的思想、文化和技术传到西方。"[②]其中，华夏饮食文明沿丝绸之路的传播也进入新

---

① 岑仲勉：《隋唐史》上，中华书局 1982 年版，第 47 页。

② ［英］崔瑞德编：《剑桥中国隋唐史（589—906 年）》，中国社会科学院历史研究所、西方汉学研究课题组译，中国社会科学出版社 1990 年版，第 8 页。

时期，传播内容更加丰富、传播范围更加广阔，对中亚、西亚甚至欧洲的饮食
文化发展起到了重要作用。

唐朝不仅对外实行积极主动地外交政策，也在隋朝的基础上进一步加强了
对西北乃至西域地区经略，以期达到对外友好交往与和平通商的目的。唐朝初
年，唐太宗先后派兵打击了威胁和阻碍西北丝绸之路交通、贸易的突厥、吐谷
浑旧部、麴氏高昌政权，设置西伊州（632 年改称"伊州"）、西州、庭州，并
设安西都护府于交河城。唐显庆三年（658），安西都护府迁至龟兹；翌年，又
设置龟兹、焉耆、于阗、疏勒 4 个军镇。刘统在《唐代羁縻府州研究》中指出，
唐朝为了保证边疆地区的长期稳定，又在安西地区内的部落、城镇基础上建立
起大宛都督府、康居都督府、南谧州、贵霜州、木鹿州等多个羁縻府州作为都
护府的外围防御体系，皆隶属安西都护府节制。到 702 年，安西都护府被一分
为二，另设北庭都护府（治庭州）统辖天山、锡尔河一线以北草原地区的游牧
民族，而安西都护府则统辖天山南麓各绿洲的城郭诸国。① 此时，中亚绿洲国
家大致可分为 3 个地区：其一是帕米尔高原地区。这里是东西方交通的咽喉要
地。其二是河中地区。这里的绿洲国家通称"昭武九姓国"，以康、石为长，
属于月氏人，原住河西走廊的祁连山以北的昭武城（今甘肃高台），与中原地
区关系密切、习俗接近，西突厥灭亡后便恢复了一度萧条的东西方贸易商路的
繁荣。其三是吐火罗地区。这里地处阿姆河以南，相当于阿富汗的北部、是进
入印度的门户。可以说，唐朝对西北乃至西域的经略，尤其是安西、北庭都护
府的建立并推行一系列政治、经济制度和政策等，为唐朝发展与中亚、西亚等
地区的经济与文化交流奠定了稳固基础。

与此同时，唐朝通过实行较为开明的政策、制度和措施，促进国内生产力
和经济等进一步发展。唐朝政府积极组织各地修筑河渠陂塘，改善农田水利条
件；实行"均田制"的土地制度，促进荒地垦辟，增加耕地面积。开元年间，
唐玄宗下令西北边防及黄河以北部分地区设庞大军屯，包括在河东道、关内
道、河南道、河西道、陇右道、河北道、剑南道等。全军屯田数 1141 屯，面
积 5000 余万亩。据统计，天宝八年（749）天下屯收 1913960 石。唐朝在中原
地区广为推行的"均田制""租庸调制"也在西域地区得以实施。在吐鲁番出
土的户籍册、地亩账上，多注有"永业田""口分田""已受田""死退"等字

---

① 刘统：《唐代羁縻府州研究》，西北大学出版社 1998 年版，第 17 页。

样，这是当地通行均田制的具体表现。① 由此，唐朝出现了空前繁荣昌盛的景象，尤以盛唐时期最为突出。唐人所著《开天传信记》盛赞这一时期："开元初，上励精理道，铲革讹弊，不六七年，天下大治。河清海晏，物殷俗阜，安西诸国，悉平为郡县。自开远门西行，亘地万余里。入河湟之赋税，左右藏库，财物山积，不可胜较。四方丰稔，百姓殷富。管户一千余万，米一斗三四文。丁壮之人，不识兵器。路不拾遗，行者不囊粮。"②

随着农业生产的发展，唐朝手工业和商品经济、都市等也有了巨大进步与发展。以手工艺而言，生产规模、种类和分布地区已远超前代。其手工业种类主要有采矿、冶炼、铸造、织染、刺绣、雕刻、木器、漆器、瓷器、制盐、制药、制茶、制糖、酿酒、文具纸张、碾硙磨面、皮革、服装、造船、兵工等业。手工业的迅猛发展为商品经济的流通与发展创造了良好的条件，从而有可能吸引丝绸之路沿线上各国、各地区与中国进行贸易并持续繁荣。③ 如茶叶成为西北丝绸之路贸易的大宗商品，回鹘、吐蕃等入中原，皆"大驱名马市茶而归"④，从而刺激了茶叶生产，"每岁出茶七百万驮，税十五余万贯"⑤。唐贞元年间以十税一率征收茶税，茶税每岁收入高达 40 万缗之多。到唐朝后期，茶业规模愈大，茶利收入增加一倍以上。而随着商品经济的繁荣，唐朝都市和商镇数量剧增，尤其是中小市镇增多。如西北地区丝路沿途的城市几乎全是仰赖商品贸易而产生发展的。《资治通鉴》记载："是时中国盛强，自安远门西尽唐境万二千里，闾阎相望，桑麻翳野，天下称富庶者无如陇右。"⑥ 同时，在西北丝路沿线还出现了一些较大的城市，商贸货物充足。北庭都护府治所庭州、安西都护府治所的高昌或龟兹，也是人口众多的大城市，经济、文化都比较发达。《旧唐书·西戎传》载，高昌"厥土良沃，谷麦岁再熟，有葡萄酒，宜五果，有草名白叠，国人采其花，织以为布。有文字，知书计，所置官亦采中国之号焉"⑦。

唐朝的对外交通已十分发达。就西北丝绸之路而言，其道路除沿用以往的北、中、南三道之外，又有扩展，且支线间的连接更加紧密，作用更加突出，

① 尚衍斌：《西域文化》，辽宁教育出版社 1998 年版，第 166 页。
② （唐）郑启：《开天传信记》，中华书局 1985 年版，第 2 页。
③ 唐任伍：《唐代经济思想研究》，北京师范大学出版社 1996 年版，第 22—24 页。
④ 赵贞信校注：《封氏见闻记校注》卷 6，中华书局 1958 年版，第 47 页。
⑤ （唐）李吉甫：《元和郡县图志》卷 28，中华书局 1983 年版，第 672 页。
⑥ 《资治通鉴》卷 198，天宝十二年夏五月，中华书局 1956 年版，第 6919 页。
⑦ 《旧唐书》卷 198《西戎传·高昌》，中华书局 1975 年版，第 5293—5294 页。

道路网络的特点更加明显。如西北丝绸之路北道在唐朝的扩展就十分明显：其一，从安西（今库车）向西，沿塔里木河、阿克苏河、托什干河方向至乌什、伊塞克湖南岸、碎叶城（今吉尔吉斯斯坦之托克马克），到达怛逻斯城（今哈萨克斯坦之江布尔），再向西与中亚撒马尔罕等地相连。其二，从敦煌向西（图1-6），沿天山北麓西行至北庭之轮台（今乌鲁木齐以北）、弓月城（今霍城西北），至碎叶，与上道汇合，基本上是沿着西北丝路北道前行。从西部东来的胡商，则大多从呼罗珊的木鹿到阿穆勒，渡过乌浒水到布哈拉，经库克而到撒马尔罕。[①] 此时，在西北丝路北道上的许多城镇如庭州（今吉木萨尔）、弓月城、轮台、碎叶、怛逻斯等都成为新兴都市和商业中心。安史之乱以后，因吐蕃占据了塔里木盆地及河西陇右地区，传统丝绸之路受阻，丝路北移，地处漠北的回鹘路成为中原与西域间主要通路和中西方交通要冲。《新唐书·李德裕传》载："承平时向西，路自河西，陇右出玉门"，"自艰难已后，河陇陷吐蕃，若通安西、北庭，须取回纥路去。"[②] 其路线大致沿秦时直道到达天德军（今巴彦淖尔市），再至回鹘牙帐（即唐安北都护府，今哈拉和林），然后入伊州（今哈密），至高昌（今吐鲁番），通往西域。

图1-6 敦煌以西唐代丝绸之路遗址（笔者摄于敦煌）

此外，唐朝还积极发展驿传制度，在中原内地、边疆少数民族地区及丝绸之路沿线地区均十分完备，以保证西北丝绸之路沿线的交通顺畅。据《唐六典》记载，唐朝全国共有驿站1639所，其中有水驿260所，陆驿1297所，水陆相兼所86个。[③] 这些驿所设有驿长，配置驿马、驿船。每个陆驿之间大约相距30里。其中，从长安通往西域的主

① 许序雅：《唐代丝绸之路与中亚历史地理研究》，西北大学出版社2000年版，第34页。
② 《新唐书》卷174《李德裕传》，中华书局1975年版，第4523页。
③ （唐）李林甫等：《唐六典》卷5《尚书兵部》，陈仲夫点校，中华书局1992年版，第163页。

要交通要道上均设有驿馆，有专门的"捉馆官"负责，供给过路商人、官员食宿和牲畜草料，大大便利了商队、官吏、僧侣等在丝路上的往来交通，唐朝边塞诗人岑参曾作诗感叹"一驿过一驿，驿骑如星流，平明发咸阳，暮及陇山头"。刘俊文《敦煌吐鲁番唐代法制文书考释》一书中记载了现存的敦煌遗书、吐鲁番文书有关馆驿制度的详情：敦煌遗书 P. 2005 号《沙洲图经》记载唐朝沙洲附近有"一十九所驿"，如州城驿、清泉驿、横涧驿、白亭驿、长亭驿、甘草驿、阶亭驿等；敦煌遗书 P. 3714 号《唐高宗总章二年八月九日传马坊传马传驴使用文书残卷》，吐鲁番出土文书《高昌私马、长生马、行马、亭马、拾骑马、驼、驴帐》和《唐天宝十三载或十四载交河郡郡坊草料帐》等。[①]这些材料表明，唐朝在西北地区的馆驿交通体系已经十分完备。有的馆驿明确记载是为丝路贸易或与周边各族各国交通所用的，如《资治通鉴》载，"诸酋长奏称：'臣等既为唐民，往来天至尊所，如诣父母，请于回纥以南、突厥以北开一道，谓之参天可汗道，置六十八驿，各有马及酒肉以供过使，岁贡貂皮以充租赋，仍请能属文人，使为表疏。'上皆许之"[②]。

　　在隋唐时期的西北丝绸之路上，中国与西方诸国的交流与饮食文明传播主要通过商贸往来、外交人员出使、屯田与移民等多种途径进行，而传播的内容包括了食物原料、饮食器具及相关生产制作工艺、饮食习俗及思想等，种类多样且内容丰富。

食物原料及其生产技术

一、河西、高昌移民屯田与稻作在西域的传播

　　中国的水稻在汉魏南北朝时期的西北丝绸之路上就已开始传播。汉晋时期，中央政府在西域积极组织军民屯田，以保障军队的粮饷供应。屯田军的主体是来自内地的农民，他们熟练运用牛耕和灌溉技术进行农作物生产。赵予征的《丝绸之路屯垦研究》对"楼兰汉晋木简"进行研究，指出"楼兰屯区的种植作物主要有大麦、小麦、糜子和禾（谷子）等"，而楼兰屯区是引水灌溉的，而且有专人负责灌溉工程和管理水。[③] 由此，可知种植水稻的技术至迟在汉晋

---

① 刘俊文：《敦煌吐鲁番唐代法制文书考释》，中华书局 1989 年版，第 107 页。
② 《资治通鉴》卷 198，贞观二十一年春正月，中华书局 1956 年版，第 6245 页。
③ 赵予征：《丝绸之路屯垦研究》，新疆人民出版社 2009 年版，第 59 页。

时期就从传播到西域，并在楼兰地区顺利引种。在新疆尉犁营盘汉晋墓地发现了水稻茎干，也是明证。

到隋唐时期，伴随着河西和高昌地区驻军与移民的增加，稻作在西北丝绸之路沿线得到更大范围的传播与发展。对此，史料有诸多记录。《隋书·西域传》载：龟兹国，"土多稻、粟、菽、麦"；疏勒国，"土多稻、粟、麻、麦"；于阗国，"土多麻、麦、粟、稻、五果，多园林"。①《新唐书·西域传》载：龟兹"土宜麻、麦、秔稻、蒲陶，出黄金"②。而稻作的传播与发展，与唐朝政府的屯田政策与移民习惯密切相关。据《新唐书·食货志》记载，屯田地区"上地五十亩，瘠地二十亩，稻田八十亩，则给牛一"③。此外，高昌地区还兴修水利，加强灌溉管理，为西域农垦种植和水稻栽培创造了必备条件。贺菊莲的《略探汉唐塔里木盆地周缘农作物的主要品种》引用了有关沙漠绿洲种植情况的敦煌文献，如 S.052V《敦煌诸寺丁壮车牛役簿》中记载有"驮稻谷"或"刈稻"；P. 2942 号《唐永泰年代河西巡抚使判集》中的相关记载也可以为唐朝前期敦煌地区的水稻种植提供明确证据，来自关东地区、有着吃稻米习惯的内地士卒要求增加稻米的供应。她认为当时敦煌人在农业栽培上已积累了丰富的经验。④另据《吐鲁番阿斯塔那古墓群墓发掘简报》显示，该墓出土的粮食作物遗存主要有黍、粟、小麦、青稞、大麻、黑大豆，另有少量大麦和水稻。其中，粟的大量发现在吐鲁番地区尚属首次，可能与该时期内地大规模向该地区移民、带来了相应的农业生产技术与饮食习惯有关。⑤郝二旭的《唐五代敦煌地区水稻种植略考》分析指出，阿斯塔那唐墓出土的水稻遗存是目前吐鲁番地区最早的相关发现，为该地区水稻种植栽培历史研究提供了宝贵的实物资料，如此丰富的粮食作物种类，加上大量做工精美的面食遗存，说明当时的食物品种多样，农业生产水平已经发展到很高的程度，为当地文化的发展奠定了坚实的基础。⑥

---

① 《隋书》卷 83《西域传》，中华书局 1973 年版，第 1851—1853 页。

② 《新唐书》卷 221《西域传上·龟兹》，中华书局 1975 年版，第 6231 页。

③ 《新唐书》卷 51《食货志》，中华书局 1975 年版，第 1358 页。

④ 贺菊莲：《略探汉唐塔里木盆地周缘农作物的主要品种》，《贵州民族大学学报（哲学社会科学版）》2012 年第 5 期。

⑤ 吐鲁番地区文管所：《1986 年新疆吐鲁番阿斯塔那古墓群发掘简报》，《考古》1992 年第 2 期。

⑥ 郝二旭：《唐五代敦煌地区水稻种植略考》，《敦煌学辑刊》2011 年第 1 期。

二、波斯商人的丝路贸易与生姜西传

从魏晋至唐朝前期，波斯萨珊王朝与中国有了进一步的联系与交往，为数不少的波斯人沿西北丝绸之路进入华夏大地，往来贸易频繁。在波斯王库萨和时期，隋炀帝曾派遣李昱出使波斯，波斯使者也随同前往长安觐见纳贡，从此以后直到唐朝前期，众多波斯使节、商队东来，波斯人入唐从事贸易活动达到了高潮。据统计，唐高宗时期波斯遣使七次，唐玄宗时期遣使十六次。[①] 这一时期，长安、洛阳两京地区以及西南地区都活跃着大量的波斯商人，长安西市更有专门的波斯邸。伊本·胡尔达兹比赫在《道里邦国志》中列举了中国输往西亚各国的商品名目，"由此东方海洋，可以从中国输入丝绸、宝剑、花缎、察香、沉香、马鞍、貂皮、陶瓷、绥勒宾节、肉桂、高良姜"[②]。

生姜，又名地辛、百辣，以其肥大的肉质根茎供食用或药用，富含姜油酮、姜辣素等辛辣和芳香成分，有治疗风寒感冒、促进消化液分泌和血液循环、增进食欲等作用。中国是生姜的原产地之一，栽培历史悠久，《论语》中记载孔子"不撤姜食"，可见 2500 多年前生姜已经成为佐食佳品。生姜经商人贩运，沿西北丝绸之路来到敦煌。高启安在《唐五代敦煌饮食文化研究》一书中，对敦煌文书相关记载进行研究后指出，唐朝最好的生姜来自秦地。[③] 而生姜因食用与药用价值被波斯商人重视并传播到中亚、西亚以及欧洲等地。玛扎海里在《中国波斯文化交流史》中认为，生姜是很早就通过丝绸之路向中亚、西亚各国输出的商品之一，"在丝绸之路畅通的时代，伊朗人从中国获得了大批生姜"；伊宾赫达日贝在公元 844—848 年曾著书提到生姜是中国产物。[④] 随着西北丝路的传播，西亚、欧洲各国开始广泛使用生姜。如在中世纪的欧洲制药业就消费大量生姜，在烹饪中对生姜的需求也如同胡椒一样多，英格兰—撒克逊人还制作出生姜葡萄酒、生姜米酒、加姜糕点、生姜酱和姜粉等。在隋唐时期，也可能存在从海上丝绸之路将中国生姜输往欧洲的情况，但伊朗和高加索等内陆地区则更多的是经由西北丝绸之路直接获得生姜的。

---

① 韩香：《隋唐长安与中亚文明》，中国社会科学出版社 2006 年版，第 56—58 页。

② ［阿］伊本·胡尔达兹比赫：《道里邦国志》，宋岘译注，中华书局 1991 年版，第 73 页。

③ 高启安：《唐五代敦煌饮食文化研究》，民族出版社 2004 年版，第 51 页。

④ ［美］劳费尔：《中国伊朗编》，林筠因译，商务印书馆 1964 年版，第 378 页。

三、粟特、回鹘商人的丝路贸易与茶叶西传

在隋唐时期，西北丝绸之路上最活跃、最积极的商旅民族莫过于中亚的粟特商人。粟特人发源于中亚锡尔河、阿姆河流域间泽拉夫善河的绿洲地区，位于西北丝绸之路的中枢、中亚与西亚间的咽喉要地。粟特地区与中国之间的交流和往来具有悠久的历史。有明确记载的官方交往始于西汉。当时的粟特为康居国属地，与中原王朝保持了数百年往来，粟特人建立了繁华的商业文明，撒马尔罕等城市是欧洲大陆商业贸易路线的交汇点。粟特人在中亚绿洲地区建立的国家甚多。如以玛拉干达、阿芙拉西阿卜等中心城镇为前身形成的撒马尔罕是汉文典籍中的"萨末建"或康国；以瓦拉赫沙、阿滥谧等城镇为前身形成的布哈拉，是为汉文典籍中的捕喝（布豁）或安国。此外，还有著名城邦"苏对沙那"（即唐朝时的东曹国）、"弭秣贺"（即唐朝时的米国）、"赫时（者舌、柘支赭支）"（即唐朝时的石国），等等。这些由粟特人创建的中亚绿洲之国以经商为主，兼顾半农半牧，掌握了较高的农业灌溉技术，使得粟特人能够长久立足于西北丝绸之路上砂碛干旱地区之间的一些绿洲地带。

自公元前 4 至 3 世纪，粟特人即已开始探索前往中国的路线。自南北朝以来，粟特商人开始活跃于中原与西域之间，他们在沿线的交通要道上建立了许多移民城市。唐朝时期，粟特商人进一步向东发展，在当时的疏勒、于阗、西州、敦煌、肃州、甘州、凉州、长安、洛阳等地都形成了规模较大的移民聚落。[①] 粟特人的经济才能在唐朝开放的政治政策和繁荣的社会经济条件下得到最充分的发挥，成为当时西北丝绸之路上最重要的经济与文化使者，他们把蕴含东方气质的丝绸、茶叶和瓷器等运过大漠戈壁和雪山，出现在中亚、西亚的绿洲、草原和山地，同样将遥远地中海、西亚等地的异域方物输入华夏大地。粟特商旅的贸易路线，东到中原地区、北到蒙古草原和欧亚草原，南及印度，西到大食。

回鹘源自铁勒，铁勒又源自匈奴统治下的丁零部落，公元 4 世纪—5 世纪时主要聚居在漠色楞格河流域，以游牧为生。公元 629 年，回鹘首领菩萨遣使入唐朝贡。开元年间，回鹘汗国建立，并在安史之乱中与唐军结盟，出兵助唐收复长安、洛阳等地，唐朝先后嫁多位公主于回鹘可汗、以结和亲，历代回鹘

---

① 荣新江：《北朝隋唐粟特人之迁徙及其聚落》，《国学研究》第 6 卷，北京大学出版社 1999 年版，第 27—86 页。

可汗都接受唐朝的册封。公元 840 年，回鹘汗国灭亡，部众西迁。杨富学在《回鹘文献与回鹘文化》一书中研究指出，回鹘西迁的部众分为 3 支：第一支先后以河西走廊的甘州和沙洲为中心，先后建立甘州回鹘、沙洲回鹘；第二支迁至中亚葛逻禄统治区，建立哈喇汗王朝；第三支以高昌、北庭为中心建立的高昌回鹘王国。[①] 不难看出，回鹘诸部西迁后建立的国家均在唐朝西北丝绸之路沿线，从河西走廊、高昌延伸到了中亚腹地。随着与唐朝经济联系的加强，回鹘的社会经济受中原地区的影响日渐深刻，农业、商业和手工业得到一定发展。而粟特人作为丝绸之路上重要的流动族群之一，自回鹘汗国建立伊始就在汗国的经济生活中起到了重要作用，大量粟特人代表回鹘汗国与唐朝进行商业活动。回鹘作为丝绸之路的枢纽与中转站，来自东西方的商旅都要在此停留，此后在回鹘人中兴起了经商之风、且很有才干，"回鹘族就和中亚粟特商人一起，日夜奔驰于从漠北经北庭都护府（今吉木萨尔）、伊犁、碎叶通往河中的地区的丝绸之路上，创造了丝绸之路的黄金时代"[②]。商业经济和贸易经济逐渐成为回鹘汗国的主要收入来源。在回鹘商人参与的东西间贸易活动中，唐朝政府与回鹘间的茶马贸易是不可忽视的部分。

唐朝时，茶树已经普遍实现了人工栽培种植。据陆羽《茶经》记载，全国种植茶树的区域已遍及四十二州郡，划定了山南、淮南、浙西、剑南、浙东、黔中、江南、岭南八大茶区。陈椽先生在《茶业通史》估算，"唐德宗贞元九年（793）全国产茶 200 万市担，人均达到 3.64 斤"；制茶工艺有了新的突破，发明了蒸青制茶法，制作饼茶或团茶，使茶叶成为人民喜爱的饮品。[③] 唐朝的制茶行业很发达，产茶区遍布南方。陆羽《茶经》载："风俗贵茶，茶之名品益众。剑南有蒙顶石花，或小方，或散芽，号为第一。湖州有顾渚之紫笋，东川有神泉、小团、昌明、兽目，峡州有碧涧、明月、芳蕊、茱萸簝，福州有方山之露芽，夔州有香山，江陵有南木，湖南有衡山，岳州有灉州之含膏，常州有义兴之紫笋，婺州有东白，睦州有鸠坑，洪州有西山之白露，寿州有霍山之黄芽，蕲州有蕲门团黄，而浮梁之商货不在焉。"[④] 这里记载的仅仅是江淮、巴

①　杨富学：《回鹘文献与回鹘文化》，民族出版社 2003 年版，第 5—7 页。
②　苏北海：《汉唐时期我国北方的草原丝路》，载张志尧编著：《草原丝绸之路与中亚文明》，新疆美术摄影出版社 2012 年版，第 30 页。
③　陈椽编：《茶业通史》，中国农业出版社 2008 年版，第 44 页。
④　（唐）李肇：《唐国史补》卷下，上海古籍出版社 1979 年版，第 60 页。

蜀、岭南等名茶产地，至于一般茶园不可胜数。唐朝的制茶业已经专业化、规模化、商品化。例如安徽祁门茶区"千里之内，业于茶者七八矣。由是给衣食、供赋役，悉恃此。祁之茗，色黄而香，贾客咸议愈于诸方。每岁二三月，赍银缯缯素求市，将货他郡者，摩肩接迹而至。"①

茶有着生津止渴助消化的功效，对于食酪饮乳的游牧民族来说是最好的佐食饮料，备受青睐。《唐会要》记载："茶为食物，无异米盐，人之所资，远近同俗，既祛渴乏，难舍斯须，田闾之间，嗜好尤切。"②清康熙年间编纂的类书《格致镜原》记载："茶之为物，西戎、吐蕃古今皆仰给之，以其腥肉之食，非茶不消，青稞之热，非茶不解，是山林草木之叶而关系国家大经。"③丝绸之路沿线游牧民族人口众多，自8世纪开始茶便成为重要的商品之一，因粟特和回鹘商人们活跃的商贸活动，黄时鉴先生在分析了诸家之说以后得出了唐朝茶已传入西域的结论。而唐朝时茶入回鹘也有史料可征。《新唐书·陆羽传》载："羽嗜茶，著经三篇，言茶之原、之法、之具尤备，天下益知饮茶矣……其后尚茶成风，时回纥入朝，始驱马市茶。"④

唐朝茶叶沿西北丝绸之路的传播，其主要线路包括安西入西域道、大同云中道和回鹘道。前者是唐朝国际交往的西线，后两者是唐朝与回鹘、突厥等的交往线路。黄时鉴先生认为，"从茶向外传播的时间来看，通过西北丝绸之路，西亚和阿拉伯国家得到茶叶的时间最迟应在唐代中晚期"⑤。茶叶是中外交往中必不可少的物品，茶入西亚，最重要的路线之一就是途经西域，敦煌地区是中原通往西域的重要节点。《敦煌文献·茶酒论》中将当时茶叶的贸易繁荣景象描述为"万国来求"。敦煌文献中已有茶具记载，敦煌沙洲某寺交割目录点检文书中（敦煌文书 P. 2613）有记载："柒两弗临银盏壹，并底。叁两肆钱银盏壹，肆两伍银盏壹，肆两银盏壹。"⑥这里的银盏可能是一种较为高级的茶具，因为它有"底"。银茶具在唐朝是一种高级茶具，在

① 《全唐文》卷802，中华书局1983年版，第8430—8431页。

② （宋）王溥：《唐会要》卷84《杂税》，中华书局1955年版，第1546页。

③ （清）陈元龙：《格致镜原》卷21，《文渊阁四库全书》影印本。

④ 《新唐书》卷196《隐逸传·陆羽》，中华书局1975年版，第5612页。

⑤ 黄时鉴：《关于茶在北亚和西域的早期传播——兼说马可·波罗未有记茶》，《历史研究》1993年第1期。

⑥ 唐耕耦、陆宏基：《敦煌社会经济文献真迹释录》第3辑，书目文献出版社1990年版，第9页。

法门寺出土的贡品中就有银茶具和烹茶拨火的银火筷。敦煌寺院中保存有这样高级的茶具，说明在当时的敦煌喝茶是一种高雅的行为，寺院的僧侣也时常喝茶。随着茶叶成为丝绸之路贸易的大宗商品，茶文化也沿西北丝绸之路传播。

可以说，粟特人与回鹘人是隋唐时期西北丝绸之路上极为活跃者，他们通过大量商业贸易活动联结了东西方，茶叶也因由频繁密切的商业活动而进入西域，甚至传播至更远的西方。

四、安西都护府的设立与食物原料及其生产技术西传

公元 7 世纪中叶，唐朝灭亡西突厥之后，在西域设立安西都护府，统辖安西四镇，于公元 659 年（显庆四年）"诏以石、米、史、大安、小安、曹、拔汗那、恒怛、疏勒、朱驹半等国置州县府百二十七"[1]。地处西域的众多绿洲国家与唐朝保持着密切的交往，并受到华夏先进文化的熏陶，双方经济、文化和商业贸易交流频繁不断。[2] 在唐朝，安西都护府作为重要的军政管理机构，最大管辖范围曾一度完全包括天山南北，并至葱岭以西至达波斯。

唐玄宗天宝九年（750），安西节度使高仙芝率两万余人的军队征讨石国，在该国的怛逻斯（今哈萨克斯坦江布尔）与前来增援的大食（阿拉伯帝国）阿拔斯王朝军队交战。唐军与大食军队相持 5 日，由于葛逻禄部雇佣军的叛变，唐军大败，其安西精锐部队几乎全军覆没。被俘的数千人迁往大食（阿拉伯帝国），他们大多来自中原地区，见于记载的就有京兆（今西安一带）和河东（山西、河南）之人，其中的许多人在被迫西迁过程中，利用所掌握的华夏先进技艺谋生，客观上促进了华夏文明向西的传播。唐朝著名历史学家杜佑的侄子杜环就是战败被俘的唐军一员。杜环被俘到大食后游历了大食境内中亚、西亚、北非和地中海沿岸等被大食所占据的地区 10 余年，并将所见所闻写成游记《经行记》。杜佑《通典》记载，"族子环随镇西节度使高仙芝西征，天宝十载至西海，宝应初，因贾商船舶自广州而回，著《经行记》"[3]。在杜环《经行记》里可见一些华夏饮食文明包括食物原料及生产技术在这些地区的传播情况。

---

[1] 《资治通鉴》卷 200，显庆四年九月，中华书局 1956 年版，第 6317 页。
[2] 王钺、李兰军：《亚欧大陆交流史》，兰州大学出版社 2000 年版，第 136 页。
[3] （唐）杜佑：《通典》卷 191《边防七》，中华书局 1992 年版，第 5199 页。

根据现存《经行记》片段，杜环西去的路线是：从龟兹出发，越天山拔达岭，经伊塞克湖畔、碎叶，到达怛逻斯参与战事；战败被俘后，经锡尔河右岸的塔什干，渡河至索格底亚那地区，后从撒马尔罕出发，经布哈拉，渡过阿姆河，到达阿模里（穆国），通过呼罗珊行省的首府木鹿，经内沙布尔达姆甘、赖伊、哈马丹，转西南进入美索不达米亚平原，抵达库法，即阿拔斯王朝当时的首都。①《经行记》载，在拔汗那国（今属吉尔吉斯斯坦）"城有数十，兵有数万。大唐天宝三年，嫁和义公主于此。……土宜蒲萄、醨罗果、香枣、桃、李。……大食一名亚俱罗。……郛廓之内，里闬之中，土地所生，无物不有。四方辐辏，万货丰贱。锦绣珠贝，满于市肆。驼马驴骡，充于街巷。刻石蜜为卢舍，有似中国宝舆。每至节日，将献贵人琉璃器皿、鍮石瓶钵，盖不可数算。粳米白面，不异中华。其果有楄桃，又千年枣。其蔓菁根大如斗而圆，味甚美。余菜亦与诸国同。蒲萄大者如鸡子。香油贵者有二：一名耶塞漫，一名没匝师。香草贵者有二：一名查塞荤，一名葖芦芨。绫绢机杼，金银匠、画匠，汉匠起作画者，京兆人樊淑、刘泚；织络者，河东人乐阛、吕礼。"②从杜环记述可见，当时阿拉伯帝国境内的美索不达米亚平原是西北丝绸之路西段的商货交易中心、国际性大都会，有许多中国工匠流亡到此，他们的到来极大地提升了当地生产技术的整体水平，当地已有一些原产于中国的食物原料的种植，如桃、李等。日本学者羽田亨认为，"拔汗那（费尔干纳）出产铁器、武器等重要产品（那里早在汉代就已传入中国之铸造法），这时之所以特别出名，应归功于新近传入的唐之技术。总之，中国的工艺品在当时伊斯兰教国民间享有非常的声誉，以至于把各种精巧的工艺品都称为'中国（Sine）的'。精于商业的粟特人等不仅输入这些物品，并且乘机在当地或雇用唐工艺家，或自己掌握技术"③。

此外，在塔拉斯河畔怛逻斯城向南10余里有一座小孤城，玄奘曾亲见这里有300余户中国人，都是被突厥人掠去的汉人，他们聚集在此，成为一个中原移民的城镇。这些移居中亚的汉人，在7世纪上半叶尽管服饰已经突厥化，但语言及生活习惯却仍然保持着中原风尚。《大唐西域记》卷一记载，"南行十余里，有小孤城，三百余户，本中国人也，昔为突厥所掠，后遂鸠集同国，共

---

① 钮仲勋：《我国古代对中亚的地理考察和认识》，测绘出版社1990年版，第52页。
② 张一纯笺注：《经行记笺注》，中华书局1963年版，第2—5、46—56页。
③ ［日］羽田亨：《西域文化史》，耿世民译，新疆人民出版社1981年版，第81页。

保此城，于中宅居。衣服去就，遂同突厥；言辞仪范，犹存本国"①。可见，当时在西域的中原移民数量不少，也促进了中西方经济文化交流。大诗人李白出生的碎叶城，也濒临塔拉斯河，气候温和，土地肥沃，食物原料丰富。杜环《经行记》说该地"自三月至九月，天无云雨，皆以雪水种田，宜大麦、小麦、稻禾、豌豆、毕豆"②。塔拉斯河流域的平原是农耕发达地区，唐朝曾对此地进行了农业开发，传播先进的食物原料生产技术。

五、唐朝与突厥的和亲、通婚及食物原料生产技术的传播

这一时期，突厥人南侵是隋唐王朝的主要边患和威胁。隋唐王朝一方面依靠军事力量抗击突厥，另一方面也采取一系列安抚措施，争取和维持边地和平，因此官方和民间的往来也较为频繁。特别是隋唐对突厥采取的和亲政策更加强了双边的往来，加之民间的通婚、迁徙与共处、学习，也促进了华夏食物原料及其生产技术的传播。

和亲始于突厥汗国肇兴之际，从西魏长乐公主嫁于土门可汗起直到唐朝，双方和亲共有 15 次。其中，1 次是突厥公主嫁于北周武帝，其余 14 次是中国公主嫁于突厥可汗或部落首领，包括西魏 1 次、北周 1 次、隋朝 5 次、唐朝 7 次。和亲不仅具有政治和军事意义，使双方的紧张关系有所缓和，同时也把中原汉族的风俗礼仪和食物原料带到突厥汗庭，扩大了双方的文化和技术交流。除了上层贵族间的联姻外，民间的通婚也较为普遍，使得双边经济和文化交流也较为密切。在唐高祖武德年间，双方继续进行互市，突厥人用马、羊等畜牧业产品与汉人交换锦绢等丝织品，汉人的农业生产工具和技术也大量传入突厥。如武则天时，准允了突厥和亲，给予突厥农作物，"纳言姚璹建议，请许其和亲，遂尽驱六州降户千余帐，并种子四万余石、农器三千事以上与之"③；突厥向唐朝纳贡，唐朝则给予突厥丰厚的馈赠，其中包括贵重丝织品、农作物种子、农具铁器等。在唐朝，有大批突厥人进入中原，向汉人学习开荒垦殖、转向农业生产，中原汉人也有移居突厥境内的。通过和亲以及民族间的迁徙、杂居共处，先进的华夏文明包括食物原料及生产技术给突厥人的生产、生活和社会经济文化发展带来了重要影响。

---

① （唐）玄奘、辩机：《大唐西域记》，文学古籍刊行社 1955 年版，第 30 页。
② 张一纯笺注：《经行记笺注》，中华书局 1963 年版，第 44 页。
③ （唐）杜佑：《通典》卷 198，中华书局 1984 年版，第 1073 页。

瓷质饮食器具

六、呼罗珊大道的商贸活动与饮食用瓷器的西传

中国瓷器制作技术大约在公元 2 世纪左右的东汉晚期基本成熟，到隋唐时期更有了绚丽多姿、精巧俊秀的品貌。中国瓷器与丝绸一样，在古代输出品中占着极其重要的地位，对外贸易有主要两条路线：一条是沿着西北丝绸之路通过陆路运销；另一条是沿着海上丝绸之路，通过海道运销。在陆路，自公元 7 世纪开始，阿拉伯帝国称雄中西亚，内部建立了完善的驿递制度，四通八达的驿道链接首都与各地，沿线驿馆林立，不仅保证了政令畅通，更为物资运输、商贸活动提供了极大的便利。公元 9 世纪末 10 世纪初，阿拉伯古典地理学家伊本·胡尔达兹比赫根据阿拉伯邮驿档案编纂了地理名著《道里邦国志》。据该书中记载，当时沟通中国与阿拉伯世界的干道是著名的呼罗珊大道。这条大道从巴格达向东北延伸，经哈马丹、赖伊、内沙布尔、木鹿、布哈拉、撒马尔罕、锡尔河流域诸城镇而到达中国边境，与中国境内的交通路线相联结。而这条呼罗珊大道的路线就是古代西北丝绸之路在葱岭以西最主要的一大段路线，在此道上的商贸活动极大地促进了中国饮食用瓷器的西传。

中国陶瓷何时开始外传，目前尚难断定。有学者推测，似乎罗马皇帝尼禄（37—68）有过中国的陶瓷瓶。陶瓷可能在汉代就经由丝绸之路出口到西方诸国。[1] 叶文程在《唐代陶瓷器的生产和对外输出》一文中指出，"唐代陶瓷器的对外贸易交通路线，在陆路是经由新疆，中亚细亚以至波斯"[2]。因此，在中国瓷器早期外传的海陆两线中，西北丝绸之路是主要陆路线路，一般是从长安出发，经河西走廊、天山等，翻越葱岭到波斯、两河流域，转阿拉伯半岛，或西去埃及，北达欧洲。在这条道路上，君士坦丁堡（今土耳其伊斯坦布尔）是终点，沿丝绸之路的大量商品在该地汇聚，与欧洲、西亚的商旅进行贸易交换，因此在君士坦丁堡、安泰普（今土耳其加济安泰普）等地形成了众多的商品交易市场，某些市场迄今为止仍是当地重要的商品集散地（图 1-7）。到隋唐时期，西北丝绸之路东段的重点地区之一是敦煌。这里作为西北丝绸之路上

---

[1] 欧志培：《中国古代陶瓷在西亚》，《文物资料丛刊》第二辑，文物出版社 1978 年版，第 229 页。

[2] 叶文程：《唐代陶瓷器的生产和对外输出》，《河北陶瓷》1987 年第 3 期。

的国际性都会，各地来的行商坐贾在此从事各种贸易，包括中国饮食用的瓷器贸易。《敦煌社会经济文献真迹释录》第二辑中列有敦煌文献 S.4525 "花碗子十五个"①。"花碗子"即是瓷碗中带有花卉纹样的碗，这些碗有 4 个规格，大碗、次碗、更次碗、小碗子，属于高档餐具，因为当时大部分普通老百姓仍以木碗为主，敦煌人也使用此类瓷碗。而此时，西北丝绸之路西段的重点区域则是由西方延伸而来的呼罗珊大道。它既是阿拉伯帝国交通网上最主要的干道，更是西北丝路西段的中心与枢纽，"把巴格达和药杀河流域的边疆城市，和中国边境各城市联系起来"②。巴格达是阿拉伯帝国阿拔斯王朝的首都，公元 9 世纪成为国际陆路交通的中心，有专卖中国货的市场。原产于中国的瓷器沿着西北丝绸之路，经由呼罗珊大道进入阿拉伯世界。瓷器与丝绸不同、是易碎物，在千里迢迢的路途上由长长的骆驼队进行运输，其难度巨大，但是，商人们有远道运输包装的绝妙办法。瓷器等货物越过葱岭以后，由木鹿到达内沙布尔。日本三上次男认为，"波斯东部的马什哈德和内沙布尔等都是沿着厄尔布尔士山脉以及与之相连的东北部的一些复杂山脉的大城市。古代中亚或阿富汗穿过伊朗高原到达美索不达米亚的骆驼商队，就是通过这些山脉南麓的绿洲而旅行的"③。内沙布尔在马什哈德以西 80 公里，是今伊朗东北部霍腊散省古丝路必经之地和贸易中心，由公元 3 世纪萨珊王朝沙普尔一世所建。据莱恩的《早期伊斯兰陶器》记载，早在 8 世纪末，中国

图 1-7　土耳其加济安泰普丝绸之路贸易市场
（笔者摄于土耳其加济安泰普）

---

　　①　唐耕耦、陆宏基编：《敦煌社会经济文献真迹释录》第二辑，书目文献出版中心 1986 年版。

　　②　[阿] 伊本·胡尔达兹比赫：《道里邦国志》，宋岘译注，中华书局 1991 年版，第 234 页。

　　③　[日] 三上次男：《陶瓷之路——东西文明接触点的探索》，胡德芬译，天津人民出版社 1983 年版，第 142 页。

瓷器已大量运往该地。古代西亚作家谭努其（Tanukhi）提到，在哈里发阿瓦惕克时代（842—874），有 30 多个装过香料的中国瓷坛散发香味，历久不止。美国纽约大都会博物馆分别在 1936 年、1937 年、1939 年对毁于 1267 年、1268 年两次大地震的内沙布尔遗址进行过 3 次发掘，在 9～13 世纪的遗址中出土了唐朝越窑青瓷盘 1 件、邢窑白瓷壶 1 件、长沙窑壶上部，以及广东窑白瓷盘等。这里曾是最早由西北丝绸之路向阿拔斯王朝哈里发运送中国瓷器的伊朗东部重镇，阿布尔·法德尔·贝哈杰在 1059 年写道：在哈里发哈仑·拉希德（786—806）时，呼罗珊的总督阿里·伊本·伊萨曾献给过去巴格达宫廷中从未见过的二十件中国御用瓷器，随之送去的并有两千件日用瓷器。①

饮食品种及制作方法

七、中原汉人移民高昌等地与面食制作技艺的传播

这一时期，华夏饮食品种及制作方法的传播主体是来自中原的移民。由于唐朝在西域的直接管辖，使西北丝绸之路比以往都更加通畅繁荣，中西贸易大为发展，人员往来也更为频繁。除了唐朝派往西域行使行政权的官吏、戍边的军队外，还有不少中原汉人移居西域，而移民较多的是西州(今吐鲁番、鄯善、托克逊等市县境)。西州，本是高昌国境，在唐灭高昌后改置而成。贞观十六年（642），唐太宗下诏，"在京及诸州死罪囚徒，配西州为户，流人未达前所者，徙防西州"②。龙朔年间(661—663) 后，流放地扩大到庭州(今乌鲁木齐、玛纳斯、昌吉、奇台、木垒等市县境) 等地。唐代《元和郡县志》卷四十说庭州"其汉户，皆龙朔已后流移人也"③。大量的移民迁徙到这些地区，也将中原的面食制作技艺传播至此。

从吐鲁番等地遗址发现的实物看，以粮食类作物加工而成的食品尤其是面食品所占的比重很大，这显然与吐鲁番盆地农业文明的高度发达、粮食作物中以产麦为主有着直接的关系。出土的面食表明当时的食品加工颇为考究，面食品在制作工艺上大致可分烤、煮、蒸、炒和油炸 5 类以及无馅、有馅两种。自 20 世纪 50 年代末至 70 年代末，在吐鲁番洋海墓葬区、阿斯塔那墓葬区进

---

① 沈福伟：《中国与西亚非洲文化交流志》，上海人民出版社 1998 年版，第 158 页。
② 《旧唐书》卷 3《太宗下》，中华书局 1975 年版，第 54 页。
③ （唐）李吉甫：《元和郡县图志》卷 40《陇右道·庭州》，中华书局 1983 年版，第 1033 页。

行的一系列考古发掘中发现了小麦、糜、粟、黍、豆类等粮食作物和很多品
类的干果和食品，仅面食就有馕、面条、饺子、馄饨与各式花色点心等。① 其
中，"1959 年，新疆博物院东疆工作组从 10 月 22 日开始在吐鲁番县阿斯塔那
进行墓葬发掘。从已清理结束和正在进行清理的两座墓（TAM301、302）看，
虽遭严重破坏，但仍有重要发现。301 号墓中所出的灰陶小盆内尚发现有面制
饺子，三盆中各置 1 只，保存甚好。另有一中插木棒的小面饼，也保存得很
好"②。饺子和馄饨是中华民族的传统美食，据北齐颜之推记载，"今之馄饨，
形如偃月，天下通食也"。在唐朝，馄饨已成为一种普遍的面食，唐中宗时期
韦巨源《食谱·烧尾宴食单》中已载有"生进二十四气馄饨，花型馅料各异，
凡二十四种"。段成式《酉阳杂俎·忠志》记载，唐玄宗赏赐安禄山的宅邸宴
食器物中有"金银平脱隔馄饨盘"。③ 这是专门用来盛装馄饨的。这些面食品
也因"药食同源"的思想而被用于疗治病症。如成书于公元 9 世纪中唐宣宗
时期的中医食疗著作《食医心鉴》中就有两个处方用到了馄饨，"乌雌鸡馄饨
方""野鸡肉馄饨方"。④ 从饺子出土于吐鲁番地区这一现象来看，随着东西文
化交流和中原与西域地区交往的加深，这种美食首先为位于西北丝绸之路中枢
的吐鲁番地区古代居民所接受和食用，继而通过这里传播、推广到了西北丝绸
之路沿线的其他地区。

　　饼是面粉制品的一个总称，涵盖的种类很多，其中各式花色点心就是饼类
家族的成员之一。饼最早出现在《墨子·耕柱篇》中，"见人之作饼"，可见先
秦时期中国已经开始制作汉人食用。汉元帝时黄门令史游《急就篇》卷二记载，
"饼饵、麦饭、甘豆羹"。汉刘熙《释名·释饮食》中记载，"饼，并也，溲面
使合并也"。汉朝将面食通称为"饼"。此后随着烹饪技术的不断提升，特别是
随着石磨、重罗及发酵技术的应用与提高，到魏晋南北朝时期，饼的品种日渐
丰富。李昉《太平御览》所载西晋束皙《饼赋》详细而生动地记录了蒸饼的
制作过程，"尔乃重罗之面，尘飞雪白，胶黏筋劲，膏泽柔泽。肉则羊膀豕胁，
脂肤相半，脔若蜿首，珠连砾散。姜株葱本，荸蒌切判，到末椒兰，是洒是

① 李亚等：《新疆吐鲁番考古遗址中出土的粮食作物及其农业发展》，《科学通报》2013 年
第 58 卷。

② 吴震：《吐鲁番阿斯塔那唐墓中有重要发现》，《考古》1959 年第 12 期。

③ （唐）段成式：《酉阳杂俎》，方南生点校，中华书局 1981 年版，第 3 页。

④ 邱庞同：《中国面点史》，青岛出版社 1995 年版，第 41 页。

畔。和盐漉豉，揽合樛乱。于是火盛汤涌，猛气蒸作。攘衣〔振〕服，（振掌）握搦〔拊〕抟，面弥离于指端，手萦回而交错，纷纷駁駁，星分霅落。笼无逆肉，饼无流面。姝嫭咽敕，薄而不绽。襚襚和和，臁色外见，柔如春绵，白如秋练。气勃郁以扬布，香飞散而远遍。行人失涎于下风，童仆空爵而斜盼。擎器者舐唇，立侍者干咽。尔乃换增，灌以玄醢，钞以象箸。曳要虎丈，叩膝遍据，盘案财投而辄尽，庖人参潭而促遽。手未及换，增礼复至。唇齿既调，口勿咽利。三笼之后，转更有次。"①而对于烤烙的饼食而言，最形象的考古资料莫过于吐鲁番阿斯塔那唐墓出土的一组劳动妇女俑（图 1-8）。该组陶俑由多名妇女形象组成，统一身着短襦和长裙，头梳高髻，自左至右依次为：一人用双手紧握木杵，正在用石臼春粮食；一人坐于地，双手捧箕，正在细心清除粮食里的杂质；一人右手用力把住磨棒、一手从磨盘上方加料，正在磨粉；一人坐于地，双腿平伸、上置面板，双手正用擀面杖擀皮，而身边放置了一个饼鏊，上有正在烙着的面饼。

鏊是加工粉食类食物的重要器具，在中国使用的历史很早。河南省荥阳市青台遗址出土了一具鏊，距今已有 5000 余年。敦煌文书中记载有规格不等的

图 1-8　吐鲁番出土劳动妇女俑（笔者摄于新疆维吾尔自治区博物馆）

鏊子，材料主要为铁制，形状大的鏊子有三只脚，放起来平整，底下可加火，上面有盖、起密封作用，这样不仅烧烤速度快，而且节省燃料，所加工的饼外酥内软、清香可口。随着敦煌与高昌等各地的联系日益紧密，河西移民进入西域，鏊子也传入了吐鲁番，吐鲁番文书中将其称为打鏊。②此外，制作饼食还有一种工具叫咄笼，是河西人对蒸笼的叫法。敦煌人食用的饼中有蒸饼一项，而且许多神食及丧葬仪式上的盘均要用蒸笼，制作蒸笼的原料以竹子

---

① （宋）李昉：《太平御览》卷 860《饮食部十八·饼》，中华书局 1960 年影印本，第 3819 页。

② 高启安：《唐五代敦煌饮食文化研究》，民族出版社 2004 年版，第 72—73 页。

为主，间或有普通木料制作的，西北乃至西域地区都不产竹，因此"咄笼"应是由内地传播至此。

到隋唐时期，饼食的制作工艺继续提升，与前代相比，外形更加精致化，多以圆形或特制模型按压后烤制，出现了许多颇为新奇的花色品种。《酉阳杂俎·酒食》载有"五色饼法"，"刻木莲花，籍禽兽形按成之。合中累积五色竖作道"。① 陶谷《清异录》载："郭进家能作莲花饼馅。有十五隔者，每隔有一折枝莲花，作十五色。自云：周世宗有故宫婢流落，因受雇于家，婢言宫中人，号'蕊押班'。"② 这里的"莲花饼"即荷花形的饼，郭进家的婢女可以做出 15 种花色的莲花饼，技艺十分高超。很显然，饼类食品在隋唐时期虽然与饭具有同样重要的位置，但随着社会发展，人们不只满足口腹之欲，还追求色、香、味、形，创造出许多有特点的食品。各式花色的面食点心在吐鲁番地区的出现，表明这种饮食品在这里同样备受人们喜爱。仅以形而言，吐鲁番阿斯塔那墓葬出土的各种花式点心（图 1-9）包括梅花式点心、菊花式点心、四棱式点心、四瓣花纹点心、八瓣花纹点心、叶形面点、筒形面卷等，都以小麦粉为原料制成，做工极为精细。其中，梅花与菊花是生长在中国南方的乔木和草本植物，宝相花为佛教纹饰，多见于纺织品和其他器物表面。这些纹样出现在当时吐鲁番居民的面食品之中，不仅说明当地人民在模仿植物造型上有较高技能，充分体现了当时人们高超的面点制作技艺和审美情趣，

图 1-9　吐鲁番出土阿斯塔那唐墓花式点心等面食品（笔者摄于中国国家博物馆）

更重要的是其中蕴含的中原文化元素极为明显，表明了当时中原地区的面食品制作技艺与审美风尚在高昌等地广泛流传，并产生了巨大影响。

---

① （唐）段成式：《酉阳杂俎》卷 7《酒食》，方南生点校，中华书局 1981 年版，第 71 页。

② （宋）陶谷：《清异录（饮食部分）》，李益民等注释，中国商业出版社 1985 年版，第 2 页。

饮食习俗与典籍的传播

八、敦煌文书与药食同源的华夏饮食养生思想传播

唐朝时，中原文明对西域的影响极为强烈，西域各民族研习汉文化蔚然成风。汉文字在西域广泛使用，汉文典籍的使用和传抄盛行，加之汉文化教育机构的设置，使得汉文化全方位、深层次地进入西域各地社会生活。如唐朝名将哥舒翰，本为突骑狮（西突厥别部）人，精通汉语，好读《左氏春秋》及《汉书》。据考古发现，20 世纪初在新疆吐鲁番阿那塔那唐墓中也有 12 岁儿童卜天寿于公元 701 年（景龙四年）抄写的《论语郑氏注》《史记》《汉书》等汉文典籍残卷。公元 5 世纪—11 世纪的敦煌文书中即有汉文书写的医学、历书、类书等。这些典籍沿西北丝绸之路进入敦煌、高昌甚至越过葱岭进入中亚、西亚地区。其中，医药类典籍包含着"药食同源"的华夏饮食养生思想，也随之在西北丝绸之路沿线传播，并对当地人们的饮食生活产生一定影响。

"药食同源"，也称"医食相通"，是华夏饮食思想中极为重要和最具特色的内容之一。华夏先民从"天人合一"的宇宙观中生发出"视食为养"的思想，《淮南子》中记载神农"尝百草之滋味，水泉之甘苦，令民知所避就"。可见，上古时代药与食不分，无毒者可就，有毒者当避。这也是"药食同源"最早的缘起，食物与身体的保健和疾病的治疗建立了历史性的关系纽带，人在健康的时候，食物是保障身体机能得以运转的原料；而当人体处于非健康状态时，食物则可能成为医药、具有治疗疾病的效果。《黄帝内经》作为现存最早的医学典籍，创立了食物五味的概念、五味与五脏相关的理论、食物五类的划分原则以及药食配制的原则与禁忌。《周礼》中强调"以五味、五谷、五药养其病"，《礼记》中提到药食的调配和四时运用原则，亦是对"药食同源"理论的进一步发展。此后，《神农本草经》《伤寒杂病论》等医书中均贯穿了饮食养生、饮食治疾的理念。因此，可以说，中国古代的医学典籍也是饮食养生保健典籍，历代编著的正史中将医书与食书归为一类，同时医生大多懂得饮食烹饪，常常根据患者的病情处以食方疗疾。

到隋唐时期，随着西北丝绸之路进入鼎盛时代，华夏饮食养生与保健思想等也随着中国医学典籍在西北丝绸之路上的传播而传播。如《新修本草》和孟诜的《食疗本草》唐代手抄本残卷，在敦煌石窟中与大量古代文献被发现。《食疗本草》的作者孟诜（约 621—713），唐朝医学家，汝州梁县（今河南临汝县）

人，曾举进士，官至光禄大夫，他年轻时喜好医药，后长于食疗与养生术。[①]
《食疗本草》是我国现存最早的古代营养学和食物治疗专门著作，共 3 卷，收集本草药物 200 余种，对其食性、功能、主治作了辨析和论述，并鉴别异同，指示禁忌，记载了单方，有的还附有形态、修治、产地等论述，另外还记有不同地域所产食物和南北方不同的饮食习惯以及妊产妇、小儿饮食宜忌等。书中所载食物多为常用的谷物、蔬菜、果品、肉类和动物脏器等。如粳米：主益气，止烦（止）泻。仓粳米，炊做干饭食之，止痢。又补中益气，健筋骨，通血脉，起阳道。绿豆：补益，和五藏，安精神，行十二经脉；橘，止泄痢，食之，下食，开胸膈痰实结气；萝卜：利五藏，轻身益气，根，消食下气，甚利关节，除五藏中风，练五藏中恶气。服之令人白净肌细。鲤鱼：肉，白煮食之，疗水肿脚满，下气。石蜜（乳糖）：和枣肉及巨胜人作末为丸，每食后含一丸如李核大，咽之津，润肺气，助五藏津。[②]

《食疗本草》原书已佚，佚文见于《证类本草》《医心方》等书中。自汉武帝设立河西四郡以来，经过数百年的历代经营，敦煌已经成为中西交通的枢纽、西北丝绸之路南北两条大道的汇合点，凡从内地运往西域的各类货物均在此地储屯，王孝先在《丝绸之路医药学交流研究》一书中认为，公元 1907 年在敦煌石窟发现的唐代医药典籍，与当时西域从内地学习医药技术知识有关，很可能是西域的伊、西、庭三州医博士在教授生徒时从内地抄写的医学书籍的一部分。[③]据《敦煌中医药精萃发微》的统计，石窟《新修本草》残卷，自甘遂至白敛共三十味药；《食疗本草》手抄本残卷，自石榴起至芋，共二十六味药，为原书篇幅的十分之一。[④]这两部唐朝药物学著作手抄本残卷在敦煌石窟被发现，表明唐朝时"药食同源"的华夏饮食养生思想在西北丝绸之路沿线的传播。

九、人员往来与华夏节日习俗在西域的传播

由于唐朝与西域各地的人员往来十分频繁，尤其是汉人移民高昌等地，继

---

①　（唐）孟诜、张鼎：《食疗本草》，人民卫生出版社 1984 年版，第 1 页。

②　（唐）孟诜、张鼎：《食疗本草》，人民卫生出版社 1984 年版，第 116、124、32、139、92、45 页。

③　王孝先：《丝绸之路医药学交流研究》，新疆人民出版社 1994 年版，第 159 页。

④　丛春雨：《敦煌中医药精萃发微》，中医古籍出版社 2000 年版，第 118 页。

续保持和传承着旧日风俗习惯，促使华夏习俗包括节日及其饮食习俗在西北丝绸之路沿线传播。其中，最为典型的是在高昌地区以及中亚撒马尔罕地区的传播。

早在高昌国时代，高昌王室对汉文化的接受程度颇深，倡导中原礼节礼仪，派遣贵族子弟去中原学习经典与仪礼，当这些学子学成回到高昌后依然保持了汉地的一些生活方式，并积极传播汉文化。除此之外，一些来自汉地的僧侣、文人、画师、工匠也把中原地区的诗词绘画、民间工艺、习俗风尚原原本本带到高昌。《北史·高昌传》载："其风俗政令，与华夏略同。"① 其中，华夏节日习俗在高昌也有类似表现。如元旦，是一年中最重要的节日，中原地区皆有祭祀礼仪，然后合家团聚，设家宴庆祝新年到来，"唐长安市里风俗，每岁至元日以后，递饮食相邀，号为传坐"②。唐敬宗宝历二年（826），白居易作岁日家宴诗称："弟妹妻孥小侄甥，娇痴彟我助欢情。岁盏后推蓝尾酒，春盘先劝胶牙饧。形骸潦倒虽堪叹，骨肉团圆亦可荣。"据《吐鲁番出土文书》中的《高昌买羊供祀文书》记载，当地元旦者已有祭风伯、西涧神、长堞、西门，皆由祠部主祭，杀牲煮肉。③ 这与中原地区的习俗相类似。五月初五端午节是最受重视的节日之一。萧梁吴均《续齐谐记》云："世人吃粽，并带五彩丝及楝叶，皆汨罗之遗风也。"端午节在唐时尤其盛行。卫斯在《我国汉唐时期西域栽培水稻疏议》一文中提及，旅顺博物馆藏有阿斯塔那墓葬区出土的粽子，共五枚，为草篾编制而成，呈等腰三角形，与今天民间食用的粽子形状完全相同，发现于儿童墓葬，发现者认为此物是悬挂于孩童身上的吉祥饰品。④ 粽子是以糯米为主料的一种食品，也是端午节的传统食品，其历史可以追溯到春秋战国时代甚至更早。端午节吃粽子这一民俗何时传入吐鲁番虽无据可查，但从吐鲁番地区出土的大量考古资料来看，唐代的西州也要庆祝端午节，而食粽之民俗也在当地流行开来。又如七月十五日不仅是佛教的盂兰盆节，佛教信众常以百味饭食置于盆中供养僧，也是道教的中元节，一般要举行超度祖先亡灵的仪式。唐玄宗在开元二十二年（734）曾颁布全国必须遵守道教节日的制度，高昌等地也于此节举行庆祝活动。由于高昌有大量的中原移民，他们代代秉承中原文化

---

① （宋）李延寿：《北史》卷 97《高昌传》，中华书局 1974 年版，第 3215 页。

② （宋）李昉：《太平广记》卷 134《报应三十三·赵太》，中华书局 1961 年版，第 955 页。

③ 国家文物局古文献研究室等编：《吐鲁番出土文书》第 3 册，文物出版社 1981 年版，第 265—276 页。

④ 卫斯：《我国汉唐时期西域栽培水稻疏议》，《农业考古》2005 年第 1 期。

传统，使高昌在节日习俗上深受华夏饮食习俗的影响。

此外，端午节的风俗不仅在高昌盛行，还传播至中亚粟特地区。据近年来中亚考古成果显示，撒马尔罕大使厅壁画上也描绘有唐朝宫廷端午节习俗。大使厅壁画来自撒马尔罕古城，在阿弗拉西阿卜遗址出土。该厅壁画展示了盛唐时来粟特的各国大使和当地宫廷生活，壁画由粟特画家完成，却带有鲜明的唐朝绘画元素。在大使厅西墙，唐朝使团手持蚕茧、生丝、白绢，与来自波斯、吐谷浑、高丽等国使臣，在突厥武士的陪同下拜谒粟特王，共庆波斯新年"纳乌鲁兹"。创作年代应紧接在唐高宗击败西突厥汗国（658—659）之后，其后拂呼缦率领粟特九国归附大唐，唐文化在粟特九国的渗透达到鼎盛时期。《唐风吹拂撒马尔罕：粟特艺术与中国、波斯、印度、拜占庭》一书详细描绘了壁画的情景：大使厅北墙所画的是盛唐气象，墙面左半边是湖水，龙舟上坐的是巨大尺寸的武则天，四周围绕着宫女们，武则天张开左手，正在向湖中投掷粽子，水中有游动的鱼群，龙舟下有浮沉的怪兽，一群打着旋儿的游鱼正围着武则天龙舟一侧喋喋吃食。这幅壁画重现了端午节在盛唐时候的场景，而此时的粟特画家已经能够描绘万里之外唐朝宫中的端午节，更是生动细致地展现出中国上至王公贵族、下至黎民百姓都喜爱的民俗节日。[①] 由此说明，华夏饮食节日习俗已沿着西北丝绸之路来到中亚地区，而意大利考古学家康马泰对撒马尔罕古城大使厅北墙上的唐朝帝后图像作出解读，更证明了唐朝时华夏文明包括节日饮食习俗在中亚的传播及影响。

第三节　宋元时期：由渐衰至短暂复兴期

宋元时期是西北丝绸之路华夏饮食文明对外传播由逐渐衰微转至短暂复兴时期。宋朝是在唐灭亡多年、又经过五代的分裂与纷争后建立的一个相对统一的王朝，有北宋和南宋之分。此时，在西北丝绸之路沿线的中国西北及以西的中亚地区，有回鹘、党项、契丹以及葛逻禄、粟特、沙陀等民族驰骋活动，并建立了高昌回鹘、甘州回鹘、西夏、喀喇汗王朝、西辽等政权。由于这些地区

---

① ［意大利］康马泰：《唐风吹拂撒马尔罕：粟特艺术与中国、波斯、印度、拜占庭》，毛铭译，漓江出版社2016年版，第6—14页。

的政治格局发生变化、战乱频繁、道路常常受阻，加之中国经济重心的南移、海上贸易逐渐兴盛，使得西北丝绸之路日益衰微，原有的国际性很强的丝路贸易因受到严重影响而退缩为局部性的与周边少数民族的边境互市贸易。到了元朝，随着蒙古西征和钦察、伊利等蒙古4个藩属汗国的建立，东西方交通得到巨大发展，加之欧洲罗马教廷及一些君主派遣传教士东来，在客观上为东西方文化交流提供了条件，一些中亚人、西亚人甚至欧洲人在元朝和四大汗国的朝廷服务或移居中国，而中国先进文化也大量传到中亚、西亚等地区。由此，华夏饮食文明在西北丝绸之路沿线的传播也由两宋时期的逐渐衰微转变到元朝时短暂复兴的态势。

宋朝时期

公元10世纪至12世纪时，西北丝绸之路沿线地区常常呈现出政局多变、南北对峙、边地割据、西域纷乱等局面。早在五代时期，由于中原诸朝自顾不暇、无力经营西域，天山南北出现3个实力较强盛的地方政权，即以今吐鲁番地区为中心的高昌回鹘政权，以今和田地区为中心的大宝于阗政权以及先后以喀什噶尔、八拉撒衮为其治所的喀喇汗王朝（一称黑汗王朝），它们都与中原诸封建王朝保持密切的交往和联系。[①] 公元960年，赵匡胤因陈桥兵变建立宋朝，不久，即与北方契丹人建立的辽国展开军事对抗，此后，宋朝中央政府与西北少数民族政权间的军事对抗频繁出现。而此时，西迁的回鹘人在葱岭东西逐渐取代粟特人的地位，成为西北丝绸之路上东西方贸易往来、文化交流中的重要中介人。在辽宋对峙百年后，辽被金所灭，辽的耶律大石统领残余部众迁徙至中亚地区，建立了西辽帝国。

宋朝在政治和军事上较弱，却十分注重经济和商业的发展与繁荣。此时，随着经济重心逐步向东南方向转移，农业、手工业生产有了新的发展，全国各地商品交流更加活跃，并且市场向农村深入，更多农产品、手工业原料、其他经济作物进入市场。农业商品品种构成的变化和数量增加不仅成为宋朝商业发达的一个重要标志，也推动了商业的繁荣和对外贸易的增长，为宋朝带来丰厚

---

① 齐清顺、田卫疆：《中国历代中央王朝治理新疆政策研究》，新疆人民出版社2004年版，第88页。

的财政收入。如茶叶，作为商品十分畅销，在宋朝成为重要的财政收入来源之一。当时川陕、淮南、江南、两浙、荆湖、福建诸路，尤其是四川有不少郡县以产茶出名。《宋史·食货志》记载："总为岁课江南千二十七万余斤，两浙百二十七万余斤，荆湖二百四十七万余斤，福建三十九万三千余斤"[①]，也就是说仅以实物赋税形式上缴国家的茶叶就达 4 万斤以上，四川茶叶还不在此例。四川茶叶的绝大部分用来与周边少数民族进行茶马贸易。据贾大泉的研究，北宋茶叶年产量在 5300 万斤以上，南宋为 4700 万斤左右。[②] 此外，宋朝大的手工业仍集中在官营手工业作坊里，但私营手工业作坊则比前代更多，城乡还有不少个体手工业者。其手工业商品主要有丝织品、棉麻制品、书籍纸张和瓷器。其中，制瓷业普遍发展、成就突出，不仅供贵族使用的高级瓷器在工艺技术上达到新水平，而且生产出大量的日用瓷器，为民众广泛使用，瓷器在宋朝市场上占据了很重要的地位。

与此同时，在北方地区与宋王朝并存的有辽、金、西夏等少数民族政权，其境内的社会经济发展也为西北丝绸之路上华夏饮食文明的传播奠定了基础。如耶律阿保机建立契丹辽朝之后，逐步实现了北方统一和民族融合，呈现出农耕经济与游牧经济长期并存的局面，社会经济得到了发展。辽圣宗耶律隆绪时期（982—1031）出现了人口增长、农耕面积增大、经济繁荣的景象。在手工业方面，积极引入中原的制瓷术，一是按照中原传统的器型仿制，二是在接受中原制瓷术的基础上创制出适应游牧文化的契丹特有产品，大量汉人被俘入辽境从事手工业。《旧五代史·卢文进传》载："自是戎师岁至，驱掳数州士女，教其织纴工作，中国（中原）所为者悉备。"[③] 在商业方面，其五京商贸发达，《契丹国志》"四京本末"记载："南京本幽州之地，乃古冀州之域。……自晋割弃，建为南京，又为燕京析津府，户口三十万。大内壮丽，城北有市，陆海百货，聚于其中；僧居佛寺，冠于北方。锦绣组绮，精绝天下。膏腴蔬瓜、果实、稻粱之类，靡不毕出，而桑、柘、麻、麦，羊、豕、雉、兔，不问可知。水甘土厚，人多技艺。"[④]

宋朝时的西北丝绸之路因沿线多变的政局、频繁战争等因素，受到极大影

---

① 《宋史》卷 183《食货志下五·茶上》，中华书局 1977 年版，第 4477 页。

② 贾大泉：《宋代四川同吐蕃等族的茶马贸易》，《西藏研究》1982 年第 1 期。

③ 《旧五代史》卷 97《晋书·卢文进传》，中华书局 1976 年版，第 1295 页。

④ （宋）叶隆礼：《契丹国志》卷 22，李西宁点校，齐鲁书社 2000 年版，第 168—169 页。

响和阻碍，与隋唐时期有所不同。宋朝的面积较隋唐时为狭，西不能至甘肃西北部，北不能至阴山，东北不能至辽宁，西南不能至西康云南安南。东西六千四百八十五里，南北一万一千六百二十里。[①] 而在西北丝绸之路沿线的河西地区、今新疆地区等建有高昌回鹘、甘州回鹘等少数民族政权，与宋朝保持着频繁往来，宋朝也以这些少数民族地方政权为媒介，通过河西走廊向西，与天竺、大食、弗林等国交往。《敦煌地理文书汇辑校注》所列斯坦因从中国获得的敦煌遗书《西天路竟》（S.383 号）中就记载了五代及北宋初期从东京汴梁至高昌的路线："东京至灵州，四千里地，灵州西行二十日，至甘州，是汗王。又西行五日至肃州，又西行一日，至玉门关，又西行一百里至沙州界。又西行二日至瓜州。又西行三十里，入鬼魅碛，行八日出碛至伊州（今新疆哈密）。又西行一日至高昌国。"[②] 公元 11 世纪一位出生于中亚马鲁的马尔瓦则在其撰写的《动物的本性》一书中记载了另一条东西交通路线，即从帕米尔高原东麓到喀什起，经叶尔羌（今莎车）、于阗、古楼兰至敦煌；由敦煌向东分两道，北道往蒙古草原，南道往中原，经肃州、甘州、凉州、秦州、西京而抵开封。西夏占据河西走廊后，对过境商人征收高昂的商税，甚至经常抢劫商队，因此来往于宋朝与西域各国的商队被迫绕道河湟，走"吐谷浑道"即"青海路"，于是宋朝时"青海路"又重新畅通兴盛。宋真宗天圣六年（1028），西夏元昊攻占甘、凉二州后，又取瓜州（今甘肃安西）、沙州（今敦煌），西域各国商旅、贡使便避开西夏据有的河西走廊，由今新疆东南境越阿尔金山，进入青海省西北，穿行柴达木盆地，沿青海湖南北两岸而行，到达临谷城，再进驻青唐城，与中原商贾进行交易，或由此继续前往辽朝或宋朝汴京（今河南省开封市）。去汴京的商旅循湟水先到邈川，再东南行，渡黄河至河州（今甘肃省临夏市）、熙州（今甘肃省临洮县），到达秦州（今甘肃省天水市）。秦州是北宋与西方交往的门户，华夷聚集，贸易兴盛。由秦州沿渭河东下，出潼关，泛黄河，直抵汴京。[③]

关于宋朝的交通方式，张广达先生通过对敦煌文书的研究认为，"唐末五代宋初西北地区交通往来的特色是依靠不定期的般次，官私书信往往也因般次出发而随之捎出。这一情况与拥有发达的馆驿和函马、长行马、长行坊系统的唐代盛

---

① 白寿彝：《中国交通史》，团结出版社 2007 年版，第 108 页。

② 郑炳林校注：《敦煌地理文书汇辑校注》，甘肃教育出版社 1989 年版，第 225 页。

③ 杨蕤、王润虎：《略论五代以来陆上丝绸之路的几点变化》，《宁夏社会科学》2008 年第 6 期。

世的交通方式迥然不同"①。北宋中央政府与西北各民族政权间的来往主要集中在宋太祖建隆年间至宋真宗咸平年间。《宋会要》记载："太祖乾德四年，知（西）凉府析通葛支上言：'有回鹘二百余人、汉僧六十余人自朔方来，为部落劫略，僧云欲往天竺取经，并送达甘州讫。'诏书褒答之。"②此时，仍有一些中国僧侣西行求法，由中央政府派出军队护送，以免其遭受西域游牧部落的侵扰。《西州使程记》是宋臣王延德出使高昌回鹘的记录。由于高昌回鹘在宋朝中西关系史上的重要中介地位，这部行纪被认为是研究这段历史的有价值的文献。太平兴国六年（981），高昌回鹘遣使向宋朝进贡，宋太宗派王延德和白勋为使者进行回访。第二年四月，王延德等抵达高昌，雍熙元年（984）四月回到开封。对于此行的见闻，王延德记得比较翔实，涉及地名、风土、物产、部落、习俗、文艺、宗教、政事和历史，当时契丹听到宋使到高昌入鞑靼（宋人对蒙古高原各部族的统称），立即遣使到高昌活动。③可见，北宋、辽朝廷都十分重视与高昌的沟通，希望以此加重各自在西域和西北民族中的政治分量。据李华瑞在《宋初丝绸之路上的交往》一文统计，北宋初的40余年间，中原地区与西域地区及天竺之间的交往较为频繁，大约有95次。其中，西凉府吐蕃政权15次，甘州回鹘政权15次，瓜、沙曹氏政权及回鹘19次，高昌（西州回鹘）5次，龟兹3次，于阗7次，塔坦（鞑靼）2次，大食15次，天竺14次。④但是，北宋后期以及南宋时期，宋王朝通过西北丝绸之路与西域地区及以西的中亚、西亚贸易交往及文化交流则日益减少。中国考古学者于20世纪20年代在新疆各地考古中发现了北宋各时代的钱币、却未见南宋钱币。黄文弼《塔里木盆地考古记》中提到，"自天禧元年所铸之天禧通宝至靖国元年所铸之崇宁通宝共八十余枚，皆属北宋，南宋钱不一见"⑤。由此，华夏饮食文明在西北丝绸之路上的对外传播也不断衰落。

元朝时期

这一时期是中外关系史上一个极为重要的时期。此时，东西方经由西北丝

---

① 张广达：《西域史地丛稿初编》，上海古籍出版社1994年版，第78页。
② 《宋会要辑稿》，刘琳、刁忠民、舒大刚点校，上海古籍出版社2014年版，第9705页。
③ 顾吉辰：《王延德与西州使程记》，《新疆社会科学》1985年第2期。
④ 李华瑞：《宋初丝绸之路上的交往》，《丝绸之路》1995年第5期。
⑤ 黄文弼：《塔里木盆地考古记》，科学出版社1958年版，第109页。

绸之路的经济文化交往在宋朝相对沉寂之后迎来了复兴，但又随着元朝的灭亡而走向衰落。

公元 1206 年，成吉思汗统一漠北诸部、建立大蒙古国，先后攻灭西夏、金国。此后，在 1219—1258 年间，蒙古军队三次西征，沿着由东往西的沙漠绿洲之路和草原之路，攻灭花剌子模国，大败钦察、阿速和斡罗思诸部后继续向西，于 1258 年攻占巴格达、废除阿拔斯王朝，其疆域已扩大到空前绝后，北至北极、南至波斯湾、东至太平洋、西至波兰。在这片辽阔的地域上，蒙古人不仅于 1271 年建立了元朝，还建立了四大汗国，即察合台汗国（中亚阿姆河以东、新疆以西）、钦察汗国（额尔齐斯河以西、多瑙河以东的地区）、伊利汗国（阿姆河以西、伊朗至小亚细亚）和窝阔台汗国（新疆及其以北地区，后并入察合台汗国）等。元朝于公元 1276 年攻灭南宋，1279 年则实现了南北大统一，并使许多边疆地区纳入同一中央政权的统治之下，而四大汗国虽然曾先后脱离与元世祖忽必烈的关系，但在元成宗时则承认了元帝为大汗，由此促进了西北丝绸之路沿线交通的通畅，客观上为东西方文化、经济和人员交往创造了条件。如 1271 年，意大利人马可波罗一行自意大利威尼斯出发，沿陆上丝绸之路的路线穿越两河流域、伊朗高原和帕米尔高原，历经 4 年艰辛来到中国，在中国生活 17 年。1275 年左右，列班扫马一行受元世祖忽必烈派遣出使欧洲，他们随商队而行，经沙洲、和田、可失哈耳、呼罗珊前往巴格达，后留居于伊利汗国；1287 年，扫马正式出使欧洲各国，受到了罗马教廷和英法等国君主优渥礼遇并赠予贵重礼品。元朝时，不仅有异域的斡罗思、阿速、康里、波斯、叙利亚、阿拉伯和欧洲等国家和地区的人士沿着西北丝路进入中国，从事商贸往来、文化交流或侨居中国，也有许多汉人和蒙古人沿此路进行贸易和文化交流，甚至成批移居印度、阿拉伯等国家和地区。这些迁徙和交往的浪潮有力地推动了东西方文明之间的交融和吸收，开创了人类文明史上一个绚丽多彩与繁荣的时期。

与此同时，元朝还十分重视手工业和社会经济发展，提倡商业贸易，使得商品经济十分繁荣，对外开放规模皆超越了前代。早在成吉思汗统一蒙古草原后，中亚商人就大量进入蒙古地区，成吉思汗也数次派出自己的商队去西域贸易。进入元朝，官营手工业有了很大发展，主要集中在原来各行业的兴盛之地和原料生产之地，如中原及江南地区是当时世界上社会经济水平最高的地区，工匠们技艺高超，商品流通迅捷；北方地区也设置了大量的官营手工业，明显提高了这些地区的社会经济和生产力水平，同时为统治阶级提供了大量的生活必需品和奢侈品，也为丝绸之路贸易提供了大量的中国传统商品。[①] 而此时官营手工业的发展，也与蒙古对外扩张后的民族迁徙、掳掠工匠有关。蒙古贵族在立国之初就很重视发展手工业，由于本身经济和技术水平较低，在战争中就特别注意获取各种工匠。如蒙古军队攻入中亚名城撒马尔罕时就留下该城的3万余名工匠分赐给蒙古王公贵族、谪为工奴，这些工匠后来有很多流散到中原内地。忽必烈灭南宋后，经三次检括民匠，亦得42万户工匠，这些匠户为国家诸色户计中之一种，世代相承。非经赦免，子孙不得脱籍。[②] 元朝政府在全国建立了大批官营手工局院进行集中生产，元大都及其附近地区设立了专为宫廷织造缎匹的织染杂造人匠都总管府，下设绫锦局、纹锦局等。在南方，元政府还征集各地制瓷名匠于景德镇，开设300余座瓷窑进行生产。这些官营手工局院均有相当规模，少则几百户、多则上千户乃至几千户。《长春真人西行记》中记录邱处机一行所见，"汉匠千百人居之，织绫罗锦绮"[③]。元朝统治者如此重视并大力发展官营手工业，一方面固然出于皇室贵族统治阶级的奢侈消费需要，另一方面也是为了更好地满足官营内外贸易的需求，并以各种奢侈品、特产品赏赐前来朝贡的诸汗国使臣。众所周知，蒙古贵族重金银器皿，但景德镇瓷局却大规模生产瓷器，显然是为了满足内外贸易需要。

元朝的中西陆路交通路线，主要有从漠北经阿尔泰山到西方的北道和从河西走廊西行的南道两条主干线。前者主要承载着元朝廷与窝阔台汗国、钦察汗国以及察合台汗国之间的联系，而后者则更多承载着元朝与察合台汗国、伊利汗国之间的联系。李云泉在《蒙元时期驿站的设立与中西陆路交通的发展》一文中认为，元朝时的西北丝绸之路交通线路是以驿路为基本走向的欧亚交通网络，大致以察合台汗国首府阿力麻里（今新疆伊犁霍城附近）为枢纽，东西段均各分为两大干线。在东段上有两条干线：一条由哈喇和林（郑尔浑河上游一带）西行越杭爱山、阿尔泰山，抵乌伦古河上游，然后沿该河行至布伦托海，再转西南到阿力麻里。公元1295年，常德奉旨乘驿抵巴格达见旭烈兀时即走此路。另一条由元大都（今北京）西行，经河西走廊，然后或由天山北道抵阿力麻里，或由天山南道入中亚阿姆河、锡尔河两河地区。马可波罗由陆路来华

---

① 叶新民：《辽夏金元史徵·元朝卷》，内蒙古大学出版社2007年版，第254—256页。
② 蒋致洁：《丝绸之路贸易与西北社会研究》，兰州大学出版社1995年版，第33页。
③ （元）李志常述：《长春真人西游记》，中华书局1985年版，第24页。

时即走此路。① 在西段上也有两条干线：一条由阿力麻里经塔拉思（今中亚哈萨克斯坦的江布尔城），取道咸海、里海以北，穿行康里、钦察草原，抵伏尔加河下游的撒莱（今俄罗斯阿斯特拉罕附近），再由此或西去东欧，或经克里米亚半岛过黑海至君士坦丁堡，或经高加索到小亚细亚。14 世纪来华传教的意大利人孟德科维诺曾说，这是欧亚间最短、最安全的路。另一条由阿力麻里入中亚两河地区，经撒马尔罕等地到呼罗珊（今阿富汗西北、伊朗东北）再达小亚细亚。② 而在这相互交叉的两大干线间，还有不少支线和间道，正反映了以驿路为基本走向的欧亚贸易之路网络型结构的特点。

四通八达的交通网对于发展贸易、繁荣经济和加强地区与国家之间的交往起到了重要作用。元朝丝绸之路交通网络的完善源自其驿站制度的实施。元朝时，驿站已分陆站、水站两种，以陆站为主。据方豪《中西交通史》所载，"初建时全国驿站约 1400 余处，至忽必烈帝国已超过万数，有人甚至估计 2 万余驿。国家签发专为驿站服务的站户亦达 30 万户以上"③。成吉思汗给长子术赤分封的钦察汗国，其都城在撒莱，《元史》载，"国初，以亲王分封西北，其地极远，去京师数万里，驿骑急行二百余日，方达京师"④。元朝的驿站体系横贯欧亚、连接起当时的四大汗国，规模之大在世界交通史上极为少见，形成了空前庞大严密的欧亚交通网络体系，恢复并扩展了西北丝绸之路的交通路线。这不但有利于军政令文通达四方，也使往来的中外使臣、商旅畅行无阻，"于是四方往来之使，止则有馆舍，顿则有供帐，饥渴则有饮食，而梯航毕达，海宇会同，元之天下，视前代所以为极盛也"⑤。此时，西北丝绸之路上的东西方过往人员必须凭给驿玺书或差使牌符方能乘驿行进，但其中就有不少来中国进行朝贡贸易的外国贡使或冒称"使臣"的外国商人，其商贸活动就在使臣的名义下得到了驿传优惠条件的保护。摩洛哥人依宾拔都他来华后曾说，"在中国行路，最为稳妥便利"，还详细记载了驿站对客人及其财物安全的管理办法。意大利神甫马黎诺里也谈到钦察汗国对到中原去的商人、使者乘驿优待的类似情

---

① 李云泉：《蒙元时期驿站的设立与中西陆路交通的发展》，《兰州大学学报（社会科学版）》1993 年第 3 期。

② 王三北：《蒙元时期蒙畏民族关系发展及其影响》，《西北民族学院学报（哲学社会科学版）》2001 年第 2 期。

③ 方豪：《中西交通史》（下），上海人民出版社 2008 年版，第 464 页。

④ 《元史》卷 117《术赤传》，中华书局 1976 年版，第 2906 页。

⑤ 《元史》卷 101《兵志四·站赤条》，中华书局 1976 年版，第 2583 页。

形。另外，由于元朝十分重视官营商业，曾给许多色目人富商巨贾特权，使其在元朝势力所达之处皆可通行，且可供应驿马，桓州（今内蒙古正蓝旗境内）站道就曾专为这些官商搬运缎匹、杂造等物。[1] 由于西北丝绸之路交通网络通达和元朝驿站制度实施，促进了西北丝绸之路贸易往来和文化交流，华夏饮食文明在此道路沿线的对外传播也随之复兴，大量瓷器、茶叶和粮食等由此西传。

食物原料及其生产技术

一、党项羌人的崛起与食物原料及生产技术的传播

党项羌人原居住在今四川的北部、西藏的东部、青海的东南，在唐朝时受到吐蕃的侵扰、挤压，逐渐向甘肃东部、宁夏南部、陕西北部迁徙而逐渐发展、壮大，在中唐时期就与中原开始了频繁的贸易活动。北宋景德四年（1007），在保安军设置了由政府主持的大规模榷场贸易、和市交换、贡使贸易，以香药、茶、瓷器、漆器、姜桂等物交换蜜蜡、麝香、毛褐等。公元1038 年，李元昊称帝建国，国号"大夏"，据《西夏书事》记载，其地域"东尽黄河，西界玉门，南接萧关，北控大漠，地方万余里"[2]。党项羌人迁徙到宁夏以北的干旱沙漠地带时仍以游牧为生，直到先后占据农耕发达的兴、灵二州以及河西的甘州、凉州后，农业生产才迅速发展起来。

随着拥有大片宜于耕垦的土地与沙漠绿洲，西夏政府施行了一系列鼓励农业生产的措施，许多党项羌人由传统畜牧业转向农业生产，开始积极学习中原地区先进的农耕和食物原料生产技术，使得中原地区的饮食文明在此得到大力传播和推广，同时也促进了当地饮食文明的发展，主要表现为 3 个方面：一是粮食、蔬菜等食物原料的丰富。党项羌人向当地和宋朝边境地区的汉族人学习各种农作物的生产知识和技能，使西夏农作物的种类空前丰富。根据夏汉小字典《番汉合时掌中珠》记载，当时西夏境内的粮食和豆类作物已有水稻、小麦、荞麦、糜粟、豌豆、黑豆、荜豆等，蔬菜有香菜、芥菜、蔓菁、萝卜、胡萝卜、葱、韭、蒜等许多种类。二是先进生产工具与技术的运用。"西羌风俗

---

① 蒋致洁：《丝绸之路贸易与西北社会研究》，兰州大学出版社 1995 年版，第 32 页。
② 龚世俊等校证：《西夏书事校证》卷 12，甘肃文化出版社 1995 年版，第 145 页。

耕稼之事，略与汉同。"①在生产工具方面，当地使用的农具主要有犁、铧、石磙、耙、子耧、锄、镰、锹、镢（镐）、碾、簸箕、刻叉等。在生产技术方面，首先是冶铁业的发展对农业生产的推动。党项羌人利用夏州产铁的优势，设置了专门机构打制铁器，"打制钁头、斧头、钉七寸、五寸、四寸、斩刀、屠刀等粗铁器，打制火锹、镰、推耙、铡刀等细铁器，打制剪刀、枪下刃等水磨铁器"②。其次是对牛耕的广泛使用。榆林窟西夏壁画《牛耕图》描绘着二牛挽一扛，盛行于宋朝的一人一犁二牛的二牛耕田法被党项羌人采用。此外，在宁夏贺兰山麓西夏陵区 101 号墓甬道东侧出土的鎏金铜牛，长 1.20 米、宽 0.38 米、高 0.45 米、重 188 公斤，又从一个侧面提供了普遍使用牛耕的实物资料。三是茶叶贸易促进茶文化在西夏及西域诸地的形成。西夏王朝建立以后，主要通过榷场贸易、和市贸易、贡赐贸易 3 种方式来加强与中原的商品贸易活动。其中，最主要的商品就是茶叶。党项羌人的食物结构以肉、乳为主，茶叶能生津止渴、解油腻、助消化，所以他们对茶叶一经接触便十分喜爱，成为不可或缺的基本生活消费品。西夏之所以喜爱茶叶，除了自食外，还常常转卖到西夏以外的地区以获利。"夏界连接诸蕃，有茶数斤可易羊一口。曩霄于茶数尤多邀索。"③茶叶贸易的超高利润率对西夏与宋朝双方来说都有利可图。西夏占据河西走廊，扼西北丝绸之路要冲，与西夏北部的蒙古诸部和其他远藩、西州回鹘等民族政权间的茶叶贸易也比较兴盛，进一步推动了茶叶在西北众多游牧民族中的传播，成为其日常生活的必需品。

二、耶律大石创建"西辽"与食物原料及生产技术在中亚的传播

耶律大石是辽的贵族，在辽与女真的战争中失败后，即带领辽的残余部众西奔楚河流域后兵分两路，北路沿天山北麓，渡过叶密尔河、伊犁河、楚河，向巴剌沙衮进发，南路经焉耆、库车、阿克苏指向喀什。公元 1130 年，耶律大石在经过 10 余年征战后建立了东起土拉河上游、西至咸海、北越巴尔喀什湖、南抵阿姆河的地域广阔的西辽帝国。耶律大石是熟悉汉文化、倡导中原文物典章制度的统治者，在中亚地区创建"西辽"后推行"两部制"、实施减赋税等系列基本政策，促进了社会安定和经济文化发展。西辽政权在中亚统治的

① 龚世俊等校证：《西夏书事校证》卷 16，甘肃文化出版社 1995 年版，第 186 页。
② 杜建录：《西夏经济史研究》，甘肃文化出版社 1998 年版，第 133 页。
③ 龚世俊等校证：《西夏书事校证》卷 17，甘肃文化出版社 1995 年版，第 202 页。

一个世纪里，不仅促进了中西文化的交流，更加强了华夏文明在中亚地区的传播，如汉语汉文的使用、中央集权制度的推行、钱币形式完全仿照中国内地、汉地建筑技术和材料的使用等方面都充分地表现出来，促进汉文化在中亚地区与当地文化的融合。与此同时，西辽统治者深刻认识到农业与工商业发展的重要性，加之跟随耶律大石西征和随后迁徙中亚的人群中有许多中国人，这些因素使得华夏地区的食物原料及生产技术在西辽境内得到广泛传播和较多发展。

在西辽统治中亚多地的公元 11 世纪—12 世纪，原来在中亚从事畜牧业的契丹人也有一部分转而从事农业。邓锐龄在《西辽疆域浅释》一文中引用伊志平诗言："梯辽因金破失家乡，西走番戎万里疆。十载经营无定止，却来此地务农桑。""群雄力战得农桑，大石林牙号国王。几帝聚众几百万，到今衰落亦成荒。"[1] 在西辽时期，农耕区域逐渐拓展，阿姆河与锡尔河流域的河中地区绿洲农业持续发展，北方草原游牧地区也出现的农业生产方式。如这里曾发现的古代沟渠遗迹说明其农业是灌溉农业，当地还发现了保存完好的犁架。在另一些地方还发现了铁犁头、镰刀、园艺刀，经常发现直径达 1.5 米以上的大磨盘，这样的磨盘可能是置于大渠式的小河上的水磨。在彼得堡国家美术博物馆第八层厅，陈列着从门恰吏城发掘出来的各种 11 世纪至 12 世纪的农业生产用具。如不同于简陋铧犁的铁犁铧，镰刀以及用以磨碎谷物的石杵，这说明当时中亚地区的农业已经达到相当高的水平。[2] 在当时的西辽境内有相当数量的汉族移民，有些是工匠，有些是农民或地主。魏良弢在《西辽史研究》中指出，这些汉人手工业匠人按不同行业分住在各类作坊和店铺里，并以其先进的技术和高超的手艺赢得当地人的敬佩，所以当时中亚广泛流传着"桃花石诸事皆巧的说法"。[3] 而"桃花石"正是中世纪中亚及西方对中国人的称谓，《长春真人西游记》言，"桃花石，谓汉人也"[4]。

农业生产技术的进步促使当时的中亚农产品的种类数量繁多。丘处机在《长春真人西游记》中指出，"河中壤地宜百谷，惟无养麦、大豆。四月中麦熟，土俗收之，乱堆于地，遇用即碾，六月始毕"，这里的瓜"味极甘香，中国所无，闻有大如斗者……十枚可重一担，果菜甚瞻"；"叶密立城一带，所种皆麦

---

① 邓锐龄：《西辽疆域浅释》，《民族研究》1980 年第 2 期。

② 纪宗安：《西辽史论·耶律大石研究》，新疆人民出版社 1996 年版，第 95 页。

③ 魏良弢：《西辽史研究》，宁夏人民出版社 1987 年版，第 144 页。

④ （元）李志常：《长春真人西游记》，中华书局 1985 年版，第 12 页。

稻"，"今伊宁一带，城市街道皆有。流水交置，瓜果很多，尤以葡萄、石榴、苹果为最佳"。[1] 元朝有名的政治家耶律楚材曾于 1219 年随成吉思汗西征，在西域的 9 年里走了不少地方，并在撒马尔罕、巴尔克等处住过，1227 年回到北京，著《西游录》一书。他在《西游录》中说，"附郭皆林擒园圃……附庸城邑八九，多蒲桃、梨果，播种五谷，一如中原"[2]，人们用风车磨麦、杏米、碾炮，以水为动力。沈福伟先生曾推断，"撒马尔罕城西耕田，所种多是粳稻，必定是从中国移栽过去的"[3]。

此外，在西辽时期，由于内战减少、社会相对安定，有利于商业贸易的发展和文化交流。而在西辽从事商业贸易活动的商人中，有长期从事居间转手贸易的高昌商人，有和田、喀什噶尔的回鹘商人，有来自河中地区布哈拉和撒马尔罕的粟特商人以及 11 世纪以来广泛从事商业活动的鞑靼商人，甚至还有犹太人参与其中。他们穿过中亚，东行至西夏和金、宋，西到小亚细亚和地中海沿岸以至非洲，在从中谋利的同时也促进了各地区间的商品交换和文化交流，也使来自中国内地的食物原料及生产技术得到了进一步传播。

瓷质饮食器具

三、回回商人的贸易活动与瓷器在伊利汗国的传播

包尔汉等在《中国大百科全书·民族卷》中指出，"回回"一词出现于宋元时期。最早出现在北宋沈括《梦溪笔谈》和南宋彭大雅《黑鞑事略》中，主要指葱岭东、西处于喀喇（哈拉）汗朝统治下的回纥人。公元 13 世纪初蒙古西征后，西辽破灭，葱岭以东喀什噶尔等地信仰伊斯兰教的回纥（回鹘）人的后裔，与葱岭以西的中亚及波斯、阿拉伯等地的穆斯林大批被迁发或自动迁徙到东方来，以驻军屯牧和以工匠、商人等各种身份散布在中国的西北、中原及江南、云南等地区，被称为"回回"，成为元朝色目人的重要部分。[4] 其中，回回商人在元朝的社会经济中扮演着重要角色，他们与蒙古贵族有着密切的经济往来，为元朝建立和巩固作出了贡献，而这种特殊的民族关系也使得他们在

---

① （元）李志常：《长春真人西游记》，中华书局 1985 年版，第 17—21 页。
② 李文田注：《西游录注》，中华书局 1985 年版，第 4 页。
③ 沈福伟：《中西文化交流史》，上海人民出版社 1985 年版，第 222 页。
④ 包尔汉等：《中国大百科全书·民族卷》，中国大百科全书出版社 1986 年版，第 182 页。

元政府中受到重用，并且能广泛地开展商业活动。正如穆德全在《回族大散小聚特点的形成》一文中所说，"元代回回商人分布的路线，是随着元军在统一中国的进程中，从中亚大批进入中原，这是由于中西交通的开展，所经营的内容仍是更加扩大了国际性商业和互通有无"①。经由商贸活动而来的商品流通与迁徙生活也在客观上为饮食文化的传播起到助推作用。

元朝时大量的回回商人因陆路交通的改善与新道开辟得以顺利来往于丝绸之路的东西之间。在从中国通往波罗的海和波斯湾的陆路新道上，驿站林立，商队得到保护，"适千里者如在庭户，之万里者如出邻家"。回回商人主要从事国际性贸易，他们以几十或数百人结队而行，将中亚、西北亚及欧洲的香料、珠宝、药材等运至中国，换取中国的丝绸、瓷器、麝香、大黄及沿途土特产运往西域各国，使得西北丝绸之路上的各城镇更加繁荣。由于回回商人在元朝中央政府取得了信任而获得广泛的贸易权利，商队可持玺书、佩虎符、驰驿与往来贸易，因此伊利汗国与元朝时的中国通过西北丝绸之路而进行的陶瓷贸易十分兴盛。伊利汗国，又译为伊儿汗国、伊利亚汗国或伊尔汗国，是蒙古四大汗国之一，成立于1231年，主要区域是阿姆河以西、伊朗至小亚细亚，位于西北丝绸之路的西段。1251年蒙哥即位、驻呼罗珊的徒思城（又译为"麦什特"，今马什哈德）。该城位于伊朗东北部，是西北丝绸之路上的交通要冲和伊朗东北部的大城市及经济中心之一。在马什哈德的博物馆中陈列着大量的元朝瓷器，如元朝龙泉窑青瓷大盆、青釉瓷大盘，说明这里曾经是瓷器贸易之处。此外，在你沙不儿（今伊朗内沙布尔）发现有宋初绿釉陶制高脚小碗、长沙窑小盘和宋代广东西窑的白瓷深罐等饮食器具；在位于兴库什山脉之间的巴米安盆地的谢利·戈尔戈拉发现了公元12世纪—13世纪时的龙泉窑青瓷片。德国考古学家曾在伊朗北部遗迹中发现了南宋到元朝的中国青瓷残片；在与阿塞拜疆接壤的伊朗阿尔德比勒城的一座神庙中也供奉着来自中国元代的龙泉窑青瓷、南方白瓷，元代枢府窑和南釉瓷等。大不流士的阿塞拜疆博物馆中也陈列着当地出土的宋元中国瓷器。②

综合三上次男等学者的考古研究成果，再结合这一时期丝绸之路西段路线走向，以及伊朗、土耳其等国博物馆的中国古陶瓷馆藏和展品，可以看出，虽

---

① 穆德全：《回族大散小聚特点的形成》，《西南民族学院学报（社会科学版）》1986年第2期。
② ［日］三上次男：《陶瓷之路——东西文明接触点的探索》，胡德芬译，天津人民出版社1983年版，第158页。

然宋元时期海上丝绸之路繁荣，大量的陶瓷外销制品采用海运形式运输至西亚、地中海沿岸诸国，但亚洲腹地各国与元朝之间形成的朝贡、赏赐制度，以及部分区域间的商贸交流使得有部分瓷器制品依然沿西北丝绸之路继续传播至中亚、西亚，形成了华夏饮食器具的传播网络，即元朝中原地区—西北地区—察合台汗国—伊利亚汗国—西亚、欧洲。其具体的路线大致如下：自元朝的中原地区到西北地区，至察合台汗国，沿今天的中亚土库曼斯坦通向伊朗北部道路，经过马鲁和阿什哈巴德，进入伊朗北部的戈尔甘，往西穿过伸展在厄尔布尔士山脉北侧和里海之间富庶的马赞德兰地区，到达高加索地方以及伊朗西北部的草原和山地，由此可以前往高加索和黑海方面，或前往安纳托里亚和底格里斯河上游。

饮食品种及制作技术

四、《马可波罗行纪》与华夏饮食品及制作技术在欧洲的传播

《马可波罗行纪》（以下简称《行纪》）是 13 世纪威尼斯商人马可·波罗记述他经行地中海、欧亚大陆和游历中国的长篇游记，记录了中亚、西亚、东南亚等地区的所见所闻，其重点部分则是关于中国众多方面的记述，包括山川地形、气候、物产、商贸、饮食、风俗习惯等。在涉及饮食的方面，该书记载了一些元朝时的食物原料、饮食品及其制作技术、饮食器具和饮食礼仪与习俗等。该书撰写完成后被争相传阅、翻印，迅速在欧洲大陆流传，使得许多欧洲人对华夏饮食文明有不同程度的了解。其中，华夏饮食品及其制作技术不仅在欧洲得到传播，而且产生了极大影响，丰富了欧洲人的饮食生活。由于马可·波罗东行路线即为元朝西北丝绸之路的主干路线，西去的路线中也涉及西北丝绸之路的西段，因而在此进行论述。

根据张星烺的《马哥孛罗》、余士雄的《马可波罗介绍与研究》等的研究结果，马可·波罗于 1254 年出生在威尼斯。波罗家族是威尼斯当地的重要商人世家和虔诚的天主教徒。1271 年，马可·波罗与其父亲、叔父一行 3 人从威尼斯出发，向南进入地中海，然后横渡黑海进入两河流域到达巴格达；再从巴格达出发沿着波斯湾经过霍尔木兹海峡上岸后，转取陆道经过巴尔克等地，躲开河中地区，从巴达克山过葱岭，由蒲犁至喀什噶尔，然后经叶尔羌、和阗、且末、若羌诸地，越过沙漠以至敦煌，由此经酒泉北行过黑城东行，抵

达在今内蒙古多伦的元朝上都。1275 年，马可波罗一行在元上都见到忽必烈，完成了使命。在元朝期间，马可·波罗深受元世祖忽必烈的赏识，留在元廷任职。忽必烈很爱才，对于有才能的人不论国籍和宗教信仰，都予录用。马可·波罗年富力强、办事认真，就更加得到元世祖的青睐。忽必烈曾派他为钦差，到山西、陕西、西藏、四川、云南、湖北、江西、浙江、福建等地考察。据称，忽必烈还任命他做过扬州地方官 3 年，派他出使过缅甸、越南、菲律宾、印尼、爪哇、苏门答腊等地。1291 年，伊利汗国可汗阿鲁浑请求忽必烈赐婚，马可·波罗一家以赐婚使身份陪同阔阔真公主的使团经海路前往波斯，完成使命后于 1295 年回到威尼斯。多年后，马可·波罗因战乱被俘、关进监狱，在狱中为难友口述了游历亚洲的往事，一名叫鲁思梯谦诺的比萨人笔录下来，形成了《马可波罗行纪》的最初版本。随后，该书手抄本迅速在欧洲大陆流传，震动了欧洲并产生了巨大的影响。爱尔兰人莫里斯·科利思指出：《行纪》一书"不是一部单纯的游记，而是启蒙式作品，对于闭塞的欧洲人来说，无异于振聋发聩，为欧洲人展示了全新的知识领域和视野。这本书的意义，在于它导致了欧洲人文科学的广泛复兴"。在该书中，马可·波罗的饮食见闻是其重要内容，也是第一次向欧洲人全面、深入的介绍和展示了光彩夺目的华夏饮食文明。而伴随着《行纪》的广泛传播，他所描述的丰富多彩的中国饮食品种也逐渐被欧洲人了解和接受，并在其后漫长的时期里对西方饮食文明产生了越来越重要的影响。其中，最典型的是线面与挂面及制作工艺的西传。

对于面条，马可·波罗在《行纪》中记载汗八里（今北京市）人民饮食生活时指出："他们不吃面包，只有做成'线面'或糕饼时才食用。"这里的"线面"，即是面条。从他在《行纪》中的描述可知，吃面包是西方食用麦面的方法，而吃"线面"则是中国食用麦面的方法。中国食用面条的历史非常久远，萌芽于汉，形成于南北朝，到宋元已非常盛行。在汉朝时，制作的面条称"索饼"或"汤饼"。汉朝刘熙在《释名》中说：汤饼、索饼"皆随形而名也"。后人说得更清楚，"索饼言其形，汤饼言其食法也"。"索"，即条状物之谓；"汤"，即以沸水煮之，即是将索形面制品放在汤里煮熟而食。到南北朝时，贾思勰的《齐民要术》中已有"挪如箸大，薄如韭叶，一尺一断，盘中盛水浸"的记载，已经道出面条的长、宽及其厚度和形状。那"一尺一断"，无疑就是刀切面的出现。到宋朝，流行切成细面条的汤面，称作"素面"或"湿面"。元朝时，更是将已切细的索面加工成挂面，即马可·波罗所云的"线面"。关于这种面的制法，元朝倪瓒《居家必用事类全集》载："（索面）只加油。陪用油搓，如粗箸细，要一样长短粗细，用油纸盖，勿令皱（即干裂之意）。停两时许，上箸杆缠展细，晒干为度。或不用油搓，加米粉粞搓，展细，再入粉，纽展三五次，至于圆长停细。拣不匀者，撮在一处，再搓展。候干，下锅煮。"[①] 这种以"晒干为度""长短粗细"一致的面条，显然是挂面。因为此时出现了挂面，马可·波罗才有可能将面条带回威尼斯。这种挂面的吃法，可视配料不同而丰富多样。如今在意大利的威尼斯还有一道名菜，名称就叫"马可·波罗面条"；意大利许多饭馆都挂牌经营"扬州煨面"，并说这一制作技术即是马可·波罗传到意大利去的。[②] 当然，对于线型面食制品的起源问题，在学术界一直有争议，除中国外，意大利和阿拉伯等国家都主张过其发明权。然而，2002年的一次考古发现，为面条起源于中国提供了最直接的证据。2005年10月13日在英国出版的《自然》杂志报道，中国考古学家在青海喇家遗址发现了迄今为止世界上最古老的面条实物，从而证明了面条起源于中国。通过科学家的确定，此种面条使用小米和高粱两种谷物制成。[③] 日本学者石毛直道运用人类学、语言学的多种研究方法，对中亚、西亚和欧洲各国面食品的语言进行分析，认为"可以推断源自中国的面条，通过丝绸之路，抵达波斯和阿拉伯文化区，然后传入意大利"[④]。而在马可·波罗之后300余年的17世纪，那不勒斯开始大量生产"意大利面"，由此使得面食成为意大利饮食的一大特点并最终推广到欧洲其他国家。从目前的研究来看，马可·波罗在其《行纪》中介绍的中国线型面，也在一定程度上推动了面条在欧洲的传播。

除了面条之外，《行纪》还记载了元朝中国的许多饮食品、使它们得以在欧洲进行传播，如粮食酿造酒及药酒等。《行纪》载："契丹地方之人大多数饮一种如下述之酒，彼等酿造米酒，置不少好香料于其中，其味之佳，非其他诸酒所可及。盖其不仅味佳，而且色清爽目。其味酒浓，较他酒为易

---

① （元）倪瓒：《居家必用事类全集》，中国商业出版社1986年版，第114页。

② 中国国际文化书院编：《中西文化交流先驱——马可·波罗》，商务印书馆1995年版，第125页。

③ 吕厚远等：《中国青海喇家遗址出土4000年前面条的成分分析与复制》，《科学通报》2015年第8期。

④ ［日］石毛直道：《面条的传播与丝绸之路》，转引自《第四届亚洲食学论坛论文集》，陕西师范大学出版社2015年版，第3页。

醉。"① 这里所说的用米酿造的酒，即今通常所称的"米甜酒"。公元 9 世纪时，阿拉伯旅行家到中国，已经记录过中国人饮用的酒采用米来酿造。中国的粮食酿酒可以追溯到距今 3000 年前的殷商时期，它是中国传统的酿造之酒，发展到元朝，已有粮食酿制、经蒸馏而成的白酒出现，马可·波罗赞这类酒"味佳""色清""易醉"，说明元朝酿酒手工业的发达。他认为米中加香料和药材酿成的酒，十分"醇美芳香"。这类加药材的酒具有很好的食疗作用。据元朝忽思慧《饮膳正要》记载，元朝时有酿制的"枸杞酒""地黄酒""虎骨酒""茯苓酒""五加皮酒"等，即是将中药材枸杞、地黄、虎骨、茯苓等在用曲、米酿制而成的蒸馏酒中浸泡制成，有多重食疗功效。至今，欧洲一些国家用中药材酿制的酒，与中国药酒仍然有许多联系。冯立军在《古代欧洲人对中医药的认识》一文中言，早在 700 多年前，意大利马可·波罗就已将中国的不少保健食品带往国外，其中有一部分至今仍在流行不衰，如盛行意大利的"大黄酒"，其配方与唐代孙思邈的《千金方》中的方剂相同，由 10 多味中药调配而成。这种含有大量中药的酒，饭前开胃，饭后消食，次日通畅。流行于欧美的"杜松子酒"，其主要成分实际上是中药柏子仁，原配方载于元代《世医得效方》，因其有良好的养心安神功效，而被欧美人称之为"健酒"。②

饮食习俗、礼仪和思想

五、忽思慧《饮膳正要》与食治养生思想在伊利汗国的传播

忽思慧，又名和斯耀，回族人，是元朝著名的营养学家。他在元朝延祐年间（1314—1320）曾任宫廷饮膳太医，著有《饮膳正要》一书。该书是中国古代最早的一部营养学专著，完成于元天历三年（1330），由文学家虞集撰序，元政府命中政院"刻样而广传之"。由于元朝疆域的扩大，促进了与国外和国内少数民族之间的文化交流，这对营养学和药物学的发展起了推动作用。

《饮膳正要》共 3 卷，每卷内都有大量插图，图文并茂，内容较为广泛，既有汉族的传统食品，也有西北各民族的食物，还包含了丰富的饮食思想。③具体而言，主要有以下三个方面：第一，"食治养生"是全书的核心与宗旨，

① ［意］马可·波罗：《马可波罗行纪》，冯承钧译，上海书店出版社 2001 年版，第 254 页。
② 冯立军：《古代欧洲人对中医药的认识》，《史学集刊》2003 年第 4 期。
③ （元）忽思慧：《饮膳正要》，刘正书点校，人民卫生出版社 1986 年版，第 3 页。

也是华夏饮食思想的集中体现。在"天、地、人"三才宇宙观的指导下，该书引出了"养生避忌""四时所宜""食疗诸病""食物中毒""饮酒避忌""妊娠、乳母食忌"等一系列论述。总结了在养生方面"其知道者"的实例和"昔世祖皇帝，饮食必稽于本草，动静必准乎法度，是以身跻上寿"等的实践经验，并以此进劝当时皇帝（文宗）和为后人所应用。第二，记载了元朝特色鲜明的宫廷膳食谱和饮食制度。作者将几代元朝皇帝的饮食实践整理出来，对各种营养食物和补益药品等进行了较深入的研究，汇编了包括"聚珍异馔""诸般煎汤"在内的多种食谱，保存了当时中国北方少数民族的饮食制度和饮食特色。第三，遵循了华夏传统的"养助益充"食物结构。成书于秦汉时期的华夏医学典籍《黄帝内经·素问》提出："五谷为养，五果为助，五畜为益，五菜为充，气味和而服之，以补精益气。"此后，"养助益充"逐渐成为汉族遵循的传统饮食原则与食物结构。忽思慧在《饮膳正要》一书中十分重视和运用这个食物结构，不仅充分运用具有较好补益作用而且资源充足的羊品为主要原料，还在多数配方中加入各种蔬菜、谷物、果品和调料等，做到了谷肉果菜的合理搭配，遵循了华夏传统的"养助益充"食物结构。这也可能是作者总结了当时北方游牧地区人们尤其贵族统治者，有时偏食某种食物（如肉类）、少吃蔬菜果类而有缺乏某种营养素（维生素）之症的情况，借鉴汉族饮食结构取长补短的结果。[①] 英国科技史学家李约瑟说"忽思慧在该书中首先指出关于维生素缺乏症的经验发现"，经过若干年以后，这证明只是中国人远在欧洲人之前做出的许多发现与发明中的第一个。

　　元朝为了加强对外交流和联系，特别是与亚洲西部大国伊利汗国的往来，正式开设回回国子学，将波斯文的学习列入国家高等学府的课程，培养相关人才。至元二十六年（1289）八月，忽必烈决定仿照蒙古国子学的先例，设置回回国子学。《元史·选举志》称："世祖至元二十六年夏五月，尚书省臣言：'亦思替非文字宜施于用。今翰林院益福的哈鲁丁能通其字学，乞授以学士之职。凡公卿大夫与夫富民之子，皆依汉人入学之制，日肄习之。'帝可其奏。是岁八月，始置回回国子学。至仁宗延祐元年（1314）四月，复置回回国子监，设监官。以其文字便于关防取会数目，令依旧制，笃意领教。"[②] 此处所言之"亦

---

① 李迪主编：《中国少数民族科技史研究·第五辑》，内蒙古人民出版社 1990 年版，第 147 页。

② 《元史》卷 81《选举志》，中华书局 1976 年版，第 2028 页。

思替非文字"主要是原阿拉伯阿拔斯王朝统治下的地区通行的回回文字，"亦思替非"经考证是古代波斯名城亦思法杭的异译。这种文字主要用于公文函件的书写交流。元朝回回国子学创办的目的之一是为传授亦思替非文字，其教学内容自然包括波斯语，而其管理、讲授者和学生主要是元朝官员以及贵族富家之子。《元史·百官志》载："（至元）二十六年，置官吏五员，掌管教习亦思替非文字。"①从回回国子学的开设可见，元朝中央政府与伊利汗国间关系紧密，文化交流也广泛且深入。因此，元朝中央政府刊刻的书籍极有可能传播至各汗国。

元朝中国与伊朗之间在医药方面有过广泛交流，不但中国药物用于伊朗药剂，而且中国传统的脉学和病理学也是伊朗医学在吸取希腊、叙利亚、希伯来的科学遗产之外，极为注目的新的来源。伊利汗国首相、科学家拉斯德丁非常重视中国药材、医学和营养学的整理和研究。他在编纂《中华医典》时，一定有中国医生或精通中医的伊利汗国医生辅助，才使这部巨典得以完成，并且流传至今。他还翻译了唐代孙思邈的《千金要方》。正是由于中西间的交流与传播，被中国民间尊为药王的孙思邈，不但在东亚享有很高的声誉，而且在元代第一次成为当时西方医学界所熟悉的名字了。②

综上，《饮膳正要》作为最为重要的宫廷饮食养生和药膳典籍从元大都传播至伊利汗国及其他中亚、西亚地区的可能性极大。而深入的研究还有待文献研究与考古发掘的继续考证。

六、《马可波罗行纪》对元朝饮食礼俗与思想的记录与传播

马可·波罗在中国生活了17年，并被忽必烈委以重任，不仅长期在元朝宫廷中活动，对宫廷饮食礼仪十分了解和熟悉。他的足迹还遍及西北、华北、西南和华东等地区，在《马可波罗行纪》（以下简称《行纪》）中不仅记载了元朝时的饮食品及其制作技术，记载了当时的食物原料、饮食器具，并且用较大篇幅记载了元朝的饮食礼仪、习俗和思想。随着《行纪》在欧洲被翻译成多个版本出版发行并广泛阅读和喜爱，元朝的饮食礼仪、习俗和思想在欧洲也得到一定传播。

---

① 《元史》卷87《百官志》，中华书局1976年版，第2190页。

② 沈福伟：《丝绸之路——中国与西亚文化交流研究》，新疆人民出版社2010年版，第111页。

《行纪》主要从两个方面记载了元朝的饮食礼俗和饮食思想，一是宫廷，二是民间。首先，在宫廷饮食礼仪和思想上，该书尤其是对宴会礼仪有较为详细、系统的记载，包括宴会的座次、服务、饮食器具和食品安全等方面。第一，在座次上注重尊卑亲疏有序的排列。《行纪》中载："大汗开任何大朝会之时，其列席之法如下：大汗之席位置最高，坐于殿北，面南向。其第一妻坐其左。右方较低之处，诸皇子侄及亲属之座在焉。皇族等座更低，其坐处头与大汗之足平，其下诸大臣列坐于他席。妇女座位亦同，盖皇子侄及其他亲属之诸妻，坐于左方较低之处，诸大臣骑尉之妻坐处更低。各人席次皆由君主指定，务使诸席布置，大汗皆得见之，人数虽众，布置亦如此也。殿外往来者四万余人，缘有不少人贡献方物于君主，而此种人盖为贡献异物之外国人也。"①第二，在服务上注重周到和食品安全，服务人员在上菜和餐间服务的过程中以面纱或绸巾遮住鼻、口。《行纪》记载，"此外命臣下数人接待入朝之外国人，告以礼节，位置席次。此辈常在殿中往来，俾会食者不致有所缺，设有欲酒乳肉及其他食物者，则立命仆役持来"；"并应知者，献饮食于大汗之人，有大臣数人，皆用金绢巾蒙其口鼻，俾其气息不触大汗饮食之物。"②第三，在饮酒礼仪上注重程序、规矩，较为繁复。《行纪》载，"大汗饮时，侍者献盏后，退三步，跪伏于地，诸臣及列席诸人亦然。乐器齐奏，其数无算，饮毕乐止，会食者始起立。大汗每次饮时，执礼皆如上述。"第四，饮食品类极为丰盛，宴会助兴内容繁多。"至若食物，不必言之，盖君等应思及其物之丰饶。诸臣皆聚食于是，其妻偕其他妇女亦聚食于是。食毕撤席，有无数幻人艺人来殿中，向大汗及其他列席之人献技。其技之巧，足使众人欢笑。"③第五，饮食器具注重造型精致、搭配合理，做到美食与美食的结合。元朝皇帝及赴宴宾客使用的饮食器具不仅有造型精美的镀金器具，还有许多金银餐具。《行纪》载，"大汗所坐殿内，有一处置一精金大瓮，内足容酒一桶。大瓮之四角，各列一小瓮，满盛精贵之香料。注大瓮之酒于小瓮，然后用精金大杓取酒。其杓之大，盛酒足供十人之饮。取酒后，以此大杓连同带柄之金盏二，置于两人间，使各人得用盏于杓中取酒。妇女取酒之法亦同。应知此种杓盏价值甚巨，大汗所藏的杓盏及其他金银器皿数量之多，非亲见者未能信也"④。

---

① ［意］马可·波罗：《马可波罗行纪》，冯承钧译，上海书店出版社 2001 年版，第 218 页。
② ［意］马可·波罗：《马可波罗行纪》，冯承钧译，上海书店出版社 2001 年版，第 220 页。
③ ［意］马可·波罗：《马可波罗行纪》，冯承钧译，上海书店出版社 2001 年版，第 219 页。
④ ［意］马可·波罗：《马可波罗行纪》，冯承钧译，上海书店出版社 2001 年版，第 219 页。

其次，在地方饮食生活、习俗上，该书记载了华北、西南和华东等地区相关情况。如记述杭州饮食原料之丰盛，《行纪》载，"由是种种食物甚丰，野味如獐鹿、花鹿、野兔、家兔，禽类如鷓鸪、野鸡、家鸡之属甚众，鸭、鹅之多，尤不可胜计，平时养之于湖上，其价甚贱，物揭齐亚城银钱一枚，可购鹅一对、鸭两对。复有屠场，屠宰大畜，如小牛、大牛、山羊之属，其肉乃供富人大官之食，至若下民，则食种种不洁之肉，毫无厌恶。此种市场常有种种菜蔬果实，就中有大梨，每颗重至十磅，肉白如面，芬香可口。按季有黄桃、白桃，味皆甚佳。然此地不产葡萄，亦无葡萄酒，由他国输入干葡萄及葡萄酒，但土人习饮米酒，不喜饮葡萄酒。每日从河之下流二十五哩之海洋，运来鱼类甚众，而湖中所产亦丰，时时皆见有渔人在湖中取鱼。湖鱼各种皆有，视季候而异，赖有城中排除之污秽，鱼甚丰肥。有见市中积鱼之多者，必以为难以脱售，其实只须数小时，鱼市即空，盖城人每餐皆食鱼肉也。"①

《行纪》用大量篇幅生动描述了公元11—12世纪中国的华丽建筑、辉煌的财富、良好的交通和丰富多彩的风土人情，极大地吸引了欧洲人的目光，大家争相传阅，并多次翻印流传，这是人类史上西方人感知东方的第一部著作，更激发了欧洲人对东方世界的好奇心，客观上促进了中西方之间的直接交往与交流，影响巨大。哥伦布曾说："马可·波罗的书引起了我对东方神秘的向往"，"在我的航行中，很多次是按《马可波罗行纪》里说的去做的"。邬国义先生指出，《马可波罗行纪》记述了他在东方最富有的国家——中国的见闻，激起了欧洲人对东方的热烈向往，对以后新航路的开辟产生了巨大的影响。同时，西方地理学家还根据书中的描述，绘制了早期的"世界地图"。②而随着《行纪》在欧洲的传阅、翻印，也让欧洲人认识和了解了当时中国饮食的礼仪、习俗与思想。

第四节　明清时期：日渐衰落期

明清时期是西北丝绸之路华夏饮食文明对外传播日渐走向衰落的时期。

---

①　[意]马可·波罗：《马可波罗行纪》，冯承钧译，上海书店出版社2001年版，第359页。
②　[意]马可·波罗：《马可波罗行纪》，冯承钧译，上海书店出版社2001年版，第1—2页。

明朝时，大航海时代的来临使得世界各地的交通、贸易往来与文化交流进入了新时代，中西方贸易和文化交流更多地偏重海上丝绸之路；与之相比，中亚、西亚地区崛起了帖木儿帝国、奥斯曼帝国等，这些国家间战争不断，更加强了对丝绸之路的控制，使得西北丝绸之路的道路阻隔较为严重，沿线的贸易往来和文化交流逐渐衰退。进入清朝，清政府平定了准噶尔之乱，在西北大兴屯田，确保了西北地区的社会稳定与经济发展，到清朝中期以后，西北丝路上曾形成了南北两大贸易与文化交流中心，北道上有以伊犁、塔城、乌鲁木齐为中心与哈萨克各部的绢马贸易，南道上主要是与中亚浩罕、布哈尔等汗国的边境贸易等，此时虽然保持着西北丝绸之路国际贸易的性质，但已具有内陆封闭性，对亚洲内陆地区社会经济发展、政治稳定等起着重要作用。自 19 世纪开始，沙皇俄国开始逐渐染指实力较弱的中亚各国事务，而中国西北地区也时常战乱，使得西北丝绸之路的政治格局和贸易、文化交流性质发生改变，华夏饮食文明在西北丝路沿线上的对外传播区域缩小，并进一步走向衰落。此时，最值得关注的是清朝时西北地区部分回民辗转迁移到中亚地区定居而逐渐形成的"东干人"，将中国西北地区饮食文明的多个方面传入中亚并产生深远影响。

明朝时期

明朝初期，从明太祖朱元璋到明成祖朱棣都对西北地区各部主张"怀之以恩、待之以礼"，认为中原王朝与边境各民族的关系应为"天下守土之臣，皆朝廷命吏。人民皆朝廷赤子"[①]，"华夷无间，姓氏虽异，抚字如一"[②]。明朝设有提督四夷馆，置少卿等官，负责与边疆少数民族有关的翻译事宜。永乐五年（1407），又特设蒙古、女真、西番、西天、回族、百夷、高昌等馆，各设译字生、通事，负责书面和口头语言的翻译。为了确保西北边境安定与西北丝绸之路畅通，明朝中央政府从洪武四年（1371）开始在河西地区相继设立了十二卫和四守御千户所，并修筑西起嘉峪关、东北至下马关约 1000 公里的长城，马文升《兴复哈密记》言，太宗"乃即保密地封元之遗孽脱脱为忠顺王，赐金

---

① 《明太祖实录》卷108，洪武九年八月庚戌。
② 《明太祖实录》卷53，洪武三年六月丁丑。

印，令为西域之襟喉，以通诸番之消息。凡有入贡夷使、方物，悉令此国译文具闻"①。到永乐四年（1406）时明成祖设哈密卫，"三月立哈密卫，以其头目马哈麻火者等为指挥千户等官"，其目的是"以哈密为西域要道，欲其迎护朝使，统领诸番，为西陲屏蔽"②。曾问吾也在《中国经营西域史》中认为"扼西域之咽喉，当中西之孔道者，是为哈密"③。由于明朝对天山南北广大地区的经营给予高度重视并取得了显著效果，为该地区与内地陆路交通、交流的持续和发展创造了有利条件。但是，与此同时，在中亚、西亚地区崛起了帖木儿帝国（1370—1507）、奥斯曼帝国（1299—1922）等，它们虽与明朝保持着官方贸易往来、有一定程度的文化交流，但彼此战争不断、社会长期动荡，尤其是土耳其人建立的奥斯曼帝国在公元 1453 年征服了君士坦丁堡、将其改名伊斯坦布尔之后，不断征服扩张、疆域横跨欧亚非，加强对丝绸之路所经该地区路段的控制、进行贸易垄断，西北丝绸之路的道路严重受阻，不仅迫使欧洲一些国家寻找和开辟新的前往亚洲之路，也使得西北丝绸之路上的贸易往来和文化交流逐渐衰退。

明朝时，朱元璋、朱棣均实行重农国策，实施移民垦荒、广植桑枣、督修农田水利等措施，使得明前期全国的农业得到恢复与发展。明朝为了安定西北边陲，大力推行屯田政策，不仅有军屯，也有民屯。《明史·宁正传》记载，河州卫指挥宁正"勤于劳徕，不数年河州遂为乐土"，"兼领宁夏卫事，修筑汉、唐旧渠，引河水溉田，开屯田数万顷，兵食饶足"。④ 明朝湟水流域的屯田总数在 2000 顷左右，且大部分是水浇地，可见军屯政策的实施促进了西北地区农业经济的发展。此外，中央政府还在西北地区实行较为积极的民屯政策，当地政府也扶持丝路沿线少数民族开展农业生产。这些不仅为华夏饮食文明的传播奠定了基础，也促进了手工业的发展。从行业数量看，手工行业数量逐渐增多、发展为三百六十行，不同的行业与分工极大促进了手工业生产水平的提高。从经营上看，雇佣劳动的使用极为常见，这促成了城市商业的繁荣。此时，私营手工业得到快速发展，在生产规模、技术水平、商品供应量等方面都较前代有进步，尤其表现在冶炼、制瓷、纺织等方面，这为西北丝绸之路沿

---

① （明）马文升：《兴复哈密记》，中华书局 1991 年版，第 2 页。
② 《明史》卷 217《西域传一·哈密卫》，中华书局 1974 年版，第 8513 页。
③ 曾问吾：《中国经营西域史》，商务印书馆 1936 年版，第 222 页。
④ 《明史》卷 143《宁正传》，中华书局 1974 年版，第 3905 页。

线的商品贸易活动提供了充足而多样的物资保证。①

在西北丝绸之路沿线从事商品贸易的群体主要是畏兀儿人,善于经商,他们和当地回族一样,在东察合台汗国和叶尔羌汗国的工商业中占据着优势,加之天山南北的统一为其商业发展和繁盛奠定了基础。畏兀儿人的商人分为"坐商"和"行商",主要经营西域诸族及与明朝之间的商业活动,也有部分行商经营远及阿拉伯半岛。②城市是畏兀儿人的贸易中心,也是对外贸易的商品积聚地。王致中、魏丽英在《明清西北社会经济史研究》中指出,畏兀儿人称商业集市为"八栅尔",叶儿羌的"八栅尔""街长十里,每当会期,货若云屯,人如蜂聚,奇珍异宝,往往有之,牲畜果品,尤不可枚举",形成了许多商业中心。③

这时期,西北丝路的路线基本与前代相同,但由于江南一带商品流通与手工业的高度发达,使得明朝东西交通的陆路干线中从江南至西域各地的道路成为最重要之路。江浙地区开始经扬州、泗州、永城至汴梁,再西经郑州、洛阳至西安,继续西行即沿着西北丝绸之路,经新疆而到达中亚各地。田培栋在《明代社会经济史研究》中指出,这条路是明朝东西最长的一条陆路交通要道,东南地区的茶、糖、纸、布、丝织品、瓷器及各种手工产品,都要通过此路西运至嘉峪关以外及中亚各地销售,而西北广大地区的皮、毛、药材、玉石等货也由此路东运沿海各地出售。④其中,嘉峪关等关隘的建设是在明朝初年中央政府收复河西地区后修筑的。《读史方舆纪要》"肃州卫条"记载,"明洪武五年,冯胜下河西,虽直抵玉门,而嘉峪以外,皆为羁縻地"⑤。嘉峪关,作为毗邻西域的边镇,既可抵御外敌入侵,更在控制和管理西域诸国向明朝的贡赐贸易中发挥着重要作用。洪武至弘治年间,哈密至嘉峪关一线是所有西域诸国贡使前往明朝腹地的唯一路线,他们必须在此接受严格的审验才能合法入境。可以说,明朝与中亚、西亚的来往交流是政府主导的行为,极度依赖明王朝的边疆政策。成化年间进入嘉峪关的西域使团已有严格的人数限定,弘治六年(1493)明朝政府关闭嘉峪关,自此明朝与西域诸国的官方交流几乎断绝。关于明朝西北丝绸之路的路线图,在陈诚《西域行程记》有详细记载。陈

① 秦佩珩:《明清社会经济史论稿》,中州古籍出版社1984年版,第147页。

② 刘夏蓓:《中国西北少数民族通史·明代卷》,民族出版社2009年版,第79页。

③ 王致中、魏丽英:《明清西北社会经济史研究》,三秦出版社1996年版,第294页。

④ 田培栋:《明代社会经济史研究》,燕山出版社2008年版,第240页。

⑤ (清)顾祖禹:《读史方舆纪要》卷63《陕西十二》,商务印书馆1937年版,第2719页。

诚曾 3 次出使帖木儿帝国，为明朝中西关系的发展作出巨大贡献。永乐十一年
（1413），明成祖派使团护送沙哈鲁使团返国，并携敕书及礼品回访其国和周边
国家，宦官李达为正使，陈诚作为使团成员之一开始了首次访问帖木儿帝国之
旅。使团途经 17 个国家和地区、受到欢迎，归国时又携沙哈鲁的新使节同行，
沿途还招揽途经诸地之首领的使节随同赴明朝入贡。此次出使归来后，陈诚便
撰写《西域行程记》和《西域番国志》两部著作以叙其出使经历及所见所闻。
其中，《西域行程记》主要记载了使团所经路线，从酒泉启程后，出玉门关，
先至哈密，后绕天山达伊犁河，过伊塞克湖，至江布尔、塔什干、撒马尔罕、
铁门关、巴里黑，最后抵达哈烈。[①] 全书按日计程，兼及沿途风物、地貌和气
候，颇为详尽，对于研究明代西域和丝绸之路有重要的参考价值。

清朝时期

清朝初年，天山以北由准噶尔部控制，而天山以南由 16 世纪察合台后裔
建立的叶尔羌汗国继续统治，自康熙中期开始，中央政府开始大力经营西北，
实现新疆统一。为了平定准噶尔部，康熙年间便在新疆各地建立了较为完备的
台站体系，用以转运粮草和开展军事联络与行动。如康熙二十六年（1687）设
乌里雅苏台至乌鲁木齐的台站。康熙五十五年（1716）因运粮需要，自嘉峪关
至哈密设立 12 个台站，客观上也为新疆地区与中亚各地的贸易往来创造了条
件。乾隆二十七年（1762），清政府在新疆设立军府，任命伊犁将军为清政府
在新疆的最高行政军事长官，下设诸部，分别驻守天山南北各城，管理当地军
政事务。道光至同治年间，中国西北部地区面临着极为复杂的政治形势，西北
地区回民多次爆发大规模起义。其中，陕甘回民起义军失败后的余部退至喀
什、辗转进入中亚。而此时，中亚地区由哈萨克人、乌兹别克人、吉尔吉斯人
建立的封建汗国已被沙皇俄国吞并。杨建新、马曼丽《西北民族关系史》载，
1881 年《中俄伊犁条约》签订后，沙俄割占新疆大片领土并增辟由新疆到嘉
峪关的陆路贸易通道，条约规定"伊犁居民，或愿仍居中国原处为中国民，或
愿迁居俄国入俄籍者，悉听其便"[②]。这些辗转迁移到中亚的移民，也将中国饮

---

① （明）陈诚：《西域行程记　西域番国志》，周连宽校注，中华书局 2000 年版，第 4 页。

② 杨建新、马曼丽：《西北民族关系史》，民族出版社 1990 年版，第 476 页。

食文明传播到中亚并产生一定影响。

清朝十分重视西北地区的经济和社会发展。顺治年间，清政府开始在西北地区，尤其是河陇、新疆等地实行屯垦制度。《清朝文献通考·田赋考三》载："官借建房、牛具、籽种之资。凡陕西各属无业民户愿往者，计程途远近，给予路费。每户按百亩，以为世业。"[①] 政府关于土地占有使用关系的调整，对于大面积开垦河陇地区荒地及整个西北农业发展起到了积极作用。乾隆时期更是极为重视新疆的屯田制度，不仅把屯垦开发、以边养边作为立足久远经营新疆的基本方针，还把移民开垦与促进全国范围内的人口流动、缓和内地人口增长压力联系在一起。乾隆三十六年（1771），清政府以"屯垦实边"为名，把陕甘回民集体迁往新疆。据当时户口统计，甘肃一地迁居迪化（今乌鲁木齐）的便有 2 万人以上。《清高宗实录》载，"西陲平定，疆宇式廓，辟展、乌鲁木齐等处均在屯田，而客民之力作，贸易于彼者日渐加增。将来地利愈开，各省之人，将不招自集，其于惠养生民，甚为有益"[②]。西北农业的发展促进了该地区商业的发展。此时，肃州（今甘肃酒泉）等地仍是西北丝绸之路贸易交通的枢纽重地。17 世纪的耶稣会会士、葡萄牙人鄂本笃，从印度翻越葱岭经塔里木盆地来到肃州，在日记中写道："鸦儿看（新疆莎车）商贾如鲫，百货交汇"，肃州是"西方商贾汇聚之地"。当时，清朝在西部的疆域已达巴尔喀什湖、楚河流域、纳林河流域和葱岭西部，与中亚的哈萨克、浩罕、布鲁特、布哈拉等汗国有了直接的贸易往来，"中国商贾山陕江浙之人，不辞险远，货贩其地，而外番之人，如安集延、退摆楚、郭酣、克什米尔等处皆来贸易"[③]，当地"人户繁盛，地当孔道，故内地商民外番贸易者来往聚集于此，此乃回疆第一卫繁要区之地也。街市交错，茶房酒肆旅店莫不整齐"[④]。从贸易城市上看，新疆南部喀什噶尔、叶尔羌和北部伊犁成为清朝对中亚、西亚贸易重镇与内陆贸易孔道，其主要对象是喀什噶尔、叶尔羌以西的大小汗国、土邦和部落等，包括以费尔干纳盆地浩罕城为中心的浩罕国、以中亚布哈拉城为中心的布哈尔汗国以及达尔瓦斯、巴达克山、阿富汗等。

---

① （清）张廷玉等：《清朝文献通考》卷 3《田赋考三》，浙江古籍出版社 2000 年版，第 4876 页。

② 《清高宗实录》，中华书局 1986 年版，第 786 页。

③ （清）椿园：《西域闻见录》卷 2，乾隆四十二年（1777）刻本，第 15 页。

④ （清）和宁：《回疆通志》卷 9，文海出版社 1966 年版，第 291、295 页。

从清朝中期开始，西北丝绸之路沿线贸易中较为活跃的是准噶尔部。据《酒泉通史》记载，准噶尔部在 1738 年销售的牲畜和其他货物值银三千二百五十多两，1739 年值银一万三千七百两，到了乾隆十一年（1746）销售内地的牲畜货物总值已达九万五千九百二十余两，噶尔丹策零逝世 5 年以后的乾隆十五年（1750），进一步猛增到十八万余两。① 在这段时期里，几百人组成的准噶尔商队，从天山南北两路，赶着成千上万的马、驼、牛、羊，驮着毛皮、皮革、羚羊角等各种货物，经常来到肃州、西宁和多巴（西宁附近）等地和内地人民进行交易，换取绸缎、布匹、粮食、茶叶等物品。到 17 世纪80 年代，准噶尔部到内地贸易的商队最多达数千人。② 准噶尔部与内地各族的贸易往来，不仅促进了准噶尔和内地经济的发展、丰富了人们生活，也促进了华夏饮食文明在西北边陲、中亚各地的传播。然而，1840 年鸦片战争以后，西北丝绸之路沿线的政治格局和贸易、文化交流的性质发生了极大改变，加之依然采用骆驼和骡马，交通工具与道路条件缺乏改进和创新，英、俄等帝国主义列强的觊觎与侵略以及英国等殖民者在印度等地种植茶树、制作茶叶等，使西北丝绸之路上的贸易往来和华夏饮食文明对外传播都进入更加衰落的状态。

这一时期，西北丝绸之路的线路自塔里木盆地依然分南北两道。南道由莎车（叶尔羌）向西、西南方经克什米尔往西亚和南亚，北道由疏勒（喀什噶尔）向西、西南经阿赖山往中亚和西亚，正如魏源《西域见闻录》所说，"回疆通外藩者，唯喀城、叶城"③。

明清时期，由于大航海时代来临，世界各地交通、贸易往来与文化交流进入了崭新的纪元。与之前的时期相比，此时的西北丝绸之路沿线上中国与中亚、西亚及西方诸国的贸易往来、文化交流与饮食文明传播更显衰落、沉寂，传播区域基本集中在中亚和西亚，主要通过迁徙至中亚的西北移民群体、外交使节与商贸人员等进行传播，传播内容包括了食物原料、饮食器具及相关生产制作工艺、饮食习俗及思想等。从文化人类学角度看，中亚的东干人（即清朝陕甘回民移居中亚而逐渐形成的族群）成为该地区华夏饮食文明传播的最重要群体。

---

① 孙占鳌主编：《酒泉通史》第 3 卷，甘肃文化出版社 2011 年版，第 200 页。
② 王宏钧、刘如仲：《准噶尔的历史与文物》，青海人民出版社 1984 年版，第 88 页。
③ 潘志平、王熹：《清前期喀什噶尔及叶尔羌的对外贸易》，《历史档案》1992 年第 2 期。

食物原料及其生产技术

一、陕西商帮的贸易活动与茶在中亚、西亚的兴盛

茶叶原产于中国，但在古代已传播到许多国家和地区，其沿西北丝绸之路传播的历史也源远流长。黄时鉴先生在《关于茶在北亚和西域的早期传播》一文中经过大量史料的分析，认为"茶在 10 至 12 世纪时肯定继续传至吐蕃，并传至高昌、于阗和七河地区，而且可能经由于阗传入河中以至波斯、印度，也可能经由于阗或西藏传入印度、波斯"①。美国劳费尔在《中国伊朗篇》指出，"目前我们能断定的，喝茶的习惯传播到亚洲西部不早于第十三世纪，传播的人或许是蒙古人""第十五世纪一个从天方（阿拉伯）来的使节向明朝一位皇帝进贡品时，要求赐给他茶叶"。② 明清时期，天山南北广大区域为多民族聚居地区，当地的各族民众将茶作为饮食的必需品，当时官方输入新疆地区的茶叶主要是作为兵饷发放，由驻地官兵领买；而民众消费的大量茶叶，则主要依靠商人贩运，其中包括附茶、杂茶、大茶和斤茶等。由于广袤的中亚、西亚地区与中国通过丝绸之路相连接，茶叶的国际贸易也通过丝路进行。据魏明孔在《西北民族贸易研究：以茶马互市为中心》中的统计，道光八年（1828），通过兰州销售到新疆的茶叶达四十五万封，其中一半是由新疆当地各民族自己消费，其余部分则被商人贩运到中亚和俄罗斯等地，通过新疆外运茶叶二三十万封；道光十年（1830）从叶尔羌运到布哈拉的茶叶达 20 万磅。③ 布哈拉是西北丝绸之路的重镇之一和中亚最古老的城市，16 世纪开始为布哈拉汗国首都，中国与西亚间的贸易枢纽。从数量如此之巨的茶叶贸易量可以看出，发源于中国的茶文化传入中亚、西亚各地之后，被当地人普遍接受，茶饮成为其最重要的日常饮食品。

明清以来，在茶叶沿西北丝绸之路向西传播过程中，除了官方朝贡贸易之外，陕西和甘肃的商帮起到了重要的推动作用，而陕西商帮的贸易活动功劳更大。陕西地区孕育了颇具实力的商人群体，他们走南闯北，在西北丝绸之路沿线从事商品贸易，其中以泾阳、三原等地的商人为主。陕西商人经营的主要业务是茶叶贸易，由此也产生了许多知名的茶商与茶行商号，如泾阳大茶商马合

---

① 黄时鉴：《关于茶在北亚和西域的早期传播》，《历史研究》1993 年第 1 期。
② ［美］劳费尔：《中国伊朗编》，林筠因译，商务印书馆 1964 年版，第 386—387 页。
③ 魏明孔：《西北民族贸易研究：以茶马互市为中心》，中国藏学出版社 2003 年版，第 24 页。

盛及其"马合盛茶号"、泾阳女商人周颖及其"裕兴重商号"等。他们将四川、陕西、湖南、湖北等地茶集中到陕西泾阳，然后经甘肃，到达新疆后于天山南北两路贩销，以供全疆的茶叶需求，另外一部分再经由新疆后前往中亚各地贩卖。所谓"天山南北两路"，其路线为"自甘肃省来之孔道于哈密而左右分歧，左沿天山之南麓，西经吐鲁番、喀喇沙尔、库车、阿克苏折而西南到叶尔羌为南路；右越天山到巴里坤，沿北麓而西过省城乌鲁木齐，自精河越塔尔奇山路到伊犁是为北路。此二路为新疆路网之干线，有数多之支道出于四方"①。而从16世纪到18世纪末，中亚地区先后兴起了哈萨克汗国、布哈拉汗国、希瓦汗国和浩罕汗国，其疆域在今中亚五国的范围内。这一时期，中国茶叶沿西北丝路传播至中亚、西亚的浩罕汗国、布哈拉汗国、希瓦汗国和波斯等，其主要路线为：湖南安化—陕西泾阳—甘肃兰州/酒泉（肃州）—新疆伊犁古城—喀什噶尔/叶尔羌—塔什库尔干，由此开始进入中亚各地。由于中亚地区地理环境复杂，崇山峻岭与戈壁沙漠，气候条件严苛，交通贸易相对困难，在欧亚内陆的商业贸易活动中，需要不同区域商旅的接力传输，陕西茶商主要在肃州（今甘肃酒泉）和乌鲁木齐等地区从事商业活动，而中亚各汗国的商人如布哈拉人等，又在新疆接手，将茶等各类商品贩运至中亚和西亚各地。李明伟在《丝绸之路贸易史》指出，这条中亚国际商路使得中国的西北边陲与东起天山西麓，西达里海，北抵哈萨克斯坦南部和东南部，南至兴都库什山的广袤中亚地区联系在一起。② 中国茶叶则在这个互相依存、富有潜力的亚洲内陆自由贸易环境中传播。

明朝中晚期，黑茶的制作工艺成熟、黑茶业开始发展，其后陕西商人开始贩售至西北地区。黑茶是六大茶类之一，属后发酵茶，为中国所独有，生产历史悠久，产区广阔，产销量大，品种花色多。在北宋熙宁年间（1074）就有用绿茶做色变黑的记载。《明史·食货志》载，明朝嘉靖三年（1524），御史陈讲奏疏中对当时黑茶的品质与生产进行了详细描述，"以商茶低伪，悉征黑茶，地产有限，乃第茶为上中二品，印烙篦上，书商名而考之。旋定四川茶引五万道，二万六千道为腹引，二万四千道为边引"。③ 随着加工技术的发展，由于绿茶杀青叶量多、火温低，使叶变为近似黑色的深褐绿色，到后来用渥堆发酵，渥成

---

① 张献廷：《新疆地理志》，成文出版社 1968 年版，第 127 页。
② 李明伟：《丝绸之路贸易史》，甘肃人民出版社 1997 年版，第 674 页。
③ 《明史》卷 80《食货志四》，中华书局 1974 年版，第 1951 页。

黑色，至此便形成了黑茶的完整工艺。清朝前期，茶业发展迅速，民族地区及周边邻国需求量大，更催生了成熟的茶叶贸易。当时，陕西和甘肃两省的茶商大多到湖南安化采办茶品，将茶运至陕西省泾阳县包装制作后称为"附茶"，再向西售卖。《秦疆治略》载"官茶进关，运至茶店，另行检做转运。西行检茶之人，亦万有余人"①。泾阳县城及周边的茶行、茶庄、作坊、茶商号林立，热闹非凡。白天人潮如海，车水马龙，夜晚灯火通明，一派繁荣景象。由此可见，陕商在茶业中具有一定的实力，泾阳一度成为重要的茶业加工及集散地。

泾阳的茶商加工主要采用安化黑毛茶为原料，在伏天手工筑制砖茶，成为"茯砖茶"。王致中、魏丽英《明清西北社会经济史研究》载："清代商人领票（引）后赴湖湘买茶，一般都打着'奉旨采茶'的龙旗，称'官商'，茶商买茶叶后须过洞庭，经襄河运至龙驹寨上岸。其制茶工序较为复杂，首先应将茶叶切碎、过筛并簸去尘土，除去其他杂质，然后入锅炒，应陆续在茶叶中加入用茶梗、茶籽熬成的水，炒至干湿适宜方可；茶炒好后，另有专人制成砖形装封，每封5斤4两，并上下钻孔通风。新制茶砖多有湿气，须在茶楼上晾半月左右。茶砖初制时呈绿白色，晾后呈黄黑色，待干后即为成品。清初成品茶须运巩昌入库盘验，然后分运各茶马司。乾隆后茶库迁兰州，茶商持票（引）补课领茶，即可按引区销售。"②泾阳"茯茶"受到西北地区民族及中亚、西亚各民族的喜爱，其主要原因是源自"茯茶"中含有的特殊微生物——"金花"，这是"茯茶"原料发酵过程中产生的黄色闭囊壳的有益菌，外观呈黄色，俗称"金花"。该菌在茯砖茶的发酵过程中可产生纤维素酶、吲哚生物碱、阿魏酸酯、消化酶、降脂类物质等，发酵可有效减少"茯砖茶"中的多酚类物质、氨基酸、酮类物质、水溶性蛋白及可溶性糖，"茯茶"有化腻健胃、御寒提神的饮用功效。③特别对游牧民族而言，主食牛肉、羊肉、奶酪等，缺少蔬菜水果，长期饮用"茯砖茶"，能够帮助消化，有效调节人体新陈代谢，对人体起着一定的保健和病理预防作用。对此，游牧民族已有明确认识，《明史》谓之"嗜乳酪，不得茶，则困以病。""缎匹、铁、茶"等物都是"彼之难得，日用之不可缺者"。④各种文献资料显示，14世纪以后，茶叶经由新疆而向西传播。据《明

① （清）周坤：《秦疆治略》，成文出版社1970年版，第30页。
② 王致中、魏丽英：《明清西北社会经济史研究》，三秦出版社1996年版，第285页。
③ 严烨等：《陕西区域茯砖茶中"金花"含量分析》，《食品工业科技》2019年第5期。
④ 《明史》卷80《食货志四》，中华书局1974年版，第1974页。

会典》卷一百十一《礼部·给赐二·外夷上》的记载，吐鲁番和哈密使臣进京，可以享受"每人买食茶五十斤"的待遇。而吐鲁番和哈密等丝绸之路沿线的重镇与葱岭以西的"西番诸国"有着极为紧密的联系，使得茶叶通过贸易而传播到中亚、西亚地区。

　　由于茶叶供应量的持续增长，中亚、西亚各国各民族的茶饮日益频繁及丰富，也逐步形成和发展了特有的茶文化。哈萨克斯坦位于欧亚大陆的结合部，是欧亚交通的中转站。境内辽阔的草原，夏季空气干燥炙热，温度甚至会达到45—50℃，当地人们对能够保持身体健康、去热解渴的茶饮料需求量巨大，茶饮的历史悠久。在 19 世纪前期，茶在哈萨克草原还属于贵族消费；19 世纪中后期，伴随中国陕西和甘肃、山西等地商人的商贸互动，输入中亚地区的茶叶量急剧增长，茶成为中亚各民族日常饮品，并显示出一定的东方文化因素。20 世纪中期，中亚塔石卡拉古城遗址发现商业手工区中有一个茶室，而该古城修建于帖木儿统治时期的 1391 年，这有力地证明了 14 世纪末期饮茶已成为当地居民重要的饮食生活内容。此外，茶在西亚地区也受到了广泛的喜爱和接受，更诞生了以波斯茶文化为代表的西亚茶文化。在波斯语中，"茶"的发音是根据中国"茶"音译的，虽然由于历史久远、古音方言的偏误造成了古波斯语中"茶"的发音有些误差，但这些误差也反映了古代波斯帝国的茶与中国茶有着不可分割的渊源关系。波斯茶饮主要采用铜壶煮茶的方式，而非中国的冲泡之法。传统的茶壶底座为巨型水壶，顶部放着煮茶的茶壶，通过巨型水壶里的湿热蒸汽来保持茶汤的温度和茶香。在茶具方面，古代波斯帝国是玻璃器皿制造技艺的发源地之一，因此贵族阶层饮茶所用的茶杯通常是玻璃杯，有的杯身布满雕刻细密、花纹精巧的金属镶嵌装饰，下有透明玻璃杯托，展现出一种细致又奢华的格调。公元 15 世纪中期阿达姆·渥莱留斯与阿勒贝特·冯·孟戴斯洛撰写的日耳曼奉使波斯的报告指出，在波斯和印度西北的苏拉特饮茶是普遍的。黄时鉴据此

图 1-10　西亚的红茶（笔者摄于土耳其）

及其他史料分析认为,从 14 世纪起至 17 世纪前期,经由陆路,中国茶在中亚、波斯、印度西北部和阿拉伯地区得到不同程度的传播。[1]

二、中亚"东干人"与水稻、蔬果及种植技术在中亚的传播

清朝后期,由于战乱等原因,西北地区的部分回民迁徙至中亚各地居住,当地把这样一个文化背景独特、颇具规模、拥有约 12 万人口的回族群体称为"东干人"。1924 年,苏联进行民族识别时将这些来自中国西北、操汉语的穆斯林定名为"东干族"。迄今为止,这一族群仍然固守汉语,自称回族、回回、回民、老回或中原人。[2] 王超在《跨国民族文化适应与传承研究》一书中指出,中亚东干人是分两部分四批从我国进入当时俄国境内的:第一部分三批都是清朝同治年间甘肃、陕西回民起义失败后涌入俄境。第一批的时间是 1877 年 11 月,由尤素甫·哈兹列特(即大师傅)率领 1166 名甘肃籍回民,从新疆乌什翻越冰达坂过境,居住在今吉尔吉斯斯坦的卡拉库里市;第二批的时间是 1877 年 12 月,由白彦虎带领的陕西籍回民 3314 人,从新疆喀什西北的图尔呷特隘口进入俄境,居住在今哈萨克斯坦的马三成乡(即营盘);第三批的时间是 1878 年 1 月,由马大人率领的甘肃籍回民从新疆吐鲁番经新疆喀什西边的斯木卡纳进入俄境,居住在今吉尔吉斯斯坦南部的奥什。另一部分是 1882 年至 1884 年间伊犁地区由俄国政府归还给中国后,伊犁地区回民因惧怕清政府的报复,陆续迁入俄境,居住在今吉尔吉斯斯坦的比什凯克、哈萨克斯坦的潘菲洛夫等地。这批人总数有 4682 人。[3] 这些移居中亚的东干人在中亚多国形成了新的聚居区,而特殊的历史经历使得这些聚居区构成了一个以血缘和地缘为主要纽带的社会。140 余年来,这些来自中国陕西、甘肃和新疆的东干人始终把传承在中国积淀下来的文化传统作为重要目标,在中亚定居和生产生活中,将中国的食物原料生产技术尤其是水稻、蔬果种植与栽培技术等传播至中亚,为中亚当地生活文化的丰富和发展做出了贡献。

关于东干人在当地种植水稻的情况,丁宏在《东干文化研究》一书中有详细的论述。该书言,清朝时,从中国西北辗转进入中亚的东干人在沙皇俄国的七河省大规模种植水稻,1882 年在哨葫芦最早试种了 5 俄亩水稻,这是该地

---

① 黄时鉴:《关于茶在北亚和西域的早期传播》,《历史研究》1993 年第 1 期。

② 王景荣:《东干语、汉语乌鲁木齐方言体貌助词研究》,南开大学出版社 2008 年版,第 2 页。

③ 王超:《跨国民族文化适应与传承研究》,中国社会科学出版社 2013 年版,第 33—37 页。

区第一次种植水稻的试验田。此后，各东干村庄都开始种植水稻，使中亚水稻种植面积逐步扩大。1883 年江布尔也有水稻试验田，1894 年阿拉木图郊区也种了水稻，其水稻种植已形成规模。据资料显示，从 1880 年到 1890 年，楚河河谷一带 50% 的耕地都是水稻田，东干人种植的水稻不仅满足了自身的消费需求，还出口到塔什干及中国伊犁地区。① 与此同时，东干人在移居地也利用携带的中国蔬果种籽及所掌握的栽培技术进行蔬果栽培。南瓜、西瓜、胡瓜等品种极大地丰富了中亚的蔬菜市场，多数品种是当地的中亚人在之前没见过的。东干诗人苏三洛《中亚东干人的历史与文化》中记载了一位东干老人的回忆：白彦虎队伍中有个王老五，他家世代以种菜为生。他随白彦虎转战十余年，行程数万里，所有财产都丢失了，亲人也没了，唯独他腰带里的几十种菜籽没有丢失，老汉视之为命根子，这些菜籽不但救活了王老五，还挽救了一个民族。刚入中亚的东干人多以种菜、卖菜为生，当年中亚土尔克斯坦总督亚尔科夫斯基曾带领营盘、哨葫芦两个乡庄代表带着东干人种的韭菜、茄子、南瓜、香菜、黄瓜等 10 余个品种去朝见沙皇，沙皇特许对两地 40 年不征兵、不征税。东干人的蔬菜种植本领为中亚地区各民族的饮食生活带来了极大的改变与提高。② 中国著名东干学研究者王国杰教授曾深入中亚东干人聚居点居住、研究达十年，撰写了《东干族形成发展史——中亚陕甘回族移民研究》一书，其中详细记录了东干人的蔬菜种植与销售情况。该书指出，东干人种的洋葱、香菜、甘南、芹菜、南瓜、长豇豆、蚕豆、黄豆、绿豆、芝麻等品种远销俄罗斯及东欧一带。在江尔肯特（今潘菲洛夫）及阿拉木图两地，蔬菜及瓜果种植最初是由俄罗斯人、乌克兰人承担，播种面积小、品种单一；到东干人迁入以后，该地区的蔬菜生产与销售基本由其包揽，种植面积扩大了数倍，品种也更加丰富。他们生产与销售大白菜、大葱、小葱、线辣子、菜豆角、黄豆、茄子、白萝卜、胡萝卜、红萝卜、茴香菜、酸叶子菜、红薯、白薯、黄瓜等。直到今天，中亚哈萨克人还按东干人的陕甘方言称呼这些蔬菜，如辣子菜、韭菜、南瓜、甜瓜等。③ 此外，这里的瓜果播种面积也大幅度增长，苹果、梨、

① 丁宏：《东干文化研究》，中央民族大学出版社 1999 年版，第 108 页。

② ［吉尔吉斯］苏三洛：《中亚东干人的历史与文化》，郝苏民、高永久译，宁夏人民出版社 1998 年版，第 21—24 页。

③ 王国杰：《东干族形成发展史——中亚陕甘回族移民研究》，陕西人民出版社 1997 年版，第 53 页。

葡萄的栽种面积扩大了数十倍。阿拉木图号称苹果城，郊区苹果园遍布。东干人都喜欢在自己院子里栽种桃、杏、李、樱桃等果树，喜吃甜桃、杏，并把又大又红的鲜桃叫作寿桃，可见他们受中国传统观念影响至深。

不仅大量种植水稻和蔬果，东干人进入中亚还发现该地农具严重不足，便改进和制造农具，如铁犁、铁镰、铁铲、锨、镢头、木杈、木棍、抬杠、石碾、石磨、石滚子等，也把许多中国传统的耕作技术及方式带到了中亚，成为华夏文明包括饮食文明的重要传播者。

瓷质饮食器具

三、明朝与帖木儿的贡赐贸易及瓷器在中亚、西亚的深入传播

帖木儿王朝（1370—1507）是中亚河中地区的贵族帖木儿于 1370 年开创的，首都最初在撒马尔罕，后迁都赫拉特（Herat，又译哈烈、黑拉特）。到 15 世纪初，帖木儿王朝疆域东起锡尔河，西至幼发拉底河，北抵高加索，南临波斯湾，即以中亚乌兹别克斯坦为核心，从今格鲁吉亚一直到印度，囊括中亚、西亚各一部分和南亚一小部分，成为世界上最强大的国家之一。此时，从帖木儿本人到其继任统治者多次派使团出访明朝，朱元璋也多次遣使回访，双方都积极维护着中亚、西亚与明朝间道路的畅通。据《明史》记载，明朝洪武二十年（1387）帖木儿首次派使者哈非思等前来朝拜，贡马 15 匹、骆驼 2 头。[1]据统计，帖木儿王朝派往明朝的使团多达 51 次，不断向明朝贡奉马、驼、玉石及狮子等贡品，明朝不仅给予丰厚回赐，也多次派傅安、陈诚、阿儿忻台、鲁安、郭敬、李贵等使臣访问中亚撒马尔罕等地。据张文德研究统计，明朝派往帖木儿朝使团共 20 次。[2]彭树智在《阿富汗史》中引用波斯史学家阿伯塔拉柴克所著的《沙哈鲁史》，该书载有明成祖给沙哈鲁的诏谕全文："朕昔遣使尔国，赐尔锦衣罗绮……是后尔遣使贡良马及方物，尤堪嘉美。一世以前，元政解体，尔父帖木儿驸马，顺天命，修职贡于我太祖高皇帝……自后，朕将遣使专往尔国，使两国时通往来，商人可以交易有无也。"[3]

在两国往来极为密切的官方贡赐贸易中，帖木儿王朝所需的重要物品之一

---

① 《明史》卷 332《撒马尔罕传》，中华书局 1974 年版，第 8598 页。

② 张文德：《明与帖木儿王朝关系史研究》，中华书局 2006 年版，第 60 页。

③ 彭树智：《阿富汗史》，陕西旅游出版社 1993 年版，第 109 页。

就是中国的瓷器，包括饮食用瓷器。《明实录》中也谈到明朝赏赐帖木儿使者以瓷器，只是记载不多，如永乐十七年五月，明朝赐给失剌思王亦不剌金的物品中就有瓷器。张文德《明与帖木儿王朝关系史研究》载，《回回馆译语》的《来文》中亦有帖木儿朝使臣求讨瓷器等物的来文："撒马儿罕地面奴婢塔主丁皇帝前奏今照旧例赴金门下叩头，进贡玉石五十斤、小刀五把，望乞收受，朝廷前求讨织金段子、磁碗、磁盘等物，望乞恩赐，奏得圣旨知道。"① 只是以目前所见史料而言，缺乏有关贡赐贸易中瓷器数量的记载。据《明实录》记载，明正统年间，皇家光禄寺因为招待西方人和女真人而设立的宴会上，竟被盗走了五百八十多件盘碗。傅扬在《青花瓷器》引明人笔记言"在北京曾经见到鞑靼、女真诸部及天方诸国，从北京回国的人贩运瓷器，多至数十车，每车高至三丈"②。帖木儿、沙哈鲁、兀鲁伯等历代帖木儿王朝的统治者以及贵族非常热衷于拥有和使用中国瓷器，认为来自中国的东西都意味着无上的奢华和极致的文雅，客观上反映了明朝时已有大量的中国瓷器包括饮食用瓷器传播到中亚、西亚地区。西班牙人克拉维约目睹了帖木儿本人对中国瓷器的追捧，其日用餐具皆为中国瓷器，"内侍排起宴席，所列馔食分盛在带柄的巨盘中。帖木儿每吃一道菜后，其面前之菜盘，立刻撤下，另有新菜盘端上。唯菜盘既巨大，而所盛之菜食又丰富，所以使者抬举不动，往往就桌面上推过来。帖木儿所吃之肉食，皆由内侍在旁切割，侍者跪在巨盘之前，持刀将肉食切碎"③。以中国瓷器作为餐具是中世纪中亚、西亚君主和

图1-11　伊斯坦布尔的中国青花瓷餐具（笔者摄于伊斯坦布尔托卡普帕皇宫）

---

① 张文德：《明与帖木儿王朝关系史研究》，中华书局2006年版，第141页。

② 傅扬：《青花瓷器》，中国古典艺术出版社1956年版，第56页。

③ ［土耳其］奥玛·李查：《克拉维约东使记》，杨兆钧译，商务印书馆1985年版，第127—128页。

贵族们的一致选择，这既表现出他们对精致文雅的东方文化的仰慕与热爱，更是来自对瓷器本身兼具实用与审美功能的深刻认识。来自中国的瓷器在 15—17 世纪的西亚地区被推崇到极致，当地围坐而食的饮食习惯使大件的中国瓷器颇受青睐（图 1-11）。

16 世纪游历中国的波斯旅行家阿克巴尔在《中国纪行》一书中指出了瓷器作为餐具的三大优点："除玉石以外，其它物质都不具备这些特点。一是把任何物质倒入瓷器中时，混浊的部分就沉到底部，上面部分得到澄清。二是它不会用旧。三是它不留下划痕，除非用金刚石才能划它。因此可用来验试金刚石。用瓷器吃饭喝水可以增进食欲。不论瓷器多厚，在灯火或阳光下都可以从里面看到外部的彩绘或瓷器的暗花。"[1]帖木儿时代的贵族家庭大量使用中国瓷器作为餐具，这在当时的文学作品插图中有较多的体现。如创作于 1463 年的《武功记》插图描绘了帖木儿端坐在地毯上欣赏乐师演奏的场景，其中画面中下部的案几上就摆放着青花瓷的酒瓶，一位侍者正端着酒杯去为帖木儿斟酒。在白松虎儿的《列王纪》抄本插图上，画家描绘了大量青花瓷，集中展示了帖木儿宫廷使用中国瓷器的情况，画面上有侍者或抬着桌子，桌上放着供饮酒之用的酒杯、酒盏；或端着托盘，盘中则是一个体积颇大的青花瓷盘，可能是盛放饭食的器皿，更见到了许多细颈圆腹的玉壶春瓶。俞雨森《波斯和中国——帖木儿及其后》指出，帖木儿统治时代，上层统治者为了竞示豪华，宴会上，家庭中，莫不摆有各式各样瓷器；类似玉壶春瓶一类的器具在宋代是装酒的实用器皿，到了明代逐渐演变为观赏性的陈设瓷，但在帖木儿宫廷，依然被视为最实用又美观的酒器。[2]

饮食品种与礼俗

清朝时，中国西北地区的部分回民经过艰苦跋涉、辗转进入中亚而逐渐成为"东干人"。他们在新的移居地不断生息繁衍，始终保持和传承、传播着中国传统饮食文明，除了上述提及的食物原料及生产技术外，还有中国西北地区的传统饮食品制作技术以及华夏饮食礼俗，并且对中亚当地人们的饮食生活产

---

[1]　[波斯] 阿里·阿克巴尔：《中国纪行》，张至善编，生活·读书·新知三联书店 1988 年版，第 98 页。

[2]　俞雨森：《波斯和中国——帖木儿及其后》，商务印书馆 2015 年版，第 72—73 页。

生了极大的影响。

四、"东干人"在中亚与华夏饮食品及制作技术的传播

东干族的饮食制作技术闻名中亚，其烹制工艺、调味技艺、菜品搭配等都与陕西、甘肃回族的基本一致。他们种植蔬菜，其饮食品中的蔬菜比重较大。相对周围民族而言，肉类、奶类较少，而在肉类中，为了与中亚地区环境相适应，以牛羊肉为主，鸡鱼则很少。曾在东干人聚居区考察生活了十年的王国杰教授在著作中详细记录了东干人的食物，如东干人的"抓饭"，常用南瓜与稻米一起制作，食用也并非用手"抓"，而是用筷子、勺子食用；俄罗斯的土豆烧牛肉也进入东干食谱，但东干人制作这道菜时加进了辣椒及其他调料；俄罗斯红菜汤在东干人烹制下，味道也变得更加厚重，甜味也减少了；东干人也喜食蔬菜沙拉，以黄色的、切得很细的胡萝卜丝，配以绿色韭菜，再加上红色西红柿和白色粉丝，色泽鲜艳，调味是不像当地人放奶油，而是根据东干人喜食酸、辣的特点而加入了辣椒、东干醋等各类调料；东干人烹饪中使用的调味品众多，在制作各类菜肴时，加入大量葱、蒜、辣椒、姜等；喜欢腌制各种泡菜和酸菜，如每到冬天，都要腌制大量白菜，用以支撑整个冬季的蔬食供应。这些腌制菜也是他们制作凉拌菜及日常就餐的主要食品。受东干人影响，一些哈萨克人、吉尔吉斯人也喜欢吃辣椒，他们也按东干人的叫法称其为"辣子、辣子菜"。[①] 在东干人进入中亚之前，当地的蔬菜品种很少，人们只食肉、不吃蔬菜，正是这批中国陕甘回族移民将中国许多精细蔬菜品种带入中亚。

与中国西北地区的人们一样，东干人比较喜欢面食，制作方法有许多花样，煮、蒸、炸、烙、烤、煎等，名目繁多，如其最常见的是炸油香、搓馓子、拧麻花。这些也是中国回族普遍的传统食品。回族逢年过节或婚丧嫁娶，都要炸油香、搓馓子、拧麻花，用以招待客人，或分封相送。油香是用面粉或糯米制成，状似油饼。糖馍馍，是一种酥饼，以黄油、清油、糖和面，包以糖、核桃仁、葡萄干、杏干等制作而成的馅心，包好后，烤熟即可。由于糖馍馍往往是作为节日待客的重要食品，所以能干的东干妇女们在制作时格外精心，有的在其表面用茴香茎做成松树状、再撒些白糖，有的将糖馍馍捏成天鹅

---

① 王国杰：《东干族形成发展史——中亚陕甘回族移民研究》，陕西人民出版社1997年版，第355—357页。

的样子。东干人还喜欢将面食做成馍馍、花卷、烙饼等式样。陕西籍东干人仍喜食散饭、搅团和锅盔。散饭和搅团的做法基本相同，即在沸腾的水中，一手抓面悠悠细撒，一手拿面杖慢慢搅匀成糊状。所不同的是，散饭稀薄，搅团稠厚。在吃散饭或搅团时，要佐以菜汤、蒜泥、辣椒等调料。东干人的米饭花样也较多、主要有8种，干米饭、江米汤、江米饭、葱花炒米饭、羊肉焖米饭、肉炒米饭、米粉饭、炒米饭等；其甜食也有7种，包括馓子、糖馍馍、面果子、麻花、油糖酥果子、糖稀包子、麻叶等；主食有锅盔、蒸馍馍等。[①] 这些多姿多彩的饮食品种及其制作技术在中亚的传播和传承，不仅丰富了东干人的饮食生活，也为中亚地区其他民族的饮食生活提供了有意义的借鉴和参考。

五、"东干人"与华夏饮食礼仪在中亚的传播

随着"东干人"在中亚的移居和生活，华夏饮食礼俗也传播至中亚，包括食礼、茶礼等。其中，华夏饮食文明中的茶礼被中亚的乌兹别克人等吸收、借鉴并形成一定特色。

1. 茶礼的传播

生活在中亚的东干人把中国茶文化带到了中亚。他们普遍喜欢喝茶，在任何一个东干人的家庭，请客时茶是最重要的。此外，提亲说媒、定亲，必有茶作为礼品，看望长辈的礼品中更不能少了茶。东干人仍像中国西北地区人们一样喜欢泡茶时加入干果，爱饮茶，每餐必定有茶。客人来后宴席上的茶更为实惠，有贵客来临时仅茶点就能上48样，其中有糖果、干果、油炸果子、花生、核桃等。东干人把品茶作为一种显示高雅素质、寄托感情、表现自我的艺术活动，既有物质上的享受，又有精神上的愉悦。饮茶是一种具有中国特色的生活艺术及一项独具魅力的文化活动，东干人一般饮用印度红茶及高加索红茶，饮红茶时喜欢加白糖或蜂蜜，而且茶叶进入礼仪，儿女定亲，把聘礼叫茶钱，探访亲友也喜欢赠送茶叶。东干人有民谣："天天早上起来了，各家各户，先喝茶呢不吃饭，也不吃肉；人说心里闷得慌，浓茶喝上，寿数能长，脸色好，身体强壮。别的嗜好我没有，就爱喝茶，人老几辈都喝呢，我妈我大。"[②]

---

① 丁宏：《东干文化研究》，中央民族大学出版社1999年版，第247页。

② 王国杰：《东干族形成发展史——中亚陕甘回族移民研究》，陕西人民出版社1997年版，第353—354页。

2. 食礼的传播

东干人饮食礼俗中最突出的是宴会礼俗。东干族热情大方，待人诚恳，特别重视人际关系，宴请客人时是先上茶点、然后上凉菜、再上热菜、最后上汤。这种顺序也是中国宴席的上菜顺序。一般的席面有八碗、九碗、十三碗的区别。其中，"十三碗"，也叫十三花，即十三道菜。席面通常排成三行，用碗而不用盘，而且与中国西北地区的宴席形式相似，一定是先制作成品、然后用笼屉蒸热后端给客人。宴会前，主人先上糖、干果、油炸食品和面包；之后开始布菜，主人端上菜后，分别放到每个人面前的食碟中，然后客人开始进餐。东干人吃饭也用筷子，但不是直接将盘子或碗中的菜夹起来送进自己的碗里或者直接入口，而是先用勺子或将菜盛入每个人跟前的盘子中，然后客人们再用筷子进食。[①]

东干人的饮食礼仪深受中国传统礼仪及伊斯兰教规的影响。清朝回族学者刘智曾在《天方典礼》中提出："夫饮食，乃生人所资而立，自非浑囵而不择焉"，"饮食，所以养性情也。"[②] 可见，在清朝，回族不仅把饮食当成延续生命的需要，而且提高到"性理之学"的高度。东干人也把逢事遇节宴请宾客看成一种社会交际，是联络感情、探讨问题、解决问题的重要手段和社会生活的一个重要组成部分。饮食礼俗是东干人生活习俗中很有特色的篇章，他们正是用这些具有中国特色的饮食文化来显示自己的个性，维系着与中华民族大家庭的渊源关系。至于东干人宴席上的食品摆设、餐具的顺序、座位的安排、食品的吉祥性与禁忌性，全方位地反映着东干人的饮食礼俗与中国饮食文化的关系。可以说，东干人的饮食文化在某种程度上已成为一种非语言性信息传递方式，并在一定范围内影响着中亚地区的其他民族。

由于明清时期茶叶及饮茶礼俗在中亚地区的传播，茶成为中亚地区民众最为重要的日常饮品，同时更催生了当地茶礼的形成。其中，中亚乌兹别克人的茶礼就具有颇显中国茶礼痕迹。如茶在乌兹别克人心中是交际的重要媒介。他们以茶会友，以茶交友，喝茶聚会是其生活中重要的交往方式，甚至在一些时候还用茶来表达多种暗示意义。乌兹别克人在两种场合是一定要喝茶的：其一是朋友聚会的时候，饭前一定要先喝茶。大家围坐在一起，一般由主人专门负

---

① ［吉尔吉斯］苏三洛：《中亚东干人的历史与文化》，郝苏民、高永久译，宁夏人民出版社 1996 年版，第 149 页。

② （清）刘智撰，张嘉宾、都永浩整理：《天方典礼》，天津古籍出版社 1993 年版，第 145 页。

责泡茶和敬茶。与中国茶礼不同的是，第一碗茶通常是给自己，第二碗茶给德高望重的长者。主人给客人倒茶时一般只倒三分之一，人们认为茶水越少，凉得越快，这也是在炎热天气对客人表示尊敬。客人需用右手接过茶杯，左手放在胸前说"谢谢"。有时候一圈人也同饮一杯茶，表示相互之间的感情亲密无间。在各种社会和官方活动中，乌兹别克人常常以茶敬客、举茶干杯，表达他们之间的友情。其二是举行婚礼的时候，一定要有茶。乌兹别克人将茶引入婚礼，成为婚庆的一部分。茶在新郎新娘通过宴庆认亲拜友，向社会公布或要求社会承认婚姻关系的中扮演重要的角色，这就是乌兹别克人的新娘茶。新婚第二天，新娘见丈夫的亲朋好友时一定要奉茶。此时，新娘穿着传统的民族服饰，端上一碗茶敬给客人。客人一边喝茶，一边询问新娘的近况，并不断地送给新娘各种美好的祝福。① 这些饮茶礼俗与中国以茶为礼，"礼、敬、亲、和"的茶文化精神极为相似。

---

① 关剑平编：《世界茶文化》，安徽教育出版社 2011 年版，第 133 页。

第二章　海上丝绸之路与华夏饮食文明对外传播

　　长期以来，中国都被认为是一个典型的陆地国家，而事实上并非如此，中国也是一个拥有漫长海岸线和众多岛屿的海洋国家，自古便与海洋建立了紧密联系。经过长期探索和实践，至秦汉时期，中国先民们开辟了一条通往东北亚、东南亚及欧洲等的海上交通航路。此后，随着丝绸等商品对外贸易的发展，这条海上路线也被称为海上丝绸之路。它是相对陆上丝绸之路而言的，是指古代中国与世界其他地区进行经济文化交流的海上通道，因其在隋唐时期的大宗贸易品是丝绸而得名，又因其在宋元时期，瓷器、香料逐渐成为主要贸易品而称为"海上陶瓷之路""海上香料之路"。

　　海上丝绸之路作为古代中外贸易的重要通道，早在中国秦汉时代就已经出现，发展过程可分为4个历史阶段：第一，先秦汉魏南北朝是形成期，海路只是陆上丝绸之路的一种补充形式。俗话说"靠山吃山，靠水吃水"，中国东部地区面临大海，在古代，大部分地区的水上交通比陆上交通相对容易、便利许多，人们便不断向海上发展，利用大自然的季风和洋流助航，更增加了海路的方便性，因此古代中国沿海很多地方都与外界有经济和文化交流，而海上丝绸之路的形成最早可追溯至汉朝及以前。早在殷商时期，中国人就沿着海岸航行到达朝鲜半岛和日本列岛。到两汉时，已开辟了对印度洋的远洋航路，即从汉朝的沿海港口出发，经南海，渡印度洋、到南亚，或向西直至大秦（即罗马帝国）。第二，隋唐时期是发展期。尤其是唐朝中后期，陆上丝绸之路因战乱受阻，加之中国经济重心向南方转移，海路因其运量大、成本低、安全度高而逐渐成为中外贸易的主要交通道路。第三，宋元时期是鼎盛期。由于指南针、水密封舱等航海技术的发明和之前牵星术、地文潮流等航海知识的积累，加之阿拉伯世界十分热衷海洋贸易，使海上丝绸之路出现鼎盛局面，中国船舶已航行到非洲桑给巴尔海岸进行直接贸易交往。[1]

---

　　[1]　杜瑜：《海上丝路史话》，社会科学文献出版社2011年版，第1页。

第四，明清时期是由盛转衰时期。此时，郑和下西洋虽是声势浩大的壮举却难以持久，朝廷长期实行海禁政策、有限的开禁也主要是权宜之策，使得民间海外贸易被迫转为走私性贸易，而民间海外贸易的需求与朝廷政策的冲突贯穿明清始终，无政治武装支持的中国海商无力挑战大航海时代以来政治、军事、商业合一的西方扩张势力，使得海上丝绸之路的贸易往来和文明交流发生了极大变化、逐渐由盛转衰。然而，需要指出的是，明朝中期及以后虽然海上丝绸之路整体走向衰落，但中国移民海外更加频繁，如，下南洋、到美洲作劳工等，华夏饮食文明却仍然利用这个海上道路持续进行着对外传播，而且传播内容、数量更多、更广。

海上丝绸之路是中华民族最先开辟、与世界各族人民共同拓展的贸易之路，经济文化交流之路、和平之路、走向世界之路。① 它是由古代东西洋间一系列港口网点组成的国际贸易网络，主要有两条干线：一是东海航线。主要由登州、宁波、扬州等港口进出港，横渡黄海和东海，通往日本列岛和朝鲜半岛，基本上由中国商人主导。二是南海航线。主要由合浦、泉州、广州、福州、漳州等港口进出港，到明清时期尤其是清朝则逐渐集于广州，经过南中国海，到达东南亚，继而进入印度洋，到达波斯湾、阿拉伯半岛和非洲东岸，主导者众多、呈现阶段性特征，即宋朝中期以前由阿拉伯人主导，宋朝中后期至明朝前期由中国人主导，明朝中期至清朝由西欧人主导。

通过海上丝绸之路，不仅使中国与域外国家建立了联系，开展商品贸易，开拓了中国人的视野，而且把灿烂多姿的华夏文明传播到了这些国家。从传播对象来说，有东北亚的朝鲜半岛、日本列岛等，东南亚、南亚国家和地区，以及中亚、西亚和欧洲、美洲乃至非洲。其中，在宋朝中期以前，海上丝路上的商品从中国沿海出发，常常只运达阿拉伯地区，再由阿拉伯人转运到欧洲各地；宋朝中期以后到明清时期，海上丝绸之路上的商品从中国港口出发、逐渐地发展为直接抵达欧洲、非洲等地。从传播内容来说也较为丰富，华夏饮食文明便是主要内容之一，其中包括食物原料及生产技术、饮食器具、饮食品种及制作技术、饮食思想及礼俗、饮食店铺等。

---

① 王介南：《中国与东南亚文化交流志》，上海人民出版社 1998 年版，第 71 页。

第一节　先秦至汉魏南北朝时期：形成期

中国地处欧亚大陆的东方，东部和南部分别连着太平洋、印度洋，海岸线长达 1.8 万公里，海域十分辽阔，沿海港口众多。海上丝绸之路在汉朝之前已出现雏形、到汉魏南北朝时期初步形成，而《汉书·地理志》是最早记载中国与南海诸国通过海路交流状况的。从航线来看，海上丝绸之路的主要干线包括两条航线，即东海航线和南海航线。

先秦时期

在古代中国，因地理、地貌不同，形成了南方农耕民族文化和北方游牧民族文化，从而出现"南船北马"之说。西汉时期刘安的《淮南子·齐俗训》就有"胡人便于马，越人便于舟"的记载。南方各民族多沿江河湖海生活，其交通往来主要是利用水道带来的舟楫之便。上古时代最早的浮水工具是筏，《淮南子·物原》言"伏羲氏始乘桴"，桴即为筏，此后又发展到独木舟。《周易·系辞》记载黄帝时"刳木为舟，剡木为楫，舟楫之利，以济不通，致远以利天下"，指的就是将木头上挖槽形成独木舟。20 世纪 70 年代，考古学家曾发现了 6 支独木舟桨及舟形陶器，表明大约在 7000 年前的新石器时代独木舟已经出现了。此后，先民们不断改进，在独木舟的四周增加木板、使圆底独木舟逐步变成船底的中间部分即"龙骨"，创制出木板船。而木板船的诞生，是人类造船史上一次划时代的飞跃。自此，造船摆脱了原木整材的束缚，可以造出比独木舟容量大数倍的舟船。随之而来的是帆的发明、帆船的出现，将人类航海活动的范围大大地扩展了。

史载夏朝第八代君主帝芒曾"命九夷，狩于海，获大鱼"，说明东南沿海各地之间已经有了航路联系。到殷商时期，从安阳殷墟出土的象牙、鲸鱼骨及龟甲等这些原产于海外的文物看，中国先民的航海活动已延伸到域外。据文献资料记载，商末周初之时，贵族箕子率领殷民渡海到达朝鲜，在朝鲜北部建立政权，史称"箕氏朝鲜"。随后迁徙到朝鲜之人不断增多。此时，中国与朝鲜半岛的交流，主要是从山东半岛沿着渤海海峡中的庙岛群岛与辽东半岛南岸航行到达朝鲜半岛。[①] 到

---

① 徐潜：《中国古代水路交通》，吉林文史出版社 2014 年版，第 85 页。

战国时，中国与日本的交流是经过朝鲜半岛东南部，依靠海流为动力，顺流而行，抵达日本本州的山阴道和北陆道地区。但是，这个航线是原始、半漂流性的单向航线。后来，由于造船和航海技术的提高，中国先民们开辟了经对马海峡、朝鲜海峡到达日本九州北部(博多湾)的航线，极大地方便了中日交流。杜瑜指出："当时的航路可能是从朝鲜半岛南端越海，中经对马、远瀛（今冲之岛）、中瀛（今大岛），到达筑前胸形（今北九州宗像）的横渡朝鲜海峡航路。这在《日本书纪》中称之为'北海道中或'道中'航路。"① 汉朝王充《论衡》言周朝时"倭人贡鬯草"，倭人指日本人，鬯指祭祀之酒，说明周朝时中国与日本已通过海路进行交流。

到春秋战国时期，中国沿海地区的航海活动日趋频繁。《越绝书》说越国人"以船为车，以楫为马"，齐国已将渔盐之利为立国之本，吴国也一日不能废舟。从日本、朝鲜的出土文物看，这一时期中日、中朝之间的海上交往有了进一步发展。据记载，渤海西北的碣石（今河北昌黎县境内）、长江口附近的吴（今苏州市）、钱塘江口的会稽与句章（今宁波市西）以及南部的东瓯（今浙江温州市）、番禺（今广州市）、冶（今福州市）等已成为重要港口。② 通过这些港口、航线和移民，中国古代的先进文化和饮食文明不断地传播到域外国家。

秦汉时期

秦朝建立，随着秦始皇多次巡海，中国自渤海至两广的沿海交通路线较为畅通。与此同时，秦始皇一方面在东海方向派徐福东渡日本的故事，从一个侧面反映了这一时期中国人大量渡海到达日本的事实，另一方面则在南海方向派大将赵佗平定岭南，后建立南越国，通过南海的海上航行，与东南亚、南亚印度等国进行交流。到汉朝时，《汉书·地理志》已较为详细地记载了海上丝绸之路的航线，主要包括南海航线和东海航线。随着海上活动的频繁展开，海外贸易、移民等海上交流也逐渐出现。

秦汉时期，当时的造船及航海技术已经可以为古人向周边的一些区域航海提供一定的基础。一方面，此时的船舶载重量上有了较大提高。据 1974 年

---

① 杜瑜：《海上丝路史话》，社会科学文献出版社 2011 年版，第 8 页。
② 李润田等：《中国交通运输地理》，广东教育出版社 1990 年版，第 179 页。

广州发掘的秦汉时期造船工场遗址推断，"常用船长度为 20 米左右，载重约 25—30 吨，少数大船可能要大些"①。载重量的加大，不仅可以载运更多的货物，而且可以载更多船员和乘客。另一方面，汉朝船舶已普遍使用风帆作为航船的动力。此外，汉朝船舶中广泛使用船体分舱技术，增加了船舶的抗风浪能力，也成为汉朝船舶远海航行的重要基础。

除了离不开航海技术、造船技术以及航路的开辟，古代人对于海外贸易与交往的意愿同样也是海上丝路能够开通的重要基础。公元前 219 年，秦始皇为寻求"不死之药"，派遣齐人徐福征发童男童女数千人入海求仙。公元前 214 年，他委派大将任嚣和赵佗平定岭南，设立南海郡、桂林郡、象郡三郡，促进了社会经济的较大发展。到秦朝末年，南海郡尉赵佗兼并桂林郡和象郡、建立南越国，使岭南地区相对安定和平，民间通过海上航行与外界开展贸易。公元前 202 年，汉朝建立，与南越国发展经贸关系。公元前 195 年，汉朝与南越国发生战争，赵佗为寻找重要的军需物资铁资源，开始通过海上航线，用岭南地区出产的丝绸类纺织品与海外国家进行贸易。广州南越王墓中出土的希腊风格银器皿等证实了秦末汉初海上丝绸之路南海航线的初步形成。汉武帝时平定了南越，便派使者沿着已开辟的海上丝绸之路南海航线，经东南亚，横渡孟加拉湾，到达印度半岛的东南部及锡兰（今斯里兰卡）后返航。

在秦汉时期，尤其是汉朝，中央政府通过一系列政治、经济、军事政策和措施，建立了与朝鲜半岛和日本的紧密关系，使得中国与朝鲜半岛及日本沿海上丝绸之路东海航线的交流有了新拓展。其中，汉武帝灭卫满朝鲜、设置乐浪等四郡，将朝鲜半岛北部纳入统治范围，客观上促进了汉朝与朝鲜半岛北部的经济文化交流。东汉时，光武帝向日本列岛上的倭奴国王封赐"汉委奴国王"金印、建立起册封的朝贡关系，当时日本列岛上的 30 余国经常派使节到汉朝来朝贡并得到回赐，"中日两国的交流已经从民间较为单一的交流扩展到官方有目的的政治、经济和文化等多方面的交流"②。此时，中国与朝鲜半岛的交通线路既有陆上也有海上的。就海上航线而言，主要是从山东半岛等地出发，渡渤海、黄海，到达朝鲜半岛南部的济州岛和巨文岛。济州岛和巨文岛等岛屿发现的汉朝钱币就是证明。《后汉书·王景传》载王景的八世祖王仲，"本琅邪不

① 上海交通大学"造船史话"组：《秦汉时期的船舶》，《文物》1977 年第 4 期。
② 杜瑜：《海上丝路史话》，社会科学文献出版社 2011 年版，第 17 页。

其人",后因惧祸,"浮海东奔乐浪山中,因而家焉"。葛剑雄认为"这在山东半岛大概是比较普遍的现象"。[1] 至于日本与中国的交通路线也有两条,除了从日本九州北部(博多湾)经对马海峡、朝鲜海峡到中国的航线外,更增加了一条以朝鲜半岛南部为桥梁和通道的线路,即从日本九州北部(博多湾)出发,经朝鲜半岛南部后向朝鲜半岛北部航行,至汉朝乐浪郡(带方郡)后到辽东,再进入中原。冯佐哲指出,自从汉武帝设置汉四郡以来,"日本使节多是从九州北部的博多、唐津和松浦一带渡海,至朝鲜半岛南端上陆,通过乐浪(后来是带方)郡引导,经辽东而到中原地区"[2]。朝鲜半岛南部汉镜、汉钱币和车马器等汉文物及倭镜等日本文物的发现,就是其线路和联系的证明。

与此同时,中国的海上交通从东亚扩展到东南亚,并跨越印度洋,达到红海沿岸甚至欧洲,形成了海上丝绸之路的南海航线。在这条南海航线上,除了中国人的努力,也离不开罗马人、阿拉伯人、埃及人等人民的贡献。

汉武帝平定南方后,在今广东濒南海一带设置儋耳、珠崖、南海等郡,并从这里派遣使者出海探索,向南向西,扬帆远航,开辟中国第一条到达印度的海上远程航线。班固《汉书·地理志》详细勾勒了这一海上航线及其贸易交往与文化交流情况。而在汉朝向西实行海上拓展之时,西方的古罗马人乃至更早的南阿拉伯人、埃及人也在向东开辟和经营海上商路。当时,南阿拉伯人从地中海世界(亚历山大里亚)有两条航线通往东方:一条是从红海出发沿海岸行驶,最终到达锡兰;另一条是横跨阿拉伯海到达印度。古代埃及人为了向印度洋方向拓展,与南阿拉伯人不断展开争夺。到托勒密王朝后期,埃及商船沿近海航线已可直达印度。每年驶出曼德海峡的埃及船舶约有 20 艘。罗马人统治埃及后,于公元前 24 年派大将迦拉斯率 1 万大军东征阿拉伯半岛,企图打破南阿拉伯人对海上航线的独占,却大败而归。奥古斯都在位期间,致力于帝国东扩,大力发展同印度和中国的贸易。每年从埃及扬帆驶出曼德海峡,沿近海向东航行的船舶就达 120 艘。公元 1 世纪中期,罗马人终于掌握了印度洋信风规律,使得罗马治下的埃及商业四通八达。需要指出的是,开通海上丝路南海航线东段的主角是中国人,但作出重要贡献的还有东南亚、南亚人。扶南作为当时的东南亚强国,就有发达的造船业:"扶南国伐木为舡(即船),长者十二

---

[1] 葛剑雄等:《简明中国移民史》,福建人民出版社 1993 年版,第 94 页。

[2] 冯佐哲:《中日文化交流史话》,社会科学文献出版社 2011 年版,第 26 页。

寻，广肘六尺，头尾似鱼，皆以铁镊露装。大者载百人。"[1]这证明没有古代东南亚、南亚各族人民的海上商船的"转送致之"，汉朝海上丝绸之路的开通与发展将非常困难。而开辟海上丝路南海航线西段的主角是罗马人，但作出重要贡献的还有南阿拉伯人、埃及人以及中亚人。由贵霜帝国首都抵达印度西部诸港，经阿拉伯海、红海到达埃及的海上商路从西向东，恰与汉武帝时期开辟的由广东海岸出发、经东南亚到达南亚斯里兰卡的海路从东向西，二者相向接近、几乎对接。正是中国人、罗马人从东西两端的努力开辟，加之沿途东南亚、南亚、阿拉伯、埃及各地人民的共同经略，红海、印度洋到中国南海的超长的海上丝路南海航线，终于在公元166年直接开通。[2]

可以说，在秦汉时期，由于造船、航海技术进步和政治经济发展，海上丝绸之路已拥有了东海、南海两条主要航线，北通朝鲜半岛、日本列岛，南及东南亚诸国，西达印度、波斯，促进了华夏文明包括饮食文明的对外传播。《后汉书·西域传》记载："至桓帝延熹九年（166），大秦王安敦（161—180）遣使自日南徼外献象牙、犀角、玳瑁，始乃一通焉。"[3]这是史料记载的中国与罗马帝国第一次海路往来。在海上丝路的南海航线上，中国商人经马六甲、苏门答腊将丝绸等商品运到印度贩卖，再采购香料等回国，印度商人则经红海或波斯湾将丝绸等商品运往埃及港口或两河流域到达安条克，再由希腊、罗马商人从埃及的亚历山大、加沙等港口经地中海运往希腊、罗马帝国的各个城邦。通过海上丝绸之路，华夏文明包括饮食文明直接或间接地传播到东亚、东南亚、中亚、南亚以及欧洲等地。

魏晋南北朝时期

魏晋南北朝，又称三国两晋南北朝，朝代替换频繁并有多国并存。三国时，吴国雄踞江东，因与魏国、蜀国在长江上作战和海上交通的需要，积极发展水军，造船技术有了很大进步。据学者考证，当时的吴国造船业已发明了原始水密隔舱。孙权设置典船都尉，专门管理造船工场，首先是军舰、其次为商船，数量多，船体大，龙骨结构质量高，续航能力强，至吴国灭亡时有战船、

---

① 《太平御览》卷769《舟部二·叙舟中》，中华书局1960年版，第3411页。
② 何芳川：《中外文化交流史》上，国际文化出版社2007年版，第44—48页。
③ 《后汉书》卷88《西域传》，中华书局1965年版，第2920页。

商船 5000 余艘。《三国志》载：黄龙二年（230），"（孙权）遣将军卫温、诸葛直将甲士万人浮海求夷洲及亶洲。亶洲在海中，长老传言秦始皇帝遣方士徐福将童男童女数千人入海，求蓬莱神山及仙药，止此洲不还。世相承有数万家，其上人民，时有至会稽货布，会稽东县人海行，亦有遭风流移至亶洲者。所在绝远，卒不可得至，但得夷洲数千人还"。[①] 亶洲即徐福东渡未归的日本列岛，夷洲是今台湾岛。吴国发达的造船业和较为先进的航海技术为出海远航提供了更为有利便捷的条件。据《三国志》《梁书》等史料记载，吴国不仅多次派使者出海远航，开发疆土、与外通好，也常接待外国使者、商人到访与贸易。如朱应、康泰的足迹几乎遍及整个东南亚。据记载，黄武五年（226），一位名叫秦论的大秦（即罗马）商人经过海上丝绸之路南海航线到达交趾和吴国首都建业（今南京）进行贸易。与此同时，魏国为了防止吴国从海路北上、联合日本列岛的倭人攻打自己，也积极与日本列岛上的各国开展外交活动，最突出的是与邪马台国的交往。邪马台国是公元 3 世纪出现在日本列岛西部的一个女王国，统辖着 30 余个小国，曾积极与魏国开展外交活动。《三国志·乌丸鲜卑东夷传》记载："景初二年（238）六月，倭女王遣大夫难升米等诣郡（即带方郡），求诣天子朝献，太守刘夏遣吏将送诣京都。"[②] 正始元年（240），魏明帝派带方郡官员出使该国，颁诏封邪马台国女王卑弥呼为"亲魏倭王"，并赐金印紫绶和众多高级丝织品、铜镜等。这是两国之间的首次遣使往来。带方郡是东汉末年至东晋时在朝鲜半岛中西部设置的行政机构，是华夏文明包括饮食文明对外传播的窗口和前沿。此时，从日本列岛到中国的海上航线有所变动，即日本西部出发，经对马岛、壹岐岛，横渡朝鲜海峡，到朝鲜半岛上的带方郡，经辽东半岛进入中原，相比之前的对马—冲之航线偏西，航路更为便捷。《文献通考·四裔一》载："倭人自后汉始通中国，史称从带方至倭国，循海水行，历朝鲜国乍南乍东，渡三海，历七国，凡一万二千里，然后至其国都。……其初通中国也，实自辽东而来，故其迂回如此。"[③]

到两晋南北朝时，北方因战乱遭到严重破坏，而南方则相对稳定，加之东晋和南朝的宋、齐、梁、陈等朝代全部建都建业或建康（今南京），使得南方经济迅速发展，南北经济逐渐趋于平衡。人们积极开拓海外交通和贸易，海上

---

① 《三国志》卷 47《吴书·吴主传》，中华书局 1959 年版，第 1136 页。
② 《三国志》卷 30《乌丸鲜卑东夷传》，中华书局 1959 年版，第 857 页。
③ 《文献通考》卷 324《四裔一》，中华书局 1986 年版，第 2553—2554 页。

丝绸之路进入拓展时期，特别是中国与朝鲜、日本的交流有了新变化。就朝鲜半岛而言，北部的高句丽不断扩张、于公元 313 年左右占领了乐浪、带方郡北部地区，致使日本通过朝鲜半岛到中原地区的通道受阻。就日本列岛而言，此时"天孙民族"兴起，在公元 4 世纪占领朝鲜半岛南端的任那，到公元 5 世纪征服了邪马台等国和西日本地区，建立统一国家、史称"大和国家"，后又统一了整个日本列岛，成为延续至今的日本国。它为了本国的发展并向朝鲜半岛扩张，积极与中国通好。此时，中国和日本的海上交通又开辟了新的航线。《文献通考》记载："（倭人）至六朝及宋，则多从南道浮海入贡及通互市之类，而不自北方。则以辽东非中国土地故也。"①可见，当时中日间不仅通使，而且开始进行互市贸易活动。因为日本视南朝为晋王朝的正统，而辽东半岛非南朝统辖，导致新航路的开辟，即从南朝建康（今南京）出发，经长江口北上到山东半岛成山角，横渡黄海、到朝鲜半岛南部，横渡朝鲜海峡，经对马岛、壹岐岛，到达日本九州北部（博多湾），过关门海峡、濑户内峡，至难波津（今大阪）。②此航线因在曹魏开辟的第三条航线之南而称"南道"，比北线大为缩短，不仅方便了日本使者往来于南朝，也使得朝鲜半岛上的百济、新罗利用此道"累遣使"到南朝"献方物"。这是海上丝绸之路东海航线在这一时期发展的突出成果。此外，在南海航线上，位于中国南部的广州已成为计算海程的起点，据统计，此时通过广州来中国经商的国家和地区不断增加，有 15 个之多，华夏饮食文明也随之传播至海外。

在这一时期的海上丝绸之路上，由于早期移民、造船及海上交通发展等原因，华夏饮食文明传播的内容已有一些，包括食物原料、餐饮器具、饮食品种及制法、饮食思想及习俗、饮食典籍等，但不同时期、两条主要航线上的沿线地区又各有不同。

食物原料及其农业生产技术

这一时期，华夏饮食文明在食物原料方面的海上传播是以水稻为主、兼有多种农作物及其生产技术，传播地主要是朝鲜半岛、日本列岛及东南亚等地，

---

① 《文献通考》卷 324《四裔一》，中华书局 1986 年版，第 2554 页。
② 傅林祥：《交流与交通》，江苏人民出版社 2011 年版，第 77 页。

而且主要是通过以箕子入朝鲜、徐福东渡为代表的大批移民进行的。

一、箕子入朝鲜与井田制农业生产技术的传播

箕子是商纣王的叔父，名胥余，封于箕地，在商末周初率五千人东迁入朝鲜半岛，联合当地土著居民建立"箕氏侯国"，都城在大同江流域今平壤一带。箕子及其移民将先进的殷商文明带入朝鲜，并教当地人耕种技术，采用井田方式进行农作物生产，丰富了古朝鲜的食物原料。

有关箕子入朝鲜之事，见于中国和朝鲜半岛的许多典籍。司马迁《史记·宋微子世家》载："武王既克殷，访问箕子"，箕子对鸿范，"于是武王乃封箕子于朝鲜而不臣也"。① 此外，《逸周书》《尚书大传·洪范》《汉书·地理志》等也记载了箕子入朝鲜之事，只是对如何入朝的记载有所不同。以朝鲜半岛的历史文献而言，《三国史记》《三国遗事》《帝王韵记》《朝鲜史略》《海东绎史》等都有"箕子朝鲜"的记载，认同箕子入朝鲜的事实。《三国史记》是金富轼编纂，成书于高丽仁宗二十三年（1145），序文中称"采《古记》及新罗遗籍，兼采汉唐诸史"而成。后来，历史学家尹乃铉的《韩国古代史新论》也指出箕子来自中国中原，建立箕子朝鲜。而据《朝鲜鲜于氏奇氏谱牒》《清州韩家族谱》《朝鲜家族统谱》等记载，朝鲜半岛的韩氏、奇氏、鲜于氏、利川徐氏都是箕子入朝以后延续的后裔。此外，周武王之弟康叔封次子为避乱，也随箕子迁居朝鲜平壤，为信川康氏之始祖。②

箕子等人入朝鲜之后，带去了先进的殷商文明。他教民采用井田方式进行农作物的生产。《汉书·地理志》说："殷道衰，箕子去之朝鲜，教其民以礼义，田蚕织作。"③ 朝鲜平壤城南发现的箕田在形制上与商朝井田相同，是商朝农业文明传入朝鲜的证明。《中国民族史料汇编》所收录李氏朝鲜学者韩百谦在《箕田考》道："丁未（乾隆五十二年，1787）秋余到平壤，始见箕田遗制，阡陌皆存，整然不乱……其制皆为田字形。"韩百谦还指出，箕田方正有规则，与商朝甲骨文的"田"字相吻合；每田分为 4 区，每区有田 70 亩，与"殷人七十而助"的文献记载一致。④ 徐中舒《井田制度探原》在引用朝鲜韩百谦

---

① 《史记》卷 38《宋微子世家》，中华书局 1959 年版，第 1611、1620 页。

② 文钟哲：《朝鲜半岛华裔朝鲜族人的来源及其历史地位》，《满族研究》2006 年第 1 期。

③ 《汉书》卷 28《地理志》，中华书局 1962 年版，第 1658 页。

④ 潘光旦：《中国民族史料汇编》，天津古籍出版社 2005 年版，第 170 页。

《箕田考》后认为，朝鲜到清代时仍为箕田制，箕田制即是井田制，箕田之得名，传出于箕子，其形制与甲骨文"田"字的几种写法相近。当今韩国著名学者柳承国也讲述了有关平壤城外的"井田（又称箕田）遗迹"。先进的农耕方式促进了古朝鲜农作物的生产和农业发展，为古朝鲜的饮食生活打下了良好的基础。

二、徐福东渡日本与水稻等食物原料及其生产技术的传播

中国先民在先秦到秦汉时利用较为先进的航海技术到达日本列岛，徐福东渡就是其中的代表和象征之一。相传徐福受秦始皇派遣，率领数千童男童女自山东沿海东渡日本，教当地人种植水稻、养蚕桑，不仅传入了水稻与多种农作物及其生产技术，还传入了家畜及其饲养技术，促进了古代日本农作物生产和社会产生质的飞跃。因此，徐福被尊为"农耕神"和"蚕桑神"等，受到历代日本人的祭祀与怀念。

徐福，又名徐市，出生于战国时期的齐国，是秦朝著名的方士。有关徐福东渡之事，见于中国和日本的典籍和遗迹。以中国古代典籍而言，最早见于《史记》，其后有《汉书·郊祀志下》《后汉书·东夷列传》《三国志·吴书·吴主传》《十洲记》和《义楚六帖》（又称《释氏六帖》）等。《史记·秦始皇本纪》载："齐人徐市等上书，言海中有三神山，名曰蓬莱、方丈、瀛洲，仙人居之。请得斋戒，与童男女求之。于是遣徐市发童男女数千人，入海求仙人。"[①]《史记·淮南衡山列传》又载，徐福入海求神异物，回来见到秦始皇时谎称海神要求献上男女百工即可得到仙药，秦皇帝大悦，"遣振男女三千人，资之五谷种种百工而行。徐福得平原广泽，止王不来"[②]。《史记》虽然最早记载徐福东渡之事，却没有明确记载他所到达的终点。到隋唐五代时，随着中日频繁交流，人们发现日本在许多方面存有中国上古遗风，逐渐认定徐福东渡所到之地为日本。公元927年，日本高僧宽辅到中国，结识开元寺僧人义楚，告知其流传在日本的徐福东渡日本传说。《义楚六帖》卷二十一中也记载了徐福东渡的事迹，这是目前所知最早明确指出徐福最终到达之地是日本的文献。其后，则基本沿用此说法。明朝薛俊《日本考略·沿革》言："先秦时遣方士徐福将童男女数

---

① 《史记》卷6《秦始皇本纪》，中华书局1959年版，第247页。

② 《史记》卷118《淮南衡山列传》，中华书局1959年版，第3086页。

千人入海求仙不得，惧诛，止夷、澶二洲，号秦王国，属倭奴。"①在日本文献和遗迹中，也有关于徐福东渡日本的记载。王婆楞在《历代征倭文献考》中引用新井君美《同文通考》言："今熊野附近有地曰秦住，土人相传为徐福居住之旧地，由此七八里，有徐福祠。"②此外，《神皇正统记》《太平记》《异称日本传》等也有记载。清末，驻日公使黎庶昌、黄遵宪等人在日本参观了徐福墓，并诗文题记。至今，在日本和歌山县新宫市（纪州熊野的新宫）、九州岛佐贺等地都有祭祀徐福的神社、徐福宫、徐福墓、徐福上陆纪念碑等遗址。此外，许多羽田姓氏的日本人自认是徐福后裔，因为秦与羽田在日语中的发音相同。山梨县富士吉田市宫下义孝家藏《宫下富士古文书》（又名《徐福古问场》《神传富士古文献》）对徐福家世有颇为详细的记载，指出徐福渡来日本列岛，先后抵筑紫（九州）、南岛（四国）、不二山（富士山），把7个儿子分别改为不同的日本姓氏、派往不同地方如福冈、福岛、福山、福田、福畑等，因此子孙遍及日本各地。

尽管如此，由于直接史料和遗迹的欠缺，关于徐福东渡日本仍有待进一步研究，但大多数人认同两点：第一，历史上确有徐福其人；第二，徐福确实下过海，而且最大可能是到了日本。无论如何，"徐福东渡"之事可以而且应当作为先秦至秦汉时中国大批移民到日本的代表和象征。因为在日本古代史上，绵延了数千年的绳纹时代文化突然在公元前3世纪前后中断，日本列岛文明快速跃入金石并用时代，这得益于外来大陆大规模集体移民传入的新文化，而先秦及秦汉时期有大量的中国东部沿海民众沿海岸航行、迁移至日本列岛，徐福及其率领的童男童女只是其代名词与文化源头的象征而已。成书于8世纪的日本典籍《古事记》和《日本书纪》也记载了秦朝人移民到日本的情况。

以徐福为代表的大批中国移民东渡日本列岛，开启了中日海上贸易和文明交流，将水稻与多种农作物及生产技术传入日本列岛。唐朝李泰《括地志》载："亶洲在东海中，秦始皇使徐福将童男女入海求仙人，止在此洲，共数万家，至今洲上人有至会稽市易者。"③据中外专家考证，水稻原产于中国，早在七千年前的长江流域就已种植，其后由移民传入日本。朱宏斌指出，在日本发现了许多古代的稻作遗迹，如福冈市的板付遗址、佐贺县唐津市菜畑遗址、福冈县

---

① 薛俊：《日本考略》，中华书局1985年版，第1页。
② 王婆楞：《历代征倭文献考》，正中书局1945年版，第5页。
③ 贺次君辑校：《括地志辑校》卷4《东夷》，中华书局1980年版，第252页。

二丈町田遗址等处发现的稻作水田遗迹及碳化稻米痕迹等，说明日本稻作农业起源于绳纹时代晚期至弥生时代初期。① 根据日本学者赤泽建《日本的水稻栽培》和村川行弘《大阪湾沿岸稻作农耕的传播——弥生文化传播的系谱》的研究，水稻及生产技术传入日本后得到快速发展，大致分为三个阶段：一是弥生文化初期，水稻及生产技术由九州扩散至日本最东端；二是弥生文化中期，水稻及生产技术从河谷和山谷地带延伸至多山的内陆地区；三是弥生文化中期以后，水稻及生产技术迅速普及到北海道以外的日本所有地区。金健人先生探究了以稻作农耕文化为主体的弥生文化发展极为迅速的原因，认为是大量的中国移民迁入日本后所为，当时的中国沿海由于动乱、谋生等多种原因形成了向海外迁徙逃亡的集团，"徐福东渡无非是其中比较特殊的一次，或本身就是当时的前前后后大大小小相类事件的一个缩影"②。蔡凤书通过对绳文文化和弥生文化时日本人身体形质变化的研究后指出："估计在绳文文化的末期，从大陆上到日本的人，少说也在2万人以上。"③ 正是由于大量中国人东渡日本列岛并从事稻作生产，才使得以稻作农耕文化为主体的弥生文化迅速发展。

在这一时期，中国原产的桃、杏、柑橘、葫芦、绿豆、甜瓜、芋、菱角等果蔬原料也先后传入日本。有学者指出："日本早在绳文文化晚期就开始了稻谷的种植，它是从中国长江以南地区渡迈东海，大约在三千年前，直接传到了日本九州西北。在绳文时代传入日本的葫芦、绿豆、构树、菱角、芋、白苏等栽培植物传入的路线大体与稻谷传入的路线相同。"④ 日本农商务省编撰的《大日本农史》和白井光太郎编著的《日本博物学年表》都记载了一个有关寻找中国水果的传说，即垂仁天皇九十年（61）田道间守受天皇派遣到中国江南寻求"非时香果"——柑橘，认为这是日本主动向域外寻求栽培植物的开端。耿鉴庭等在《中日两国生物交流的一些史实》中统计说，这一时期有40余种栽培植物从大陆传入日本。此外，中国移民还将家畜及饲养技术传入日本。中国是最早驯化野生猪的国家之一，秦汉时，养猪已成为主要收入和肉食来源。日本西本丰弘指出，日本出土过家猪骨头的遗址有大分市下郡桑苗遗址、佐贺县唐津市菜畑遗址、大阪府和泉市池上遗址、大阪府八尾市龟井遗址、奈良县田原

① 朱宏斌：《秦汉时期中日农业科技文化交流研究》，《农业考古》2004 年第 3 期。
② 金健人：《中国稻作文化东传日本的方式与途径》，《农业考古》2001 年第 3 期。
③ 蔡凤书：《中日交流的考古研究》，齐鲁书社 1999 年版，第 112 页。
④ 张建世：《日本学者对绳纹时代从中国传去农作物的追溯》，《农业考古》1985 年第 2 期。

本街唐古键遗址、爱日县朝日遗址、神奈川县逗子市池子遗址等，"从现有资料看，至少可以认为当初带着猪进入日本的弥生人就是从大陆来的渡来人"[①]。这些在弥生文化遗址中大量出土的家猪遗骨证明此时中国的家猪及其饲养技术已较多地传入日本。而在日本弥生时代，家猪主要用于农耕礼仪和饮食，也与中国大陆相似。

可以说，以徐福为代表的大批中国移民东渡日本，把华夏先进文明传入日本，不仅包括水稻与多种农作物及其生产技术，还包括家畜及其饲养技术，促进了古代日本农作物尤其是水稻的生产和农业的发展，为古日本饮食发展打下了良好基础，进而促使日本从绳纹时代进入弥生时代。日本人认为徐福带来了童男童女、百工、谷种、农具、药物等，极大地促进了日本社会发展，因此尊徐福为农耕神、蚕桑神等，纪念徐福的祭祀活动千年不衰。日本官方为纪念徐福之伟绩，由天皇主祭徐福达 80 多次。每年 11 月 28 日是祭祀徐福之日，日本和歌山新宫市都要举行活动庆祝徐福东渡，在 1980 年徐福东渡日本 2200 年之际更举行了大祭。

三、中国先民迁移东南亚与黍粟稻及其生产技术的传播

在先秦到秦汉时，中国先民为了生存和发展等原因，不断出海探索，到达东南亚地区，并与当地的原住民融合，将黍、粟、稻等食物原料及其生产技术传播至东南亚，为东南亚农业发展和人民生活水平的提高打下了一定基础。

据游修龄等学者研究，早在新石器时代，东南亚地区的原始农业便已经开始萌芽，而最早种植的农作物中除了大量的芋等根茎类作物外，还发现有多种旱地作物，如粟、黍、稗、高粱等。根据现有考古及研究成果，学界大多认为中国大陆是粟类等旱地作物的发源地，加之从当时的自然环境看，东南亚不可能是旱地作物的初生发源地。有专家认为，中国大陆与东南亚相毗邻，而一些证据也表明当时已经有了跨区域的流动，中国西南、东南地区的先民已经开始向东南亚地区流动，并在当地定居繁衍，因此，东南亚在新石器时代能够发现有旱地作物的种植迹象，可能是从中国大陆传播至此的结果。[②] 童恩正认为，

---

① [日] 西本丰弘：《论弥生时代的家猪》，袁靖译，《农业考古》1993 年第 3 期。

② 夏鼐：《碳-14 测定年代和中国史前考古学》，《考古》1977 年第 4 期。

新石器时代开始种粟是活动于川滇地区筰（筰，西南夷别称）的文化特征之一，东南亚的粟种植可视作是筰文化向南传播的结果。[①] 而除了从中国东南、西南地区通过陆路南下传播之外，也可能通过海上交流传播。游修龄在其《黍和粟的起源及传播问题》一文中就指出，黍粟等旱地作物存在着通过海路传播的可能性。[②] 游修龄从东南亚地区的一些传说中找到了部分证据。他发现在菲律宾、马来西亚及印度尼西亚这些国家有很多关于早期粟类作物种植的传说，如在马来西亚山区的 Temir 人有一个"粟王"和"稻王"的传说故事，说粟王经过一场战斗，败给了稻王，从此水稻取代了粟，山区族因为以粟为主食，被称为"粟人"。这一传说还说明粟类种植要早于稻类作物的种植，后来水稻才逐渐取得农业上的主导地位；印度尼西亚则在考古发现中找到了部分证据，如在鲍勒普托罗遗址中发现有公元 8 世纪雕刻的粟和稻的浮雕，在马拉市附近的一块石碑上也讲到了当地早期粟和稻的种植。[③] 这些考古发现至少说明粟和稻在当地已有悠久的种植历史。根据徐松石研究，现在东南亚的马来半岛、菲律宾群岛等岛屿上居住的马来人、印尼人、菲律宾人等并非是当地的原住民族，而是在公元前 3—公元 2 世纪，中国东南沿海地区的移民进入东南亚，并与当地的玻利尼西亚人通婚，才形成了今天的东南亚各民族。这种移民的存在给粟类作物通过海上交通传入东南亚提供了可能。可以说，中国先民早期出海探索，使得黍、粟、稻等农作物及生产技术传播至东南亚，为东南亚农业发展和人民生活水平的提高打下了一定基础。但是，由于当时航海技术水平等条件的限制，东南亚的海上交通相对朝鲜半岛和日本列岛而言较远、较为困难，因此，中国先民迁移至东南亚的数量相对较少，黍、粟、稻等农作物及生产技术部在东南亚的传播也较为有限。

饮食器具及其制作技术

这一时期，华夏饮食文明在饮食器具方面的海上传播内容包括饮食用的漆器、铁器和陶器等，传播地主要是朝鲜半岛、日本列岛及东南亚等地，而且主要是通过大批移民、使节互访等进行的。

---

① 童恩正：《试谈古代四川与东南亚文明的关系》，《文物》1983 年第 9 期。
② 游修龄：《农史研究文集》，中国农业出版社 1999 年版，第 38 页。
③ 游修龄：《农史研究文集》，中国农业出版社 1999 年版，第 39 页。

四、卫满朝鲜和武帝置郡与饮食用漆器及其制作技术传入朝鲜

卫满朝鲜是由卫国宗室后裔卫满率千余人进入朝鲜、推翻箕准而建立的，后来汉武帝将其灭亡并在其旧址上设立"汉四郡"进行统治，汉朝文化大量传入朝鲜半岛，各种漆器、铁器、铜器、陶器及其制作技术也随之传到朝鲜半岛，其中包括饮食用漆器。

据史料记载，卫满是卫国宗室后裔、西汉初年燕王卢绾部将，率领千余人进入箕子朝鲜，推翻箕准，于公元前195年自立为王，史称"卫满朝鲜"。他积极传播汉文化，与汉朝通商，使国力逐渐增强，并威胁到汉朝在东北等地的统治。汉武帝因此发兵征伐，于公元前108年将其灭亡，并在其旧地设置"汉四郡"，并以乐浪为首郡。《汉书·武帝纪》载，元封三年（前108），"朝鲜斩其王右渠降，以其地为乐浪、临屯、玄菟、真番郡"。[①] 其后，汉魏和西晋政权一直在今朝鲜半岛北部设有乐浪郡，其郡治在今朝鲜平壤大同江南岸的土城洞城址，汉朝大量官吏、军人、商人和农民到此做官、戍卫、经商和耕种，客观上促进了汉朝文化在朝鲜半岛的传播，并与当地本土文化交流融合。其中，最典型的就是考古学家所称的"乐浪文化"。韩国学者吴江原指出："乐浪文化形成初期正值大汉帝国消灭卫满朝鲜并设置郡县的政治、军事变动期，是当地土著古朝鲜系（包含卫满朝鲜）集团吸纳汉文化的结果。当然，汉文化的吸纳是在乐浪郡的汉人官吏和军士以及由其带来的汉文化主导下形成。"[②] 在"乐浪文化"的考古发现中，位于今朝鲜平壤市乐浪区土城址及其南面的乐浪墓葬群最具代表性，这里出土了数量大、种类多的汉式文物，包括漆器、铁器、铜器、陶器以及瓦当、钱币、封泥、印章等。韩国学者吴江原在《韩国古代文化与乐浪文化的相互作用以及东亚细亚》一文中记载了平壤市贞柏洞墓葬、石岩里墓葬、南沙里墓葬和南井里墓葬中出土了各种漆器，包括餐饮器具，并且有插图为证。其中，带铭文的漆器达50余件，其形制具有极强的汉文化特色，有的漆器铭文中还有广汉郡或蜀郡等字样，表明了它们的出产地点。这些出土的漆器也证明了汉朝漆器包括饮食器具在朝鲜半岛的传播。

此时，汉朝的漆器、铁器等不仅传播到朝鲜半岛的北部地区，也通过北部

---

① 《汉书》卷6《武帝纪》，中华书局1962年版，第194页。

② ［韩］吴江原：《韩国古代文化与乐浪文化的相互作用以及东亚细亚》，《东方考古》2014年第11集。

的"汉四郡"和黄海、渤海等海上交通传播到朝鲜半岛南部的马韩、辰韩和弁韩。白云翔研究指出，大量的考古发现表明，汉朝与朝鲜半岛在政治、文化和经济上有着相当密切联系。就朝鲜半岛西北而言，同汉朝非常直接的联系主要是基于汉朝对此地的经营并设置郡县，联系的通道主要是辽东半岛；朝鲜半岛南部同汉朝的联系，一方面是通过半岛西北地区，另一方面是以黄海为海上通道、与中国渤海及黄海沿海地区的直接联系，即朝鲜半岛南部的济州岛、巨文岛，经黄海或渤海而到中国，并由此成为日本与汉朝交流的桥梁和通道。如卫满推翻箕氏朝鲜后，箕氏朝鲜之王箕准南逃到马韩地区，自称韩王，间接地传播了汉文化；朝鲜"汉四郡"设置前后，一些北方人迁移至朝鲜半岛南部、与南方土著杂居而形成部落，许多人仰慕乐浪汉文化、与乐浪郡保持着密切往来和通商，深受以乐浪文化为代表的"汉四郡"文化影响。[①] 韩国学者吴江原也指出，庆尚南道昌原郡茶壶里 1 号木棺墓出土了大量漆器，包括漆圆豆、漆方豆、漆杯、漆盘、长方形漆盒、有盖筒形漆器、漆盖、圆筒形漆器、牛角形漆器、漆架、漆扇柄、棒状漆鞘等漆器，包括饮食器具，"与乐浪文化随葬的漆器在器类和器形上完全相同，可见此类遗物的出现与乐浪贸易及其二次影响有着直接关系"[②]。

五、使节互访、归化人与饮食器具及其制作技术传入日本

汉朝时，日本与汉朝建立了直接交往与朝贡关系，双方派遣使节互访，同时大批移民继续东渡日本并定居，被称为"归化人"。他们将汉朝先进文化大量传入日本，包括餐饮器具在内的各种铁器、陶器、漆器及其制作技术也随之传到日本。

据现存史料看，中日交往最直接、最明确的记载始于西汉。《汉书·地理志》载："乐浪海中有倭人，分为百余国，以岁时来献见云。"[③] 到东汉时，日本与中国的交往已发展为"遣使奉献"或"奉贡朝贺"。《后汉书·东夷列传》载："倭在韩东南大海中，依山岛为居，凡百余国。自武帝灭朝鲜，使驿通于汉者三十许国，国皆称王，世世传统"；"建武中元二年（57），倭奴国奉

---

① 白云翔：《汉代中国与朝鲜半岛关系的考古学观察》，《北方考古》2001 年第 4 期。

② ［韩］吴江原：《韩国古代文化与乐浪文化的相互作用以及东亚细亚》，《东方考古》2014 年第 11 集。

③ 《汉书》卷 28《地理志》，中华书局 1962 年版，第 1658 页。

贡朝贺，使人自称大夫，倭国之极南界也。光武赐以印绶。"①《三国志·东夷传》也载："倭人在带方东南大海之中，依山岛为国邑。旧百馀国，汉时有朝见者，今使译所通三十国。"② 此外，汉光武帝所赐"汉委奴国王"金印等大量文物在日本的出土也是明证。该金印的发现说明早在公元前后日本就与汉朝建立了册封的朝贡关系，其上刻的汉字也是迄今为止最早出现在日本的汉字。

除了使节访问，汉朝末年战乱频繁，有大批移民渡海到日本避难、定居而成为"归化人"。所谓归化人，是日本古代对从中国或朝鲜半岛移民到日本的人及其后代的总称，也称渡来人。他们人数众多、持续时间长、从事的职业类别较多，日本史籍称"秦汉百济内附之民，各有万计"。在这些移民中，以阿知使主一族为代表的一大批归化人尤其擅长手工业，为日本带去了陶器、漆器等制作技术和养蚕丝织技术，生产了包括餐饮器具在内的众多陶器、漆器。阿知使主，也称阿知（也写作阿智）王。据张声振指出，阿知王是东汉献帝的玄孙，在西晋建立之初率领其子刘都贺、舅舅赵舆德和族人等2040名男女东渡日本，被日本天皇赐号东汉使主，奉命定居于大和国高市郡桧前村，后来，"阿知使主一族在手工业中的业绩卓著，其中一些人逐渐成为倭王政权中的中下级官吏，进而变成'官人豪族'"，成为日本古代社会中拥有氏姓豪族的东汉直氏。③ 在当时的日本，将大陆来的移民根据其擅长的职业编成各"部"，如"土师部""猪饲部""石作部""服部""绫部""锦部"等。其中，"土师部"负责制作陶器，"猪饲部"负责养猪。④ 而被编入部的汉族归化人利用自身掌握的技艺制作陶器、漆器、铁器，包括饮食器具，客观上传播了华夏饮食文明。如今，在日本三云和番上遗迹等地出土了大量铁器和饮食生活用具，其中有东汉时期的杯子、铁斧等。尽管如此，当时日本的饮食器具仍然较为欠缺，常常以手进食。《后汉书·东夷传》载："饮食以手，而用笾豆。"⑤《三国志·东夷传》也载："食饮用笾豆，手食。"⑥

---

① 《后汉书》卷85《东夷列传》，中华书局1965年版，第3820、3821页。

② 《三国志》卷30《东夷传》，中华书局1959年版，第854页。

③ 张声振：《两晋南北朝时期移居日本的汉族归化人及其贡献》，《社会科学战线》1982年第4期。

④ 冯佐哲：《中日文化交流史话》，社会科学文献出版社2011年版，第29—30页。

⑤ 《后汉书》卷85《东夷传·倭传》，中华书局1965年版，第3821页。

⑥ 《三国志》卷30《魏书·东夷传》，中华书局1959年版，第855页。

六、汉武帝遣使"黄支国"与早期餐饮器具传播

随着汉朝国力的逐渐强盛，其外交和贸易活动也空前活跃起来，至汉武帝时期达到高峰。他不仅派遣张骞出使西域，开辟了陆上丝绸之路，还派遣使者出使东南亚、到达"黄支国"，开辟了中国第一条远航印度的海上丝绸之路南海航线。由此，通过贸易往来，将中国早期餐饮器具传播至东南亚、南亚乃至地中海地区。

关于汉武帝遣使"黄支国"、开辟中国第一条印度远程航线，《汉书·地理志下》详细记载道："自日南障塞、徐闻、合浦船行可五月，有都元国；又船行可四月，有邑卢没国；又船行可二十余日，有谌离国；步行可十余日，有夫甘都卢国。自夫甘都卢国船行可二月余，有黄支国，民俗略与珠崖相类。其州广大，户口多，多异物，自武帝以来皆献见。有译长，属黄门，与应募者俱入海市明珠、璧琉璃、奇石异物，赍黄金杂缯而往。所至国皆禀食为耦，蛮夷贾船，转送致之。亦利交易，剽杀人。又苦逢风波溺死，不者数年来还。大珠至围二寸以下。平帝元始中（1-5），王莽辅政，欲耀威德，厚遗黄支王，令遣使献生犀牛。自黄支船行可八月，到皮宗；船行可二月，到日南、象林界云。黄支之南，有已程不国，汉之译使自此还矣。"① 目前学术界大多认为，上述都元国、邑卢没国、谌离国、夫甘都卢国都在今天东南亚区域内，黄支国则是今南印度泰米尔纳杜邦马德拉斯附近的康契普拉姆，已程不国则是今天的斯里兰卡。汉朝派遣"黄门译长"及应募者从雷州半岛起航，经越南、柬埔寨，到达泰国、缅甸、马来西亚、苏门答腊、印度等地，用所带的大量黄金和丝织品，换回明珠、奇石、异物，开辟了海上丝绸之路的南海航线。正当汉朝的船员们从东到西、前赴后继开辟中国到印度洋航线的时候，西方古罗马的水手们也在相向努力，在稍晚之时自西向东开辟了一条从红海到印度洋的航线。古罗马商人一直想打通到中国的商道，但是陆上交通受阻，就从埃及的红海古港迈奥霍姆出发，远航印度洋，抵达印度的马拉巴海岸和锡兰岛。在印度的港口，来自罗马、中国、波斯等地的商人汇合，进行商品贸易。根据古罗马《博物志》记载，汉朝的海商还在印度的科罗曼德和斯里兰卡建立了贸易货栈，专门与来自红海地区的西方船舶做生意。自此，中国开始通过海上丝路南海航线直接或间接地与东南亚、南亚乃至地中海的诸多国家开展贸易交流，而中国陶器等餐饮

---

① 《汉书》卷28下《地理志下》，中华书局1962年版，第1671页。

器具因此得到传播。

中国在商周时期已出现了专门从事陶器生产的工种，到汉朝有了进一步发展。西汉时期，上釉陶器工艺开始广泛流传开发，出现了多种色彩的釉料陶器，这些陶器大部分用于日常饮食生活，有的陶器则沿着海上丝路传播至东南亚等地。这在东南亚一些国家的文化遗址中发掘出的汉代陶器足以证明。如在印度尼西亚，荷兰考古学家就在苏门答腊、加里曼丹、巴厘、爪哇和苏拉威西诸岛发现了汉朝陶器。其中，在西爪哇万丹墓葬的随葬品中发现了用于祭祀的汉朝陶器，考古学家们就此猜测这些墓葬是当时迁移至此地的中国人之墓，说明汉朝时中国人已经来到东南亚部分地区定居，并给当地带来了中国的陶器等文明元素。在苏门答腊克灵齐的墓葬品中发现了一件灰陶三角鼎，该器物底部还刻有"初元四年"字样，可见该器物是西汉元帝初元年间的制品，并被人带至东南亚。此外，印尼雅加达博物院也发现了诸多汉朝陶器，包括陶钵、陶瓮以及碗、碟等。如1938年，他们就在苏门答腊关丹发现了汉朝的两耳陶钵，器物上还刻有汉朝武氏祠的人物画像。[①] 从以上考古发掘成果可以看出，至汉朝，中国人已漂洋过海来到苏门答腊、爪哇等地，从一个侧面证实了《汉书·地理志》有关中国与东南亚诸国、印度之间海上交通的记载及《后汉书》有关叶调（爪哇或苏门答腊）国王遣使来华的记载的可靠性。这些移民在当地经商定居生活，而中国陶器也被传播到此地。其中，除了用于祭祀，更多的还是锅、碟、灯座、盒盘等日常生活用具，可见当时中国饮食器具在当地已有较大影响，而且传播范围广泛。借助于这种交往，以陶器为载体的中国饮食文化也开始传入东南亚，并对当地的陶器制作技艺、日常饮食生活产生了深远影响。

饮食典籍与礼俗

这一时期，华夏饮食文明在饮食典籍与礼俗方面的海上传播主要源于儒家思想，传播地主要是朝鲜半岛、日本列岛，在秦汉及以前主要是通过以箕子入朝鲜为代表的大批移民以及在朝鲜北部的"汉四郡"等途径进行，到魏晋南北朝时则主要通过儒学博士传播。

---

① 温广益：《印度尼西亚华侨史》，海洋出版社1985年版，第4—5页。

七、箕子朝鲜时饮食礼仪与习俗的传播

商末周初，箕子率五千人入朝鲜，建立箕子朝鲜。在与他一起入朝鲜的五千人中，"诗书礼乐及百工之具皆备"，不仅传播了先进的食物原料及其生产技术，也传播了先进的制度法规和饮食礼仪与习俗。

《汉书·地理志下》载："殷道衰，箕子去之朝鲜，教其民以礼义。"① 箕子入朝鲜后以礼义教化人民，使朝鲜半岛受殷商文明的影响，产生了最早的制度法规和饮食礼仪与习俗。《后汉书·东夷传》有较详细记载："昔箕子违衰殷之运，避地朝鲜。始其国俗未有闻也，及施八条之约，使人知禁，遂乃邑无淫盗，门不夜扃，回顽薄之俗，就宽略之法，行数百千年，故东夷通以柔谨为风，异乎三方者也。苟政之所畅，则道义存焉。"② 在制度法规方面，箕子朝鲜时已有《乐浪朝鲜民犯禁八条》，后增至六十余条。《汉书·地理志下》记载道：玄菟、乐浪，武帝时置，"乐浪朝鲜民犯禁八条：相杀以当时偿杀；相伤以谷偿；相盗者男没入为其家奴，女子为婢，欲自赎者，人五十万。虽免为民，俗犹羞之，嫁娶无所雠，是以其民终不相盗，无门户之闭，妇人贞信不淫辟……今于犯禁浸多，至六十余条"③。在饮食习俗与礼仪方面，《汉书·地理志下》言：玄菟、乐浪，"其田民饮食以笾豆，都邑颇仿效吏及内郡贾人，往往以杯器食"。唐朝颜师古注："以竹曰笾，以木曰豆"，"都邑之人颇用杯器者，效吏及贾人也"。④《后汉书·东夷传》也载："箕子教以礼义田蚕，又制八条之教。其人终不相益，无门户之闭。妇人贞信。饮食以笾豆。"⑤ 由此，古朝鲜国形成了良好的制度法规和饮食礼仪与习俗。《汉书·地理志下》指出："可贵哉，仁贤之化也！""孔子悼道不行，设浮于海，欲居九夷，有以也夫！"唐朝颜师古注："《论语》称孔子曰'道不行，乘桴浮于海，从我者其由也欤！'言欲乘桴筏而适东夷，以其国有仁贤之化，可以行道也。"⑥ 孔子因为古朝鲜的仁贤之化，也想航海到那里，去传播和施行大道。《东国通鉴》载："箕子率中国五千人入朝鲜，其诗书礼乐医巫阴阳卜筮之流百工技艺，皆从而往焉。既至朝鲜，言语不

---

① 《汉书》卷 28 下《地理志下》，中华书局 1962 年版，第 1658 页。
② 《后汉书》卷 85《东夷传·倭传》，中华书局 1965 年版，第 3822—3823 页。
③ 《汉书》卷 28 下《地理志下》，中华书局 1962 年版，第 1658 页。
④ 《汉书》卷 28 下《地理志下》，中华书局 1962 年版，第 1658 页。
⑤ 《后汉书》卷 85《东夷传·倭传》，中华书局 1965 年版，第 3817 页。
⑥ 《汉书》卷 28 下《地理志下》，中华书局 1962 年版，第 1658—1659 页。

通，译而知之，教以诗书。使其知中国礼乐之制，父子君臣之道，五常之礼，教以八条。崇信义，笃儒术，酿成中国之风教，以勿尚兵斗，以德服强暴。邻国皆慕其义而相亲之，衣冠制度悉同乎中国。故曰：诗书礼乐之邦，仁义之国也，而箕子始之，岂不信哉！"①

八、儒学传入朝鲜"三国"与儒学典籍包括涉及饮食的典籍传播

儒学，即儒家学说，以仁、义、礼、智、信为核心，其经典是《四书》《五经》或"六经"。皮锡瑞《经学通论·三礼通论》言："六经之文，皆有礼在其中。"② 儒家非常重视"礼"，又认为"夫礼之初，始诸饮食"，在儒家经典中有许多饮食礼仪和制度的规定。

中国儒学何时传入朝鲜，还难以详考，但可以肯定的是，在先秦及秦汉时期，随着箕子朝鲜、卫满朝鲜的建立以及"汉四郡"设置等，汉字和儒家典籍逐渐传入朝鲜，带来了儒学传播，尤其是汉朝实行的是"罢黜百家，独尊儒术"，其尊崇的儒家经典及儒学思想直接传入该地区。③ 据史料记载，早在公元前3世纪，汉字已传入朝鲜；到公元前后，儒学就伴随着汉字的使用、儒家典籍的传入而在朝鲜得到传播。白云翔指出："大量的考古发现表明，汉代中国与朝鲜半岛有着相当密切的关系。这种关系，既有政治上的联系，又有文化上和经济上的联系"，"汉王朝的政治制度、社会结构和意识形态也会影响到整个朝鲜半岛"。④ 据记载，在当时的乐浪郡，许多普通人都能吟诵《诗经》和《尚书》。王充《论衡·恢国篇》指出："巴蜀、越嶲、林、日南、辽东、乐浪，周时被发椎髻，今戴皮弁，周时重译，今吟《诗》《书》。"⑤ 而《诗经》和《书经》都是儒家经典之一，其中有许多关于饮食习俗与礼仪的记载。如《诗经》中的《鹿鸣》《伐木》《鱼丽》《南有嘉鱼》《蓼萧》《湛露》等诗歌，描述和记载了当时先秦时的宫廷、民间宴饮习俗。

到魏晋南北朝时期时，朝鲜半岛已进入"三国时代"，即百济、高句丽、新罗三国鼎立。由于三国朝先后设立"太学"等儒学教育机构和制度，传授儒家

---

① [朝鲜]徐居正等编：《东国通鉴》外纪《箕子朝鲜》，景仁文化社1994年版，第22—23页。

② （清）皮锡瑞：《皮锡瑞集》，岳麓书社2012年版，第1505页。

③ 李洪淳：《儒家学说在朝鲜和日本的传播及其影响的比较》，《延边大学学报（社会科学版）》1983年"东方哲学研究专号"。

④ 白云翔：《汉代中国与朝鲜半岛关系的考古学观察》，《北方考古》2001年第4期。

⑤ 张宗祥校注：《论衡校注》，上海古籍出版社2013年版，第396页。

经典和礼仪、习俗，包括饮食礼仪与习俗，使儒家思想广泛深入地传播于朝鲜半岛。其中，高句丽是最早较为系统地接受儒家思想的国家，其传入线路是以陆上为主，因为高句丽位于朝鲜半岛的北端，与中国东北大陆接壤，经济、文化交流较为便利，而儒家思想有利于封建统治，高句丽的新兴封建统治阶级为了维护和巩固统治地位，便积极主动地学习和吸收。儒家思想作为官方认可并成为统治地位则是从高句丽小兽林王（371—384）时期开始的。据高丽人金富轼《三国史记·高句丽本纪》载：小兽林王二年（372），"立太学教育子弟"[①]。这是儒学在朝鲜传播的最早记录。"太学"之名始于中国周朝，汉武帝时开始设置太学作为传授儒家经典的最高学府，其中又设五经博士专授儒家经典《诗》《书》《礼》《易》《春秋》。高句丽设立的"太学"也是国家最高学府和儒学教育机构，主要招收贵族子弟，传授五经三史，还设置五经博士制度，授予学习成绩优异者"五经博士"称号，以培养国家所需要的官吏，这标志着儒家思想已成为高句丽的官方思想。除了朝廷设置的"太学"外，各地还设置了地方普通教育机关"扃堂"和私立学校，主要招收地方贵族和部分平民的子弟，传授儒学思想和史学、文学等。《旧唐书·东夷传》载：高句丽人"俗爱书籍，至于衡门厮养之家，各于街衢造大屋，谓之扃堂。子弟未婚之前，昼夜于此读书习射。其书有《五经》及《史记》、《汉书》、范晔《后汉书》、《三国志》、孙盛《晋春秋》、《玉篇》、《字统》、《字林》。"[②]

百济位于朝鲜半岛西南部，是高句丽朱蒙王的儿子温柞王率领一部分高句丽人南下建立的，儒学传入百济的线路有两条，一条是从高句丽间接传入，另一条则是从中国直接经海路传入。百济建立初期，与中国的交往常常通过高句丽进行，儒家思想也是通过高句丽间接传入百济。《旧唐书·东夷传》载，百济书籍有五经子史，又表疏并依中华之法。林贤九指出：公元3—4世纪，百济也有了较完备的儒学教育机构和五经博士制度。[③] 高丽人金富轼的《三国史记·百济本纪》"近肖古王条"载："百济开国已来，未有以文字记事。至是（375），得博士高兴，始有书记。"[④]《旧唐书·东夷传》也有类似记载。当时的

---

　　① ［高丽］金富轼：《三国史记》卷18《高句丽本纪·小林兽王》，杨军校勘，吉林大学出版社2015年版，第221页。

　　② 《旧唐书》卷199上《东夷传·高丽》，中华书局1975年版，第5320页。

　　③ 林贤九：《儒学在朝鲜的传播和影响》，《延边大学学报（哲学社会科学版）》1996年第1期。

　　④ ［高丽］金富轼：《三国史记》卷24《高句丽本纪·近仇首王》，杨军校勘，吉林大学出版社2015年版，第293页。

百济更注重建立国家体制和典章制度，因此着重学习和吸收的是儒家典章制度，而没有如高句丽一样将注意力用于儒学经典的解释。百济在公元475年又被高句丽打败，后来，武宁王即位、采取一系列措施进一步巩固封建统治，但是，此时与中国往来的陆路仍被堵塞，只能利用海上通道直接与中国南北朝进行物质、文化交流，专门设立五经博士官职，学习研究儒家经典及礼仪制度。可以说，百济的儒学传播较为广泛深入，其教育状况和规模与高句丽大致相当，并成为向新罗和日本传播中国儒学的中介。

新罗位于朝鲜半岛东南端，与中国腹地距离甚远，很难与中国直接进行交往，加之其社会历史发展比高句丽、百济缓慢，使得它成为三国中最晚较为系统地接受儒家思想的国家，大约是在6世纪通过百济间接传播而来。新罗统朝鲜半岛后进一步发展儒学教育，也在朝廷设立国学，置博士、助教，招收贵族子弟传授儒家经典及制度礼仪，包括饮食制度与礼仪。

九、儒学博士赴日与儒学典籍包括涉及饮食的典籍传入日本

博士，在中国的魏晋南北朝时期是专门传授儒家经学的学官，而此时朝鲜半岛上的百济国也受其影响，设有职责相同的博士之职。百济和中国的一些博士，作为外交使者或应邀到日本传授儒学，将儒家经典系统地带到日本，包括涉及饮食的典籍，特别是饮食礼仪与习俗。

博士，最早在战国时设为官职，到秦朝时负责掌管书籍文典、通晓史事，到汉朝初年则是学术上专通一经或精通一艺、从事教授生徒的学官，为太常属官。汉武帝时设五经博士，即《诗》《书》《礼》《易》《春秋》每经置一博士，博士成为专门传授儒家经学的学官，职责是教授、课试，或奉使、议政。晋朝置国子博士，职责相似。随着儒学在朝鲜半岛的传播，高句丽、百济借鉴汉王朝做法，建立儒学教育机构和五经博士制度，将儒家经典作为教材。百济与日本隔海相望，使其成为将儒学传播到日本的中介。其中，最著名的是百济儒学博士王仁赴日，将儒学经典带入日本。据日本《古事记》和《日本书纪·应神天皇纪》载，应神天皇十五年（284），阿知吉师（或阿直歧）奉百济王之命出使日本，又奉天皇之令教太子学习中国典籍，并向天皇推荐了百济儒学博士王仁。公元285年，王仁应天皇之召，携带《论语》10卷、《千字文》1卷和许多冶炼、酿酒和制衣的工匠到日本，成为皇太子的老师。多数学者研究认为，这个《千字文》不是公元6世纪梁朝人周兴嗣所作并在社会上流传的千字文，

而是公元3世纪由魏国学者所作的另一种千字文；王仁赴日虽未见诸朝鲜史籍、却见于日本史书，可能是从中国大陆移居到朝鲜半岛的移民、再从百济到日本的，王氏一族最终也逐渐成了日本归化汉人的重要代表。可以说，最初把儒家思想传播到日本的开拓者是朝鲜百济的阿直歧和王仁。此外，百济和中国还有许多儒学博士东渡日本传播了儒家典籍及其中的饮食礼仪与习俗。如日本继体天皇时期（501—531），朝鲜百济博士段杨尔、高安茂以及中国南朝梁人司马达等到日本讲授五经；日本钦明天皇时期（539—571），南朝梁的博士王柳贵、王道良等人也通过海上丝绸之路东海航线直接赴日本讲授五经。① 由以上可知，儒学传入日本的线路有两条：一条是以朝鲜半岛为中介并由儒学博士传入，即自辽东半岛出发，渡海到朝鲜半岛的高句丽、百济，再由此渡海而到日本；另一条是从中国直接渡海到日本并由中国儒学博士传播。随着儒学及典籍传入日本，涉及饮食的典籍和中国饮食礼仪与习俗在日本得到传播，并且可能更多的是在朝廷之内王侯显贵层面进行传播。

第二节　隋唐时期：发展期

在隋唐时期，南北大运河的疏浚整治，推动了长江、黄河两大经济区域的连通，水路的畅通也促进了造船业的繁荣。与此同时，依靠着隋唐时期繁荣的经济、政府采取相对开放的对外政策、宗教的交流以及航海造船技术的进步，海上丝绸之路不断延伸、扩展，不仅东海航线上文化交流、经济贸易频繁，南海航线上的文化交流、经济贸易也日益增多，海上丝路上的华夏饮食文明传播逐渐进入发展时期。

隋朝时期

隋朝是中国承上启下的重要朝代。为了巩固统治，隋朝在政治、经济、文化及外交等领域进行了大力改革。如政治制度上，确立了三省六部制和科举制度等，巩固中央集权制度、选拔优秀人才；在经济上，通过实行均田制并改定

① 冯佐哲：《中日文化交流史话》，社会科学文献出版社2011年版，第30页。

赋役和清查户口等措施，减轻农民负担、增加财政收入；在文化上，大力提倡文教，广求图书，制订礼乐，儒佛道三教并重且相辅治国。这些政策和措施使得社会安定、人民安居乐业、生活富庶，经济、社会和文化发达，国力强盛，被称为"开皇之治"。《通典·食货》载："高颎设轻税之法，浮客悉自归于编户，隋代之盛，实由于斯。"①《资治通鉴》"仁寿四年"载："爱养百姓，劝课农桑，轻徭薄赋。其自奉养，务为俭素，乘舆御物，故弊者随令补用；自非享宴，所食不过一肉；后宫皆服浣濯之衣。天下化之，开皇、仁寿之间，丈夫率衣绢布，不服绫绮，装带不过铜铁骨角，无金玉之饰。故衣食滋殖，仓库盈溢。"②《隋书·食货志》载："户口滋盛，中外仓库，无不盈积。"③ 隋炀帝即位初期，开凿以洛阳为中心的大运河，连接中国重要水系、形成运输网络，带动关中与南北各地区经贸、文化发展和民族融合，许多商业城市兴起，逐渐呈现出全盛局面。美国学者康拉德·希诺考尔等认为这使得中华文明成为有机体的整体文明。④

以手工业而言，隋朝是中国白瓷和青瓷制作的重要发展阶段。白瓷器主要出土于河南安阳、陕西西安的墓葬中，青瓷器则在河北、河南、陕西、安徽以及江南各地皆有出土，还发现了多处隋朝窑址，瓷器的发展带动了经济发展。以造船技术而言，隋朝造船业已较为发达，常采用榫接结合、铁钉钉联等比较坚固牢靠的方法建造大型船只，其中最大的"龙舟"高45尺、长200尺、起楼4层，运行需要数百人同时纤挽，为海上丝绸之路的发展提供了坚实基础。以商贸而言，长安、洛阳是全国政治经济中心和国际大都市，规模宏大，商贸繁荣。据《大业杂记》载：洛阳有三市，其中之一的丰都市周围八里，通十二门，其中有一百二十行，三千余肆，"招致商旅，珍奇山积"⑤。以对外交往而言，隋炀帝一方面西巡张掖，置河源、西海、鄯善与且末四郡，安定西疆、畅通陆上丝绸之路，加强与西方各国的联系与商业交往，举行了万国博览会，各国商人云集张掖进行贸易；⑥ 另一方面在东部恩威并重，许多国家的遣隋使、留学生和民间商人等通过海上丝绸之路定期或不定期前来交往、贸易。

① 《通典》卷7《食货七》，中华书局1988年版，第156—157页。

② 《资治通鉴》卷180，隋文帝仁寿四年七月，中华书局1956年版，第5602页。

③ 《隋书》卷24《食货志》，中华书局1973年版，第672页。

④ [美] 康拉德·希诺考尔、米兰达·布朗：《中国文明史》，袁德良译，群言出版社2008年版，第8页。

⑤ 辛德勇辑校：《大业杂记辑校》，三秦出版社2006年版，第15页。

⑥ 龚贤：《隋唐管理思想》，经济管理出版社2012年版，第6页。

《隋书·炀帝纪》载："十一年春正月甲午朔，大宴百僚"，突厥、新罗、靺鞨等二十余国"并遣使朝贡"。[①]

在隋朝，频繁往来于海上丝绸之路的主要是朝鲜半岛上的三国和日本，其中最著名的是日本遣隋使。据史料统计，从隋开皇二十年（600）日本倭王第一次派出遣隋使至大业十年（614）的15年时间里，日本派遣隋使5次，隋朝回访1次。此时，中国与日本的海上交通路线经过百济，基本上遵循南北朝时期的路线：从朝鲜半岛东南角，越过济州岛、对马、壹岐，先到紫筑，再穿越濑户内海，到达难波港（今大阪）。[②]《隋书·东夷》详细记载了隋使裴世清到达日本难波港的航路："上遣文林郎裴世清使于倭国。度百济，行至竹岛，南望聃罗国（即济州岛），经都斯麻国（即对马），回在大海中。又东至一支国（即壹岐），又至竹斯国（即筑紫），又东至秦王国，其人同于华夏，以为夷洲，疑不能明也。又经十余国，达于海岸。自竹斯国以东，皆附庸于倭。"[③]隋使是经由百济，通过对马、壹岐而驶达北九州，再由濑户内海到达难波津的。至于从百济到隋，大概是从瓮津半岛直接横渡黄海，到达山东半岛的尖端部分；或者是沿着朝鲜的高句丽所属的西海岸北上，从辽东半岛的尖端经庙岛列岛，到达山东半岛的登州附近。[④]日本遣隋使和朝鲜半岛的使节和留学生在积极学习隋朝文化与典章制度并将其带回国的同时，也将华夏饮食文明传播到这些国家。

唐朝时期

唐朝时，经历唐太宗贞观之治、唐高宗永徽之治，到唐玄宗励精图治，开创了经济繁荣、四夷宾服、万邦来朝的开元、天宝盛世。《新唐书·食货志》载："是时，海内富贵……天下岁入之物，租钱二百余万缗，粟千九八十余万斛，庸、调绢七百四十万匹，绵百八十余万屯，布千三十五万余端。"[⑤]唐朝在政治、经济、文化上居世界领先地位，声誉远播海外，是许多国家仰慕和学习

---

① 《隋书》卷4《炀帝纪下》，中华书局1973年版，第88页。

② 杜瑜：《海上丝路史话》，社会科学文献出版社2011年版，第52页。

③ 《隋书》卷81《东夷》，中华书局1973年版，第1827页。

④ ［日］藤家礼之助：《日中交流二千年》，张俊彦、卞立强译，北京大学出版社1982年版，第85页。

⑤ 《新唐书》卷51《食货志一》，中华书局1975年版，第1346页。

的典范，纷纷通过陆上和海上丝绸之路进行频繁的商贸、文化交流。相比而言，在唐朝前期，社会经济处于上升阶段、文化先进，陆上丝绸之路较为畅通、是文化、技术和商品对外传播的主要通道，但到唐朝后期，由于陆上丝绸之路在战乱中受阻，加之中国经济重心转移到南方，华北地区经济衰弱，华南地区经济日益发展，而海路运量大、成本低、安全度高，使得海上丝绸之路逐渐取代陆上丝绸之路成为中外交流、贸易的主要通道。① 杜佑《通典》对于汉朝至唐朝贞观时期的南海交通做了总结，从朱应、康泰奉使诸国，到唐朝"声教远被"。② 此时，与唐朝通商的国家有赤土、丹丹（今马来西亚吉兰丹）、盘盘、真腊、婆利、拂菻、大食、波斯、天竺、狮子国、三佛齐等。同时，唐朝还有许多中国人移民海外，因此，唐朝以后海外多称中国人为唐人。《明史·真腊传》："唐人者，诸番（外国人）呼华人之称也，凡海外诸国尽然。"③

唐朝承袭隋朝的政治制度、社会、文化等，但又取得很高成就，成为当时世界的最先进、最强盛的国家之一。在政治制度上，沿用三省六部制，推行科举制度选拔人才。在行政区划上，唐朝开创了道和府的建制，府以下为州、县。在法律上，《唐律》是根据隋朝《开皇律》经过多次修正而来。在文化上，唐朝前期，儒教、道教和佛教都有较大发展，曾以《老子》《庄子》《列子》等道教经典开科取士；随着佛教经典的大量翻译及中国僧人自身思想体系的逐渐成熟，使得由印度传入的佛教在中国形成和发展了许多宗派，并继续向东传播。

与此同时，唐朝的手工业、造船业、商业也更发达。以手工业而言，此时东南沿海地区制瓷业发展迅速，大量陶瓷器通过海上丝绸之路运往海外。1973年至1975年，宁波和义路发掘的唐朝渔浦门城外及海运码头遗址，出土了700多件唐朝瓷器，还发掘出唐朝造船场遗址。渔浦门东南濒临三江口海运码头，是公元8世纪中叶瓷器外销的主要市场。700多件唐瓷中，以越州窑的青瓷为最多。唐朝的越州窑，分布在明州、余姚、上虞、慈溪、诸暨、绍兴、镇海、奉化、临海等地，形成了一个庞大的越窑体系。越窑青瓷，在陆羽《茶经》中被视为上品，置于北方邢窑白瓷之上。唐末，越窑青瓷的烧制技术愈加精良，其"千峰翠色"的秘色瓷器绝冠当世。陶瓷器的大量生产及制造技术的

---

① 潘义勇：《中国南海经贸文化志》，广东经济出版社2013年版，第54页。
② 《通典》卷188《边防四》，中华书局1988年版，第5088页。
③ 《明史》卷324《外国五》，中华书局1974年版，第8395页。

成熟，为饮食用陶瓷器具走向世界奠定了坚实的基础。

以造船业和造船技术而言，唐朝东南沿海地区又有了长足进步，造船技术极为先进，造船能力极强，为海上交流提供了强大的交通工具。第一，唐朝东南沿海造船场遍及各地，船舶数量十分可观，载重量大。据统计，仅扬子县（今江苏仪征）一县就有 10 个之多。东南沿海港口杭州、扬州，福州、泉州、广州、交州等，也均以造船业著称。据史料记载也能看出当时船舶数量十分可观。《旧唐书·崔融传》描述船只往返盛况时说："弘舸巨舰，千舳万艘，交贸往还，昧旦永日。"[1] 第二，唐船载重量之庞大，更是惊人。《一切经音义》记载："《埤苍》：大船也。大者长二十丈，载六七百人者是也"；"《字林》，大船也，今江南凡汎海舡谓之舶，昆仑及高丽皆乘之，大者受盛之可万斛也。"[2] 体型庞大的唐代海船也受到当时朝鲜人和日本人、东南亚人以及阿拉伯人的称道，不仅称赞唐船，而且乘唐船远海航行。中国船因吨位太大，在波斯湾内只能航行到西拉夫港为止，再往西则改用阿拉伯小船载运货物。中国船在印度所缴纳的税收也比其他国家为多。《中国印度见闻录》卷一就记载了中国船只到达故临国后交税的情景。[3] 第三，唐朝造船技术上显著进步，已采用水密隔舱等技术。水密隔舱可以让少数船舱进水后能够保证其他船舱不受影响，船舶不会轻易沉没，增加了船舶的抗沉性，对中国和世界的造船技术都起到了极大的推进作用。唐朝还在船舶的接合技术上利用了铁钉和石灰桐油，创制了舷侧板等，以增强船身的稳定性。这些造船技术的使用，不仅使船舶的吨位越来越大，还可以驶向更远的海域。可以说，唐朝不仅在造船业和航海业上获得迅速发展，也已掌握了当时世界上最先进的航海技术，为海上丝绸之路的贸易往来与文化交流提供了良好的前提条件并起了直接的推动作用。

以商贸及港口发展而言，唐朝南北方的海港都呈现出繁荣景象，海上贸易也十分活跃。这不仅能得益于相对稳定的政治局面、发达的造船航海技术，也受到当时开放的对外政策影响。唐朝建立后，不仅大力发展国内经济，而且对外持开放政策，推动海外交流。唐太宗李世民制定并为后继者沿袭的基本国策

---

[1]　《旧唐书》卷 94《崔融》，中华书局 1975 年版，第 2998 页。

[2]　徐时仪校注：《一切经音义三种校本合刊》中，上海古籍出版社 2008 年版，第 941、1326 页。

[3]　[阿] 苏莱曼等：《中国印度见闻录》卷 1，穆根来、汶江、黄倬汉译，中华书局 1983 年版，第 8 页。

是"君临区宇，深根固本，人逸兵强，九州殷富，四夷自服"；① 反对穷兵黩武，对内励精图治，对外怀柔绥抚，"或言天子欲耀兵，振服四夷，惟魏征劝我修文德，安中夏；中夏安，远人伏矣"②。如在海外贸易方面，唐朝不仅对进行官方贸易的外国来华使者热情接待，而且对外商给予一定的优惠政策，禁止对外商滥征各种杂税，招徕外商。③ 唐朝时南北方海港都获得一定发展，但是其繁荣程度和性质却有较大差异，北方的海港侧重于军事功用，如山东半岛以北的登州、莱州等港口可以到达朝鲜半岛和日本，在征讨高丽的战争中也用于屯兵和海上军事运输等；而南方海港则更加专注于海上贸易，如扬州、福州、泉州、明州、广州等海港一起勾画出了唐朝南方贸易大港的图景，其中，广州在唐朝对外贸易中的地位愈加突出，由于当时从海路来自各国的商旅云集于此，唐朝开始在广州设立市舶司，专管对外贸易，征收舶脚税。开放的对外政策促成了沿海港口的发展，海港的繁荣也进一步促成了唐朝繁荣的海上贸易和频繁的对外交往。

以对外交往和线路而言，海上丝绸之路两条航线上除了贸易带来的交流外，日本遣唐使来华和以佛教为代表的宗教传播是其重要特点。在东海航线上，日本和朝鲜半岛的新罗、高句丽、百济等国派出遣唐使、留学生和留学僧通过海上交通到长安，学习唐朝的典章制度、佛法和各种先进的科学技术与文化等，再回国加以模仿、运用，使其国在许多方面深受唐朝影响。④ 据《旧唐书》《新唐书》和《日本书纪》《续日本书纪》等史料统计，从舒明天皇二年（630，唐太宗贞观四年）到宇多天皇宽平七年（895，唐昭宗乾宁二年），日本先后派遣 19 次遣唐使到唐朝全面学习，内容从均田制、租庸调制、律令格式等政治、经济制度到衣食住行等生活文化，历经 26 代天皇和飞鸟、奈良及平安三个时代。遣唐使团的规模从 200 余人发展到 600 余人，不仅有使臣、水手、船工，还有文书、医生、通事、玉器匠、铜匠、铸匠、细工匠、杂役等，同时每批还带有数十名留学生和学问僧。日本遣唐使到唐朝的海上航线在 3 个时期有所不同：初期时，基本上沿以往所走的北路，因需要经过新罗而称"新罗道"，即从难波过濑户内海，到筑紫出海，经壹岐、对马到朝鲜半岛西岸，

---

① 《贞观政要》卷 9《安边》，上海古籍出版社 2008 年版，第 199 页。

② 《新唐书》卷 221《西域上》，中华书局 1975 年版，第 6241 页。

③ 夏秀瑞、孙玉琴编：《中国对外贸易史》第 1 册，对外经济贸易大学出版社 2001 年版，第 87 页。

④ 傅乐成：《中国通史·隋唐五代史》，九州出版社 2009 年版，第 93—119 页。

顺沿海岸到中国；中期时，因日本与新罗的关系紧张，开辟了一条"南岛线"，即从筑紫出海，经肥前国的松浦郡，再经天草岛，顺着萨摩（即鹿儿岛）海岸南下，循种子岛、屋久岛、奄美岛等，横渡东海，到长江口的扬州或杭州湾的明州（今宁波）；后期时，改为"南路"，又称"大洋路"，即由博多出港，先到长崎以西值嘉岛（今五岛列岛）等候顺风，横渡东海，直达扬州或明州，这条航路最短、危险最大。[①] 此外，唐朝初期，唐太宗征伐敌对的高句丽及百济，使得唐朝与朝鲜半岛上新罗国的文化交流和商品贸易较为顺畅。由于新罗原在朝鲜半岛东南部，北接高句丽，西邻百济，后虽统一了半岛，又受在中国东北崛起的渤海国阻碍，因此，唐朝与新罗之间的交往主要依靠海路，也有 3 条：第一是传统航线，由山东半岛出发，渡渤海海峡，沿辽东半岛南岸东行，到朝鲜半岛；第二条是由山东登州出发，横渡黄海，直达朝鲜半岛西海岸的江华湾或平壤西南的大同江口、汉江的汉江口，或临津江的长口镇（今穴口镇）；第三条是从长江口出发，沿海岸线北上至山东半岛成山角，横渡黄海，到达朝鲜半岛。[②] 新罗商船来唐，主要停泊在山东半岛的密州（今诸城一带）、登州（今蓬莱）、长江口的扬州、苏北的楚州（今淮安）等。

在海上丝绸之路南海航线上，除了贸易往来，突出的是中外僧侣借助海路往返于中国与海外进行宗教交流。据《大唐西域求法高僧传》所载，当时西行求法的僧侣有 60 余人，其中取道海路的竟达 33 人。而广州港是其出发的主要港口，沿"广州通海夷道"到达目的地。唐朝地理学家贾耽《海内华夷图》对这条中西海上交通航线有详细记载（见图 2-1），即从广州出发，越过南中国海，横穿马六甲海峡，到达当时南海中的大国室利佛逝（今印度尼西亚苏门答腊岛）北部，经过马来半岛西岸，到狮子国（今斯里兰卡）和印度，从印度再驶向阿曼湾，抵达波斯湾的重要商埠巴士拉（今伊拉克境内），最终到达阿拉伯帝国的报达（今巴格达）。在中国僧侣沿海上丝绸之路南海航线西行的同时，外国僧侣也通过此航线来到中国。中外僧侣间的频繁往来对文化交流的推动作用十分明显：首先，带来了佛教的兴盛，必然促使其渗透到政治和外交领域，在互派使节、互赠礼品的官方贸易活动中增添了佛经和佛具等，增加了官方贸易品种。其次，将唐朝先进的文明传播到域外，外国僧侣回国、中国僧侣出国时都会采

---

① 冯佐哲：《中日文化交流史话》，社会科学文献出版社 2011 年版，第 43—46 页。
② 杜瑜：《海上丝路史话》，社会科学文献出版社 2011 年版，第 69 页。

购或携带各种商品包括食品、瓷器、典籍、土特产、日用品等，这些物品大多体现出唐朝高超的手工艺水平，在与所到地区民众接触时，必然会激起好奇心和购买欲、促进他们同唐朝进行贸易往来。日本学者中村久四郎在《唐代的广东》一书中认为"六朝以来佛教流行的趋势，到唐尚未衰落，加以当时中国的君臣，大都皈依佛教，求法高僧多往来于天竺，通商就随着宗教而发展"①。

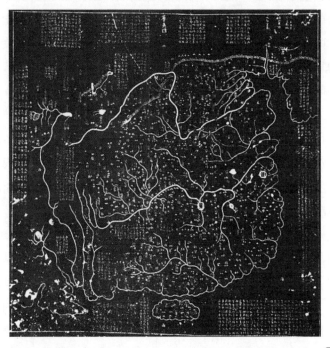

图 2-1 （唐）贾耽《海内华夷图》缩刻本［刻于南宋绍兴六年（1136）］②

可以说，隋唐时期由于经济发达、文化先进、商业繁荣，吸引了世界许多国家的人们频繁前来学习、进行文化交流和商业贸易，以官方使节交往、朝贡贸易为主，以民间交往、私人贸易为辅，由此促进了华夏饮食文明的对外传播。

在沿海经济发展、海上贸易繁荣、佛教传播等因素的共同推动下，隋唐时期的华夏饮食文明沿海上丝绸之路走向了更为广阔的海外，对东亚、东南亚、南亚等地的饮食生活都产生了不同程度的影响，传播内容不仅包括食物原料、

---

① ［日］中村久四郎、朱耀廷：《唐代的广东》上，《岭南文史》1983 年第 1 期。
② 阎平等编著，韩北沙摄：《中华古地图集珍》，西安地图出版社 1995 年版，第 130 页。

饮食器具、饮食品种及制法，还包括饮食制度、饮食思想及习俗、饮食典籍等，其中又以对日本的传播和影响最为显著。

食物原料及其生产技术

隋唐时期，尤其在唐朝，中国在农业生产技术上居于世界领先地位，华夏饮食文明在食物原料方面的海上传播是以茶叶为主，兼有水果、蔬菜、加工性食品等多达 30 余种，传播地主要是朝鲜半岛和日本列岛等地，而且主要是通过遣隋使、遣唐使、僧侣和商人等进行。

一、新罗僧侣、遣唐使与茶在朝鲜半岛的传播

佛教起源于印度，在公元前后的汉朝时传入中国，公元 4 世纪向东传入朝鲜半岛，时值高句丽、百济、新罗三国鼎足而立。到公元 7 世纪中叶，新罗统一了朝鲜半岛，为政治、文化、社会、经济等方面的发展，频繁派出遣唐使、学问僧和留学生到唐朝多方位学习、交流。新罗遣唐使、学问僧和留学生不仅带回了唐朝先进的文化、制度、科技等，还带回了原产于中国的茶叶、茶种及制茶、饮茶技艺。

唐朝历时 289 年，据统计，新罗向唐派出使节 126 次，唐朝向新罗派出使节 34 次，双方共交往 160 次，每次都携带了大量珍贵物品作为礼物馈赠对方，而此时佛教兴盛，与佛教密切相连的饮茶风气逐渐盛行，许多新罗僧侣、留学生入唐求法游学，也逐渐爱上茶叶和饮茶，由此，新罗遣唐使、僧侣和留学生在归国时都将茶叶、茶种及其制茶、饮茶技艺等与其他物品、佛法、佛教一起带回新罗。关于中国茶传入朝鲜半岛的记载，最早见于高丽时代金富轼的《三国史记·新罗本纪》。据该书记载，新罗善德女王时期（632—646）即唐朝初年，新罗的一位僧侣赴唐学习佛法，将茶籽带回国，并在庆尚南道东郡双磎寺附近（韩国河东郡双溪寺）种植。该书"兴德王三年（828）十二月"条又载："冬十二月，遣使入唐朝贡。文宗召对于麟德殿，宴赐有差。入唐回使大廉，持茶种子来，王使植地理（亦称智异）山"，"茶自善德王有之，至此盛焉。"[①] 新罗

---

① ［高丽］金富轼：《三国史记》卷 10《新罗本纪·兴德王》，杨军校勘，吉林大学出版社 2015 年版，第 145 页。

遣唐大使金大廉入唐朝贡，唐朝文宗皇帝亲自将茶树种子赐予金大使，由其带回新罗种植。与茶叶在朝鲜半岛传播的时间一致，饮茶和以茶祭祀的习俗在公元7世纪中叶也传到新罗国，最早记载见于金良鉴的《驾洛国记》。该书收录于高丽时代普觉国师一然的《三国遗事》中，记载道："每岁时酿醪醴，设以饼饭、茶菓、庶馐等奠，年年不坠。其祭日不失居登王之所定年内五日也。"①这是新罗文武王即位之年（661）祭祖时所遵行的礼仪，将茶与饼、饭、果、庶馐等食品一起作为祭品，说明当时已有饮茶习俗。

除了僧侣、遣唐使，新罗留学生也是中国茶叶及饮茶方式传入朝鲜半岛的重要传播者，而崔致远就是其中之一。崔致远，字孤云，号海云，谥号文昌，新罗王京（今韩国庆尚北道庆州）人。据其自编的诗文集《桂苑笔耕录》序言：唐懿宗咸通九年（868），他年仅12岁时就乘船入唐求学，唐僖宗乾符元年（874）考中进士，年仅18岁，出任溧水县尉（今南京市溧水区），后被淮南节度使高骈聘为幕府、任淮南节度使（驻扬州）的从事等，赐紫金鱼袋。唐僖宗中和四年（884），他在28岁时以"国信使"身份回归新罗，担任新罗王朝的要职。崔致远在唐朝16年间为人谦和恭谨、交游甚广，积极学习和吸收唐朝先进文化，回到新罗后又不遗余力地传播、推广唐朝文化，并将自己创作的诗文和撰写的各种表状书启等汇编成朝鲜半岛文学史上第一部个人文集《桂苑笔耕录》20卷行世。该书载有《谢新茶状》："今日中军使俞公楚传处分送前件茶芽者，伏以蜀岗养飔，随苑腾芳，始兴采撷之功，方就精华之味；所宜烹绿乳于金鼎，泛香膏于玉瓯。若非精揖禅翁，即是闲邀羽客，岂期仙贶，猥及凡儒，不假梅林，自能愈渴，免求仙草，始得忘忧。下情无任，感恩惶惧，激切之至，谨状陈谢。"②俞公楚以新茶相赠异域友人崔致远，崔致远撰文致谢并称赞和描述了新茶及其烹法，可见他对茶叶及其烹制方法的喜爱和熟知。因此，崔致远沿海上丝绸之路乘船回国时带回了许多茶叶，并将茶叶和烹茶、饮茶作为先进文化的一部分积极传播和推广，据说他撰写了《茶谱》一书、但已失传，还为茶文化的传播和弘扬者真鉴国师题写碑文。陈文华指出："在新罗时代是茶叶从中国传入朝鲜并开始流行于僧侣、贵族之间，也是茶道思想开始酝酿的时期。"③由于新罗遣唐使、学问僧、留学生对中国茶的传播和新罗王

---

① [高丽]一然：《三国遗事》，[韩]权锡焕、陈蒲清注译，岳麓书社2009年版，第193页。

② [新罗]崔致远撰，党银平校注：《桂苑笔耕集校注》卷18，中华书局2007年版，第663页。

③ 陈文华：《韩国茶文化简史》，《农业考古》2005年第2期。

室、贵族和僧侣等群体的追捧，到新罗兴德王时期朝鲜半岛上的饮茶活动逐渐兴盛起来。

二、日本学问僧最澄、永忠等与茶的传播

日本学问僧，是指到中国专门学习、研究佛教的日本僧侣。相传公元 6 世纪初，百济国王派使臣向日本赠送了一尊释迦牟尼铜像以及佛经、幡盖等。有学者认为这标志着佛教正式传入日本。到隋唐时期，佛教在中国已发展成熟，各宗派纷纷创立学说，各种制度、经卷日益完备。此时，日本天皇为了巩固统治、统一思想，大力提倡佛教，一方面从唐朝聘请高僧东渡，另一方面派学问僧与遣唐使一起到唐朝求法取经，学习时间短则数年，长达 30 年。据统计，从公元 653 年以后的 200 余年间，日本僧侣到中国求法者百余人，超过了入唐留学生的人数。日本学问僧在唐朝学习佛法的同时也学习先进的文化和科学技术，归国时还带回唐朝各种物品（被称为唐物），并在回国后加以利用。其中，茶叶、茶种及其制茶、饮茶技艺等最早就是由学问僧最澄、空海、永忠传入日本，他们对中国茶传入日本作出了开创性贡献。

最澄和尚（传法大师，767—822），于公元 804 年随第 17 次遣唐使藤原葛野麻吕等入唐，同行僧侣有空海等人。据《日吉神道密记》载，公元 805 年，最澄从中国留学归来，带回了茶籽，种在日吉神社旁，成为日本最古老的茶园。陶德臣指出，最澄和尚于公元 804 年赴浙江天台山国清寺学佛，公元 805 即唐永贞元年，携带大量佛经、佛具和浙江天台山、四明山茶叶、茶籽回国，不仅开创日本天台宗、成为其开山大师，还将茶籽种于近江的板木日吉神社旁，建立日吉茶园。[①] 这是日本最古老的茶园。虽然有学者对《日吉神道秘密记》提出质疑，但至今在京都比睿山东麓一直立有"日吉茶园之碑"，周围仍生长着茶树。此外，最澄也将茶献给了嵯峨天皇（786—842），藤原冬嗣、菅原清公等人编纂的《文华秀丽集》收录了嵯峨天皇《答澄公奉献诗》言"羽客亲讲席，山精供茶杯。深房春不暖，花雨自然来"，"澄公"即最澄和尚。

空海和尚（弘法大师，774—835），于公元 804 年随第 17 次遣唐使藤原葛野麻吕等入唐，在长安西明寺、青龙寺等学习佛法，公元 806 年随 17 次遣唐使判官高阶远成一起回国，带回佛经、佛画、佛具及茶叶、茶籽、制茶用的石

---

① 陶德臣：《中国茶向世界传播的途径与方式》，《古今农业》2014 年第 4 期。

碾及制茶、饮茶技艺。空海在唐朝两年间博览群书，广泛交友、吟诗唱和，接受茶的熏陶和茶礼学习。据考古发现，在西明寺遗址出土的石碾上刻有"西明寺茶碾"字样，从一个侧面证明空海等到过西明寺的僧侣们都曾经接受过茶的熏陶。据《弘法大师年谱》记载，空海在日本不仅开创了日本真言宗、成为弘法大师，还广泛传播唐朝文化，向天皇献上了《古今篆隶文体》等文献，把从唐朝带回的茶籽献给了嵯峨天皇，种于佛隆寺等地，并将中国制茶技艺传入日本。至今，在空海回国后住持的第一个寺院——奈良宇陀郡佛隆寺里还保留有空海带回的制茶用石碾及茶园遗迹。此外，他喜爱饮茶，客观上传播着中国茶文化。空海《献梵字并杂文表》言及饮茶生活："窟观余暇，时学印度之文；茶汤坐来，乍阅震旦之书。"[1] 他与天皇、僧侣交往时也常常饮茶。良岑安世编纂《经国集》收录的嵯峨天皇诗《与海公饮茶送归山》言："道俗相分经数年，今秋晤语亦良缘。香茶酌罢日云暮，稽首伤离望云烟。"香茶倾谈，不觉日暮。空海《暮秋贺元兴僧正大德八十诗并序》言："聊与二三子设茶汤之淡会，期醍醐之淳集。"[2] 关剑平指出，这里所提到的"茶汤淡会"虽不是专用名词，却是日本茶史上最早的茶会的说法。[3]

永忠（743—816），于公元 755 年奈良时代末期随遣唐使入唐，在长安西明寺学习佛法，直到公元 805 年才回国，带回许多佛教经典、佛具和茶叶、茶籽及制茶、饮茶技艺，并将茶籽种植于比睿山东麓。他在唐朝留学、生活 30年，熟悉饮茶习俗，回国后受到嵯峨天皇器重，于公元 815 年在梵释寺内亲自煎茶献给嵯峨天皇饮用。成书于贞和七年（840）的《日本后纪》记载了永忠为嵯峨天皇煎茶的事迹，这是日本正史中最早、最确切的饮茶史料。该书还记载，嵯峨天皇下令在畿内五国种植茶树，每年供奉皇室使用，甚至在皇城东北角也开辟了茶园。畿内五国包括邻近的近江、丹波、播磨等国，即今大阪、京都和奈良、和歌山、滋贺的一部分。这是日本贵族、僧侣阶层在一定程度上已形成饮茶习俗的证明，也标志着日本饮茶习俗从寺院开始走向俗世。

---

① 弘法大师空海全集编辑委员会：《弘法大师空海全集》第 6 卷，筑摩书房 1987 年版，第743 页。

② 弘法大师空海全集编辑委员会：《弘法大师空海全集》第 6 卷，筑摩书房 1987 年版，第773 页。

③ 关剑平：《茶文化传播模式研究（上）——以平安时代的日本茶文化为例》，《饮食文化研究》2006 年第 2 期。

在公元 815 年永忠献茶的前后，嵯峨天皇和日本僧侣、贵族已较习惯于饮茶，有不少诗歌为证。《凌云集》《文华秀丽集》和《经国集》是日本三大御敕诗集，集中收录了平安时代日本人创作的大量汉诗，包括许多茶诗。《凌云集》由小野冬守等编纂，收录了嵯峨天皇的饮茶诗。如弘仁四年（813）的《秋日皇太弟池亭》诗："肃然幽兴处，院里满茶烟。"弘仁五年（814），嵯峨天皇又在临幸左大将军藤原绪嗣闲居院饮茶，与多人吟诗唱和，其《夏日左大将军藤冬嗣闲居院》诗："吟诗不厌捣香茗，乘兴偏宜听雅弹。暂对清泉涤烦虑，况乎寂寞日成欢。"《文华秀丽集》由藤原冬嗣、菅原清公等人于公元 818 年奉嵯峨天皇敕命编纂，诗歌作者是嵯峨天皇、淳和天皇为首的 28 人，收录了嵯峨天皇及僧侣等人的茶诗。《经国集》是良岑安世等奉淳和天皇之命编纂的汉诗集，收录的惟氏《和出云巨太守茶歌》是以烹茶、饮茶为核心内容的诗。如果将中国茶在朝鲜半岛和日本的传播比较而言，从传入时间看，朝鲜半岛更早，日本熊仓功夫《略论朝鲜的茶》指出"朝鲜半岛的茶的历史，比日本古老"[1]；从传入的影响而言，日本则更大，三大御敕诗集都收录有茶诗，说明中国茶在传入日本后较为迅速地得到日本天皇、僧侣和贵族的喜爱和推崇，从宗教场所扩展至世俗之地，中国茶文化在日本传播较为广泛、深入。

三、人员往来交流与食物原料的传日

隋唐时期，尤其是唐朝，中国农业生产技术居于世界领先地位，食物原料丰富多样，有数十种食物原料传入日本，其传播者和传播途径多种多样，不仅有日本遣唐使、学问僧的引进，也有唐朝官绅和僧侣的馈赠、传播推广等。

据史料记载，当时从中国传入日本的食物原料众多。日本空海书信集《高野杂笔集》卷下收载了一封徐氏兄弟写给在日本弘法的唐朝僧侣义空的书信，言将砂糖、蜜、茶等食物原料与白茶碗、越垸子、青瓶子等器物赠给义空。徐氏兄长徐公直是苏州衙前散将，其弟徐公佑是商人、频繁往来于唐朝明州至日本大宰府之间从事贸易，因此可以将赠物带给义空。据《入唐五家传》《头陀亲王入唐略记》等中日史籍记载，日本真如法亲王（头陀亲王）公元 862 年入唐时，将中国盐商赠送的土梨、柿、甘蔗、砂糖、白蜜、茶等食物原料带回日本。

---

① ［日］熊仓功夫：《略论朝鲜的茶》，玉美、云翔译，《农业考古》1992 年第 2 期。

此外，值得关注的是唐朝僧侣如鉴真和尚将医食同源的食材传入日本并推广使用。唐朝医学发达，不仅在太医署设有医科、针科、按摩科等，在寺院中也开设了医科，僧侣们大都要学习和掌握一定医术，以治病救人、更好地普度众生，而中国医学和养生学讲究医食同源。鉴真和尚在唐朝寺院里就曾开辟药草园，煎调药物救治病人，东渡日本时便带去了许多医食两用之物和香料，其中的一些品种逐渐侧重于食材之用。日本真人元开《唐大和上东征传》一书载：天宝二载备办的渡海之物，包括"沉香、甲香、甘松香、龙脑、香胆、唐香、安息香、栈香、零陵香、青木香、薰陆香都有六百余斤；又有毕钵、诃梨勒、胡椒、阿魏、石蜜、蔗糖等五百余斤，蜂蜜十斛，甘蔗八十束"；天宝七载第五次东渡日本时，"造舟、买香药，备办百物，一如天宝二载所备"。[①] 其中，诃梨勒、胡椒、石蜜、蔗糖、蜂蜜、甘蔗等既可做药材，也可做食材。明朝李时珍《本草纲目》"石蜜"条："石蜜，即白沙糖也，凝结作饼块者如石者为石蜜"，"主治心腹热胀，口干渴"，"润肺气，助五脏"。[②] 鉴真和尚到日本后，一如既往地开辟药草园，治病救人、普度众生。他曾为日本的光明皇太后、圣武天皇治病诊断，著有医学著作《鉴上人秘方》一书，该书诃梨丸方、奇效丸、万病药、丰心方等验方被载入日本的《皇国名医传》《医心方》等书中。由此，鉴真和尚被誉为"日本汉方医药之祖"，后世日本的药袋上常印有鉴真和尚的图像。据日本汉方野崎药局主席野崎康弘言，鉴真和尚传入日本并使用的药草多达 36 种。而为数较多的药食两用之物在日本使用一段时间后逐渐分化，其中一些品种更侧重于饮食之用，最典型的是蔗糖和石蜜。日本学者杂喉润指出："在奈良时代，这些蔗糖和石蜜在物品分类时，却被隶属于'药物'。直至平安时代中期，一直被当作药品，而不是用于饮食的甜味佐料。奈良、平安时代的甜味佐料，全部采自一种叫作甘葛的蔓草"；"到了平安后期，通过与宋朝的民间贸易，黑砂糖大量输入，这时它才开始作为甜味佐料，或者直接作为甜点，受到人们的喜爱。"[③]

总之，在唐朝，有大量食物原料传入日本，不仅有医食同源、药食两用的石蜜、蔗糖，还有谷物、水果、蔬菜和加工性食物原料等。日本学者田中静一在《中国饮食传入日本史》之"唐朝和奈良时代"中通过考证，列举了唐代传

---

① ［日］真人元开：《唐大和上东征传》，汪向荣校注，中华书局 1979 年版，第 47、62 页。

② 《本草纲目》第 3 册，中国书店 1988 年版，第 60 页。

③ ［日］杂喉润：《中国食文化在日本》，《文史知识》1997 年第 10 期。

入日本的食物原料及加工性食品 28 种。其中，谷物有荞麦、玉米、豌豆、豇豆、蚕豆；水果有杏、梅、桔、银杏、枇杷、葡萄、肉桂、枣、石榴、苹果；蔬菜有胡萝卜、莴苣、慈菇；加工品有酱、醋、糖、切面、挂面、馄饨、粽子、点心；杂类有胡椒、油。此外，还有芜菁、茄子、栗、柑橘；等等。① 这些食物原料及加工性食物原料传入日本，逐渐得到运用，极大地丰富了当时日本人的饮食生活。

饮食器具及其制作技术

隋唐时期，中国的饮食器具类别多、制作技艺高，受到丝绸之路沿线国家的广泛关注和喜爱。日本最早百科全书、平安时代成书的《倭名类聚钞》收录了记载中国饮食器具的书籍，涉及饮食器具及其制作技艺。其"器皿部第十二"分 5 类、62 条，包括金器 11 条、漆器 9 条、木器 17 条、瓦器 14 条、竹器 11 条。"瓦器"主要记载陶瓷器，如坩，《杨氏汉语抄》云：古甘反，都保，壶也。（今案木谓之壶，瓦谓之坩）《垂拱留司格》云：瓷坩廿口，一斗一下五升以上，故知坩者壶也。其"调度部（下）第十四"15 类中专门列有"厨膳具"类、10 条。通过海上丝绸之路传播的饮食器具以陶瓷器为主、兼及其他，传播地主要是日本、朝鲜半岛及东南亚等地，而且主要是通过官方朝贡贸易和民间私商贸易等进行的。

四、日本遣唐使朝贡贸易与陶瓷器传播

唐朝大力实施对外开放政策，使得许多国家纷纷派使节来往于中国，朝贡关系十分密切，朝贡贸易即以进贡与回赐方式开展的贸易往来不断发展，属于官方贸易。其中，最典型的是日本遣唐使到唐朝进行的朝贡贸易，客观上促进了包括饮食器具在内的中国陶瓷器传入日本。

唐朝政治稳定、经济发达、文化繁荣，引得日本各界醉心于学习和模仿，形成狂热的学习高潮。在入唐求法僧侣的建议下，日本天皇实施了派出遣唐使学习唐朝先进文化与科技的重要国策。《日本书纪》推古三十一年（623）七月

---

① ［日］田中静一：《中国饮食传入日本史》，霍风、伊永文译，黑龙江人民出版社 1990 年版，第 32 页。

条载，赴唐求学归来的僧侣惠日、福因等奏闻："留于唐国学者，皆学以成业，应唤。且其大唐国者，法式备定珍国也，常须达。"①他们向天皇报告说唐朝法律制度最完备，建议应常派使节去学习。日本舒明天皇二年（630），舒明天皇便派遣犬上君三田耜、药师惠日出使大唐，成为第一批遣唐使，把求学目标锁定在"法式"。此后，日本频繁地向唐朝派出"遣唐使"，吸取唐朝的优秀文化。据统计，自公元630年开始至公元894年停派为止的264年间，日本天皇共任命遣唐使19次，其中，任命后因故中止者3次，实际成行16次；而唐朝派到日本的使者有10次，其中，仅有2次是由朝廷派遣的。遣唐使的主要任务是学习唐朝政治、经济、文化制度等先进文化，但兼有经营官方贸易的任务，即在"朝贡"名义下将贡品进行不等价交换。《太平广记》载："日本国使至海州，凡五百人，载国信，有十船，珍货数百万。"②"国信"即贡品，数量多、但品种不详。日本典籍《延喜式》中记载了一份日本进献给唐朝皇帝的朝贡品清单："大唐皇：银大五百两，水织絁、美浓絁各二百匹，细絁、黄絁各三百匹，黄丝五百绚，细屯绵一千屯。别送彩帛二百匹、叠绵二百帖、屯绵二百屯、绲布三十端、望陁布一百端、木绵一百帖、出火水精十颗、玛瑙十颗、出火铁十具、海石榴油六斗、甘葛汁六斗、金漆四斗。"③从这份清单可见，日本遣唐使入唐的朝贡礼物主要是丝绸、布帛等纺织品及土特产，其中有两个食品值得注意：一是"海石榴油"，是用植物海石榴压榨、过滤而制成的油，可食用，也可药用。二是甘葛汁，是以甘葛之根熬制的汁，食、药两用。《神农本草经》陶弘景言："葛根，人皆蒸食之。"④《滇南本草》："葛根，味甜者甘葛，味苦者苦葛。"⑤当时的日本也用葛根熬汁使用，并作为土特产进贡给唐朝。

朝贡贸易是双向互动的，有"贡"必有"赐"。唐朝根据贡品而给予的回赐礼品物值极高，甚至达到贡品物值的数十倍。在贵重的回赐礼品中，除彩帛等贵重丝织品、经卷和书籍，陶瓷品、金银器等"国土宝货"也是重要组成部分。虽然《延喜式》等日本文献中没有详细记载唐朝廷的回赠品，但从奈良正仓院藏品可以推知唐朝的回赐品是极为贵重的绢帛、香药和各种工艺品，如金

①《日本书纪》卷22《推古天皇》，日本经济杂志社1897年版，第391页。

②（宋）李昉：《太平广记》卷243，中华书局1961年版，第1882页。

③《延喜式》卷30《大藏省》，日本经济杂志社1900年版，第878页。

④尚志钧、尚元胜辑校：《本草经集注辑校本》，人民卫生出版社1994年版，第271页。

⑤（明）兰茂：《滇南本草》第2卷，云南人民出版社1977年版，第212页。

银器、玻璃器、陶瓷器、漆器等。除了朝廷的回赐品，遣唐使成员也会自行收购陶瓷器等物品带回国。苊岚对日本福冈、奈良、京都等地区为中心的遗址发现的近 60 件唐三彩和绞胎陶器进行统计后指出，其日用饮食器有"壶类 8 件、盘碗类 4 件"，"日本出土文物中的唐三彩大部分应该是遣唐使带回的"，因为唐三彩仅在盛唐流行、产量小，而且日本出土遗址性质也限于官衙、寺院，分布极其有限。[①] 由于各种物品数量众多，唐朝廷曾于公元 778 年专门派太监赵宝英为押送使与遣唐使一起赴日本。

五、唐、罗私商民间贸易与瓷器传播

唐朝时期，中外贸易除了以使节朝贡贸易为形式的官方贸易外，还存在以私商贸易为形式的民间贸易。此时，在海上丝绸之路的东海航线上，民间贸易与官方朝贡贸易并存，尤其是日本在公元 894 年停止派遣唐使、朝贡贸易停滞之后，民间贸易更成为主要贸易形式，经商者包括中国人、新罗人以及日本人、渤海国人等。由于造船技术等原因，在唐朝、新罗和日本的民间贸易中以新罗人、中国人为主，日本人、渤海国人较少。当时最典型的是新罗商人、"海上王"张保皋海上贸易网络和唐朝明州商帮进行的民间贸易，将中国瓷器等唐物大量运往朝鲜半岛和日本销售，客观上促进了中国饮食用陶瓷器传入朝鲜半岛和日本。

1."海上王"张保皋的唐罗日贸易与瓷器传播

张保皋（790—846），新罗国莞岛人（今韩国莞岛郡）。因出身平民，只有名而无姓氏，名为弓福或弓巴，早年入唐后自取姓名为张保皋，后被日本误为"张宝高"。他在唐朝官至武宁军小将，辞官后在山东赤山建立法华院，不久归新罗国，经营清海镇，并以此为据点，建立起较为庞大的东亚海上国际贸易网络、成为当时最大的国际贸易集团首领，被称为"海上王"，对当时东亚政治、经济和贸易产生了重大影响。

关于张保皋的生平事迹，朝鲜半岛高丽时代《三国史记》《三国遗事》和唐宋时期《新唐书·东夷传》、杜牧《张保皋郑年传》以及日本《续日本后记》等史料皆有记载。《三国史记》载："张保皋、郑年，皆新罗人，但不知乡邑父

---

① 苊岚：《7—14 世纪中日文化交流的考古学研究》，中国社会科学出版社 2001 年版，第 15、190 页。

祖，皆善对战。"① 唐穆宗四年（824），张保皋辞掉武宁军小将之职，来到新罗人聚居较多的赤山浦，奏请允许在这里修建了法华院。唐文宗太和二年（828），他回到新罗，奏请新罗兴德王准许他招募岛民组建军队，出任清海镇大使，"清海，海路之要也。王与保皋万人守之。自大和后，海上无鬻新罗人者"②。清海镇，是中、朝、日航海的必经之地和通往新罗首都庆州的要道。张保皋占领这个海上丝绸之路东海航线的交通要道，不仅凭借武力荡除海盗、禁绝掳掠转卖新罗人，还拥有与中国、日本海上交通的权利，由此组建起船队、往来于三国之间开展海运和商业贸易，建立起庞大的东亚海上国际贸易网络和海上商业王国。在海上贸易网络中，赤山的法华院是新罗人往返大唐的驿站和文化活动中心，也是三国交流的重要联络点、中转站。日本僧侣圆仁《入唐求法巡礼行记》"开成四年六月七日条"载：赤山法华院，"本张宝高（保皋）初所建也。长有庄田，以充粥饭。其庄田一年得五百石米"③。法华院为新罗人提供寄托乡情及精神交流的场所，还成为新罗人在唐活动的大本营。在中国其他的商贸中心和交通要道周围，也以法华院为轴心，形成了许多纯新罗人居住的新罗村、新罗院、新罗坊等。④ 据韩国不完全统计，新罗村当时仅在赤山一带就有10余个，主要从事农业生产。新罗坊则在赤山、登州、扬州、明州等地皆有，主要从事商业和海上运输等，不仅把唐朝文化传到新罗，还通过新罗传到日本，反之亦然，为三国贸易及文化交流作出了贡献。

张保皋利用庞大的海上贸易网络，积极开展新罗、唐朝和日本的商业贸易，在清海镇总部设有兵部和民部，其中的民部即是海洋贸易部，下设遣唐卖物使和对日回易使两个专职，主要负责采购唐朝货物并运往新罗、日本贩卖，又将日本的丝绸、土特产等运到唐朝贩卖，而赤山法华院是张保皋对唐贸易的大本营和他专门设置的货物采购总管"遣唐卖物使"活动的主要场所。公元839年，日本僧侣圆仁到达赤山法华院时，"张宝高（保皋）遣大唐卖物使崔兵马司来寺问慰"⑤。

① ［高丽］金富轼：《三国史记》卷44《张保皋》，杨军校勘，吉林大学出版社2015版，第633页。

② 《新唐书》卷220《东夷》，中华书局1975年版，第6206页。

③ ［日］圆仁：《入唐求法巡礼行记》卷2，顾承甫、何泉达点校，上海古籍出版社1986年版，第62页。

④ 齐廉允：《张保皋与山东半岛》，《英才高职论坛》2009年第1期。

⑤ ［日］圆仁：《入唐求法巡礼行记》卷2，顾承甫、何泉达点校，上海古籍出版社1986年版，第63页。

在唐朝物品中，最重要的是丝绸、茶叶、瓷器和书籍等，而越窑青瓷更是其重要的贸易品。据考古发现，在张保皋驻地出土了唐朝越窑执壶、罐、玉璧底碗等一批青瓷。刘凤鸣指出，在登州出土过许多瓷器，"有唐朝长沙窑褐彩贴花执壶，有唐朝磁州窑瓷罐，这些瓷器当年就是从登州港装船出发"；"在登州港出海的货物，应该说主要是运往朝鲜半岛和日本"①。由于新罗和日本对越窑青瓷的需求量不断增加，张保皋发现进口越窑青瓷已无法满足需求，便从越州将陶工带回新罗，利用当地资源和越窑青瓷制作技艺，很快生产出近似越窑青瓷风格的"新罗青瓷"。对于唐日贸易，金德洙《张保皋与东方海上丝绸之路》指出，张保皋商业王国运入日本的唐朝货物，应是日本所需的精美工艺品，如日本奈良还仓院，至今还保存有从唐输入的白琉璃高杯、白琉璃碗、琵琶漆胡瓶等珍品。②

2. 明州商帮的唐日贸易与瓷器传日

明州商帮，在唐朝是指以明州（今宁波）商人为主、以明州港为基地、以日本为主要贸易对象而兴起的一个重要商帮。公元 9 世纪以后，明州港成为唐朝对日贸易和文化交流的主要港口，唐朝商人逐渐兴起从明州港出发到日本贸易，而明州商帮是其中的重要力量。他们将唐朝的瓷器、丝绸、佛教用品、药材、香料等运往日本的九州等地进行贸易，客观上促进了唐朝饮食用瓷器传入日本。

唐朝明州商帮与日本贸易的特点是次数频繁、规模较大、知名商人多。在唐朝，明州商帮与日本的贸易往来多达 30 余次，主要以李邻德、张支信、詹景全、李延孝等商船为代表。据《宁波市对外经济贸易志》载，唐开成三年至天佑四年（838—907），明州港与日本的贸易往来船舶 37 次，其中确切记载由明州（今宁波）到达日本的有 7 次、199 人，规模颇为可观。唐会昌二年（842）至咸通六年（865），海商李邻德、张支信、李延孝分别率领商帮从明州望海镇（今宁波镇海）出发，7 次赴日本进行商贸活动。③ 虞浩旭指出："特别是遣唐使废止之后，中日交流便以民间往来为主要内容，唐朝商人张支信、李邻德、李延孝、李达、詹景全、钦良晖等的民间商船频繁往来于中日之间。"④ 日本木

---

① 刘凤鸣：《山东半岛与东方海上丝绸》，人民出版社 2007 年版，第 194 页。

② 刘凤鸣等：《登州与海上丝绸之路——登州与海上丝绸之路国际学术研讨会论文集》，人民出版社 2008 年版，第 141 页。

③ 宁波市对外贸易经济合作委员会：《宁波市对外经济贸易志》，宁波出版社 1997 年版，第 3 页。

④ 虞浩旭：《论唐宋时期往来中日间的"明州商帮"》，《浙江学刊》1998 年第 1 期。

宫泰彦也指出，仅从明州港出发、横渡东海、经日本肥前值嘉岛、入博多津经营贸易就有 30 多次。① 即使到五代时期，明州与日本的民间贸易依然十分兴盛。据木宫泰彦《日中文化交流史》统计，五代时期中日之间往来的船舶多达15 次，主要以蒋承勋商船、蒋衮商船、盛德言商船为代表，极大地促进了两国商品贸易和经济发展。《旧五代史·世袭列传》载，在吴越国的短短八十多年中（893—978），吴越国"航海收入，岁贡百万"。

唐朝明州商帮与日本贸易的航线主要有北路、南路两条航线，大多是从明州出发，到达日本九州；在日本的贸易地和贸易方式主要是日本九州的博多港和大宰府附近，通过大唐通事、唐物使等进行。唐朝初期，主要是北路航线，即从明州出发，北上至山东半岛西南端渡海，经对马、壹岐，到达日本九州。这条航线因沿海岸航行、比较安全。唐朝中期，与日本之间即开辟新的航线——南路航线，成为唐朝中后期的主要航线和中日之间最快捷的航线，被称为"吴之道"。该航线从明州出发，直接横渡东海，到日本的值嘉岛（今日本长崎县五岛），再进入博多港，通常只需要 3—7 天。《日本三代实录》"清和天皇贞观十八年（876）三月九日丁亥"条载，值嘉岛"境邻异俗，大唐、新罗人来者，本朝入唐使等，莫不经历此岛"，唐朝商人必先到此岛，"多采香药以加货物，不令此间人民观其物"。② 唐朝商船主要在日本九州的博多港和大宰府附近进行贸易。太宰府（今日本九州福冈县）是当时九州地区政治、经济、军事最高管理机构和重要的外贸、谈判窗口，设有接待外国使节、商人等的鸿胪馆，并专门设置"大唐通事"，由通晓唐朝语言的日本人或唐朝商人担任、负责翻译，而日本中央政府则派遣"唐物使"到大宰府主持唐商在日本的贸易事务，以确保官方对"唐物"的优先购买权。但是，日本王公显贵、富商等因对唐物的需求强烈，为了争先买到奇货，往往不守此规则，纷纷在大宰府附近和博多港建立宅邸私下进行贸易。

唐朝商人尤其是明州商帮从明州运往日本的贸易品众多，主要有瓷器、丝绸、佛教用品、香料和工艺品等，而本地产的越窑青瓷是其主要商品之一。林士民指出，1973 年，宁波市和义路唐代海运码头遗址中出土了一批晚唐青瓷，多数没有使用过的痕迹，证明它们是装船后外销之品。此后，在宁波的东门口海运码头遗址、市舶司（库）遗址等遗址都出土了唐朝越窑青瓷。③（宁波和

---

① ［日］木宫泰彦：《日中文化交流史》，胡锡年译，商务印书馆 1980 年版，第 153 页。

② ［日］藤原时平、菅原道真等：《日本三代实录》卷 28，国史大系刊行会 1929 年版，第 371 页。

③ 林士民：《浙江宁波出土一批唐代瓷器》，《文物》1976 年第 7 期。

义路码头遗址出土瓷器，见图 2-2、2-3）与此相对应，在日本也出土了大量的越窑青瓷。其中，最值得一提的是日本福冈市平和台鸿胪馆遗址出土的越窑瓷器。1987 年年底，日本福冈市位于九州博多湾中央的地区发掘出鸿胪馆遗址，它是日本目前发现的唯一的古代迎宾馆遗址，也是唐朝商人到达日本后受到接待而居住、进行货物交易之地，2004 年被指定为"日本国史遗址"，遗址面积划定为 48000 多平方米。在该遗址出土了数量较多的唐朝后期和五代宋初的越窑青瓷。李蔚、董滇红《从考古发现看唐宋时期博多地区与明州间的贸易往来》一文所引福冈市教育委员会《2004 年鸿胪馆遗迹 14·福冈市埋藏文化财调查报告书（第 783 集)》记载，该遗址发现许多中国瓷器残片，以越州窑青瓷为数最多，包括精制的越州窑青瓷划花草纹碗、敞口壶等的残片和大量形状近乎完整、未被使用、有二次火烧痕迹的越州窑青瓷，如碗、盒、执壶、两耳壶、碟等瓷质饮食器具。[①] 这些都证明明州商帮通过贸易将唐朝瓷器包括饮食器具带到了日本，并且受到日本人普遍喜爱和使用。

图 2-2　宁波和义路码头遗址出土唐越窑碗（笔者摄于宁波市博物馆）

图 2-3　宁波和义路码头遗址出土唐长沙窑执壶（笔者摄于宁波市博物馆）

六、"市舶使"的初设与饮食器具在东南亚、阿拉伯等地的传播

唐朝时，为了管理海外贸易事务，在广州专门设立了"市舶使"。"市舶"，即指商船。唐朝在中国历史上首设专门管理市舶的职官和机构，反映其对海外

① 李蔚、董滇红：《从考古发现看唐宋时期博多地区与明州间的贸易往来》，《宁波大学学报（人文科学版)》2007 年第 3 期。

贸易的重视。市舶使的职责包括对进口的市舶征收关税（"纳舶脚""抽解"）、检查货物（"阅货"）、为朝廷采买海外珍异品（"收市"）等。安史之乱以后，由于经济重心的南移，西北丝绸之路的中断，海外交通则更加兴盛。据张星烺《中西交通史料汇编》所收录的阿拉伯旅行家、地理学家伊本·郭大贝（约830—912）《道程及郡国志》（又译《省道志》）载："顺序记之：曰交州，曰广州，曰泉州，曰扬州。"①其实，唐朝除了这4大港口外，还有福州、明州、登州等。从这些港口出发，有的向东驶向东亚的日本、朝鲜半岛，有的则向南经"广州通海夷道"驶向东南亚各地。贾耽《海内华夷图》对"广州通海夷道"进行了记录，详述了广州至东南亚各地的海路行程。根据后来考证，"广州通海夷道"和汉朝徐闻、合浦通黄支国航线相比，航行时间减少了四分之三。日本学者高楠顺次郎认为，当时广州至南海已成为定期航线。往返在这条航线上的，除中国、东南亚诸国的使节和商人外，还有阿拉伯人、波斯人、印度人等。船舶有南海舶、番舶、西南夷舶、波斯舶、师子国舶、昆仑舶、西域舶、蛮舶、海道舶、南海番舶、婆罗门舶等10余种。承担中国与东南亚之间海上航行任务的主要是中国海舶。唐朝通过这条"广州通海夷道"，把瓷器、茶叶、铜、铁器等承载中国饮食文明的商品源源输入东南亚，促进了东南亚的饮食文化发展。②

市舶使的设立推动了海外贸易的发展，而此时海外对中国陶瓷的需求也不断增加，以瓷器为代表的华夏饮食文明沿着海上丝路不断延伸，除了通过东海航线在东亚广泛传播，还通过南海航线被输往东南亚、南亚、阿拉伯地区乃至非洲地区，产生了广泛且深远的影响。其中，东南亚毗邻中国大陆，唐朝瓷器大量输往马来半岛、马来群岛、菲律宾群岛等地。在马来西亚，很多遗址都出土了唐朝瓷器，如吉打的江湾（古称卡塔哈）出土了唐绿釉瓷器，柔佛河流域古遗址中发现了唐青瓷残片，彭亨州的哥拉立卑附近发掘出了唐四耳青瓷樽。在印度尼西亚，玛朗南郊和爪哇的遗址及墓葬中都曾发现唐朝长沙窑的褐斑螭柄执壶以及类似器物，南苏拉威西出土了唐凤头清水壶。此外，在南苏门答腊、峇里、中爪哇等地均发现唐、五代瓷器。③在菲律宾，唐朝瓷器分布于菲律宾群岛各地，如巴布延群岛、依罗奇和冯牙丝兰海岸、马尼拉一带、民都

---

①　张星烺：《中西交通史料汇编》第 2 册，中华书局 2003 年版，第 217 页。

②　王介南：《中国与东南亚文化交流志》，上海人民出版社 1998 年版，第 82—88 页。

③　韩槐准：《南洋遗留的中国古外销陶瓷》，新加坡青年书局 1960 年版，第 4—6 页。

乐岛、保和岛、宿务岛和卡加延苏禄岛等。① 一些在东南亚发现的唐朝瓷器与中国出土的器物十分相似，更能印证其来自中国，如在文莱就曾发现一件唐青釉两耳樽，就与福建安溪唐墓出土的随葬瓷樽相似。② 从以上考古成果中可知，唐朝瓷器当时已经大范围传至东南亚各地，并在当地的日常生活得到广泛使用。

这一时期，唐朝瓷器也传播至南亚次大陆和波斯、阿拉伯地区。在巴基斯坦的布拉明拉巴德遗址，英国考古专家就发现了四片中国唐瓷、一片越窑青瓷、两片邢窑白瓷。在印度迈索尔邦博物馆也收藏有唐末、五代时期越窑青瓷和长沙窑瓷，印度南部科罗曼德海岸的阿里卡美都也出土了大量唐末和五代时期的越窑系青瓷碗碎片。③ 可见，唐时中国对南亚地区的外销瓷器多以越窑瓷器为主，这些瓷器很可能是从海上丝绸之路南海航线到达印度的。此外，在波斯湾古西拉夫港（今塔黑里）出土了大量中国陶瓷片，最早的是中晚唐时期的越窑青瓷和邢窑白瓷。而古代伊朗受到唐瓷启发，仿制"唐三彩"制作了"波斯三彩"和白瓷。④

唐朝瓷器还传播到了非洲。埃及开罗南郊的福斯塔特古城遗址陶瓷残片中，中国陶瓷就有 12000 片，其中最早的有唐、五代的唐三彩，越窑青瓷和邢窑白瓷，以越窑青瓷居多。⑤ 中世纪时期的开罗居民经常使用质地优良的中国瓷器，埃及人称之为"绥尼"，意为"中国的"。在古代有限的交通条件下，唐朝瓷器能够传播至非洲，一定离不开海上运输。埃及人一方面输入中国瓷器，另一方面还大量生产仿制品。据《中国对外贸易史》统计，福斯塔特遗址中出土的埃及本地生产的陶瓷中，大约百分之七十至八十是中国陶瓷的仿制品；红海岸边苏丹境内的爱札布遗址，非洲东海岸坦桑尼亚的吉尔瓦岛等也都发现了唐、五代瓷器的地下实物。⑥

---

① ［菲］费·兰达·约卡诺：《中菲贸易关系上的中国外销瓷》，《中国古外销陶瓷研究资料》1981 年第 1 辑。

② 韩槐准：《南洋遗留的中国古外销陶瓷》，新加坡青年书局 1960 年版，第 4—6 页。

③ 叶文程：《中国古外销瓷研究论文集》，紫禁城出版社 1988 年版，第 16 页。

④ 欧志培：《中国古代陶瓷在西亚》，《文物资料丛刊》1978 年第 2 辑。

⑤ ［日］三上次男：《陶瓷之路：东西文明接触点的探索》，胡德芬译，天津人民出版社 1983 年版，第 14 页。

⑥ 夏秀瑞、孙玉琴：《中国对外贸易史》第 1 册，对外经济贸易大学出版社 2001 年版，第 140 页。

饮食品种及其制作技艺

隋唐时期，中国饮食品及其制作技艺在海上丝绸之路的传播以日本最为瞩目，不仅通过人员交往、还通过饮食类典籍的传入，大量地传播了中国饮食品种和相关制作技艺。

七、鉴真东渡与素食及其制作技艺传播

鉴真（688—763），日本佛教律宗开山祖师和豆制品业、制糖业祖师。他历经磨难、6次东渡，于公元753年随日本遣唐使到达日本，带去了大量书籍文物、饮食品、食物原料、器具和懂医学、艺术的随行弟了及各种工匠共38人。他在日本的10年间，不仅传授戒律、弘扬佛法，还与随行人员一起传播唐朝先进的医药学、饮食文化和建筑技术等，对日本社会产生了很大影响，有"文化之父"的美誉。以饮食文化传播而言，主要有两方面：一是药食同源的食材传播推广，已在"食物原料"部分阐述；二是素食及制作技艺的传播推广。

关于鉴真生平和东渡日本及其后的事迹，主要见于公元779年日本真人元开（又名"淡海三船"）所著《唐大和上东征传》和《续日本纪》等史料。据载，公元742年日本学问僧荣睿、普照受天皇之命入唐聘请高僧赴日传法，到扬州大明寺恳请高僧鉴真和尚赴日。鉴真率领弟子道航、如海、思托等21人，携带佛经、佛具、佛像和香料、粮食等东渡，但是不幸失败，后又4次东渡失败且双目失明，荣睿病死、普照离去。公元753年，日本遣唐使藤原清河、吉备真备再次恳请鉴真一同赴日。真人元开《唐大和上东征传》载：唐玄宗想增派道士一同前去日本却被拒绝，因此不许鉴真出海。鉴真和尚便从扬州龙兴寺秘密出发，乘船至苏州黄泗浦（位于今张家港市塘桥镇），转乘遣唐副使的大船，普照也从越州赶来，随行弟子和各种工匠30余人，经达阿儿岛（今冲绳岛）、种子岛、屋久岛（今益救岛），终于在当年12月成功抵达日本九州南端。公元754年2月，鉴真和尚一行抵达平城京（今奈良）东大寺（见图2-4），遣唐副使吉备真备以敕使身份前来拜访并宣读孝谦天皇诏书："自今以后，授戒传律，一任和上。"[①]公元756年和758年，鉴真和尚又先后被任命为大僧都、尊称"大和尚"，并设计建造唐招提寺、使之成为传律授戒的重要场所。公元763年，

① ［日］真人元开：《唐大和上东征传》，汪向荣校注，中华书局1979年版，第92页。

鉴真和尚在唐招提寺圆寂，终年 76 岁。其随行者也在日本弘扬佛法、传播唐朝先进文化和技术。如思托积极协助鉴真营造唐招提寺，撰有《大唐传戒师僧名记大和尚鉴真传》和日本最早的佛教史传《延历僧录》，而前者成为日本真人元开撰写《唐大和上东征传》的主要依据。

图 2-4　奈良东大寺（笔者摄）

鉴真和尚作为佛教律宗高僧，始终以遵循和传授佛教戒律为己任，尊崇素食。"律宗"是中国佛教宗派之一，因重研习及传持戒律而得名。据《唐大和上东征传》载：鉴真东渡日本时随身携带的佛教经典有《四分律行事钞》《大般涅槃经》《梵网经》等 48 部。在日本，鉴真除了自己讲解佛经、传授戒律外，还嘱咐其弟子到边远的寺院设立律学院讲学律仪。[①] 由于鉴真及其弟子对戒律的严格遵守，佛教素食在日本寺院得到较为广泛的传播。对此，《唐大和上东征传》记载的鉴真东渡准备的海粮皆为素食原料及品种，以及日本后来流传的鉴真作为豆腐业始祖等即为佐证。

鉴真和尚一行到日本时带去了许多素食品及其制作技艺，对此，说法较多。其中最著名的是"鉴真东渡，豆腐传日"一说。它基于一个事实，即中日两国都认为日本的豆腐是由中国传入，至今日本的豆制品业都将鉴真和尚作为其始祖（祖师）。中国中医药学家耿鉴庭及耿刘同在《鉴真东渡与豆腐传日》一文言："1963 年，中国佛教代表团赴日本奈良参加纪念鉴真逝世 1200 周年的时候，见到日本各地赶来参加盛会的，有烹调业的，有成衣业的，特别是豆制品行业的人更多。原因是：豆腐的制造，是鉴真传去的，鉴真是日本豆腐业的祖师。事情虽小，意义却很深远。"文章指出："说来也不奇怪，佛教徒要做素菜、要缝袈裟嘛。在鉴真的故乡，前者称为香积厨师，后者称为大领裁缝，尤其是比丘尼，大都擅长此二业。前几年，有友人往日本参观，示我豆腐口袋一

---

① ［日］真人元开：《唐大和上东征传》，汪向荣校注，中华书局 1979 年版，第 87—88 页。

个，四围有双线边框，内书'唐传豆腐干，黄檗山御门前，淮南堂制'十五字，其书法极似唐人写经，古朴可观。"同时分析道："查淮南二字，可有二解：其一是豆腐相传为汉代淮南王刘安所始制，以之称发售之堂，溯其源也；其二是唐代设淮南节度使，使署即在扬州，史学家杜佑即曾官淮南节度使。迄今，淮南已成为扬州之主要别称，今袋上冠以'唐传'，则可确定为唐代淮南；且日本豆腐行业，又奉为始祖，则此袋所书，当是指鉴真之传人无疑。"[①]2015年，笔者到日本新潟、鹤岗参加联合国教科文组织创意城市网络"国际美食之都高峰论坛"时，也目睹了当地将鉴真作为豆腐业始祖的美食形象宣传片。

但是，对于"鉴真东渡，豆腐传日"一说则有不同看法，其中涉及两个主要问题：一是中国的豆腐在何时发明？二是中国豆腐在何时由何人传入日本？关于中国豆腐的发明时间，有汉朝说、唐五代说等。"豆腐"一词，最早见于五代的陶谷（903—970）《清异录》："时戢为青阳承，洁己勤民，肉味不给，日市豆腐数个，邑人呼豆腐为小宰羊。"[②]陶谷是五代至北宋初年时的新平（今安徽省皖南）人，说明豆腐至少在五代时的淮南地区已经是日常食品，其制作技术已经成熟。北宋时，寇宗奭《本草衍义》、苏轼《物类相感志》皆有豆腐的记载。明朝李时珍《本草纲目》卷二十四《谷部》言："豆腐之法，始于汉淮南王刘安。"明朝罗硕《物原》言西汉时的古籍中有"刘安做豆腐"的记载，但是如今未见于西汉古籍。通常情况下，一个民族和社会存在物的多寡与词语的使用成正比，因此，从文献来看，豆腐的发明时间便有了汉代说、唐五代说等。如果从考古发现的角度看，豆腐始于汉朝说则又有了形象依据。1959—1960年，考古工作者在河南密县打虎亭发掘了两座东汉晚期（2世纪左右）的汉墓。[③]经过专家对墓中画像石的实地考察和研究，认为画像石反映的是生产豆腐的场面，而不是酿酒或作酱、醋场面。[④]杨坚指出："画像石所反映的豆腐制作，浸豆、磨豆、滤浆、点浆、镇压等主要工序都已齐备，并且延续下来"（见图2-5），认为早在公元2世纪，豆腐生产技术已经比较成熟，"考虑到豆

---

① 耿鉴庭、耿刘同：《鉴真东渡与豆腐传日》，载《烹饪史话》，中国商业出版社1986年版，第420—421页。

② （宋）陶谷：《清异录》卷上《官志门》，孔一点校，上海古籍出版社2012年版，第16页。

③ 文物编辑委员会编：《文物考古工作三十年1949—1979》，文物出版社1979年版，第284页。

④ 陈文华：《豆腐起源于何时？》，《农业考古》1991年第1期。

腐生产工艺并不太复杂，那么豆腐生产始于西汉是完全可能的。"①由于文献无证、考古有证，目前多数学者认同豆腐始于汉朝说，只是还需要更多的文献和考古资料进一步证明。

图 2-5　打虎亭一号汉墓东耳室南壁西幅石刻画像摹本②

　　关于豆腐传入日本的时间和传播者，主要有唐朝鉴真说、宋朝说、明朝说等。日本学者杂喉润指出："豆腐最初是在754年，由唐僧鉴真传来日本的。"③日本学者中村新太郎《日中两千年》言："做豆腐的人们，都把鉴真和尚作为自己的始祖，尊荣备至。据说，做豆腐的方法，就是鉴真和尚从中国传往日本的。"④但是，日本关于"豆腐"的文献记载，据篠田统《豆腐考》考证最早见于日本永寿二年的一本日记："在《倭名类聚抄》（934 年左右）、《医心方》（984 年左右）、《本草和名》（930 年左右）等日本古辞书、古医书中均未见关于豆腐的记载。最早的文字记载，出自寿永二年（1183）正月二日奈良春日若宫的神主中臣佑重的日记，日记中说奉献御菜品种之中有'春近唐符一种'，翌年正月二日又记有'则安唐符一种'等语，这'唐符'二字，被认为是现在'豆腐'二字的实字。""那以后约五十年，日莲上人赠送给供养南条七五郎的礼品单中有'磨豆腐'一词，这是偶然的一致。但是，12 世纪是在中国饮食书籍中第一个提到豆腐的时代。"⑤寿永二年即南宋孝宗淳熙十年。篠田统认为中国豆腐传日的时间约为南宋初年的 12 世纪初。而日本学者木宫泰彦、林雪光和中国学者洪卜仁等则认为明末清初的和尚隐元将豆腐传入日本。总体来看，以上各

①　杨坚：《我国古代的豆腐及豆腐制品加工研究》，《中国农史》1999 年第 2 期。

②　河南省文物研究所编：《密县打虎亭汉墓》，文物出版社 1993 年版，第 134 页。

③　[日] 杂喉润：《中国食文化在日本》，《文史知识》1997 年第 10 期。

④　[日] 中村新太郎：《日中两千年——人物往来与文化交流·鉴真和尚·药与豆腐》，张柏霞译，吉林人民出版社 1980 年版，第 107 页。

⑤　[日] 篠田统：《豆腐考》，载《宋辽金元史研究论集》第 4 辑，大陆杂志社 1975 年版，第 185 页。

说都需要进一步的文献与考古证明，至于传播者是否为鉴真和尚，也不必过分拘泥，因为世界上许多发明创造和重要传播都来自一个群体，但人们常常要寻找一个名人作为始作者来尊奉，这样的例子在古代各国都不少见。因此，从民间现实和认同度来看，多数人认为豆腐传日始于鉴真东渡，而隐元则是再一次将豆腐传入日本，由此也能够解释日本豆腐口袋所书之字"唐传豆腐干，黄檗山御门前"，黄檗山即是隐元和尚所在之地，隐喻他到日本后建立的黄檗宗。

除了豆腐以外，根据文献记载可知，鉴真和尚东渡日本时还带去了许多素食品。日本真人元开（淡海三船）于779年撰写的《唐大和上东征传》是一部珍贵的鉴真传记，较为详细记载了鉴真6次东渡日本及在日本的经历。其中，天宝二年的第二次和天宝七年的第五次东渡日本都提到准备航海干粮、物品之事。天宝二年(743)十二月，鉴真率从僧17名、工匠85人，第二次东渡日本。该书载："储辩海粮：〔落〕脂红绿米一百石，甜䜴三十石，牛苏一百八十斤，面五十石，干胡饼二车，干蒸饼一车，干薄饼一万，番〔捻〕头一半车。"[1] 文中提及的饮食品有多种注解，这里结合汪向荣的《唐大和上东征传》校注与王勇《〈唐大和上东征传〉人名和海粮误读辨正》考证进行阐释。汪向荣指出："落脂米指陈米，水分较少。至今江逝一带仍有稻非本年度新米为落米的"，"红绿米，不详"。王勇指出："'落脂红绿米'大概指失去新米脂质的陈米。隋唐时代有'落脂米'的说法。"[2] 汪向荣校注言："甜䜴，指豆䜴，发酵的豆"；"牛苏，不详，可能为扬州一带出产的牛肚菘，当地人民切细后用作调味品。惟渡边武称牛苏为现在的酥油（《鉴真大和上将来之药品》），石田瑞麿在译文中也注作'苏（繁体"蘇"）'可能为"酥'之误，即今牛油。"[3] 但笔者以为"牛苏"作为牛肚菘的可能性更大，因为鉴真和尚及弟子遵守素食戒律，他们习诵的《大般涅槃经》四指出：迦叶菩萨言"'如来若制不食肉者，彼五种味：乳酪、酪浆、生酥、熟酥、胡麻油等……如是等物亦不应受。'"胡饼，即烧饼。干胡饼、干蒸饼及干薄饼是指这些饼都经过干燥处理，以便于保存、携带。汪向荣校注言："〔捻〕头，据《本草纲目》卷二五中说，〔捻〕头是一种用糯米粉和面、麻油煎成，和以糖食的食物；且有拉牵成环状的。"但是，他没有解释"番"字之义。笔者赞同王勇的研究。他认为原文断句应为："干薄饼一万番，捻头

① 〔日〕真人元开：《唐大和上东征传》，汪向荣校注，中华书局1979年版，第47页。
② 王勇：《〈唐大和上东征传〉人名和海粮误读辨正》，《语言研究》2005年第4期。
③ 〔日〕真人元开：《唐大和上东征传》，汪向荣校注，中华书局1979年版，第48—49页。

一半车。""'番'作为量词，有多层意思，如'枚''块''片''张''幅'等，都指称扁平而薄的物体";"干薄饼以'番'来计量，最合适不过。《百喻经·夫妇食饼共为要喻》云:'昔有夫妇，有三番饼，夫妇共分，各食一饼，余一番在。'可为佐证"①。"捻头"是用植物油炸制的面食品，又称"寒具"或"馓子"。苏轼《寒具》诗云:"纤手搓来玉数寻，碧油轻蘸嫩黄深。夜来春睡浓于酒，压匾佳人缠臂金。"②宋人胡仔引此诗，注云:"寒具，乃捻头也。"③《唐大和上东征传》载:天宝七载春，鉴真和尚一行准备第五次东渡，在扬州置办物品和干粮，"造舟、买香药，备办百物，一如天宝二载所备"④。由此可知，由于遵循佛教戒律的原因，鉴真一行东渡日本带去的饮食品都是素食品种，主要是米、面制作的饼类食品。

综上，从鉴真东渡备办的海粮及物品推而广之，由于佛教戒律和航海条件等因素的限制，鉴真一行东渡日本带去的是便于保存和携带之物，主要是干燥过的饼类食品和耐保存的素食原料。与此同时，由于鉴真和尚的随行人员中有一批画师、烹饪师等工匠和艺人，还带去了饮食品的制作技艺，如对于易碎、易变质的豆腐而言，鉴真一行所传播的就应是其制作技艺。但无论如何，鉴真东渡日本，将中国物质与非物质的饮食文化传入日本，对日本饮食文化发展起到了促进作用。

八、"食经"传入日本与饮食品及其制作技艺传播

"食经"，顾名思义，指饮食经典，是中国古代对记载和论述饮食品及其相关内容的书籍的统称，因效仿传统儒家经典"四书五经"而得名。"食经"包括食谱、菜谱、食单等，从内容上划分，有饮食品加工制作技术类著作、原料及食疗养生功能类著作、四季食谱、综合性食谱、地方风味食谱、家庭食谱、宫廷食谱、官府食谱等。食经在唐朝及以前已编撰较多，到唐朝随着中日人员交流和商品贸易传入日本，由此中国饮食品及其制作技艺也传播到日本。日本学者田中静一指出:"食物和饮食，古今都是由人携来或是靠饮食书传入的。通常认为飞鸟、奈良时代中国饮食书已传入日本，饮食自然也传入了日本。从

---

① 王勇:《〈唐大和上东征传〉人名和海粮误读辨正》，《语言研究》2005 年第 4 期。
② (宋) 苏轼:《苏东坡全集》上，邓立勋编校，黄山书社 1997 年版，第 587 页。
③ (宋) 胡仔纂集:《苕溪渔隐丛话后集》卷 28，中华书局 1985 年版，第 620 页。
④ [日] 真人元开:《唐大和上东征传》，汪向荣校注，中华书局 1979 年版，第 62 页。

那以后，中国饮食书陆续传入日本，随之中国饮食和食物传入了日本。"①

　　据统计，从汉朝到隋唐时期撰写出版的食经类书约 30 种，大多载于正史的艺文志或经籍志中。《汉书·艺文志》载《神农食经》七卷；《隋书·经籍志》收录了 23 种食经类书的名称，包括《食经》十四卷、《崔氏食经》四卷、《食馔次第法》一卷、《四时御食经》一卷、《神仙服食经》十卷、《老子禁食经》一卷、《服食诸杂方》二卷等；《旧唐书·经籍志》也载有许多食经，包括《太官食法》一卷、《太官食方》一卷、《食经九卷》、崔浩《食经》九卷、竺暄《食经》四卷、赵氏《四时食法》一卷、诸葛颖《淮南王食经》一百二十卷、《淮南王食目》十卷、卢仁宗《食经》三卷等。遗憾的是食经绝大多数已经亡佚，但其书名和其中的部分内容却保留在日本的典籍之中。

　　第一，以食经类书的书目而言，日本典籍里最集中收录的是《日本国见在书目录》。该书目是由日本学者藤原佐世于宽平年间（889—897）奉敕编纂的，共收录唐朝及唐以前古籍 1568 部，计 17209 卷，是一部记录日本平安前期为止的传世的汉籍总目录，从中可以看出日本奈良、平安时期中国图书传入日本的情况，也为研究中日文化交流史提供了重要依据。孙猛在《浅谈〈日本国见在书目录〉》一文中指出："《见在目》，可以说是奈良、平安时期的'将来目录'的集大成"，"这无疑在研究日本汉学史、日本汉籍史上具有重要的意义。和田英松说：'实际上，此目录乃考究我国学艺渊源的唯一根据。'"②《日本国见在书目》作为日本最早且现存至今的汉文书籍目录，记载了唐及唐以前的中国食经类书有 13 种，包括《齐民要术》、《神仙服药食法》、《杂要酒法》、《作酒法》、《五茄酒法》、《食疗本草》（孟诜）、《食经》三卷（马琬）、《食经》一卷（马琬）、《食经》四卷（崔禹锡）、《新撰食经》、《食禁》、《食注》、《吕氏春秋》。其中，《齐民要术》十卷至今在日本仍存有完本，详细记载了众多的饮食品加工制作技术，为其在日本的传播提供了条件；其他食经则仅仅存书名或部分内容因被引用而得以保存。

　　第二，以食经类书的内容而言，在日本典籍中最集中引用的是《医心方》《倭名类聚抄》和《本草和名》等 3 部书籍。《医心方》是日本现存最早的中医养生疗疾典籍和中华医药集大成之作，汇集了失传已久的 204 种中国医药养

　　① ［日］田中静一：《中国饮食传入日本史》，霍凤、伊永文译，黑龙江人民出版社 1990 年版，第 14 页。

　　② 孙猛：《浅谈〈日本国见在书目录〉》，《中国索引》2004 年第 3 期。

生典籍和食经之精华，由医学家丹波康赖于日本永观二年（984）所著，共 30 卷。据考证，丹波康赖（912—995）系东汉灵帝之后入籍日本的阿留王的八世孙，医术精湛，被赐姓丹波。据篠田统《中国食物史研究》研究统计，《医心方》的第二十九卷和三十卷主要是食疗养生的内容，引用了 11 种中国食经，包括《食经》《七卷食经》《食科》《神农食经》《崔禹锡食经》《孟诜食经》《马琬食经》《朱思简食经》《膗玄子张食经》《卢宗食经》和《膳夫经》。其中，《七卷食经》被引用 64 条，《食经》被引用 40 条，《膳夫经》被引用 22 条，其余食经被引文数量不等。① 其引文涉及两方面内容：第一，食疗，占绝大多数。如二十九卷“调食第一”载：“《膳夫经》云：凡临食，不用大喜大怒，皆变成百病”；“四时宜食”条载：“崔禹锡《食经》云：春七十二日宜食酸咸味，夏七十二日宜食甘苦味，秋七十二日宜食辛咸味，冬七十二日宜食咸酸味，四季十八日宜食辛苦甘味。”② 第二，饮食品加工制作技术，相对较少，主要有两条。其“饮水宜第九条”载“《崔禹锡食经》云：春宜食浆水，夏宜食蜜水，秋宜食茗水，冬宜食白饮，是谓为调火养性矣”。“蜜水”下注引其制法：“《大清经》之作蜜浆法曰：粳米二斗，净洮汰，五蒸五露竟，以水一石，白蜜五斗，合米煮之，作再沸止，内瓷器中成，香美如乳汁味，夏月作此饮之，佳。”“茗水”下注引其制法：“今案同《食经》云：采茗苗叶，蒸曝干，杂米，捣为饮粥，食之神良。”③ 茗水即茶粥。与《医心方》偏重于食疗养生相比，《倭名类聚抄》更多地收录和保存了食品加工制作的内容。《倭名类聚钞》，又名《和名类聚抄》，简称《和名抄》，是日本汉和词典的代表作和第一部带有百科全书性质的类书，被誉为“日本最早的百科全书”，由汉学家源顺于平安时代承平年间（794—1192）编纂而成。该书不仅引用了 8 种中国古代食经，即《崔禹锡食经》《七卷食经》《食疗经》《马琬食经》《四时食制经》《神仙服饵方》《膳夫经》《神农食经》等，还收录了大量的饮食品及制作技术、食物原料等。据陈晨《日本辞书〈倭名类聚抄〉研究》统计，该书卷四的“饮食部第十一”，主要是饮食品，包括 8 类、109 条，分别有药酒类 15 条、水浆类 7 条、饭饼类 23 条、面蘗（麦芽）类 8 条、酥蜜类 7 条、果菜类 10 条、鱼鸟类 21 条、盐梅类 18 条。卷八的“龙鱼部第十八”“龟贝部第十九”和卷九的“稻谷部第二十一”“菜蔬部第二十二”“果蔬部第二十三”

---

① ［日］篠田统：《中国食物史研究》，中国商业出版社 1987 年版，第 111 页。
② ［日］丹波康赖：《医心方》，人民卫生出版社 1955 年版，第 662 页。
③ ［日］丹波康赖：《医心方》，人民卫生出版社 1955 年版，第 667 页。

则涉及动植物原料。其中,"龙鱼部"有 2 类,"龙鱼类"63 条、"龙鱼体"9 条;"龟贝部"有 2 类 72 条,"龟贝类"63 条,"龟贝体"9 条;"稻谷部"有 2 类 49 条,"稻谷类"有 33 条、"稻谷具"16 条;"菜蔬部"有 3 类 69 条,蒜类 10 条、藻类 27 条、菜类 32 条;"果蔬部"有 2 类,果蔬类 58 条、果蔬具 10 条。① 此外,《倭名类聚钞》还收录了许多菜点及调味品、腌腊制品及其制作技术,包括薯蓣粥、粽、索饼、馄饨等饭粥米面制品,醍醐、酥、酪、乳饼等乳制品,饴、蜜、酱、未酱、豉、醋等调味品,醢、雉脯、腊、鹿腊等腌腊制品。

从以上分析可见,唐朝时中国的食经大量传入日本,中国饮食品及其制作技艺也由此在日本得以广泛传播,并且主要有两个重要路径:第一,日本人直接阅读传入日本的中国食经,认识、了解、学习和运用中国饮食品及其制作技艺;第二,日本人编纂书籍并收录传入日本的中国食经,而随着日本人对这些书籍的阅读,也间接地阅读到中国食经,逐渐认识、了解、学习和运用中国饮食品及其制作技艺。但是,对于中国食经类书传入日本的途径,则几乎没有相关文字记载,日本学者田中静一和木宫泰彦都推测是遣唐使带入的。田中静一指出:"派往中国'遣隋使'的目的,主要是学习引进中国的佛法和律令制度。因此,也许食经类的书籍被视为杂书而没有留下文字记载。"② 木宫泰彦指出:"因为他们奉官府命令用公费入唐,原为求法,所以回国缴公的《请来目录》就没有特别载明诗文集或其他杂书之类。试看宗睿的《书写请来法门等目录》中,在开列杂书目录后,特地作了如下解释:右杂书等虽非法门,世者所要也。由此可看出其中的情况。"③《旧唐书》载,开元二十三年(735)日本遣唐使名代恳求《老子经》本及天尊像,以归于国,发扬圣教,有使者"尽市文籍,泛海而还"④。遣唐使到唐朝进贡后会得到数十倍的赏赐,有的使者要求直接赐予书籍、有的使者则用赏赐购书带回日本,其中应有食经类书。其实,可能将食经类书带回日本者,不仅有遣唐使,还有当时入唐的日本留学生、学问僧等。因为他们中的许多人在唐朝各地与当地人一同吃住,已习惯了唐朝的衣食住行,回国时带上中国食经则在情理之中。木宫泰彦指出:遣唐学生传入日

---

① 陈晨:《日本辞书〈倭名类聚抄〉研究》,硕士学位论文,山西大学 2014 年,第 12—14 页。

② [日] 田中静一:《中国饮食传入日本史》,霍风、伊永文译,黑龙江人民出版社 1990 年版,第 24 页。

③ [日] 木宫泰彦:《日中文化交流史》,胡锡年译,商务印书馆 1980 年版,第 196 页。

④ 《旧唐书》卷 199 上《东夷传·高丽》,中华书局 1975 年版,第 5341 页。

本的食品和烹调法之类也一定不少。平安朝期，朝廷赐宴时采用名为汉法的中国烹调法，是个突出的例子。他举例说，延历二十二年（803）三月，天皇赐给遣唐大使藤原葛野麻吕、副使石川道益的饯别宴会上用的是汉法；弘仁四年（813）九月，皇弟（淳和天皇）在清凉殿设宴，其菜肴也是用汉法烹调的；嘉祥二年（849）十月，仁明天皇四十寿辰时，嵯峨太皇太后赠给的礼物祝贺中有黑漆橱柜二十个，里面装着唐饼。①这说明当时的日本已传入许多中国菜点及制法，人们可用来组合成中国式宴会。

饮食制度与礼仪习俗

隋唐时期的中国是当时世界上最先进、最强盛的国家之一，日本和朝鲜半岛上的新罗、高句丽、百济等国纷纷派遣使臣、留学生和学问僧到中国，目的是全面学习和引进中国的典章制度、佛法和各种先进的科学技术，主要包括政治、经济制度和佛教仪轨等，也包括建筑、医学、饮食、服饰等生产生活文化，而饮食制度与礼仪习俗等就是其重要组成部分。

九、隋朝使节互访与箸食、宴会礼俗的传日

日本与中国最早的官方交往起于中国汉朝，到隋唐时进入鼎盛时期。而在隋朝时推动两国官方交往、促进中国文化包括箸食与宴会礼仪在日本传播的重要人物是日本的圣德太子、遣隋使小野妹子和隋朝使者裴世清等。

圣德太子（572—621），是日本推古天皇朝的改革推行者。据《日本书纪》载，推古天皇元年夏四月庚午朔己卯（593年5月15日），圣德太子开始摄政，大力推行一系列新政，确立以天皇为中心的中央集权体制，十分倾慕先进发达的中国，从公元600年到614年的15年间派出5次遣隋使。中国也在608年向日本派出一次使节作为回访。其中，对中国饮食制度、礼俗传播日本最具影响的是公元607至608年遣隋使小野妹子和隋朝使者裴世清的互访。《隋书·倭国传》载："大业三年，其王多利思比孤遣使朝贡。使者曰：'闻海西菩萨天子重兴佛法，故遣朝拜，兼沙门数十人来学佛法。'"②《日本书纪·推古天皇纪》

---

①　[日]木宫泰彦：《日中文化交流史》，胡锡年译，商务印书馆1980年版，第158—159页。
②　《隋书》卷81《东夷传·倭国传》，中华书局1973年版，第1827页。

云："（推古天皇十五年）秋七月戊申朔，庚戌，大礼小野臣妹子遣于大唐，以鞍作福利为通事。"① 日本推古天皇十五年（607，即隋朝大业三年），圣德太子派小野妹子一行 12 人为遣隋使，入隋朝贡、学习，虽然因为国书的措辞让隋朝皇帝不愉快，但仍然受到热情款待。隋朝大业四年（608），隋朝皇帝派裴世清为隋朝的国使、一行 13 人陪同小野妹子一行返回日本。圣德太子专门新建馆舍，并派出庞大豪华的欢迎队伍沿途迎接，亲自设盛宴款待。《隋书·倭国传》载："明年（即 608），上遣文林郎裴清使于倭国"，"倭王遣小德阿辈台，从数百人，设仪仗，鸣鼓角来迎。后十日，又遣大礼哥多毗，从二百余骑效劳。既至彼都，其王与清相见，大悦"。②"裴清"，应作"裴世清"，唐人避讳，省"世"字。《日本书纪·推古天皇纪》云：十六年夏四月，小野臣妹子至自大唐，"大唐使人裴世清、下客十二人，从妹子臣至于筑紫。遣难波吉师雄成，召大唐客裴世清等。为唐客，更造新馆于难波高丽馆之上。六月壬寅朔，丙辰，客等泊于难波津。是日，以饰船三十艘，迎客等于江口，安置新馆"；"秋八月，辛丑朔，癸卯，唐客入京。是日，遣饰骑七十五匹，而迎唐客于海石榴世衢。额田部连比罗夫以告礼辞焉。壬子，召唐客于朝廷，令奏使旨。……丙辰，飨唐客等于朝。九月辛未朔，乙亥，飨客等于难波大郡"。③ 当裴世清使团完成使命、准备归国时，圣德太子设宴饯行，并派小野妹子随其一同返回隋朝。《隋书·倭国传》简略载道："（大业四年）其后清遣人谓其王曰：'朝命既达，请即戒途。'于是设宴享以遣清，复令使者随清来贡方物。"④《日本书纪·推古天皇纪》做了较为详细的记载："（推古十六年九月）辛巳，唐客裴世清罢归，则复以小野妹子为大使，吉士雄成为小使，福利为通事，副于唐客而遣之"，"遣于唐国学生，倭汉直福因……并八人也"⑤，将国书措辞改为"东天皇敬白西皇帝"，以便更有利于与隋朝的交往。

虽然《隋书》和《日本书纪》都提到使节互访中多次宴请，但对于具体细节却语焉不详，其后的著述进行了补充。大多数学者经过研究和考证，认为小野妹子在隋朝宫廷受到宴请、用筷子进餐，圣德太子倾听其描述后，十分向

① 《日本书纪》卷 22《推古天皇》，日本经济杂志社 1897 年版，第 382 页。
② 《隋书》卷 81《东夷传·倭国传》，中华书局 1973 年版，第 1830 页。
③ 《日本书纪》卷 22《推古天皇》，日本经济杂志社 1897 年版，第 382—383 页。
④ 《隋书》卷 81《东夷传·倭国传》，中华书局 1973 年版，第 1828 页。
⑤ 《日本书纪》卷 22《推古天皇》，日本经济杂志社 1897 年版，第 383—384 页。

往，便以隋朝使者来访为契机，在日本宫廷宴请裴世清时模仿隋朝宴会礼制、使用筷子进餐，正式引进和开始了使用筷子就餐的箸食制度。日本山内昶《筷子刀叉匙》一书言：推古十六年（608），日本宫中设宴招待隋朝使者时，"席间采用中国餐桌礼节，以两双筷子和汤匙作为正式餐具，摆放在餐盘内，这是日本最早使用筷子的正式记录"。① 日本学者一色八郎《箸の文化史》之《圣德太子と箸食制度》言：遣隋使小野妹子在隋朝宫廷举办的盛大酒宴上，看见并使用银箸品尝美味佳肴，领略到中国文化。圣德太子听其描述后对中国使用筷子就餐非常向往，决定在日本宫廷欢迎隋使裴世清的宴会上使用箸及汤匙进餐，"此乃日本朝廷举办欢迎宴会上首次正式使用'箸'就餐的记录"②。在此之前，日本人基本上是手抓而食。《隋书·倭国传》云："俗无盘俎，藉以檞叶，食用手餔之。"③ 可以说，就中国"箸食制度"传入日本而言，小野妹子是率先传播者，圣德太子是日本宫廷宴会采用筷子的始作俑者，裴世清则是日本宫廷宴会上采用筷子的推动者、直接促成并见证了日本宫廷宴会第一次使用筷子。

日本自圣德太子摄政的推古朝开始在宫廷使用筷箸，上行下效、逐渐扩散普及，经奈良时代到平安时代以后不仅宫廷使用，贵族和一般民众家庭也使用筷箸。在公元 8 世纪后的奈良时代（710—784），唐风盛行，日本宫廷宴会上更模仿中国聚餐礼仪，日本在建造平城京时正式采用"箸食制度"。此后，箸在日本逐渐普及，成为普通民众日常饮食生活中的就餐工具；汉字"箸"也进入日本语，中国箸被日本称为"唐箸（からはし）"，即源于唐土（中国）之意。④ 对此，日本多处遗址出土的筷子也可为证。据考古资料表明，板茸宫遗址发掘出来的长约 30cm—33cm、直径 0.5cm 柏树制的筷子即为公元 646 年之物；藤原宫遗址也发掘出土了大约是公元 685 至 707 年的筷子，稍后一些时代的平城宫遗址更发掘出数百双杉树、柏树所制筷等。⑤ 此后的平安时代（794—1192）也出土了大量的筷箸，藤原明衡编纂的诗文总集《本朝文粹》还收录了日本贞观三年（861）出现的"白箸翁"传说。白箸翁不知姓名、邑里，在贞观末常常游市中，以卖白箸为业，时人称他"白箸翁"，后来被喻为日本筷箸

① ［日］山内昶：《筷子刀叉匙》，丁怡、翔昕译，蓝鲸出版有限公司 2002 年版，第 114 页。
② ［日］一色八郎：《箸の文化史》，御茶の书房 1990 年版，第 54 页。
③ 《隋书》卷 81《东夷传·倭国传》，中华书局 1973 年版，第 1827 页。
④ ［日］神崎宣武：《日本人は何を食べてきたか》，大月书店 1987 年版，第 89 页。
⑤ 吕琳：《中日筷箸历史与文化之探讨》，《科技信息（学术版）》2008 年第 10 期。

行业的始祖。值得一提的是，平安时代出现了日本宫廷采用中国"箸食制度"和宴会礼俗的明确记载。田中静一在《中国饮食传入日本史》中指出，《日本后纪》中记载了天皇依照汉法设宴款待遣唐大使，这是迄今所见的关于日本采用中国饮食礼制、习俗的最早文字记载；进入平安时代不久的桓武天皇延历二十二年（803），天皇在宫中为遣唐使举行中国式的送别宴会，宴会之事都按照中国式样来安排，不仅包括菜点品种及其制作方法，也包括宴会礼制、习俗，如筷箸制度等，这表明当时中国的饮食品及饮食礼制、习俗较多地传入日本，对日本人的饮食生活产生了一定的影响，"中国式宴会当时很可能已经进入上流社会"。① 日本学者一色八郎《箸の文化史》高度评价中国"箸食制度"传入对日本人饮食生活和日本文明进程的意义，认为从过去的手食到采用箸食是"日本人的生活革命"，是继中国稻作农耕、汉字输出后，日本文明进程中划时代的重大转折，具有里程碑的重大意义。②

十、吉备真备与饮食制度及礼仪的传日

唐朝是日本全面学习、仿效中国的时期，在日本形成了影响深远的"唐化"之风，最主要的途径是通过长期持续地派出遣唐使、留学生、学问僧到唐朝学习和引进。而唐朝饮食制度及礼仪、习俗的传日也不例外，杰出代表则是吉备真备。

吉备真备（695—775），既是唐朝先进文化的受益者，更是唐朝儒学、律令、礼俗等诸多先进文化在日本的重要传播者。据《旧唐书·日本传》《新唐书·日本传》和《续日本纪》等史料以及宫田俊彦《吉备真备》记载，他先后以留学生身份和遣唐使（副使）身份两次到唐朝，并在唐朝生活、学习 20 余年，回国后又在太学寮、右大臣等位上任职，全面学习和引进、推广唐朝儒学思想、制度、礼仪等，包括饮食制度、礼仪等，成效显著。他第一次入唐是以留学生身份，跟随以多治比县守为首的第九次遣唐使团，与留学生阿倍仲麻吕（晁衡）、大和长冈以及学问僧玄昉等 550 余人一同入唐，在长安的中书省接受宴请款待，此后，阿倍仲麻吕进入国子监太学，吉备真备等留学生被安排在鸿胪寺内跟随四门助教赵玄默学习儒家典籍。《旧唐书·日本传》记载："开元初，又遣使来朝，因请儒士授经。诏四门助教赵玄默就鸿胪寺教之"，"所得赐赉，

---

① ［日］田中静一：《中国饮食文化日本史》，霍风、伊永文译，黑龙江人民出版社 1990 年版，第 33 页。

② ［日］一色八郎：《箸の文化史》，御茶の书房 1990 年版，第 54 页。

尽市文籍，泛海而还。其偏使朝臣仲满，慕中国之风，因留不去，改姓名为朝衡，仕历左补阙、仪王友。衡留京师五十年，好书籍，放归乡，逗留不去"。①与阿倍仲麻吕一样，吉备真备酷爱唐朝文化、购买大量书籍，不同的是阿倍仲麻吕考中进士、在唐朝为官，他则在唐朝生活 19 年、学成后于 734 年跟随以大使多治比广成和副使中臣名代为首的第十次遣唐使团乘船回国，735 年春抵达日本。《续日本纪·圣武纪》卷十二载：天平七年（735）夏四月二十六日（辛亥），"入唐留学生从八位下下道朝臣真备献《唐礼》一百卅卷、《太衍历经》一卷、《太衍历立成》十二卷、测影铁尺一枚、铜律管一部、铁如方响写律管声十二条、《乐书要录》十卷、弦缠漆角弓一张、马上饮水漆角弓一张、露面漆四节角弓一张、射甲箭二十只、平射箭十只。"②10 余年后，吉备真备又以遣唐使身份第二次入唐，收获也颇丰，回日后又提升至从二位、拜右大臣，成为朝廷重臣。吉备真备在日本，通过带回的儒家经典、律令、礼制等书籍和所学所见所闻，利用太学助、右大臣之职和所著书籍等言传身教，还与其他归国留学生、遣唐使等一起传播、推广唐朝儒学思想、制度、礼仪等，并根据国情进行创新。其中，对饮食文化的传播而言，主要是饮食制度、饮食思想与礼仪方面。

　　1. 饮食制度的传播

　　以吉备真备为代表的留学生和遣唐使等对唐朝及以前的中国饮食制度在日本的传播和推广，其重要途径之一是编纂、修订和施行律令，特别是《大宝律令》和《养老律令》的编纂、修订和施行，对宫廷饮食制度的传播有着重要意义。

　　唐朝的律令体系包括律、令、格、式。一般而言，律令是国家统治的基本法典，律相当于刑法条文，令则是关于国家机构和政治制度的条文，格、式则是律、令的补充。中国的国家机构及其运行方式都规定在律令之中，到隋唐时成熟，唐朝更因制定贞观律令、永徽律令、开元律令等多部律令而成为中国律令的完成时期。日本池田温指出："日本古代的律令开创于中国隋唐时代，日本向隋唐学习过国家制度和文化，也模仿隋唐的国家制度和律令，编纂了自己的律令。"③周东平指出："七世纪下半叶到八世纪初，是日本律令

---

　　①　《旧唐书》卷 199 上《东夷传·日本》，中华书局 1975 年版，第 5341 页。

　　②　《续日本纪》卷 12《圣武天皇》，日本经济杂志社 1897 年版，第 197—198 页。

　　③　[日] 池田温：《隋唐律令与日本古代法律制度的关系》，《武汉大学学报（社会科学版）》1989 年第 3 期。

的形成期，有大宝律令和养老律令等的编纂和施行，最终形成律令国家。而隋到唐初的国家制度，被看成是日本古代律令制度的原型。"①据专家研究和考证，日本的大宝律令和养老律令都是日本在唐朝学成回国的留学生为主、参照唐朝永徽律令和开元律令等编纂而成的。其中，《大宝律令》是日本大宝元年（701）完成、随后颁布的基本法典，是一部以唐朝《永徽律令》为蓝本、结合日本实际编纂而成的综合性法典，包括律 6 卷、令 11 卷，其内容体系有户田篇、继承篇、杂篇、官职篇、行政篇、军事防务篇、刑法和刑罚篇。《续日本纪·文武天皇纪》记载：文武天皇四年（700），六月"甲午，敕净大参刑部亲王……等，撰定律令。赐禄，各有差"。②奉命编撰律令的 19 人都与唐朝有密切关系，如伊岐连博得曾于 659 年参加遣唐使团入唐，萨弘恪是唐人，在日本任大学音博士，土部祢甥、白猪史骨两人都曾留唐 10 余年。遗憾的是《大宝律令》已散失，仅从《令集解》和《续日本纪》的引文中略见一二。到养老二年（718），藤原不比、大倭长冈等人奉命编纂《养老律令》。该律令是在《大宝律令》基础上、参考唐朝《开元律令》略加修改而成的，包括律 10 卷 13 篇、令 10 卷 30 篇，与《大宝律令》的内容大同小异，只是律的内容基本遗失、令的内容大部分保留在《令义解》和《令集解》中。《养老律令》在公元 757 年施行，公元 796 年又由吉备真备和大倭长冈修订完善，此后一直施行至明治维新时才废止，大约实施了 1100 年，成为日本史上实施历史最长的明文法令。

参照唐朝律令编纂的《大宝律令》和《养老律令》及其施行，不仅使日本最终形成律令国家及律令制度，也形成了相应的饮食制度，并且深受中国饮食制度的影响，特别是宫廷饮食制度。田中静一指出："在《大宝律令》诸如官制中的大膳职、大炊寮、内膳司、造酒司、主水司、主油司等有关饮食的记载很多……这与最早的周代官制《周礼》有许多相似之处，特别是上述的与饮食有关的官职更为相似……在《大宝律令》中可以见到酱、豉、醢、菹等单字，豉、醢、菹等字在现今日本已几乎不使用。在典药寮的部分，有称为'乳户'的管理乳的官职，可见，乳类由食用作为药用。造酒司如同字义，是管理造酒的官。根据书中说明，醴为甜酒，多曲少米一日酿成。据此，醴相当于日本的

① 周东平：《律令格式与律令制度、律令国家——二十世纪中日学者唐代法制史总体研究一瞥》，《法制与社会发展》2002 年第 2 期。
② 《续日本纪》卷 1《文武天皇》，日本经济杂志社 1897 年版，第 11 页。

甜酒，几乎没有酒精成分。"① 中国律令受《周礼》等儒家经典的影响，很早就有较完整的体系，唐朝律令由此发展完善而来，而模仿唐朝律令的大宝律令与《周礼》中的宫廷制度相似便是顺理成章之事。由藤原不比等人编纂，吉备真备等修订的《养老律令》沿袭了其饮食制度，在"职员令"的大膳职、大炊寮、内膳司、造酒司等官职中有很多记载。公元 927 年（日本延长五年），醍醐天皇下令、由藤原时平和藤原忠平等编纂而成《延喜式》，是日本平安时代中期的律令实施细则，共 50 卷，约 3300 条，于公元 967 年实施。它继续沿袭着之前的饮食制度，第三十二卷的大膳上、第三十三卷的大膳下、第三十五卷的大炊司、第三十九卷的内膳司、第四十卷的造酒司及主水司、第四十二卷的酒膳监等都有相关记载。② 由此可见唐朝及以前的中国饮食制度通过以吉备真备为代表的留学生和遣唐使传入日本并得到长期引用。

2. 饮食思想与礼仪

以吉备真备为代表的留学生和遣唐使等通过教育教学和书籍等途径，对唐朝及以前的中国饮食思想与礼仪在日本的传播和推广，促进了日本饮食思想与礼仪的形成和发展。

当时日本的大学寮就是唐朝先进文化的传播地，吉备真备在此接受并传播唐朝先进文化，尤其是儒家思想和礼仪，包括饮食思想与礼仪。大学寮是根据《大宝律令》设立的当时日本最高教育机构，五位以上官人的子弟，东西史部的子弟以及八位以上官人中提出申请者方可入学，学生人数有四百左右，所定的学业年限为 9 年，其中的"经业"包括《尚书》《周易》《毛诗》《周礼》《礼纪》《春秋》《论语》《孝经》等儒家经典，讲授之人多是遣唐使及留唐归国生。公元 735 年，吉备真备回到日本后担任大学助，也在太学寮中执教。他还积极改革创新，将传授儒家思想作为振兴大学的根本，后又在东宫内为皇太子阿倍内亲王讲授《礼记》《汉书》等。③ 这些经典中有关儒家饮食思想和礼仪的大量记载和论述由此得到有效传播。

除了教育教学，吉备真备带回的唐朝书籍和撰写的著作也传播了中国饮食

---

① ［日］田中静一：《中国饮食传入日本史》，霍风、伊永文译，黑龙江人民出版社 1990 年版，第 31 页。

② ［日］田中静一：《中国饮食传入日本史》，霍风、伊永文译，黑龙江人民出版社 1990 年版，第 26 页。

③ ［日］宫田俊彦：《吉备真备》，吉川弘文馆 1988 年版，第 90—91 页。

思想与礼仪，尤其是宫廷饮食礼仪。据《续日本纪·圣武纪》记载：天平七年
（735），吉备真备回国时带了《唐礼》130 卷以及乐书、乐器、兵器等回到日本，
并呈献给朝廷。唐朝时编纂、实施了《贞观礼》《永徽礼》和《开元礼》等系
列礼书，从其卷数来看，吉备真备带回的《唐礼》应当是显庆三年（658）颁
下的《永徽礼（显庆礼）》而不是 150 卷《开元礼》。他将《唐礼》传播到日本
并积极推广，对日本的礼仪产生了极大影响、逐渐使其"唐化"。日本古濑奈
津子指出："吉备真备带回的唐礼影响到的不仅仅是释奠这一个仪式，还包括
其他诸多方面，如朝贺及节会、任命大臣仪式及立皇后、太子仪式等等。"①据
李春凌《日本史书中关于唐文化对日本影响的记载》对《续日本后纪》和《续
日本纪》分析后指出，历代天皇多次强调"一准唐仪"。如大同二年（807），
平城天皇下诏："朝会之礼，常服之制，一准唐仪。"公元 818 年，日本嵯峨天
皇下诏："朝会之礼，常服之制，拜跪之等，不论男女，一准唐仪。"弘仁九年
（818），嵯峨天皇也下诏："朝会之礼，常服之制，拜跪之等，不论男女，一
准唐仪。"清和天皇时，还曾仿照《大唐开元礼》，新修奠式制，颁行全国。②
在饮食礼仪，尤其是宴会礼仪方面，"唐化"也十分明显。如唐礼中的"会"
包含礼仪活动与飨宴两个部分，日本的节会以此为参考、也改编为这两个部
分。日本有关外交礼仪"宾礼"中的赐宴仪式，也基本上是参考唐朝相关仪
式而成。在流传至今的《开元礼》中，作为外交礼仪的"宾礼"，最受重视
的部分是相见仪式和赐宴仪式，后者则是唐朝皇帝的抚慰、缓和关系之举。③
在拜辞仪式后也有赐宴，具体规定见于《开元礼》第 79、80 卷。唐朝赐宴
仪式根据对象不同，分为"皇帝宴藩国主"和"皇帝宴藩国使"，通常是多个
使节集中会见、赐宴，地点主要在大明宫的紫宸殿和麟德殿，赏赐的不仅有
佳肴美酒与乐舞，还包括具体物品和官职等。《旧唐书·日本传》中记载日本
朝臣真人"犹中国户部尚书"，爱读经史，并被授予官职。④ 日本古濑奈津子
以田岛公《外交与仪礼》和仓林正次《飨宴研究》等对日本和唐朝外交礼仪
及其飨宴的研究为基础，对日本接受中国宾礼的最早实例即推古朝迎接隋使

---

① ［日］古濑奈津子：《遣唐使眼里的中国》，郑威译，武汉大学出版社 2007 年版，第 135 页。

② 李春凌：《日本史书中关于唐文化对日本影响的记载》，《中国社会科学院研究生院学报》
1997 年第 5 期。

③ ［日］古濑奈津子：《遣唐使眼里的中国》，郑威译，武汉大学出版社 2007 年版，第 95 页。

④ 《旧唐书》卷 199 上《东夷传·日本》，中华书局 1975 年版，第 5341 页。

裴世清所举行的外交礼仪和平安时期的外交礼仪进行分析，认为日本外交礼仪及其赐宴受到了中国的强烈影响，指出：迎接隋使时，在难波进行的迎劳、在大和进行的郊劳和入京、在小垦田宫举行的呈上国书与信物以及飨宴等一系列外交仪礼，"与前述《开元礼》'宾礼'所记极其相似。《开元礼》虽然成书于唐代，但其渊源可追溯至中国自古以来逐渐形成的礼制，至隋炀帝时期，编纂有《江都集礼》一书，可能正是此书直接影响了推古朝时期的日本"；平安时代，《弘仁式》《延喜式》之"式部式省"记载了"受诸藩使表及信物仪"，其仪式与《开元礼》中与皇帝相见仪式相当，对于新罗等国外国使节也要举行飨宴仪式，在公元 8 世纪，"飨宴在朝堂内举行，天皇也会出席，在这个仪式上会向国王和大使及其下官员赐爵、赐禄。除朝廷国家性质的飨宴外，大臣也会在私宅举行飨宴招待藩使"。① 其实，在平安时代，除外交上的飨宴仪式，日本在遣唐使饯行宴会等其他场合也采用唐朝礼仪。如《日本后纪》延历廿二年（803），遣唐大使葛野麻吕、副使石川道益赐饯宴设一依汉法。此外，吉备真备还通过自己的著述传播儒家思想，包括饮食思想。《吉备真备》一书载：公元 770 年，他"已七十有六岁"、上奏请辞任职之后，以《颜氏家训》为范本，糅合儒学、佛学思想观点，撰写了《私教类聚》一书，颇受赏识，可惜已亡佚。在洞院公贤著的《拾芥抄》中载该书目录，共三十八项。② 他在书中分项指出了子孙在一生中言行必遵的准则和要点，包括提倡不杀生、不饮酒等"五戒""五常"。

　　总之，通过遣隋使、遣唐使和留学生、留学僧把华夏优秀文化直接带回并移植到日本，促进了日本社会发展，对日本文明开化产生了巨大影响，也很好地保留了部分华夏饮食文明。郭沫若曾指出，中国在隋唐以后，经过好些的异族蹂躏，古代的衣冠文物每荡然无存而又另起炉灶。日本则因为岛国的关系，没有受到这种外来的损害，因此隋唐时代的封建文物乃至良风美俗，差不多原封不动地还被保存着。木宫泰彦总结唐朝文化对日本文化发展的影响时指出，唐朝时因大量学生和学问僧往来，给予日本新的启迪，吸收中国优点，并在其后不断融化，产生了日本文化。③

---

① ［日］古濑奈津子：《遣唐使眼里的中国》，郑威译，武汉大学出版社 2007 年版，第 95—101 页。

② ［日］宫田俊彦：《吉备真备》，吉川弘文馆 1988 年版，第 222—224 页。

③ ［日］木宫泰彦：《日中文化交流史》，胡锡年译，商务印书馆 1980 年版，第 198 页。

十一、苏莱曼赴唐与华夏饮食习俗在阿拉伯地区的传播

随着海上航路的逐渐延伸，越来越多国家的旅行家、僧侣、贡使、商人等到大唐游历、传教、经商，并将所见所闻记录下来、传播到自己的国家，使更多国家生动清晰地了解中国的总体情况。唐朝的饮食习俗也跟随他们的书籍、文字在丝路沿线各国传播，阿拉伯旅行家苏莱曼及其《苏莱曼东游记》便是典型代表。

公元 851 年，阿拉伯商人苏莱曼把他在印度、中国经商时的见闻著述成书《苏莱曼东游记》（又名《中国印度见闻录》），这是阿拉伯人第一部介绍中国的游记，向阿拉伯民众介绍了唐朝的情况。首先，在这部书中记述了"海上丝绸之路"的航线。他从阿蛮出发，离开波斯湾进入阿拉伯海，横渡阿拉伯海后到达印度西海岸，后又经过马尔代夫群岛、斯里兰卡，到达尼科巴群岛，穿过马六甲海峡，经苏门答腊岛、新加坡岛，沿马来半岛东海岸北上，过占城到达广州，基本上是沿着唐代南海航线行进，这也从国外史料角度印证了唐代海上丝路的发展。其次，书中还介绍了当时海外贸易的情况，如书中写到广州是中外商船停泊的港口，也是中国商货和阿拉伯商货荟萃的地方；还写到在波斯湾东部一处海湾，中国船因为吨位太大，吃水线太深而无法通过入港的狭道，货物只能换用小海船运到岸上；在巴士拉港和阿曼港同样如此，港口较浅，中国船无法靠岸。这些都反映了当时中国海船相对较大的特点，能够开展远洋航行。最后，苏莱曼更在书中用更大篇幅记载了中国的手工业生产、民风民俗等内容，其中很多都涉及日常饮食生活。如该书言："他们有精美的陶器，其中陶碗晶莹得如同玻璃杯一样：尽管是陶碗，但隔着碗可以看得见碗里的水。"[①] 他在书中专门描述了中国的食物种类，如大米、面包、各种肉类以及苹果等 20 余种水果。[②] 他最早把中国瓷器介绍到了西亚，虽然这时陶瓷器作为商品已经传到阿拉伯地区，但他所描述的却是质地最高的瓷器。苏莱曼还是第一个介绍中国饮茶风习的阿拉伯人。他在书中讲到中国人爱喝一种叫"茶"的饮品，不仅可以治病，还可以为当时的统治者带来丰厚的税收财富。[③] 此外，书中也描

---

① ［阿］苏莱曼等：《中国印度见闻录》卷 1，穆根来、汶江、黄倬汉译，中华书局 1983 年版，第 15 页。

② ［阿］苏莱曼等：《中国印度见闻录》卷 1，穆根来、汶江、黄倬汉译，中华书局 1983 年版，第 11 页。

③ ［阿］苏莱曼等：《中国印度见闻录》卷 1，穆根来、汶江、黄倬汉译，中华书局 1983 年版，第 17 页。

写了中国民间酿制酒和醋，"他们喝自己用发酵稻米制成的饮料，因为中国没有葡萄酒，中国人既不知道这种酒，也不喝这种酒，所以也就没有人带葡萄酒到中国来。在中国，人们用米造醋，酿酒，制糖以及其他类似的东西"。[①] 在书中，苏莱曼流露出对中国人智慧和技巧的敬佩，认为中国人的手最为巧妙，能做一切工作，世界上没有别种人能比他们做得更好。借助于苏莱曼的眼睛与笔触，唐朝盛景包括民间的部分饮食情况被传播到了阿拉伯乃至更远的地区，正如《中国印度见闻录》言："我对中国皇帝的威严，对中国的美好和富足，又早有耳闻。所以我决意踏上这块土地，亲眼一睹。……我将把亲眼所见的事实，传扬出去；把一切美好的东西，传扬出去；把（我所领受的）一切盛情厚意，再三向人们诉说。"[②] 这些来自阿拉伯地区的旅行家将中国风情记录了下来，使更多的人看到了生动立体的中国，并从中对中国瓷器和茶、酒等饮食品有了了解，甚至产生浓厚兴趣。

事实上，在隋唐乃至更早，像苏莱曼一样到其他国家游历、经商、传教等并记录下来的人不少，这些人群的流动带来了文化上包括饮食文化的交流与传播，使国与国之间的民众了解彼此的饮食生活，带动更大范围的人群流动与商品贸易。如唐朝高僧义净从广州出发，沿海上丝路南行，经室利佛逝国（今印度尼西亚苏门答腊岛南部），到达斯里兰卡、印度等地著述、讲学、译经，他撰写的《南海寄归内法传》和《大唐西域求法高僧传》两书不仅记录了当时海上丝路交通的情况，还对民众日常生活习俗的差异进行了对比。

第三节　宋元时期：兴盛期

宋元时期华夏饮食文明沿海上丝绸之路传播受到政治、经济、交通等多重因素的推动。宋朝时，其北部和西北地区先后为辽、西夏、金等占据，西北丝绸之路的交通受阻，对外贸易往来和文化交流等更加倚重海上交通，到元朝时实现了大一统，航海事业保持强盛的发展势头。宋元政府积极推行的发展海外

---

① ［阿］苏莱曼等：《中国印度见闻录》卷1，穆根来、汶江、黄倬汉译，中华书局1983年版，第11页。

② ［阿］苏莱曼等：《中国印度见闻录》卷2，穆根来、汶江、黄倬汉译，中华书局1983年版，第107页。

贸易的政策与社会经济、科技的发展，为海外贸易发展提供了推动力、物质基础和技术支撑，使中国与东北亚的日本、朝鲜半岛以及东南亚、南亚、阿拉伯地区乃至东非、北非之间的贸易交往和文化交流出现了空前繁荣局面。此时的华夏饮食文明也随着海上丝路的空前发展得到更为广泛的对外传播，逐渐进入兴盛时期。

宋朝时期

宋朝，分为北宋、南宋，虽然在军事上较弱，但是在商品经济、文化教育、科学技术方面却是中国古代高度繁荣发达的朝代之一，其综合实力极强。据安格斯·麦迪森统计，北宋咸平三年（1000），中国 GDP 总量为 265.5 亿美元，占世界经济总量的 22.7%，人均 GDP 为 450 美元，超过当时西欧的 400 美元。[①] 陈寅恪在《邓广铭宋史职官志考证序》指出："华夏民族之文化，历数千载之演进，造极于赵宋之世。"[②]

北宋时，长江以南很少受到战争侵扰，社会较为安定、经济发展较快。《宋史·范祖禹传》称："国家根本，仰给东南。"南宋时偏安江南，经济重心更转移至南方，南方经济得到更为快速发展，尤其是农业和手工业都达到了较高水平。宋朝农业生产的发展，主要表现在产量增加、垦田扩大、生产技术的改进、水利设施的兴修和优良品种的引进等方面。在农作物产量方面，唐朝前期的农作物大多是一年一熟，至宋朝已经多为一年两熟，在南方地区甚至实现了两年三熟，使得亩产量上有了较大提高。宋朝垦田面积也明显扩大，特别是在南方，采用了梯田、圩田、沙田、湖田等因地制宜的多种方式扩大耕地面积，直接促进了农业生产的增长。《宋史》载："（太宗）至道二年（996），三百一十二万五千二百五十一顷二十五亩；（真宗）天禧五年（1021），五百二十四万七千五百八十四顷三十二亩。"[③] 此外，农业生产技术不断进步，不仅广泛运用铁耙、犁铧、耧锄等工具，还使用了踏犁、秧马及利用水力、风力的水轮车、龙骨车等。宋朝农业的发展促进了手工业的飞速发展。此时，中

---

① 〔英〕安格斯·麦迪森：《世界经济千年史》，伍晓鹰等译，北京大学出版社 2003 年版，第 261—262 页。

② 陈寅恪：《金明馆丛稿二编》，生活·读书·新知三联书店 2001 年版，第 277 页。

③ 《宋史》卷 173《食货上一·农田条》，中华书局 1977 年版，第 4166 页。

国制瓷业已步入了成熟阶段,其特色主要体现在瓷窑密布、工艺先进、产量增加、品种繁多等方面。宋朝瓷窑众多,其分布也逐渐向交通要道和商业中心城市靠近,具有代表性的瓷窑产品被认可后,周围的小作坊迅速地建立起来,形成一个地域广阔的瓷窑体系,如定窑(今河北曲阳县)、耀州窑(今陕西铜州)、钧窑(今河南禹县)、龙泉窑(今浙江龙泉、庆元、丽水等县)、德化窑(今福建德化)、同安窑(今福建厦门东北部)等。宋朝制瓷工艺革新,突破了唐朝"南青北白"的格局,在民族性和艺术性方面均达到很高水平,促进了整个陶瓷业尤其是浙江、福建、广东沿海一带陶瓷业的发展,也推动了海外贸易的进一步发展,制作精美的宋朝陶瓷在丝路沿线各地得到广泛认可。

与此同时,宋朝政府高度重视和鼓励海外贸易。宋朝相继与辽、西夏、金等对峙,西北陆上丝绸之路时常受阻,加之经济中心南移,促使宋朝不得不将国际贸易和交流的主通道更加转向海上丝绸之路,并采取多种措施鼓励和支持海外贸易。第一,在沿海港口大量设立市舶司管理海外贸易。宋太祖开宝四年(971),首先在广州设置市舶司,这是宋朝首个海外贸易管理机构,此后又在临安、泉州、密州、嘉兴、镇江、平江、温州、江阴、庆元设立了9处市舶机构(泉州市舶司遗址,见图2-6、2-7),"掌蕃货海舶征榷贸易之事,以来远人,通远物"。① 其中,广州、泉州和明州(今宁波)成为宋朝对外贸易的3大主要港口。到南宋中后期,泉州更跃居全国首位,成为宋朝对外贸易的最大港和世界东方第一大港。第二,制定颁布相关法律法规和制度等,为外商合法贸易提供便利。宋朝的海外贸易分官府经营和私商经营两种,后者占比极大。宋神宗元丰三年(1080),宋朝制定了中国第一部、也是世界上最早的贸易法规《广

图2-6、图2-7 泉州市舶司遗址(笔者摄于泉州)

---

① 《宋史》卷167《职官七·提举常平司》,中华书局1977年版,第3971页。

州市舶条法》（又称《元丰广州市舶条法》），为民间海外贸易立法。此外，宋朝继续沿用蕃坊制度，在重要外贸港口兴建蕃坊，供外商居住，并置蕃长，还设立"蕃市""蕃学"。在市舶司设立奖惩和抚恤制度，在每年10月外商回国高峰期设宴送行。至今，广州和泉州还有许多藩客墓，成为当时海外贸易繁荣的佐证。这些政策和措施促进了海外贸易往来和人员流动，带动了饮食文化等文明的传播。据统计，宋代仅通过泉州港出口的商品，就有陶瓷器、丝绸、绢帛、锦绫、铜、铁、钱币、漆器、糖、酒、茶叶、川芎、大黄、黄连、麝香、荔枝等60多种，包含许多食材及饮食品。

宋朝推行积极发展海外贸易的政策措施，主要有两个目的：一是为了满足统治阶层的奢侈享受之需。这从宋朝海外进口的商品中就能窥其一二。据《宋会要辑稿》《云麓漫钞》《诸蕃志》等记载，当时宋朝通过海路进口的商品达330多种，包括朱贝、玳瑁、犀角、象牙、乳香、木香、丁香、槟榔、沉香、檀香、安息香、苏合香油、降真香、茴香、胡椒、肉豆蔻、龙涎香、龙脑、香料木、菠萝蜜等，其中以乳香、降真香等香料输入数量最多，并且主要从阿拉伯、三佛齐、占城等地进口。如《宋会要辑稿》就记载南宋绍兴二十五年（1155），从占城运进泉州的商品，仅香料一项就有沉香等7种，共63334斤。二是为了增加财政收入，以利社会经济的发展和军事等需要。北宋神宗曾经说过，"东南利国之大，舶商亦居其一焉。昔钱、刘窃据浙、广，内足自富，外足抗中国（指中原政权）者，亦由笼海商得术也"。所以他要求属下"创法讲求"，不仅"岁获厚利"，且"兼使外藩辐辏中国，亦壮观一事也"。[①] 绍兴七年（1137），市舶收入已达到百万缗。至绍兴末期（1159），"三舶司抽分及和买，岁得息钱二百万缗"[②]，市舶收入占财政总收入的4%左右，即当年财政总收入为四千万缗至四千五百万缗之间。[③] 可见，市舶收入在国家财源上占有重要地位。明代顾炎武在《天下郡国利病书》中说宋室南渡后，经费困乏，一切倚办海舶。在政府推动下，不仅东部沿海出现了诸多贸易港口、造就了一些著名海商，也使得东西方诸国使节、商人等沿海上丝路纷至沓来，将中外经济文化交流推向广泛和深入。

除了政策措施外，宋朝造船业的繁荣、船舶制造技术的成熟和指南针在航海中的运用，也直接为海上丝绸之路的兴盛提供了强有力的支撑。此时，沿海

---

① （清）黄以周等辑注：《续资治通鉴长编拾补》卷5，中华书局2004年版，第239页。

② （宋）李心传：《建炎以来朝野杂记》甲集卷15，中华书局2000年版，第330页。

③ 〔日〕桑原骘藏：《蒲寿庚考》，陈裕菁译订，中华书局2009年版，第161页。

或沿河城市形成了一定规模的造船厂，呈现着蓬勃发展态势。据史料和考古成果可知，河南开封，江苏苏州、扬州，浙江的杭州、宁波、温州，福建的泉州，广东的广州等地，均为当时造船业中心。当时所造船舶的载重能力也十分可观，尤其是用于远航的海船。吴自牧《梦粱录·江海船舰》载，远洋海船大者五千料，可载五六百人；中者两千料至一千料，亦可载二三百人。按一料等于一石计算，五千料即五千石，约300吨。两千料约120吨。这种两千料的船，长十余丈，深3丈，阔2.5丈。篙师水手共有六十多人。[①]朱彧《萍洲可谈》载："海舶大者数百人，小者百余人……舶船深阔各数十丈。"[②]徐兢《宣和奉使高丽图经》记载，宋徽宗年间出使高丽的有神舟和客舟，明州造的两艘大海船"神舟"110米以上，载重超过1100吨，"巍然如山，浮动波上"，"晖赫皇华，震慑夷狄，超冠今古"，到达高丽后"是宜丽人迎诏之日，倾国耸观，而欢呼嘉叹也"；而客舟"其长十余丈，深三丈，阔二丈五尺，可载二千斛粟……上平如衡，下侧如刃，贵其可以破浪而行也"，"若夫神舟之长阔高大，什物器用人数，皆三倍于客舟也"。[③]宋朝海船也使用水密隔舱技术，每船一般分隔成10余舱，各个船舱之间相互密隔，谓之水密隔舱。船侧板和壳板是用二重或三重木板制作，并用桐油、石灰艌缝，可防止漏水，从而增强了船舶的抗沉能力。海船"以全木巨枋，搀叠而成"，其木料一般是用松木或杉木。1974年，在泉州后渚港出土了一艘宋朝沉船（见图2-8），其特征与宋朝文献记载的宋船特点十分吻合，根据考古人员研究，初步推断该船建于南宋末年。该船船体大，残长达24.20米，残宽9.15米，深1.98米，结构坚固，全船用12道隔板分为13个水密舱，载重量约200吨以上。该船底部的结构为尖底，头尖尾方，船身扁阔，平面近似椭圆形，稳定性好、抗风力强。弦侧板为三重木板结构，船底板为二重木板结构，并有多根桅杆，是宜于远洋航行的海上运货船。[④]除上述的船体大、载重多等特点之外，宋朝海船的形体一般呈"V"字形，航行速度有所加快，抗沉性和稳定性也不断增强。宋船的腹部两舷侧"缚大竹为橐以拒浪"，称为竹橐，其作用在于拒浪和减缓船只的左右摇摆，以增强航行的

---

① （宋）吴自牧：《梦粱录》卷12，中国商业出版社1982年版，第102页。

② （宋）朱彧：《萍洲可谈》卷2，中华书局2007年版，第133页。

③ （宋）徐兢：《宣和奉使高丽图经》卷34《海道一·客舟》，中华书局1985年版，第116—117页。

④ 泉州湾宋代海船发掘报告编写组：《泉州湾宋代海船发掘简报》，《文物》1975年第10期。

图 2-8　泉州宋朝沉船（笔者摄于泉州湾古船陈列馆）

稳定性。船舶行进主要依靠风力，"大樯高十丈，头樯高八丈。风正则张布帆五十幅，稍偏则用利篷，左右翼张，以便风势。大樯之巅更加小帆十幅，谓之'野狐帆'，风息则用之"①。船形改进和充分利用各种不同形式的风帆，大大加快了船行速度。

　　此时，航海技术又获得飞速提高，其中最具划时代意义的是船舶已普遍使用指南针导航，出现了航海罗盘。关于指南针用于航海的最早记载，见于《萍洲可谈》和《宣和奉使高丽图经》。《萍洲可谈》载："舟师识地理，夜则观星，昼则观日，阴晦则观指南针。"②《宣和奉使高丽图经·半洋焦》载：北宋宣和五年（1123），徐兢乘海船出使高丽，"舟行过蓬莱山之后，水深碧色如玻璃，浪势益大……是夜，洋中不可住维，视星斗前迈，若晦冥，则用指南浮针，以揆南北"③。可见，早期航海中用的指南针是以最初的浮针形式使用，至南宋时，在海船上已经开始使用被称作针盘的水浮式罗盘，并成为主要的航海导航手段。《梦粱录·江海船舰》称："风雨晦冥时，惟凭针盘而行，乃火长掌之，毫厘不敢差误，盖一舟人命所系也。"④指南针的普遍使用，大大增强了远洋海舶的续航能力和在陌生海域和恶劣气候下的航行能力，对古代整个世界的航海业、海洋贸易交流起到巨大推动作用。除了指南针的使用，宋朝人还掌握了海洋季风的规律，利用它在海上丝绸之路上往返，如去东南亚、南亚和西亚诸国，"诸处舶商每遇冬汛北风发舶……至次年夏汛南风回帆"⑤。

　　正是由于有力的政策措施、坚固而巨大的舟船和先进的航海技术，使得宋

---

　　①　（宋）徐兢：《宣和奉使高丽图经》卷 34《海道一·客舟》，中华书局 1985 年版，第 117 页。

　　②　（宋）朱彧：《萍洲可谈》卷 2，中华书局 2007 年版，第 133 页。

　　③　（宋）徐兢：《宣和奉使高丽图经》卷 34《海道一·半洋焦》，中华书局 1985 年版，第 120 页。

　　④　（宋）吴自牧：《梦粱录》卷 12，中国商业出版社 1982 年版，第 102 页。

　　⑤　《通制条格》卷 18，黄时鉴点校，浙江古籍出版社 1986 年版，第 232 页。

朝海外贸易十分兴隆、海上丝绸之路空前兴盛。以东海航线而言，日本和朝鲜半岛与中国有着众多的贸易往来。宋朝时，日本基本采取消极、闭关政策，日中两国没有建立正式的邦交关系，几乎没有官方往来，但民间交往与贸易从未间断。北宋时期与日本藤原氏全盛时期大致相当，此时的日本已从引进中国文化逐渐向本国文化演进、繁荣发展，开始百余年的闭关政治，严禁本国商人私自渡海到宋朝贸易，但对到日本贸易的宋朝商船比较重视、予以热情接待，因此日本与北宋主要是通过宋朝商人赴日进行民间贸易。据学者考证和不完全统计，北宋 166 年间，可以断定的宋朝商船到日本贸易约 70 余次，而实际次数则更多。① 南宋时期与日本武家兴盛时期相当，武家平清盛执政后撤销了日商出海贸易的禁令并采取支持措施，日本商船到宋的贸易大增。《宋元浙江方志集成》所载《开庆四明续志》中言：当时"倭人冒鲸波之险，舳舻相衔，以其物来售"②，有时一年之内到宋贸易的日本商船达四五十艘。此时，宋朝与日本的贸易航线基本上是唐朝开辟的南岛线，宋朝的港口以明州（今宁波，南宋中期改庆元府）为主，还有华亭、江阴、杭州、温州、泉州等；日本则主要是筑前的博多（今福冈市），肥前的平户岛逐渐成为双方的中途停泊港。20 世纪 90 年代在博多港开凿的人工港"袖凑"遗址附近发现了宋朝商人和船员居住的遗址和铜钱、大量青瓷与白瓷，证明当时的海上贸易活动十分频繁。此外，宋朝时与灭掉新罗、百济而统一朝鲜半岛的高丽（又称王氏高丽、后高丽）始终保持往来，官方交往虽有中断但也较密切，民间往来则从未中断且十分频繁。据统计，北宋 166 年间，宋朝和高丽双方通使 87 次；宋商去高丽共有 103 批、3169 人。③《宋史·高丽传》载：高丽王城有华人数百，多闽人。其间，高丽京都开城专门设立"客馆"，"皆所以待中国之商旅"，每逢节日则设宴款待宋朝商人。宋朝主要是通过海上丝绸之路与高丽往来，基本上是两条航线：一条是北路航线，从山东半岛北部的登州、莱州、密州出发，横渡黄海，到达朝鲜半岛西岸的瓮津，沿陆路至开城。其中，登州港因商人前往辽国贸易而在北宋前期至熙宁七年（1074）被封闭。另一条是南路航线，北宋中后期至南宋时，从明州出发，沿东北、渡海至朝鲜黑山岛，再北行至朝鲜半岛西南岛屿，至礼

①　王勇、郭万平等：《南宋临安对外交流》，杭州出版社 2008 年版，第 108 页。

②　浙江省地方志编纂委员会编：《宋元浙江方志集成》第 8 册，杭州出版社 2009 年版，第 3717 页。

③　杜瑜：《海上丝路史话》，社会科学文献出版社 2011 年版，第 120—123 页。

成江口碧澜亭。① 宋朝规定，非明州市舶司而发去日本、高丽者，以违制论。南路航线除明州港外，还有杭州、泉州、广州等多个港口。

在海上丝绸之路的南海航线上，宋朝海外交通和贸易远胜前代，与东南亚、南亚等地贸易往来时间更短、范围更广。如从爪哇岛航抵广州港，东晋时需用 50 天，宋朝只需 30 天；从广州港至苏门答腊的航程，唐朝时需 30 天，宋朝只需 20 天。宋船不仅能沿海岸航抵西方各国，随着横跨印度洋航线的开辟，还能穿越大洋腹域到达更远国家。据史料记载，当时与宋朝通商的国家已有 58 个国家，包括占城、真腊、三佛齐、吉兰丹、渤泥、巴林冯、兰无里、底切、三屿、大食、大秦、波斯、白达、麻嘉、伊禄、故临、细兰、登流眉、中里、斯伽里野、木兰皮等欧亚地区。南宋周去非的《岭外代答》、赵汝适的《诸蕃志》等是记载与宋朝通商国家情况的专著，对宋朝海上丝绸之路南海航路及贸易货物都作了较详尽记述。周去非《岭外代答》言："诸蕃国之富盛多宝货者，莫如大食国，其次阇婆国，其次三佛齐国，其次乃诸国耳。三佛齐者，诸国海道之要冲也。"② 他列举的与宋朝有海上贸易的最富盛的三个国家中，有两个在东南亚。随着宋朝与东南亚贸易的兴盛，加速了东南亚地区开发和对外贸易繁荣，如东爪哇的崛起及在菲律宾群岛中麻逸港的出现，标志着宋朝与东南亚的海路交往已扩至菲律宾。据赵汝适的《诸蕃志》记载，宋朝时与中国有海路贸易的东南亚国家众多，南洋群岛上有三佛齐（唐时称室利佛逝，印尼苏门答腊岛东部占碑一带）、阇婆（印尼爪哇岛中部北岸一带）、蓝无里（印尼苏门答腊岛西北的亚齐）、凌牙门（印尼苏门答腊岛以东林加岛）、渤泥（印尼加里曼丹）；中南半岛上有交趾（越南北部）、占城（越南南部）、真腊（柬埔寨）、真里富（马来半岛境内）、暹罗（泰国北部）、罗斛（泰国南部）、蒲甘（缅甸中部）、吉兰丹（马来亚吉兰丹）、蓬丰（马来亚彭亨）等。宋朝通过繁盛的海路商品贸易，发展与东亚、东南亚、南亚、西亚及非洲诸国的经济文化交流，丰富了各自饮食文化生活。

元朝时期

元朝统一中国，在版图广度、经济发展、陆海交通畅达、对外开放规模等

---

① 武斌：《中华文化海外传播史》第 2 卷，陕西人民出版社 1998 年版，第 815 页。
② 杨武泉校注：《岭外代答校注》，中华书局 1999 年版，第 126 页。

方面皆超越了前朝，虽政治、社会不甚通达安宁，但提倡商业贸易，加之出台系列政策措施、促使农业和手工业进步，使得商品经济十分繁荣，首都大都是当时闻名世界的商业中心。在经济发展、开放政策推动和造船及航海技术的进步下，元朝海上贸易所及地区之广、商品之多达到空前，突出特点是贸易经营形式多元化。由此，华夏饮食文明通过海上丝绸之路向海外不断传播。

元朝初年，政府采取了一系列恢复和发展农业生产的政策，并设立了掌管农业的机构——劝农司，鼓励农民开垦荒地，大力推行官募民垦田和军民屯田，"内而各卫，外而行省，皆立屯田，以资军饷"①。由于北方遭受的战乱严重、北方人南迁，使得南方农业生产发展更为迅速：首先，耕地面积不断扩大。广大农民通过梯田、圩田、沙田等多种垦田方式开垦土地。其次，大力兴修水利。在中央设立都水监，地方置河渠司，大力修复河渠，整治河堤海塘，扩大灌溉面积。最后，生产工具和技术的改良。如镰刀的种类增加，发明了收荞麦的推镰等，还创制了既能耧种、又能下粪的耧车，灵活、省力。水利机械和灌溉工具如水轮、水转连磨等也有很大改进。东南沿海地区粮食产量不断增加，经济作物种植十分发达。据史料记载，元朝江南地区稻谷种植保持着较高的产量，不仅用于国内消费，还大量"般运前去海外占城诸番出粜，营求厚利"②。除稻米之外，小麦、茶树、甘蔗、西瓜、红豆、蚕豆、亚麻等种植也逐渐普遍和扩大，江淮以南几乎到处都有茶园、茶叶以及饮茶习俗、传播至海外。同时，手工业也得到较大发展，尤其是制瓷业已发展到完全成熟阶段，在胎质、釉料和制作技术、瓷窑构造等方面都有新的提高，瓷器品种多样化，制造工艺十分精致。元朝保留了宋时的著名窑场和品种，制造水平又得到进一步提高，尤其以青花瓷为代表，它在景德镇已臻于成熟，景德镇也成为全国最大的制瓷中心。此外，浙江龙泉出产的青瓷、福建德化烧制的瓷器也很有名。马可·波罗在13世纪下半期经过德化时，曾说这个地方"制造碗及磁器，既多且美"③。元朝金属产量超越前代，其铜、铁及其制品（如锅、盆、壶等）亦成为重要的出口商品，深受东南亚诸国的欢迎。可以说，随着农业和手工业的发展，为华夏饮食文明的对外交流奠定了坚实基础。

元朝对海外交流与贸易并非一直采取重视和支持的政策，其间曾出现曲

---

①　《元史》卷100《兵三·屯田条》，中华书局1976年版，第2558页。

②　《通制条格》卷18，黄时鉴点校，浙江古籍出版社1986年版，第237页。

③　[意]马可·波罗：《马可波罗行纪》，冯承钧译，上海书店出版社2001版，第376页。

折。从世宗至元二十九年—英宗至治二年（1292—1322）曾先后 4 次下达禁海令，直到 1322 年重设泉州、庆元（今宁波）、广州市舶提举司后才不再禁海。元朝海禁虽然次数较多、但时间较短，4 次仅 12 年，而且海禁时较为灵活，"禁民不禁官，禁内不禁外"，采取"官本船"制度，实际上形成政府垄断海外贸易。《元史·食货二》载："官自具船、给本，选人入蕃，贸易诸货。其所获之息，以十分为率，官取其七，所易人得其三。"① 元朝统治者之所以如此，其主要原因不仅是为了满足统治阶层对于异域产品和财富的需求，也为了增加财政收入、满足军需。《元史·贾昔剌传》载："延祐四年（1317），帝赐帖失海舶，秃坚不花曰：'此军国之所资，上不宜赐，下不宜受。'"② 元朝统治者不断加强对海路贸易的控制和垄断，大力推行官商贸易，其规模之大、持续时间之长、形式之多样均超越历代。其官商贸易主要有 3 种形式：第一种是官本官办，由朝廷特派使臣持重金赴海外为皇室采办；第二种是官本商办，政府利用一种特殊的商人——斡脱为其经营海路贸易和放高利贷；第三种是官商合办，官府出船出钱，海商经营，利润分成。官商贸易在一定程度上压制了民间私人海路贸易的发展，但以国家政权的力量组织海路贸易，投入了巨大的人力、物力和财力，客观上对元朝海上丝绸之路贸易起了推动作用。③ 此外，元朝统治者把海路贸易视为重要的经济组成部分，采取措施积极推动和加强海外贸易的发展与管理。如至元十四年（1277），元世祖攻占浙、闽后，即招降并重用在海外影响广泛的南宋泉州提举市舶使兼大海商蒲寿庚，设置海外诸蕃宣慰使与市舶使，以免海路贸易因战事中断。至元十五年（1278）八月，又下诏中书省，通过唆都、蒲寿庚等向海外宣布："诸蕃国列居东南岛屿者，皆有慕义之心，可因蕃舶诸人宣布朕意。诚能来朝，朕将宠礼之。其往来互市，各从所欲。"④ 同时，遣亦黑迷失、杨廷璧、周达观等频频出使南海，进行贸易活动，"于是，占城、马八儿（今印度东南部科罗曼德尔海岸）二国前来通商，其他诸国次第效之。元朝互市遂臻于盛"⑤。元朝还在泉州、庆元、上海、澉浦及杭州、温

① 《元史》卷 94《食货二·市舶条》，中华书局 1976 年版，第 2402 页。

② 《元史》卷 169《贾昔剌传》，中华书局 1976 年版，第 3972 页。

③ 夏秀瑞、孙玉琴编：《中国对外贸易史》第 1 册，对外经济贸易大学出版社 2001 年版，第 238 页。

④ 《元史》卷 10《世祖七》，中华书局 1976 年版，第 204 页。

⑤ [日] 桑原骘藏：《蒲寿庚考》，陈裕菁译订，中华书局 2009 年版，第 149 页。

州、广州等设置市舶司，制定了中国古代第一部完整和系统的海路贸易管理条例《市舶法则》22条，将海路贸易管理水平提升到新高度。

元朝时，造船及航海技术也有较大进步。其造船基地分布很广，主要有扬州、泉州、广州、赣州、汴梁、襄阳等，造船数量十分可观。马可·波罗言："抵哈喇木连大河（今黄河），来自长老约翰之地。是为一极大河流，宽逾一哩，水甚深，大舟可航行于其上。水中有大鱼无数，河上有属于大汗之船舶，逾一万五千艘，盖于必要时运输军队赴印度海诸岛者也。"[①] 此外，当时船舶的排水量也极大。据摩洛哥大旅行家伊本·白图泰叙述，中国船只共分3类："大船有十帆至少是三帆，帆系用藤篾编织，其状如席，常挂不落，顺风调帆，下锚时亦不落帆。每一大船役使千人：其中海员六百，战士四百，包括弓箭射手和持盾战士以及发射石油弹战士。随从每一大船有小船三艘，半大者，三分之一大者，四分之一大者，此种巨船只在中国的刺桐城（指泉州）建造，或在中国的穗城（指广州）建造。……船上造有甲板四层，内有房舱、官舱和商人舱。……水手们则携带眷属子女，并在木槽内种植蔬菜鲜姜。……中国人中有拥有船只多艘者，则委派船总管分赴各国。世界上没有比中国人更富有的了。"[②] 元朝则可以建造载重达300吨甚至600吨的海船。同时，与航海相关的其他方面也有长足的进步。首先，元朝时已将海上诸国划分为东、西洋，甚至更细分为小东洋、大东洋、小西洋、大西洋，航海地理观念进一步明确。其次，随着针盘的广泛应用，元朝人掌握了从一地航行到另一地的转向针位点技术，将许多针位点连接起来就成为针路，罗经针位已成为元朝指导航路的重要依据，而观察天象已退居从属地位。[③]

元朝的海外贸易虽然在禁海时期受到影响，但整体来看仍然十分繁荣，海路贸易的国家和地区大为增加，除亚洲和非洲外，还涌入了欧洲的一些国家，海上丝绸之路也十分兴盛。此时，与元朝通商的有200余个国家和地区，包括三岛、民多郎、真腊、无枝拔、丹马令、日丽、麻里鲁、彭亨、吉兰丹、丁家卢、八都马、尖山、苏禄、班卒儿、文老古、灵山、花面国、下里、麻那里、沙里八丹、土塔、忽厮离、假里马打、古里佛、放拜、万年港、天堂、忽鲁模

---

① ［意］马可·波罗：《马可波罗行纪》，冯承钧译，上海书店出版社2001版，第325页。

② ［摩］伊本·白图泰：《伊本·白图泰游记》，华文出版社2015年版，第357页。

③ 夏秀瑞、孙玉琴编：《中国对外贸易史》第1册，对外经济贸易大学出版社2001年版，第235页。

斯等。在海上丝绸之路的南海航线上，陈大震、吕桂孙的《大德南海志》和汪大渊《岛夷志略》等对元朝南海航路及贸易货物作了较详尽的记述。汪大渊《岛夷志略》记载了他作为中国商人、航海家，由泉州港出发，远航至亚洲各地、非洲东海岸埃及等 100 余个国家的情形。《大德南海志》是最早的广州地方志，该书卷七"船货"与其附录"诸蕃国附"记载了当时与广州贸易的海外国家有142 个，并且把这些国家分别划分为东洋、西洋。东西洋之划分，始见元朝，而元初其他著作只见"西洋"一词，只有《大德南海志》既讲述东洋，又阐述西洋，且细分为小东洋、大东洋、小西洋、大两洋。①

在海上丝绸之路的东海航线上，元朝与高丽的贸易较通畅，与日本的贸易因战争而曲折，但元朝政府也欢迎到来的日本商船并准其交易，日本商船频繁往来，而元朝商船很少赴日贸易。如至元十四年（1277），日本商船到庆元（今宁波），要求用黄金兑换铜钱，忽必烈为诱使日本通好，打破宋时就有的铜钱出海禁令。第二年（1278），在扬州设立淮东宣慰使，并诏令沿海官司，通日本国人市舶。日本学者木宫泰彦称："元末六、七十年间，恐怕是日本各个时代中日本商船开往中国最盛的时代。"②以航线和港口而言，元朝与日本、高丽的贸易航线基本上沿袭宋朝，港口分布较多，最终形成明州、泉州和广州3大著名港口。其中，广州是南海航线的门户，明州是东海航线的重要进出港，泉州则是两条航线的交汇点，海上贸易最为繁盛、逐渐成为最大的对外贸易港口。此外，值得关注的是高丽作为丝绸之路东海航线上的中转站，串联起当时的中国与日本，形成东亚贸易网络。这从朝鲜半岛海域发现的新安沉船可以有所佐证。据考古发现和李德金《朝鲜新安海底沉船中的中国瓷器》报道，1976年在朝鲜新安海底发现一艘沉船，考古工作者从中打捞出 7168 件遗物，约占沉船货物的 1/3。遗物中有 6457 件瓷器，除 3 件朝鲜瓷器外，其余全是中国瓷器，而数量最多的是龙泉窑系青瓷和景德镇窑系的影青瓷、枢府瓷和白瓷，其中青瓷 3466 件，白瓷 2281 件，黑釉瓷 117 件，钧窑系瓷 79 件，其他陶瓷器574 件。另有铁锅、香炉等金属器物、铜钱以及漆器、胡椒、桂皮等，船上还发现一枚镌刻着"庆元路"字样的铜质砝码。据打捞出的沉船遗物考证，大多数学者认为这艘船是元末至正年间（至正二十七年以前）从庆元港（今宁波）

---

① 广州市地方志编纂委员会办公室编:《元大德南海志残本附辑佚》,广东人民出版社1991 年版,第 43—47 页。

② ［日］木宫泰彦:《日中文化交流史》,胡锡年译,商务印书馆 1980 年版,第 394 页。

出发，开往朝鲜、日本的贸易船，曾经在朝鲜半岛停泊，当船离开停泊港、前往目的地日本时突发事故而沉没在新安海底（韩国新罗海域）。①

食物原料及其生产技术

宋元时期，中国在农业生产技术上居于世界领先地位，华夏饮食文明在食物原料方面的海上传播逐渐增多、增广，在东海航线上仍然是以茶叶为主、兼及其他，并且主要是通过僧侣和商人等传播；而在南海航线上尤其是东南亚地区则因为大量移民而传入了许多食物原料及农业生产技术，丰富了当地人的饮食生活。

一、日僧荣西与中国茶的再传

宋朝时期，中日两国没有官方往来、主要依靠民间往来，僧侣和商人成为两国交往的桥梁和纽带，其中僧侣又因文化层次和社会地位高，常常有半官方的作用。木宫泰彦《日中文化交流史》之《南宋时代入宋僧一览表》和《来日宋朝僧侣一览表》统计，这一时期入宋的日僧多达 109 人，宋朝应邀去日本弘法的僧侣有兰溪道隆、兀庵普宁、大休正念等 20 余名。② 其中，荣西两度入宋求法，将天台山茶叶、茶籽以及种茶、制茶技术等传入日本，并撰写《吃茶养生记》，使中国茶文化在日本传播中断 300 年后重新恢复，奠定了日本持续至今的种茶饮茶基础，被誉为日本茶圣、茶祖。至今，日本许多茶厂、茶馆都挂有荣西禅师肖像，所撰的《吃茶养生记》更是家喻户晓。

荣西（1141—1215），8 岁开始学习佛教，其后两次入宋。第一次是日本仁安三年（1168），历时 5 个月，从日本的博多港出发，搭乘宋朝商船到达明州（今宁波），游历了天台山、阿育王山等，对在天台山向罗汉供茶一事作了记载，带回《天台新章疏》30 余部、共 60 卷。第二次是公元 1187 年—公元 1191 年，历时 4 年有余，搭乘中国商船出发渡海，到达南宋都城临安（今杭州），后在天台山学习佛法，公元 1191 年 7 月带着众多书籍、法物等搭乘宋朝商船回到日本，其著名弟子有行勇、道光、荣朝和明全等。他在饮食文化传播

---

①　李德金、蒋忠义、关甲堃：《朝鲜新安海底沉船中的中国瓷器》，《考古学报》1979 年第 2 期。

②　［日］木宫泰彦：《日中文化交流史》，胡锡年译，商务印书馆 1980 年版，第 306—334、369—370 页。

上最著名的是再次将中国茶种带入日本、广泛传播并撰写《吃茶养生记》。而关于荣西将中国茶种带回日本的时间，主要有两种说法：一是荣西第一次入宋回国时即带回。如武陵子指出："据日本史料记载，荣西在第一次入宋回国时，就带回有茶籽"；安德天皇文治元年（1185），即荣西第二次入宋的前一年"把从宋朝带回来的茶籽赠送给拇尾高山寿寺的明惠和尚种植，并详细传授了栽培方法"。① 二是荣西第二次入宋回国时。持此说者较多。日本虽然早在奈良朝时期就已将茶引入、有饮茶之风，但此后逐渐消失，直到荣西再次入宋带回茶种。他率先在位于九州佐贺、福冈地区的背振山种茶，所产茶称为"岩上茶（石上茶）"，后在博多圣福寺、镰仓寿福寺、京都建仁寺等地推广种茶，因此，背振山被称为日本的"茶叶发祥地"。日本森鹿三指出，荣西第二次入宋前在北九州时即将那里与中国的茶种植地作了比较考察，选择了横跨福冈县和佐贺县境内的背振山系作为大体相当的茶种植地。②

荣西在日本传播茶种的过程中，最重要的是把茶种赠送给京都拇尾山的明惠上人高辨，而高辨先在京都西北的拇尾播下茶种，后又在京都东南的宇治分植推广，出现著名的拇尾茶、宇治茶，接着又传播到大和（今奈良）、骏府（今静冈）等地，将茶更为广泛地种植。日本森鹿三指出，1295 年建仁寺建成，拇尾高山寺的明惠上人经常去该寺向荣西请教，荣西劝明惠吃茶并赠予茶种。至今高山寺还珍藏着当时盛茶种的小壶。明惠上人将茶种种植于姆尾并取得成功。在此后的两个世纪中拇尾茶被称作"本茶"，此外的茶则称作"非茶"。③ 明惠上人在拇尾种茶成功后又将茶种分植到宇治。现今黄檗山万福寺"驹印足"碑刻有明惠上人的歌句："拇尾山上茶分植，抑是遍地驹印足。"到室町初期，宇治茶已与拇尾茶等并列。木宫泰彦《中日佛教交通史》所载《异制庭训往来》中就写道："以拇尾为第一也。仁和寺、醍醐、宇治、叶室、般若寺、神尾寺，是为辅佐。"④ 不久，将军家在宇治拥有了自己的茶园，宇治茶名声逐渐超越拇尾而成第一。

荣西撰写的《吃茶养生记》有多个版本，内容十分丰富，成为日本茶文化的重要标志。该书分上、下两卷，全用汉文写成，是世界上继陆羽《茶经》之

---

① 武陵子：《茶香万里传友谊——荣西与中日茶文化交流》，《山西大学师范学院学报（哲学社会科学版）》1990 年第 2 期。

② ［日］森鹿三：《中国茶传入日本》，毛延年译，《茶业通报》1980 年第 1 期。

③ ［日］森鹿三：《中国茶传入日本》，毛延年译，《茶业通报》1980 年第 1 期。

④ ［日］木宫泰彦：《中日佛教交通史》，陈捷译，中国书店 2010 年版，第 329 页。

后的第二部很有影响的茶叶专著。该书开篇就指出了茶的养生功用及写书目的："茶也养生之仙药也，延龄之妙术也。山谷生之，其地神灵也；人伦采之，其人长命也。天竺、唐土同贵重之，我朝日本曾嗜爱矣"，因此"不如访大国之风，示近代治方乎。仍立二门，示末世病相，留赠后昆，共利群生矣"。[①] 两门即上、下两卷，分别为"五脏和合门"与"遣除鬼魅门"。其中，上卷首先总体论述了吃茶能强心健五脏、养生健身的道理，然后分述茶的名字、形状、功能及采茶时节、制茶技术等，包括"一茶名字""二茶树形花叶形""三茶功能""四茶时节""五采茶样""六调茶样"；下卷主要论述以桑树治病养生之道，但也有吃茶治病的论述。如"吃茶法"言："极热汤以服之，方寸匙二三匙。多少随意，但汤少好，其又随意云云。殊以浓为美，饭酒之次，必吃茶，消食也……桑汤茶汤不饮，则生种种病。"他指出："贵哉茶乎！上通诸天境界，下资人伦矣。诸药各为一种病之药，茶为万药而已。"[②]《吃茶养生记》完成之时，镰仓幕府将军源实朝正苦于伤酒，荣西向他献上该书，并用亲自采茶泡制的茶饮治愈了将军之疾，受到将军大力推崇。此事载于镰仓幕府事迹的编年体著作《吾妻镜》建保二年（1214）载："将军家（指镰仓幕府第三代将军源实朝）聊御病恼，诸人奔走，但无殊御事。是若去夜御渊醉余气欤？爰叶上（荣西）僧正，候御加持之处，闻此事，称良药自本寺（寿福寺）召进茶一盏，而相副一卷书，令献之。所誉茶德之书也。将军家及御感悦。"[③] 此后，《吃茶养生记》在日本广为流传，"不论贵贱，均欲一窥茶之究竟"。

《吃茶养生记》是中日文化交流的杰作，通篇大量引用了中国古书及古诗文的相关记载和描述。书中明确指出的引用材料就有《茶经》《尔雅》《广雅》《吴兴记》《博物志》《本草》《神农食经》《宋录》《华佗食论》《壶居士食忌》《陶弘景新录》《桐君录》《本草拾遗》《夭台山记》《白氏六帖》以及杜育茹、张孟阳、白居易等人的诗文集，其所撰"皆有禀承于大国者"。也正是荣西再次将茶传入日本并撰写出广为流传的《吃茶养生记》，才使得中国茶在日本持续不断地传播至今并发扬光大。

① ［日］荣西：《吃茶养生记：日本古茶书三种》，王建等译，贵州人民出版社2003年版，第1—2页。

② ［日］荣西：《吃茶养生记：日本古茶书三种》，王建等译，贵州人民出版社2003年版，第26页。

③ 《吾妻镜》卷22，日本经济杂志社1903年版，第391页。

二、宋朝与高丽朝贡贸易及龙凤团茶和腊茶传播

高丽统一朝鲜半岛后，对茶叶的需求和使用并没有似日本有所中断而是一直延续。宋朝为了加强与高丽的友好联系等目的，则通过朝贡贸易的"赐物"形式将宋朝高级的龙凤团茶及腊茶传入高丽，其后民间贸易也将这些茶叶作为重要的贸易物品。

朝贡贸易是宋朝与高丽伴随着双方使节往来的官方贸易形式。从官方往来而言，北宋时期双方使节往来极为密切频繁，南宋时期则较为冷淡疏远。据《宋史》和《高丽史》等史料统计，从公元962年到公元1126年的160余年里，北宋使节赴高丽24次，高丽遣使赴北宋63次，双方使节往来87次。[①]到南宋时，由于宋朝和高丽都迫于金国军事压力等原因而减少了官方交往。据统计，从公元1127年到公元1279年，"在这152年期间，南宋遣使赴高丽仅有4次，高丽向南宋遣使共8次，双方使节往来仅12次，平均十年不到一次，可见往来之冷淡与疏远"。[②]双方使节往来中，高丽向宋朝"献方物"，而宋朝则回赐物品，实质上是变相的官方贸易。北宋时不仅对高丽贡物免税、且由市舶司估价后回赠物品，1079年（宋神宗元丰二年）后就不再估价、而以万缗为定数。《宋史·高丽传》载："前此贡物至，辄下有司估直（值），偿以万缗，至是命勿复估，以万缗为定数。"[③]其中，北宋的支出和赐物价值远大于高丽所献，以至于引起官吏反对。苏轼任礼部尚书时曾上疏《论高丽进奉状》言："臣伏见熙宁以来，高丽人屡入朝贡，至元丰之末，十六七年间，馆待赐予之费，不可胜数，两浙、淮南、京东三路，筑城造船，建立亭馆，调发农工，浸渔商贾，所在骚然，公私告病，朝廷无丝毫之益，而夷虏获不赀之利。……自二圣嗣位，高丽数年不至。"[④]宋朝李焘《续资治通鉴长编》载：对于高丽使节，"（北宋）朝廷待遇之礼、赐予之数，皆非常等，恩旨亲渥，至于次韵和其诗，在馆问劳无虚日，多出禁苑珍异赐之"，并且令地方官方"沿路供顿，极于华盛，两浙、淮南州郡为之骚然"。[⑤]

① 杜瑜：《海上丝路史话》，社会科学文献出版社2011年版，第121页。

② 杨昭全、何彤梅：《中国—朝鲜·韩国关系史》上册，天津人民出版社2001年版，第243页。

③ 《宋史》卷487《外国三·高丽传》，中华书局1977年版，第14047页。

④ （宋）苏轼：《苏轼文集》卷30，孔凡礼点校，中华书局1986年版，第847页。

⑤ （宋）李焘：《续资治通鉴长编》卷452，哲宗元祐五年十二月乙未，中华书局1992年版，第10851页。

宋朝一直秉持"薄来厚往"的原则，回赐给高丽的赐物不仅品种丰富而且价值更高，而茶叶是其中的重要物品，龙凤团茶及腊茶更是其中极为珍贵之品。杨昭全、何彤梅指出，北宋通过"赐物"形式给高丽的物品，品种众多，主要有服饰类、金银器皿类、丝织品类、瓷器类、药材类、书籍类、茶叶以及漆器、铁器、酒、糖等，其中"茶也是宋向高丽输出的一项物资"。[①] 龙凤团茶及腊茶作为宋朝贡品和高级稀有之品，在早期是以"赐物"形式传入高丽。《高丽史·文宗世家》载：公元 1078 年（宋神宗元丰三年），宋使安焘出使高丽时，带去的礼物达 100 余种、总数 6000 件，包括各种服饰、金花银器 2000 两、杂色川锦 100 匹、花纱 500 匹、白绢 2000 匹、龙凤茶 10 斤、杏仁煮法酒 10 瓶、龙凤烛 10 对以及各种手工艺品。其中，对龙凤茶采用精致包装："龙凤茶一十斤，每斤用金镀银竹节盒子、明金五彩装腰花板朱漆匣盛，红花罗夹帕复，龙五斤，凤五斤。供御杏仁煮法酒一十瓶。"[②] 龙凤团茶是宋朝最高级的稀有和珍贵之品，属于北苑等官茶园的贡茶，曾专供御用，偶尔也赏赐王公大臣，后来才逐渐流入民间，但也比较罕见。关于龙凤团茶的来历和珍贵情况，有许多文献记载。《古今事文类聚续集·香茶》载："建州大小龙团始于丁晋公，而成于蔡君谟。宋太平兴国二年（977）始置龙焙，造龙凤茶。咸平（998—1003）中，丁晋公为福建漕，监造御茶龙凤团。庆历（1041—1048）间，蔡公端明为漕，始改造小龙团茶，仁宗尤所珍惜。"[③] 宋朝皇帝对龙凤团茶的赏赐是随其产量而有所改变的，最初由于龙凤团茶产量极少则只是偶尔少量为之，直到龙凤团茶的产量提高后才有所增加，而大臣们得到赏赐的龙凤团茶则珍爱有加、主要用于珍藏和欣赏。欧阳修在《归田录》中云："茶之品，莫贵于龙凤，谓之团茶，凡八饼重一斤。庆历中蔡君谟为福建路转运使，始造小片龙茶以进，其品绝精，谓之小团。凡二十饼重一斤，其价直金二两。然金可有而茶不可得。每因南郊致斋，中书、枢密院各赐一饼，四人分之。宫人往往缕金花于其上，盖其贵重如此。"[④]《茶录》中又载："余自以谏官供奉仗内，至登二府，二十余年，才一获赐"，而且"两府八家分割以归，不敢碾试，相家藏以为宝，时有佳客，出而传玩尔。"随着茶叶产量的提高，龙茶的赏赐有所增加，"至嘉祐七

① 杨昭全、何彤梅：《中国—朝鲜·韩国关系史》上册，天津人民出版社 2001 年版，第 250 页。

② ［朝鲜］郑麟趾等：《高丽史》卷 9《文宗三》，首尔大学藏奎章阁本。

③ （宋）祝穆：《古今事文类聚》续集卷 12《香茶》，景印文渊阁四库全书本。

④ （宋）欧阳修等：《归田录》，上海古籍出版社 2012 年版，第 22 页。

年（1062），亲享明堂，斋夕，始人赐一饼，余亦忝预，至今藏之"①。

腊茶，又名蜡面茶，其珍贵程度还在龙凤团茶之上，因制作时加入名贵香料膏油、印制成饼茶后光润如蜡，煎点时有"乳泛汤面，与镕蜡相似"而得名。程大昌《演繁露》言："蜡茶，建茶名。蜡茶为其乳泛汤面，与镕蜡相似，故名蜡面茶也。杨文公《谈苑》曰：'江左方有蜡面之号'，是也。今人多书蜡为腊，云取先春为义，失其本矣。"②王祯《农书》言："蜡茶最贵而制作亦不凡：择上等嫩芽，细碾，入罗，杂脑子诸香膏油，调齐如法，印作饼子。制样任巧，候干，仍以香膏油润饰之。其制有大小龙团、带胯之异。此品惟充贡献，民间罕见之。"③宋朝腊茶最初仅供皇帝享用，不作赏赐之用，当产量增加后才赏赐重要大臣，后逐渐在民间少量流通、上层人士享用。宋朝杨亿《杨文公谈苑》载当时的皇帝将御用龙凤茶按级别赐给王公大臣、但不会赏赐蜡面茶，指出："龙茶以供乘舆及赐执政亲王长主，余皇族学士将帅皆凤茶，舍人近臣赐京铤的乳，馆阁白乳。"④

需要指出的是，由于龙凤团茶和腊茶十分珍贵难得，宋朝作为"赐物"赏赐给高丽的也不多，它们传入高丽的另一条重要途径应该是宋朝与高丽之间的民间贸易，由此，高丽在饮茶上十分珍视和推崇龙凤团茶和腊茶。北宋徐兢出使高丽所撰写的《宣和奉使高丽图经》载："土产茶，味苦涩不可入口，惟贵中国腊茶，并龙凤赐团。自锡赍之外，商贾亦通贩，故迩来颇喜饮茶。"⑤

三、东南亚华侨与华夏食物原料及其制作技术的传播

宋元时期，中国和东南亚诸国之间的海上交流十分频繁，中国的一些商人、僧侣等因为各种原因短期或永久居住生活于东南亚各国，成为早期扎根于这些国家的华侨。他们为当地带来了中国先进的农业文明，其中就包括各种食物原料及其制作技术。

在宋元之前，中国僧侣、商人就已经在海外短期或永久居住。在僧侣中最

---

① 李之亮笺注：《欧阳修集编年笺注》第 4 册，巴蜀书社 2007 年版，第 233 页。

② （宋）程大昌：《演繁露续集》卷 5，景印文渊阁四库全书本。

③ （元）王祯：《农书》，中华书局 1956 年版，第 113 页。

④ （宋）杨亿口述：《杨文公谈苑》，黄鉴笔录，宋庠整理上海古籍出版社 1993 年版，第 142 页。

⑤ （宋）徐兢：《宣和奉使高丽图经》卷 32，中华书局 1985 年版，第 109 页。

著名的是东晋法显和唐朝义净。法显于公元 399 年从陆路前往印度求法，于公元 411 年从锡兰（今斯里兰卡）回国，中途遇台风，漂流到耶婆提国（一说为今爪哇，一说为今苏门答腊），逗留五月后航行到广州，历时 13 年多。法显是我国历史上从陆路西行、海路回国的第一人，也是有记载的首个到达印度、斯里兰卡、印度尼西亚并横渡印度洋的僧侣，撰写的《佛国记》（又称《法显传》）记载了当时海上丝绸之路南海航线沿岸各国水文、气象情况及其航海的经历，保存了该航线上各国的各种宝贵资料。该书指出，他曾在印尼的一大商港耶婆提停留，与他一同搭船回广州的还有 200 多人，而且多数是商人。唐朝义净前往印度，其路线是"海去海归"，经过了 30 多个国家，在国外生活 25 年，不仅在佛教圣地那烂陀住了 10 年，还先后在印度尼西亚的苏门答腊住了 10 余年，撰写了《南海寄归内法传》《大唐西域求法高僧传》。当时统治苏门答腊的室利佛逝国囊括了巨港（今占碑地区）、邦加和克拉峡，并控制马六甲海峡，成为中国与印度交通线上的重要港口，不仅是客商云集的繁盛商港，而且是研究佛学的中心。此时，中国与东南亚诸国的海上贸易十分繁荣，东南亚商人来中国经商、生活、定居，很多中国人也跟随船队到东南亚居住。朱彧《萍洲可谈》载："北人（中国人）过海外，是岁不还者，谓之住番。诸（蕃）国人至广州，是岁不归者谓之住唐。"[①] 这些住蕃的中国人，有的可能是主动选择，有的则是由于当时航海条件限制。因为当时海上交通依靠帆船和季风的风向，从中国到东南亚各国必须依靠十月末至十二月之间的东北风，从东南亚到中国则需要在四月末至五六月之间西南风，中国人到东南亚再返回至少需要等到来年风向转换时才行，有的则成为久居东南亚的华侨。阿拉伯人马素提《黄金牧地》一书载，公元 943 年，他到达苏门答腊，就看见许多中国人在岛上耕种，其中又以巨港最为集中。可见，当时中国人到达东南亚后，还是以农业为主，多聚居在港口城市，并以此为中心，将先进农业生产技术不断传授影响到当地土著，对当地的农业发展、饮食生活产生深远影响。

到宋朝，中国和东南亚各国人民的友好往来和经济、文化交流更为频繁，有了更深的了解。周去非所撰《岭外代答》中就有 1 卷专门记载东南亚的越南、柬埔寨、缅甸、印尼等国。赵汝适的《诸蕃志》也记述了东南亚多国的风土物产。赵汝适曾任提举福建路市舶司，借助其职务便利，遍访各路海商，收集各

---

① （宋）朱彧：《萍洲可谈》卷 2，中华书局 2007 年版，第 134 页。

国资料，其书中涉及很多华侨在东南亚生活聚居经商的内容。如该书"蒲甘国"条就记载到"蒲甘国有诸葛武侯庙"[①]，蒲甘指的就是今天的缅甸。这说明当时在缅甸已有了较为庞大的华人群体，立庙的同时还需要有绵延不断的香火、贡品、祭祀活动等，华夏饮食文明也必将在当地获得广泛传播。尽管缅甸的华侨有可能是沿南方丝绸之路迁入，但是随着宋朝海上航路的发展，缅甸沿海也是当时船队重要的停泊、交易港口，因此，不排除通过海路移民缅甸的华侨。宋朝时，与中国贸易最为频繁的国家还是印度尼西亚。此时，以苏门答腊为都、雄踞巨港附近、控制着马来半岛的室利佛逝国被称为三佛齐，与中国往来十分密切。据《宋史》记载，当时三佛齐国遣使来华进行朝贡贸易有 20 多次，当地也都十分优待中国商人，"中国贾人至者，待以宾馆，饮食丰洁"[②]。马来亚史学者温斯泰德指出，三佛齐时期，中国人来到当地后，起初主要从事农业和其他正当工作，此后也逐渐腐化，成为海盗。[③] 这一记述从侧面反映了当时印尼有很多华侨移民，而且从事着农业种植等相关工作。此外，东南亚其他国家也有华侨定居生活的记载。如在越南，郑思肖《心史》载："诸文武臣，流离海外，或在占城，或婿交趾，或别流远国。"[④] 指的是宋末遗臣流寓定居于越南等地，这其中也不乏通过海上丝路到达越南沿岸城市的中国人。类似情形也出现在泰国，宋朝时的泰国中部出现了罗斛国。罗斛国，在隋唐时被称为赤土国，后分为罗斛、暹罗两国。宋朝时，泉州港便有航线直通暹罗湾，沿克拉地峡东岸而入罗斛国，中国许多人长期居住于此，其中一部分是由于战乱和改朝换代而南迁至此的家族。据《宋史·陈宜中传》载，南宋宰相陈宜中就在宋元易代之际，因避兵乱而取道占城转入湄南河上游的暹国，终老于其地。这些人不论是主动还是被动地流寓于东南亚各地，都在客观上带去了中国的食物原料及其生产技术。如周去非《岭外代答》记载，当时航行南海的船舶舵长数丈，一船载几百人，积一年粮食，还能在船上养猪和酿酒。可见当时不仅出海规模庞大，而且由于航海的时间十分漫长，船上会载有各种便于携带的食物原料（见图 2-9），这些食物原料及其加工技术也必然会跟随着航船传播至海外诸国。

---

① 杨博文校释：《诸蕃志校释》，中华书局 1996 年版，第 31 页。

② 《宋史》卷 489《外国五》，中华书局 1977 年版，第 14091 页。

③ ［英］温斯泰德：《马来亚史》，姚梓良译，商务印书馆 1958 年版，第 30 页。

④ （宋）郑思肖：《心史》，载《宋集珍本丛刊》第 90 册，线装书局 2004 年版，第 504 页。

至元朝，众多宋朝遗民移居海外，很多人通过海路前往越南定居。在《大越史记全书》《钦定越史通鉴纲目》中都记载了相关史实，说明当时从中国而来人数量庞大。元朝时在中南半岛诸国如柬埔寨等也有很多华侨，周达观《真腊风土记》中就有较为详细的描述。周达观在贞元元年（1295）奉

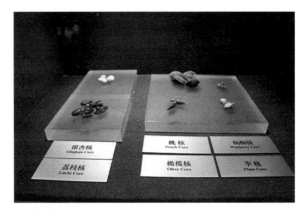

图2-9 随泉州湾宋代古沉船出土果核（笔者摄于"泉州湾古船陈列馆"）

命出使真腊（今柬埔寨），到了今天的洞里萨湖、暹粒、吴哥等地，至大德元年（1297）回国。他根据亲身经历写成《真腊风土记》一书，记载道："今亦渐有焚者，往往皆是唐人之遗种也"；"国人交易，皆妇人能之，所以唐人到彼，必先纳一妇人者，兼亦利其买卖故也。……往年土人最朴，见唐人颇加敬畏，呼之为佛，见则伏地顶礼。近亦有脱骗欺负唐人者矣，由去人之多故也。"[1]可见，当时已有华人定居，土著居民最初对中国人都比较尊重，而此后随着中国人不断增多、良莠不齐，其态度开始转变，"唐人之为水手者，利其国中不着衣裳，且米粮易求，妇女易得，居室易办，器用易足，买卖易为，往往皆逃逸于彼"[2]。华侨到柬埔寨后，发现生活相对较易，便与当地人通婚，长期定居。这些在柬埔寨生活的中国人最初基本上是以农业生产为主，将中国先进农业技术和食物原料带到了当地。

在马来西亚、菲律宾、文莱等地也有华侨经商、定居的记载，如元朝汪大渊《岛夷志略》记载在渤泥（今文莱）："尤敬爱唐人，醉也则扶之以归歇处。"[3]由于中国人在东南亚地区进行和平贸易，友好往来，给当地人民留下了良好的印象，当地人对都十分尊敬唐人。在马来半岛的古国龙牙门（约在吉打与北大年之间）"男女兼中国人居之，多椎髻穿短布衫，系青布捎"。可见当时中国人已与当地人通婚杂处，还形成了一些华人聚居地。婆罗洲有一地被称作勾栏

① 夏鼐校注：《真腊风土记校注》，中华书局1981年版，第134、147页。
② 夏鼐校注：《真腊风土记校注》，中华书局1981年版，第180页。
③ 苏继顾校释：《岛夷志略校释》，中华书局1981年版，第148页。

山，即格兰岛，元朝有大批华人定居于此。《岛夷志略》载："国初，军士征阇婆，遭风于山下，辄损舟，一舟幸免，唯存丁灰。见其山多木，故于其地造舟一十余艘，若樯柂、若帆、若篙，靡不宜备，飘然长往。有病卒百余人不能去者，遂留山中，今唐人与番人丛杂而居之。"[1] 从此文献记载看，宋元之际，有些东南亚华侨聚居一处，自成村落，有些杂居于当地人之间，与当地妇女通婚，开始同当地民族同化融合起来。[2]

可以说，宋元时期的华侨在东南亚各地生活繁衍，进行农业生产，促进了当地经济的发展。印尼史学家陶威斯·德克尔在《印尼史纲要》一书写到他们的祖先向中国学习了用蚕丝纺绸。对于农业及食物原料的传播来说，也是如此。当地土著居民不仅从华侨处直接接触到来自中国的食品、食物原料，华侨在当地的农业开发也带来了更为先进的农业和食品加工技术，对东南亚经济和社会发展产生了深远影响。

饮食器具及其制作技术

宋元时期，中国的瓷器及其制作技术发展迅速，海上丝绸之路传播的饮食器具主要是各种类别的瓷器，是海船最好的压舱之物，传播地已扩大至亚非大多数国家和地区，以商贸尤其是民间商贸为主，同时通过人员往来传播了陶瓷制作技艺，在亚非的一些国家出现了品质较高、深受喜爱的本土瓷器或仿制瓷，如日本的濑户烧、高丽青瓷和埃及仿宋瓷等。宋元时期是瓷器通过海上丝绸之路外销的兴盛期，饮食用瓷器在许多国家已成为日常饮食生活的必备器具，不仅丰富了当地民众的饮食生活，也直接促进了各国制瓷业的发展。

四、宋朝与日本的贸易以及陶瓷饮食器东传

宋朝与日本的商人贸易从最初一年一船次逐渐发展到二船次、三船次甚至四船次以上，促进了两国经济和社会发展。据不完全统计，宋朝很多商人专门从事中日贸易，有姓名可考的就有周世昌、陈仁爽、徐仁满、郑仁德、朱仁聪、周文德、周文裔、孙忠、李充等20余人。许多人都有规模较大的商队，

---

① 苏继庼校释:《岛夷志略校释》，中华书局 1981 年版，第 248 页。

② 朱杰勤:《东南亚华侨史》，高等教育出版社 1990 年版，第 11—17 页。

有纲首即船长负责船舶航行事务、代表官府行使对商队的管理之权。宋代朱彧《萍洲可谈》载："海舶大者数百人，小者百余人，以巨商为纲首、副纲首、杂事，市舶司给朱记，许用笞治其徒。"[①]宋朝商船大多以明州（今宁波）为主要出发港，渡海到日本九州的博多、平户和今津等港口进行贸易。当时，宋朝对日贸易以明州为中心，主管机构是市舶司，负责出入船舶的稽核、收税，也充当官商；日本的贸易则以博多为中心，最初是由太宰府查验、采购，剩余部分才进行民间贸易，但后来民间贸易逐渐占有更大比例。宋朝许多商人到日本后便就地建房，有的甚至在日本娶妻生子，从"岸边贸易"到"住蕃贸易"，以至于在博多港出现了"唐房"和"宋人百堂"——中国在海外最早的唐人街。其最大宗的贸易商品则是瓷器，饮食用瓷器又占有较大数量。

博多位于日本北九州福冈市，是中日贸易的重要港口，早在公元7—8世纪时已是日本与唐朝相通的门户和遣唐使的出航地，到11世纪镰仓时代以后是与宋朝贸易的核心，尤其是在武家平清盛执政后多种措施极力促进与宋朝的海上贸易。而平清盛除了解除日商出海禁令，最重要的是公元1161年在博多修建了日本第一个人工港口——"袖凑"。因此，宋朝商人大多选择在博多定居，被称作唐人。当时，博多的人口大约2万—3万人，有1000余户唐人家庭，形成了日本最早的一条中华街——大唐街（最初称为"博多津唐房［唐坊]"）。日本《石清水文书》载，当时在博多的篝崎宫前一带有一条唐人街，居住着很多宋人，并按照宋朝习俗在街中兴建了许多祠堂，被称为"宋人百堂"。在这条唐人街上居住着千余家宋人，商人最多，最著名的是谢、王、张氏等大富商家，他们甚至因为大宰府官吏的嫉妒而遭到洗劫。据日中共同声明实行促进福冈恳话会《一个中国人之墓》记载，公元1151年，大宰府的目代宗盛等率五百余骑军兵袭击并掠夺了答崎、博多的宋人王昇之后家以下1600余家。其后，宋朝商人以博多为中心，向周边辐射，在九州地区出现了许多与中国人居住有关的地名，如唐坊即中国人居住的街坊，当坊、当方、东方、东坊，日语中无论发音还是意义都和唐坊相同。此外，九州地区还有因中国人到来而出现的地名，如唐津、唐人原、唐人川、唐浜、渡唐口、唐防地等。

瓷器是中国对日本贸易的主要商品之一，宋朝是中国陶瓷器外销日本的兴盛期。木宫泰彦指出：当时宋商运来的贸易品"主要可能是锦、绫、香药、茶

---

① （宋）朱彧：《萍洲可谈》卷2，中华书局2007年版，第133页。

碗、文具等物"①。瓷器作为输入日本的大宗商品，主要来自浙江、广东、福建等地瓷窑，因当时这些地区都以烧造外销产品为主，并且利于海上运输。据1978年日本东京国立博物馆编纂、刊行的《日本出土的中国陶瓷》考古发掘资料载，北宋后半期至南宋时期即日本平安后期至镰仓早期，中国陶瓷在日本出土地点分布极为广泛，北起东北、南到冲绳，无论是港口、民众住宅还是寺院等遗址，几乎都发现过中国陶瓷，并且在京都、镰仓、福山、福冈及其附近以及冲绳诸岛均有集中发现。日本楢崎彰一指出："到1978年为止，出土中国陶瓷的遗址，在日本全境总计达988处。"其后又逐年激增，时代明确的约占70%，而宋元时代的陶瓷又占了75%；"这些中国陶瓷在全国的出土分布，从府、县来看是：福冈县（207处遗址）、熊本县（117处遗址），占了压倒的多数。"②博多作为中日重要贸易港口和陶瓷器进入日本后的重要集散地，是出土宋朝陶瓷器数量最多的地区之一。据考古资料表明，从1970年至2002年，博多地区在抢救性考古发掘时发现了大量宋朝陶瓷器，其中许多陶瓷器上还有墨书，有"纲""〇纲"和"林""王""唐"等姓氏，有"一""二""十"等数字。为此，博多研究会编辑出版了《博多遗址群出土墨书资料集成》系列书籍。黄建秋研究指出，墨书中的纲即纲首，是海船航行负责人、船长，通常也是大商人，"〇纲"是船长、大商人所属的标志；而单个墨书的姓氏则是中小商人或船员所属的标志。③可见，当时对日贸易参与者十分广泛。

宋朝外销到日本的陶瓷器种类多、数量大，包括盘、碗、瓶、罐、壶、水注、经筒等。其中有大量的饮食器具，尤其以碗盘最多。据陈高华《宋元时期的海外贸易》记载，日本《朝野群载》中有"大宰府附异国大宋商客事"的一张"公凭"，是研究宋代对日外销瓷贸易的珍贵资料。④这个公凭是宋朝崇宁四年（1071）两浙路市舶司签发发给泉州商人李充到海外经营的许可证，其中载道：李充"今将自己船壹只，请集水手，欲往日本国，转买回货。经赴明州市舶务抽解，乞出给公验前去者"；所带货物有"象眼肆匹，生绢拾匹，白绫贰拾匹，甆垸（瓷碗）贰佰床，甆堞（瓷碟）壹佰床"。陈丽华指出："床"应

① ［日］木宫泰彦：《日中文化交流史》，胡锡年译，商务印书馆1980年版，第247页。

② ［日］楢崎彰一：《日本出土的宋元陶瓷和日本陶瓷》，杨琮、范培松译，《南方文物》1990年第3期。

③ 黄建秋：《福冈市博多遗址群出土宋代陶瓷器墨书研究》，《学海》2007年第4期。

④ 陈高华、吴泰：《宋元时期的海外贸易》，天津人民出版社1980年版，第75页。

为安置器物的架子，按当时一床 200 个单位计算，那么"瓷碗贰佰床"就有瓷碗 40000 个、"瓷碟壹佰床"瓷盘 20000 个。[1] 可见当时宋朝商人通过海上丝绸之路对日本销售瓷器的数量极大，是除丝织品之外最重要的大宗货物之一。据考古发现，宋朝外销日本的瓷器以浙江龙泉窑或龙泉系统的青瓷为多数，出土的瓷碗里刻花、外有浮雕莲瓣纹，圈足宽矮、挖足浅，胎壁厚、釉薄而光亮。三上次男指出，从 11 世纪后半期到 12 世纪，中国陶瓷向日本大量出口，到 13 世纪则有了显著的增长，进口到日本的中国陶瓷，以浙江龙泉或龙泉系统的青瓷为主，此外还有江西景德镇、福建晋江和建阳、江西吉州和广州西村的青白瓷和白瓷、青釉瓷、黑瓷和褐釉瓷。[2] 楢崎彰一更将宋元时与日本贸易的陶瓷器分为三个时期，并指出陶瓷器尤其是饮食器的特征：第一期是从 11 世纪末至 12 世纪末（平安时代末期），占多数的白瓷有碗、盆、盒子、壶、水注、水滴等，种类相当丰富，而圆唇带圈足和口沿外折、圈足较高的两种碗最为常见。第二期从 12 世纪末至 13 世纪中叶（南宋后半期、镰仓时代前半期），中国陶瓷的输入从日本的东北地区直达冲绳诸岛开始广泛渗透，有龙泉窑系、同安窑系的青瓷，景德镇和江南地区民窑的白瓷，福建、广东等民窑烧制的铁釉陶器和彩釉陶器等，极为丰富多彩。以青瓷碗而言，除越州窑系外，龙泉窑系浮雕划花纹碗、莲瓣纹碗和同安碗系的梳描纹碗盘类的数量在扩大。白瓷碗中，各地常见的是圆唇口沿的碗和卷沿碗。第三期是 13 世纪后期至 14 世纪中叶（元朝、镰仓时代后期至南北朝），陶瓷输入日本的地区与前期大致相同，陶瓷饮食器特征有所变化。以青瓷碗而言，龙泉窑系有棱莲瓣纹碗占了主要地位，这时期具有特征性的器物是折唇口沿的大小盘类。[3]

五、加藤四郎"濑户烧"与中国瓷器制作技艺东传

由于对瓷器的喜爱和追捧，日本不仅通过贸易获得中国瓷器，也尝试仿制中国瓷器，较早就出现了陶瓷业，在奈良和平安时期已较普遍，但制作技术水平不高。直到镰仓时期加藤四郎到南宋学习制瓷技术，回日本后在濑户成功烧制出濑户天目等陶瓷器，并建窑进行大规模烧制、世代相传、被称作"濑户

---

[1]　陈丽华：《唐宋时期泉州与东北亚的陶瓷贸易》，《海交史研究》2006 年第 1 期。

[2]　[日] 三上次男：《从陶瓷贸易看中日文化的友好交流》，《社会科学战线》1980 年第 1 期。

[3]　[日] 楢崎彰一：《日本出土的宋元陶瓷和日本陶瓷》，杨琮、范培松译，《南方文物》1990 年第 3 期。

烧"，才使日本陶瓷业技术水平出现了划时代意义的提高。后来，日本将加藤
四郎尊为"日本瓷器的鼻祖"和"陶祖"，还在其创建的濑户窑址建了纪念碑。
木宫泰彦评价说加藤四郎"为日本制陶技术开辟了新纪元"。

关于加藤四郎之事迹，王辑五《中国日本交通史》中所载《濑户窑世系》
写道：嘉定十六年（1223），"加藤四郎左卫门景正，曾随道元入宋，研究中国
制陶术而归，在尾张之濑户开窑，创所谓濑户烧，为日本制陶术，开一新纪
元"。[①] 王辑五根据《加藤四郎传记》等文献进一步指出："在日本工艺方面，
受宋代影响之最著者，为制陶器法之传入。1223 年，加藤四郎左卫门愤其父
制陶器之失败，乃随永平寺僧道元入宋，学陶器制法于天目山，在宋五年，归
国。先开窑于京都近傍，不幸失败，继由美浓至尾张濑户，卒发现良土，试验
成功，濑户烧之名，遂盛传一时，在日本制陶器史上遂开一新纪元焉。"[②] 日本
关于加藤四郎的记载在陶瓷及相关书籍中几乎随处可见，而较早且具有传奇色
彩的是《森田久右卫门日记》。该书载，加藤四郎自九州筑前国博多港渡海，
到宋朝学习制坯烧窑秘籍，回国后屡次试制失败，直到公元 1242 年的某一日
在濑户附近参拜深川神社，得到神灵开示，找到可塑性和耐高温性极好的"木
节黏土"才烧制成功，便在濑户筑窑烧制陶瓷、成为日本著名的"濑户烧"。
为此，加藤四郎专门烧制灰釉陶塑狛犬（似中国石狮）供奉神前以表感谢，周
边及全爱知县的人竞相仿效，成为延续至今的一种风俗。

濑户烧是因加藤四郎学习宋朝陶瓷制作技术、成功仿制而成名，主要产品
是仿宋青瓷和濑户天目，其中有大量的茶碗等饮食器。但是，关于"天目茶碗"
及"天目"的含义乃至加藤四郎学习制陶术之地，中日学者有不同说法。目前，
学术界公认"天目茶碗"一词最早见于日本建武二年（1335）的日本官方文献中，
当时也称"天目盏"。"天目茶碗"及"天目"一词，其含义在不同时期有所不
同、有狭义与广义之分，而且在狭义中还有产地之异，主要为两类：第一，"天
目茶碗"及"天目"，最初指福建建阳等地所制的黑釉瓷茶碗及黑釉瓷（即建
盏），因日本僧侣在浙江天目山修行饮茶时所用而得名，后来其含义扩大指黑
色与柿色铁质釉彩茶碗及陶瓷。日本奥田直荣指出："现在常用的广辞苑的天
目条上写着：'用绿茶末沏茶的一种茶碗，为浅而敞的擂钵形器，因中国浙江

---

① 王辑五：《中国日本交通史》，商务印书馆 1937 年版，第 130 页。

② 王辑五：《中国日本交通史》，商务印书馆 1937 年版，第 131 页。

天目山佛寺的什器而得名。在中国是以建窑产的为代表，在我国濑户产最为出名'"；在日本，"'天目'指的是天目茶碗（建盏和吉州窑黑釉盏）本身和茶碗，并且在茶中起着象征性的存在意义"。① 他认为"天目"是"天目茶碗"的简称。小山富士夫则指出："在日本，狭义的天目就是指建盏"，广义的天目"是所有黑釉陶瓷的代名词"；"天目这个词，最初可能是建盏的意思，继而吉州窑的茶碗也叫作天目，后来变成只要是黑釉陶瓷都叫作天目"。② 中国学者林蔚文言："广义的天目，一般泛指宋元乃至明清之际一些窑口烧制或仿制类似于建窑黑釉盏的各种茶盏，……日本国内称这些来自中国的茶盏为'唐物天目'，称自己国内仿烧的茶盏为'和物天目'。狭义的天目茶盏，一般专指宋代建窑烧造的各类黑釉盏，或兼指与福建邻近的江西吉州窑烧造的类似黑釉盏。"③ 第二，"天目茶碗"及"天目"，最初就是指浙江天目山所制的黑釉瓷茶碗及黑釉瓷，后来其含义扩大指黑釉茶碗及陶瓷。过婉珍《天目茶碗探秘》指出："天目茶碗，指在天目山地区天目窑所烧制出的茶碗"，"天目窑产黑釉碗应是名副其实的真正天目碗"。④

由于"天目"在狭义上有福建建阳与浙江天目山之说，也使得关于加藤四郎学习制陶技术之地也出现两种说法：一是福建建阳、南平等地说。欧阳希君等人在《欧阳希君古陶瓷探究文集》一书指出：经中日双方共同确认，福建南平市茶洋窑址出土的平肩深腹束口黑釉茶碗即为日本收藏、茶道中著名的"灰被天目"茶碗，"日本著名的濑户、美浓窑'铁釉'碗系列的形态可在建窑系黑釉碗中找到它们的原形，证实了传说中的加藤景正确是在中国福建学习的制瓷、窑业等技术"，他回国后"根据濑户的胎土、釉料等实际情况，综合所学，成功创烧了如今被日本政府定为国宝级文物的'濑户天目''菊花天目'"。⑤ 二是浙江天目山说。过婉珍《天目茶碗探秘》则引用日本爱知县濑户市天目陶瓷研究家第九代传人长江秀利先生《濑户天目陶瓷》一文，将日本的天目茶碗与浙江天目山的天目山瓷器在坯胎使用的泥土、窑形状、碗的形制进行比较，

---

① ［日］奥田直荣：《天目》，丁炯淳译，载《中国古外销陶瓷研究资料第三辑》，中国古陶瓷研究会 1983 年版，第 149 页。

② ［日］小山富士夫：《陶瓷大系》，平凡社 1974 年版，第 49 页。

③ 林蔚文：《唐物天目茶盏在日本的传播》，《农业考古》1996 年第 2 期。

④ 过婉珍：《天目茶碗探秘》，载《海上茶路·甬为茶港研究文集》，中国农业出版社 2014 年版，第 285—286 页。

⑤ 欧阳希君：《欧阳希君古陶瓷探究文集》，世界学术文库出版社 2005 年版，第 18 页。

两者大体相同，认为加藤四郎是在浙江天目山学习陶器制法后成功烧制出"濑户天目"。[①] 虽然说法纷纭，还可以进一步考证，但仍然可以发现一些共同点：第一，加藤四郎是到宋朝学习的陶瓷制作技术，是他将宋朝陶瓷制作技术传入日本，成功制作出以"濑户天目"为代表的一系列濑户陶瓷即"濑户烧"。第二，"天目"在狭义上是指黑釉陶瓷，尤其是黑釉茶碗，"濑户天目"是加藤四郎率先在濑户烧制成功的黑釉陶瓷及黑釉茶碗，为当时日本人的饮茶和饮食生活提供了重要的茶具与餐具。而当时日本人对黑釉瓷器尤其是"天目碗"的喜爱，又与宋朝饮茶习俗传入日本有密切关系，因为宋朝盛行"斗茶"，茶色贵白，黑釉茶碗是最好的斗茶器具。但是，濑户烧及濑户天目在仿宋瓷的基础上又根据日本人需求有所创新。日本学者森村建一指出："濑户美浓窑的历史就是模仿福建陶瓷的历史"，但是并非单纯模仿，而是"选择了日本饮食文化和茶文化所需要的器皿进行生产……力求结合日本文化符合日本人的爱好"[②]。

六、宋朝与高丽的贸易及中国瓷器传入高丽

宋朝与高丽的交往和贸易延续着唐朝遗风、是从官方到民间多方位的，不同于此时中日之间主要依靠民间往来与贸易。在众多贸易品中，宋朝输入高丽的瓷器包括饮食用瓷器始终占据着重要地位，途径主要有两条：一是官方朝贡贸易。杨昭全、何彤梅指出，北宋官方贸易通过"赐物"形式输出到高丽的物品众多，而"瓷器类，为北宋向高丽输出的一项重要货物"。[③] 二是民间商业贸易，包括走私贸易，且数量更大、品种更多，因为两国民间商贸比官方往来的批次和人数更多、船队规模更大，陶瓷既深受喜爱又是最好的海船压舱之物。

以民间贸易而言，北宋时期双方民间贸易十分频繁，南宋时期则大为减少。杨昭全、何彤梅在《中国—朝鲜·韩国关系史》一书中用表格形式罗列了"（北）宋商前往高丽贸易状况""南宋商人赴高丽贸易状况"，并统计指出："北

---

① 宁波茶文化促进会、宁波东亚茶文化研究中心编：《海上茶路·甬为茶港研究文集》，中国农业出版社 2014 年版，第 285—286 页。

② ［日］森村建一：《濑户美浓窑对福建陶瓷的模仿和中日禅僧》，曹建南译，《海交史研究》2007 年第 2 期。

③ 杨昭全、何彤梅：《中国—朝鲜·韩国关系史》上册，天津人民出版社 2001 年版，第250 页。

宋时，宋商共 103 批 3169 人赴高丽从事贸易。南宋时，宋商共 32 批 1771 人赴高丽从事贸易。总计北宋、南宋共有商人 135 批 4940 人赴高丽贸易。"[①] 中国台湾学者宋晞先生统计后指出："宋朝（北宋、南宋）商人赴高丽贸易共 129 回、人数多达 5000 余人。"[②] 韩国朴玉杰的统计数据更大："宋朝商人赴高丽贸易总人数为 7200 人。"[③] 尽管人数有所不同，但可以说明宋朝商人赴高丽进行民间贸易的人数众多、次数频繁，并且以北宋为兴盛，南宋较为萧条。而这些宋朝商人以东南沿海地区为主，福建人最多，其次是浙江人，其余还有江苏、广东等，正如《宋史·高丽传》所载，高丽"王城有华人数百，多闽人"。宋朝商人除了进行贸易活动，还承担起为两国政府传递信息、沟通关系的任务。如黄慎两次前往高丽，为恢复两国的关系起到了重要作用。据《文献通考》载：熙宁元年（1068），宋商黄慎赴高丽时，受江淮两浙荆湖南北路都大制置发运使罗拯之托，向高丽国王文宗传达宋朝皇帝之意，高丽文宗甚为欣喜，当即命礼宾省将碟文付与黄慎带回，并言："今以公状附真（慎）、万西还，俟得报音，即备礼朝贡。"[④] 熙宁三年（1070），罗拯再次遣黄慎带制书往高丽，促使两国恢复了官方往来。

宋商前往高丽时所带物品多种多样，但瓷器一直是最重要的物品之一。如今，在韩国国立中央博物馆收藏了大量在高丽时期首都开城等遗址出土的中国瓷器。韩国金英美将这些瓷器与中国出土的宋元时期瓷器进行了对比分析和分类、统计，总共有 7 类、约 700 件。第一，青瓷器。有 90 余件，其中，北宋耀州窑青瓷器占绝大多数、有 60 余件，其次是越窑青瓷器等。碗最多，其次为盘、盏等。第二，白瓷器。有 100 余件，其中北宋定窑白瓷器有 80 余件，以盘、碗、盏等日常生活用器为主，其次是磁州窑白瓷器等。第三，景德镇窑青白瓷器。有 300 余件，有碗、盘、碟、盒等饮食器具。第四，白地黑花瓷器和白地剔花瓷器。共有 30 余件。第五，黑釉瓷器。有 120 余件，以碗和盏为多。第六，酱釉瓷器。有 20 余件。第七，其他瓷器。如绞胎釉瓷器有数件。

---

① 杨昭全、何彤梅：《中国—朝鲜·韩国关系史》上册，天津人民出版社 2001 年版，第 260 页。

② 宋晞：《宋商在宋丽贸易中的贡献》，《史学汇刊》1977 年第 8 期。

③ [韩] 朴玉杰：《宋代商人来航高丽与丽宋贸易政策》，载《韩国传统文化·历史卷·第二届韩国传统文化学术研讨会论文集》，学苑出版社 2000 年版，第 52 页。

④ 《文献通考》卷 325《四裔二》，中华书局 1986 年版，第 2559 页。

同时，还将高丽遗址出土中国瓷器分为 4 个时期，并指出产地特征：第一期是高丽建国的 918 年至 11 世纪前期（五代、北宋时期），出土了越窑青瓷盏托、花形碗、花形盘和定窑白瓷果形盒、白瓷碗以及耀州窑和磁州窑瓷器，数量少、等级最高。第二期是 11 世纪中期至 12 世纪前期（北宋中晚期），约占高丽遗址出土中国瓷器的 50%。第三期是 12 世纪中期至 13 世纪后期（南宋时期），约占高丽遗址出土中国瓷器的 30%，主要包括景德镇窑青白瓷、建窑和吉州窑黑釉瓷等。第四期是 13 世纪末至 14 世纪末（元朝及明初），出土的中国瓷器已为数不多。[①] 从高丽遗址出土的宋朝瓷器及分类统计可见，宋朝输入高丽的碗、盘、盏、碟等饮食器具数量大、品类多。其中，碗、盏，尤其是建窑和吉州窑的黑釉盏大量传入高丽，与高丽受宋朝饮茶风尚的影响密切相关。徐兢《宣和奉使高丽图经·器皿》"茶俎"条载：高丽人"迩来颇喜饮茶，益治茶具。金花乌盏、翡色小瓯、银炉汤鼎，皆窃效中国制度。凡宴则烹于廷中，覆以银荷，徐步而进。候赞者云：茶遍乃得饮，未尝不饮冷茶矣。馆中以红俎布，列茶具于其中，而以红纱巾幂之。日尝三供茶，而继之以汤。"[②] 高丽人喜欢饮茶，因此喜欢置办茶具，不仅直接用宋朝瓷器，还在模仿的基础上结合实际进行创新。用银炉生火、汤鼎煮水，用翡色小瓯和金花乌盏点茶后分盛、饮茶，都是因宋朝饮茶习俗传入而模仿，但是用于布列茶具的"红俎"则具有了高丽特色。

此外，还值得注意的是，在高丽出土的宋元瓷器中，以景德镇青白瓷居多，其次是黑釉瓷，青瓷较少。这与同为东亚海上贸易网络中的日本有较大差异。宋朝输入日本的瓷器产地和品种以浙江龙泉窑或龙泉系统的青瓷为多，其次是黑釉瓷和青白瓷等。究其原因，是因为此时的高丽已能够烧制出极好的青瓷，被称作"高丽青瓷"并已进入鼎盛时期，不仅在高丽受到喜爱，还返销宋朝、受到极高评价。杨昭全、何彤梅指出："宋朝瓷器的大量输入对高丽陶瓷工艺以重大影响"，"至 12 世纪高丽瓷进入鼎盛时期，不仅模仿而且创新，尤其是高丽青瓷返销宋朝，深为宋人喜爱"。[③] 徐兢《宣和奉使高丽图经·器

---

① ［韩］金英美：《韩国国立中央博物馆藏高丽遗址出土中国瓷器》，《文物》2010 年第 4 期。

② （宋）徐兢：《宣和奉使高丽图经》卷 32《器皿三·茶俎》，中华书局 1985 年版，第 109 页。

③ 杨昭全、何彤梅：《中国—朝鲜·韩国关系史》上册，天津人民出版社 2001 年版，第 311 页。

皿》"陶尊"条中载："陶器色之青者，丽人谓之'翡色'，近年以来，制作工巧，色泽尤佳。酒樽之状如瓜，上有小盖，而为荷花、伏鸭之形。复能作碗、碟、杯、瓯、花瓶、汤盏，皆窃仿定器制度"。"陶炉，犹猊出香，亦翡色也。上有蹲兽，下有仰莲，以承之。诸器惟此物最精绝，其余则越州古秘色、汝州新窑器，大概相类。"① 太平老人《袖中锦》一书"天下第一"中列举了宋朝各地及契丹、西夏、高丽等国著名特产，有"监督、书、内酒、端砚、洛阳花、建州茶、蜀锦、定瓷"以及"契丹鞍、西夏剑、高丽秘色"等，"皆为天下第一，他处虽效之终不及"。② 这里所言的高丽秘色即是仿制越窑青瓷的青釉瓷器，南宋时与定窑白瓷一同被评为天下第一。徐兢在《宣和奉使高丽图经》中明确指出高丽青瓷和定窑、越窑、汝窑有非常密切的关系。如今，许多学者进行了多方位较为详细的考证，如黄松松《越窑制瓷技术传播与高丽青瓷起源之关系研究》、金英兰《朝鲜半岛早期高丽青瓷初步研究》等，都认为高丽青瓷的起源和发展与五代时期的人员交流、商业贸易有一定联系，与越窑工匠赴高丽、制作青瓷以及传授越窑青瓷技术更有直接和密切的关系。

七、蒲寿庚与宋元瓷器的外销

宋元时期，海上丝绸之路南海航线发展迅速，许多人在此海路上从事海外贸易，而以番商集团和南外宗子海商集团势力最大。其中，蒲寿庚是番商集团的代表人物，他经营的外销产品中瓷器包括饮食器具占比极大。

蒲寿庚，先祖为阿拉伯人，其兄蒲寿晟是南宋末年诗人、学者。蒲氏家族最初居住在广州，从他的父亲蒲开宗时才迁居泉州，通过经商积累了雄厚财富。到蒲寿庚时，蒲氏家族更是"富甲两广"，他一心致力于航海与通商事业，拥有大量海船，为沿海地方势力首领，淳祐年间因指挥击退海盗有功、被授以泉州提举市舶，管理造船与海外贸易，在任 30 年，势力和财富日益增长。而此时的泉州也跃为全国两大商港之一，同广州并驾齐驱，与 70 余个国家通商往来。公元 1276 年（至元十三年）底，蒲寿庚降元，受到元庭重用。忽必烈重臣董文炳在面奏时讲道："昔者泉州蒲寿庚以城降。寿庚素主市舶，谓宜重其事权，使为我捍海寇，诱诸蛮臣服，因解所佩金虎符佩寿庚矣，惟陛下恕

---

① （宋）徐兢：《宣和奉使高丽图经》卷 32《器皿三·陶炉》，中华书局 1985 年版，第 109—110 页。

② （宋）太平老人：《袖中锦》，齐鲁书社 1995 年版，第 385 页。

其专擅之罪。"①此后，元政府又授予蒲寿庚昭勇大将军、闽广大都督兵马招讨使、福建行省中书左丞等职。至元十六年（1279），蒲寿庚请命招抚海外诸藩。对于外来经商者，他严格遵守朝廷的贸易保护政策，使中外贸易往来日益频繁。而此时的泉州海外交通也进入了空前繁荣的黄金时代，与埃及亚历山大港并称为"世界最大的贸易港"。可以说，在以蒲寿庚为代表的海商群体推动下，宋元时代沿海上丝绸之路南海航线上的国际贸易不断繁荣，很多中国人因此移居海外。马可·波罗就记载了当时东南亚华人的一些情况，他称生活在南洋群岛的中国人为秦人，群岛所在的海洋还有秦海的徽号，群岛盛产黄金宝石和多种香料，但由于离中国十分遥远，只有刺桐（即泉州）或行在（即杭州）的船能够到达此地，中国海商也因此都赚了很大的利润。除此之外，阿拉伯商人也起到了中转和传递作用，他们频繁往来于广州、泉州、扬州等地，将香料、药材、犀角、珠宝贩运到中国，再购买丝绸、瓷器等运回阿拉伯去。有的阿拉伯人长期居留在中国，接受中国文化教育，甚至中举做官等。

在中国和阿拉伯的商人沿着海上丝路南海航线忙于商贸运输、赚取利润的同时，也带动了宋元时期瓷器等商品的大范围传播。此时，中国名窑辈出、工艺提高、产量剧增，在广东、广西、福建、浙江等地还兴起了众多专门烧制外销瓷器的窑场，瓷器大量外销，东南亚、南亚、西亚、东非、北非等地都曾发现大量的宋元瓷器，甚至西亚、北非等地还在中国瓷器的影响下开始了自己的瓷器生产。

宋朝时，由于海外贸易中禁用铜钱购买外货，只能用瓷器等中国产品以

图 2-10   西沙华光礁出水南宋青釉刻划花纹大碗（笔者摄于四川省博物馆华光礁特展）

图 2-11   随泉州湾宋朝古沉船出土的瓷罐（笔者摄于"泉州湾古船陈列馆"）

---

① 《元史》卷 156《董文炳传》，中华书局 1976 年版，第 3673 页。

货易货、以防止铜钱外流，这种政策大大促进了瓷器外销。如南宋宁宗嘉定十二年（1219）就明确规定购买外货严禁使用金银铜钱，要以绢帛锦绮瓷器为价。朱彧《萍洲可谈》载："舶船深阔各数十丈，商人分占贮货……货多陶器，大小相套，无少隙地。"[①] 沿海港口及南海海域沉船"华光礁1号""南海1号"等出水的宋朝瓷器众多，包括有碗、盏、盘、碟、盒、执壶、瓶、罐、瓷等，产地有景德镇窑、德化窑、磁灶窑等。（见图2-10、2-11）赵汝适《诸蕃志》中称泉州一地运出的瓷器销售至24个地区，包括越南、印度尼西亚、马来西亚、菲律宾、印度、斯里兰卡、肯尼亚、坦桑尼亚等。如今，从考古发掘来看，宋朝瓷器的传播地区远远超过《诸蕃志》所记载的24个，在巴基斯坦、马尔代夫、文莱、伊朗、伊拉克、叙利亚、黎巴嫩、阿曼、也门、埃及、苏丹、埃塞俄比亚、索马里、肯尼亚等地均有宋瓷出土，且以青瓷、白瓷、青白瓷为主。其中，出土宋瓷种类和数量最多的是开罗附近的福斯塔特，发现约12000片中国瓷器残片，越窑、龙泉窑、定窑、耀州窑、景德镇窑等诸多两宋名窑的典型器物都能从中找到。[②]

　　至元朝，虽然已不再严控货币外流，却有一段时期禁止丝绸出口，也促进了瓷器外销。汪大渊在《岛夷志略》记载中国瓷器销往海外44个地区，比宋朝《诸蕃志》所载更多。马可·波罗是第一个把瓷器的产地及制法介绍给欧洲的人，他记载到刺桐附近有一别城，名称迪云州，制造碗及瓷器，既多且美。他所指的是福建德化所产的瓷器。刺桐附近有一别城应该指的是福建德化，元时德化属泉州路。当时的泉州是重要的国际通商口岸，印度、南洋来的商船都云集此地。德化瓷窑从宋朝就开始烧制、所产瓷器也很有名，到元朝时外销瓷产量和销量都非常可观，也是泉州出口的大宗商品。近年来，在印尼的爪哇、苏拉威西，菲律宾的马尼拉岛、民多洛岛，马来西亚的沙捞越等地的遗址中都出土了大量德化瓷器，如高足杯、粉盒、军持、壶、花瓶、碗等，甚至东非坦桑尼亚也发现了德化瓷器。而从考古发现看，元朝瓷器输出的地区和品种也不仅仅《岛夷志略》所记载的44处。据统计，在所有发现宋瓷的国家和地区也都出土了元瓷，并且数量和种类都大于宋瓷，其中景德镇窑的白瓷、青白瓷和青花瓷与龙泉窑青瓷是输出到亚非诸国的大宗产品。景德镇所产青花瓷是中外

①　（宋）朱彧：《萍洲可谈》卷2，中华书局2007年版，第133页。
②　张国刚、吴莉苇：《中西文化关系史》，高等教育出版社2006年版，第243页。

物质文化交流的重要象征之一，它的青色源于产自伊朗的钴蓝，元朝由伊利汗国输入，白地青花纹饰符合伊斯兰文化的审美情趣，热销东南亚、南亚、西亚和东非等地。不少保存完好的元瓷传世品为各国博物馆所收藏，如土耳其伊斯坦布尔的托普·卡普·撒莱博物馆保存着 80 余件名贵的元青花瓷；伊朗德黑兰考古博物馆保存的元朝瓷器除 37 件青花瓷，还有龙泉窑青瓷、南方白瓷、枢府瓷、蓝釉、黄釉、酱釉等多种，现存威尼斯市圣马可宝藏所的德化白瓷据说是马可·波罗亲自带回的，欧洲人就称德化窑瓷器为"马可·波罗瓷器"。[①]

宋元瓷器在亚非诸国的畅销，也引起各国仿制中国瓷器的热潮，宋元制瓷工艺的外传更直接促进各国制瓷业的发展，方便了当地民众的日常饮食生活，提升了生活品质。埃及法蒂玛王朝时期，一位名叫赛义德的工匠努力仿制宋瓷获得成功，并传授给弟子不断发扬光大。在埃及福斯塔特遗址中发现了堆积如山的陶瓷片，其中有 70%—80% 是仿制中国器物的残片，一些仿制品的工艺达到了较高水平。由于西亚和北非并没有发现制瓷的原料高岭土，瓷窑也无法烧到制瓷所需的高温，所以严格地讲，当地的仿制品还处于陶器阶段。[②] 与此同时，为了满足各国消费者对瓷器的不同需求，中国陶瓷工匠也提供了早期的外销定制服务，为海外客户量身制作瓷器。总之，宋元时期的瓷器外销，使其在各国大多成为日常饮食生活的必备器具，并对当地的瓷器生产、饮食方式等产生了影响。

八、汪大渊著述与中国炊餐器具在亚非地区的传播

随着元朝水陆交通、对外贸易的发展，元朝与许多国家建立了密切的联系，不仅来自欧、亚、非国家的使节、商人等长期居住在大都、泉州、扬州、广州等城市，也有以汪大渊、周达观为代表的元朝航海家、使节、商人等沿着海上丝路到达多个国家。其中，航海家汪大渊所著的《岛夷志略》成为当今了解海上丝路南海航线沿线国家情况的重要史料，其中就记载了炊餐器具包括铁锅、铜鼎和瓷质餐具等在亚非地区的传播情况。

汪大渊，字焕章，江西南昌人。他"冠年尝两附舶东西洋"，所经之地"辄赋诗以记其山川、土俗、风景、物产之诡异，与夫可怪可愕可笑之事，皆身所游历，耳目所亲见"，回国后撰写了《岛夷志略》。该书遍涉元朝海上丝绸

---

① 叶文程：《略谈德化窑的古外销瓷器》，《考古》1979 年第 2 期。
② 张国刚、吴莉苇：《中西文化关系史》，高等教育出版社 2006 年版，第 243 页。

之路南海航线上所经过的国家和地区，包括中南半岛诸国、东南亚诸岛、印度沿岸、东非甚至北非地区，记述了 99 条游历之地的见闻，收录地名达 220 个，而且所记"皆身所游焉，耳目所亲见，传说之事则不载焉"。汪大渊大约在公元 1330 年开始他的第一次西洋之行。中国古代一般把渤泥（今加里曼丹岛）以西称西洋，以东则称东洋。此次西洋之行路线大体上与马可·波罗护送阔阔真公主赴波斯的路线相似，这也是元朝海上丝绸之路南海航线，即从泉州出发，穿过台湾海峡，过七洲洋，经越南南部的占城，历爪哇、苏门答腊，穿过马六甲海峡，进入印度洋，沿孟加拉湾两岸过斯里兰卡，沿印度西岸北上，横渡阿拉伯海至亚丁，由此进入红海，抵达埃及的库赛；或入波斯湾抵伊拉克；或南下至东非的肯尼亚。汪大渊第一次西洋之行大约耗时 5 年。二三年之后，他第二次出海，游历了南洋群岛一带，主要是东南亚地区，3 年后重返泉州。在汪大渊的记载中，尽管大多是介绍当地民风民俗，但也涉及中国人在当地经商、侨居等情况，并介绍了各地与中国贸易的主要商品，包括瓷器、酒、鼎（灶）等饮食相关商品。如他在介绍婆罗洲时就指出当地土著"尤敬爱唐人，醉也则扶之以归歇处"，可见当地民众与中国人的关系比较融洽。在马鲁古群岛，中国商人也是当地特产丁香的一大买主。[①]

表 2-1　《岛夷志略》所载中国炊具、瓷器与饮食品传入亚非地区一览表[②]

地名	炊具	陶瓷餐饮器具	饮食品及其他
三岛		青白花碗	
麻里鲁	铁鼎（灶）	磁器（即瓷器，下同）盘、处州磁、水坛、大甕	
麻逸	鼎		
尖山	铜铁鼎	青碗、大小埕甕	
苏禄		处器（即龙泉青瓷，下同）	
万年港		瓦瓶	
都督岸	铁铜鼎		

---

① 陈瑞德等：《海上丝绸之路的友好使者·西洋篇》，海洋出版社 1991 年版，第 76—92 页。
② 据汪大渊《岛夷志略》统计，中华书局 1981 年版。

续表

地名	炊具	陶瓷餐饮器具	饮食品及其他
勾栏山		青器	谷米
蒲奔		青瓷器、粗碗、大小埕甏	
遐来勿	铜鼎	青器、粗碗	
文老古		青甏器、埕器	
文诞		青瓷器、鸟瓶	
古理地闷		碗	
苏门傍		大小埕	
八节那间		青器、埕甏	
爪哇		青白花碗	
啸喷	铁锅	磁器、瓦甏、粗碗	
三佛齐	铜铁锅		
旧港	铜鼎	处瓷、大小埕甏	
花面		粗碗、青处器	
淡洋		粗碗	
喃巫哩		青白花碗	
占城		青瓷花碗	酒
民多朗	铜鼎		酒、漆器
灵山		粗碗	
罗斛		青器	
戎		青白花碗、瓷壶瓶	漆器
丹马令		青白花碗	
东冲古剌	铜鼎	青白花碗、大小水埕	
龙牙犀角		青白花碗	
吉兰丹		青盘、花碗	
丁家卢		白花瓷器	酒
彭坑		磁器	漆器
龙牙门	铁鼎	处瓷器	
班卒	铁鼎	磁器	

续表

地名	炊具	陶瓷餐饮器具	饮食品及其他
无枝拔	铁鼎	青白处州瓷器、瓦坛	
日丽		青瓷器、粗碗	
苏洛鬲	铜鼎	青白花器、水埕、小罐	
龙牙菩提	铁鼎	青白器	
针路	铁鼎	大小埕	
淡邈	铜鼎	青器、粗碗	
八都马	铜铁鼎		
鸟爹		青白花器	
朋加剌		青白花器	
金塔	铁鼎		
特番里	铜鼎		
小唄喃		青白花器	
古里佛		青白花器	
班达里		青白瓷	
东淡邈	铜鼎		
须文那		大小水罐	
曼陀朗		青器	酒
天竺		青白花器	酒
千里马		碗	
高步郎			酒
甘埋里		青白花器、瓷器	
加里那		青白花碗	
挞基那	铁鼎		
天堂	铁鼎	青白花器	

　　汪大渊通过著述，不仅将海外经历以文字形式记录下来，成为中国了解世界的重要窗口，也记载了当时中国饮食文化在海外传播情况。由上表可见，当时沿海上丝路的诸国都有从中国进口饮食相关商品，其中以饮食器具为大宗，

其次为炊灶具，也有少量酒、谷米等饮食品。

饮食品种及制法

宋元时期，中国饮食品及其制作技艺沿海上丝绸之路的传播以日本、高丽最为瞩目，不仅通过人员交往尤其是僧侣交往，还通过相关书籍的传入以及当地自编的汉语教科书，大量地传播了中国饮食品种和相关制作技艺。

九、日本僧人圆尔辨圆与面条

宋朝时期，僧侣是中日两国交往的重要桥梁和纽带，尤其是南宋时期，禅宗盛行，大量日本僧侣入宋参拜佛教胜迹、学习禅宗及宋朝先进文化和技术，回国后不仅弘扬佛法、传播宋朝文化与技术，也将与佛教相关的宋朝饮食文化包括饮食品种传播到日本。圆尔辨圆就是其中之一。他在传播宋朝饮食文化上有两大贡献：一是将宋朝径山茶种传日，种植于静冈而有著名的静冈茶，将当时宋地禅宗寺院所流行的《禅苑清规》带回日本并以此为蓝本制订了《东福寺清规》等，极大地影响着后世日本禅林清规。二是较少被人提及但贡献极大的对宋朝面条及面粉制作设备的传播，使得面条逐渐在日本寺院乃至世俗社会较为广泛地食用，被认为日本面粉与面条的始祖，又称作"面条和尚"。

圆尔辨圆（1202—1280），镰仓时期人，日本京都东福寺开山祖师、被日本天皇赐予"圣一国师"谥号。法缘《日僧圆尔辨圆的入宋求法及其对日本禅宗的贡献与影响》引《荣尊和尚年谱》言，师（荣尊者）岁四十一，与辨圆相共商船，出平户，经十昼夜，直到大宋明州。圆尔辨圆于公元1235年从日本平户津渡海、入宋，在杭州径山寺等地学习佛法，同时全面学习宋朝的儒学、文学、书法、绘画、建筑、饮食制作技术与习俗等，公元1241年回国，带回了包括《禅苑清规》在内的80多部禅宗典籍和《论语精义》《孟子精义》《晦庵集注孟子》《东坡长短句》等儒学典籍、诗文集和大量书法、绘画及饮食制作技术、习俗等。其中，最值得关注的是《大宋诸山图》。该图收藏在圆尔辨圆为第一任住持的东福寺，其卷末绘有一幅"水磨样"的机械构造图。这是宋朝利用水力制作磨粉机的一张构造图，由此，他将面粉和面条制作传入日本，并在他所住持的多个著名寺院如东福寺、崇福寺、承天寺、寿福寺、万寿寺等广泛传播，使日本逐渐兴起了面粉制造业、面条也成为日本人的重要饮食品。由于这个不可泯灭的功绩，圆尔辨圆被公认为日本面粉、面条的始祖，受到历代日本人的尊重和祭奠。韩国大型纪录片《面条之路》言："日本京都东福寺的开山之人——'面条和尚'圆尔辨圆，正是他将一张中国的制造磨面机的设计图带回日本，这项新科技迅速催生出了新食物——用面粉制成的细面条。自此，中国面条超越国界，传入日本。"韩国李正旭更详细地指出，圣一国师是把中国面条文化带入日本的僧人，公元1241年，他学成归国时，带回了一幅"水磨图"，是一张利用水车和齿轮做成磨粉机的设计图。从中可以得知，和韩国人一样，日本僧人也起到了传播中国面条文化的作用。该书还描述了其忌日时以面条等祭祀的情景："祭坛上供奉的供品包括年糕、苹果、茶水、萝卜，以及没有调味的面条和可沾着吃的日式酱油。在国师忌日时供奉面条，不只是为了纪念他把中国面条文化带到日本的丰功伟绩，还因为面条是他最爱吃的食物"，并且指出"公元13世纪到中国宋朝留学的日本僧人把面条带回日本时，一起带回来的还有吃面条配碎萝卜的习惯"[①]。

圆尔辨圆之后，中国许多面条及面点制品随着两国人员交往和文化交流不断传入日本。在日本，最早的饮食典籍是1295年前后写的《厨事类记》，其中就记载了8种中国风味的"唐菓子"，包括点心类食品和梅子、桃子、桂心等果品，大多系宫中用、神社用。而集中收集、记载中国传入的面条及面食品的饮食书是《庭训往来》和《禅林小歌》两部。《庭训往来》是玄惠法印及室町初期的人完成的类似私塾用的教科书，记载了一些食物，包括中国传入日本的馄饨、碁子面、卷饼等面食品。田中静一指出："《庭训往来》中最易见到中国风味食品及饮食的是十月的回信里面"，并阐释道：馄饨，"参考日汉有关资料，可知不是现在的面条，而是馄饨或云吞"；碁子面，"用小麦粉和面，用竹筒将其压成围棋子状，煮后撒上豆粉即成。不是现今名古屋地方特产扁平面条"；卷饼，"用大酱的积液把小麦粉、白砂糖、核桃、黑芝麻揉在一起，用铜平锅烙后，卷成圆筒切成小块即成"。[②]田中静一研究《禅林小歌》指出，它是一

---

① ［韩］李旭正：《面条之路——传承三千年的奇妙饮食》，［韩］韩亚仁、洪微微译，华中科技大学出版社2013年版，第269页。

② ［日］田中静一：《中国饮食传入日本史》，霍风、伊永文译，黑龙江人民出版社1990年版，第89—90页。

首歌唱禅林（禅寺）生活的诗篇，作者是圣同上人。在全长仅为 4 页的短小诗篇中，提到中国风味饮食及食品达 20 种，包括柳叶面、桐皮面、经带面、打面、三杂面、素面、蕌叶面、冷面、馄饨、螺结等 10 种面条及面食品。① 其中的一些面条品种与宋朝饮食典籍中记载的宋朝街市上的品种极为一致。孟元老《东京梦华录》"食店"中载有桐皮面、冷淘（即冷面）、棋子面等。② 吴自牧《梦粱录》"面食店"载：鱼桐皮面、三鲜棋子面、虾鱼棋子、丝鸡棋子、七宝棋子、银丝冷淘以及各种素面，都是当时的"面食名件"。③ 由此可见，圆尔辨圆率先将宋朝面粉和面条制作技术传入日本，并得到较为广泛的传播。此后，中国许多面条及面食品继续源源不断地传入日本，对日本的饮食产生了极大的影响。

十、日本僧人道元与寺院素食传播

南朝时，笃信佛教的梁武帝大力推行倡导素食，到唐朝时素食则在禅宗寺院的规程制度中得到进一步明确。宋朝时，随着《禅苑清规》等一系列丛林清规的制定，寺院素食更加盛行、制作技法也很高超。日本僧侣入宋求法，与中国僧侣同吃同住，遵守清规、学做素食，回日本时不仅带回丛林制度，也带回了寺院素食并广为传播，最终在日本饮食中形成了独特的寺院素斋即"精进料理"。道元就是将宋朝禅宗清规及寺院素食传入日本的僧侣之一。

道元（1200—1253），于公元 1223 年入宋，到天童、阿育王、径山等著名寺院求法后回国。公元 1244 年，他在越前（今福井县）模仿中国的禅寺格局建造大佛寺，1246 年改为永平寺，著有《永平清规》两卷等。④ 该书仿照《百丈清规》和《禅苑清规》等唐宋丛林制度、用汉文制定，其内容与两书较为一致，包括对素食的规定。其中的《典座教训》和《赴饭粥法》两部分不仅阐述了"典座"之职设立的缘由，对寺院素食饭粥的烹调制作和用餐方式等做了明确规定，还强调掌管饮食的典座之职和饮食的重要性，指出佛家从本有六知事，共为佛子，同作佛事。就中典座一职，是掌众僧之辩食。《禅苑清规》云供养众

---

① ［日］田中静一：《中国饮食传入日本史》，霍风、伊永文译，黑龙江人民出版社 1990 年版，第 90—92 页。

② （宋）孟元老：《东京梦华录》卷 4，中国商业出版社 1982 年版，第 29 页。

③ （宋）吴自牧：《梦粱录》卷 16，中国商业出版社 1982 年版，第 135 页。

④ 任继愈主编：《宗教词典》，上海辞书出版社 1981 年版，第 1054 页。

僧，故有典座。日本原田信男评价道："在这些著作中，道元从中国的典座的体验出发，强调了在禅院中掌管饮食的典座工作的重要性，他才是日本最早对饮食的最根本问题做了探求的思想家。道元的思想，接受了中国禅林的饮食思想，在《赴饭粥法》的开篇即强调了饮食的重要性。……强调了法与食同等重要。"① 由此，《典座教训》和《赴饭粥法》所制定的寺院素食饭粥烹调制作和用餐方式等规矩在永平寺一直被严格遵守、继承和延续至今，使得永平寺的精进料理成为日本精进料理的重要体系之一。所谓的"精进料理"，是指以禅宗思想和饮食方式为根源、借鉴中国寺院素食发展起来的日本素食，最初是为僧人特别是禅宗僧人修行而制作和食用的素斋，后来扩大至人人皆可食用。"精进"是指驱除杂念，专心修行，将做菜吃饭也视为修行方式的禅宗思想。徐静波指出："在永平寺内，斋饭的制作和食用被看作是一种修行，因此僧人的日常饮食极为简单质素，早饭只是斋粥和一种称之为'泽庵'的腌萝卜、掺入芝麻的盐，午饭是麦饭、酱汤、'泽庵'、'飞龙头'（以前是一种麸的油炸食品，现在一般是指将豆腐碾碎后掺入山药、针牛蒡、木耳等做成的丸子形的油炸食物）和煮蔬菜。此外，还有一种专供入住寺内念经祈愿的香客食用的饭食，但是具体是何内容，史书上语焉不详。"② 韩国李旭正《面条之路——传承三千年的奇妙饮食》一书记载了当今永平寺遵循清规、制作精进料理的情形："他们在各种修行当中，尤其重视煮饭做菜，也就是典座僧人的工作"，在永平寺担任典座僧人的三好良久说："永平寺的精进料理严格根据《典座教训》的规定制作，所以一定由典座僧人来完成。从洗、切、调味、装盘、上菜、待客等所有环节，都由典座僧人亲力亲为。道元禅师禁止典座僧人教其他修行僧人做菜，并监督其他人不得有类似行为。他认为，典座僧人诚心诚意地做菜就是在进行'授法'。"③

其实，除了日本僧人外，宋朝赴日的僧人也促进了寺院素食在日本的传播，如无学元祖就是其中之一。他于公元1279年（宋祥兴元年）应邀东渡日本，为圆觉寺的塔头（大寺院下的分寺）佛日庵的住持高田瑞峰撰写过一本《四季的精进料理》，书中详细介绍了45款精进料理，完全是纯粹的素菜，如"青

---

① ［日］原田信男：《日本料理的社会史》，周颖昕译，社会科学文献出版社2011年版，第50页。

② 徐静波：《日本饮食文化：历史与现实》，上海人民出版社2009年版，第97页。

③ ［韩］李旭正：《面条之路——传承三千年的奇妙饮食》，［韩］韩亚仁、洪微微译，华中科技大学出版社2013年版，第277—280页。

菜与笋之膳""春之野草膳""新茶御饭与春之山菜膳""青梅和初夏的香草膳""银杏御饭之膳"等，保持着宋代时的风格，但又有所不同。①

对于中国寺院素食在日本的传播及其影响，日本学者原田信男在《日本料理的社会史》之"素斋（精进料理）的形成与佛教文化"指出："素斋的源头在中国"，在南宋时盛行的禅思想与饮茶、素斋相结合，在禅宗寺院发展为高级的烹饪法，日本许多僧侣渡海西去，"他们在中国时与中国僧侣同吃同住，耳濡目染了饮茶习惯，并且学做素食，回国后他们在禅宗寺院依然坚持了同样的生活。僧侣间的日中交流和禅宗的普及，为日本素斋的发展作出了贡献"；"在这以前日本也受了中国佛教思想的影响，它与忌讳肮脏肉食的思想结合，素食逐渐也在日本开始盛行了"，但是，"平安时期以前的素食，只是把鱼、肉除外"，并不是基于中国的粉食技术和禅院的烹饪法的，而作为日本的一种餐饮模式的素斋，是在镰仓时期之后，由从中国学成归国后的僧侣传入，在禅宗寺院等地正式形成、稳固下来的。②

十一、林净因与馒头传日

宋元时期，中国饮食文化的对日传播主要是通过两国僧侣交往、商人贸易进行，但是，还有一个传播群体也必须高度关注，那就是由于各种原因往来于宋日间的普通人，他们迫于生计而制作、出售饮食品，也传播了华夏饮食文明。其中，影响最大、知名度极高的是元朝浙江人林净因，将馒头制作技术传播至日本并在后世发扬光大，被尊为"日本馒头始祖"。如今，日本奈良街头有馒头林神社碑，汉国神社中建有一座林神社，在每年 4 月 19 日举办馒头节，来自日本各地的点心商会捐献红白馒头、免费发放，以纪念林净因将馒头传入日本。

关于林净因将馒头制作技术传入日本，有许多日本学者的著作加以记载。如元禄时代（1688—1704）的《玉井家文书の内》载，馒头为奈良土产，是中华人林和靖末裔林净因所制造。而关于林净因其人及传播馒头制作技术的具体情形，则见于浙江象山鸡鸣山、奉化黄贤村和林家村保存的《林氏族谱》、其后裔川岛英子及林正秋等的记载和研究。据资料显示，林净因，浙江奉化人，随入元的日本禅师龙山德见东渡日本，拜龙山德见为师、成为他的一名俗家弟子，并定居奈良，改姓盐濑，以制作馒头来维持生计。据林净因三十四代当主

---

① 徐静波：《日本饮食文化：历史与现实》，上海人民出版社 2009 年版，第 100、106 页。

② ［日］原田信男：《日本料理的社会史》，周颖昕译，社会科学文献出版社 2011 年版，第 46—48 页。

川岛英子撰《林净因来日的由来及子孙盐濑家之概历》言：林净因以其在中国学会之馒头手艺，结合日本当地需求，将馒头馅心而改为小豆馅，并在馒头上描一粉红色"林"字，广为销售，成为日本馒头的开始。由此可见，他所制作的是有馅馒头，其制作技术源于中国，只是馅心进行了改良。馒头，是中国特色传统面食之一，古称蛮首、曼首，制作历史久远，相传为诸葛亮所创制。宋朝高承《事物纪原·酒醴饮食·馒头》："稗官小说云：诸葛武侯之征孟获，人曰蛮地多邪术，须祷于神，假阴兵一以助之。然蛮俗必杀人，以其首祭之，神则向之，为出兵也。武侯不从，因杂用羊豕之肉，而包之以面，象人头以祠，神亦向焉，而为出兵。后人由此为馒头。"[1]后来民间沿用此风俗，不仅作为祭祀用品，也作为饮食品，改称"馒头"，"馒"通"蛮"，产生有馅和无馅的两大类。到宋朝时，出现了一个与"馒头"意义相近的词"包子"。宋朝王栐《燕翼诒谋录》"仁宗诞日赐群臣包子"条载："大中祥符八年二月丁酉，值仁宗皇帝诞生之日，真宗皇帝喜甚，宰臣以下称贺，宫中出包子以赐臣下，其中皆金珠也"，并注道"今俗屑面发酵或有馅或无馅蒸食之者都谓之馒头"。[2]可见，馒头分有馅和无馅两种，"包子"即一种馒头的别名。后来，在北方地区，馒头与包子逐渐区别开来，无馅的为馒头，有馅的为包子；但在南方一些地区，馒头还是常包括有馅和无馅两种，只是特别将无馅的馒头称为"白馒头""实心馒头"等，并且每逢节日还会在其顶部印上大红印。浙江人林净因在日本制作有馅馒头并描上红字，是典型的沿用家乡制法和习俗。

由于林净因采用中国的馒头制作技术、又根据日本人的口味爱好进行改良创新，使得他制作的馒头成为日本当时最新式、逐渐受到日本各界广泛欢迎与好评的一种食品。林正秋在《林净因和中日饮食文化交流》一文中引用川岛英子《林净因来日的由来及子孙盐濑家之概历》指出："此馒头初为禅僧之间之点心，渐受好评，净因遂献馒头至宫中，时帝为后村上天皇，甚喜之，屡诏至宫中受宠遇，并赐宫女为妻，生二男二女"；林净因在结婚之时又制作大批馒头，作为喜庆礼物赠予乡邻友朋，"至今日，人们在婚嫁或喜时，仍有送馒头之风俗"。[3]然而，他乡虽好，也并非故乡。公元1359年，他只身返回中国，

---

① （宋）高承：《事物纪原》卷9，中华书局1989年版，第470页。

② （宋）王栐：《燕翼诒谋录》卷3，中华书局1981年版，第27页。

③ 林正秋：《林净因和中日饮食文化交流》，《杭州师范学院学报（社会科学版）》1986年第3期。

但馒头制作技术则由他的妻子及子孙继续传承并不断发扬光大。对此，林正秋总结其主要表现在三个方面：一是开设"馒头屋"，以馒头作为传家之业，成为日本第一家馒头食品店。这家由林净因妻儿开设的馒头屋，被后来的日本将军足利义政公授予亲笔书写的招牌"日本第一番馒头所"。二是开设名为"盐濑"的馒头铺，既制作馒头，也制作点心并成为皇室"御用点心"，不仅被赐官名，还以"馒头"作为街道名称，逐渐发展为连锁店。林净因的孙子林绍绊曾赴元朝学习点心制法，回国后不仅在京都开设名为"盐濑"的馒头铺，生意兴隆，多次受到天皇的宠遇。川岛英子《林净因来日的由来及子孙盐濑家之概历》言：（其孙子林绍绊）常被召至宫中，后由后水尾院赐以"盐濑山城大椽"之官名，所住之街道，亦被称为馒头屋町。即现在京都中京区鸟丸通三条下之馒头屋町。此后，"盐濑"迁至江户、设立三个分店，承办制作各种重要场合所需的馒头。三是编撰出版日本首部馒头词典。林净因的七世孙林宗二编撰出版的《馒头屋本节用集》，成为日本首部馒头词典和盐濑的传家宝。发展至今，盐濑馒头已经是日本有着600多年历史的老字号，并成立了盐濑总本家株式会。据日本宁波联谊会成员周华言："盐濑馒头有多种价位、款式和口味的，一般在日本各大百货商店都卖"，礼盒装的盐濑馒头上面有"日本第一番本馒头所林氏盐濑总本家"字样。[①]

对于林净因将馒头制作技术传入日本，为日本饮食文化发展作出了重要贡献，日本的林净因后裔感激不尽，不断前往中国祭祖纪念。1986年10月，林净因第三十四代后裔、日本林氏馒头传人、日本盐濑总本家株式会社会长川岛英子到杭州孤山拜祭先祖林逋。她在西湖聚景园内树立了了"日本馒头创始人盐濑始祖林净因纪念碑"。邱庞同先生在其《中国面点史》中收录了该碑文："林净因系浙江人，1349年去日本，并将中国做馒头的技术传到日本，从而成为日本馒头和点心的始祖。其子孙称店号为盐濑，勤于做馒头，以至今日。为了表彰林净因对日本食品文化的贡献，以促进中日友好，特建此碑，以示纪念。"[②]1993年，川岛英子又在杭州建成净因亭，并带来族谱与奉化黄贤村的《林氏家谱》对照，再次证实林净因是林逋的后裔。2008年，川岛英子前往奉化黄贤村寻根祭祖，还带了很多做工精致、上面印着红色"林"字、豆沙馅

---

① 王思勤、杨静雅：《660年前，奉化人林净因将馒头传入日本》，《宁波晚报》2017年6月9日A3版。

② 邱庞同：《中国面点史》，青岛出版社1995年版，第90页。

的日本馒头，与村民们分享。^①2017 年 10 月，93 岁的川岛英子到杭州孤山林净因纪念碑前举行祭祖仪式，并向现场市民、游客发放日本馒头，纪念先祖之功。

十二、高丽汉语教材与中国饮食品传播

汉语早在朝鲜半岛的三国时期就已作为当地书面语言进行学习。为了更好地学习中国文化，后三国时期（892—936）的泰封国国王弓裔（901—918）设置史台，成为最早设立的专门国家语言教育机构，旨在"学习诸译语"，其中包括汉语。到高丽时期，又建立了更加完善的汉语教育机构——通文馆，学习和翻译汉语，以便准确深入了解和掌握中国文化。据李承姬《〈通文馆志〉考述》研究，朝鲜李朝崔锡鼎、金指南等撰《通文馆志》"汉学八册"条所记载的教材即是《小学》《论语》《孟子》《中庸》《大学》《五伦全备》以及《老乞大》《朴通事》。^② 除了官办外，由于汉语在高丽是第一大外语，民间学习汉语之风十分盛行，出现了私办的"汉儿学堂"，这在《老乞大》中有较详细的描述。在众多的教材里，不仅有许多中国典籍，还有高丽人根据传入的中国典籍和掌握的元朝社会情况、创造性地编撰的教材，即《老乞大》和《朴通事》。这两本教材涉及内容极为广泛，记述了许多中国日常饮食品和宴会菜点，在一定意义上表明当时中国的饮食品已通过各种途径传入高丽，并为当地人知晓或学习制作。

《老乞大》是高丽人学习汉语和参加通文馆考试的教材，也是前往元朝的经商指南和旅行指南，据学者考证成书于 14 世纪中期，在高丽民间广泛使用。《老乞大》共有两卷，全书采用口语会话形式，记述了王姓高丽商人与 3 位亲朋一起到中国经商，途中遇到一位中国辽阳商人，便结伴而行，到元大都（今北京）等地从事贸易活动的全过程，是反映元朝社会生活最直接的材料。学术界大多认为"乞大"是"契丹"的音转、指当时的中国，"老乞大"即"老中国""中国通"之意。该书中有一段问答比较详细地叙述了当时高丽"汉儿学堂"学习汉语的情形，包括学习汉语所用的书籍、学习目的、教师和学生的来源等。其中，辽阳商人问高丽商人："你是高丽人，却怎么汉儿言语说的好？"高丽商人

---

① 王思勤、杨静雅：《660 年前，奉化人林净因将馒头传入日本》，《宁波晚报》2017 年 6 月 9 日 A3 版。

② 李承姬：《〈通文馆志〉考述》，硕士学位论文，复旦大学 2010 年，第 9 页。

答:"我汉儿人上学文书,因此上些小汉儿言语省的。"辽阳商人接着问了许多问题,如"你谁根底学文书来?""你学甚么文书来?""你是高丽人,学他汉儿文书怎么?""你的师傅是甚么人?""有多少年纪?""你那众学生内中,多少汉儿人? 多少高丽人?"高丽商人一一回答:"我在汉儿学堂里学文书来","读《论语》《孟子》《小学》","如今朝廷一统天下,世间用着的是汉儿言语。""(师傅)是汉儿人",有三十五岁了,"(学生是)汉儿、高丽中半。"① 从中可以看出,当时高丽民间学习汉语的目的是为了更好地与元朝人进行交流,汉儿学堂的教师和学生中都有元朝人,尤其是在学生中元朝学生与高丽学生各占一半,他们之间也必然会相互交流。此外,《老乞大》一书还有丰富内容,不仅涉及旅行、交易、契约,还涉及日常饮食品和宴饮品种。如高丽商人与辽阳商人到瓦店住宿、就餐,让店主人给他们买食材、做饭菜:"你疾快做着五个人的饭着","(买一斤带肋条的猪肉)大片儿切着,炒将来着。主人家迭不得时,咱们伙伴里头教一个自炒肉。我是高丽人,都不会炒肉。"店主人告诉了烹制方法:"烧的锅热时,着上半盏香油。将油熟了时,下上肉,着些盐,着箸子搅动。炒的半熟时,调上些酱水、生葱、料物拌了,锅子上盖覆了,休着出气,烧动火,一霎儿熟了。"② 王姓商人虽然说自己不会炒肉,但可以让同伴中人学做炒肉,而店主人也及时教授了炒肉的方法。这说明该书的编撰者至少了解中国炒肉之法。到离大都不远的夏店就餐,王姓商人说:"我高丽人,不惯吃湿面,咱们吃干的如何?"同伴说:"这们时,咱们买些烧饼,炒些肉吃了。"于是,他们吃了烧饼和羊肉。③ 高丽商人虽然不习惯于吃湿面,却知道元朝中国有湿面。书中还记载了高丽商人用"汉儿茶饭"设宴招待亲友:"头一道团撺汤,第二道鲜鱼汤,第三道鸡汤,第四道五软三下锅,第五道干按酒,第六道灌肺、蒸饼、脱脱麻食,第七道粉汤、馒头、打散。"④ 该筵席的食材十分丰富,菜点品种较多。其中的灌肺、蒸饼和脱脱麻食是元朝的著名菜点,在元朝忽思慧的《饮膳正要》中即有记载。

《朴通事》也是高丽人学习汉语和参加通文馆考试的教材和前往元朝的经商指南、旅行指南,据学者考证同样成书于 14 世纪中期,在高丽民间广泛使

① [高丽]佚名:《老乞大谚解》卷上,中华书局 2005 年版,第 3—12 页。
② [高丽]佚名:《老乞大谚解》卷上,中华书局 2005 年版,第 36—39 页。
③ [高丽]佚名:《老乞大谚解》卷上,中华书局 2005 年版,第 108—110 页。
④ [高丽]佚名:《老乞大谚解》卷上,中华书局 2005 年版,第 194—195 页。

用。"通事"，即"翻译"之意。该书共 3 卷，分成上、中、下卷，采用对话或一人叙述的方式介绍元朝社会生活的各个方面，包括贸易、农业、手工业及日常饮食、宴会的菜点品种等。仅以宴会及菜点品种而言，春天设有赏花宴："逢着这春二三月好时节，咱们几个好弟兄，去那有名的花园里，做一个赏花筵席。"置办的食材很考究，让张三买二十只肥羯羊、一只好肥牛、五十斤猪肉，让李四买果子、拖炉、随食，到光禄寺等地拿来好酒。菜点和酒水制备好后按一定程序上桌：先上干果，即榛子、松子、葡萄干、栗子、龙眼、核桃、荔枝干等；接着上象生缠糖，或是狮仙糖；又上水果，即橘子、石榴、香水梨、樱桃、杏子、苹婆果、玉黄子、虎刺宾等；再上热菜，"烧鹅、白炸鸡、川炒豕肉、爆鸽子弹、熰烂蹢蹄、蒸鲜鱼、㸌牛肉、炮炒豕肚"等；最后上汤和点心，"第一道㸌羊蒸卷，第二道金银豆腐汤，第三道鲜笋灯笼汤，第四道三鲜汤，第五道五软三下锅，第六道鸡脆芙蓉汤，都着些细料物，第七道粉汤馒头。"宴会散席时，众人还要饮"上马杯儿"酒，"令唱达达曲，吹笛儿着"①。针对使臣的筵席菜点又有所不同："正官三员，六个伴当，分例支应……和骆、醋、酱、盐、芥末、葱、蒜、韭菜、油、生萝卜、瓜、茄等诸般菜蔬、鸡蛋，和升、斗、等子，疾忙如今都将来"，"熬些稀粥，你将那白面来，捏些匾食，撇些秃秃么思。一壁厢熬些细茶"。②"扁食"，又称饺子，"秃秃么思"，即脱脱麻食，都是元朝北方广为流行的饮食品。此外，新人结婚、孩子出生百日都有置办筵席，只是书中没有再具体罗列菜点品种。尽管如此，上述记载说明高丽时期已有大量的中国饮食品传入高丽，为高丽人所知所用。

饮食习俗与礼仪

十三、径山茶宴与宋朝饮茶习俗传日

日本茶道闻名世界，却源于中国，与佛教禅宗有密切联系。这为中日学术界所公认。但是，有关日本茶道的始祖和发源地却存在多种说法，较为普遍的有两种：一是"荣西始祖说"，以天台山为日本茶道的发祥地，因为荣西在此

---

① ［高丽］佚名：《朴通事谚解》上，中华书局 2005 年版，第 5—18 页。
② ［高丽］佚名：《朴通事谚解》上，中华书局 2005 年版，第 148—150 页。

学习禅宗、带回茶种日本并种植，撰写茶叶著述。二是"圆尔辨圆、南浦昭明始祖说"，以径山为起源地。因为他们将包含饮茶礼仪的《禅苑清规》、中国茶典籍和径山茶宴礼仪带回日本，并制定了适合日本寺院的清规、广泛传播饮茶礼仪，最终促使了日本茶道的形成。[①] 径山茶宴，也称径山茶会，是浙江余杭区径山万寿禅寺接待宾客的一种独特饮茶礼仪和茶会，起源于唐朝中期，盛行于宋元时期，延续至今，已被列入第三批国家级非物质文化遗产名录。而径山万寿寺是佛教禅宗临济宗著名寺院，也是中日文化交流的重要窗口和桥梁。宋元时期，许多日本僧侣常常慕名前来，礼佛参禅，学习寺院茶宴礼仪，回国后广为传播，使茶宴逐渐成为日本茶道形成的渊源。其中，对中国饮茶礼仪包括径山茶宴传入日本起到重要作用的有道元、圆尔辨圆、南浦绍明等。

茶与佛教尤其是禅宗、僧侣有着不解之缘。唐朝寺院僧侣以及民间都兴起了饮茶习俗。唐代封演《封氏闻见记·饮茶》载："南人好饮之，北人初不多饮。开元中，泰山灵岩寺有降魔师大兴禅教，学禅务于不寐，又不餐食，皆许其饮茶。人自怀挟，到处煮饮。从此转相仿效，遂成风俗。"[②] 到宋元时期，饮茶之风更加盛行，许多寺院都种植和出产名茶，径山茶是其中之一。据《余杭县志》记载，径山寺开山祖师"尝手植茶树数株，采以供佛，逾年蔓延山谷，其味鲜芳，特异它产，今径山茶是也"；还收录了《径山采茶茶歌》言："天子未尝阳羡茶，百卉不敢先开论，不如双径回清绝，天然味色留烟霞。"[③] 径山茶不仅常用作皇室贡茶，而且成为许多高僧及宫廷显贵、文人雅士慕名前来拜佛品茶的佳品。同时，径山寺在日常饮食生活和以茶待客时十分尊崇唐宋时具有权威性的《百丈清规》《禅苑清规》及其中关于饮茶的礼仪，并在此基础上产生和发展成著名的径山茶宴。如宋朝宗赜《禅苑清规·赴茶汤》载："吃茶不得吹茶，不得掉盏，不得呼呻作声。取放盏橐不得敲磕，如先放盏者，盘后安之，以次挨排不得错乱。右手请茶药擎之，候行遍相揖罢方吃。不得张口掷入，亦不得咬令作声。茶罢离位，安详下足，问讯讫，随大众出。特为之人须当略进前一两步问讯主人，以表谢茶之礼。行须威仪庠序，不得急行大步及拖鞋踏地作声。主人若送回，有问讯致恭而退，然后次第赴库下及诸寮茶汤。"[④]

---

① 张家成：《中国禅院茶礼与日本茶道》，《世界宗教文化》1996 年秋季号。

② 赵贞信校注：《封氏见闻记校注》卷 6，中华书局 1958 年版，第 46 页。

③ （清）张吉安修，朱文藻纂：《余杭县志》卷 38，成文出版社 1970 年版，第 545 页。

④ （宋）宗赜：《禅苑清规》卷 1，苏军点校，中州古籍出版社 2001 年版，第 9 页。

《禅苑清规·知事头首点茶》载："知事诸头首特为茶，板鸣，主人依位立，揖众就坐"，"浇茶三两碗，擎茶盏，揖当面特为人。及上下位，然后吃茶。茶罢，只收主人盏。起身问讯，离位烧香，归位问讯同前。"①此外，该书卷六之《谢茶》等也有相关论述。这些对饮茶的主要环节进行了详细规定，并将饮茶进行制度化、规范化、礼仪化，逐渐形成了一套肃穆庄重的饮茶礼仪。径山茶宴以此基础，更有一套固定和较为讲究的饮茶礼仪。浙江非遗网信息中心《径山茶宴》阐述了径山茶宴的程序、核心及意义：径山茶宴从张茶榜、击茶鼓、恭请入堂、上香礼佛、煎汤点茶、行盏分茶、说偈吃茶到谢茶退堂，有十多道仪式程序，宾主或师徒之间用"参话头"的形式问答交谈，机锋偈语，慧光灵现。以茶参禅问道，是径山茶宴的精髓和核心；堂设古雅，程式规范，主躬客庄，礼仪备至，依时如法，和洽圆融，体现了禅院清规和礼仪、茶艺的完美结合。

　　将径山茶宴最直接地传入日本的是南浦绍明（1235—1308）。据日本江户时代的山冈俊明编纂的《类聚名物考·饮食部·茶》载："南浦昭明到余杭径山寺浊虚堂传其法而归，时文永四年"；"茶宴之起，在正元中（1259）筑前崇福寺开山南浦绍明由宋传入"。②《续视听草》《本朝高僧传》也称日僧南浦昭明回国时将茶台子、茶道具带到崇福寺。据师蛮《本朝高僧传·相州建长寺沙门绍明传》等文献记载：南浦绍明于公元1259年入宋求法，后到径山寺学习佛法和寺院饮茶礼仪，于公元1267年带着7部中国茶典籍和径山茶宴系列用具回国，先后在崇福寺、万寿禅寺和嘉元禅寺等寺院住持，在弘法的同时广泛传播饮茶礼仪，包括径山茶宴、"斗茶"、"点茶法"等，从而使径山茶宴和中国禅院饮茶礼仪系统地传入日本。南浦绍明圆寂后，其在大德寺的弟子传承传播径山茶宴和中国禅院饮茶礼仪，并将他从中国带回的茶道具转到大德寺，使宋朝饮茶礼仪在日本得到普遍喜爱和追求，为日本茶道的形成奠定了重要基础。

　　除了南浦绍明以外，早于他的道元、圆尔辨圆等也对中国饮茶礼仪包括径山茶宴传入日本起到了一定作用。道元曾到径山寺学习，将《禅院清规》等典籍带回日本，并依照《禅院清规》和径山茶宴礼仪制定了《永平清规》。该书通过新命辞众上堂茶汤、受请人辞众升座茶汤、堂司特为新旧侍者茶汤、方丈

---

　　① （宋）宗赜：《禅苑清规》卷5，苏军点校，中州古籍出版社2001年版，第64、72页。
　　② ［日］山冈俊明：《类聚名物考》卷4，鹿儿岛历史图书社1974年版，第608页。

特为新首座茶、方丈特为新挂措茶等，对吃茶、行茶、大座茶汤等寺院茶礼作了详细规定，是最早制定和记载日本禅院中行茶礼仪的日本典籍，对日本寺院茶的普及和茶道形成具有重要作用。圆尔辨圆也带了径山茶种和《禅苑清规》等典籍，将径山茶种植于静冈而后出现了著名的静冈茶，如今其产量占日本的50%以上，人均茶消费量也居日本各地区之首；又以《禅苑清规》为蓝本制定《东福寺清规》等系列清规，将饮茶礼仪列为禅僧日常生活中必须遵守之法，也对日本茶道的形成起了重要作用。日本千宗室指出，日本茶道虽然源于中国，但又不是中国茶文化的简单移植或翻版，而是中国的茶文化在日本特殊的社会环境和文化氛围中经过再创造，把点茶、饮茶的活动升华为茶道，形成的一种综合文化体系，对日本的世俗生活和精神生活产生了广泛深远的影响。①

十四、程朱理学传入高丽与儒家饮食礼仪传播

程朱理学，又称义理之学或道学，是宋代由周敦颐、邵雍及张载等人创始，程颢、程颐等人发展，由朱熹集其大成、形成完整体系的一个儒家流派，专求"内圣"的经世路线以及"尚礼义不尚权谋"的致思趋向，代表性典籍是朱熹所编撰的《四书集注》《朱子家礼》等。理学在元朝被定为官学，此后不断兴盛。高丽尊孔崇儒，上自国王下至闾巷儿童，无论官学还是私学，都以儒家经典为主要教科书和考试内容。13世纪末14世纪初，高丽一些学者和官吏来往于两国之间，到元朝学习程朱理学并将《四书集注》《朱子家礼》等典籍带回高丽，在各种教育机构研究、讲授，进行传播推广。通过学习和研究这些典籍，其中记载和论述的儒家饮食礼仪得以在高丽广泛传播，并且逐渐融入高丽人生活的多个方面。

高丽的学校教育基本上是学习和借鉴唐宋之制，分为官学和私学。公元992年（高丽成宗十一年），高丽就在京城创立了国家最高学府——国子监，并仿唐制下设国子学、太学、四门学、律学、书学、算学六学。其后，国子监改称成均馆、成均监，由饱学中国儒家思想的学者任职，在国子学、太学、四门学皆置博士助教，须七品以上官吏子弟方能入学。徐兢《宣和奉使高丽图经》载："（高丽）有齐、鲁之气韵矣。比者使人到彼，询知临川阁，藏书至数万

---

① ［日］千宗室：《〈茶经〉与日本茶道的历史意义》，萧艳华译，南开大学出版社1992年版，第5页。

卷。又有清燕阁，亦实以经、史、子、集四部之书。立国子监，而选择儒官甚备。"①此外，还在江州等地设立了地方官学——乡校。在私学方面，最早创办私学的是曾任门下侍郎的儒学泰斗崔冲。公元 1055 年（高丽文宗九年），他在70 岁退职后首开私人讲学之风，开展儒学教育，讲授《周礼》等九经和《史记》等三史。因其私学有 9 个班，故称"九斋学堂"；崔冲也因学生众多且大部分在科举考试里中试、担任高官，被称为"海东孔子"。据杨昭全、何彤梅统计，当时高丽京城开办的私学还有很多，著名私学有 11 所，包括弘文公徒、匡宪公徒、南山徒、西园徒、文忠公徒、良慎徒、贞教徒、忠平公徒、贞宪公徒、徐侍公徒、龟山徒，与"九斋学堂"并称"十二徒"。②这些私学的学生来源很广，既有官吏也有许多平民子弟，盛况空前。徐兢《宣和奉使高丽图经》载："闾阎陋巷间，经馆书舍，三两相望。其民之子弟未婚者，则群居而从师受经。既稍长，则择友各以其类，讲习于寺观，下逮卒伍童稚，亦从乡先生学，于呼盛哉！"③到 13 世纪末 14 世纪初，高丽学者安珦、白颐正、李齐贤、郑梦周等人入元学习理学，回国后大力传播推广。杨昭全、何彤梅指出，安珦是第一个将理学传入高丽之人。公元 1289 年（高丽忠烈王十五年），他任儒学提举，随忠烈王赴元大都，手抄新刊《朱子全书》并描摹朱子像，回国后在太学讲授理学，并言："吾尝于中国得见朱晦菴著述，发明圣人之道，攘斥禅佛之学，功足以配仲尼。"④其后，高丽忠宣王将王位传于次子王焘，入元定居，召白颐正、李齐贤等人前来，与元文人学士共同研学习文。

由于学习、研究和考试等大量需求，《四书集注》《朱子家礼》等儒家经典通过各种途径传入高丽，不仅有入元的高丽官员、学者带回，还通过商人贸易进行。高丽人编撰的《老乞大》一书就载，高丽商人入元，在购买并准备回高丽出售的货物中就有《四书集注》等儒家典籍："更买些文书一部，四书都是《晦庵集注》，又买一部《毛诗》《尚书》《周易》《礼记》、五子书。……我拣个好日头回去。"⑤这一时期，在传入高丽的众多儒家经典中最具影响力、最受重视的是《四书集注》《朱子家礼》。《四书集注》，是集《大学》《中庸》《论语》《孟

---

① （宋）徐兢：《宣和奉使高丽图经》卷 40《儒学》，中华书局 1985 年版，第 139 页。

② 杨昭全、何彤梅：《中国—朝鲜·韩国关系史》上册，天津人民出版社 2001 年版，第 301 页。

③ （宋）徐兢：《宣和奉使高丽图经》卷 40《儒学》，中华书局 1985 年版，第 139 页。

④ 杨昭全、何彤梅：《中国—朝鲜·韩国关系史》上册，天津人民出版社 2001 年版，第 432 页。

⑤ ［高丽］佚名：《老乞大谚解》卷上，中华书局 2005 年版，第 353—354 页。

子》于一体的儒家理学名著，涉及许多儒家饮食思想和礼仪。其中的《论语集注》对孔子的饮食思想和礼仪等都做了细致注解与阐释，其《乡党》"食不厌精，脍不厌细"句后言："食精则能养人，脍粗则能害人。不厌，言以是为善，非谓必欲如是也。"①《乡党》中"八不食"之语后也有注解与阐释。《朱子家礼》，据传是朱熹于公元1170年（宋孝宗乾道六年）在其母丧守孝期编撰而成的，共五卷，第一卷"通礼"、第二卷"冠礼"、第三卷"昏（婚）礼"、第四卷"丧礼"、第五卷"祭礼"，每一卷都涉及饮食礼仪，都载有以不同的饮食仪式成礼的详细规定。如第三卷"昏（婚）礼"之"亲迎"载以饮食成礼：厥明，壻家设位于室中，"设倚卓于两位，东西相向，蔬果盘盏匕箸如宾客之礼，酒壶在东位之后，又以卓子置合卺一于其南。有南北设二盥盆勺于室东隅，右设酒壶盏注于室外或别室，以饮从者。卺音谨，以小瓠一判而两之"；壻（婿）妇交拜，"就坐饮食。毕，壻出，壻揖，妇就坐，壻东妇西。从者斟酒设馔。妇祭酒，举肴，又斟酒。壻揖妇，举饮不祭，无肴，又取卺分置，将妇之前，斟酒，壻揖妇，举饮不祭，无肴。壻出就他室，姆与妇留室中，撤馔置室外，设席"②。

随着程朱理学在高丽的广泛传播与深入发展，以《朱子家礼》为主要内容的儒家礼仪包括饮食礼仪也逐渐在高丽推广和实行。其中，起到重要传播推广作用的是从事儒学教育和学习的士大夫与学生。如尹龟生、郑习仁、郑梦周、赵浚等曾为教育机构成均馆学官等职，不仅学习、讲授和身体力行，甚至还上疏高丽王，建议在全国上下推行《朱子家礼》。郑麟趾《高丽史·赵浚传》载，高丽赞成事判礼曹事赵浚在给高丽昌王的上疏中指出："今也国都至于郡县凡有家者，必立神祠，谓之卫护，是家庙之遗法也"，"愿自今一用朱子家礼……朔望必奠，出入必告，食新必荐，忌日必祭……每岁三令节寒食上坟之礼，许从俗礼，以厚追远之风，违者以不孝论。"③其实，在寒食节除祭祖，高丽上下还宴请宾客。杜瑜据《高丽史》所载指出，公元1055年2月寒食日，高丽文宗同时在三处宴请宋商240人，其中，飨宋商叶德宠等87人于娱宾馆，飨黄拯等105人于迎宾馆，飨黄助等48人于清河馆。④此外，高丽学子在熟读儒家经典时必然学习和遵循儒家饮食礼仪，这也为儒学及其饮食礼仪在高丽的广

① （宋）朱熹：《四书章句集注》，中华书局1983年版，第119—120页。
② （宋）朱熹：《朱子全书》，上海古籍出版社2002年版，第898—899页。
③ [朝鲜] 郑麟趾等：《高丽史》卷118《赵浚传》，首尔大学藏奎章阁本。
④ 杜瑜：《海上丝路史话》，社会科学文献出版社2011年版，第122页。

泛传播奠定了良好基础，并且使其逐渐融入高丽人生活之中。

十五、中外使臣、传教士、旅行家与中国饮食习俗在欧亚非的传播

宋元时期，海上丝绸之路南海航线十分畅通，使臣、传教士、旅行家等人群沿此航线频繁来往于亚非欧，并将沿途所见所闻写入其著述中，不仅通过文字将中国饮食习俗传播至域外，也记录了当时海外部分地区中国饮食习俗的传播情况。中国使臣周达观、摩洛哥人伊本·白图泰、马可·波罗等及其著述就是其中的典型代表。

周达观，自号草庭逸民。元成宗元贞元年（1295），元朝政府遣使团赴真腊，其中周达观便是使团成员之一。公元1296年到达真腊(在今柬埔寨境内)，并在当地生活1年多，回国后根据亲身见闻，写成了《真腊风土记》一书。该书不仅介绍了当时中柬海上交通情况，详细记录了真腊民众的生活和当地风俗习惯、制度、物产等，生动地展现了13世纪末柬埔寨的历史画面，而且介绍了当时中国饮食在柬埔寨的传播情况。如书中介绍当地百姓之家"房舍之外，别无桌蹬盂桶之类，但做饭则用一瓦釜，做羹则用一瓦铫，就地埋三石为灶。以椰壳为勺……又以一锡器或瓦器盛水于旁，用以沾手。盖饭只用手拿，其粘于手者，非水不能去也"；[1] 真腊农民"耕不用牛，耒耜镰锄之器，虽稍相类，而制自不同"。[2] 可见，当时真腊在日常饮食生活、农耕等各方面都落后于中国，这种文化发展的不平衡性也成为当时华夏饮食习俗在当地传播的主要推动力，而移民和商贸则是传播的主要途径。该书记载了当时中国移民在柬埔寨的情况，"唐人之为水手者，利其国中不著衣裳，且米粮易求，妇女易得，屋室易办，器用易足，买卖易为，往往皆逃逸于彼"[3]。可见，当时已有相当数量的华侨移居柬埔寨。他们是中国东南沿海一带人，与柬埔寨人民一起开发了这个地区。如当地"在先无鹅，近有舟人自中国携去，故得其种"。[4] 这些移民在与当地土著居民长期交错居住、交往过程中，将一些中国饮食烹饪方式与习俗潜移默化地传播至当地，也带来了当地民众对中国商品尤其是饮食相关商品的需求。《真腊风土记》中介绍了最受当地居民欢迎的中国物品，包括饮食器具，

---

① 夏鼐校注：《真腊风土记校注》，中华书局1981年版，第165页。
② 夏鼐校注：《真腊风土记校注》，中华书局1981年版，第137页。
③ 夏鼐校注：《真腊风土记校注》，中华书局1981年版，第180页。
④ 夏鼐校注：《真腊风土记校注》，中华书局1981年版，第154页。

如温州之漆盘、泉处之青瓷器以及铁锅、铜盘等,并且其饮食习俗已受到中国影响。温州漆器在两宋时期就享有盛名,是重要的输出商品。泉处青瓷器指的是处州龙泉烧造的瓷器,从泉州出口。在吴哥遗址的发掘当中,出土了宋元时期的中国瓷片。这些产品以优质闻名,受到柬埔寨人民的信任,甚至可以代替货币流通,做小本生意时可以用唐货来支付。在日常饮食生活中更离不开这些产品,如"盛饭用中国瓦盘,或铜盘"。可见当地饮食习俗受到来自中国的深刻影响。① 此外,周达观在柬埔寨期间还不辞辛劳,深入到百姓饮食起居等细处,对真腊的历史、宗教、文化、经济、风土人情等方面进行了详细调查了解,同时也向当地人介绍了中国的饮食习俗等情况,还把中国的荔枝种子带到真腊,并在当地一座山卜种植、成活了下来。

随着海上丝绸之路的发展,越来越多的外国旅行家选择海路作为往来中国的主要方式。其中,著名旅行家摩洛哥人伊本·白图泰就是其中之一。他于公元 1304 年出生在非洲摩洛哥丹吉尔港,自公元 1326 年到 1354 年的 30 年间游历过非洲、欧洲、亚洲的许多国家和地区,公元 1342 年被当时印度月那汗王朝任命为访问中国的使臣,直到公元 1347 年才经孟加拉、尼科巴群岛、苏门答腊、越南到达泉州,并受到当地官员的隆重接待,游历了泉州、广州和杭州三座著名的城市。他写下《伊本·白图泰游记》,详细记录了中国诸多情况,包括瓷器贸易、农产品生产、饮食习俗等方面的情况。对于瓷器的生产与贸易,他记述得尤为详细:"至于中国瓷器,则只在刺桐和穗城制造。系取用当地山中的泥土,像烧制木炭一样燃火烧制……这种瓷器运销印度等地区,直至我国马格里布","穗城是一大城市,街市美观,最大的街市是瓷器市,由此运往中国各地和印度、也门。"② 这也印证了当时中国瓷器大量出口至印度、中东乃至北非等地区。他还十分关注当时中国农作物的种植,在游记中写道,中国地域辽阔,物产丰富,人口稠密,并且拥有发达的水利灌溉系统,给他留下了很深的印象。原来他认为,大马士革的李子最佳、"天下无匹",到了中国见到其所产的李子,和大马士革的一样佳美;中国所产的西瓜和中东花剌子模、伊斯法罕的一样;中国的糖比埃及的还好;其他如葡萄、绿豆、黄豆、小麦等也超过他的故乡所产。伊本·白图泰说,从来没有见过这样优良的小麦,感叹

① 陈瑞德等:《海上丝绸之路的友好使者·西洋篇》,海洋出版社 1991 年版,第 68—75 页。
② [摩]伊本·白图泰:《伊本·白图泰游记》,马金鹏译,华文出版社 2015 年版,第 395—396、400 页。

道："吾故乡所产者，中国莫不有之，甚至比吾国尤美也。"[1]

此外，意大利人马可·波罗，沿西北丝绸之路从陆路来到中国，居住 17 年后又沿海上丝路回国，由他口述其所见所闻、别人代笔写下《马可·波罗游记》一书，不仅记录了元朝的社会经济、海内外交通贸易等，也记录了元朝的食物原料、饮食器具、饮食民俗等情况。他与伊本·白图泰等到中国的旅行家一起，不仅亲身体会中国发达的饮食文明，还将其讲述和记录下来，使华夏饮食文明通过瓷器等物质载体传播的同时，还将饮食习俗、饮食品的制作技术等通过文字、书籍传播至欧洲、非洲以及阿拉伯地区，使这些地区的人们了解了华夏饮食文明发展状况，促进了中外饮食文明的交流。

第四节　明清时期：由盛转衰期

明清时期，中国进入封建社会的晚期，也是中国社会重大转折时期，在封建社会集权专制不断加强的同时，新的资本主义生产关系也开始萌芽。这一时期的海洋上各国交流贸易日益频繁，但是由于明清两朝都不同程度地实行海禁政策、甚至闭关锁国，使得中国对外的民间海上贸易处于十分不利地位，海上丝绸之路也进入由盛转衰时期。而此时，在地理大发现后，欧洲人却在政府支持下通过海上航线积极扩张、到亚非拉美等地区建立殖民地，逐渐掌握了海上贸易主动权、占据主导地位。这一时期，华夏饮食文明虽然继续传播到亚洲、非洲、欧洲乃至美洲，但随着海上丝路格局和对外贸易、交流性质改变，也进入由盛转衰的时期。

明朝时期

明朝时，中国社会生产力进一步发展，尤其是在江南地区，农业、手工业逐渐兴盛，商品经济不断活跃，海外贸易的物质基础雄厚，但是由于统治者在一段时间内实行严格的海禁政策，导致民间海外贸易萎缩。与此相反，15世纪末、16 世纪初的欧洲人通过地理大发现，找到了通往印度及美洲的航路，

---

[1]　[摩]伊本·白图泰：《伊本·白图泰游记》，马金鹏译，华文出版社 2015 年版，第 400 页。

进入大航海时代，世界政治、经济格局从此发生巨变，广大的亚非拉美地区纷纷沦为欧洲人的殖民地。由此，中国传统的对外关系受到冲击，与亚非国家的朝贡贸易日趋衰落，而与欧洲国家的直接贸易开始增多，同时明朝政府被迫部分地开放了民间海外贸易，但依然进行严格限制，中国海外贸易的发展受到严重制约，在与欧洲殖民者的竞争中处于十分不利地位，而欧洲人则在其政府支持下在西太平洋及北印度洋的贸易中逐渐占据了主导，华夏饮食文明沿海上丝绸之路的传播也受到影响。

明朝建立之初，朝廷采取休养生息的措施，不仅鼓励开展移民屯田、兴修水利、种桑养蚕，还给予手工业者更多的生产自由，对商业、商人实行轻税政策，社会经济得到快速发展。《明史·食货志》载："计是时，宇内富庶，赋入盈羡，米粟自输京师数百万石外，府县仓廪蓄积甚丰，至红腐不可食。"① 而随着社会生产力的发展，江南商品经济呈现出空前活跃的态势，用于商品交换的经济作物种植已很普遍。随着农业商品化程度的提高，工匠应役制度从"轮班制"改为"班匠银"，工匠有了较多的自由、其技术和产品可以更多地流入市场，到明朝中后期，民营手工业有了飞跃性发展，特别是在纺织、制瓷及冶铁业方面，生产技术、规模和品质均大大超过前代。16 世纪中叶，景德镇已成为全国瓷器制造业中心，仅民窑就有 900 余座，从业人员数万人，生产的瓷器运销范围很广。此时，不仅瓷器数量大增，品种也不断创新，出现的五彩瓷器、斗彩等因色彩艳丽、制造精良、工艺独特而成为海内外推崇的精品。福建德化窑产的白色瓷器在海外大受欢迎，成为专门的外销商品。

农产品及手工业品的空前丰富，为开展海外商品贸易与文化交流提供了物质基础。然而，明朝对海外贸易的政策却经历了一些曲折，即从初期"朝贡贸易"转到后期"开海贸易"。明太祖朱元璋为巩固新生的明政权，给社会经济恢复发展创造安定的外部环境，一方面派使臣出访海外各国，争取其承认明朝的正统地位、断绝与元朝残余势力的联系；另一方面实施严格的海禁政策、禁止百姓出海贸易，极力阻断国内外反抗势力的勾结，这在一定程度上维护了明朝初期和平安定的局面，但也破坏了中外正常的经济联系。为满足统治阶层对海外奇珍异物、香料等的需求，达到"万国来朝"的盛况，明

---

① 《明史》卷 78《食货二·赋役条》，中华书局 1974 年版，第 1895 页。

朝在禁断私营海外贸易的同时，积极推行"朝贡贸易"政策，将"朝贡贸易"视为唯一合法的对外贸易方式。此后，从明成祖永乐三年（1405）到明宣宗宣德八年（1433），明朝派郑和率领庞大船队七下西洋，将明朝乃至整个古代的官方贸易即朝贡贸易推向顶峰。至明中后期，海禁政策的弊端开始显现，不仅没能阻止百姓出海贸易、消弭外敌袭扰，反而导致沿海民众走私、倭寇劫掠。嘉靖时期倭患严重，明朝已有不少人认识到这与海禁政策有关，指出"严禁商道，不通商人，失其生理，于是转而为寇"。[①]1564 年，福建巡抚谭伦上疏，阐述了禁海之弊、请求适度开放海外贸易："闽人滨海而居，非往来海中则不得食，自通番禁严，而附近海洋鱼贩一切不通，故民贫而盗愈起，宜稍宽其法。"[②]隆庆元年（1567），明王朝宣布开放海禁，允许民间商人领引后从福建漳州月港出海贸易。由此，结束了明朝近 200 年之久的海禁政策，朝贡贸易失去独占地位，私营海外贸易终于合法化，"开海贸易"逐渐兴起，并有了较快的发展。

与此同时，造船与航海技术持续进步，主要表现在两个方面：一是以郑和船队为标志的高水平船舶制造技术，二是水罗经与物标导航、计程仪、牵星板综合运用的高水平航海技术，为海外贸易和华夏饮食文明的对外传播提供了非常坚实的交通条件。郑和 7 次出使西洋，每次出使整个船队由 63 艘（一说为 48 艘）海船组成，人员 36000 余人（一说为 27000 余人），而且船只的吨位庞大。据记载，船队中最大的宝船长约 100 余米、宽约 50 余米，载重量据推测约为 2500 吨，在载重量、船体结构上比半个世纪后欧洲人地理大发现时所用船舶都要先进，非常适于远洋航行。1492 年，哥伦布航行美洲的船队仅有 3 条小帆

图 2-12　郑和船队所用航海导航设备——牵星板复制品（笔者摄于福州市博物馆）

①　（明）陈子龙等辑：《明经世文编》卷 270《御倭杂著》，中华书局 1962 年版，第 2850 页。

②　《明世宗实录》卷 538，嘉靖四十三年九月丁未，"中央研究院"历史语言研究所 1965 年版，第 8719 页。

船、水手90名，最大船只、载重不到100吨，且船体单薄，航行1个月后就有船只在风暴中损坏了；1497年，远航印度的达·伽马船队，由4艘欧洲最精良的海船组成，其长度25米，载重仅120吨左右。故英国科技史家李约瑟指出，整个中世纪里中国船舶的吨位要比欧洲大得多。郑和下西洋的最大宝船达到了19世纪以前世界木帆船的顶峰，也反映了当时极高水平的造船技术。此外，我国指南针在宋朝便用于海上航行，到明郑和下西洋时已发展到指向48个方向的水罗经，同时配合天文、地文定位，郑和船队方位测定极为准确。物标导航、计程仪、牵星板的综合运用（见图2-12），使航行路线准确，有效地保证了航行的快捷和安全。

《郑和航海图》（见图2-13）对郑和船队的航程远近、停泊地、暗礁及浅滩等的位置都有详尽精确的记录，表明了郑和船队高超的航海水平。郑和7次下西洋，遍历亚非地区30余个国家，意味着中国与亚、非各国之间海上交通网更加完善。在宋元时代，中国商人经海上丝绸之路南海航线的贸易大多只到达阿拉伯半岛，然后由阿拉伯商人等将中国商品转运至更远的非洲、欧洲。而明朝郑和下西洋，则将亚、非之间的航行范围大大扩展，其船队从中国东海之滨出发，经南海进入北印度洋，过孟加拉湾后，驶入阿拉伯海，抵达阿拉伯和非洲，再由东非沿岸南航，越过赤道，最远到达今莫桑比克，由此，将亚、非地区的航路串联起来、构筑了西太平洋与北印度洋之间畅通无阻的海上交通网。郑和船队沿着海上丝绸之路南海航线，远航亚非30余国，每至一国即宣谕皇帝诏书、颁赐各种礼物，这种和平友好的外交活动受到广泛欢迎，一些国家随后派遣使臣来华，推动了沿海上丝路各国和地区的经济社会发展、增进了友谊。（《天妃灵应之记碑》记载了郑和下西洋事迹，见图2-14）此后60余年，麦哲伦环球航行成功，来到菲律宾群岛并征服该岛、使之成为西班牙的殖民地，同时开辟了从菲律宾往返墨西哥的太平洋航路，以丝绸、瓷器为主的中国商品便沿此路，经马尼拉运往墨西哥等拉丁美洲地区。这条航路就此成为太平洋上的丝绸之路。① 自此，中国商品已可以沿海上丝绸之路南海航线运往波斯湾、越过印度洋、到达非洲东岸和欧洲，又经菲律宾、越过太平洋、延伸到墨西哥等拉丁美洲地区。

---

① 杜瑜：《海上丝路史话》，社会科学文献出版社2011年版，第156页。

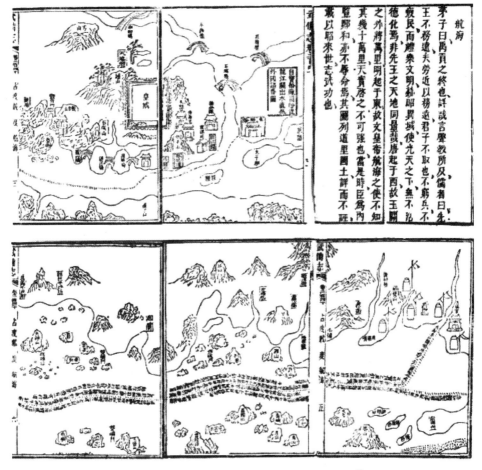

图 2-13 《武备志》中所载《郑和航海图》（局部）①

　　与此同时，在海上丝绸之路东海航线上，日本和朝鲜半岛上的李氏朝鲜也与中国有着一些贸易往来。明朝时，中日关系起伏不定，影响了两国的人员交流与商贸往来。明朝前期相当于日本南北朝后期至战国时期。公元 1392 年，室町幕府第 3 代将军足利义满统一日本，结束了长达 60 余年的南北朝分裂局面，与明朝政府共同努力，恢复了正式的邦交关系，日本派出遣明使到中国进行"勘合贸易"（即朝贡贸易）。但是，明朝后期，两国关系恶化，邦交中断，勘合贸易停止，日本普通商人被禁止出海经商，而海盗却用武力抢掠、成为倭寇之患，到 1603

---

① 梁二平：《中国古代海洋地图举要》，海洋出版社 2011 年版，第 101 页。

图 2-14 记载郑和下西洋事迹的《天妃灵应之记碑》局部拓片（笔者摄于福建长乐"郑和史迹陈列馆"）

年德川家康建立江户幕府，更下达锁国令、不许日本船只出海。尽管如此，两国的民间贸易仍然不断，而且主要是中国商船到日本进行贸易，其航海路线基本上是从宁波出发渡海，到达日本的濑户内海港口兵库和堺港（今堺市，大阪府内）。① 与此不同，明朝与李氏朝鲜始终保持着良好的邦交关系，两国人员往来频繁，官方贸易、民间贸易等都较为兴盛，除陆路之外，海上航线也很繁忙。张士尊《纽带——明清两代中朝交通考》考证，朝鲜通往明朝的海上通道，尤其是朝贡贸易通道，早期登船在宣沙浦（在今朝鲜平安北道郭山西南东莱河口石和里附近），后来则由平壤附近的大同江登船，从石多山渡海，经明朝东江镇所在地的椴岛以及大鹿岛、石城岛、长山岛、广鹿岛、三山岛、平岛、旅顺口、隍城岛等，到达登州即上岸，再经陆路前往明朝京城，并绘有"明朝末年中朝海上通道简图"。② 其实，明朝时，中朝海上航线的出发港和到达港较多，明王朝有天津、烟台、大连、营口（牛庄）等港口，李氏朝鲜有仁川、釜山、元山等港口。

清朝时期

清朝时，华夏饮食文明沿海上丝绸之路的传播可以分为清中前期和清后期两个阶段。清朝步入康雍乾时代后，随着社会经济的恢复，清政府开始采取有限度的开海贸易政策，对外贸易和交流有一定程度发展，除东亚、东南亚和南亚外，欧洲的英国、荷兰、法国和美洲的美国也与清朝有了紧密贸易和人员往

---

① 冯佐哲：《中日文化交流史话》，社会科学文献出版社 2011 年版，第 119—120 页。
② 张士尊：《纽带——明清两代中朝交通考》，黑龙江人民出版社 2012 年版，第 94—105 页。

来。鸦片战争前的很长时间内，由于清王朝采取相对封闭的态度，华夏饮食文明对外传播多以瓷器、茶叶等为主要载体，华侨逐渐增多也成为传播华夏饮食文化的主要人群。华夏饮食文明总体上在海上丝路的传播较为兴盛。但是鸦片战争以后，中国沦为半殖民地半封建社会，对外贸易、交流的性质和海上丝路格局发生巨变，华夏饮食文明在海上丝路的传播虽然也得到一定的推动，但整体上仍然走向被动与衰落。

清朝初期，统治者采取了一系列恢复和发展社会经济的政策措施，使社会经济从崩溃走向恢复和发展。在农业方面，顺治帝时就撤销了"三饷"（辽饷、剿饷、练饷）加派的命令，颁布鼓励垦荒的命令；康熙年间，实行蠲免赋税政策，下令停止圈地、进一步鼓励垦荒，还对黄河、淮河、大运河以及各地区的河道进行了修浚，对农业的恢复和发展起了极大的促进作用。到清中期，农业的恢复和发展主要表现在扩大耕地面积、增加亩产量、提高农耕技术等方面。至康熙末年乃至雍乾时期，耕地面积超过明万历时 701 多顷和洪武二十六年（1393）的 850 万顷。[1] 同时，稻的亩产量也得到了大幅度提高，江浙湖广地区稻谷的亩产量一般都达到二三石，湖南、四川、江西、湖北等地农业生产逐步代替江浙地区而成为供应全国粮食的重要基地。除了粮食作物，棉花、桑树、茶叶、烟叶、甘蔗等经济作物的种植也遍及全国各地。其中茶叶生产逐年增长，成为清政府重要的出口产品，饮茶习惯在沿海上丝路的众多国家中逐渐普及。在手工艺方面，清初也采取了一系列措施促进手工业的恢复与发展。首先，废除匠籍制度，恢复手工业生产。顺治二年（1645），清朝命令各省废除匠籍制度，减轻了他们的沉重负担。其次，废除对手工业的多种限制，推动陶瓷业发展。清朝景德镇在明宣德年间五彩瓷的基础上创制了粉彩，技艺之精湛已超越明朝、成为清瓷的新成就，此外还恢复了明朝失传的红釉器。制糖业在广东、四川，尤其在台湾得到显著发展。台湾产的糖驰名中外，运销日本、吕宋等国。至雍乾时，在盐、铁、纺织、陶瓷、造船等行业中，民营比重和手工业产品市场不断扩大、远销海外诸国。经济作物茶叶和手工业品陶瓷、食糖等生产的增长，加上水陆交通畅达，为海外贸易提供了充足的货源和渠道。康熙年间，仅苏州每年所造出海贸易的船只多达千余艘。[2]

---

[1]　施建中：《中国古代史》下，北京师范大学出版社 1996 年版，第 368 页。
[2]　夏秀瑞、孙玉琴：《中国对外贸易史》第 1 册，对外经济贸易大学出版社 2001 年版，第 355 页。

在海外贸易和文化交流方面，清朝的政策前后不一。清初时，清王朝为巩固刚刚建立的政权、切断郑成功与内地的联系，顺治、康熙年间先后多次颁布禁海令和迁海令，甚至"不许片帆入口"。官方贸易成为当时唯一合法的贸易形式。清王朝在平定三藩之乱、收复台湾后，康熙二十四年（1685）全面开海禁，正如史载："今海内一统，寰宇宁谧，满汉人民俱同一体，应令出洋贸易，以彰富庶之治，得旨开海贸易。"① 同年，又宣布江苏的松江（今上海）、浙江的宁波、福建的厦门、广东的广州为对外贸易港口，分别设立江海关、浙海关、闽海关和粤海关，承担严格管理海外贸易的职责。王士禛的《北归志》载称："江南驻松江，浙江驻宁波，福建驻泉州（即泉州府同安县厦门港），广东驻广州。"② 随着海外贸易的发展，移居海外的人数不断增多。但是，此时的开海贸易政策有其局限性，海外贸易活动受到行商制度和海关制度的严格管理。到19世纪中叶，欧美一些国家已发展到近代工业发达的资本主义阶段，开始对外扩张。人口众多、资源丰富的中国自然成为资本主义列强觊觎的目标。清王朝严格限制对外贸易的政策及中国高度自给自足的自然经济，对西方列强的经济侵略具有强大的抵抗性。为打开中国大门，对中国进行以商品输出为主的经济掠夺，英国发动了鸦片战争。随后，中国遭遇众多列强的入侵、被迫签订许多不平等条约而逐步沦为半殖民地半封建国家，独立自主的封建性对外贸易逐步变成受西方资本主义控制的半殖民地性质的对外贸易。靠近通商口岸的沿海地区社会经济生活发生了巨变，如鸦片战争后外商争购茶叶等商品，茶叶生产规模迅速扩大。史料记载，福建武夷地区，"夙著茶名，饥不可食，寒不可衣，末业所存，易荒本务。乃自各国通商之初，番舶云集，商民偶沾其利，遂至争相慕效，满山遍野，愈种愈多"③。可见，当时的"被迫开放"客观上对华夏饮食文明的对外传播产生了一定推动，但传播格局和性质却有极大的不同。

在清朝，中国与日本、朝鲜的关系及贸易不同于西方国家。清朝前期与日本的德川时代相似，都处于统一稳定与繁荣的时期，但两国却没有建立正式的外交关系。在中日两国中断外交期间，双方都曾经采取闭关政策、实施海禁，

---

① 《清朝文献通考》卷33《市糴二》，商务印书馆1935年版，第292页。

② （清）王士禛：《王士禛全集》四《杂著》，齐鲁书社2007年版，第2639页。

③ 李文治：《中国近代农业史资料》第1辑（1840—1911），生活·读书·新知三联书店1957年版，第446页。

但康熙于 1684 年颁布"展海令",因此两国民间往来和贸易不仅从未中断、还更加频繁,如中国赴日商船数量增加、贸易额扩大,日本虽不允许船只出海、禁止本国人到海外经商,却只允许中国船和荷兰船进入,在长崎开展与中国人和荷兰人的贸易,建立唐人坊,使长崎成为当时日本与中国贸易的唯一对外港口。其海上航线仅有 1 条,即从浙江宁波的普陀山出发渡海,抵达日本长崎。而李氏朝鲜与清朝保持着较友好的关系,且开通了中国烟台—朝鲜仁川的定期航轮,"清在汉城派驻总办朝鲜商务委员,并在仁川、釜山、元山、汉城建立商务署。朝鲜则在天津派驻商务委员。牛庄(营口)、大连、烟台为清对朝海上贸易口岸"①,为双方人员交流、海上贸易和饮食文化传播提供了更便利的交通条件。

食物原料及其生产技术

明清时期,华夏饮食文明在食物原料的海上传播有一定发展,除茶叶外,糖及制作技术、其他食物原料及生产技术等在东亚、东南亚、南亚等地区大量传播,丰富了当地人的饮食生活;而其传播者和传播途径则主要是商人进行的商品贸易和移民的海外定居、生产生活等。

一、长崎贸易与蔗糖等食物原料输入日本

明清时期,中日贸易随着两国的外交关系起伏不定以及各自在国内实施的海禁政策而呈现出不同的特点,但无论如何,日本长崎贸易在明清时期贸易中都占据十分重要地位,尤其是在日本海禁、闭关锁国的近 200 年里,长崎更是日本政府允许的唯一对外港口。而在长崎贸易的中国商品中,沙糖是除生丝之外的第二大贸易品,是日本人最喜爱的中国食材之一。

长崎,位于日本九州岛西岸,自古以来就是日本的对外门户,是中日人员交流与商品贸易的重要港口,日本许多遣隋使、遣唐使和学僧就从这里渡海,中国福建、浙江等沿海省份大批商人渡海到这里经商。在日本江户时代(1603—1867),这里是幕府政府的直辖地和大村、平户、岛原各诸侯的领地,最初与平户一起成为日本极少数能开展对外贸易的港口,允许中国、葡萄牙、

---

① 杨昭全、何彤梅:《中国—朝鲜·韩国关系史》下册,天津人民出版社 2001 年版,第767 页。

荷兰等欧洲的商船到此经商。但是，到 1635 年，日本政府闭关锁国后的近 200 年间里，长崎则成为日本唯一的国际贸易港，而且只有中国及荷兰商船被允许在长崎进行贸易活动。由此，大量中国商船来到长崎。日本大庭脩在《江户时代日中秘话》对 17 世纪到日本的中国商船数统计后指出："1614 年 6 月以前 60 至 70 艘，1631 年 70 至 80 艘，1649 年 74 艘，1641 年 97 艘，1644 年 54 艘。1641 年的 97 艘含郑芝龙的 6 艘，其他郑氏船 7 艘。1666 年的 35 艘含郑氏船 11 艘，1670 年的 36 艘含 18 艘，1676 年的 29 艘含 9 艘，1676 年的 24 艘含 10 艘，1678 年的 26 艘含 7 艘。"[①] 木宫泰彦在《日中文化交流史》中根据《长崎记》《长崎纪事》《长崎志》《长崎志续编》《吹尘录·唐方船数》等书记载，对宽文二年（1662，即清康熙元年）到天保十年（1839，即清道光十九年）178 年间开到日本的清朝船只进行了详细列表，并指出从 1662 年至 1684 年间，每年到长崎贸易的清朝船只基本上是 20 至 40 艘；到公元 1685 年至 1772 年则进入高峰期，每年到长崎贸易的清朝船只至少在 50 艘以上，大多数年份都在 70 至 80 艘，最高年份是公元 1687 年达 115 艘、另有载回船 22 艘。这是因为日本政府为了避免金、银、铜的大量流出，对贸易额及进港船数进行限制、发放贸易许可的信牌，一些没有得到信牌的清朝商船不得不载货返回，即称为载回船，有时它们也会进行非法贸易。到公元 1688 年，日本更进一步规定了每年只准 70 艘清朝商船到日本长崎进行贸易，并且限制了到日本的时间和出发地。需要指出的是，这些清朝船，又称唐船，泛指清朝人从事贸易的商船，不仅是来自中国各港口，还包括清朝人从越南、柬埔寨、暹罗等地来的。如 1688 年的规定如下：春船 20 艘、夏船 30 艘、秋船 20 艘。在春船中，南京 5 艘、宁波 7 艘、普陀山 2 艘、福州 6 艘。夏船、秋船的出发地也有规定，除了来自清朝境内，也有柬埔寨 1 艘、交趾 3 艘、暹罗 2 艘等。[②]

在长崎贸易中有许多中国食物原料输入到日本。木宫泰彦《日中文化交流史》较详细地列举了清朝南京、浙江、福建、广东输入日本的商品，食物原料就包括茶、红豆、芡实、槟榔子、冬笋、南枣、沙糖、甘蔗、佛手柑、橄榄、龙眼、荔枝、鹿角菜、紫菜、茴香、藕粉、蜜饯、花生、椰子、菠萝蜜等 20

---

① 〔日〕大庭脩：《江户时代日中秘话》，徐世宏译，中华书局 1997 年版，第 18 页。
② 〔日〕木宫泰彦：《日中文化交流史》，胡锡年译，商务印书馆 1980 年版，第 639—650 页。

种。① 由于日本制糖业无法满足日本国内对沙糖的喜爱和大量需求，因此，沙糖在中国输入日本的贸易品中数量极大、位居第二。中国与日本的蔗糖贸易最早记载见于公元 1609 年。当年，明朝商船 10 艘渡海到日本的萨摩，停泊在鹿儿岛和坊津，这些船只将所载的货物列出目录，再加上日文假名的注解后呈给当地官员，有三份为了日后查阅而记录在《异国日记》中，其余七份因大致相同而未录。木宫泰彦《日中文化交流史》收录的其中一份写道："七月初二日，到坊津澳唐船装载货物开具"，有缎、绫以及"白糖、黑糖、蜜川芎"等。②季羡林《蔗糖史》指出："这是中国白糖和黑糖首次见于输日商品中。"③此后，中日蔗糖贸易不断，1613 年，中国两艘船开到日本长崎，载的是糖。1615年，漳州商船也载着大量沙糖航行到日本纪伊的浦津。日本闭关锁国后，糖的贸易量未减少。以 17 世纪为例，周正庆在《中国糖业的发展与社会生活研究》中统计指出，1641 年，中国输入日本的糖就达 500 万斤；1655 年至1656 年，仅漳州、泉州、安海等闽南地区输出日本长崎的沙糖就超过百万斤。④到 19 世纪 60 年代至 90 年代明治维新时期，日本全盘向西方学习、开放了较多港口，长崎仍然是重要的贸易港口，中国糖通过长崎及其他港口进行贸易，贸易量和贸易额逐年增加。清朝黄遵宪《日本国志·物产志一》载，当时输入日本的沙糖类别较多，包括赤沙糖、白沙糖、棒沙糖、冰沙糖、果子并沙糖渍等 5 类；书中的《沙糖输入价量表》详细罗列自明治元年（1868）至十一年（1878）每年输入糖的量、价，指出："安政（1854—1859）通商以来，输入之额逐年加增，自明治元年（1868）至十一年（1878），输入共五亿六千五百余万斤，值价二千余万元。自中国输入者十之九，他国输入者十之一。"⑤

由于对糖的需求量极大，日本在 16 世纪末、17 世纪初就开始从中国和琉球引入制糖原料甘蔗、学习制糖技术，但长期不得要领、制糖技艺不精、糖产量低，无法满足需求。清代黄遵宪的《日本国志·物产志一》指出："初，享

---

① ［日］木宫泰彦：《日中文化交流史》，胡锡年译，商务印书馆 1980 年版，第 673—675 页。
② ［日］木宫泰彦：《日中文化交流史》，胡锡年译，商务印书馆 1980 年版，第 622 页。
③ 季羡林：《蔗糖史》，中国海关出版社 2009 年版，第 715 页。
④ 周正庆：《中国糖业的发展与社会生活研究——16 世纪中叶至 20 世纪 30 年代》，上海古籍出版社 2006 年版，第 150—151 页。
⑤ （清）黄遵宪：《日本国志》卷 38，清光绪十六年（1890）羊城富文斋刻本，第 392 页。

保年间德川氏命萨摩国征蔗苗于琉球，始令栽种关东、东海、西海、南海诸国，然未谙制糖之法。先是庆长（1596—1614，明朝万历二十四年至四十二年）中有大隅国大岛人直川智漂入汉土，携蔗苗归，始学制糖，亦未得法。至宝历中（1751—1762）有赞岐人研究其术，制糖较精。宽政中（1789—1800）赞岐人向山周庆所制尤佳。诸国遂争相仿效。"① 尽管如此，日本本土产的沙糖仍然不能满足需求。清代黄遵宪的《日本国志·物产志一》记载了明治十三年（1880）日本沙糖共进会报告："日本全国每年费糖须 9 千万斤，以全国户口计，每人每岁须用二斤六分，而内国所产仅足半额云。"② 从该书所列的"明治十一年沙糖产额数量表"见，明治十一年（1878），日本国内沙糖产量总计 48248190 斤，确实仅为每年所需沙糖消费量的一半左右。

二、华人移民入印尼与蔗糖及其制作技术的传播

中国拥有悠久的制糖历史，在明清时期已普遍领先于东南亚诸国。随着大量的中国移民到东南亚定居、生活，来自中国蔗糖及其制作技术也传播到东南亚，印尼是其中的重要代表。

17 世纪以前印尼人食用的糖是棕榈糖，是由桄榔提炼而成。17 世纪以后，华人在巴达维亚种蔗制糖中作出了重要贡献，不仅为当地带来了先进的制糖技术，满足了当地民众的需求，而且使蔗糖成为巴达维亚重要的出口商品，促进了当地经济繁荣。巴素在《东南亚之华侨》一书中指出，"虽然土人也用土法制造蔗糖，但将真正蔗糖工业介绍到爪哇来的却是华侨。巴达维亚开埠后不久，谙于其道的华侨便在该地设立了糖作坊。他们用牛或水力推转磨石来压榨甘蔗"③。巴达维亚的华侨蔗糖业是在 1619 年后发展起来的。当地第一个制糖磨坊是由华人容观（Jan Kong）创建，到 1637 年时荷兰东印度公司才决定在巴达维亚一带建立制糖工业。韩振华《荷兰东印度公司时代巴达维亚蔗糖业的中国人雇工》一文对 1637 年至 1799 年间巴达维亚蔗糖业的基本情况进行了统计（见表 2-2 巴达维亚蔗糖业情况简表），可见当时华人在当地制糖业中举足轻重的地位。

---

① （清）黄遵宪：《日本国志》卷 38，清光绪十六年（1890）羊城富文斋刻本，第 391—392 页。

② （清）黄遵宪：《日本国志》卷 38，清光绪十六年（1890）羊城富文斋刻本，第 392 页。

③ ［英］巴素：《东南亚之华侨》，郭湘章译，台北正中书局 1966 年版，第 683 页。

表 2-2　巴达维亚蔗糖业情况简表①

阶段	年产	需人力	中国雇工
1637—1658 （以 1652 年为例）	200—2000 担 12000 担	20—300 人 2000 人	全部 大部
1658—1683 （以 1662 年为例）	7800 担	约 1300 人	部分
1683—1740 （以 1710 年为例）	100000 余担	13000 人	78.7%
1740—1799 （以 1799 年为例）	100000 余担	11000 人	68.4%

由上表可见，自 17 世纪 30 年代至 18 世纪末，在巴达维亚从事蔗糖生产的劳动者主要是华人。福田省三撰写的《荷属东印度的华侨》说，18 世纪初在巴达维亚一带"属于 84 家企业主所有的 130 家糖厂中，由欧洲人经营的有 4 家，由县官经营的有 1 家，其他 125 家全是中国人经营的"。② 这 125 家糖厂约有职工 25000 人。竹林勋雄《印尼华侨发展史概况》称："据说平均每个有 200 名左右职工的糖厂中，其中就有 60 名是华侨。在 1710 年，巴达维亚近郊的农村有 130 个工厂，照理应该有不少于 7000 名华侨在制糖厂里做工。"③ 秦茂松《略论华侨与印尼人民在早期反殖斗争中建立的兄弟情谊》一文谈到 1740 年华人从事巴达维亚种蔗制糖业时写道，当时的中国雇工已有一万多人，主要分布在巴达维亚城外的大抹脚、加泊、顺达洋、荷兰营、干冬圩、望加寺、十二高地、支亚无、落奔、走马、丁脚兰和鲁古头等处蔗园或糖坊。为了保证蔗糖的种植，荷兰殖民者曾一度下令凡儿童在十四岁以上均不准离开巴达维亚。杨力、叶小敦在《东南亚的福建人》一书中写道："由于爪哇岛盛产甘蔗，而福建华侨又长于种蔗制糖，于是有些垦荒的自耕农家庭，开拓经营小规模的甘蔗种植园和榨糖作坊。种蔗制糖成了福建华侨在印尼发展最快的行业。"④《海岛逸志》附录中所列的程逊我《噶喇吧纪略》中称，昔日的雅加达"离城农圃，如大末

---

① 韩振华：《荷兰东印度公司时代巴达维亚蔗糖业中的中国雇工》，《南洋问题研究》1982 年第 3 期。

② ［日］福田省三：《荷属东印度的华侨》，《南洋资料译丛》1963 年第 2 期。

③ ［日］竹林勋雄：《印尼华侨发展史概况》，《南洋资料译丛》1963 年第 1 期。

④ 杨力、叶小敦：《东南亚的福建人》，福建人民出版社 1993 年版，第 109 页。

脚、荽（茄）泊、闫达洋、荷兰营、干冬墟、望荽（茄）寺、十二高地、芝荷阿森、奔鹿走马、丁脚兰、鲁古头诸地、创建蔗廊，有廊爹（管廊者）、财副（主帐目及器具者）、蛮律（督工者）诸名目"①。这说明当地华人种蔗制糖遍布城郊，而且组织严密、分工明确。《海岛逸志》附录中所列的顾森《云庵遗文》"甲喇吧"条也提道："其国华人侨寓者数千人，皆种蔗制糖为业。"②孔远志《中国印度尼西亚文化交流》一书中还引用了荷兰学者燕·霍曼论述的18世纪华人在巴达维亚一带从事甘蔗制糖的详细情况。荷兰殖民当局向欧洲人建议，不要直接经营糖业，因为种植甘蔗周期长，蔗田遭水灾和病虫害的频率高，且用水量大，故收入有限。据统计，1779年，巴达维亚一带有榨糖工场55个，其中有26个属华人经营。55个工场年榨的糖量为99000担（相当于4950吨）。制糖离不开蔗工，大部分有技术的蔗工是华人。30名华人蔗工可抵70—80名爪哇蔗工，当时甘蔗制糖生产基本上是华人。还举了一个例子：18世纪七八十年代，巴达维亚一带的榨蔗炉近处的壁上有个凹陷处，里面贴着一小张红纸，纸上用中文写着祈求平安的咒文，华人蔗工常在那红纸前烧香、行礼。蔗工的工头叫potia（闽南方言借词：保长，这里指工头）。③

在印尼制糖史上，黄仲涵颇为著名。土生华人黄仲涵（1866—1924），是黄仲涵总公司的创建人。该公司是一个以荷属东印度蔗糖为主要营业领域的财团。黄仲涵糖厂开发总公司是制造蔗糖的企业，广招并重用外国及华人专门技术人才，购进西方先进机器设备，推行现代化生产及管理。1894年起先后创办5家糖厂，占地7082公顷，年产最多达10多万吨，其中雷佐阿贡糖厂是当时世界上最大和最先进糖厂之一，被誉为"爪哇糖王"。林天佑《三宝垄历史》一书论及华人在三宝垄一带开设甘蔗榨糖厂，"土著居民固然也有自己制造亚连（即桃榔）糖的方法，但其原料来自华人制的蔗糖"④。刘继宣、束世澄《中华民族拓殖南洋史》言："盖以爪哇糖业与华人关系最深，当18世纪初，华人应握种蔗制糖之牛耳也。"⑤论及华人在印尼群岛种蔗制糖史上的作用时，巴素

---

① （清）王大海：《海岛逸志》，姚楠、吴琅璇校注，学津书店1992年版，第177页。

② （清）王大海：《海岛逸志》，姚楠、吴琅璇校注，学津书店1992年版，第188页。

③ 孔远志：《中国印度尼西亚文化交流》，北京大学出版社1999年版，第259—260页。

④ ［印尼］林天佑：《三宝垄历史》，李学民、陈巽华译，暨南大学华侨研究所1984年版，第45页。

⑤ 刘继宣、束世澄：《中华民族拓殖南洋史》，台北商务印书馆1934年版，第199页。

称:"真正把制糖业带来爪哇的是中国人。"①

华人不仅给印尼制糖业带来大量劳力,也带来先进的压蔗机械和工艺。到1711年,巴城已有131间糖厂,糖厂主84人,其中中国人有79人;有7900名中国种蔗农民,来自中国南方,特别是闽南同安一带有种蔗经验的农民。《小方壶斋舆地丛钞》第十帙载,顺治年间,福建同安人多离本地往葛喇巴贸易耕种,岁输丁票银五、六金。他们在城郊大抹脚、茄泊、顺达洋、和兰营、干冬圩、望茄寺、十二高地、支亚无、落奔、走马、丁脚兰(文登)、鲁古头诸处开荒种蔗。他们使用牛拖或水力推动石磨方法来压榨甘蔗,使产量有很大提高,1648年糖产量为24500磅,1649年增至598221磅,1652年达到1464000磅。②孔远志在《中国印度尼西亚文化交流》中引述了隆巴《爪哇族:文化交叉》书中的内容,由于蔗田需经常灌溉,华人从中国引进了脚踩水车,既省力、又提高了工作效率;书中还载有两张用牛拉的简单榨蔗机图片,一张是1637年中国榨糖的现场素描,另一张是爪哇某些农村至今还使用着的榨蔗机的照片,两者的生产情况几乎一模一样。③因此,可以说不管是水力转磨压蔗机还是以牲畜作劳力的榨蔗机都应是从中国传入印尼的。华侨传入的水力转磨机至今在西爪哇和西苏门答腊还是重要的动力机械。

三、商贸、人员往来与茶及其栽制技术在东南亚、南亚等地传播

中国是世界茶叶的起源地和最早栽制、饮用茶叶的国家,沿着海上丝绸之路,最早传播至朝鲜半岛及日本,后来逐渐传播到东南亚、南亚等国,并通过印度洋、波斯湾、地中海输往欧洲各国。公元992年,印尼遣使来华,茶叶成为两国贸易的主要商品之一。茶叶在当时的南洋诸国有小范围种植与饮用。到明清时期,随着中国与东南亚、南亚商贸及人员往来增加,不仅是华人移民到东南亚、南亚地区,值得关注的还有欧洲殖民者到中国寻找茶籽、茶苗和茶工并引进至东南亚、南亚等地,从而使茶叶及其种植、制作技术大量传入该地区。

明清时期,中国茶叶的生产、贸易以及饮茶文化都达到了新的高度。首先,茶的种类更为多样。明太祖朱元璋以"重劳民力"为由,诏令罢造龙团凤

---

① [英]巴素:《东南亚的中国人》(二、三),《南洋问题资料译丛》1958年第2、3期。

② 吴凤斌:《东南亚华侨通史》,福建人民出版社1994年版,第105页。

③ 孔远志:《中国印度尼西亚文化交流》,北京大学出版社1999年版,第260页。

饼，使散叶茶得到很快发展。根据许次纾的《茶疏》、田艺蘅的《煮泉小品》以及《明会典》中的记载，当时不仅出现了黄茶、黑茶、白茶，而且在明末清初时的福建武夷山一带还出现了乌龙茶和红茶。清朝各类名优茶发展迅速，生产量巨大，茶叶种类丰富、品名已达数百种，如西湖龙井、黄山毛峰、洞庭碧螺春、武夷岩茶、安溪铁观音、祁门红茶、君山银针、白毫银针、普洱茶、七子饼茶等名品，影响至今。其次，在饮茶方法上也有创新。明朝开始，随着散茶的盛行，唐时流行的煮茶、宋时的点茶被冲泡法所替代，一些相应的新品饮茶器具也创新定型。15 世纪初郑和 7 次下西洋，途经东南亚，茶叶作为郑和船队进行赏赐和贸易的主要物品之一来到这里。此后，东南亚地区与明朝的商品贸易愈加深入，伴随着大量华侨移民，中国饮茶习俗及茶叶被带往当地。清人赵翼《簷曝杂记》载："自前明已设茶马御史（始于永乐十三年，公元 1415）……大西洋距中国十万里，其番舶来，所需中国之物，亦惟茶是急，满船载归，则其用且极于西海以外矣。"① 由此可知，中国茶叶在 15 世纪初已较多地输往海外诸多国家。其实，在明朝初年之前，东南亚不产茶、当地人也无饮茶习惯，主要是华人移民饮茶。《宋史·外国传》中称阇婆国（爪哇）"地不产茶"。②《瀛涯胜览》载，15 世纪初，爪哇"若渴则饮水，遇宾客往来无茶，止以槟榔待之"。③ 邱守愚《东印度与华侨经济发展史》则言："东印度茶之消费皆由我国输入，因该地华侨甚多，华侨均嗜祖国茶，以其品质与香味均优于爪哇茶。果茶之输入东印度者，以闽茶为最多，粤茶次之。其余浙茶、徽茶等为数甚微。"④"暹罗本无茶，所用者华茶为大宗，印茶次之，以旅暹多闽粤人。所用之茶，亦多闽粤产，盘古市上之中国茶店，触目皆是。"⑤ 可见，东南亚一些国家本不饮茶，但随着与中国商贸的紧密、华侨移民的增多，中国茶尤其是福建茶开始大量进入东南亚。公元 1727 年，随着清政府废除南洋贸易禁令，准许福建、广东商船前往南洋各国贸易，随即开展茶税改革，又将厦门发展成为进出口贸易港。其时，从中国运出的货物以茶叶、瓷器为主。据《清朝柔远记》载，公元 1729 年，由于海禁渐弛，"诸国咸来互市，粤、闽、

---

① （清）赵翼撰：《簷曝杂记》卷 1，李解民点校，中华书局 1982 年版，第 20 页。

② 《宋史》卷 489《外国五》，中华书局 1977 年版，第 14091 页。

③ 冯承钧校注：《瀛涯胜览校注》，中华书局 1955 年版，第 11 页。

④ 丘守愚编：《东印度与华侨经济发展史》，正中书局 1947 年版，第 80 页。

⑤ 嵇翥青：《中国与暹罗》，中外广告社 1934 年版，第 101 页。

浙商亦有茶叶、瓷器、色纸往市"①。明清时期，中国帆船每年会把大量中国茶叶运往东南亚，一部分供当地消费，另一部分转运欧洲，而东印度公司扮演了重要角色。《东印度公司对华贸易编年史》载，1730 年东印度公司职员詹姆斯·奈什在巴达维亚看到，这年共有 20 艘中国船分别从舟山、厦门和广州载运茶叶到那里，另有 6 艘来自澳门，这些船共载运茶叶 25000 担，在当地销售 5500 担，剩余部分再出口欧洲。清朝后期，中国茶由于自身经营问题和印度茶的冲击，出口锐减，"茶叶以前以出口货大宗，现在出口之数历年递减。光绪十八年出口尚有六万五千担，光绪二十八年出口不过二万四千担"②。但在华人较多的地区，中国茶叶仍然稳步发展，1858 年"直接运往马尼拉的绿茶9600 磅"③；在马来西亚海峡殖民地，1875 年为 1960 担，1878 年为 3852 担，1882 年为 4732 担，1885 年为 5974 担。④ 可见，当时的东南亚不仅有固定的茶叶消费群体，还发挥了东西方贸易中枢作用，将茶叶等中国商品转运南亚、阿拉伯半岛及欧洲。

此时，在东南亚及南亚等地区，除了通过贸易进口中国茶叶外，西方国家将中国茶籽、茶苗和茶工引进至东南亚、南亚的殖民地，使茶叶种植、制作技术大量传入这些地区。德·汉《古巴达维亚》一书记载，中国茶传入印尼是在1681 年，但没有进一步具体说明。艾伦和唐尼索恩合著的《印度尼西亚和马来亚的西方企业》一书则有比较详细的记载，指出 1824 年荷印政府先派遣一个名叫范·西波尔特的德国人到日本搜集茶种，在西爪哇的茂物和牙律试种，但可能收效不大。⑤1827 年，爪哇华侨第一次试制样茶成功。此后，荷印政府派遣茶师杰克逊先后 6 次（1828 年至 1833）到中国学习研究；1829 年，杰克逊制成绿茶、小种药茶和白毫的样品；1832 年，杰克逊第五次到中国，从广州带回制茶工人 12 名及各种制茶器具，传授制茶技术。1833 年，爪哇茶第一次在市场出现，但是品质与中国进口的茶叶有一定差距。徐继畬《瀛环志略》（成书于1848）特别提到此事："（噶啰巴）近年学种闽茶，味颇不恶，但不甚

---

① （清）王之春：《清朝柔远记》，赵春晨点校，中华书局 1989 年版，第 79 页。

② （清）薛福成：《出使英法意比四国日记》，岳麓书社 1985 年版，第 373 页。

③ 李必樟译编：《上海近代贸易经济发展概况——1854—1898 年英国驻上海领事贸易报告汇编》，上海社会科学院出版社 1993 年版，第 50 页。

④ 钱泃编制：《光绪通商综核表》第 9 表，光绪十四年（1888）刻本。

⑤ ［英］G.C.艾伦、A.G.唐尼索恩：《印度尼西亚和马来亚的西方企业》，Allen&Unwin，1957 年版，第 100—101 页。

多。"①1858 年，杰克逊从广州带回的 12 名茶工在巴达维亚设立制茶厂，收集附近各茶园的鲜叶代为加工，到 1878 年则改用机械制茶，以提高品质。1894年，由中国茶工制成第一批苏门答腊茶。而此时的茶树除了中国品种，也有印度品种。大约在 1877 年，英国商人约翰·彼德（John Peet）到爪哇试种印度的阿萨姆茶种取得成功，才逐渐取代中国的茶种。② 另据 20 世纪 20 年代曾游访爪哇等地的佛兰克·卡奔德的记载，他在爪哇的沙拉克和葛梯两山之间的"世界上最大的茶场"，看到那里的茶树有中国种和印度种等，"有的茶树高不过我们的腰部，而树身则与我们的腿一样大，它们是中国种，每年要切断一次，使它不能长高，叶子和柳叶一样而馥郁茶味。第一次摘下来的茶叶，它的价值是很高的。有许多别的茶田，其树略高，而且更繁茂，这些就是阿萨姆或印度种。"③ 可见直到 20 世纪 20 年代，爪哇仍大量栽种早期传入该地的中国茶树。由于中国人喜爱喝茶，许多人移居爪哇等地时也把这个习惯带到当地，而且中国商船到巴达维亚等地进行贸易时茶叶是大宗，所以当地政府在爪哇种中国茶树。印尼语中的"茶"（the）、"茶壶"（tekoan）和"茶碗"（tehwan）都是闽南方言借词，这也从侧面说明中国茶和茶具传入印尼的悠久历史。

南亚的印度和斯里兰卡也是较早向中国学习种植、制作茶叶的国家。英国政府自鸦片战争前后多次派人到中国将茶籽、茶苗和茶工引进其殖民地印度、斯里兰卡等地，建立产茶基地。公元 1834 年，印度成立了植茶问题研究委员会，开始探讨引进种植茶叶的事宜。委员会派遣哥登到中国，访求中国种茶、制茶的专家，购买茶籽和茶苗，并找到相关技师学习制茶方法，最后他将从中国带来的茶籽种植于大吉岭。此后，哥登又将中国制茶技师带到印度的阿萨姆邦，通过不断仿制，终于制茶成功。斯里兰卡在 1854 年成立了种植者协会，发展茶叶生产，并聘请中国茶叶技师，1866 年开始试制最早的茶叶，同样也是聘请中国茶工制成的，在 1873 年后开始仿效印度用机械制茶。④（斯里兰卡红茶，见图2-15）此后，印度的茶叶出口逐渐超过中国，极大地挤压了中国茶叶在国际市

① （清）徐继畬：《瀛寰志略》卷 2，上海书店出版社 2001 年版，第 39 页。

② ［英］G.C.艾伦、A.G.唐尼索恩：《印度尼西亚和马来亚的西方企业》，Allen&Unwin，1957 年版，第 102 页。

③ ［美］佛兰克·卡奔德：《卡奔德世界游记：爪哇和东印度群岛》，丘学训译，商务印书馆 1934 年版，第 33、27 页。

④ 刘勤晋：《茶文化学》，中国农业出版社 2000 年版，第 18—19 页。

场的份额，为本国经济和工商业的发展提供了大量的资金。

时至今日，东南亚、南亚地区不仅饮茶之风盛行，还是世界上重要的茶叶产地。在东南亚，主要的饮茶国家有越南、老挝、柬埔寨、缅甸、泰国、新加坡、马来西亚、印度尼西亚、菲律宾、文莱等。这些国家由于同时受东西方饮茶文化影响，饮茶品种多种多样，不仅有红茶、绿茶、普洱茶，还有乌龙茶、保健茶等；饮茶方法也很丰富，有不加任何调料清饮的，也有加入佐料调饮的，有热饮，也有冰茶。在南亚诸国，也较早地有了饮茶习惯，尤其是近二三百年来，

图 2-15 斯里兰卡红茶（笔者摄）

又受西欧文化的影响而带有明显西方习惯，以饮甜味红茶、红奶茶为主，但直到 19 世纪 30 年代以前，南亚地区饮用的茶叶基本来自中国。[①]

四、闽粤移民"下南洋"与食物原料及种植养殖技术的传播

南洋是明清时期对东南亚一带的称呼，包括马来群岛、菲律宾群岛、印度尼西亚群岛和中南半岛沿海、马来半岛等地，而当时的中国人去东南亚谋生则称为"下南洋"。由于南洋距中国较近、来往方便，而且土地肥沃，资源丰富，人民性情善良、容易相处，加之华人具有农业、手工业和经商方面的才能和经验，到南洋谋生比较容易，因此南洋地区对华人具有特殊的吸引力。[②]同时，海禁政策使民间海外贸易艰难，而 16 世纪西方殖民者为掠夺东南亚资源，以契约华工制招募中国劳动力，促使中国商人和破产农民、手工业者及前朝遗臣等"下南洋"，形成大批华侨出国谋生的浪潮。明清时期，华人"下南洋"者数量极大，闽粤人众多，许多人从事农业生产，使中国的食物原料及其种植养殖技术在当地得到传播。

---

① 姚国坤：《惠及世界的一片神奇树叶：茶文化通史》，中国农业出版社 2015 年版，第 176、180 页。

② 王介南：《中国与东南亚文化交流志》，上海人民出版社 1998 年版，第 275 页。

1. 明清时期东南亚闽粤移民情况

明朝时，以闽粤为主的中国人不断移民东南亚，大多是聚族而居、数量达到 10 万人以上。以爪哇为例，据马欢《瀛涯胜览》爪哇国条载，爪哇有一个地方叫"杜板"，广东和漳州人多流居此地；从杜板东行，还有一处"新村"，约有千余家，由中国人创立，村主为广东人；至苏鲁马益，也有中国人居住。① 此外，还有爪哇属下的旧港即渤淋邦（Palembang 又译"巴林冯"），古称三佛齐。《瀛涯胜览》也载，当地多广东、漳州、泉州人。② 可见，明朝南洋华侨聚居地人数众多，达"千余家"甚至"数千家"，华侨社会已开始成熟，其标志之一是华侨社会已产生自己的领袖并进行自治。其中著名的有旧港地区的梁道明、华侨海商集团的首领陈祖义、施进卿与施二姐，还有爪哇华侨社区的颜英裕、孙龙、彭瑞和等。

据当时荷兰殖民者的官方记载，在巴达维亚，公元 1619 年开埠时已有 300—400 名华人，由于荷兰殖民者大力招徕华人移民，到第二年华人已达 800 名，此后人数不断攀升，至 1658 年华人总数达 5000 人。③ 在万丹同样有众多华人且地位相当重要，万丹国王"立华人四人为财副"④，司贸易征榷之事。1609 年，德国人约翰·威尔铿记载，"华侨在万丹也有几千人居住，其中大部分人很富有"。⑤ 1620 年荷印总督库恩在给公司董事会的报告中言，"从万丹每天有很多中国人跑到我们这里（马城），但在万丹还有约 2000 人"⑥。此外，马六甲也是华人较早的聚居区。据《星槎胜览》"满刺加"条载："男女椎髻，身肤黑漆，间有白者，唐人种也。"⑦ 可见，15 世纪前半期的马六甲已有华人，并与当地人通婚产生了混血后代。1641 年荷兰人占领马六甲时，当地华人大致有 1000 人左右。⑧ 吉兰丹在明末时也聚集了众多华人，《东西洋考》载，在嘉靖末年有一些

---

① 冯承钧校注：《瀛涯胜览校注》，中华书局 1955 年版，第 9 页。

② 冯承钧校注：《瀛涯胜览校注》，中华书局 1955 年版，第 16 页。

③ 黄文鹰等：《荷属东印度公司统治时期巴城华侨人口分析》，厦门大学南洋研究所 1981 年，第 38 页。

④ （明）张燮：《东西洋考》卷 3，中华书局 1981 年版，第 48 页。

⑤ ［日］岩生成一：《下港唐人街盛衰变迁考》，《南洋问题资料译丛》1957 年第 2 期。

⑥ J.K.J.de Jonge（eds），"Deo Pkomst van het Nederlandsch gezag in Oost—Indie; Verzameling van onuitgegeven stukken uit het Oud-Koloniaal Archief"，*S Graver-hage*，1862-1909，Vol.4，p.280.

⑦ 冯承钧校注：《星槎胜览校注》，中华书局 1954 年版，第 20 页。

⑧ 张礼千：《马六甲史》，商务印书馆 1941 年版，第 326—327 页。

中国东南沿海的海盗 2000 余人聚集到吉兰丹。《东西洋考》记载了暹罗华人情况："国人礼华人甚挚，倍于他夷。"[①] 当地给予华人极高的尊重，还形成了华人专门的聚居区，大城有"奶街"，为"华人留寓者之居"。[②] 至 1650 年前后，暹罗华侨已有 3000—5000 人。[③] 由此估计，至明朝末年，东南亚华人应达 10 万以上。

明朝时华人移民东南亚地区的原因较多，其中之一是与郑和船队下西洋有关。如在印尼三宝垄的华侨中就传说郑和船队驶到爪哇北岸，留王景弘在此地养病，并逐渐在此扎根。三宝垄华侨区逐渐繁盛起来，许多印尼人也在其附近建立农庄，成为华侨区的一部分。到了清朝，东南亚华侨的分布与明朝既有相承关系，又有很大变化。至 19 世纪初，包括马都拉地区在内的爪哇岛华侨人数已达到 91637 人，其中新移民的华侨就有 71724 人，也出现了不少新的华侨聚居区；1815 年全爪哇华侨人数为 94441 人；到 1856 年，巴达维亚华侨人口数为 40806 人，全爪哇已达 135749 人。[④] 此时，南洋内陆地区的开发也吸引了众多中国移民。1840 年，暹罗华侨的数量为 90—100 万，有很多潮州人沿海路上岸后来此从事种植业。吴凤斌《东南亚华侨通史》指出，到鸦片战争前夕，全东南亚地区的华侨约 150 万左右，主要聚居地暹罗约有 90—100 万华人、占 60%，职业以从事种植业者最多，约占 40%；此外，爪哇约有 11.5—12 万人，婆罗洲约 15 万人，马来半岛各土邦境内和海峡殖民地约 5 万人，越南 10 余万人，缅甸 11—13 万人，菲律宾 7000 人等。其中，以闽粤籍最多，明朝至清朝中期以前是闽籍华侨占比大，此后则是粤籍华侨占比大。（见图 2-16）据 1727 年闽浙总督高其倬的一份奏折中指出，当时出洋之人大约闽省居十之六七，粤省与江浙等省居十之三四。而清朝中期以后，粤籍华侨人数大量增加，约 90 万人、占 60%，而以潮州籍最多，可能有 50 万人以上，其次是闽人约 52 万人、占 35%。[⑤] 清朝华人移民东南亚地区，除了海禁、战乱之外，还有两个原因值得重视：一是明朝遗臣被迫移居南洋，出现了较大规模的集团式移民。如 1679 年，明将龙门总兵杨彦迪、副将黄进等率兵 3000 余人、战船 50 艘抵达越南南部。二是 16 世纪西方殖民者实施契约华工制招募大量华人到

① （明）张燮：《东西洋考》卷 3，中华书局 1981 年版，第 40 页。
② （明）黄衷：《海语》卷 1，中华书局 1991 年版，第 1 页。
③ ［英］巴素：《东南亚的中国人》（二、三），《南洋问题资料译丛》1958 年第 2、3 期。
④ 庄国土：《华侨华人与中国的关系》，广东高等教育出版社 2001 年版，第 170 页。
⑤ 吴凤斌：《东南亚华侨通史》，福建人民出版社 1994 年版，第 242—259 页。

南洋务工。从中国港口运往东南亚的契约华工主要以新加坡为集散地，约有数十万人，经过一番手续，再由新加坡运往东南亚各国。[①] 许多契约华工获得人身自由后继续留在东南亚谋生。

图 2-16　16—17 世纪运载中国货物和中国移民前往南洋的帆船 [②]

2. 中国食物原料及种植养殖技术在东南亚的传播

明清时期，在东南亚各国的华人华侨早期大多从事农业生产，种植谷物和果菜等食物原料，以谋生度日为目的，也有亦农亦商亦工，或亦商亦工亦农，直到 19 世纪中叶后，华侨农业经济大大增加了商品化色彩，品种也更加多样化。这里仅以印度尼西亚、菲律宾、暹罗（今泰国）为例，阐述中国食物原料及种养殖技术在东南亚国家的传播情况。

（1）印度尼西亚

在明清时期，华人华侨将胡椒、粮食、蔬菜等食物原料的种植方法传入印尼。明朝巩珍《西洋番国志》"旧港国"条载："国多广东、福建漳泉人。地土肥美，谚谓'一季种谷，三季收稻'"，有"牛、羊、猪、犬、鸡、鸭、蔬菜、果"等。[③] 此时有陈祖义、施进卿、梁道明等居此，各有户数上千，在当地勤

① 朱杰勤：《东南亚华侨史》，高等教育出版社 1990 年版，第 148 页。

② 《千年刺桐城　万里故园情》，《泉州晚报》2011 年 3 月 16 日第 07 版。

③ 向达校注：《西洋番国志》，中华书局 2000 年版，第 11—12 页。

劳耕作，此后世代务农者不乏其人。马斯登在其《苏门答腊史》中也称赞华侨为最能干的耕耘者，永不疲倦地耕耘土地。在爪哇，华人大都有一些园地种植蔬菜、瓜果，养家禽，以供食用或出售。W. J. 凯特《荷属东印度华人的经济地位》一书道：16 世纪末，相当多的华人贸易中心出现在爪哇和其他岛屿，这些华人都是福建和广东两省的人，当时在万丹已有华人的胡椒种植园和稻田。[①] 华人改进胡椒种植法，采用木柱法，到 16 世纪时万丹成为世界上最大的胡椒生产地。1602 年，艾得曼·斯各特在万丹看到中国人种植和采集胡椒，也自己耕种稻米，其地有"新村，约千余家，村主粤人也"[②]。值得一提的是，当时的闽粤移民在印尼不只是单一务农，常农商并举，务农目的除了保证一日三餐所需粮食和蔬菜外，还供应市场所需。据费慕伦《红溪惨案始末》载，万丹华侨不但忙于经营商业，而且勤于经营农业，种植胡椒和酿酒业。1619 年巴达维亚开埠后，大量华侨被招募来开发，计有华侨"商人、工人、农人、园丁及渔民，华侨担任工作之一是"种植蔬菜和培植牡蛎等"。[③] 荷兰官方评价说："比起筑城的工程劳动，华侨更是善于经营商业、农业、渔业、烧炭业、缝纫以及其他生产活动。"[④]1665 年，曾在巴城逗留一段时间的纽霍夫（J. Nieuhoff）记述："来到这里的中国人，大多数是做生意的人，然而他们的手工艺比任何一位（东）印度人都更高明；他们大部分从事于打鱼和耕作，尤其是种稻、种蔗和种玉米；有些人虽然仍以打鱼为业，但主要还在于做买卖。"[⑤]

在印尼的西婆罗洲，明清以来华侨农业有很大发展，以致谢清高于 18 世纪来到婆罗洲时，看到"华人居此者，唯以耕种为生"。[⑥] 吴凤斌在《东南亚华侨通史》中写道，1760—1860 年间，有"华侨农业公司""兰芳会"和"天地会"等一些纯粹性的农业团体，其所属人员都是华侨农民，在一片片荒野中开垦出阡陌良田，以供应矿区的粮食、猪肉和果菜。当时，粮食是关系到所有的华侨公司生死存亡的大事，粮食输入额很大，如山口洋大港公司仅 1837 年就要输入大米 12000 担，但荷兰殖民者为了控制当地金矿，竟封锁海港、企图

---

① [英] W. J. 凯特：《荷属东印度华人的经济地位》，王云翔等译，厦门大学出版社 1988 年，第 6 页。

② （明）张燮：《东西洋考》卷 3，中华书局 1981 年版，第 44 页。

③ 吴凤斌：《东南亚华侨通史》，福建人民出版社 1994 年版，第 104 页。

④ 《东印度公司决议录》第 1 卷，《南洋问题资料译丛》1963 年第 1 期。

⑤ 温广益等：《印度尼西亚华侨史》，海洋出版社 1985 年版，第 95—96 页。

⑥ 冯承钧注释：《海录注》卷中，中华书局 1955 年版，第 49 页。

阻止大米的输入，以进行大米垄断，荷方并与当地土著王公约定不与中国帆船贸易，因此，华侨公司不得不自行垦荒、种植粮食和蔬菜以自给，便在华侨矿业公司下又产生了华侨农业公司。在 1840 至 1850 年，规模很大的三条沟公司退出矿区生产后，亦开发了邦戛以北沿海一带荒无人烟地区，开展农业种植。许多华侨矿工也变成农民，在当地开荒种地，种植粮食、椰子、胡椒、咖啡、橡胶和槟榔等。（印度尼西亚咖啡园的华工，见图 2-17）华侨农民辛勤开发了婆罗洲不毛之地，使邦戛、古罗尔、巴斯和山口洋等地以"米仓"著称于世。

可以说，鸦片战争前，印尼的华侨种植食物原料大抵以维持生活为主，只有少部分在市场转变为商品。但是，鸦片战争以后，由于资本主义商品经济发展和大批契约华工到来，印尼华侨种植食物原料则以商品销售为主，甚至连劳动者本身也成为商品。如苏门答腊东北海岸经过中国华侨的辛勤劳动，由昔日荒芜之区变成丰饶良田。1875 年，广东大埔人张弼士在此建裕兴公司种植胡椒，后又与梅县人张鸿南建笠旺公司，种植咖啡、茶、稻米、椰子等作物，并开鱼塘 200 余处，招收中国工人、养殖淡水鱼。邦加岛华侨于 19 世纪中叶开始种植胡椒，到 1910 年已有华侨胡椒园 587 个，占地 12000 公顷，椒农 3346 人，以后不断扩大，以盛产白胡椒闻名于世，椒农大多数是客家人。[1] 总之，华侨为印尼带来了先进的食物原料种植技术，成为印尼农业发展史上重要的推动力量。

图 2-17　印度尼西亚咖啡园的华工 [2]

---

① 吴凤斌：《东南亚华侨通史》，福建人民出版社 1994 年版，第 102—111 页。

② 《千年刺桐城　万里故园情》，《泉州晚报》2011 年 3 月 16 日第 07 版。

（2）菲律宾

据载，14世纪时，福建人林旺航海到菲律宾进行种植，并向当地人传授耕种方法。[①]1585年和1590年，菲律宾两次遣人到闽粤招收中国劳力来开垦种植。[②]华人华侨来到菲律宾，引进了中国的白菜、莴苣、大辣椒、菠菜、豌豆、大豆、芋头、荸荠以及橙、柚、柑橘、枇杷、李、荔枝等蔬果，并向当地人传授种植技术及使用水牛、养鱼、捕鱼方法。刘芝田《中菲关系史》指出："菲人有关农业的方法，完全是中国的一套，直到现在，菲人所使用的耕种工具如犁、耙、铲、镰刀等物，还和中国的农人所用的同一模样。其犁田、播种、插秧、薅草、收割、堆稻秆的方法也相同，可见菲岛的整套农业方法是向华侨那里学会的。"[③]

公元1565年，西班牙侵占菲律宾，并在此后统治300多年。在16世纪中叶，已有较多的中国农民、渔民和商人在菲律宾定居生活。1586年4月一份布告提到旧时移民——工匠、木匠、园丁及农夫以及华人粮商在马尼拉市外居留。吴凤斌《东南亚华侨通史》中引用了菲律宾第一任大主教萨拉查记录的华人农业情况：1588年6月，他在信中提到马尼拉华侨情况时说："华商之生丝市场现有150间商铺，住有大约600名华人；另有100名住在巴色河对岸"，此外，亦有渔夫、园丁、猎人、织匠、砖匠等300人住在生丝市场外面，"每日在此有菜市以贩鸡、猪肉、鸭、猎禽、野猪、水牛、鱼、面包、蔬菜，其他食料品以及柴薪"。显然这里的渔夫、园丁、猎人是从事农业劳动者，他们以劳动所得出售后再换取生活所需；1590年6月，萨拉查主教呈菲力普第二次报告中更详细地谈到华农情况："华人之中可见许多园丁，彼等在看来无法生产之地，栽培西班牙本国及墨西哥所产之多种好蔬菜，彼等在此维持一市场，其供应量之充足等于马德里或萨拉曼加之菜市"；"本市多半之生鱼为华人渔夫所供给。彼等每日捕获大批之鱼，以致其剩余放弃于街上，其价甚低，平常以一里亚尔可买到上流家庭午餐及晚餐所需之量"。华侨渔民住在敦多，和耕种菜园华人农民在一起。此时的马尼拉华侨约有六七千人；1629年第四信中提道："最近三年来中国人致力于播种水稻，由于中国农民比印度人更好，所以这个城市得到很好的供应。许多（中国）市民和天主教徒每人得到25比索的土地

[①]　何汉文：《华侨概况》，神州国光社1931年版，第120页。
[②]　陈荆和：《十六世纪之菲律宾华侨》，新亚研究所1963年版，第62页。
[③]　刘芝田：《中菲关系史》，正中书局1962年版，第74页。

贷款，以便使他们定居和装备耕种土地所必需的用具。"①由于当时菲律宾各行各业都依靠华人，特别华人在农业和畜牧业上有一套技术和经验，促使华人移民不断增多，到 1638 年时，菲律宾华人人口达到 3 万人。②1870 年，龙海角尾人许玉寰到菲律宾谋生，初期耕种小块园地，发展到拥有大片庄园。埃德加·威克伯格《1850—1898 年菲律宾社会生活中的华人》指出，19 世纪以来，华侨就在菲岛进行甘蔗种植和加工；在碧瑶，华人租用菲人土地种植，种大菜园百余处；在马尼拉等城市种植果蔬供城市需要等（南洋华人菜园，见图 2-18）此外，在巴莱芬居住的数百名华侨采海参、燕窝，还种橡胶和麻等。③

图 2-18　南洋华人菜园（笔者摄于泉州海外交通史博物馆）

总之，明清时期华人华侨在菲律宾的食物原料种植和养殖方面做出了巨大贡献，其辛勤劳动也得到好评。E.罗德里格斯在《我们农业的先锋》一文中提到华侨把国内经济作物传入菲律宾的有 64 种，包括中国芋头、莴苣、李、荔枝、橄榄、柑橘、柿子、枇杷、石榴、梨、莲、杏、九龙香蕉、广州甜桃、中国夏菠菜、南京豌豆等。④菲律宾的梯田文化也是从中国南部传入。"吕宋岛北部山间规模宏大，占地约 400 平方公里的著名的梯田，据 H.O.贝尔教授研究的结果，乃 2000 多年前由中国南部和越南传入的。由于梯田建设的雄伟，贝尔教授给它起了一个'梯田文化'的名称。"⑤吴凤斌《东南亚华侨通史》引述菲律宾史学家阿利普的观点指出，中国移民给菲律宾不仅带来许多经济作物、先进农具、畜禽，还带来了农业施肥方法，耕作技术。中国人有别于其他殖民主义者，与当地人和睦相处，为菲

① 吴凤斌：《东南亚华侨通史》，福建人民出版社 1994 年版，第 116 页。

② 朱杰勤：《东南亚华侨史》，高等教育出版社 1990 年版，第 112 页。

③ 杨建成：《菲律宾的华侨》，台北"中华学术院"南洋研究所，1986 年版，第 75 页。

④ ［菲］欧·马·阿利普：《华人在马尼拉》，载《中外关系史译丛》第 1 辑，上海译文出版社 1984 年，第 134 页。

⑤ 陈烈甫：《菲律宾的历史与中菲关系的过去与现在》，正中书局 1968 年版，第 44 页。

律宾的发展做出了卓越贡献。[①]

（3）暹罗（今泰国）

明清时期，暹罗已有许多华人华侨从事食物原料的种植和养殖。明朝黄衷《海语》载，当时暹京已有华人街——奶街。至明末，到春武里定居垦殖的潮州人和到宋卡定居垦殖的闽南人，都要种些粮食、蔬菜以求自给。建于 18 世纪的曼谷王朝之初，暹罗国王欢迎中国潮州农民赴暹罗开发农业。1750 年，福建海澄山塘乡西兴村人吴让（阳）到宋卡，初在红山头附近以种菜、捕鱼为生，第二年迁阿旺村，转为边渔边农；1753 年徙往宋卡胶井区，雇用 4 户渔人捕鱼，成为小渔业主；1769 年成为宋卡湖内四岛五岛燕窝包税主，年纳税白银 50 斤，所收燕窝则作为贡品直接运往中国等地销售。1775 年吴让（阳）任宋卡太守，以后其子孙吴文辉、吴志从等继承其位，历 8 世 150 年，招募大批闽粤人前来垦殖，为宋卡开发和建设作出了贡献。1845 年，苦力出身的龙溪人许泗璋被封为拉廊王，招华民边开矿、边种植农作物，使只有寥寥 70 户人家的偏僻荒芜之区，一跃至数千户，就在附近攀牙亦有"华人村落，华人牧猎植菜，安分守己"[②]。自 1820 至 1850 年的 30 年中，每年有潮州农民 1.5 万人乘船前往暹罗，而暹罗东南部的尖竹汶地区是华人移居集中之地。他们把分秧植法带到暹罗，使水稻产量得到提高；用中国农业技术在暹罗种植蔬菜、白薯、柑橘、胡椒、甘蔗等食物原料，收到明显效果。胡椒自古就是暹罗重要物产。其中，胡椒种植已成为华人日益重要的事业，尤其是潮州农民从事开发性的胡椒种植业，尖竹汶地区胡椒占全国总数的 90%。1821 年来暹罗的科巴法特手记中也提到，当时华侨已从事胡椒和甘蔗的栽培。[③]特别在暹罗东南部，19 世纪 30 年代，这里的潮州人"大部分是农民"，"他们是极好的农民和种植工人"。[④]1910 年，收入颇丰的胡椒种植业又吸引了大批华人加入其中，使胡椒成为暹罗出口的重要商品，而中国则是暹罗胡椒外贸的主要销售国。甘蔗的种植技术则是 1810 年左右由潮州人传入的，并用于尖竹汶地区的商业性甘蔗生产，使甘蔗和蔗糖很快发展成为暹罗最主要的出口食物原料和商品之一。暹罗最大的甘蔗园在万

[①]　吴凤斌主编：《东南亚华侨通史》，福建人民出版社 1994 年版，第 115—118 页。

[②]　许钰：《麟郎掌故》，《南洋杂志》1947 年第 1 卷第 7 期。

[③]　《访暹经济使节报告书》，载杨建成主编：《泰国的华侨》，台北"中华学术院"南洋研究所 1986 年，第 95 页。

[④]　[美] 史金纳：《泰国华侨社会：历史的分析》，《南洋资料译丛》1964 年第 1 期。

佛岁、北柳、佛统诸府。19世纪五六十年代，有数以千计华人在蔗园和糖厂工作，仅佛统一地就有30多家炼糖厂，每家糖厂雇200—300名中国人。[①]

  暹罗华侨的菜园主要在曼谷和其他主要都市附近。1836年布勒德利（Blradley）在《曼谷记事》言："园地锄得很干净。这些园地也许称不上风雅，但却是丰富的……豌豆的苗床……莴苣、洋葱、细萝卜、萝卜、栳叶和槟榔树占据了大部分园圃。管理人住在园内又小又脏的茅屋里，由一群狗守护着。猪圈发出一股恶臭气味。"[②]华农一般都以废菜养猪，以猪粪作蔬菜肥料。19世纪70年代种植园农业减少，原因是城市对劳力的需求激增，所以到1876年时"只有最贫苦的中国移民在他们住下来时，才愿意从事农园劳动和建筑工作"[③]。但菜园没有衰退，到1910年曼谷仍有数千华人经营菜园。暹罗的重要菜种及桔柑之类的籽苗移自潮州。[④]此外，养猪业几乎全由华侨经营，从业者以广府人和客家人居多，猪也销往东南亚和中国。鸭、鹅主要由潮州人饲养，华侨养鸡者少，主要是琼州人输入中国种鸡作小规模饲养。总的看来，暹罗华人华侨大量从事食物原料的引进、种植养殖和经营活动，这些食物原料包括胡椒、甘蔗、水果及蔬菜等品种，不仅使暹罗单一性的农业经济逐渐发展成为多样性的农业经济，也丰富了当地人的饮食生活。[⑤]

五、卜弥格等传教士与食物原料及其种植技术在欧洲的传播

  明清时期，随着海上丝绸之路南海航线的发展，诸多西方传教士来到中国，在游历、传教的同时还记载了大量所见所闻，并传到了西方。其中，对各种食物原料的记载十分详尽，尤其是当时欧洲没有的农作物。1575年，西班牙传教士赫拉达来华，在泉州逗留3个月，收集了大量植物资料，并被门多萨写进了1586年发表的《大中华帝国志》，书中记述了中国出产的板栗、甜瓜、荔枝等。传教士到中国后喜欢向欧洲介绍中国的植物，其原因主要有两个，即自我兴趣、所在国政府的要求。如18世纪法王路易十五时期，重农主义者占

---

  ① 王介南：《中国与东南亚文化交流志》，上海人民出版社1998年版，第155页。

  ② Blradley, *Bangkok Calender*, Bangkok: Press of the American Missionary Association, 1871, p.113.

  ③ [法] 拉则尔：《中国移民》，I.U.Kern's，1876年版，第171页。

  ④ 华侨经济年鉴编辑委员会编：《华侨经济年鉴》1974—1975年，华侨经济年鉴编辑委员会1975年版，第41页。

  ⑤ 吴凤斌：《东南亚华侨通史》，福建人民出版社1994年版，第126—130页。

据朝廷优势，迫不及待地通过传教士了
解中国农业、畜牧业情况，路易十五的医
生勒米奥尼埃还想通过传教士推行在中国
的植物调查。《利玛窦中国札记》言："世
界上没有别的地方在单独一个国家的范围
内可以发现有这么多品种的动植物。中国
气候条件的广大幅度，可以生长种类繁多
的蔬菜"，"中国人有很多欧洲人从未见过
的水果。"① 该书就记载了欧洲所没有的水
果如龙眼、荔枝、柿子和一些种类的柑橘
等以及中国出产的食用香辛调料，如肉
桂、生姜、胡椒、丁香、豆蔻等，并着重
记述了茶，指出茶是一种小树叶，用来泡
水喝的味道很好，不但能提神，而且助消
化。② 除了利玛窦，明清时期还有众多记
录传播中国农作物的来华传教士，卜弥
格、李明等都是其中的代表性人物。

卜弥格（1612—1659），是波兰17世
纪来华的著名的耶稣会传教士，西方早期
最杰出的汉学家之一。他连续10次向罗马
教廷提出到远东，特别是中国传教的请求，
终于获得批准，便开始沿途考察研究，特
别是考察中国的风土人情、自然环境和科
学文化发展，撰写发表了《中国植物志》《中
国事务概述》《中国地图册》《卜弥格根据
大秦景教碑所编著的一部汉语词典》《卜弥
格1658年11月20日从东京寄给托斯卡拉
大公爵的信》等大量著作。卜弥格将一生

图 2-19　卜弥格《中国植物志》中所绘"柿饼树"

图 2-20　卜弥格《中国植物志》中所绘"生姜"

---

① ［意］利玛窦、［比］金尼阁：《利玛窦中国札记》，何高济等译，中华书局1983年版，第10—11页。

② 罗桂环：《近代西方识华生物史》，山东教育出版社2005年版，第47页。

的大量精力用在对中国动植物和中医研究上。其《中国事务概说》详细介绍了人参、茶叶、生姜、肉桂和药用植物大黄、茯苓等，并对它们的采集、用途和用法都作了记述。他在《卜弥格 1658 年 11 月 20 日从东京寄给托斯卡拉大公爵的信》中指出燕窝在中国是一种名贵食品，并详细讲述了燕窝是如何产生的及其烹制方法。卜弥格撰写的《中国植物志》出版于 1656 年，更是对中国 30 种动植物做了系统而真实生动的介绍，绘制了它们的图像，是一部专门记录中国植物的名著，其中就包含众多中国常见的食物原料，如椰子、槟榔、芭蕉、荔枝、龙眼、芒果、枇杷、菠萝蜜、榴莲、胡椒、桂皮、柿子等。如记述到中国有许多柿饼树和柿饼果，描述了柿饼果的形态及用作药物的情况；还记述了中国的生姜，指出其不仅可以保存很长时间，而且也可以当作药物使用。（见图 2-19、2-20）

卜弥格是中国植物知识西传的开拓者，所撰写的《中国植物志》是来华传教士中第一本关于中国的植物志、具有重要的价值和意义。波兰著名汉学家、卜弥格研究专家爱德华·卡伊丹斯基在《中国的使臣卜弥格》一书中指出，卜弥格的《中国植物志》"是欧洲发表的第一部论述远东和东南亚大自然的著作"，"在欧洲，不论 17 世纪还是 18 世纪，都没有一个植物学家像卜弥格那样，根据自己在中国的实地考察和经验，撰写和发表过什么东西"。[1]19 世纪俄罗斯的植物学家、汉学家埃米尔·瓦西里耶维奇·布列特施耐德在《欧人在华植物发现史》认为卜弥格开启了来华传教士对中国植物研究之先河，对后来入华的法国耶稣会士产生了重要影响，这样才会有后来的李明、杜德美、冯秉正、巴多明、宋君荣、汤执中、韩国英等欧洲人对中国植物的关注和收集，并开始将中国的植物标本、花卉种苗送往欧洲。其中，李明等法国传教士占比更大，他们在西方人来华的植物收集史中取得了极大成就。李明是 17 世纪末来华传教并收集植物的法国传教士之一，于 1687 年来华，1696 年就在巴黎出版了《关于中国目前状况的新观察报告》（即《中国现势新志》）一书，记载了中国许多食物原料。如 1629 年澳门葡萄牙总督马斯卡伦赫将甜橙从中国带回里斯本，在圣·洛伦特公爵宅邸栽植，后来欧洲各国相继栽种，至今以"中国柑"相称。书中还记载了他在福建所见的茶树及其栽培情形，指出中国大部分地方称这种植物为茶（Cha），只有福建方言中念作"Te"，并对饮茶与健康的关系进

行了解。此外，他的书中还提到中国特产的大豆、花椒及苹婆、人参等。法国传教士殷弘绪（F. X. d'Entrecolles），在寄回国的信中言及柿子、佛手和樟树等特产于中国的果木。殷宏绪对柿子树记述尤为详细，总结出柿子树的 8 个优点，还介绍了柿子树嫁接栽培、生柿去涩和制柿霜、柿干果的方法。1780 年，韩国英将一大批植物标本附上汉名寄到巴黎，至今仍存放在巴黎自然历史博物馆。这批标本涉及食物原料的有香椿、荷、玉兰、秋海棠、茉莉、荸荠、栗、灵芝、香蕈、白菜、哈密葡萄干、杏、李、柿子等。韩国英与罗广群还研究了中国蚕豆移植，约瑟夫把中国荔枝引进法国。进入 19 世纪后，来华的法国天主教传教士开始注意采集植物种子，并送回法国培育。1824 年传教士华生到四川后，采集小红萝卜、白菜等种子送往法国。1843 年，法国拉萼尼使团到达中国，随团成员容道特、伊梯尔等将山东大白菜等作物种子运回法国栽种。

除法国传教士之外，当时其他一些国家的传教士也积极向本国汇报中国的生物资料，其中就包括众多中国传统食物原料。罗桂环《近代西方识华生物史》一书中做了详细介绍：1714 年，意大利传教士利国安在给本国一位贵族的信中介绍了中国的各种粮食作物和蔬菜，如白菜、莴苣、菠菜、南瓜、黄瓜等，还说中国出产种类繁多的水果，有橙子、柠檬、荔枝、梨、李子、苹果、木瓜、芒果、香蕉、石榴、葡萄、核桃；1772 年 7 月，英国著名航海探险家库克船长率队进行第二次环球旅行，瑞典植物学家斯帕曼随行来到广东沿海和澳门，收集了水稻、山茶和橙等 20 余种植物回国；1794 年，荷兰派出使团来华，小德金作为使团翻译在广州和澳门居留，给巴黎自然博物馆的植物园送去胡萝卜、小萝卜等植物种子；1815 年，英国派阿姆斯特朗率使团到中国，使团成员 T. 斯当顿和博物学家阿贝尔收集了粮油、蔬菜、水果等栽培方法。[①]

据不完全统计，清朝时，西方人来中国采集动植物资源，有文献记载的有68 次，其中法国 23 次，英国 29 次，俄国 7 次，其他国家 9 次。中国的食物原料也在此时大量流入欧洲，包括大豆、灵芝、扫帚菜、荸荠、菱、生姜、甘草、黑豆、西瓜、葱、茴香、高粱、山药、蚕豆、枸杞、油菜、茯苓、当归、花椒、白菜、小白菜、花生、蘑菇、荔枝、茶树、野杏、栗树、梨树、龙眼树、柠檬树、橙子树、菠萝树、油橄榄等数十种。中国和欧洲分属于不同的生物区，各自都有对方所没有的生物，传教士通过他们参与的植物相向移植，在

---

① 罗桂环：《近代西方识华生物史》，山东教育出版社 2005 年版，第 9—60 页。

东西方植物中建立了一种亲和关系，实现了不同地区植物种的交流和互换，既丰富了双方的植物资源，也改变了植物在世界分布的布局，促进了地球生物总量的巨大增长。[1] 不仅如此，中国食物原料传入欧洲，还对欧洲乃至整个世界农业发展、经济收益和饮食生活产生了深远意义。如原产于中国的大豆，在西方，直到 17 世纪末才知道其名，18 世纪末开始传入欧洲。1739 年，来华的西方传教士将大豆种子寄往法国 Jardin 植物园种植；1790 年传入英国，种植于英国 Kew 皇家植物园；1873 年，奥地利维也纳举行万国博览会，中国的大豆在会上展出后被公认是优良的经济作物之一，因而著称于世，自此以后被引种到各国。美国在 18 世纪中期开始引种中国大豆。据报道，1765 年，东印度公司的海员波威将大豆带到了佐治亚州；1770 年，美国驻法大使富兰克林又从法国将大豆运到费城。1878 年，美国农业部有计划地派人到中国调查采集大豆，进行大量引种，并开始选种和育种。1906 年，美国农业部再次派人来华，从中国东北营口寄回去大批优良大豆品种，其中包括黑豆和既可供食用又可榨油的富油品种。此后，美国不断在中国收集大豆品种资源，大豆成为美国最重要的出口农产品之一，因此有美国人说，大豆是中国送给西方最珍贵的礼品之一。[2] 又如猕猴桃，19 世纪引入西方以后，在欧美许多国家栽种，发展成为国际性水果，其中新西兰的年产量已达 2 万吨、占世界猕猴桃产量的 90% 以上。可以说，中国食物原料传入欧洲及世界其他地区，不仅丰富了当地植物资源和人们饮食生活，也为当地带来了极大经济收益，推动了世界经济发展。

饮食器具及其制作技术

六、郑和下西洋与明代饮食瓷器及其制作技术的传播

明朝初年，瓷器的海外传播主要靠朝贡赏赐，严格禁止私自买卖瓷器。《明史·真腊国传》载，洪武十六年（1383），向真腊遣官赐以勘合文册、织金文绮以及大量瓷器。外国人私自到中国来购买瓷器，"时山南使臣私赍白金诣处州市磁器，事发，当谕罪。帝曰：'远方之人，知求利而已，安知禁令。'悉赉之"[3]。直到郑和下西洋后，瓷器输出的限制才有所缓解，开始出现瓷器大量输出局面，

---

① 曹增友：《传教士与中国科学》，宗教文化出版社 1999 年版，第 296 页。
② 韩长赋等：《中国农业通史·明清卷》，中国农业出版社 2016 年版，第 446—447 页。
③ 《明史》卷 323《外国四》，中华书局 1974 年版，第 8363 页。

其销售量位居第二。[①] 可以说，在这一过程中，郑和下西洋的功绩尤为显著。

从永乐三年（1405）六月起，到宣德八年（1433）七月止，郑和前后 7 次出使西洋。郑和船队每次出航都会装载大量瓷器、麝香、丝绸等，在到达海外诸国时作为礼品赠送或作为商品进行贸易、开展广泛交流，也使得中国瓷器广泛地流传到东南亚、西亚和非洲等地。对此，《星槎胜览》和《瀛涯胜览》《东西洋考》《西洋番国志》等书中均有记载。其中，费信的《星槎胜览》记载了郑和船队与所到国进行瓷器贸易的情况（见下表 2-3）。此外，书中还有 1 处提到"货用青碗"，11 处提到"货用磁器"。在《瀛涯胜览》中也有 5 处提及瓷器贸易。可以看出，当时陶瓷器在各国贸易中的称呼有所不同，如青花磁器、青碗、青白磁器、青花白磁器等，而且器形和品质也多种多样，器形则主要有盘、碗等形制，釉色有青白、青白花、青花等。中国瓷器所传播的地区遍布郑和下西洋所途经的大部分国家和地区，远及非洲大陆。

表 2-3　《星槎胜览》记载郑和船队与所到国进行瓷器贸易情况一览表

途经国家	相关贸易记载
暹罗	货用青白花磁器……之属
锡兰山	货用金银铜钱、青花白磁……之属
柯枝	货用色段、白丝、青白花磁器……之属
古里	货用金银、色段、青花白磁器……之属
忽鲁谟斯	货用金银、青白花磁器……之属
榜葛剌	货用金银、布锻、色绢、青白花磁器……之属
大呗喃	货用金银、青白花磁器……之属
阿丹	货用金银、色段、青白花磁器……之属
天方	货用金银、段疋、色绢、青花白磁器……之属
旧港	货用烧炼五色珠、青白磁器……大小磁器……之属
满剌加	货用青白磁器、五色烧珠……之属
苏门答剌	货用青白磁器……之属
龙牙犀角	货用……青白磁

---

① 叶文程：《中国古外销瓷研究论文集》，紫禁城出版社 1988 年版，第 142 页。

郑和的卓越贡献不仅是打通了由中国经印度西海岸直达东非的海上交通线，更重要的是宣告了海外贸易大发展时代的到来，并亲自率领船队进行贸易，对瓷器外销起到了重大的推动作用。明朝时，中国和东南亚的贸易关系更为紧密。明成祖时屡派使臣前往安南、占城、琉球、真腊、爪哇和苏门答剌等地招徕贸易，而随着郑和船队到达东南亚地区，使得这种贸易关系更加稳定，中国瓷器产品也随之传至东南亚，有的瓷器成为上层社会的收藏品和地位、财富的象征，而更多的则成为普通民众日常饮食生活的必需品。如《瀛涯胜览》中就写道，爪哇民众"最喜中国青花瓷"；《明史·苏禄传》中记载苏禄的土著居民"以珠与华人市易……商舶将返，辄留数人为质，冀其再来"。① 可见当时这些国家十分喜爱中国瓷器，希望通过中国商船能源源不断地获得中国瓷器和绢缎。如在 15 世纪才兴起的满剌加（今马来西亚马六甲），位于南海通往印度洋的要冲，中国商船前往东南亚会将满剌加作为中转，将包括瓷器在内的中国商品在此地进行转销。《明会典》中就记载了明朝时曾以瓷器等商品与满剌加、暹罗等东南亚国家贸易。暹罗在郑和下西洋期间也多次遣使随宝船访华，双方的来往越来越频繁，暹罗官方也常派船前往中国采购瓷器、铁器、漆器等商品。在这一过程中，中国瓷器制作技术也传至暹罗，当地开始仿制中国瓷器，不仅质量越来越好、满足了本国民众的需求，而且开始向其他国家销售，成为国际市场上与中国瓷器相抗衡的力量。但是，中国瓷器的市场优势很难被撼动，在制瓷工艺和数量上一直处于绝对领先地位。

印度洋沿岸与中国在较早时也有贸易联系，郑和船队的到来更是巩固和发展了双边关系和贸易往来，明朝瓷器也获得更大范围的传播。当时，中国与印度洋各国进行海上贸易的道路有 3 条：一是船舶到马来半岛北部后，弃舟登陆，越过狭窄的克拉地峡，再易船而去；二是经巽他海峡至孟加拉湾、印度洋；三是经马六甲西航而到波斯湾、红海以及非洲大陆。② 第三条航路是郑和船队所经过的，西洋诸国亦沿此航线来到中国。据《明成祖实录》卷 127 记载，明永乐二十一年（1423），有西洋古里、忽鲁谟斯等 16 国的使节团共 1200 人同到明朝进贡方物。郑和船队也是沿这一航线到达过

---

① 《明史》卷 325《外国六》，中华书局 1974 年版，第 8423—8424 页。

② 张维持：《从出土陶瓷考证古代我国与马六甲海峡的交通》，《古陶瓷研究》1982 年第 1 辑。

榜噶剌、加异勒、古里、柯枝、锡兰山国、花面、溜山等国，"青白花瓷器"或"青瓷器"和"瓷器"的称呼也在各地兴起。此后，中国瓷器成为当地人民日常生活中不可缺少的用物。[①] 沿印度洋前行，郑和船队最远到达西亚诸国和东北非等地，如东非的摩加迪沙、马林迪和布腊瓦都是郑和在第4次、第5次下西洋之时所到的地点。至今在索马里还有一个郑和村，据传是郑和的后代在此地定居延续至今。郑和到了这些地区之后，除了宣示明朝天威，还将所带的丝绸、瓷器等中国物品与当地人交易，并换取象牙和香料。可以说，中国瓷器最初在非洲的传播也是源自官方贸易，《星槎胜览》等书有相关记载。

郑和下西洋尽管还是官方贸易的一种重要形式，但是在其带动下，明朝船舶仍然活动于南海进行瓷器贸易等活动，出现了规模庞大的民间互市，包括贩瓷者和大批出国华侨带出的瓷器。可以说，郑和下西洋以后，海外陶瓷贸易达到了历史上的最高水平。郑和多次出海访问，在一定程度上起到了保护华侨在海外从事商业活动的作用，也鼓励闽粤滨海之民远涉重洋、出海贸易。如明末福建的郑芝龙兄弟拥有成百艘商舶、成千名成员，到景德镇、江苏等地采购瓷器等商品，其贸易商舶到达日本、印度尼西亚、印度等国。明朝张燮在万历四十五年（1617）所著的《东西洋考》也记载了商人李锦、潘秀、郭震等人，经常往返于大泥（今泰国南部）和中国之间，专门与荷兰人进行贸易。其中，瓷器、茶叶等都是主要商品。除了中国商人，来自荷兰、葡萄牙等欧洲国家的商人、殖民者也参与到中国瓷器贸易的行列，而瓷器也在这时逐渐为欧洲人所熟知。16世纪葡萄牙侵占澳门后，不断用武装船舶运载中国贵重的商品，特别是瓷器到东南亚各地牟取高额利润。荷兰殖民者在侵占雅加达后，也大量输入中国瓷器，把一部分运到荷兰本国出售。朱培初《明清陶瓷和世界文化的交流》一书中就转引了美国学者科尔《在菲律宾的中国瓷器》里记载的场景：16世纪西班牙的航海家、商人们来到菲律宾后，对那里的中国瓷器无比羡慕的情景，迫切地要求开展贸易。如1570年5月8日，西班牙人帕尼在将要离开菲律宾的棉兰老岛时，看到有两艘中国大帆船到达，货舱里贮藏着珍贵商品，如描金的瓷碗和瓷罐等，甚至连甲板上也都堆满了普通的瓷盘、瓷碗等，后来又知道在马尼拉海湾和吕宋岛也到达了

---

① 叶文程：《中国古外销瓷研究论文集》，紫禁城出版社1988年版，第142页。

六艘中国大帆船，装载了不少瓷器。他们回到西班牙后，便向人们谈论起在菲律宾所见到的中国商舶上满载的美丽瓷器。①其实，除了郑和船队和中国海商外，阿拉伯商人以及部分其他国家的海商在传播中国瓷器上也起到了一定作用。特别是阿拉伯商人，一直扮演着中转商的角色，一些中国商人将瓷器运至东南亚，阿拉伯商人则将一部分瓷器再转运至印度洋沿岸各国。（"南澳1号"沉船装有大量瓷器，见图2-21、2-22）这种情况一直延续在海上丝绸之路南海航线发展的整个过程中，瓷器也借助于他们获得更大范围的传播。

图2-21 "南澳1号"沉船出水明万历　　图2-22 "南澳1号"沉船出水明万历瓷器（笔者摄
青花"粮"字大盘（笔者摄于广东省博物馆）　于广东省博物馆）

无论是郑和的宝船、中国海商，还是阿拉伯商人及西方殖民者，在远航贸易中都有意无意地传播了中国先进的饮食文明。如今，在海上丝路南海航线沿线诸多国家都发现了郑和下西洋的遗迹以及明朝瓷器传播的考古成果，也证明了华夏饮食文明的广泛传播。如1958年，菲律宾国立博物馆的福克斯博士在卡拉塔冈墓葬群600余座墓葬中出土了1200余件完整的瓷器，85%是中国古瓷，其中又有一半以上属14—15世纪的华南青花瓷、青瓷、石胎器、釉上彩瓷，大部分为碗、碟。另外，博物馆在描丹牙省卡拉达岸清理的1300个大家乐人墓群中，也获得1115件中国、暹罗、安南瓷器，70%是明初贸易瓷。②菲律宾出土的中国古瓷见下表。

① 朱培初：《明清陶瓷和世界文化的交流》，轻工业出版社1984年版，第44、45页。
② 叶文程、吴国富：《郑和下西洋与明代陶瓷的外销》，载《郑和与福建——福建省纪念郑和下西洋580周年学术讨论会论文选》，福建教育出版社1988年版，第230页。

表 2-4　菲律宾出土的中国古瓷统计表

所在地	时代	出土日期	种类
Babuyan（Calayan）群岛	宋	1923—1924	青瓷碟
Babuyan（Calayan）群岛	晚唐或北宋	1932	埋葬瓮
Babuyan（Calayan）群岛	明		兰和白的碎片
亚巴瑶附省	明		壶和瓷片
汶笃	明		壶和念珠
孟讫附省	明	1932	瓷器
怡吉戈省	晚唐或北宋	1928	
蕊描依丝爱	西班牙前	1938	瓷器碎片
丹辘	元明		瓷片和壶
蜂牙丝兰	南宋或元		壶
蜂牙丝兰	晚唐或北宋	1928	埋葬瓮
描沓安	南宋或明		瓷片
邦邦牙	宋	1908	埋葬瓮
黎刹省	宋	1908	石瓮和青瓷碟
描东岸（里巴）	明或明前		壶
描东岸（里巴）	明	1936	瓷碟
描东岸（仙斐罗）	早明	1936	瓷碟
北目马仁	明		瓷器
垊都洛	元明		青瓷碟
朗仑	明	1927	龙壶
描实描地	元明	1928	碟、龙壶、青瓷碟
三描	明		龙壶和青瓷碟
义玛拉岛（怡朗省）	元明		瓷片
亚虞产	十五、十六世纪	1933	小壶和石瓮
葛丹恋尼示	十五世纪	1881	瓷碟
礼智	满者巴哈前	1937	金器
武六千			

续表

所在地	时代	出土日期	种类
(仙扶西)	十五、十六世纪	1928	瓷片和破壶
(波士顿新矿)	十五世纪	1929	瓷片
(仙沓马丽亚河土流)	宋	1931	瓷片
苏洛	晚唐或北宋	1933	瓷器
武基仑	明	1933	祖传物

据陈台民《菲律宾出土的中国陶瓷及其他》统计（中国古外销陶瓷研究会编：《中国古代销陶瓷研究资料》第 1 辑）

除了菲律宾，东南亚其他国家以及南亚、西亚乃至非洲也发现了明朝瓷器。如 1960 年，考古学家在马来西亚马六甲一座古代市镇墙基中发现了 7 件 15 世纪的青花瓷片。在旧柔佛的哥打丁宜也出土过 33 件中国瓷器，全部是明朝白地青花瓷，分为盘、碗，压手杯三大类，而压手杯乃永乐朝特有之器物。因此，有学者认为，上述瓷器是处在创烧时期的永乐青花瓷，或许这正是郑和于永乐年间下西洋时随带出去的瓷器。① 泰国曼谷博物馆也收藏了很多中国瓷器，其中就有 1936 年发现于库民别答姆、大多为 16 世纪的陶瓷，有"大明年款"的青花大碗、红色玻璃船形水注、红色描花小罐、贴花小罐和绿釉帆船形明器等器物。在南亚，印度东部的阿萨姆邦首府高哈蒂博物馆陈列了许多 14 世纪以后的中国瓷器；在各地城堡废址中也随处可见 14—18 世纪的明朝青釉瓷和青瓷。据日本学者三上次男先生调查，斯里兰卡出土了唐宋至明清各时期的瓷器；在科伦坡博物馆还陈列有郑和布施碑和 15 世纪的中国瓷器，他认为这些遗物可能是郑和船队到达这里以后留下的。在西亚地区，考古学家马丢氏曾在库特拉姆塞拉、阿勒哈比勒以及阿布扬港废墟中发现了中国瓷器；在靠近也门和沙特阿拉伯的扎哈兰，巴林首都格拉特巴林附近的清真寺废墟和海滨也发现了龙泉瓷器。在非洲，如东非的埃塞俄比亚高原和被称为"瓷器海岸"的东非沿海各地都发现过明代瓷器。东非的坦噶尼喀和桑给巴尔以及其他一些国家的博物馆也搜集和陈列有 11—19 世纪的中国瓷器，其中明瓷相当多。1956 年，研究者在肯尼亚蒙巴萨的给他（Gedi）古城和一些遗址中，发现了一批元

① 叶文程：《中国古外销瓷研究论文集》，紫禁城出版社 1988 年版，第 150 页。

末明初的瓷器残片，其中还有两件完好的永乐盘、碗。

饮食器是人类文化尤其是饮食文化的重要组成部分。在我国瓷器问世之前，世界各地已经存在着多种多样的饮食及其方式，但是尚未找到理想适用的饮食器。某些社会进步较快的地区，只有上层人物才用金属材料，如金、银、铜、锡制作的饮食器，在更为广大的地区或者社会发展迟缓的地区，人们还沿用木器、陶器，甚至无器皿可用。根据有关文献的记载，早期的东南亚一些地区，人们的饮食器一般都用"树叶以从事"[①]，或以"蕉叶为盘"[②]，或以"葵叶为碗"，或以"竹编、贝多叶为器"[③]，或以椰子壳为器，食后则一律"弃之"。他们的饮食器十分简陋，中国瓷器成为当地人最为钟爱的商品。正如《宋会要辑稿》所说："阜通货贿，彼之所阙者，如瓷器、茗醴之属，皆所愿得。"[④] 宋朝以后对外关系的史籍中涉及用瓷器作为交易主要货物的频繁记载就是以上情况的真实反映。然而，中国瓷器从销售到普及国外，经历了相当长的时间。《明史·外国传》"文郎马神条"说："初用蕉叶为食器，后与华人市，渐用磁器。"[⑤] 入明以后，随着郑和远航，中国的瓷器在海外才有了更为大范围的推广。《瀛涯胜览》"占城国"条说："中国青瓷盘碗等品……甚爱之。"[⑥] 成书于明万历年间的《东西洋考·柔佛》条明确指出"民家用瓷"，由此可见，随着郑和大规模的远航贸易活动开展，中国瓷器已成为亚非地区较为普遍使用的食器。根据韩槐准先生的研究，我国外销南洋瓷器的种类"最多为大盘、大小碗、酒海、小罂……尤以大盘为多"。[⑦] 在索马里，有一种装潢美观的饮器至今仍被叫作"新纳"（Sina）[⑧]，"新纳"的意思就是"中国的"，这种饮器是中国瓷器的仿制品。瓷器胎质坚致细密，器表釉料润泽透明，耐酸、耐碱、耐高温，与食物接触不起化学作用，器表光滑，容易揩洗，不利于病菌的粘附和繁殖，因此，作为生活日用品，特别是饮食器，具有任何其他材料所制器皿不可比拟的优秀品质。

可见，随着郑和下西洋，明朝瓷器沿着海上丝绸之路传播到了东南亚、南

---

① 杨博文校释：《诸蕃志校释》，中华书局 1996 年版，第 61 页。

② （明）张燮：《东西洋考》，中华书局 1981 年版，第 86 页。

③ （宋）赵汝适原著，杨博文校释：《诸蕃志校释》，中华书局 1996 年版，第 28、136 页。

④ （清）徐松：《宋会要辑稿》，中华书局 1957 年版，第 6567 页。

⑤ 《明史》卷 323《外国四》，中华书局 1974 年版，第 8380 页。

⑥ 冯承钧校注：《瀛涯胜览校注》，中华书局 1955 年版，第 6 页。

⑦ 韩槐准：《南洋遗留的中国古外销陶瓷》，新加坡青年书局 1960 年版，第 3 页。

⑧ 屠培林：《中索人民情深似海》，《人民日报》1962 年 10 月 17 日。

亚、西亚乃至非洲、欧洲的各国，并在这些国家产生了深远影响，一方面随着制瓷技术的传播带动了当地制瓷业的发展；另一方面普遍改进和丰富了当地人们的饮食生活，促进了饮食卫生、健康长寿、生活品质提高，加强了东西方之间的文化交流和了解。

七、东印度公司瓷器贸易与明清瓷器传入欧洲

在 16 世纪之前，中国运到欧洲的瓷器还十分稀少，只能在欧洲上层社会使用，而在 16 世纪后，西方殖民者沿着海路进入中国，将大量的瓷器等中国商品运往欧洲，获取高额利润。中国瓷器在欧洲社会各个阶层获得了广泛使用，不仅提高了欧洲民众的饮食生活品质，还使欧洲人更为直接地了解到中国饮食文化。

明清时期，第一个与中国直接开展海上贸易的欧洲国家是葡萄牙。1514年，葡萄牙人抵达广东沿海，开始了欧洲国家与中国的第一次直接贸易。1553年，葡萄牙商船借口避风在澳门停泊，并强行占领澳门，从此，澳门成为中国与葡萄牙之间贸易的重要口岸。很多葡萄牙商船运载着中国的丝绸、茶叶、瓷器、漆器和东南亚国家的香料往来于葡萄牙里斯本、印度果阿和我国的澳门、广东之间。可以说，葡萄牙人率先启动了 16 世纪青花瓷的直接大批西传。通过繁盛的澳门瓷器贸易，青花瓷开始风靡欧洲，而里斯本也很快成为向欧洲转销中国瓷器的中心。此后，其他欧洲国家也开始加入瓷器贸易中，把东南亚作为中转地，从中国海商手里购买瓷器再运往欧洲销售。如西班牙就把菲律宾作为与中国贸易的据点，从到马尼拉港贸易的中国商人手中购买丝绸、瓷器，再转运到欧洲。这一时期的西班牙和葡萄牙几乎垄断了所有欧洲国家与中国的贸易，获得了巨大利润。在经济利益驱使下，1571 年，荷兰也开始参与其中，以强大海军为支撑武力夺取了在东南亚的海上贸易主动权，拥有欧洲第一的商船队，被称为"海上马车夫"，在东西方贸易中的份额独占鳌头。随着欧洲社会对于中国瓷器认识的加深，瓷器需求越来越大，中国瓷器成为中欧之间最受欢迎的商品。此时的中国瓷器业发展也满足了这种需求，如景德镇就成为全国瓷器烧造的中心，民营窑场激增，制瓷工匠集中，瓷商汇集，生产的瓷器不仅产量庞大，而且制作精良。与此同时，欧洲的制瓷业相对落后，高温烧成的真正瓷器还没有成功，欧洲社会的上等瓷器还都依靠从中国进口。随着欧洲对中国瓷器需求的增大，此时从事东西方贸易的东印度公司就扮演了重要角色。

"东印度"这一名称来自 1492 年哥伦布，他到达美洲时误以为到的是印度，

后来欧洲殖民者就称南北美大陆间的群岛为西印度群岛，将亚洲南部的印度和马来群岛称为"东印度"。而欧洲一些国家为获取东印度丰富资源、抢占贸易先机，实现经济利益最大化，纷纷组建贸易公司，先后有 8 个欧洲国家组建了专门从事东方贸易的东印度公司，即英、荷、法、丹麦、奥地利、西班牙、瑞典和英格兰。（瑞典"哥德堡号沉船"中就发现大量青花瓷器，见图 2-23）其中，成立于 1602 年和 1600 年荷兰、英国的东印度公司最为著名，其大宗商品就包括中国瓷器、茶叶。在 1669 年，荷兰东印度公司还是世界上最富有的私人公司，拥有超过 150 艘商船、40 艘战舰、5 万名员工和 1 万名佣兵的军

图 2-23　由瑞典西方古董公司赠送"哥德堡号"沉船青瓷残片（笔者摄于广州市博物馆）

队，股息高达 40%。但是，到 17 世纪后半期，英国逐渐夺取了海上霸主地位，到 18 世纪时英国的东印度公司已成为东印度海域航运集团霸主，与中国的瓷器、茶叶贸易是其重要业务。

1. 荷兰东印度公司

荷兰东印度公司是 1602 年 3 月 20 日由 14 家以东印度贸易为重点的公司合并而成，第一个可以自组佣兵、发行货币的股份有限公司。荷文原文为 Vereenigde Oostindische Compagnie，简称 VOC，中文全名译为荷兰联合东印度公司，并逐渐成为荷兰海外贸易的急先锋。（荷兰东印度公司旧址，见图 2-24）从 1605 年开始，荷兰逐步击败西班牙、葡萄牙，在东南亚设立据点，建立巴达维亚城，夺取马六甲，并逐渐将势力延伸至东亚的日本等地，建立起了庞大的殖民贸易帝国。与此同时，荷兰也注意到瓷器贸易带来的巨大利润，开始参与东西方瓷器贸易。荷兰获得瓷器的渠道除了直接与中国商人贸易，还会劫掠俘获西班牙和葡萄牙运输瓷器的货船，如 1602、1603 年，荷兰就俘获了"圣地亚哥"（Santiago）号和"圣卡特琳娜"号，据称"圣卡特琳娜"号上就装

有"数不清的各种瓷器"。根据荷兰专家的估算，这艘船上大概装有 100000 件瓷器。① 欧洲人喜欢称青花瓷为"克拉克瓷"，也来自于东印度公司在马六甲海峡捕获的一艘"克拉克号"葡萄牙商船。随着东印度公司获得来自荷兰政府授予的瓷器贸易垄断权，使中荷瓷器贸易达到了新的高峰。从 17 世纪初开始，荷兰和中国的瓷器贸易进入新阶段，逐渐替代 16 世纪的葡萄牙，在欧洲国家中占据垄断地位。欧洲学者根据荷兰东印度公司来往的信件统计，在公元 1602 年（明代万历三十年）至 1682 年（清代康熙二十一年）的 80 年中，有 1200 万件瓷器被荷兰商舶运载到荷兰和世界各地，其中，中国瓷器有 1010 万件，占 98.3%，日本瓷器有 190 万件，占 1.7%。这些数量如此庞大而又容易破碎的中国瓷器，飘越远洋，从广州运载到阿姆斯特丹和欧洲其他的商港，这是历史上少有的奇迹。

图 2-24　荷兰东印度公司旧址（笔者摄于荷兰阿姆斯特丹）

---

① T.Volker, *Porcelain and the Dutch East India Company (1602—1682)*, Leiden, E.J.Brill, 1954, p.22.

17 世纪时，荷兰商人开始把欧洲器皿造型介绍到中国来，促进了中外陶瓷艺术的交流。经过几十年的贸易，荷兰商人认识到，中国瓷器虽然在艺术上高超绝妙，但是不太符合欧洲人生活习惯。1635 年，荷兰商人让中国瓷器匠师们模仿生产欧洲人常用瓷器，定制瓷器开始兴盛。1678 年，荷兰东印度公司又让中国瓷器匠师们模仿荷兰德尔费特（Delft）的陶器，包括盘、碟、水罐、细颈瓶、烛台等。17 世纪中叶后，由于与中国瓷器贸易迅速增加，荷兰东印度公司把珍贵的中国瓷器赠送给海牙的皇宫和王室高级官员，以便请求除了阿姆斯特丹港口外，能有更多的商埠来扩大贸易。到 18 世纪初，荷兰仍然在欧洲市场上占据中国瓷器贸易的垄断地位。到 18 世纪中叶后，法国、英国开始取代荷兰成为欧洲最重要的中国瓷器贸易国，荷兰甚至还要从法国的南特港购买中国的瓷器，然后再在阿姆斯特丹转售。直到 19 世纪，荷兰商舶还在中国购买瓷器、花生、大豆和豆油等，运回荷兰。①

2.英国东印度公司

英国东印度公司，英文为 British East India Company，简称 BEIC，中文全名译为伦敦商人在东印度贸易的公司，是于 1600 年 12 月组成的一个股份公司。17 世纪 80 年代，该公司很快建立了一支自己的武装力量，到 1689 年时，它已拥有了一个"国家"的特性，并与中国开展大宗瓷器等贸易。

1620 年，英国商舶"独角兽"号（Unicorn）到达澳门，成为第一艘到达中国港口的英国商舶。1695 年，"中国商人"号商船从厦门首次直接运回了大批的福建茶叶和瓷器。1730 年后，在广州的黄埔港和珠江内停泊的外国商舶开始以英国占居首位。1735 年，英国商船"格拉富图"号（Grafton）和"哈雷孙"号（Harrison）分别从广州和厦门返航，运载了 24 万件瓷器。到 1790 年，驶入广州的外国商船为 56 艘，其中英国商船 46 艘、占 82%。1792 年，英国在广州管理贸易商务的长官百灵写信给清廷说，英国商人来广州进行瓷器、茶叶等贸易，"今闻天朝大皇帝八旬万寿，未能遣使进京叩祝，我国王心中惶恐不安"，所以，英国派遣使节马嘎尔尼"带有贵重礼物，进呈天朝大皇帝，以表其慕顺之心"。② 马嘎尔尼在 1780 年时担任过英国东印度公司马德拉斯的总督，十分熟悉中英贸易。此次访华，表面上是庆祝清高宗八十寿辰，实际上是

---

① 朱培初：《明清陶瓷和世界文化的交流》，轻工业出版社 1984 年版，第 52、53 页。
② ［英］斯当东：《英使谒见乾隆纪实》，叶笃义译，群言出版社 2014 年版，第 638—639 页。

代表着殖民者和商人利益，要求减低贸易税率、增加通商口岸等。此外，马嘎尔尼访华还有一项特殊使命，就是请求中国援助英国建立一个瓷器工厂，并在原料（黏土、高岭土、釉料）上给予切实保证并出口到英国。到 1817 年（嘉庆二十二年），根据清代海关资料，广州和英国的出口贸易额为 9768961 银元，占该年出口贸易总额的 62.8%。鸦片战争后，英国强迫清政府签订一系列不平等条约，强行割让香港，侵占广州、厦门、宁波、福州、上海等城市作为商埠，将大量瓷器运往英国及欧洲其他城市。①

八、殷弘绪与中国瓷器制作技术传入欧洲

17—18 世纪时，中国瓷器大量传入欧洲，并开始普及到欧洲普通家庭，不仅为欧洲家庭提供了更加优质的就餐器具，而且直接影响了欧洲启蒙运动，创造了新的艺术风格——洛可可。由此，一边是欧洲社会对中国瓷器需求的不断增大，另一边则是长途海运以及关税导致的中国瓷器价格高昂，欧洲各国的金银库存也因此日渐枯竭。于是，欧洲各国开始另辟蹊径，纷纷仿制中国瓷器。其中，意大利是最早仿造瓷器的国家。佛罗伦萨于 1580 年设厂仿造、生产蓝花软瓷，成为欧洲瓷器最早的产品。1673 年，法国波特拉特在鲁昂设立瓷厂，是法国瓷厂的先驱，法国国王曾给予该厂专门的特许证。该厂产品同样是软质瓷器，但也深受中国瓷器影响，其制造的白瓷器就是仿效福建白瓷。为了能够制作出与中国一样的真正高品质瓷器，欧洲各国瓷器工厂开始寻求中国瓷器制作的"核心技术"，而法国入华传教士殷弘绪在此期间起到了关键作用。

殷弘绪，原名昂特雷科莱，1662 年出生于法国里昂，于清康熙年间到中国传教，在景德镇期间对当地的瓷业盛况进行了翔实记述，并通过书信的方式首次系统而完整地把瓷器生产工艺传到了西方。殷弘绪关于瓷器制作技术的第一封信发自饶州（1712 年 9 月 1 日），除了他的亲眼所见，还通过与制作瓷器、从事瓷器贸易的教徒接触，询问有关瓷器制作的问题。在教徒的答复、实地考察的基础上，他还参考了中国书籍，详细介绍了瓷器的制作工艺。② 信中叙述了瓷器的成分、品种、品质，色彩以及揉捏、上釉、烧烤、控制温度等

工艺。殷弘绪还强调瓷器的原料、坯胎子和高岭土，并指出高岭土的关键作用。1716 年，这封信被刊登在欧洲《专家杂志》上。1717 年，殷弘绪又将高岭土寄往欧洲。[①]1722 年 1 月 25 日，殷弘绪又在景德镇给耶稣会写了第二封信，写到自己为了了解中国工人制作瓷器的方法煞费苦心。他在第二封信中，对之前整个制瓷工艺中未解释清楚的问题做了补充和修改，同时，又增加了不少新的考察资料。

图 2-25　法国萨克森瓷厂 1860 年制瓷器（笔者摄于广州市博物馆）

图 2-26　荷兰仿制中国瓷器所制德尔费特瓷（笔者摄于阿姆斯特丹国家博物馆）

殷弘绪的信公开发表后，寻找高岭土、仿制中国瓷器的热潮席卷欧洲。1750 年，法国杜尔列昂公爵下令在法国勘察和开发瓷土，1755 年发现了类似景德镇高岭土的瓷土层——爱陵冈附近的高岭土，并于 1768 年制出真正的瓷器。1750 年，英国在康瓦尔发现瓷土，开始仿造中国瓷器。英国最早的瓷厂有二个，即鲍瓷厂（1745—1776）和谢尔锡瓷厂（1745—1770），后期所生产的瓷器也是受中国瓷器影响。如鲍瓷厂就曾仿效中国青瓷，釉加上一些青料，使器身的颜色和谐。至于饰纹，无论刻画、浮雕还是绘彩，大都仿效福建白瓷，作花卉、鸟兽、昆虫、人物状。在 18 世纪中期以后，英国又建立了伍斯特东京制造厂、德比郡瓷厂（皇室德比瓷器公司）、利物浦瓷厂、洛斯托夫特瓷厂、普利茅斯瓷厂、布里斯托尔瓷厂等，这些瓷厂产品也大多模仿中国瓷器。如伍斯特东京制造厂在 1752 年造出一批茶具，但不耐热，后来该厂以中国瓷器为模式，制造出与之极其相似的耐热耐用的餐具。1759 年，西班牙国王查理斯

---

① 李梦芝：《明清时期中国瓷器对欧洲的影响》，《历史教学》1997 年第 4 期。

三世从意大利芒特角带回瓷土，设立"中国瓷厂"。[①] 荷兰东印度公司较早开展了对华贸易，从中国进口了大量中国瓷器，但是其制造硬质瓷器的时间却较晚，直至 1764 年才在韦斯普建立瓷器工厂。（法国、荷兰仿制的中国瓷器，见图 2-25、2-26）

　　中国瓷器在欧洲的传播对欧洲的饮食文化产生了深远影响。在中国瓷器大量传入欧洲之前，其主流餐具多为金属、木、陶材质，直到 17 世纪初，瓷器在欧洲还十分稀有。《文明与野蛮》一书中记述了当时只有法国王室才能用瓷碗喝肉汤，国王和王室才能买得起瓷器。到 18 世纪，输入欧洲市场的瓷器数量激增。据最保守估计，在 18 世纪的 100 年间，输欧中国瓷器就在 6 千万件以上，大量瓷器流入欧洲，其直接结果就是瓷器迅速进入欧洲厨房、占领餐桌。（瑞典家庭厨房中的中国瓷器，见图 2-27）"直到十八世纪，东印度公司首次输入了巨量的中国瓷器，西方人才开始以瓷器代金银器为食具，法国路易十五于此提倡

图 2-27　瑞典人的中国厨房（笔者摄于广州市博物馆）

最力，他曾将他宫廷中所用的金银器熔化，充作别用，而以瓷器代替。自此上下从效，中国的瓷器，乃极盛一时。"[②] 可以说，从 18 世纪开始，随着中国瓷器的大量输入，瓷器开始逐渐成为普通欧洲家庭的日用品，特别是在热饮成为社会一般生活习惯之后。17 世纪时，荷兰首先出现饮茶习惯，英国于 1657 年左右也形成饮茶习惯，茶成了英国人不可缺少的饮料。西·甫·里默估计道，至 17 世纪末期，英国每年进口的茶叶大约两万磅。[③] 饮茶必用茶具。在始创饮茶的中国去找寻茶具是十分自然的，因为瓷器轻便文雅、容易洗涤。英国东

　　① 李梦芝：《明清时期中国瓷器对欧洲的影响》，《历史教学》1997 年第 4 期。

　　② 冯来仪：《中国艺术对于近代欧洲的影响》，《中国美术教育》1992 年第 1 期。

　　③ ［美］西·甫·里默：《中国对外贸易》，卿汝楫译，生活·读书·新知三联书店 1958 年版，第 15 页。

印度公司在广州设立商行后，每年运入大批瓷器，其中以家庭用具最多。当时家庭妇女对中国的瓷器特别关心。据说有位内尔·格温夫人，当东印度公司的货船一到，就立刻前往码头，在货物中间钻来钻去，希望优先找到一些合意的瓷器。妇女们对于中国瓷器非常爱惜，打破后会伤心和发脾气。刘鉴唐《中英关系系年要录》中所引 1714 年英国文豪艾迪生在《恋人》杂志上的话："女性的热爱瓷器，同样是另一种麻烦的事情，它能够令她们发脾气和伤心。她们为了打破一件脆薄的用具，发了多少脾气，惋惜了多少回啊！……我劝她们暂时抑制着，不去购买这些容易破烂的商品了，直至她们能够以理智克服感情，见到一只茶壶或茶杯跌落地上而不发脾气的时候为止。"① 可见当时民众对于中国瓷器的喜爱之情。

18 世纪末期，中国瓷器对欧洲的输出由盛转衰，这一方面是由于清朝整体衰落带来的陶瓷工业的落后，另一方面则是由于欧洲不断学习中国瓷器、逐渐建立起了属于自己的陶瓷工厂，瓷器产品也不断进步。但是，不能否认的是，中国瓷器传播的华夏饮食文明给欧洲社会带来的深远影响，包括在提升欧洲民众饮食生活品质上所作出的贡献。

饮食品及其加工制作技术

九、江户时代"食经"传日与馔肴及其制法传播

明清时期，中日贸易特别是民间贸易较为频繁，由于日本幕府将军们十分重视文治、非常喜欢中国书籍，加之以商人为主的城市市民阶层即町人的崛起、日本文化逐渐从寺庙走向世俗化等原因，中国的各种书籍成为中日贸易的主要商品之一。其中，日本江户时代的长崎最为集中，输入的中国典籍中有许多"食经"及有关饮食烹饪的典籍。这些书籍的传入，为日本人学习、了解、研究中国馔肴及其制作技术提供了重要的基础资料，不仅带动了日本人自行撰写出版有关中国饮食的书籍，也有力地促进了中国馔肴及其制作技术在日本的传播。

以江户时代而言，当时从中国航线到长崎进行贸易的许多商船载有中国书

---

① 刘鉴唐等编：《中英关系系年要录·第 1 卷·公元 13 世纪—1760 年》，四川省社会科学院出版社 1989 年版，第 199 页。

籍,一艘船载百余种或数百种,甚至更多,不同的是江户时代前期装载中国书籍的船只及书籍数量较少,到后期则较多,甚至是每一艘都载有中国书籍。为了更好地管理书籍进口、避免受到严禁的天主教书籍入境,日本政府在长崎设立专门的书籍检查机构。大庭脩《江户时代中国典籍流播日本之研究》所列《唐蛮货物帐》是当时唐通事与荷兰通词撰写的一本账册,记录了宝永六年(1709)七月至正德三年(1713)十一月间出入长崎港各船装载的货物,只有正德元年(1711)的记录囊括了一年中全部入港船货物;正德元年,以卯十五番船到长崎的钟圣玉商船到长崎,船上货物有"书籍九拾三箱",为来日唐船中载书最多者;其次是程方城的卯五十一番船,货物中有"书物四拾箱",而且据推测"该船载来的书籍共八十六种,一千一百多册"。[①] 日本大庭脩指出:"在正德元年的二十一艘南京船中,携来书籍的只有三艘;十四艘宁波船中,载有书籍的也不过三艘而已。这一状况与江户时代后半期恰成对照。据现藏长崎图书馆的《书籍元帐》,文化元年的十一艘来船中就有十艘载有书籍,弘化、嘉永年间,来日唐船几乎船船有书。造成这一局面的原因可能是这一时期的唐船几乎都是来自南京、宁波的口船,另一方面,它也与日本国内与日俱增的需求量有关。"[②] 木宫泰彦列举了清朝时与日本关系最密切的南京、浙江、福建、广东输入日本的商品,书籍位居南京、福建输入品之首。[③] 据日本学者统计,从1714年至1855年,经长崎输入的中国书籍就达6118种,总计57240册。田中静一在《中国饮食传入日本史》中根据1976年关西大学东西文化学研究所《江户时代由唐船传入书籍的研究》的索引统计,在整个江户时代传入日本的书籍约八千种。[④] 据称中国商船一旦进入长崎港,幕府有关人员、各地的藩主(即大名)、学者及商人都纷纷前往购买中国书籍,出现了许多藏书家,著名的如加贺大名田纲纪,其藏书成为如今东京尊经阁文库藏书的主要部分;又如平户藩主松浦清,其藏书成为如今平户松浦博物馆的主要构成。

---

① [日] 大庭脩:《江户时代中国典籍流播日本之研究》,戚印平等译,杭州大学出版社 1998 年版,第 30、31、36 页。

② [日] 大庭脩:《江户时代中国典籍流播日本之研究》,戚印平等译,杭州大学出版社 1998 年版,第 28—36 页。

③ [日] 木宫泰彦:《日中文化交流史》,胡锡年译,商务印书馆 1980 年版,第 673—674 页。

④ [日] 田中静一:《中国饮食传入日本史》,霍风、伊永文译,黑龙江人民出版社 1990 年版,第 120 页。

在输入日本的中国书籍中有许多"食经"及有关饮食烹饪的典籍，记载着中国馔肴及其制作技术，主要包括3大类：一是饮食烹饪类专门著作，包括北魏贾思勰的《齐民要术》、元朝无名氏《居家必用事类全集》、明朝高濂《遵生八笺》和清朝袁枚《随园食单》等。田中静一指出：涉及饮食品制作技艺的《齐民要术》在江户时代以前的平安时代、镰仓时代就有几次传入，但江户时代的延享四年（1747）又传入了一部；《居家必用事类全集》在宽文十三年（1673）的江户已发现了私刻本，在享保八年（1723）又传入日本；《遵生八笺》在正德元年（1711）传入日本；《随园食单》从1846年到1853年五次传入日本，"像此书这样频繁传入的例子，实在鲜见"①。二是涉及饮食烹饪的丛书，包括《百川学海》《唐代丛书》《知不足文丛书》《夷门广牍》《说郛》等，收录了较多的饮食烹饪典籍。《百川学海》是中国刻印最早的丛书，宋朝左圭辑刊，于公元1853年（日本嘉永六年）传入日本，不仅收有茶书4种、酒书1种（《茶经》《煎茶水记》《茶录》《东溪试茶录》和《酒谱》），还收录了食书4种即《本心斋蔬食谱》《笋谱》《菌谱》和《蟹谱》。《唐代丛书》，清朝陈莲塘辑，收录了《茶经》《十六汤品》《煎茶水记》和唐朝韦巨源撰写的《食谱》。《夷门广牍》，明朝周履靖辑，公元1761年（日本宝历十一年）传入日本，不仅收录了食书4种（《山家清供》《茹草编》《易牙遗意》《士大夫食时五观》），还收录了茶书4种、酒书5种（《茶品要录》《茶寮记》《水品全秩》《汤品》和《酒经》《青莲觞咏》《香山酒颂》《唐宋元明酒词》《狂夫酒语》）。《说郛》，元末明初陶宗仪编，于公元1719年（日本享保四年）和1759年（日本宝历九年）两次传入，收有《清异录》《山家清供》《本心斋蔬食谱》《食珍录》《士大夫食时五观》《膳夫录》《玉食批》《笋谱》《蟹谱》等食书和《品茶要录》《宣和北苑贡茶录》《北苑别录》等茶书和《酒谱》等酒书。三是涉及饮食烹饪的类书，主要是《古今图书集成》。该书是中国史上最大类书，清朝陈梦雷主持编纂，康熙钦赐书名，六百卷6996册，是享保十二年（1735）传入。此书分为6编32典，在其"食货典""草木典"等部分涉及饮食烹饪，按照米、糠、糁、粉面、糗饵、酒、茶、酪、油、盐、酱、糟、醋、糖蜜、曲、肉、羹、脯、脍、菹、豉分类，汇编了从周朝到明朝各书记载的有关饮食的历史、轶事及具体制法等。

① ［日］田中静一：《中国饮食传入日本史》，霍风、伊永文译，黑龙江人民出版社1990年版，第120—121页。

众多中国饮食烹饪典籍在江户时代传入日本，可以说是中国历代饮食烹饪的集中传播，书中记载的大量馔肴品种及其制作技艺必然会不同程度地在日本传播，对日本饮食烹饪产生一定的影响，其中的一个重要体现是日本人较多地编著出版中国饮食书。田中静一《中国饮食传入日本史》一书列有"江户时代出版的中国饮食书籍一览表"，共13种，即《日汉精进新料理抄》（中餐篇）《八仙桌燕式记》《桌袱会席趣向帐》《桌子宴仪》《普茶料理抄》（桌子料理法）《桌子烹调法》《桌子式》《唐山款客式》《清庖厨全书》《江户流行料理通》《新编异国料理》《桌子菜单》和《唐桌子料理法》。其中，除了《唐桌子料理法》明确为华人厨师撰写外，江户时代日本人撰写出版的中国饮食书有12种。田中静一将这些书中的记载进行统计和整理后指出：江户时代传入日本的中国饮食"约为120种"，（这个数目约占柴田书店翻译的《中国名菜谱》总数1261种的8%）"将其分为饭、菜、点心三大类。点心又分为糕、饼、面、馒头、饺子类，菜又细分为一般菜肴和汤"。其中重要的品种包括：糕点（如日本的饼、团子等固体食品）有鸡蛋糕、瓜子糕、藕粉糕、山楂糕、鱼糕、虾糕、麻子糕、桂花糕、红白糕、蕨粉糕、芝麻糕、糖糕、水晶糕、扁豆糕、雪粉团等24种；饼类有海虾饼、蛋饼、太史饼、桔饼、柿饼、芝麻饼、龙舌饼、月饼、眉公饼等18种；面类有红鱼面、面、寿面等4种；馒头、饺子类有饺子、桃馒头、肉馅馒头、葛粉馒头、包子5种；汤有肉丸汤、全家汤、河鳗汤、桂园汤、七星汤、海鲜汤、鱼翅汤、鹿筋汤、燕窝汤9种；一般菜肴有一口香、马眼片、风雨梅、玫瑰糖、白煮猪蹄、白煮鸡、东坡肉、炒甲鱼、撕鸡、蒸卷、盐鸭、鲙、素燕窝13种。① 此外，值得一提的是"豆腐百珍三部曲"。由于豆腐菜肴在江户时代从贵族、武士阶层逐渐平民化，受到大量日本人喜爱、十分风行，大阪曾谷川本于公元1782年（日本天明二年）编撰出版一部名为《豆腐百珍》的食书，介绍了100多种豆腐菜肴的烹制方法，收录了豆腐店或豆腐作坊图和赞美豆腐的中国诗文、典故趣事，还将豆腐菜分为寻常品、通品、佳品、奇品、妙品、绝品6个等级。该书出版后大获成功，此后连续两年又出版了《豆腐百珍续编》和《豆腐百珍余录》，被称为"豆腐百珍三部曲"，更进一步促使豆腐菜肴在日本的风行。② 明治维新后乃至今日，日本人大都喜欢制作和食用

---

① ［日］田中静一：《中国饮食传入日本史》，霍风、伊永文译，黑龙江人民出版社1990年版，第101、116—117页。

② 徐静波：《日本饮食文化：历史与现实》，上海人民出版社2009年版，第125页。

各种豆腐菜肴。黄遵宪《日本国志·礼俗志二》之"豆腐"载："以锅炕之使成片为炕腐，条而切之为豆腐串，成块者为豆腐干。又有以酱料同米煮，或加鸡蛋及坚鱼脯，谓之豆腐杂。炊缸面上凝结者揭取晾干，名腐衣。豆经磨腐以其屑充蔬食，曰雪花菜。"[①]其中所言的豆腐串，即油炸豆腐串，如今仍然是日本众多居酒屋的常见菜。

十、中国书籍传入朝鲜与馔肴及其制法传播

明清时期，中国和李氏朝鲜有着较为密切的外交关系，随着两国较为频繁的人员及贸易往来等，中国书籍大量传入朝鲜，包括许多"食经"及有关饮食烹饪的典籍，为朝鲜人学习、了解、研究中国馔肴及其制作技术提供了重要资料。朝鲜人为了让普通百姓获得日常生活必备的知识，将这些书籍的相关内容大量收录到自己的著作中进行传播推广，有力地促进了中国馔肴及其制作技术在朝鲜的传播，丰富了当地人民的日常饮食生活。

这一时期，中国与李氏朝鲜的图书交流相比高丽时更加频繁，大量中国书籍沿着陆路或海路进入朝鲜，其主要途径是通过馈赠和贸易获得，图书的类别及内容则较为丰富，囊括经、史、子、集，"食经"和涉及饮食烹饪的典籍较多。据杨昭全、何彤梅所列，李氏朝鲜与明朝的图书交流主要途径有二，"其一，明廷赠与李朝"，如1401年（明建文三年）至1426年（明宣德元年），明朝赠与李氏朝鲜的书籍有《文献通考》《元史》《大学衍义》《四书衍义》《朱子全书》《通鉴纲目》《四书》《五经》《性理大全》等；"其二，李氏朝鲜遣使赴明，求赠或购买"，包括《通鉴前编》《历史笔记》《宋史》《周礼》《仪礼》《资治通鉴》等。[②]在输入李氏朝鲜的中国书籍中有许多"食经"及有关饮食烹饪的典籍，记载着中国馔肴及其制作技术，主要有两大类，一是饮食烹饪类专门著作，如《居家必用事类全集》；二是涉及饮食烹饪的各种典籍，主要是小说笔记、农书和医书等。杨昭全、何彤梅指出："在李朝宣祖年间（1567—1607，明穆宗隆庆元年—神宗万历三十九年），已有70—90种中国小说传入李朝，其中多数为明代小说"，并且依据一些史料记载列出了确定传入李氏朝鲜的小说有51部，包括《水浒传》《金瓶梅》《西游记》《三国演义》《警世通言》《喻世明言》《醒

---

① （清）黄遵宪：《日本国志》卷35，清光绪十六年（1890）羊城富文斋刻本，第359页。

② 杨昭全、何彤梅：《中国—朝鲜·韩国关系史》下册，天津人民出版社2001年版，第575页。

世恒言》等。① 其中，前 4 部小说都有许多关于馔肴及其制作方法的描写，当时的许多朝鲜人都十分喜爱阅读和熟悉这些小说。此外，传入李氏朝鲜的中国农书和医书有《农桑辑要》《农政全书》和《黄帝内经》《太平圣惠方》等，朝鲜不仅派人到中国学习，还邀请明朝人士到朝鲜传授，并且刊行中国医书 70余种，其中记载有大量的食疗方。

众多中国"食经"及有关饮食烹饪的典籍传入李氏朝鲜后，朝鲜的有识之士将其中的馔肴及其制作技术等相关内容大量收录到自己著作中，作为普通百姓日常生活必备知识进行传播推广，产生了极大影响。仅以清朝时期而言，朝鲜涉及饮食烹饪类著作就有《要录》《治生要览》《山林经济》《增补山林经济》《山林经济撮要》《山林经济补遗》《民天集说》《林园十六志》和《闺阁丛书》等。其中，以《山林经济》和《林园十六志》转录、引用的中国菜点及其制作技术最多。《山林经济》是一本民间生活所必需的实用手册和百科全书，由洪万选大约撰于 1715 年（朝鲜肃宗四十一年），共 4 卷，第一卷是卜居、摄生、治农、治圃，第二卷是种树、养花、养蚕、牧养、治膳，第三卷是救急、救荒、辟瘟、辟虫，第四卷是治药、选择、杂方。其中，"治膳"主要记载饮食品及其制作技术，共 388 则，包括果实、茶汤、粉面饼饵、粥饭、蔬菜、鱼肉附煮泡、造料物法、造酱、造醋、造曲、酿酒、食忌等。这本书大量收录、引用了中国《臞仙神隐书》《居家必用事类全集》的相关内容。日本学者篠田统通过对比分析，列出"在《山林经济》中引用《神隐》的数字"和"有关农业及烹调方面的条数"两表，其中，《山林经济》中引用《臞仙神隐书》"共治农、治圃、种树、治膳四章二八一则，总引用文献数达百分之三十四"；将《山林经济》"治膳"的 143 则，与《臞仙神隐书》所载的"治膳"307 则相比，占比率为 47%，《臞仙神隐书》中的饮食品制法又有近一半转引自《居家必用事类全集》、有 10 种左右转引自元朝鲁明善《农桑衣食撮要》。② 由于该书的实用价值极强，被广为流传。到 1767 年（朝鲜英祖四十三年），柳重临根据洪万选《山林经济》进行增补，编撰《增补山林经济》，共 16 卷。据《奎章阁图书韩国本综合目录》记载，该书的"治膳"是专门一册，收录和介绍的中国馔肴

① 杨昭全、何彤梅：《中国—朝鲜·韩国关系史》下册，天津人民出版社 2001 年版，第559—560 页。

② ［日］篠田统：《中国食物史研究》，高桂林、薛来运等译，中国商业出版社 1987 年版，第 189—191 页。

及制作技术更丰富。

《林园十六志》，即《林园经济志》，由徐有榘（1764—1845）编纂而成，是一部以农业为主的经济百科全书，共 52 册，内容十分广泛，但今多散佚。该书之第八志为《鼎俎志》，其中的"咬茹之类"及"割烹之类"又分小类记载了 200 余个馔肴及其制法。如"咬茹之类"有 10 小类，包括腌藏菜、干菜、食香菜、鲊菜、菹菜、菹菜（沈菜）、煮熯菜（大阪本）、煨蒸菜（大阪本）、油煎菜（大阪本）、酥菜（大阪本）等；"割烹之类"有 7 小类，包括羹臛、燔炙、脍生、脯腊、醢鲜、腌藏鱼肉、饪肉杂法等。每一小类下皆由总论和具体菜肴制作方法构成。如"燔炙类"包括总论、炙羊肉方、烧肉总法、羊骨炙方、锅烧肉方、炙猪肉方、划烧肉方、炙鹿肉方、炙鱼总法、炙獐肉方、炙牛肉方、炙兔肉方、炙鸡方、炙雉方、炙鹑方、炙麻雀方、炙鸭雁方、炙鸡鸭卵方、炙鲫方、炙青鱼方、炙鳆方、炙蛤方、炙蟹方等。"脍生类"包括总论、肉生方、牛肉脍方、羊肉脍方、猪肉水晶脍方、鱼生脍方、金齑玉脍方、法鲫方、冻鲻脍方、鲤鱼水晶脍方、聚八仙方、假炒鳝方、水晶冷淘脍方、腹脍方、蛤脍方、冻雉脍方、蟹生方等。[①] 其中有大量的馔肴来自中国及其制作技术皆收录、引用自中国的相关典籍。最典型的是"金齑玉脍"，是隋唐时期著名的江南佳肴。邱庞同先生对此分析指出："'咬茹之类'及'割烹之类'两类菜肴共有 200 多个品种，中国菜肴占一大半。而从引用书目来看，大多为中国历代的农书、食经、食谱、本草书、养生书等，并以元明时期的为主。由此可见，中国和朝鲜饮食文化交流之深。"[②]

此时，中国馔肴及其制作技术在李氏朝鲜的大量传播，其中一个重要原因是源于当时朝鲜兴盛的实学。所谓实学，即"实体达用之学"，是儒家的一个学派，主张以实证方法探求真理、"经世致用"，源于北宋时期，明清时期发展到高潮，传入韩国、日本等国后与本土文化相结合，形成独具特色的朝鲜实学、日本实学。朝鲜实学的目的在于"富国裕民""利国厚生"，到 18 世纪以后进入繁盛发展时期，出现了以丁若镛为代表的重农主义倾向和以李圭景、崔汉琦等人为代表的重商主义倾向。《山林经济》《林园十六志》的作者洪万选、徐有榘都是李氏朝鲜的实学大家，这两本书则是重农主义的体现。韩国赵鼎衡

---

① 邱庞同：《饮食杂俎：中国饮食烹饪研究》，山东画报出版社 2008 年版，第 231—232 页。

② 邱庞同：《中国菜肴史》，青岛出版社 2010 年版，第 526 页。

在《韩国传统民俗酒》中总结了这两部书籍的写作目的和性质，指出："洪万选为了使农民获得日常生活中必备的知识，撰写了这本自然科学方面的百科全书（即《山林经济》）。《山林经济》意指各种为了维持生计而进行的经济活动"；"徐有榘为了让人们了解和掌握日常生活中必备的知识，根据《赠补山林经济》编撰了这本书（即《林园十六志》），共 113 卷，也是一本大百科全书。"[①] 正是出于这样的目的，两书的内容十分实用、通俗，不仅有利于维持朝鲜人民的生计、丰富生活，也促进了中国馔肴及其制作技术在朝鲜的传播。

十一、东南亚语言中的汉语借词与中国饮食品的传播

中国与东南亚的交往历史悠久，随着大量中国移民到东南亚定居，他们所使用的不同汉语方言对当地语言产生了直接影响。在东南亚的主要语言中几乎都有汉语（有的是汉语方言）的借词，特别是越南语、泰语、印尼语等语言的借词尤多，其中就包括许多与饮食相关的借词，从中可以看出中国饮食品在东南亚各地的传播。

在印度尼西亚，华侨不仅把一部分蔬菜、水果品种传入当地，还带去了许多中国常见的饮食品。在现代印尼语中有 500 多个常用的汉语借词，有 80% 以上来自闽南话，而且这些印尼汉语借词大都与食品相关，可见中国饮食在东南亚的巨大影响。如韭菜（kucai）、萝卜（loba）、白菜（pecai）、菜心（指一种卷心菜，caisim）、芥蓝（kailan）、龙眼（lengkeng）和荔枝（liei）等。此外，像豆芽、豆腐、豆酱、酱酒和面条等的制作技术也是由华侨，特别是福建华侨传入印尼的，现在已成为当地人民所喜爱的食品，所以印尼语中的上述词汇，都是借用闽南语而称作"taoge""taohu""taoco"和"bakmi"。其中，豆腐制作技术是由闽南籍华侨传入的。迄今为止，印尼制作豆腐的工序大体上仍与漳州、厦门民间制作法相同。有些豆腐作坊使用的部分工具也是由华侨从中国运去的。[②] 华侨还结合当地人民喜欢吃甜食的习惯，首创在酱油中加糖蜜煎熬成甜酱油，使其成了当地人民的佐食品之一。可见，这些词汇不只是借用汉语中的发音，还充分体现了这种食品来源于中国、受到中国极大的影响。在印尼语中，饮食相关的借词比比皆是，现选取其中一部分列举如下表：

---

① ［韩］赵鼎衡编：《韩国传统民俗酒》，译林出版社 2008 年版，第 87—88 页。

② 温广益等：《印度尼西亚华侨史》，海洋出版社 1985 年版，第 134 页。

表 2-5　印尼语中饮食品相关借词情况表 ①

汉语	印尼语	汉语	印尼语	汉语	印尼语
肉粽	bacang	肉面	bakmi	米糕	beko
肉饼	bakpia	肉丸	bakso	麦芽糖	beleko
馒糖	benteng	米粉做的细面	bihun	一种糯米糕	bipang
油条	cakue	冬瓜糖	cangkue	杂菜合烩	capcai
糯米甜食	cau	（蔗）糖水	ceng	青草凉茶	cincau
醋	cuka	海食（肉、虾等做的菜）	haiciah	虾米	hebi
鱼翅（菜）	heisit	豆粉蒸的冷食	hunkue	咕咾肉	keluyuk
咸梅	kiambwee	咸菜	kiamcai	锦卤（黄花等煮的汤）	kimlo
一种肉汤	koyam	糕	kue	粿条（米粉做的面条）	kuetiau
春卷	lumpia	面条	mi	细米粉条	misoi
五香	ngohiang	馄饨	pangsit	薄饼	popia
芙蓉蟹（菜名）	puyonghai	米酒（或烧酒）	samsu	烧肉	siobak
四果汤（姜、冬瓜、糖等做的汤）	sekoteng	烧卖（有肉焰的糕点）	siomai	粉丝（又称薯粉）	sohun
烧饼	sopia	用下水做的肉汤	soto	冬瓜糖	tangkue
豆豉	tauci	黄酱	tauco	豆芽	tauge
豆腐	tahu 或 tauhu	油炸豆腐条	tauki	豆仁（豆沙馅点心）	taujin
豆腐干	taukua	豆饼	taupia	酱油	tauyu 或 kecap
茶	the	燕窝	yan-oh		

此外，中国的一些烹饪法和饮食器具等也传入印尼。如烹饪法有红烧（ang-sio），炖（用中国砂锅）等。炊餐器具较多，如火炉（或烘炉）anglo，茶桶 cat-

---

① 孔远志：《中国印度尼西亚文化交流》，北京大学出版社 1999 年版，第 129—156 页。

ang，茶碗 cawan，一种汤匙 cikok，研辣椒的研钵（或珠碗）cobek，有"耳"的大锅 kenceng，一种有"耳"和盖的锅 ue，砂锅 sapoh，多层饭盆 sia，有盖的碗 som，茶钻（烧水用的壶）teko，（泡茶用的）茶壶 tekoan，茶桶 titang，等等。

在菲律宾，旅居当地的华侨以闽南人历史最久、人数最多，因而闽南语不但在菲律宾应用，而且对菲律宾的他加禄语也起着一定影响和作用，有众多他加禄语词汇来源于闽南语。其中，以食品、生活用语、农作物技术方面为最多。例如，Miswa（面线），即源于闽南语，其读音与闽南话的"面线"相同。此外，还有许多食品用语，如 Tauhu（豆腐）、Tanghen（冬粉）、Tauge（豆芽）、Taugi（豆生）、Hebi（虾米）、Tauyu（豆油）、Biko（米糕）、Pansit（扁食）、Bami（肉面）、Lupia（嫩饼）、Siapao（烧包）、Siamey（烧卖）、Bukni（木耳）、Saypo（菜脯）、Pestsay（白菜）、Saytaw（菜豆）、Kintsay（芹菜）、Kutsay（韭菜）、Bataw（肉豆）、Tangosay（茼蒿菜），等等。他加禄语之所以借用闽南方言，主要是由于闽南人移居菲律宾的同时，也随身携带许多日用品和食物到移居地，而菲律宾当地没有这些食物和相应词语，便借用闽南方言来称呼并加以流传和使用，约定俗成，成为当地语言。[1] 至今，菲律宾人十分喜欢吃中国传入的馄饨、杂碎、烧包、嫩饼（春饼）、焖牛肚、烤乳猪、糖醋鱼、米粉等中国食品和菜肴。菲律宾的粽子，在味道上与江浙一带的一样，其形状也沿袭中国古代的粽子形状——长条形。随着中国食品传入菲律宾，中国食品烹饪技术也随之传入。[2]

在暹罗（今泰国），明清时期也有众多东南沿海移民通过海上丝绸之路来到此地，并带去了中国的饮食品，使泰语中保留了众多饮食汉借词。专家研究指出，泰语中的汉借词大致可划分为 3 个层次，即与上古、中古汉语对应的关系词，近代中国南方方言借词，以及现代汉语普通话借词，其中以近代方言借词数量最多，关于饮食的借词几乎全都是近代方言借词，仅有少数是上古、中古对应词和现代汉语借词。[3] 近代方言借词数量最多的情况正说明晚清前后的闽粤移民是泰语中饮食相关汉借词的主要来源。另据学者统计收集，泰语中有将近 500 个汉借词，其中的 88% 借自闽南方言，与饮食、烹饪有关的汉借词多达 107 个。《耀华力街区路边摊食品名录》收录了 938 种食品（含水果、饮

---

① 吴凤斌：《东南亚华侨通史》，福建人民出版社 1994 年版，第 478 页。

② 王介南：《中国与东南亚文化交流志》，上海人民出版社 1998 年版，第 154—159 页。

③ 覃秀红：《从泰语中的汉借词考察中国饮食文化对泰国的影响》，《东南亚纵横》2017 年第 3 期。

料）名称，而中式食品名称多达 366 种。可见，饮食在中泰交流中占据重要角色。如包子（sa55la55bao55）、粥（tsho：k45）、韭菜（gui33tsha：i41）、酱油（si33iu55）、饺子（guai214diao214）、面（mi21）、米粉（bi hon）、点心（tim22sam22）、虾饺（ha453 kau24）、粉果（fan22 ko：24）、小笼包（siau22 log24 pau33）、韭菜煎（kui22 cha：i41 tsi：an24）、糯米鸡（no：22 mai24 kai453）、春卷（po22pia453）、馒头（man22 to：u24）等。

当然，不仅仅是在印尼语、他加禄语、泰语中有汉语借词，在马来西亚、新加坡等东南亚其他国家的语言中也十分常见，表明东南亚的饮食文化深受中国饮食文化的影响。如在马来语中，有很多冠以"中国"的植物名，说明它们是从中国进口或引进的农产品新品种，如食物原料有中国茴香（adas Cina）、中国槿（一种香料，bara Cina）、中国花生（kacang Cina）、中国胡椒（lada Cina）和中国薯（ubi Cina）等。而中国菜对马来菜的影响十分显著，最典型的是"娘惹菜"，是由中国菜和马来菜融合创新而成的。明清时期，华人华侨移居马来西亚后与马来人通婚而诞生的女孩，通常称为"娘惹"。她们家中最初以传统中式食物和烹饪方法，结合马来菜常用的香料等创制出别具特色的风味菜，称为"娘惹菜"。后来，随着它从华裔家庭流传并扩大范围，逐渐发展成为马来西亚饮食中重要的一个流派，对马来西亚本土菜产生了一定的影响。至今，马来菜中使用豆腐、豆芽、面条和酱油等食物原料和调味品，则是受到"娘惹菜"的影响。此外，在新加坡，中国菜中也占有主要地位。新加坡的华人主要来自福建、广东，因此，在新加坡，有以酱油味浓重的扣肉为代表的福建菜，也有以清淡明亮的汤为特色的潮州菜，以及各式各样的广东点心以及客家菜中风格质朴的豆腐菜和腌菜，表明旅新华侨带去了中国故乡的风味菜肴。如今，"海南鸡饭"已成为新加坡名菜，自然带有浓郁的海南乡土饮食文化特征。

饮食礼俗与中餐馆

十二、日本中华街与饮食习俗传日及中餐馆创办

日本中华街起源于江户时代长崎的唐人屋敷。到明治时代，随着日本开放横滨、神户等地港口，大量中国移民渡海前来贸易、聚居，逐渐在长崎、横滨和神户形成了日本 3 大著名的中华街。他们在此居住、生活，开展贸易，也将中国的习俗包括饮食习俗带到这里，一些移民还纷纷创办中餐馆，最初主要是

满足中国同胞对故乡饮食的需求，后来则兼顾日本当地民众对中餐的需求，使中餐馆成为华夏饮食文化的集中展示地。

唐人屋敷，又称唐馆、唐人坊，是江户时代在长崎的中国人集中居住地。长崎于 1570 年开港后，许多中国人渡海来到长崎进行贸易，有人便留驻下来建立店铺，发展贸易，而随着贸易扩大、商业网点增加，侨居长崎的中国商人不断增多。明朝朱国桢《涌幢小品》载："有刘风歧者言：自（明朝万历）三十六年（1608）至长崎岛，明商不上二十人，今不及十年，且二三千人矣。"[①] 一些明朝商人还在当地娶妻生子，转入日籍，成为日籍华人。到 1641 年日本闭关锁国以后的近 200 年时间里，长崎是日本政府允许的唯一国际贸易港口，只允许中国及荷兰商船按照规定在长崎进行贸易活动。最初中国商人到长崎后，可以任意住宿在熟人家里，后来必须按照规定向街道申报，称为"差宿"，到 1666 年又进一步受到限定，要依次投宿在指定的街区，称为"宿町"。到 1688 年（日本元禄元年）9 月，江户幕府令长崎市民在长崎郊外十善寺村御药园旧址建造唐人坊即唐人屋敷作为中国商人集中居住地，于 1689 年 2 月完工，此后凡是进港的中国人都令其住在唐人坊围墙内，日本政府规定中国商人除了由人随行前去官府或寺院外，禁止擅自走出围墙外。[②] 每年入住唐人坊的中国人数多时达数千甚至万余名，十分兴旺。日本闭关锁国时代结束后，长崎唐人屋敷的中国人逐渐散居到日本各地，唐人屋敷的许多房子相继毁于火灾，又填海造地，建起了 12 栋 60 间放置唐船"荷物"（货物）的仓库，即"新地唐人荷物藏"，成为长崎新地中华街的雏形。1859 年横滨开港，随着欧美商人不断进入的还有中国人。1868 年神户开港，建立了外国人居留地，从长崎前来的 10 余名华侨则在外国人居留地旁的杂居地——"海岸通"和"荣町"住下进行贸易等。1871 年，清朝与日本政府正式建交，1875—1876 年日本三菱商会（后改称三菱汽船会社）和英国 P&O 轮船公司开通了横滨—上海、香港—上海—横滨的航线，中国人大量来到横滨，并进入神户、东京等地，逐渐形成了横滨中华街、神户中华街——南京街等。（见图 2-28）徐静波《日本饮食文化：历史与现实》中引用了横滨资料馆《横滨外国人居留地》的统计数据：1893 年，仅横滨外国人居留地中居住的约 5000 名外国人中，中国人的人数最

① （明）朱国祯编：《涌幢小品》卷 30，中华书局 1959 年版，第 716 页。
② ［日］木宫泰彦：《日中文化交流史》，胡锡年译，商务印书馆 1980 年版，第 661—662 页。

多、约 3350 人，占比达 67%。① 至今，长崎新地中华街、神户南京町以及横滨中华街已经成为日本最著名的三大中华街。

在这些中华街生活、工作的中国人成为华夏习俗包括饮食习俗的传播者和传承人，最典型的是中国式围桌进食方式和《清俗纪闻》的相关记载。日本人将中国式围桌进餐方式称为"卓袱"，由此出现的"卓袱料理"一词又称"卓袱饮食"、餐桌饮食，最初是指围桌进食的中国风味饮食，后来在日本发生变化，形式是围桌

图 2-28　神户中华街（笔者摄于日本神户）

进食、内容是日本菜。原田信男的《日本料理的社会史》指出："'卓袱'是桌子与桌布的意思，表示中国式餐饮，它不用食案而是围桌就餐。"② 田中静一的《中国饮食传入日本史》则阐述了"卓袱"的含义和"卓袱料理"的传入与演变情况，指出："'桌袱'，称为八仙桌、桌子、八仙桌燕等，仙和仙的意思相同，模仿古时的八仙人及唐代的酒中八仙人，把八人坐的桌子叫八仙桌，桌燕式的燕和宴同音，因古时被用作宴的意思而得名"；长崎县有代表性的中国风味饮食是桌袱饮食，"从中国传入长崎是享保（1716—1736）年间，后传入京都、大阪、江户等地。在《嬉游笑览》（喜多村信节，1830）中引用了这样的记载：'京都祇园下河原名为佐野和嘉兵卫的二人，享保年间从长崎上京，第一个使用十二人份的餐桌。这可能是京都、难波的餐桌之始'"③。但是，由于食材烹调技术制约等原因，人们很难制作出地道、纯粹的中国饮食品，卓袱料理逐渐发生变化，即形式上依然保持中国式的围桌进食、内容上则是日本菜。

---

① 徐静波：《日本饮食文化：历史与现实》，上海人民出版社 2009 年版，第 223 页。

② ［日］原田信男：《日本料理的社会史：和食与日本文化论》，周颖昕译，社会科学文献出版社 2011 年版，第 88 页。

③ ［日］田中静一：《中国饮食传入日本史》，霍风、伊永文译，黑龙江人民出版社 1990 年版，第 95—96 页。

田中静一指出："中国风味饮食传入长崎后，随着岁月的流逝，留下的只是使用桌、椅进食的形式，而用中国式餐桌进食的内容却多是日本的东西。"① 这种中国与日本元素有机结合的卓袱料理更能满足日本人的需求，一时间在长崎、京都、大阪、江户（东京）等地盛行，至今在长崎延续传承。

《清俗纪闻》，是一部关于清代乾隆时期福建、浙江、江苏一带民间传统习俗及社会情况的调查纪录，由日本宽政年间担任长崎奉行的中川忠英下令编撰而成，并请中国人校正，由日本学者林述斋等人用汉文作序，大约成书于日本宽政十一年（1799）。《清俗纪闻·附言》载其编纂过程："本书为向长崎之清人询问该国民间风俗，并逐一译为本国语言之记述者也"；"本书绘图，系谮崎阳画师往清人旅馆据所闻而绘。绘时稍有差错，立即由清人纠正，且由清人图示者亦颇多。经再三问答始得完全，故读者毋庸置疑。"② 中川忠英在书末全部收录了参加采编的行家、画工姓名、接受采访的华人住地及姓名，其中有苏州人 3 名、湖州人 1 名、杭州人 2 名、嘉兴人 1 名。该书分为13 卷，内容分为岁时节令、居家、冠服、饮食制法、间学、生诞、婚礼、丧礼、宾客等部分。第 4 卷"饮食制法"详细记载了福建和浙江、江苏一带饮食品及制法，先列茶、酒、醋、酱油、曲、腌菜、豆豉和宴会料理，接着列点心类、大菜类（上等 16 个、中等 10 个或 8 个）、小菜类的菜点品种，还记录了宴席料理顺序、请客各种菜品之排出次序，即茶汤、大菜、点心、醒酒汤、大菜、点心、茶、饭等。日本的篠田统对其分析指出："点心、大菜加在一起共计 39 条，其中与袁枚《随园食单》题目相同的有 28 条，但做法不很一样。注在菜名和材料名的读音字母，也是福建音的长崎口音。"③ 该书的其余卷次还记载了许多节日食俗、日常食俗、婚丧食俗和社交食俗等。如卷一"年中行事"中有春酒、吃素、元宵、年糕，端午的粽子、雄黄酒，六月六制作酱油、暑期卖冰和贮冰等，巧日的巧果，重阳的栗糕、登糕，除夕的万年粮、守岁等；卷二"居家"有厨下、日常之规矩的吃饭和饮食、茶及茶罐等茶具，大盆、菜碗、铁锅、平底锅等炊餐具；卷五"间学"有宴请先生、

---

① ［日］田中静一：《中国饮食传入日本史》，霍风、伊永文译，黑龙江人民出版社 1990 年版，第 96 页。

② ［日］中川忠英编著：《清俗纪闻》，方克、孙玄龄译，中华书局 2006 年版，第 1、7 页。

③ ［日］篠田统：《中国食物史研究》，高桂林、薛来运等译，中国商业出版社 1987 年版，第 208 页。

午饭等；卷六"生诞"有汤饼会、红蛋；卷八"婚礼"有授茶、合卺、外厅之酒宴；卷九"宾客"有宾客座位、宴席之规矩、宴席进行之顺序、座位顺序等。可以说，这本书是生活在日本的中日两国人民共同传播中国风俗习惯包括饮食习俗的经典之作，内容准确丰富，图画形象具体，对传播中国饮食习俗起到了重要作用。

与此同时，在日本的中华街以及中国人较多的地方开始较系统制作中国菜、创办中餐馆。以长崎、横滨和东京而言，长崎多福建、浙江和江苏人，制作经营的主要是福建菜；横滨多广东人，中餐馆的创办者大多是广东人、经营品种主要是广东菜；东京则中国移民来源较广，中餐馆经营涉及中国北方菜。其中，横滨的中餐馆数量较多、且有一定档次和规模，能够接待中国公使，著名的有会芳楼、博雅亭、安乐园等。田中静一的《中国饮食传入日本史》所载《横滨市史》和《横滨历史漫步》等资料显示，公元 1877 年（日本明治十年），在横滨中华街上就有一家名为"会芳楼"大饭店，是由江户幕府末期侨居日本的广东人创办的。中国驻日公使到任后的明治十年十二月十八日午后与副使一起，乘坐 4 人抬的中国式轿子，"在中国人侨居地巡视一周，参拜'关帝庙'，最后中国侨民代表在'会芳楼'用中国菜款待他们"。田中静一指出："根据明治二十二年的调查，在横滨中国人开设的商店数共 149 家，其中杂货店 25 家，钱铺 14 家，鞋店 11 家，饮食店 10 家，梳理店 7 家，糖店 5 家。"① 王维也指出："1887 年前后，（横滨）中华街有了 100 间左右的店铺，其中杂货 25 间，包括中华料理在内的饮食店 10 间、鞋店 11 间、理发店 7 间、中华食料品 5 间"；到 19 世纪末，"随着多数职业渐渐被日本人占据，华侨的职业逐渐被局限于'三刀业'（料理、理发、裁缝）"。② 博雅亭、安乐园是创办于江户末期、明治初期，至今仍然在经营的中餐老字号。罗晃潮《广东旅日华侨小史》言：横滨的博雅亭烧卖店，以制作鲜虾烧卖、鲜蟹烧卖而驰名全日本，"其创始人鲍棠原籍香山县，于 1869 年只身来日本创业，距今已近 120 年，现在的'博雅亭'已传至第三代"；坐落在横滨唐人街的安乐园，也是一间有百来年历史的老酒家，现在由罗泰宗经营，"其祖父罗佐臣于日本庆应年间（1865—1867）来到横滨，

① ［日］田中静一：《中国饮食传入日本史》，霍风、伊永文译，黑龙江人民出版社 1990 年版，第 144—145 页。

② 王维：《华侨的社会空间与文化符号——日本中华街研究》，中山大学出版社 2014 年版，第 189 页。

不久便开设了这间'安乐园'以迄于今"。① 此外，东京、神户、大阪等地也出现了中餐馆，东京创办较早且著名的中餐馆有永和、偕乐园、陶陶亭、聚丰园满汉酒馆、醋雪亭等。其中，永和创办于 1879 年。徐静波指出："明治十二年（1879）一月，在东京筑地入船町开出了一家中国餐馆'永和'……在报纸上刊出的广告上有如此告示：'若在两三日之前预订，本店将根据阁下的嗜好奉上美味的菜肴。'"② 偕乐园、陶陶亭创办于 1883 年东京的日本桥和日比谷。公元 1883 年（明治十六年）10 月 30 日《开化新闻》报道：日下正计划开设中国饮食店，在日本桥龟岛町建高楼，取名偕乐园。资金三万日元，采取股份组织形式。偕乐园创办不久，逐渐成为明治时代东京一家高级且最大的中餐馆之一，提供不同等级的菜点，承办高级餐饮活动。据明治二十三年（1890）六月三十日创刊的"大日本食物会报告"的第一号记载，该会的总会成立联谊会就在"偕乐园"举行，菜点品种丰富，其菜单所列菜肴有高丽虾仁、油泼鸡、炒鱼干、东坡肉、青豆蟹粉、清汤吐子，点心有八宝饭、杏仁汤，还有小菜八样。③ 原田信男《日本料理的社会史》引明治二十八年（1895）由博文馆出版的《实用料理法》记载了当时日本菜、中国菜和西洋菜的品种及制法，其中中国菜部分记载了"偕乐园"的情况，指出其餐饮等级分为上等、中等、普通三类，要求最少 4 位客人用餐，每人费用分别为 1 日元 50 钱、1 日元 75 钱；上等餐的菜肴包括芙蓉燕丝、白汁鱼翅、金钱鸽蛋、鹦鹉崧、水鸭片、炸虾球、东坡肉，再加上点心烧卖和紫菜汤，还有 6 样小菜。同时，赞美其不同于长崎的卓袱料理，"是真正的中餐，器具与庭园的摆设优美，服务人员礼貌周到，是个绝好的餐馆"。④ 原田信男将偕乐园与横滨中餐馆比较时指出："与明治时期位于横滨的面向中国人开设的餐馆不同，其食客不仅限生意人或高级官员。这是正式营业的中餐馆。"⑤ 奥村繁次郎著、明治四十五年（1912）发行的《实用家庭中国饮食烹饪法》也收录了偕乐园的菜单，包括茶 3 个、糖果 1 个、菜

---

① 罗晃潮著，东莞市政协编：《罗晃潮集》，花城出版社 2012 年版，第 124—125 页。

② 徐静波：《日本饮食文化：历史与现实》，上海人民出版社 2009 年版，第 228—229 页。

③ ［日］田中静一：《中国饮食传入日本史》，霍风、伊永文译，黑龙江人民出版社 1990 年版，第 146—147 页。

④ ［日］原田信男：《日本料理的社会史：和食与日本文化论》，周颖昕译，社会科学文献出版社 2011 年版，第 126—127 页。

⑤ ［日］原田信男：《日本料理的社会史：和食与日本文化论》，周颖昕译，社会科学文献出版社 2011 年版，第 127 页。

看 6 个、点心 14 个，还有小菜、荤菜、蜜饯、干果、水果各 4 个，品种更丰富。①1885 年，东京筑地创办了"聚丰园满汉酒馆"，从名称可知其经营品种应是中国北方的满族和汉族菜点。据明治十八年（1885）七月二十五日《朝野新闻》载，其餐饮也分上等、中等、普通三类，价格为中等 1 日元，普通 50 钱，上等则须在两天之前预定。1900 年 9 月，在东京本乡汤岛又开了一家中餐馆"酣雪亭"。②

明清时期，通过由移民大量渡海到日本居住、贸易，在日本长崎、横滨、神户等地形成的中华街和中餐馆，将中国饮食习俗、菜点品种等较为系统、全面地传入日本，对日本饮食文化和日本人饮食生活都产生了一定影响，不仅出现了日本化的卓袱料理和卓袱料理的素食版——普茶料理，出现了制作中国菜的日本厨师，并将中国菜的品种及制法介绍到日本家庭烹饪中。据田中静一的《中国饮食传入日本史》所引《长崎市史》载："元禄初年，中国饮食在长崎市内已相当普及。具有中国烹饪素养、专为中国人烹饪的厨师就有三十五六人，东古川町的小左卫门，古町的五郎左卫门、居住在福济寺的长右卫门等人便是佼佼者。"③而收录中国菜的《实用料理法》是作为《日用百科全书》系列之一出版的，《实用家庭中国饮食烹饪法》是向日本家庭介绍中国菜制法的。

十三、移民入朝与饮食习俗传朝及中餐馆创办

明清时期，中国和李氏朝鲜的外交关系较为密切，特别是明朝两次应邀援朝御倭和清朝与朝鲜签订《中国朝鲜商民水陆贸易章程》《中韩通商条约》之后，中国人通过陆路和海路大量进入朝鲜居住、生活，从事商贸等活动，将饮食习俗与礼仪传入朝鲜，其中有一些人创办中餐馆，供应中国菜点，使中餐馆成为华夏饮食文化较为全面、系统传入朝鲜的展示地，满足中国移民对家乡美食的需求，丰富了朝鲜半岛人民的饮食生活。

明朝时，虽然实行"海禁"政策防止倭寇，但由于海路在中国和李氏朝

---

① ［日］田中静一：《中国饮食传入日本史》，霍风、伊永文译，黑龙江人民出版社 1990 年版，第 147 页。

② 徐静波：《日本饮食文化：历史与现实》，上海人民出版社 2009 年版，第 229 页。

③ ［日］田中静一：《中国饮食传入日本史》，霍风、伊永文译，黑龙江人民出版社 1990 年版，第 95 页。

鲜交通、贸易上的重要性，中朝海上航线尤其是山东半岛至朝鲜半岛的海上丝绸之路大多数时间是畅通和繁荣的，中国人为了避乱、谋生和商贸等原因较为频繁地往来其间，许多人还移居朝鲜。而李氏朝鲜为维护自身安全和经济、文化等利益，对进入朝鲜的各类中国移民采取不同政策，也使得移民大量入朝。如对有文化或技能者则委以官吏、给予房屋，对放逐的前朝王公大臣和避乱的民众及军人等给予安置，即使对明朝廷强烈要求刷还（遣返）者，也并非严格执行。据杨昭全、何彤梅统计，明朝时，李氏朝鲜的中国移民主要有两大类：第一大类是"前朝移入高丽之中国人及其后裔"。他们已形成较大家族、继续繁衍子孙，许多人在朝鲜王廷任职，如孔子后裔、朱子后裔、岳飞后裔等；第二大类是"明朝移居李朝之各色人等"，包括赴李朝使臣、征倭将领及其子女、割据势力之后裔、流民和散漫军等。1592—1598 年，明朝廷先后两次应邀派 10 万大军援朝抵御倭寇入侵，在朝鲜留下许多将士、受到厚待；而流民和散漫军的数量也较大，尽管按照明朝廷的要求刷还，但仍有大量人员滞留。[1] 吴晗的《朝鲜李朝实录中的中国史料》所载《李朝太宗实录》言：1403 年（李朝太宗三年），李朝遣使赴明，奏报遣送散漫军情况，"散漫军总计一万三千六百四十一名，内见解男女家小共一万九百二十名，在逃二千二百二十五名，病故四百九十六名"[2]。由此可见，大量中国人移居李氏朝鲜。到了清朝，尽管清政府闭关锁国，也没能禁止中朝之间的海上往来，中国有许多漂流民进入朝鲜，以至于朝廷专门商议此事。在清朝与朝鲜签订《中国朝鲜商民水陆贸易章程》等条约后，朝鲜的一些城市出现了中国租界，中国人更是越来越多地移居朝鲜。《清世宗实录》卷二载：康熙六十一年（1722）十二月，"礼部议复：据朝鲜国王解送山东杨三等十四人，被风漂至伊国，审无信票。……嗣后飘风船只人口，验有票文并未生事者，照旧令其送回。若无票文，生事犯法者，著朝鲜国即照伊国法究治。"[3] 这些人漂流到朝鲜，除了因风之外，或许也有主观意愿进入朝鲜。据杨昭全、何彤梅统计，清朝前期，李氏朝鲜的中国移民主要有 4 类：一是"前朝中国移民之后裔"，有孔子、朱子、岳飞之后裔；二是"明援将之后裔"，有李松如、麻贵、扈俊等 20 余位援朝将

---

① 杨昭全、何彤梅：《中国—朝鲜·韩国关系史》下册，天津人民出版社 2001 年版，第 520—536 页。

② 吴晗辑：《朝鲜李朝实录中的中国史料》上编卷 2，中华书局 1980 年版，第 183 页。

③ 《清世宗实录》卷 2，中华书局 1987 年版，第 53 页。

领的后裔；三是"明臣后裔"；四是其他明人。①1882 年 8 月，清政府与朝鲜签订《中国朝鲜商民水陆贸易章程》，共 8 条。1899 年，两国又签订《中韩通商条约》15 条，内容较为丰富，如规定两国"交派秉权大臣，驻扎彼此都城，并于通商口岸设立领事"，"两国商民前往对方通商口岸，在所定租界内，赁房屋住或租地起盖找房，任其自便，所有土产及制造之物与不违禁之货物均许售卖"。② 这些条约具有划时代意义，不仅有利于中朝海上贸易，也为两国人民在对方国家定居提供了法律保证，促进了中国人向朝鲜移居，杨昭全等学者称"（《中国朝鲜商民水陆贸易章程》）条约之签订标志着中国近代华侨之始"。其间的 1888 年 3 月，上海招商局广济轮则定期开行上海—烟台—仁川航线，越来越多的中国人到朝鲜定居谋生，从事商业、农业、加工业等。杨昭全在《朝鲜华侨史》中引用了《北洋大臣李鸿章致清总理衙门文》的官方统计：从 1883 年至 1893 年，到朝鲜的中国移民人数不断增加，如 1883 年 162 人，1884 年增加至 666 人，到 1891 年 1489 人、1892 年 1805 人、1893 年 2182 人。③ 在朝鲜的中国移民实际人数应远远大于官方数字。据《山东省志》第七十九卷《侨务志》记载，仅从山东进入朝鲜的华侨人数在 1883 年时共 209 人，到 1886 年激增至 3661 人，而相同年度官方统计的朝鲜国中国移民人数仅为 162 人和468 人。众多的移民在朝鲜居住、生活、工作，对于华夏饮食习俗礼仪乃至整个饮食文化传播起到了重要作用。就饮食习俗与礼仪而言，孔子后裔、朱熹后裔在朝鲜备受尊崇，他们讲授儒家经学，传播儒家礼仪包括饮食礼仪，其影响延续至今。而普通的中国移民群体中，山东人数量最多、占比第一，他们来自孔孟之乡、礼仪之邦，虽移居朝鲜，却更重视"尊古合仪"，在日常饮食生活中也注重遵循和传承传播儒家饮食礼仪与习俗。

　　这一时期，最值得关注的还有中餐馆在朝鲜的创办与发展。仁川、汉城、釜山和元山等 4 个城市在中朝条约签订后建立了华租界、设立了清政府的外交机构，成为华侨华人最集中的区域，中餐馆首先在此应运而生，由小到大、从低到高，并进一步延伸拓展到其他地区。根据杨昭全、孙玉梅对《清季中日韩

---

① 杨昭全、何彤梅：《中国—朝鲜·韩国关系史》下册，天津人民出版社 2001 年版，第 623—635 页。

② "中央研究院"历史语言研究所编：《清季中日韩关系史料》，"中央研究院"近代史研究所 1972 年版，第 5227—5234 页。

③ 杨昭全、孙玉梅：《朝鲜华侨史》，中国华侨出版社 1991 年版，第 125 页。

关系史料》的整理统计，1883 年，162 名华侨华人主要居住在三地，汉城 76 人、仁川 63 人、麻浦 23 人。1893 年，华侨华人共 2182 人，汉城 1254 人、仁川 711 人、釜山 142 人、元山 75 人。[①] 在移民群体中，经商者众多。朝鲜《第一次统监府统计年报》记载：1906 年，朝鲜华侨人口为 3661 人，其中，商业 1468 人，农业 641 人，工业 276 人，苦力 335 人，杂业 941 人。杨昭全《20 世纪 10—30 年代的朝鲜华侨》指出："华侨去朝初期，因资金缺乏，多经营火烧铺、馒头铺。这种小吃店，铺面简陋，品种单调，但价格低廉，深得朝鲜劳动群众的欢迎。稍有资本后，就增加资金，扩充店铺，增加品种，成为小型饭店，经营一些炸酱面、馄饨、包子、饺子等主食，也有一些价格低廉的熘炒菜肴。资本雄厚以后，则开设高级饭庄、大型餐厅，聘请名厨，专做中国名菜。1900 年前后，汉城、仁川等地，华侨已开始开设高级餐馆。"[②] 可以说，到 1900 年前后，朝鲜的中餐馆已形成高中低档 3 个层次齐备的市场格局，低档的小吃店、小饭馆主要经营馒头、火烧、鸡蛋饼、包子、饺子、炸酱面等，高档的中餐厅和饭店、饭庄则制作中国名菜，以山东菜为主，兼及广东菜等，如汉城的雅叙园是当时著名的高级中餐馆。朱亚非、张登德言："汉城的雅叙园，是山东省籍（福山县）华商徐广彬 1900 年开设的，菜肴味美闻名汉城，生意十分兴隆，成为当时汉城最著名的高级餐馆。"[③] 邱庞同先生则指出："据有关文献，清朝末年，山东省福山人徐庆宾移居韩国，并于 1907 年在汉城开设高级餐馆'雅叙园'，专营山东风味菜肴。另一山东人于鸿章于 1911 年在仁川开设'共和春'，也出售山东菜。"[④] 无论如何，雅叙园是 1900 年代初著名的高级中餐馆，专营山东菜，受到不同阶层消费者喜爱，甚至成为一些重要活动之地。白哲在《朝鲜共产党及其满洲总局的始末》中言：1925 年 4 月 17 日，朝鲜的三个团体火曜会、北风会和无产者同盟会"派代表在汉城雅叙园召开秘密会议，成立了朝鲜共产党，出席会议的代表共 17 名"。[⑤] 此后，朝鲜的中餐馆不断增多。杨昭全的《20 世纪 10—30 年代的朝鲜华侨》指出："1920 年前后，

---

① 杨昭全、孙玉梅：《朝鲜华侨史》，中国华侨出版社 1991 年版，第 130 页。

② 杨昭全：《20 世纪 10—30 年代的朝鲜华侨》，载《华侨史论文集》第 4 集，暨南大学华侨研究所 1984 年版，第 187—188 页。

③ 朱亚非、张登德：《山东对外交往史》，山东人民出版社 2011 年版，第 348 页。

④ 邱庞同：《中国菜肴史》，青岛出版社 2010 年版，第 526 页。

⑤ 白哲：《朝鲜共产党及其满洲总局的始末》，载《中国朝鲜族历史研究论丛Ⅱ》，黑龙江朝鲜民族出版社 1992 年版，第 315 页。

朝鲜全境共有华侨饭店 400 余家，汉城一地竟近百家，新义州、元山、釜山也各有 20 余家"，汉城的高级餐馆更多，如四海楼、雅叙楼、金谷园、恒宾楼、大明馆、大观园、第一楼、福海轩、泰和馆等。① 其中，雅叙园、泰和馆等大型中餐馆到 1980 年代仍持续经营着。大量中餐馆的创办和发展，不仅促进了中国饮食较为全面、系统地传入朝鲜，慰藉了移民的乡愁和味觉记忆，而且丰富了朝鲜人的饮食生活。

十四、东印度公司茶叶贸易与饮茶之风在欧洲的盛行

明清时期，欧洲人对茶最早的认识来自各种文献记载，认为茶是中国人的一种药物、具有一定的药用价值。角山荣在《茶入欧洲之经纬》中引用了 1545 年前后意大利人赖麦锡在《航海记集成》中对中国茶的记录："在中国，所到之处都在饮茶，空腹时喝上一两杯这样的茶水，能治疗热病、头痛、胃病、横腹关节痛。茶还是治疗通风的灵药。饭吃得过饱，喝一点这种茶水，马上就会消积化食。"② 这是欧洲文献中对中国茶最早的文字记录。16 世纪末 17 世纪初，《利玛窦中国札记》对茶作了更清晰与详细的介绍："有一种灌木，它的叶子可以煎成中国人、日本人和他们的邻国人叫做茶的那种著名饮料。……在这里他们在春天采集这种叶子，放在荫凉处阴干。然后他们用干叶子调制饮料，供吃饭时饮用，或朋友来访时待客。"③ 他更指出，茶要趁热喝，其味略苦，但常饮则有益健康。到 17 世纪后期，欧洲开始出现大量介绍饮中国茶有利身体健康的文章，如丹麦国王的御医菲利·西尔威斯特·迪福和佩奇兰、法国巴黎医生比埃尔·佩蒂等都发文颂扬饮茶的好处，称茶是"来自亚洲的天赐圣物"。由此，欧洲人开始更多地了解中国茶。而茶叶能够大量传入欧洲，除了文字记录、宣传推广外，更多依靠的是欧洲各国东印度公司的茶叶贸易，尤其是荷兰和英国的东印度公司。

1. 荷兰东印度公司茶叶贸易

荷兰于 1601 年（明万历二十九年）与中国开始海上贸易，除了将中国瓷

---

① 杨昭全：《20 世纪 10—30 年代的朝鲜华侨》，载《华侨史论文集》第 4 集，暨南大学华侨研究所 1984 年版，第 188 页。

② ［日］角山荣：《茶入欧洲之经纬》，《农业考古》1992 年第 4 期。

③ ［意］利玛窦、［比］金尼阁：《利玛窦中国札记》，何高济等译，中华书局 1983 年版，第 17 页。

器、丝绸运往欧洲，也是欧洲最早开展茶叶贸易的国家，阿姆斯特丹成为欧洲最古老的茶叶市场和最重要的茶叶转运中心，对推动欧洲各国人民饮茶起到了不可低估的作用。而随着 1602 年荷兰东印度公司的成立、开始垄断远东贸易，茶叶成为中荷贸易中最主要的内容。1607 年（明万历三十五年）荷属东印度公司商船从爪哇到澳门运载绿茶、3 年后转运到欧洲的记述是迄今为止西方从中国进口茶叶的最早记录。自此，中国茶开始受到欧洲人的广泛欢迎，大量进入欧洲社会。陈椽的《茶业通史》中收录了 1637 年（明崇祯十年）1 月 2 日荷属东印度公司董事会在给驻华总督的信："自从人们渐多饮用茶叶后，余等均望各船能多载中国及日本茶叶送到欧洲。"[①]而随着日本采取禁止与西方通商的政策，中国成为欧洲茶叶的唯一来源国。

限于航海水平等因素，早期的中荷茶叶贸易大多以间接贸易为主，即以巴达维亚为中心，中国商船将茶叶运至巴达维亚，中荷商人在巴达维亚完成交易，然后荷兰商船将茶叶运回欧洲销售。[②]这种中国—巴达维亚—荷兰的间接贸易形式维持了较长时间，中国商船在其中扮演了重要角色，而其航线基本是沿海上丝绸之路展开。此后，明清交替，中国商船一度减少。至 1683 年，随着清政府海禁政策逐渐松绑，中国商船前往东南亚的数量也有所增加。C.J.A.Jörg 在其著作《陶瓷与荷中贸易》中做了相关统计，从 1690—1718 年间，平均每年有 14 艘中国帆船至巴达维亚。[③]这些茶叶中的很大一部分被运往欧洲出售。荷兰人为了满足欧洲对茶叶越来越大的需求，除了从巴达维亚进口中国茶叶外，还会从其他地区如波斯等采购部分中国茶叶。可以说，依靠实力雄厚的东印度公司及强大的商船队，荷兰垄断了早期欧洲茶叶市场。到 18 世纪初，荷兰一直是欧洲最大的茶叶贩运国，所运茶叶除了在本国消费外，还有转销至欧洲其他国家，获取高额利润。可见当时茶叶在欧洲市场处于供小于求的状态，茶叶基本是贵族上层社会的专属，同时巨大的利润刺激了欧洲商人参与到茶叶贸易中。

进入 18 世纪以后，荷兰东印度公司逐渐由以往的间接贸易改为直接贸易，直接从中国进口茶叶。1729 年 8 月 9 日，荷兰与中国签订第一个购茶合同，荷兰科斯霍恩号商船在广州以每担 24.6 银两的价格购买武夷茶。这一合同的

---

① 陈椽：《茶业通史》，农业出版社 1984 年版，第 471 页。

② 张应龙：《鸦片战争前中荷茶叶贸易初探》，《暨南学报（哲学社会科学）》1998 年第 3 期。

③ C.J.A.Jörg, Porcelain and the Dutch China Trade, Martinus Nijhoff, 1982, p.20.

签订标志着中荷之间茶叶直接贸易的开始。1730 年，科斯霍恩号运载着 27 万磅茶叶、570 匹丝织品及瓷器等价值 27 万—28 万荷兰盾的货物回到荷兰。此次交易净利是 32.5 万荷兰盾，大大刺激了荷兰商人开展中荷茶叶直接贸易的积极性。荷兰在茶叶贸易中获利润惊人，据 C.J.A.Jörg 的统计，当时茶价在广州与荷兰相差 2—3 倍，以武夷茶为例，运回荷兰后利润率可达 147%。[①] 因此，从 1729—1735 年间，茶叶在中荷直接贸易中占据绝对重要地位。张应龙在《鸦片战争前中荷茶叶贸易初探》一文根据 C.J.A.Jörg 的数据对 18 世纪中荷之间的茶叶贸易情况进行了统计（见表 2-6）。

表 2-6　1729—1733 年阿姆斯特丹对华茶叶贸易情况表[②]

年代	进口中国货物总值 （单位：荷兰盾）	茶叶价值 （单位：荷兰盾）	茶叶所占比例
1729	284902	222420	78.0%
1730	234932	203630	86.7%
1731	524933	330996	63.1%
1732	562622	397466	70.7%
1733	448349	336881	75.1%

从上可见，茶叶贸易在 18 世纪中荷贸易中占据着重要比重。为了加强对华贸易，荷兰东印度公司还专门成立了公司发展史上独一无二的负责对华贸易的中国委员会，全力推动包括茶叶在内的中荷贸易。此后，随着欧洲饮茶风气的盛行，茶叶更是以前所未有的规模进入欧洲。茶叶贸易的巨大利润也吸引了其他欧洲国家竞相加入茶叶贸易的行列，英国在 17 世纪末开始继荷兰之后大量运载茶叶回国。

2. 英国东印度公司茶叶贸易

茶的最早传入英国时间大约在 17 世纪初，是由荷兰人将少量中国茶叶输出至英国的。《茶业通史》言："1657 年，英国一家咖啡店出售由荷兰输入的中

---

① C.J.A.Jörg, Porcelain and the Dutch China Trade, Martinus Nijhoff, 1982, p.81.

② 张应龙：《鸦片战争前中荷茶叶贸易初探》，《暨南学报（哲学社会科学）》1998 年第 3 期。

国茶叶。"①当时茶叶主要用来作为贵族宴会时的珍贵饮品出售，每磅售价达到6—10英镑。威廉·乌克斯的《茶叶全书》中记录了1658年9月30日在伦敦《政治报》周刊上刊登的一则售茶叶广告："全体医生都认可的中国饮料——茶——现在伦敦皇家交易所旁的往后咖啡馆销售"，此广告称得上是欧洲第一个茶叶广告。②1662年，自幼酷爱饮茶的葡萄牙公主凯瑟琳嫁给英王查理二世时就以中国茶叶和茶具为嫁妆，将用小杯饮茶的习惯带到了英国皇室，有"饮茶皇后"的美誉。受其影响，英国皇室贵族阶层的饮茶之风兴起。1663年，凯瑟琳公主生日当天，英国诗人埃德蒙·沃勒特地为她写诗一首，赞颂其对英国的贡献，一是开创了英国人饮茶的风习，二是开辟了英国与荷兰东印度公司进行贸易的机会。这首诗也成为英国第一首颂茶诗。然而，在17世纪很长一段时间内，输入英国的茶叶还很少，价格十分昂贵。1666年，英国伦敦每磅茶叶的价格差不多需要3英镑，昂贵的价格阻碍了茶叶进入普通家庭。

当英国贵族大量饮茶以后，茶叶需求量大增，使得英国东印度公司开始进行中国茶叶贸易，并且从17世纪末至18世纪初，英国东印度公司不断加大从中国进口茶叶的力度，甚至将茶叶作为英国东印度公司从广州进口的唯一商品。1684年，英国东印度公司在广州设立办事处，采购中国茶叶。1687年，英国东印度公司规定每艘从中国到孟买的商船都应装载150担茶。1689年，英国商人开始在厦门直接购买茶叶运回英国销售。此后，英国东印度公司在绝大部分年份中，所购买的茶叶都占其从中国总进口值的一半以上。③到18世纪60年代，英国已超过荷兰成为最大的茶叶买主。1784年，英国茶叶进口税下降，茶叶零售价格大大降低，英国民间饮茶之风也逐渐兴盛起来。此后，随着中英茶叶贸易发展，英国也成为中国茶叶对外贸易的主销国和中国茶叶对外贸易的最大国。④1785—1794年，英国平均每年从中国进口的总货值中，茶叶的比例提高到了85%。按照乾隆末年作为马戛尔尼使团副使来华的乔治·斯当东的说法，"在不到一百年的时间内茶叶的销售量增加了四百倍"。⑤到1834年，

---

① 陈椽：《茶业通史》，农业出版社1984年版，第472页。

② [美]威廉·乌克斯：《茶叶全书》，侬佳、刘涛、姜海蒂译，东方出版社2011版，第42页。

③ 庄国土：《茶叶、白银和鸦片：1750—1840年中西贸易结构》，《中国经济史研究》1995年第3期。

④ 姚国坤编：《惠及世界的一片神奇树叶：茶文化通史》，中国农业出版社2015年版，第265页。

⑤ [英]斯当东：《英使谒见乾隆纪实》，群言出版社2014年版，第12页。

英国从广州出口的主要商品中，茶叶占据首位，达到3200万磅。[①] 中英茶叶贸易也为英国及东印度公司带来了丰厚的税收和利润。英国政府在1711—1810年间，仅茶叶一项的税收已达到7700万镑，超过了1756年时英国政府所负的国债。[②]1722—1833年，东印度公司的茶叶贸易量占比基本在50%以上，进入19世纪后不仅货值不断增加，占总货值的比重都在90%以上，甚至成了英国东印度公司从广州进口的唯一商品（见表2-7）。从1815年起，公司每年在茶叶贸易中获利都在100万镑以上，占商业总利润的90%，提供了英国国库全部收入的10%。[③] 但是，大量茶叶进口也让英国大量白银流进中国，与中国的贸易出现长期的贸易逆差。

表2-7　英国东印度公司从中国进口茶叶情况表（1722—1833）[④]

年份	总货值 （单位：两）	茶叶数量 （单位：担）	货值 （单位：两）	占总货值比重
1722	211850	4500	119750	56%
1723	271340	6900	182500	67%
1730	469879	13583	374311	79%
1733	294025	5459	141934	48%
1736	121152	3307	87079	71%
1740	186214	6646	132960	71%
1750	507102	21543	366231	72%
1761	707000	30000	653000	92%
1766	1587266	69531	1370818	86%
1770	1413816	671128	1323849	93%
1775	1045433	22574	498644	47%

---

① ［美］威廉·乌克斯：《茶叶全书》，侬佳、刘涛、姜海蒂译，东方出版社2011版，第90页。

② ［美］威廉·乌克斯：《茶叶全书》，侬佳、刘涛、姜海蒂译，东方出版社2011版，第86页。

③ 庄国土：《茶叶、白银和鸦片：1750—1840年中西贸易结构》，《中国经济史研究》1995年第3期。

④ 庄国土：《茶叶、白银和鸦片：1750—1840年中西贸易结构》，《中国经济史研究》1995年第3期。

年份	总货值 （单位：两）	茶叶数量 （单位：担）	货值 （单位：两）	占总货值比重
1780	2026043	61200	1125983	55%
1785	2942069	103865	2564701	87%
1790	4669811	159595	4103828	87%
1795	3521171	112840	3126198	88%
1799	4091892	157526	2545624	62%
1817	4411340	160692	4110924	93%
1819	5786222	213882	5317488	91%
1822	6154652	218372	5846014	94%
1825	5913462	209780	5913462	100%
1833	5521043	229270	5521043	100%

在 17—19 世纪，除了荷兰、英国外，其他欧洲国家如法国、瑞典、丹麦等也大量开展茶叶贸易，茶叶所占中国贸易货值比率高达 65%—75%。大量茶叶的输入，不仅改变了欧洲人传统的饮食习惯，也使饮茶风靡欧洲，在各国逐渐形成了各具特色的饮茶风俗。

3. 中国茶对欧洲饮食产生的影响

随着茶叶大量进入欧洲社会，并融入欧洲人的生活当中，改变了他们原有的基本生活节奏，以茶为中心的休闲生活成为欧洲饮食方式中重要的组成部分，尤其在英国，经过数百年演变之后逐渐形成了以红茶为主，以下午茶为特点的英式茶风，影响遍及欧洲大陆及英联邦国家。其主要影响有三个方面：第一，饮茶改变了欧洲人的饮食结构，增强了民众身体素质。茶叶具有健胃、提神、清热、解毒等功效，在欧洲普及之后逐渐被一些人作为日常饮料经常饮用。如在英国，中国茶叶传入之前，人们每天以酒为日常饮料，但茶叶到来之后，人们开始以茶代酒，精力更加充沛。英国经济史专家威廉逊就曾对茶叶的功效夸赞道："如果没有茶叶，工厂工人的粗劣饮食就不可能使他们顶着活干下去。"[1] 第二，

---

[1] ［英］J·A．威廉逊：《英国扩张简史》，载《中外关系史译丛》第 2 辑，第 189 页。

饮茶改变了欧洲人的用餐时间和用餐习惯，这在英国表现得最为突出。随着饮茶的普及，到 17 世纪末，早餐桌上一般都会有一壶茶。到 18 世纪中期，早餐中饮茶的习惯开始普及到英国各阶层家庭，不仅早餐的构成改变了，用餐时间也发生了变化，从 17 世纪初的 6、7 点推迟到 9 点。除了在早餐饮

图 2-29　十八世纪欧洲贵族饮茶图（笔者摄于广州市博物馆）

茶以外，英国人还饮用下午茶，虽然还没形成习惯，也不如 19 世纪那么正式。不久，英国人也逐渐在晚餐后饮茶聊天。最初只是主妇们这样做，男人们继续饮酒聊天，但后来也加入了喝茶聊天的行列中。[①] 第三，欧洲各国形成了自身独特的茶文化。在 17 世纪以后至 19 世纪的欧洲，以英国、荷兰、法国为代表，饮茶逐渐成为生活和工作的需要，也是显示地域风采、呈现社会文化的一种普遍现象。可以说，茶已经逐渐渗透到社会的每个角落和阶层。（见图 2-29）

　　茶叶进入英国后逐渐成为重要饮料，人民普遍爱好饮茶，尤爱红茶。英国茶叶的消耗量约占世界茶叶贸易总量的 20% 左右，是世界上红茶消费量最大的国家之一，为西方各国之冠，有"饮茶王国"之称。饮茶不仅已经成为英国人日常生活中的重要组成部分，而且成为英国文化的精髓部分。在英国上流社会，家里都会设置茶室，展陈一些名贵茶器，倡导闲情逸致的贵族饮茶风度，彰显身份，显示英国的绅士气度。在民间，城镇的旅馆、饭店、餐厅等大多有茶水供应。英国人饮红茶，习惯添加牛奶，有时还要加糖，但更多的是加上橙片、茉莉等制成的伯爵红茶、茉莉红茶、果酱红茶、蜜蜂红茶等。人们在一天中的任何时候均可以饮茶，早上有早茶，上午 11 点左右有"茶休"时间喝上午茶，下午茶在下午 4—5 时进行。英国下午茶最为流行，世界影响也最大。大约在 19 世纪中期开始，下午茶已在英国上流社会的绅士名流中盛行，后为民间接受、成为一种风习，延续到今天。饮下午茶，已是当今英国人的重要生

---

　　① 　杨静萍：《17—18 世纪中国茶在英国》，硕士学位论文，浙江师范大学 2006 年，第 34 页。

活内容和方式，并为欧洲以及历史上的英属其他许多殖民国家所接受。

除了英国、荷兰作为最早与中国进行茶叶贸易的国家，饮茶历史也十分悠久，在荷兰各阶层形成了一定的饮茶习惯。荷兰人早期对茶的健身效果感兴趣，首先在皇室贵族阶层兴起。烹茶饮茶成为荷兰上层社会日常生活中彰显身份的重要方式。一些相对富裕的家庭都建有别致的茶室，藏有名贵茶叶和精美茶器。随着人们对茶的追求和享受欲望的不断增长，荷兰人对饮茶几乎达到狂热程度，尤其是一些贵妇，她们终日陶醉于饮茶活动，以致受到社会的抨击。但不可否认的是，荷兰对推动欧洲各国人民饮茶起到了不可低估的作用。如今，荷兰人的饮茶热情虽已不如 18 世纪前后那么疯狂，但是仍然保留了饮茶之风，并形成了独特的荷兰饮茶风格。荷兰人饮茶多以红茶为主，通常一人一壶。当茶冲泡好以后，客人再将茶水倒入杯子里清饮，或加糖或加牛奶调饮。按照荷兰人风俗，倘若是专为客人冲泡的迎客茶，客人在饮茶时还要对主妇的泡茶技艺表示赞赏。此外，法国饮茶习惯也始于皇室贵族和有闲阶层，逐渐普及到民间，从城市蔓延到乡镇，成为人们日常生活和社交不可或缺的内容之一。法国人日常饮茶的种类较多，主要有红茶、绿茶、花茶、沱茶等，其中对红茶的热情最大。法国人饮用红茶的习惯类似于英国，多采用冲泡法或烹煮法。法国人也饮绿茶，但要求绿茶必须是高品质的，一般要在茶汤中加入方糖和新鲜薄荷叶，做成甜蜜透香的清凉饮料——薄荷绿茶饮用。沱茶，因它具有特殊的药理功能，也深受法国中老年消费者的青睐。

总之，当中国茶叶风靡欧洲之后，欧洲人的日常生活中便常常见到茶的身影，尤其是在英国、荷兰、法国等国家，他们的饮食习惯、娱乐文化、礼仪等方面有了很大变化，并成为中国饮食文化在欧洲传播最为典型的代表。

十五、华人移民欧美与中餐馆的创办

明清时期，随着东西方海上交流频繁，中国人也开始出于多种原因进入欧美国家，成为移居这些国家的华人华侨。其中，一些华人华侨便在这些国家创办中餐馆，最初是为当地的中国人服务，后来则扩大至所在国的其他人群。

16—17 世纪时，中国人到欧洲大多与传教士有关。1552 年，葡萄牙著名文学家、史学家若奥·德·巴罗斯在《十年》一书中写道，由于他不懂中文，因此在购买一本中文书时也"购买"了一个"会阅读和书写我们的文字，并且精于阿拉伯数字"的"中国奴隶"。这是在西方史籍中提及留居欧洲中国人的

最早记录。在17—18世纪，欧洲传教士在华活动日趋活跃，逐渐有中国教士、教会学校的学生或者得到传教士青睐的中国青少年，经传教士推荐或直接由传教士带领前往并比较长期侨居欧洲，成为明清时期较早赴欧的中国人群体。1650年，意大利传教士卫匡国挑选广东香山年仅13岁的郑玛诺来到意大利，并带其到欧洲各地旅行。1680年，江苏江宁人沈福宗跟随耶稣会士柏应理来到欧洲，曾应法王路易十四的邀请访问凡尔赛宫，引起法国贵族们的好奇，路易十四还兴致勃勃的伸长脖子看他如何用筷子吃饭。此后，他还到英国，受到英国国王詹姆斯二世的接见。进入18—19世纪后，中国人前往欧洲的原因更加多元，除了经商、游历、通婚以及外交使团等因素之外，海员、华工等形式赴欧的中国人逐渐增多，有关记载也相对有所增加。如1713年，中国青年黄嘉略与一位法国姑娘结婚，成为有文字记载的中法通婚第一例。①1721年，受清康熙皇帝委托，传教士傅圣泽携带回赠法王路易十四的中国书籍4000册以及中国人胡约翰一同前往法国。1732年，欧洲第一座中国学院在意大利那不勒斯成立。1733年，谷文耀、殷若望成为历史上首批留学欧洲并学成回国的留学生。②19世纪中叶后，从"船员"到"侨民"是中国人进入欧洲的一个主要途径。③ 这在英国和荷兰表现最为突出，一方面，这两个国家的东印度公司将大量华工运至东南亚等殖民地充当劳动力，其中一小部分人后来到了欧洲；另一方面，东印度公司还招募一部分中国海员作为远洋货轮的水手，其中一部分中国水手也留居欧洲。1785年，英国占领马来西亚的槟榔屿，每年都通过东印度公司驻广州商馆用船从黄埔、金门和澳门等地偷运华工，有的还转运到圣海伦娜和特立尼达。

中餐最初随中国人进入欧洲时，主要是为当地的中国人服务，并不被欧洲人接受、甚至遭到排斥，后来经过较长时间的努力，才逐渐被欧洲人认可。18世纪末19世纪初，英国的华侨华人海员开始集中在伦敦、利物浦、卡英、必列士图等港口，主要以经营中餐馆、洗衣店和俱乐部为业，主要服务对象是中国船员、船坞工人等，没有记录表明有西方顾客光顾，他们也不能去。④ 据

---

① 李明欢：《欧洲华侨华人史》，中国华侨出版社2002年版，第63页。
② 黄时鉴：《解说插图中西关系史年表》，浙江人民出版社1994年版，第452—453页。
③ 李明欢：《欧洲华侨华人史》，中国华侨出版社2002年版，第84页。
④ ［英］约翰·安东尼·乔治·罗伯茨：《东食西渐：西方人眼中的中国饮食文化》，杨东平译，当代中国出版社2008年版，第108页。

1851 年英格兰和威尔士的人口调查统计，来自中国的移民有 78 人，到 19 世纪末有 387 人。早期旅英华侨多为广东籍，开设了中国杂货铺、餐馆、小吃店等。到 1884 年，英国伦敦举办了一场国际性的健康展览，其中中国展台是一家饭店，而展台的布置、食材的供应、厨师的雇佣等都是由当时中国海关总税务司赫德亲自安排的。中国饭店在展会上营业了数周，来自北京和广州的厨师也在一定程度上展现了中餐的风采。可以说，中国饭店展台最大的功绩是在一定程度上纠正了西方人对中国饮食习惯的偏见。1886 年，伦敦就出现了华侨华人开的中餐馆，当时以张权、张涛兄弟开的状元楼、吉元楼、探花楼 3 家餐馆生意最为兴隆。[①]20 世纪初，在伦敦出生的华人约有 668 人，此外还有陆续来到英国的中国留学生。当时在伦敦东部的彭尼费特斯和莱姆豪斯考斯韦有大约 30 家华人店铺和餐馆，顾客全是中国人。在利物浦等地的华人社区也开设着中餐馆，两次世界大战期间一直保持有 2—6 家。当时在利物浦匹特大街有一家中餐馆名叫福满楼，它制作的瓦罐炖菜或 1 先令的炒杂碎吸引了一些英国食客。[②] 英国中餐也开始逐渐走进伦敦市中心。据说在 1908 年第一家中餐馆在伦敦市中心开张。1923 年，在伦敦繁华街道皮卡迪利大街上又有一家昙花楼中餐馆开张。与此同时，英国人对中餐的认识也在不断转变，逐渐尝试中餐。罗伯茨在《东食西渐：西方人眼中的中国饮食文化》一书中就记述了一位名叫宋重的广州人受雇为英国著名诗人哈罗德·阿克顿做私人厨师的事迹。宋重用随身带来的中国餐具和一小罐茶叶、金橘、姜粉、大米、粉条、荔枝、蘑菇和名贵草药、干货等食材，为阿克顿制作了一段时间的中餐，给阿克顿留下了深刻的印象，使他以及他的朋友对中餐有了新的认识。翻译家阿瑟·韦利就曾写过一副优雅的中国对联赞扬宋重的厨艺。阿克顿更是对宋重充满了感激，他认为中餐启发了他诗歌创作的灵感，并说道："我感觉自己好像是半个中国人，而且随着时间的推移，我希望自己能成为完整的中国人……那古老的文明孕育出的出色的烹饪法不光能满足人们的食欲，而且还能启发人的智力。"多年后，阿克顿来到北京大学教书，实现了他成为一个完整中国人的夙愿。[③]

---

① 赵红英、张春旺：《华侨史概要》，中国华侨出版社 2015 年版，第 153 页。

② ［英］约翰·安东尼·乔治·罗伯茨：《东食西渐：西方人眼中的中国饮食文化》，当代中国出版社 2008 年版，第 121 页。

③ ［英］约翰·安东尼·乔治·罗伯茨：《东食西渐：西方人眼中的中国饮食文化》，当代中国出版社 2008 年版，第 122 页。

荷兰在 20 世纪初也有一些华人海员到此定居，成为欧洲地区较早发展中餐的国家。当时，华人海员来到荷兰，主要集中于阿姆斯特丹和鹿特丹两个城市。1918 年之前，荷兰华人数量还较少，但是在阿姆斯特丹和鹿特丹等地已形成了华人社区，第一家中国餐馆也开始正式营业，为当地华人提供中餐。其中一部分华人也制作和售卖花生糖（见图 2-30），并借此在荷兰安家定居。花生糖是一种用花生和糖做成的传统中国食品，一部分在荷兰找不到出路的华人最早就靠花生糖谋生，并受到荷兰人的欢迎。到 20 世纪 30 年代，首批荷兰中餐馆开始兴起，其客人最早主要是以当地的华人、印尼华裔留学生以及由印尼返国的荷兰人。这些从印尼返回的荷兰人已经习惯了东南亚的饮食，因而能较容易接受中餐。此外，曾在荷兰殖民地服役的退役军人也是中餐馆的客户群之一。如印尼炒饭这类亚洲菜式就经常出现在荷兰海军的日常餐单里。自 1945 年起，这些中餐馆也吸引了越来越多的荷兰人光顾。当时比较著名的中餐馆有阿姆斯特丹的广兴酒楼和大同酒楼、鹿特丹的中国楼（见图 2-31）以及海牙的 Het Yerre oosten 酒楼和 Insulinde 酒楼。[①]

图 2-30 售卖花生糖的华人小贩 [②]

图 2-31 鹿特丹"中国楼" [③]

清朝末年，除了欧洲的英国、荷兰、法国等，在北美洲的加拿大、美国乃

---

① ［荷］B.R.Rijkschroeff 著，钟伟健、张湘敏编：《荷兰华人百年史》，海牙 OnsBos 2011 年版，第 12—20 页。

② 图片来源于单秀法：《青田人在荷兰》，中国华侨出版社 2011 版，第 50 页。

③ 图片来源于［荷］B.R.Rijkschroeff 著，钟伟健、张湘敏编：《荷兰华人百年史》，海牙 OnsBos2011 年版，第 17 页。

至大洋洲的澳大利亚、新西兰和非洲等地，随着越来越多的华人华侨前往定居，中餐也开始在当地出现并发展，可以说是华夏饮食文明沿海上丝绸之路传播的进一步延伸。如在加拿大，华侨华人经营中餐馆的历史已有 150 余年。1858 年第一批华工到达加拿大淘金和修建铁路，到 1860 年前后就出现华人经营的饭馆。① 当时华侨立足靠的就是"三把刀"，即菜刀、剪刀和理发刀，以开办饮食业、洗衣店和杂货店为三大经济支柱。② 在美国，中餐也始于 19 世纪中期。1855 年，华人抵达内华达州，到 1870 年时人数达 3132 人，多数在大城镇里经营中餐馆。1860 年，西雅图有华人居住，以洗衣、当佣人和开饭馆为业。1870 年，华人到达纽约和马萨诸塞、新泽西、费城和首都华盛顿等地，1880 年时费城的第一家华人饭馆开业。在纽约，华人主要以零售批发业、开餐馆和洗衣房为主要职业。1880 年有 200 多名华人住在芝加哥，从事的主要职业仍是洗衣、经营餐馆，这种状况一直持续到 20 世纪中期。1870 年末华人来到了明尼苏达州，主要经营小店铺、餐馆等业。陈依范的《美国华人史》记载了当地中餐馆十分受美国人欢迎：淘金矿工威廉·肖的《金色的梦和醒来的现实》（1851）一书里说，旧金山最好的餐馆是中国人开的中国风味的餐馆；当时的《纽约论坛报》记者贝阿德·泰勒也写道："在海边上的孔一宋餐馆、萨克拉门托大街的王东餐馆和杰克逊大街的东林餐馆，中国饭菜每客一美元，随便吃多少都行。"在华人移民之初，随着加利福尼亚华人的增加，商人们开始进口中国食品。③ 清华大学 1912 届留美生、中国化工事业的开创人之一侯德榜先生当时写给《清华周刊》的通讯中说：在美国的华侨，"除经营中国菜馆、瓷器、器皿店、杂货店、南货店者外，殆以洗衣为唯一之职业。其人率来自粤省，而以粤省之新宁一邑为尤多。新宁语与广州语异，故粤省学生自广州来者，亦不谙其语"；"中国在美学生，以及开菜馆，业货者，为数已多，纵彼美人都不与往来，尚有中国人生意在也"；不仅如此，"吾国烹饪之品，颇适美人之口"，美中略显不足的是"馆中陈设不讲，椅桌地板不洁非常；馆内一切椅桌与壁上所挂屏联，皆为中国产，惟桌面无白布覆盖，食时油脂滴于桌面，不易洗涤，故桌面积秽极多。馆中虽不讲卫生，而调和烹制颇能诱致美人，故美人来顾者仍多，中以工人及下等妇女为甚。夫吾国人有如此烹调之术，倘能加

---

① 魏安国等：《从中国到加拿大》，上海社会科学院出版社 1988 年版，第 21 页。

② 陆国俊：《美洲华侨史话》，商务印书馆 1997 年版，第 135 页。

③ 陈依范：《美国华人史》，韩有毅等译，世界知识出版社 1987 年版，第 74 页。

以卫生之法，则美人当趋之若鹜"，"在美中国菜馆，或中式美式参合之菜馆，规模宏敞者亦有数家，但实居最少数"。之所以出现这种状况，主要原因是"惜吾国人无经商知识，赢利虽厚，而不知扩充房屋，改良陈设，以为招徕之计。推其意，以来如此营业，已为祖国难得者矣。盖其志愿极小，非如欧美营业家之企资亿兆也。"否则，中国餐馆业将会有更大的发展。①

　　总之，明清时期由于越来越多的中国人到欧洲以及美洲，经营中国餐馆成为当地华侨华人的主要谋生手段和传统职业。当时的中餐在欧洲、美洲等地虽然发展较为缓慢、影响有限，却在当地扎根，成为当地华人的支柱产业之一，也生动形象地传播了华夏饮食文明，给当地带去了异域风情。时至今日，中餐已遍布世界，不论规模还是质量都跃上了一个新的台阶，成为世界各国了解华夏饮食文明的重要窗口。

---

① 侯德榜：《华侨在美之状况》，《清华周刊》1915 年第 47 期。

第三章　南方丝绸之路与华夏
饮食文明对外传播

"蜀道之难，难于上青天"，由于地形、地貌复杂等原因，巴蜀地区的交通道路与在平原地区修建的通途大道相比更加崎岖、艰难，但这并不能阻碍巴蜀地区人们对外交流的愿望和行动。在《史记》等历史文献中早已记载古代巴蜀存在向南通往境外的道路，学术界根据它所处的地理位置，称之为"南方丝绸之路"或"西南丝绸之路"，简称"南丝路"，用来表示它与北方丝绸之路和海上丝绸之路的区别。国内外一些学者已对南方丝绸之路的概念、路线等进行过研究，有狭义和广义之分。狭义而言，即传统观点认为，南丝路始于巴蜀地区的成都，通过水路、陆路首先进入云南地区，再从云南西部进入缅甸北部和印度东北部，或从云南中部再南下进入越南和中南半岛地区。[①] 而有的学者详细研究了中国古代文献中有关中国西南地区对外道路的记载，同时将这些道路置于整个东南亚、南亚历史大发展背景中进行分析，认为从公元前4世纪—1949年以前，中国西南地区所有的对外交往通道，都应包括在"西南丝绸之路"的空间范围之内。[②] 可以说，这是广义的南方丝绸之路的概念，即指这一时期从中国西南地区的四川、云南等地出发，通往东南亚、南亚地区的所有主要交通道路的统称，它是由主要干线和许多支线构成的一个交通网络。本项目采用广义的南方丝绸之路的概念，但为了论述的集中性，在此重点探讨南方丝绸之路主要干线上的华夏饮食文明对外传播。

南方丝绸之路是古代中外民族迁移、文化交流、贸易往来等的重要通道，大多数学者都认为它至迟到公元前4世纪末就已经出现[③]，其发展过程大致可

---

① 屈小玲：《中国西南与境外古道：南方丝绸之路及其研究述略》，《西北民族研究》2011年第1期。

② 申旭：《中国西南对外关系史研究》，云南美术出版社1994年版，第9页。

③ 方国瑜：《中国西南历史地理考释（上册）》，中华书局1987年版，第7页；陈茜：《川滇缅印古道初考》，《中国社会科学》1981年第6期。

分为 4 个阶段：第一，先秦汉魏南北朝是形成期。在人类社会的早期，由于航海技术的限制，人们对外交往更多地选择通过陆地道路。中国与东南亚许多国家壤地相接，具有十分悠久的文化交流关系，这种交流始于中国新石器时代。先秦时期，人们继续沿着这条古老的民间通道进行各种交流。关于南方丝绸之路的最早记载见于司马迁的《史记》，此时穿行在川、滇、缅、印古道上的商人绕过西藏高原东南部，经横断山脉高山峡谷，过缅甸，到印度、阿富汗，形成了这条以民间交流为主的南方丝绸之路。到公元 69 年，汉朝设永昌郡，到三国时诸葛亮南征，南方丝绸之路得到进一步发展，一些境外部落和国家派使节通过此路来与中国通好，华夏饮食文明随之向外传播。第二，隋唐五代是发展期。此时，南诏崛起于西南地区，其经济、文化等都有一定程度的发展，成为唐朝与东南亚、南亚等国政治、经济、文化交流的重要中介，使得南方丝绸之路有了更大发展，历史文献中不仅记载了有关南丝路沿线地区官方政治交往活动，还详细记叙了南丝路的重要路段如安南通天竺道、云南入缅印道的具体走向、里程等。第三，宋元时期是巩固期。宋朝时，云南地区的大理国与宋朝中央政权和东南亚等国保持密切关系。元朝时，忽必烈经南方丝绸之路征讨缅甸，客观上拓宽了滇缅通道，此后元朝政府在滇缅道上广置驿站，进一步巩固了南丝路的交通。第四，明清时期是由盛转衰时期。此时，四川和云南的经济、文化发展较快，加之统治者采取以“和平”为主的对外政策，南方丝绸之路更加通达，并在 19 世纪 20 年代进入最兴盛时期。王介南在《中国与东南亚文化交流志》指出：“十九世纪二十年代，即第一次英缅战争前后，中缅陆路贸易正处于历史上最兴盛的时期。滇缅之间的陆上商道有 6 条，其中 5 条由中国云南的腾冲、盈江、畹町进入缅甸的掸邦和克钦邦，另一条经由思茅和西双版纳转道泰国西北部进入缅甸掸邦的景栋，然后南下毛淡棉。”① 但是，不久，随着欧洲资本主义国家殖民主义的兴起，加强了对南丝路沿线东南亚、南亚一些国家的入侵或直接占领、将其沦为殖民地或半殖民地，使得南方丝绸之路的格局和性质发生变化，出现转折并由盛转衰，但是，由于民间商贸持续发展及中国移民的持续迁移所产生的累积作用，此时华夏饮食文明在南方丝绸之路上的对外传播内容却较多、较广。

　　整体而言，南方丝绸之路是从四川、云南等地出发，通往东南亚、南

---

　　① 　王介南：《中国与东南亚文化交流志》，上海人民出版社 1998 年版，第 251 页。

亚地区并且由主要干线和支线构成的一个交通网络，主要干线有 3 条，其主导者随着干线不同和时代发展而各有侧重：一是川滇缅印线。从成都出发，通过不同线路到达云南、贵州等地，再分多条路线到达缅甸，之后还可从缅甸到达印度东北部。该线路的主导者是商人、使节和移民。二是川滇藏印线。从成都出发，经四川雅安到云南，再到西藏，翻过喜马拉雅山口，可到达尼泊尔和印度。主导者主要是四川、云南、西藏等地的商人。三是川滇桂越线。从成都出发，经云南，直接到越南，或再经广西后到越南，即可分为川滇越线、川滇桂越线。主导者是四川和云南的商人。从先秦到清朝中期，南方丝绸之路沿线国家或地区的互相交往，其基本性质为中国与丝路沿线各国或地区的平等互惠的往来，主导者为中国和南丝路沿线各国或地区的人们。直到清朝末期，由于欧洲殖民主义国家如英国、法国的殖民主义扩张，该路的主导权逐渐向这些国家倾斜。南方丝绸之路使中国与东南亚、南亚地区的国家不仅建立了多方面联系，开展贸易往来和文化交流，而且把华夏文明包括饮食文明传播到了这些国家。南方丝绸之路是华夏文明对外交流之路，而华夏饮食文明一直是南方丝绸之路对外传播的主要内容之一。

南方丝绸之路上的华夏饮食文明传播以民间交流为主，以官方交往为辅。从传播对象来说，有东南亚的越南、泰国、老挝、缅甸等，南亚的印度、尼泊尔等。其中，印度不仅是南方丝绸之路，也是西北丝绸之路和海上丝绸之路在中国境外的一个重要节点和交汇地区，通过阿拉伯商人在印度的贸易，中国的饮食类商品甚至运输到欧洲等地。从传播内容来说也较为丰富，仅从华夏饮食文明的传播看，不仅包括食物原料及生产技术、饮食器具及制作工艺、饮食品种及制作技艺，还包括饮食典籍、饮食习俗与礼仪、饮食思想、饮食店铺等。需要指出的是，南方丝绸之路在三条丝绸之路中形成时间较早、华夏文明对外传播较早，尤其是与海上丝绸之路形成了对接与互补的关系。随着海上丝绸之路的兴起和发展，在南方丝绸之路沿线国家如印度、越南、缅甸、泰国等，在接受来自南方丝绸之路华夏饮食文明传播及影响的同时，也接受来自海上丝绸之路华夏饮食文明传播及影响。这不仅说明丝绸之路的网络特性，也说明华夏饮食文明的一些内容可能通过两条或者多条丝绸之路进行传播，它们的功能互补、共同对传播地的饮食文明产生了重要影响。

第一节　先秦至汉魏南北朝时期：形成期

南方丝绸之路是中国对外交通的重要通道之一，也是华夏饮食文明对外传播的重要通道之一。先秦至汉魏南北朝时期是南方丝绸之路形成发展期，沿着这条丝路，通过人口迁移、商业贸易等主要传播途径，华夏食物原料、饮食器具及饮食品种、饮食习俗等逐渐向南传播，传播地不仅包括中国的西南夷地区如云南、贵州等地，更包括如今东南亚地区的缅甸、越南等和南亚地区的印度等，促进了南丝路沿线地区人民饮食生活水平提高和社会经济发展。

先秦时期

南方丝绸之路的起点——成都是古蜀国开明王朝的都邑，"蜀王据有巴蜀之地，本治广都樊乡，徙居成都"[①]。《华阳国志·蜀志》对开明氏蜀国记载较多，它积极接受中原文化，并仿中原制度而建立了王国礼制和宗庙祭祀，物产丰富，经济发达，早期较相邻的秦国更强盛，但最终不敌秦国。公元前316年，秦国从金牛道、褒斜道入蜀，十月灭蜀国，攻取苴和巴，秦的版图不断扩张，包括了北自秦岭、南到云贵的广阔疆土，并设置巴、汉中、蜀三郡，建立乡、里、亭、邮等基层组织。为了加强对巴蜀地区的统治和开发，秦惠文王更元十四年（前311），秦国派蜀守张若筑成都、郫、临邛和江州四城，并向巴蜀开展了移民、徙徒、迁虏运动。移民，包括移居百姓和豪户。徙徒，指秦政府流放罪人。迁虏，指迁移产生于敌方、对立国的俘虏。秦在征战六国时，不断将六国的王室贵族、俘虏及富商大贾、豪强地主、手工业实业家等大部迁往巴蜀。这些移民不仅带来了北方地区先进的冶铁技艺等，而且在蜀地如临邛"即铁山鼓铸，运筹策，倾滇蜀之民，富至僮千人"[②]。其中的典型代表如卓氏、程（郑）氏，他们原来在本国也都为从事工商业者。此外，秦国在巴蜀地区实施了一系列改革。大约在秦昭襄

[①]　（汉）扬雄：《蜀王本纪》，载严可均校辑：《全上古三代秦汉三国六朝文》第一册，中华书局1958年版，第414页。

[②]　《史记》卷129《货殖列传》，中华书局1959年版，第3277页。

王五十一年至五十六年（前 256—前 251），李冰被秦昭襄王任命为秦国蜀郡太守，在蜀郡积极兴建水利工程。当著名的都江堰水利工程建成后，成都平原形成灌溉网络，从此"水旱从人，不知饥馑，时无荒年，天下谓之'天府'也"①。此外，他还进一步整治成都郫、检二江，疏浚羊摩江、洛水、绵水、文井江、白木江，又凿烧南安青衣江溺岩和岷江大滩礁岩，同时在蜀境内大力修建栈道，"僰道有故蜀王兵兰，亦有神作大滩江中。其崖崭峻不可凿，乃积薪烧之。故其处悬崖有赤白五色。冰又通笮道文井江，径临邛，与蒙溪分水白木江会武阳天社山下，合江"②。通过努力，蜀境内的官道通至西边的邛崃和东边的宜宾。这一系列以农田水利工程和交通疏通工程为核心的治理，促进了蜀郡交通和工商业的持续发展以及同中原、荆楚、滇越的经济文化交流。

先秦时期，蜀国经济经历了一个从畜牧兼种植、渔猎兼蚕桑到以农业种植为主的发展过程。根据文献、遗迹以及传说综合考察，古蜀国的农业种植文明成就主要在 3 个方面：一是发展蚕桑，二是旱地农作物与稻谷种植，三是水稻灌溉农业。③ 手工业是蜀国古代文明最重要的支柱。其中，冶金、制玉、制陶、漆器、竹木器、纺织、建筑业都十分发达，不仅具有特色，有些行业的产品在当时中国范围内居于领先地位。④ 大批行商坐贾在蜀与相邻地区通商，主要对象有秦、楚、滇、夜郎等古国及中原地区。从商周到战国时，与蜀通商的主要外域地区有南亚、中亚、西亚和东南亚。⑤ 较为发达的农业、手工业和商业，为南方丝绸之路上华夏饮食文明对外传播奠定了基础。

此外，南方丝绸之路的交通线路和工具也为华夏饮食文明对外传播提供了良好条件。从成都出发，自古以来就存在通往西南夷及境外的民间通道。在高山峡谷和大河绝壁之处，蜀人发明了栈道和笮桥。栈道分为石栈和木栈两种。木栈是在森林中斩木铺路，或杂以上石，也广泛地运用于悬崖绝壁之地，主要有标准式、立柱式、依坡搭架式、悬崖搭架式等形制。石栈也有不

---

① 刘琳校注：《华阳国志校注》卷 3，巴蜀书社 1984 年版，第 202 页。
② 刘琳校注：《华阳国志校注》卷 3，巴蜀书社 1984 年版，第 209—210 页。
③ 屈小玲：《南方丝绸之路沿线古国文明与文明传播》，人民出版社 2016 年版，第 12 页。
④ 段渝：《四川通史》（第一册），四川大学出版社 1993 年版，第 102 页。
⑤ 段渝：《四川通史》（第一册），四川大学出版社 1993 年版，第 147 页。

同的形制，如"险绝之处，傍凿山崖，而施版梁为阁"①。笮桥的最初运用与笮人有关，主要形式为竹索，用以渡水，主要是在河流绝壁无以渡越之处，后来又演化出溜筒等形制。先秦时期，南方丝绸之路的主要干线可分为蜀滇缅印线、蜀滇越线等。其中，蜀滇缅印线可分为东、西两路。西路沿牦牛道南下，经雅安、汉源、越西、西昌、会理、攀枝花，渡金沙江至云南大姚，西折抵大理。东路南下乐山、犍为、宜宾，沿五尺道经云南大关、昭通、曲靖，西折行至昆明，经楚雄达大理。两条主要支线在大理会合后，又继续向西经保山，出瑞丽而抵缅甸八莫，或经保山、腾冲，出德宏至缅甸八莫。②从缅甸八莫可抵东印度阿萨姆地区，进而可达中亚、西亚等地。其中，蜀、滇五尺道早在殷末就已使用，蜀王杜宇即由此从昭通北上至蜀。牦牛道，迄秦入主巴蜀前一直是一条民道。其最初的踏踩成路时间，大概可以上溯到新石器时代。③根据蜀、滇各地所出南亚、中亚和西亚的物品或文化因素，证明从蜀经滇直至南亚、中亚、西亚的道路自商朝时即已开通。④蜀滇越线，可分为中路和东路。中路，从成都出发后南下沿着牦牛道到达西昌，然后出云南礼社江和元江，再沿着红河航行至越南。这条线路是沟通云南与中南半岛交通的最古老的一条水道。东路，是出昆明经弥明，渡南盘江，经文山出云南东南，入越南河江、宣光，抵河内。⑤从云南通海之南步头，沿红河下航至越南的水路，就是在战国晚期蜀王子率众数万从越嶲进入交趾地区的道路。

　　南方丝绸之路的主要交通运输工具除了走水路需要的船之外，极具特色的是笮马和牦牛。笮马是笮人喂养的山地马，以矮小耐劳善负重行长路闻名，适宜于山地交通与运输。牦牛体大，不仅能在高原地区运输货物，还可提供生活需要，如牦牛奶与牦牛肉可供饮食，而其皮毛可御寒，适于高寒地区。笮马和牦牛兼具双重身份，既是交通运输工具，也是重要的贸易品，而巴蜀商人"取其笮马、僰僮、髦牛，以此巴蜀殷富"。⑥

---

　　① 《史记》卷8《高祖本纪》，中华书局1959年版，第367页。

　　② 段渝：《四川通史》（第一册），四川大学出版社1993年版，第160页。

　　③ 罗开玉：《从考古资料看古代蜀、藏、印的交通联系》，载伍加伦、江玉祥主编：《古代西南丝绸之路研究》，四川大学出版社1990年版，第56页。

　　④ 段渝：《四川通史》（第一册），四川大学出版社1993年版，第161页。

　　⑤ 邹一清：《先秦巴蜀与南丝路研究述略》，《中华文化论坛》2006年第4期。

　　⑥ 《史记》卷116《西南夷列传》，中华书局1959年版，第2993页。

秦汉时期

秦朝建立、在全国的统治只有 15 年（前 221—前 206），但秦国在巴蜀地区的统治却有 110 年（前 316—前 206），其政策对巴蜀地区的政治、经济及交通产生了重要影响，尤其是秦向巴蜀的移民、徙徒、迁虏活动长达一个世纪，促进了巴蜀地区的开发。此时，蜀地因李冰修建的都江堰水利工程而获水利之厚，稻田享灌溉之利，水道交通通畅，成都平原的农业和其他经济得到极大发展，享"天府之国"之盛誉。汉朝建立，汉王朝采取休养生息政策，恢复发展农业生产和社会经济发展。汉景帝末年，文翁为蜀守时，四川出现了"世平道治、民物阜康"[①] 的太平景气。汉武帝实行"重农抑商"政策，进一步促进农业生产。《华阳国志·蜀志》记载，东汉末成都县令冯灏，于县"开辟稻田百顷"。[②] 当代成都及其周边考古均发现了东汉时期灌溉系统的水田模型，著名的四川汉代画像砖亦有关于东汉水稻田野生产的场景。此时，成都手工业生产的许多领域也名列全国前茅。根据《汉书·地理志》记载，全国共设工官 9 处，蜀中即占 3 处，分别在梓潼、雒县、成都。工官主要是为官府制作金银器和漆器的机构，当时的成都是全国重要的金银器制作中心，汉州、益州的漆器在数量和质量上均为全国领先。此外，成都还设有车官和锦官。同时，汉武帝致力于对西南地区开发，初步设立了郡县，实行盐铁官营和算缗、告缗等打击富商大贾的崇本抑末等政策，对巴蜀地区产生了较大影响。东汉时期，通过各种政策的颁布和实施，东汉政府得到巴蜀封建势力支持和拥护，西南各民族先后重新归附、接受统治。蜀地尤其是成都的农业发达、手工业繁荣，促使其与西南地区各民族进行较多的商品贸易。

秦灭六国以后，始皇使蜀将常頞略通五尺道，进一步将"僰道"延伸至云南曲靖，并在邛、笮、冉、駹等近蜀而道易通的民族地区设置郡县，派遣官吏，使之置于中央政府的控制之下。[③] 五尺道是因其道路仅宽五尺而名，又因地处僰人居住区而称作僰道，其路北起今宜宾，经高县进入云南昭通地区，南到曲靖，西接昆明、大理，东到贵州的毕节、安顺一带，对沟通西南地区与

---

① 刘琳校注：《华阳国志校注》卷 3，巴蜀书社 1984 年版，第 214 页。
② 刘琳校注：《华阳国志校注》卷 3，巴蜀书社 1984 年版，第 238 页。
③ 萧安富：《秦汉时期蜀滇身毒道的形成与汉文化在西南地区的传播》，《中国典籍与文化》1996 年第 1 期。

域外联系有着重要作用。汉朝时，张骞出使西域见到来自蜀地之物，回朝后即建议汉武帝另辟一条从蜀（四川西部）出发、经身毒、至大夏的通道。《史记·西南夷列传》记载："及元狩元年（前122），博望侯张骞使大夏来，言居大夏时见蜀布、邛竹杖，使问所从来，曰：'从东南身毒国，可数千里，得蜀贾人市。'或闻邛西可二千里有身毒国。骞因盛言大夏在汉西南，慕中国，患匈奴隔其道，诚通蜀，身毒国道便近，有利无害。于是天子乃令王然于、柏始昌、吕越人等，使间出西夷西，指求身毒国。至滇，滇王尝羌乃留，为求道西十余辈。岁余，皆闭昆明，莫能通身毒国。"①《史记·大宛列传》载："臣在大夏时，见邛竹杖、蜀布。问曰：'安得此？'大夏国人曰：'吾贾人往市之身毒。身毒在大夏东南可数千里。其俗土著，大与大夏同，而卑湿暑热云。其人民乘象以战。其国临大水焉。'以骞度之，大夏去汉万二千里，居汉西南。今身毒国又居大夏东南数千里，有蜀物，此其去蜀不远矣。"②由此，汉武帝采纳张骞建议，开始大规模经略西南之举，自建元六年（前155）唐蒙使南越归、上书请通夜郎起，至元封六年（前105）汉兵收服昆明夷、设数县等为止，历时30年。从建元六年（前135）至元朔三年（前125），主要是恢复和整治了"南夷道"和"旄牛道"两条交通干线，揭开了大规模经略西南的序幕，为寻找"蜀、身毒国道"做准备。其中，唐蒙、司马相如作出了重要贡献。据《史记·平准书》载，汉武帝元光六年（前129），重开通西南夷东西古道："唐蒙、司马相如开路西南夷，凿山通道千余里，以广巴蜀。"③即指开通从成都通过蜀徼进入西南夷地区东西两线官道。《华阳国志·蜀志》："武帝初欲开南中，令蜀通僰、青衣道。建元中，僰道令通之，费功无成，百姓愁怨，司马相如讽喻之。使者唐蒙将南入……蒙乃斩石通阁道。"④《水经注·江水》："汉武帝感相如之言，使县令南通僰道，费功无成，唐蒙南入，斩之，乃凿石开阁，以通南中。迄于建宁，二千余里，山道广丈余，深三四丈，其錾凿之迹犹存。"⑤加宽、新筑的"五尺道"史称"南夷道"，它以"僰道"（今宜宾）为起点，经盐

①　《史记》卷116《西南夷列传》，中华书局1959年版，第2995—2996页。

②　《史记》卷123《大宛列传》，中华书局1959年版，第3166页。

③　《史记》卷30《平准书》，中华书局1959年版，第1421页。

④　刘琳校注：《华阳国志校注》卷3，巴蜀书社1984年版，第271页。

⑤　（北魏）郦道元撰：《水经注》卷33，谭属春、陈爱平点校，岳麓书社1995年版，第490页。

津、大关、彝良、镇雄、赫章、威宁、宣威直达曲靖（今建宁）。汉武帝元光六年（前129），司马相如治西夷道，受命出使僰道，了解到唐蒙建道的艰巨及大量耗费，向汉武帝建议采用柔性政策。《史记·司马相如列传》载，"是时邛笮之君长闻南夷与汉通，得赏赐多，多欲愿为内臣妾，请吏，比南夷。天子问相如，相如曰：'邛、笮、冉、駹者近蜀，道亦易通，秦时尝通为郡县，至汉兴而罢。今诚复通，为置郡县，愈于南夷。'天子以为然，乃拜相如为中郎将，建节往使"，"司马长卿便略定西夷，邛、笮、冉、駹、斯榆之君皆请为内臣。除边关，关益斥，西至沫、若水，南至牂柯为徼，通零关道，桥孙水以通邛都"。[1] 零关道即经越西县、喜德县，通西昌县，属古牦牛道的南段。至此，南夷道和牦牛道已通畅，但汉武帝此时并不知这是通往印度之路。从元狩元年（前122）至元封六年（前105），不仅探索了通往印度的道路，还试图打通滇缅道，但由于各种原因，汉武帝时的官方使节未能越过哀牢王国到达缅甸，西汉王朝只能通过西南各部族为中介，与印度商人进行间接贸易。东汉明帝永平十二年（69），哀牢王柳貌遣子率种人内附，汉明帝以其地置哀牢、博南二县，割益州郡西部都尉所领六县，合为永昌郡。哀牢的疆界大致"在澜沧江以西逾怒江至伊洛瓦底江地带，其南当至怒江下游两岸近入海地带"[2]。如此广袤的土地均置于东汉政府直属行政机构治理之下，使得"蜀、身毒国道"的滇缅段完全畅通，东汉政府也由此直接与缅甸境内的掸族开展了经济文化往来。《后汉书·南蛮西南夷列传》云："永元六年（94），郡徼外敦忍乙王莫延慕义，遣使译献犀牛、大象。九年，徼外蛮及掸国王雍由调遣重译奉国珍宝，和帝赐金印紫绶，小君长皆加印绶、钱帛"，"永初元年（107），徼外僬侥种夷陆类等三千余口举种内附，献象牙、水牛、封牛。永宁元年（120），掸国王雍由调复遣使者诣阙朝贺，献乐及幻人，能变化吐火，自支解，易牛马头。又善跳丸，数乃至千。自言我海西人。海西即大秦也，掸国西南通大秦。明年元会，安帝作乐于庭，封雍由调为汉大都尉，赐印绶、金银、彩缯各有差也。"[3] 据专家考证，"敦忍乙"国即《汉书·地理志》所载"夫甘都卢国"，位于上缅甸的太公城，波巴信《缅甸史》中的"顶兑"当即此国。[4]

---

① 《史记》卷117《司马相如列传》，中华书局1959年版，第3046—3047页。

② 方国瑜：《中国西南历史地理考释》，中华书局1987年版，第219页。

③ 《后汉书》卷86《西南夷传》，中华书局1965年版，第2851页。

④ 方国瑜：《中国西南历史地理考释》，中华书局1987年版，第215—216页。

魏晋南北朝时期

　　魏晋南北朝时期，政局动荡、混乱，中国封建王朝经营南方丝绸之路较为困难。公元 226 年，蜀国诸葛亮远征南中，拓展了川滇缅商道，把汉族的先进文化传播到中缅边境地区，缅甸也受到较大影响，并为以后南方丝绸之路发展铺平了道路。西晋时有了短暂的统一、却出现八王之乱、北方动荡，一些商人和僧侣便较多地利用蜀身毒道远赴印度。西晋灭亡后，中国经历了将近 300 年的分裂割据，而最早形成的割据政权是李雄在成都建立的大成国。在蜀汉至西晋时期，统治阶层重视农业，大力发展农业生产，但惠帝之后六郡流民起兵反晋，农业生产遭到极大打击。李雄建立大成政权后，将人口集中到西蜀地区，采取轻赋薄徭政策，恢复农业生产。成都平原是整个四川最适宜农耕的地区，虽然多次经历战乱，但在战乱后其农业生产常常能迅速恢复。此外，成都一直是整个西南地区的商业中心，所以《南齐书·州郡志》称益州"州土环富，西方之一都焉"①。这一切为南方丝绸之路上的华夏文明包括饮食文明对外传播打下了一定的物质基础。

　　在这一时期，南方丝绸之路沿线国家和地区之间的官方交往因战乱而基本停顿，但民间交往却一直未中断。此时，南丝路的主要干线和支线复杂，其主线可分成蜀滇缅印线、蜀滇越线等，以成都平原为起始点，向南延伸，接连今东南亚的越南、泰国、缅甸和南亚的印度诸国，甚至可达西亚地区。第一，蜀滇缅印线。从成都出发，可通过零关道、五尺道、南夷牂牁道等到达今云南、贵州等地。其中，零关道是蜀滇交通的一条重要交通路线，在魏晋南北朝时期时开时闭，其主要可考路线必经临邛县（邛崃）、若栋（名山县境长坪）、长岭（雅安西南）、邛崃山杨母阁、九折坂（均在大相岭上）、旄牛县（汉源县境）、灵关（深沟）、台登县（喜德泸沽）沿孙水（安宁河）到邛都（西昌）、经会无县（会理）、三缝县（会理黎溪）渡泸水（拉鲊）到蜻蛉（永仁大姚一带）、叶榆县（大理）。五尺道是从蜀地取道滇东北到今云南的交通路线，当时多用此道。它从僰道（宜宾）沿羊官水（横江）经牛叩头（大关岔河北）、马博颊坂（大关岔河附近）到朱提（昭通）经今曲靖到滇池地区，此路线基本上为后来唐朝石门道所沿用（五尺古道遗址今犹在，见图 3-1）。南夷牂牁道是从蜀地取道

---

　　① 《南齐书》卷 15，中华书局 1972 年版，第 298 页。

图 3-1　五尺古道及马蹄印（笔者拍摄于石门关古道）

滇东北到今云南、贵州并可通海上丝绸的交通路线，其主要路线即从南广城（珙县沐滩）经上罗、罗渡、洛表到今威信，南下镇雄，再到汉水（三岔河）北岸的汉阳县（赫章），从此西南可入朱提到益州郡，从此正南可到牂牁江（北盘江上游）到夜郎国中心（安顺地区），再沿牂牁江直下番禺（广州）而接南海。其中，五尺道与零关道在叶榆（大理）汇合后，再沿着滇缅印道可达缅甸、印度等地。滇缅印道以叶榆（大理）为起点，经博兰（永平）渡兰津（澜沧江渡口），经不韦、巂唐到腾越贾人市，从今上缅甸克钦邦到印度阿萨姆，因经博兰山又称博兰道。从官方层面上看，东汉设永昌郡置后，滇缅段才可能整段通畅，因此对此段道路的记载多集中在东汉后的两晋南北朝期。《三国志》裴松之注引《魏略·西戎传》："盘越国一名汉越王，在天竺东南数千里，与益部相近，其人小与中国人等，蜀人贾似至焉"，"大秦道既从海北陆通，又循海而南，与交趾七郡外夷比，又有水道通益州、永昌，故永昌出异物。前世但论有水道，不知有陆道，今其略如此，其民人户数不能备详也。"[1]《魏书》："大秦国，一名黎轩，都安都城……东南通交趾，又水道通益州永昌郡，多出异物。"[2]大秦国通永昌、益州有水、陆路，其中大秦国通印缅滇陆路应是汉转输蜀布、邛竹杖之路。第二，蜀滇越线，又称滇越进桑道。它是从四川经云南前往交趾的道路。《水经注·叶榆河》："（叶榆河）东南出益州界……（注：又东北径滇池县南，又东径同并县南，又东径漏江县……叶榆水又经贲古县北……建武十九年，伏波将军马援上言：从桑（上米下尼）泠出贲古，击益州）……入牂柯郡西随县北为西随水，又东出进桑关。"[3]即滇越进桑道是从四川出发，经宁州滇池地区

　①　《三国志》卷 30《魏书·东夷传》，中华书局 1959 年版，第 860—861 页。
　②　《魏书》卷 102《西域传·大秦传》，中华书局 1974 年版，第 2275—2276 页。
　③　（北魏）郦道元撰，谭属春、陈爱平点校：《水经注》卷 37，岳麓书社 1995 年版，第 535—536 页。

南下贲古（个旧），再经西随（蒙自蛮耗）水陆行，至进桑关（河口）沿叶榆水（元江）经麊泠（越南永富省富寿地区）到交州，进而与海上丝绸之路相联，可通缅印邑卢没国、谌离国、夫甘卢国、黄支国。[①]

先秦汉魏南北朝时期，南方丝绸之路上华夏饮食文明的对外传播主要是通过人口迁移和商人贸易进行，传播内容包括食物原料、饮食器具及制作工艺、饮食品及制作技术等3个方面。其中，食物原料有粮食类原料如稻米、粟米、芝麻等，还有茶叶、盐等；饮食器具有青铜器、铁器、漆器、陶器等；饮食成品有蒟酱、粽子等糯米食品。

食物原料及其生产技术

一、古蜀人南迁与稻等食物原料向南传播

古代蜀人及其后裔因战乱而沿着南方丝绸之路向南迁徙到如今东南亚的一些地区，也将稻米等食物原料及其生产技术传播到所在地，并将对当地的饮食文明尤其是食物原料种植、食用等产生了深远影响。

秦惠文王更元九年（前311）秋，秦大夫张仪、司马错伐蜀，蜀国开明王朝灭亡，蜀人包括一部分蜀开明王室人员退走至蜀西南地区，再逐渐退过今金沙江后进入云南地区，其中有一部分人甚至退到今越南地区。这些退走的蜀人与西南夷地区的各族人民友好相处，并将其所掌握的先进农业和手工业制作技艺传入这些地区，因而逐渐获得当地各族民众的广泛拥戴，被尊称为"雄长"。同时，蜀人后裔中的一支更迁徙到交趾北部（今越南北部），建立了"安阳王国"，又称瓯雒王国。在《水经·叶榆水注》所引《交州外域记》以及其他一些史籍中记载了安阳王南迁的史料。越南民间有关安阳王的传说较多，现仍留有与安阳王有关的遗迹。《越史丛考·安阳王丛考》中说后来赵佗灭安阳王，其后裔继续南迁至今柬埔寨境内，大约在三国蜀汉时期建立了"扶南国"。蜀王子安阳王南迁越南，对越南和东南亚地区的饮食文明产生了直接的影响。专家们认为，蜀王子泮率蜀国遗民集团系沿牂牁河南迁进入交趾北部，最后征服雄王（即雒王）而建国。[②]

---

① 蓝勇：《南方丝绸之路》，重庆大学出版社1992年版，第12—30页。

② 徐中舒：《〈交州外域记〉蜀王子安阳王史迹笺证》，《论巴蜀文化》，四川人民出版社1982年版，第150—165页；孙华：《蜀人南迁考》，《四川盆地的青铜时代》，科学出版社2000年版，第32—35页。

据越南陶维英《越南古代史》，安阳王在北越地区的治所在今河内正北、桥江之南的永福省东英县古螺村。至今，越南人建有安阳王祠庙多处，并视瓯雒王国为越南历史上第一个王国，越南旧史尊称蜀泮为"蜀朝"，蜀泮在越南民间享有崇高威望。[1] 以安阳王为代表的蜀人南迁是华夏饮食文明向南传播的典型事件，并对越南饮食文明具有直接而深刻的影响。屈小玲认为，蜀王子泮带领蜀国遗民迁徙至越南灭雒王国而建安阳王国，也不排除将古蜀国开明王朝时期的水稻栽培技术传到越南的可能。[2]

这一地区自西汉开始受到汉王朝文化影响，大力推广种稻。自汉武帝在其境内设立交趾、九真、日南三郡，汉文化正式开始在此传播，尤其是在粮食作物的耕种上受到影响，而担任郡守的汉族官员发挥了重要作用。《三国志·吴书·薛综传》："任延为九真太守，乃教其耕犁，使之冠履；为设媒官，始知聘娶；建立学校，导之经义。"[3]《水经注》卷三十六载九真太守推广稻谷种植以来，越南稻谷始有早晚两熟，有白稻红稻，"九真太守任延，始教耕犁，俗化交土，风行象林，知耕以来，六百余年，火耨耕艺，法与华同。名白田，种白谷，七月火作，十月登熟；名赤田，种赤谷，十二月作，四月登熟，所谓两熟之稻也"[4]。汉朝九真太守任延在越南九真普及种稻，促使其种稻形成风俗。《汉书·地理志》交趾郡十县，其地乃今越南河江、老街二省之南，清化省之北（不包括清化省），义路省以东之地。九真郡七县，其地在今越南清化、义安、河静三省东部濒海的狭长地带。日南郡五县，其地在今越南广平省、广治省、承天省一带，此三省西部的今老挝之地当时即在边界之外。日南郡的南部边境即止于今承天省南部。[5] 此后，历史上的越南王朝大多仿中国的重农传统，重视农稼、建社稷坛、每年举行农耕仪式，越南史书《大越史记全书·本纪》《钦定越历史通鉴纲目·正编》《大南实录·正编·世祖实录》以及《国史遗编》等文献均有记载。另外，公元 3 世纪时出现的水车（又名翻车）是中国南方农民普遍使用的引水入田的重要农具，传入越南后有利于越南的农业生产，是促

---

① ［越南］陶维英：《越南古代史》（上册），刘统文等译，商务印书馆 1976 年版，第 218—222 页。

② 屈小玲：《南方丝绸之路沿线古国文明与文明传播》，人民出版社 2016 年版，第 99 页。

③ 《三国志》卷 53《吴书·薛综传》，中华书局 1959 年版，第 1251 页。

④ （北魏）郦道元撰，谭属春、陈爱平点校：《水经注》卷 36，岳麓书社 1995 年版，第 532 页。

⑤ 尤中：《中国西南边疆变迁史》，云南大学出版社 2015 年版，第 11 页。

进该地区经济上升、人口繁衍、文化提高的重要因素。①

其实，早在新石器时期，华夏的粮食作物如粟米就已经传播到东南亚地区。童恩正先生根据考古资料认为，巴蜀文化对东南亚地区的文化影响主要体现在农作物中的粟米种植等。稻米和粟米都是东南亚地区古老的栽培作物，其中粟米至少在新石器时代即已开始种植。分析粟米向东南亚传播的中介地点，童恩正先生认为就现有资料而言很可能是四川西部高原。他说："在澜沧江畔的西藏昌都卡若新石器时代遗址（时代经放射性碳素测定约在公元前三千年左右）以及岷江上游秦汉时代的石棺葬中，都发现了粟米，因此可以推知在整个青藏高原的东端（川西高原实际上是此高原的一部分），从新石器时代开始即种植粟米，这可能是笮文化的特征之一。而东南亚的粟米种植，可能是此种文化向南传播的结果。"② 除了东南亚地区，有学者认为，印度的粟米也是由中国传入。"粟米，即小米的梵文，一名是 Cīnaka 或 Cīnna，孟加拉语小米的异名是 Bhutta，反映着传自不丹国。印度小米的命名，或谓即表示由脂那传入"。③

二、蜀商贸易与盐的向南传播

食盐与人类的生活息息相关，是人们饮食生活的必需品，由于盐资源分布的不平衡性和差异性，食盐的交易转输在南方丝绸之路上有着十分重要的地位。

根据有关历史文献的记载，在四川和云南境内盐产地有临邛（今邛崃、蒲江）、定笮（今盐源）、南安（今犍为、乐山）以及临泽池（今姑复）、青蛉（今大姚）、比苏（今云龙）、连然（今安宁）、定远（今牟定）、广通（今禄丰）等。盐是古代重要的交换物资，以产盐地为中心向四周扩散的盐运道就是最初的商道。南方丝绸之路的川滇缅印线的沿线地区有两个著名的古代盐池，分别为定笮（今盐源）和白羊井（今大姚盐丰）。此外，还有一些以盐井为连接中心的商贸道路，其走向与南方丝绸之路也大约一致。龙建民、唐楚臣在《南方丝绸之路与西南文化》中指出，"一条是从昆明经滇西至缅甸的商旅道，俗称'夷方道'，其两侧均有盐井，最著名的盐井即禄丰黑盐井，盐产东达昆明、曲靖，西至保山、缅甸。此为南方丝绸路'僰道'所经路线；另一条即由昆明经滇南

---

① 王介南：《中国与东南亚文化交流志》，上海人民出版社1998年版，第213页。

② 童恩正：《试谈古代四川与东南亚文明的关系》，《文物》1983年第9期。

③ 饶宗颐：《蜀布与Cinapatta——论早期中、印、缅之交通》，载伍加伦、江玉祥主编：《古代西南丝绸之路研究》，四川大学出版社1990年版，第217页。

蛾山、新平，偏西经双柏嘉、景东、思茅进入缅甸的马帮道，也经过两个著名盐池，即普洱磨黑盐井和镇源盐井，史载'白鸡粪盐'即产于此地。盐虽然不能成为到达印度的远程贸易物资，但是南方丝绸之路的开辟与食盐贸易密切相关，当南方丝绸路形成后，盐运道又起到必不可少的辅助线路的作用"①。蓝勇教授认为，南方丝绸之路有一条支线从越嶲郡邛都西昌到定筰县、渡泸水、入摩沙夷居的今宁蒗县之地，其开通与开发定筰县盐井有十分密切的关系。在今盐源上梅西乡出土窖藏钱币"大泉五十"近600枚，可能是汉晋时转输盐的商人所留。②

在南丝路蜀滇段上，有很多关于食盐作为商品贸易的记载。《华阳国志·蜀志》载："然秦惠文、始皇克定六国，辄徙其豪侠于蜀，资我丰土。家有盐铜之利，户专山川之材，居给人足，以富相尚。故工商致结驷连骑，豪族服王侯美衣……汉家食货，以为称首。"③ 其实，盐井的开凿是李冰在蜀地的首创，《华阳国志·蜀志》："（李冰）又识察水脉，穿广都盐井、诸陂池，蜀于是盛有养生之饶焉。"④ 秦并六国后，陆续迁六国富商大贾于蜀地。如赵国卓氏，以铁冶致富，秦攻赵，迁卓氏；齐国程、郑二氏，为山东豪富，秦破齐，迁程、郑。卓氏与程、郑二氏均自愿到盛产盐铁的临邛定居。临邛是开凿盐井最早的地区和西蜀重要产盐区之一，移民迁徙到此后利用当地资源，从事冶铁煮盐，卓氏"运筹策，倾滇蜀之民，富至僮千人。田池射猎之乐，拟于人君"⑤，程、郑二氏"亦冶铸……富埒卓氏"⑥，成为拥盐铁之利的富商大贾。到了西汉，拥有实力的卓氏、程、郑仍然雄称一方。汉成帝、哀帝间，又出现了成都富商罗裒訾至巨万，"擅盐井之利，期年所得自倍，遂殖其货"⑦。

滇盐也沿南丝路的各段向外运销。"两汉时期，滇地比苏（今云龙）盐已远销滇缅接壤的地区，与哀牢人建立了贸易关系。东汉时遂以哀牢为县，置永昌郡，以食盐贸易为契机，形成中国与缅甸、印度的通南大道。连然（今安宁）

① 龙建民、唐楚臣：《南方丝绸之路与西南文化》，载伍加伦、江玉祥主编：《古代西南丝绸之路研究》，四川大学出版社1990年版，第246页。
② 蓝勇：《南方丝绸之路》，重庆大学出版社1992年版，第45页。
③ 刘琳校注：《华阳国志校注》卷3，巴蜀书社1984年版，第225页。
④ 刘琳校注：《华阳国志校注》卷3，巴蜀书社1984年版，第210页。
⑤ 《史记》卷129《货殖列传》，中华书局1959年版，第3277页。
⑥ 《汉书》卷91《货殖传》，中华书局1962年版，第3690页。
⑦ 《汉书》卷91《货殖传》，中华书局1962年版，第3690页。

盐则舟运入滇池，再转运于夜郎与滇国诸属邑。故滇池，一名昆明池，今沿岸尚为昆明市与昆泽县。昆明夷未曾建国，而专滇池之名者，即因诸夷部族人民所仰食盐来自昆明夷，以至以昆明为食盐的代称。"① 云南除了比苏县盐泉、青蛉盐泉、姚州白盐井、定远县黑盐井之外，还有产量和外销辐射范围与规模很大的安宁盐泉。《华阳国志·南中志》载："连然县有盐泉，南中共仰之。"②《蛮书》卷七记载："升麻、通海以来，诸爨蛮皆食安宁井盐。"③

食盐需求及贸易的增长，又直接刺激了盐业生产的变化。汉晋时期，在川滇古道涉及的盐产区，盐业生产有显著发展。成都地区出土的汉朝画像砖中，有不少反映盐业生产的"盐井"砖，生动地描绘出汉朝蜀地庄园中盐业生产的繁盛景象。如邛崃市花牌坊出土的"盐井"，其砖尺寸略小，但是画面上表现制盐的全过程特别清晰，"在左下方的大口盐井上，搭建通高的带棚顶的三层高架。架上装置滑车，架上用四人牵缆绳上下，系皮囊提取盐卤，倒入架旁的枧槽内，再以竹管引注入右下方灶棚里的盐锅内熬煮。灶台很长，上有一排锅数口（原图残缺，只显出锅两口），左边灶门有人向炉堂添柴，右边似有烟囱（残缺）。灶棚内一著长衣的人弯腰从近灶门的锅内舀盐，灶棚外有两著短褐的人似负盐包出场"④。当时制盐主要是利用木柴煮盐。但是，临邛县已利用天然气煮盐，可以说是世界上最早利用天然气煮盐的地区。《华阳国志·蜀志》记载其县有火井，"取井火煮之，一斛水得五斗盐。家火煮之，得无几也"⑤。此外，广都县、南安县、汉安县、定筰县等盐井数量和盐业生产都有所提高。

秦汉时期，西南地区盐业的发展引起了中央政府的重视，据统计，汉武帝元封二年（前 109）时在全国共设盐官 37 处，其中，南方丝绸之路沿线地区就设盐官 5 处，分别位于临邛、南安、南广、连然、蜻蛉等蜀滇产盐地区。盐官的首要职责是征收盐税，如果盐业贸易未具一定规模则没必要设置，"南方丝绸之路上盐官的设置数量增多则证实了这条路上盐业贸易的兴旺发达"。⑥

---

① 张莉红：《在闭塞中崛起——两千年来西南对外开放与经济、社会变迁蠡测》，电子科技大学出版社 1999 年版，第 54 页。

② 刘琳校注：《华阳国志校注》卷 3，巴蜀书社 1984 年版，第 399 页。

③ （唐）樊绰撰，向达校注：《蛮书校注》卷 7，中华书局 1962 年版，第 187 页。

④ 林向：《临邛与"西南丝绸之路"——近年来邛崃考古发现中的几个问题》，《文史杂志》2009 年第 1 期。

⑤ 刘琳校注：《华阳国志校注》卷 3，巴蜀书社 1984 年版，第 244 页。

⑥ 张学君：《南方丝绸之路上的食盐贸易》，《盐业史研究》1995 年第 4 期。

蜀汉时，诸葛亮重视盐业，专门设置"司盐校尉"一职，管理盐的生产和销售，他选拔善于理财的王连为司盐校尉，盐业税收大幅度的增加。

由于特殊的自然地理环境以及丰富的盐卤矿藏资源，蜀滇地区开发利用盐卤矿藏的历史久远。先秦汉晋时期，蜀商与食盐贸易成为南方丝绸之路重要的经济活动，它直接促进了华夏饮食文明向南至缅甸、印度的传播与交流。

三、僧人与茶的南传

中国茶树何时经何地传入印度，尚待研究。有学者认为，"茶树种植在中国历史悠久，早在公元1世纪，茶在四川已是一种日用品，因此，很可能是通过南方陆上商道把茶种传入印度，并且由僧人带去的。僧人极爱饮茶，而他们通过南方陆上通道去印度的时间可以追溯至公元4世纪"[①]。也就是说，通过南方丝绸之路，僧人早至公元4世纪就可能已将茶叶传入印度。

各国学者普遍认为，中国的四川、云南等西南地区是野生茶树的原生地之一。郁龙余在《中印栽培植物交流略谈》指出，"印度阿萨姆、缅甸、老挝和越南，地处发源于中国云贵、川藏高原的各条江河的中、下游，所以这些地方的野生茶树与中国茶树有着历史的源和流的关系"。[②] 中国尤其是巴蜀地区种植茶树的历史十分悠久，西汉司马相如《凡将篇》、杨雄《方言》、王褒《僮约》等资料都能证明，在西汉时四川已出现人工栽培的茶树，并且蜀茶已作为商品买卖。魏晋南北朝时，巴蜀之地盛行饮茶。西晋孙楚《出歌》、西晋张载《登成都白菟楼诗》等文献记载，表明此时蜀茶誉满全国，东晋常璩《华阳国志》记载了汉晋时巴蜀一些地区产茶叶，包括涪陵郡、什邡、南安、武阳等地。

西晋末（3世纪末），北方"八王之乱"造成了中国北方地区的动荡不安，此时的西北丝绸之路也因此通行困难。而在西南地区，由于相对安定，因此利用"蜀身毒道"赴印度的商人和高僧逐渐增多。唐代义净《大唐西域求法高僧传·慧轮传》载："支那寺古老相传曰，'是昔室利笈多大王时（4世纪—5世纪），为支那国所造，于时有唐僧二十许人从蜀川牂道出白莫诃菩提，礼拜，王见敬重，遂施此地，以供停息。"[③] 室利笈多王朝时，约在公元3世纪晚期，有20多名中国

---

① 朱昌利：《南方丝绸之路与中、印、缅经济文化交流》，《南亚研究》1983年第2期。

② 郁龙余：《中印栽培植物交流略谈》，《南亚研究》1983年第2期。

③ （唐）义净原注，王邦维校注：《大唐西域求法高僧传校注》，中华书局1988年版，第103页。

僧人从蜀川牂牁道出发，西行去印度求学。笈多王专门为他们建造了一所支那寺，供他们居住学习。义净自注："蜀川去此寺有五百余驿。"又据梁朝释慧皎撰《高僧传》卷七等记载，公元 5 世纪初，冀州人慧睿在川西被人抢掠后历经艰辛，到达南印度学习，后来回国、从事佛经翻译工作。根据统计，这些通过南方丝绸之路西行求法的僧人约占两晋南北朝西行求法人数的五分之一左右。[①] 公元 4 世纪时，四川的茶叶生产已有一定的规模，已形成饮茶风俗，因此，沿着南方丝绸之路，从成都出发到达印度的求法僧人是可能携带着茶叶到达印度的。但是由于这一历史阶段，僧人携带茶叶主要是自用且数量较小，僧人求法者的身份对于印度社会文化影响的作用也有限，所以此时茶叶通过僧人在印度的传播十分有限、尚不成规模。

饮食器具及其制作技术的传播

南方丝绸之路的移民和商贸活动，促进了南丝路沿线地区饮食器具及其制作技术的传播与发展，如青铜饮食器具、铁制饮食器具、陶制饮食器具、漆制饮食器具等，有利于这些地区人民饮食生活水平的提高。

四、蜀滇移民和商贸活动与青铜器及制作技术在越南等地传播

蜀地和云南虽然进入青铜器时代的时间不同步，但都早于东南亚各国。随着古蜀的一部分人迁徙到云南乃至更远的东南亚地区，加之南方丝绸之路上的商贸往来，中国青铜器包括饮食用青铜器及其制作技术被传播到如今东南亚地区的越南等地。

青铜器时代在南方丝绸之路沿线地区出现的时间不同。根据三星堆出土文物的发现，川西平原地区在距今 3500 年左右就已进入发达的青铜文明，而川西南和云南的早期青铜时代则大都出现在距今 3000 年左右。在春秋晚期至战国早中期，青铜文化得到长足的发展，已经广泛出现了范铸技术。[②] 在西南夷地区，战国晚期至西汉前期是其青铜文化发展的高峰阶段，其中以滇池区域为例，此时已出现数量多且具有鲜明时代和族群特征的器物，包括大量饮

---

① 汶江：《历史上的南方丝路》，载伍加伦、江玉祥主编：《古代西南丝绸之路研究》，四川大学出版社 1990 年版，第 45 页。

② 周志清：《南丝路上的早期金属工业》，《中华文化论坛》2012 年第 2 期。

食类生产和生活用器具，其铸造加工技术复杂、水平高超。而古滇国青铜器发达，不仅受到中原诸国与楚国发达的青铜器技术影响，也受到了蜀国青铜器型观念的影响。祥云大波那等地出土的豆、釜、敞口罐、箸等青铜器和中原地区战国时期的器形更接近。[①] 战国晚期至西汉时期大理金梭岛遗址出土了铜锄等，形似于四川等地的汉朝铁锸。显然，这种铜锄是受到汉文化的影响后出现的。[②]

虽然东南亚地区各国进入青铜时代的时间不同，并且各国学者对于东南亚地区青铜器起源的问题也存在争议，但是人们不能否认的事实是，从公元前500年以后，这一地区的青铜文化曾经受到中国南方青铜文化的强烈影响。如青铜时代晚期越南的东山文化，"其时代约在公元前三四世纪至公元一世纪之间。……它从北面接受了中国青铜文化的影响，本身又影响了马来半岛以南的广大地区，细审东山文化中表现的汉式因素时则发现它们很可能来自四川"[③]。在这一时段内，中国南方青铜器通过贸易途径，沿着南方丝绸之路进入越南北部地区。关于越南青铜文化的来源和形成，西方不少学者作了大量研究，认为与云南的青铜文化有着极为密切的关系。云南和四川的青铜文化直接成为越南东山文化的来源，由此，当时必然有大量的中国饮食用青铜器输入越南北部地区。在越南红河三角洲最初的东山文化遗址中，出土了来自中国的饮食用青铜器，如扁壶、盂、罐等。法国学者认为"这些物品肯定是从北方和东北方的伟大邻邦中国输入的，他们显然是中国的制品"[④]。其中，关于铜盂的用途，有学者认为是春米用的。[⑤] 除了商贸活动，移民活动也是青铜器包括饮食用青铜器及其制作技术被传播到越南的重要途径。古蜀国王子落地雒土，必然传播了蜀国文明，带去了蜀国先进的青铜文化，在越南东山文化遗址已出土的器物中有蜀国式样的兵器、陶器和玉器等，可见蜀国文明的影响。"汉晋以来，从滇境

---

① 张增祺：《滇西青铜文化初探》，载《云南青铜器论丛》编辑组编：《云南青铜器论丛》，文物出版社1981年版，第107页。

② 罗二虎：《"西南丝绸之路"的初步考察》，载江玉祥主编：《古代西南丝绸之路研究》（第二辑），四川大学出版社1995年版，第217页。

③ 童恩正：《试谈古代四川与东南亚文明的关系》，《文物》1983年第9期。

④ ［瑞典］高本汉：《早期东山文化的年代》，赵嘉文译，云南省民族学院民族研究所考古、民族学研究室：《民族考古译丛》1979年第1辑，第24页。

⑤ ［法］V·戈鹭波：《东京和安南北部的青铜时代》，刘雪红、杨保筠译，云南省博物馆、中国古代铜鼓研究会编：《民族考古译文集》（1），1985年，第242页。

通红河三角洲官道畅通，水陆两便。蜀滇文化通过移民迁徙向北越传播。"①总之，在移民和商贸活动的共同作用下，华夏青铜器包括饮食用青铜器具及其制作技术在越南不断传播。

除了越南之外，缅甸的铜制和青铜饮食器具的制作技艺也受到中国南方影响。1938 年在缅甸禅邦境内发现的铜器和青铜器，经鉴定属于青铜器时代晚期和铁器时代早期的物品。著名考古学家莫里斯认为其铸造技术是从中国传入的。②

五、移民、商贸活动与铁器及其制作技术的传播

春秋时期（前 770—前 476），铁器已经出现，并逐渐取代铜器而跃居主要地位。至秦及汉初，这一变化在中原地区已趋完成。随着秦汉政府对西南地区的经营、南方丝绸之路的通达和移民及商贸活动，铁器包括炊餐器具与农具及其制作技术在西南地区传播开来，甚至影响到缅甸、越南、印度等地，促进了南方丝绸之路沿线地区生产力的发展和人们生活水平的提高。

公元前 316 年，秦灭蜀后为了巩固统治、发展生产、进一步开拓西南边疆，不断迁徙移民进入。"周赧王元年（前 314），秦惠王封子通国为蜀侯，以陈壮为相。置巴郡。以张若为蜀国守。戎伯尚强，乃移秦民万家实之。"③秦始皇在统一中国的过程中也将一些富商豪族迁徙到蜀地，最典型的如卓氏、程氏。《史记·货殖列传》载："蜀卓氏之先，赵人也，用铁冶富。秦破赵，迁卓氏……致之临邛，大喜，即铁山鼓铸，运筹策，倾滇蜀之民，富至僮千人""程郑，山东迁虏也，亦冶铸，贾椎髻之民，富埒卓氏，俱居临邛"。④由于临邛富有铁矿资源，卓氏、程氏迁徙至此，重操旧业，开设工场、采矿冶铸，倾销滇蜀而成为巨富。汉朝时继续实施移民政策，南丝绸路上的云南地区移民活动持续进行。《史记·平准书》载："当是时，汉通西南夷道……数岁道不通，蛮夷因以数攻，吏发兵诛之。悉巴蜀租赋不足以更之，乃募豪民田南夷，入粟县官，而内受钱于都内。"⑤《华阳国志·南中志》记载："晋宁郡，本益州也。元鼎初属牂牁、越嶲。汉武帝元封

①　屈小玲：《南方丝绸之路沿线古国文明与文明传播》，人民出版社 2016 年版，第 138 页。
②　汪前进：《中缅科技交流的历史足迹》，《文史知识》1993 年第 5 期。
③　刘琳校注：《华阳国志校注》卷 3，巴蜀书社 1984 年版，第 194 页。
④　《史记》卷 129《货殖列传》，中华书局 1959 年版，第 3278 页。
⑤　《史记》卷 30《平准书》，中华书局 1959 年版，第 1421 页。

二年，叟反，遣将军郭昌讨平之，因开为郡，治滇池上，号曰益州。……汉乃募徙死罪及奸豪实之。"① 西汉通博南山，渡澜沧水，置嶲唐、不韦二县时，就徙吕不韦之后南越相吕嘉的子孙宗族到这一带。这些移民带来了中原较先进的生产技术，如铁制农具的使用和先进生产技术的推广，使云南地区社会生产力水平得到提高。研究表明，在今晋宁西汉墓中出土的铁工具属汉移民带来的生产工具。②

此时，西南地区冶铁业发达，临邛是西南地区最著名的冶铁中心。《华阳国志·蜀志》载：临邛"有古石山，有石矿，大如蒜子，火烧合之，成流支铁，甚刚，因置铁官，有铁祖庙祠。"③ 临邛不仅是当时铁器的重要生产基地，而且也是从成都出发的蜀滇西线通道的第一站，发达的冶铁业是铁制炊餐器具及农具成为南方丝绸之路上重要贸易品的基础条件（临邛的传统冶铁业至今犹存，邛崃古镇上仍有铁匠铺，见图 3-2）。考古资料显示，临邛境内的蒲江和邛崃冶铁遗址分布最为广泛，其中蒲江古石山和铁牛村冶铁遗址的发掘，揭示该地区早在汉朝就已经出现发达的冶铁工业，这是西南地区目前所发现最早的冶铁工业基地。④ 临邛卓氏、程氏等蜀商将生产的大量铁器销往外地，包括输入云南及更远之地，古滇国和夜郎国等均有众多考古发现。西汉时期，云南已经使用铁器，但为数甚少、使用不普遍，当时人视为宝物，这可以从云南历次出土的实物得到确定。1936 年，昭通石门坎出土了铁镢三件，形制相同。镢，是一种形似镐的刨土农具。镢重八两，左右都铸有"蜀郡"篆文两字，下边有"千万"两字连文（蜀郡铁镢见图 3-3）。⑤ 又 1954 年在鲁甸汉墓封土中得到铁镢一件，此石门坎的大一些，除"蜀郡"二字外，有"成都"二字。蜀郡生产的铁器极有可能是临邛县生产的。根据鉴定，这些铁镢以西汉时代的成分居多。石寨山出土的铁器和石门坎及鲁甸汉墓的铁镢，可能就是巴蜀商贾带入的。古夜郎国位于贵州西部，秦开"五尺道"，汉修"南夷道"，至汉武帝元鼎六年（前 111），汉开置牂牁郡，牂牁郡指今贵州省大部及广西、云南部分地区。在贵州西北部的赫章、威宁两县内相继发现了近两百座这一时期的墓葬，不仅出土了一批具有强烈地方色彩的陶器和青铜器，还出土了铁斧、铁锸、铁

---

① 刘琳校注：《华阳国志校注》卷 4，巴蜀书社 1984 年版，第 393—394 页。
② 申旭：《云南移民与古道研究》，云南人民出版社 2012 年版，第 81 页。
③ 刘琳校注：《华阳国志校注》卷 3，巴蜀书社 1984 年版，第 244 页。
④ 周志清：《南丝路上的早期金属工业》，《中华文化论坛》2012 年第 2 期。
⑤ 刘景毛等点校：《新纂云南通志》（五）卷 82，云南人民出版社 2007 年版，第 38 页。

刀、铁釜等汉式铁制炊餐器具，目前
贵州考古资料尚未能证明这批铁器是
本地产品。[①] 而根据云南地区出土的
类似器具的情况，有理由相信这些铁
制炊餐器具应该是从蜀郡传入的。到
东汉时，据《后汉书·地理志》载，
滇池、不韦等地出铁，云南冶铁业有
了较大发展，不必要再远购"蜀郡"
的铁器了。[②] 云南冶铁业的发展，有
力地促进了南方丝绸之路上铁制炊餐
器具的生产和贸易。

　　沿着南方丝绸之路，铁器尤其是
与人们饮食生活相关的铁制生产工具
和生活用器如铁刀、铁制犁铧等向
南传播到东南亚、南亚甚至更远的
国家和地区，提高了当地人们的生
活水平。如缅甸缺铁，古代蜀地的商
人通过南方陆上丝绸之路将临邛的铁
器传入缅甸是极自然的事。朱杰勤先
生研究认为："伊朗在安息王朝（约
前 249—前 226）时代就由中国输入
钢铁。主要运输路线，是由四川经过
云南，入缅甸和印度，又由印度西北
入高附（今阿富汗的喀布尔），即达
安息东境。"[④] 据此可知，公元前 3 世
纪，四川临邛的铁制饮食器具已传

图 3-2　邛崃古镇上的王氏铁匠铺（笔者拍摄
于邛崃古镇）

蜀郡铁器

图 3-3　蜀郡铁镬[③]

---

①　余宏模：《秦汉僰道与开发夜郎》，《乌蒙论坛》2008 年第 2 期。

②　李家瑞：《两汉时代云南的铁器》，《文物》1962 年第 3 期。

③　刘景毛等点校：《新纂云南通志》（五）卷 82，云南人民出版社 2007 年版，第 38 页。

④　朱杰勤：《中国和伊朗历史上的友好关系》，载《中外关系史论文集》，河南人民出版社 1984 年版，第 90 页。

到缅甸。英国李约瑟指出："从汉代初起便有迹象表明，除了布匹和竹杖之外，别的货物也曾通过云南和阿萨密的森林山区。"[1]中国学者认为，李约瑟在这里所说的别的货物，估计最有可能是铸铁器物。[2]戴裔煊先生根据考古发掘资料和中外史料，认为在汉晋时期中国西南地区的铁器已经取道滇缅印通道运抵印度及中亚，甚至还运销至罗马。[3]季羡林先生认为，到了西汉时代，中国的炼钢技术大有提高，许多人因冶铁而致富，不但在国内如此，而且中国钢铁的冶炼技术可能还传到了国外。他还从语言上进行了阐释，指出梵文中有许多字都有"铁"的意思。其中有一个词"cīnaja"，这个字的意思是"中国产"，这个字有多重含义，"钢"是其中之一。这就说明，尽管古代印度有钢铁生产并且输出国外，在古代颇有一些名气，但是，"中国产"的钢在某一个时期某一个地区曾输入印度，这是无法否认的事实。[4]中国的钢铁及其生产技术输入印度后，除了满足建筑、农业生产的需求之外，应该有一部分可以制作生活器皿，其中也包括饮食生活器具。结合文献资料和考古发现看，可以认为，这一时期南方丝绸之路上铁器的转输贸易占有重要地位。先秦汉晋时期不独有铁器经滇缅印通道输往印度及西亚、欧洲，而且冶铁技术也是由这条道路西传远行的。[5]此外，根据现有的资料看，在公元前500年以后，即战国至秦时，铁器已经出现于越南红河三角洲和泰国东北部。汉朝盐铁专买，此时与中南半岛接壤的广西、云南仍不产铁，邻近交趾的合浦、郁林、牂牁、益州诸郡均未设铁官，而《史记·西南夷列传》却明确记载，临邛至少从秦朝开始就成了中国西南铁器生产的基地，并且向周围地区输出，因此，越南的这些铁器很有可能是从临邛输入的。"秦汉时期，交趾经济文化比中原落后，亟需从中原得到铁器，因而铁器大量南运，成为秦汉时期内地输往交趾最重要的商品。"[6]在越南北部清化省的东山遗址及广平省的某些汉墓中也发现了铁制器具，如锸、斧等，随之出土的还有西汉和东汉的五铢钱，证明它们是从中国输入的，而制造这些铁器的地点可能就是临邛。郭沫若主编的《中国史稿》云："中国人民和越南人

---

① [英]李约瑟:《中国科学技术史》第2分册，科学出版社1975年版，第457页。

② 周智生:《中国云南与印度间商贸交流史研究综述》，《云南社会科学》2003年第1期。

③ 戴裔煊:《中国铁器和冶金技术的西传》，《中山大学学报》1979年第3期。

④ 季羡林:《中印文化交流史》，中国社会科学出版社2008年版，第16页。

⑤ 周智生:《中国云南与印度古代交流史述略（上）》，《南亚研究》2002年第1期。

⑥ 童恩正:《略谈秦汉时代成都地区的对外贸易》，载伍加伦、江玉祥主编:《古代西南丝绸之路研究》，四川大学出版社1990年版，第2—3页。

民之间的关系在汉代非常密切，往来我国与越南的商贾很多，他们多半带去铁制农具，换取象牙、犀角、玳瑁、珍珠等产品。"① 可见，随着商贸活动，铁制农业生产工具如铁犁在越南地区的传播，促进了越南食物原料生产的发展。

六、移民、商贸活动与陶器、漆器及制作技艺的南传

在先秦至魏晋南北朝时期，由于古蜀国一部分人及其后裔的南迁和南方丝绸之路沿线地区的商品贸易，中国的陶器、漆器及制作技术包括饮食用陶器和漆器通过蜀地向南传播至云南，经云南而传播至东南亚的越南、南亚的印度等地，对当地人的饮食生活产生了一定影响。

据前文分析，以古蜀王子及部分蜀人南迁为代表的移民促进了越南地区食物原料生产技艺的发展。从考古资料来看，四川和越南地区的各种交流活动最晚从商周之际就已开始，蜀文化在此时已传播到越南的北部地区。越南冯元文化遗存出土陶高柄豆、陶釜，东山文化遗存出土陶器盖、陶圈足豆，分别与四川三星堆遗址出土高柄陶豆形器、什邡战国墓葬出土陶釜、三星堆遗址出土陶器盖、荥经南罗坝战国墓葬出土陶圈足豆等器物形制相似或极为相似，而且大部分能体现出这种相似性或一致性的具体物品并非形制特别简单的器物，这表明两地在青铜至铁器时代一定存在某种程度的文化交流。② 文明的传播和交流具有重复性、多次性的特点。进入秦汉以后，制陶技艺的交流更加明显。有观点认为，越南许多制陶技艺都是从中国直接移植的，在公元前 3 世纪，越南窑工就向中国技师学会了轮制陶术。公元前 2 世纪，中国釉陶工艺即已南传。③公元前 200 年时，有个名叫黄广兴的中国人来到海阳省头溪乡居住，乡民们向他学会了做陶模、缸、瓮的技术和方法。从此，海阳头溪乡逐渐成为越南制陶中心，黄氏也被越南人尊为"陶祖"。④ 汉朝时，中国陶器已较多地进入越南，中国窑具出土品由西贡博物馆收藏。黎正甫《郡县时代之安南》说："（安南）古坟之构造及出土古器，如壶、鼎、盘、案、碗、钵、杯、甑等类，纯为中国风

---

① 郭沫若主编：《中国史稿》第 2 册，人民出版社 1973 年版，第 394 页。

② 雷雨：《从考古发现看四川与越南古代文化交流》，《四川文物》2006 年第 6 期。

③ 唐星煌：《中国古代窑艺在海东和南海地区的传播》，《郑州大学学报（哲学社会科学版）》1993 年第 5 期。

④ 胡亚德：《欧亚的科学与技术》，河内文史地出版社 1950 年版，转引自 [越南] 潘嘉卞：《越南手工业发展史初稿》，商务印书馆 1960 年版，第 43 页。

之制作品。"[1]现在越南人使用的很多餐具如碗、碟、勺一般都是用陶瓷制作的。

　　除了越南之外，印度阿萨姆地区新石器文明与中国西南地区存在一定联系，一些陶制饮食器具也受到中国的影响。有学者推测，在阿萨姆地区考古发现的素面红陶和绳纹陶的赤陶小塑像是受到来自中国西南地区文化的影响。[2]陶器绳纹是新石器时代较普遍的纹饰，在四川的三星堆遗址二三期与十二桥遗址早期都有绳纹出现。[3]在印度中央邦的纳夫达托里（Navdatoli）和南部邦格纳伯莱邦的帕特帕德（Patpade）等地所发现的彩陶带流钵，器形与云南宾川白杨村出土之陶钵相同。印度学者巴普贾维指出："阿萨姆新石器时代后期文化的发展是与东亚紧密相联的。"[4]童恩正先生认为"这种联系唯一合理的可能是通过陆路，即滇缅古道进行"[5]。

　　沿着南方丝绸之路，华夏饮食器具的传播不仅有陶器及制作技艺，还有漆器。西汉初年，汉朝中央政府曾封闭巴蜀南部和西部，但据《史记·货殖列传》的记载，"巴蜀民或窃出商贾"，向南输出的货物有"有铜、铁、竹、木之器"和漆器、丝织品等。其中的漆器有饮食用具。当时，成都生产的漆器行销远方，长沙马王堆一号西汉早期墓、朝鲜平壤附近的古墓等出土的一些饮食用漆器均为成都制造，在南方丝绸之路上的严道古城周围的战国土坑墓中出土的漆器即有明确的铭文说明是成都所产，在云南晋宁石寨山和姚安莲花池的西汉墓中也出有漆器，而此时云南本地尚未生产漆器，因此也可能是四川输入的。[6]

饮食品种及制作技艺

七、蜀商贸易与蒟酱的南传

　　蒟（一作"枸"）酱是古代蜀商对外贸易的一种著名饮食品种。《史记·西

　　① 黎正甫：《郡县时代之安南》，商务印书馆 1945 年版，第 171 页。

　　② P.C. Bagch, *India and China's-Thousand Years of Cultural Relations.2nd edition*, New York, Philosophical Library, 1950, p.17.

　　③ 四川省文管会等：《成都十二桥商代建筑遗址第一期发掘简报》，《文物》1987 年第 12 期。

　　④ H.K., Barpujari *The Comprehensive History of Assam*（volume one, Ancient Period）.Guwahati: Publication Board Assam, 1990.p32.

　　⑤ 童恩正：《古代中国南方与印度交通的考古学研究》，《考古》1990 年第 4 期。

　　⑥ 罗二虎：《汉晋时期的中国"西南丝绸之路"》，《四川大学学报（哲学社会科学版）》2000 年第 1 期。

南夷列传》记载，汉武帝建元六年（前135），鄱阳令唐蒙出使南越，"南越食蒙蜀枸酱，蒙问所从来，曰：'道西北牂柯。牂柯江广数里，出番禺城下。'蒙归至长安，问蜀贾人，贾人曰：'独蜀出枸酱，多持窃出市夜郎。夜郎者，临牂柯江，江广百余步，足以行船。南越以财物役属夜郎，西至同师，然亦不能臣使也。'"①牂柯辖境约为今贵州省大部，牂柯江即北盘江，其下游即广州、番禺城下的西江，流入珠江口，可接南海。南越人用枸（蒟）酱宴请唐蒙，唐蒙回长安询问蜀商，得知此物确是蜀产，由蜀商"窃"运出蜀境，卖给夜郎人。唐蒙因而知道了可能有一条由蜀往南的近道，即是从蜀南一带沿牂柯江直至番禺。

那么，蒟酱是一种什么样的饮食品种呢？首先，要了解"蒟"是何种植物。在裴骃《史记集解》："徐广曰：'枸，一作蒟，音窭。'骃案：《汉书音义》曰'枸木似谷树，其叶如桑叶。用其叶作酱酢，美，蜀人以为珍味。'"司马贞《史记索隐》："蒟。案：晋灼音矩。刘德云'蒟树如桑，其椹长二三寸，味酢；取其实以为酱，美'。又云'蒟缘树而生，非木也。今蜀土家出蒟，实似桑椹，味辛似姜，不酢'。又云'取叶'。此注又云'叶似桑叶，非也'。《广志》云'色黑，味辛，下气消谷'。"②《集解》和《索隐》中的观点并不相同。《唐本草》苏敬注，肯定蒟酱为"蔓生"，宋代唐慎微撰《经史证类本草》所载其图亦为蔓生之形。魏启鹏教授考证了历代多种说法，认为蒟酱原果当非木本，而为藤本蔓生。③此外，他还考证了蒟酱与扶留、荜茇的区别，认为三者有相似之处，所以在历史文献中经常混淆。其次，要了解蒟酱的制作方法。清代植物学家吴其濬《植物名实图考》卷二十五记载了他对云南元江州出产的考察："考云南旧志，元江产芦子，山谷中蔓延丛生，夏花秋实，土人采之，日干收货。蒌叶，元江家园遍植，叶大如掌，累藤于树，无花无实，冬夏长青，采叶合槟榔食之，味香美。一则云夏花秋实，一则云无花无实，二物判然，以土人而纪所产，固应无妄。……《景东厅志》：芦子叶青花绿，长数十丈，每节辄结子，条长四五寸，与蒌叶长仅数尺者异矣。偏考他府州志，产芦子者，如缅宁、思茅等处颇多，而蒌叶则唯元江及永昌有之，故滇南芦多而蒌少。……又以元江分而二之为蒟

①　《史记》卷116《西南夷列传》，中华书局1959年版，第2994页。
②　《史记》卷116《西南夷列传》，中华书局1959年版，第2994页。
③　魏启鹏：《蒟酱考寻》，载四川省民俗学会、四川省名人协会编：《川菜文化研究》，四川大学出版社2001年版，第158—164页。

有两种：一结子以为酱，一发叶以食槟榔。芦子为酱，亦芥酱类耳，近俗多以番椒、木櫑子为和，此制便少，亦古今之变食也。"[1] 吴其濬发现，"蒟"这种植物在元江又分为二种，其一为芦子，其二为蒌叶，蒟酱原果殆为元江所产芦子，而元江尚存以芦子为酱的习俗，其味辛，类似芥酱。吴氏的考察研究，揭示了古代巴蜀蒟酱的制作方法和味道以及后来逐渐不显于世的原因。

蒟在古代中国的西南和华南的生长分布广泛，四川地区是其最重要产地，如《华阳国志·巴志》载"蔓有辛蒟"，此外晋朝犍为郡的南安、僰道及江阳郡出产的蒟酱知名。南方丝绸之路所经过的川南地区、黔中地区是蒟酱的重要产地，这促使蜀商携带着蒟酱从巴蜀地区沿南方丝绸之路的南夷道经牂牁江到南越。蒟酱味美，类似"芥酱"、具食疗之功，明刊本《食物本草》将其列入味部，《食疗本草》认为其可"散结气，治心腹中冷气""尤治胃气疾"。[2] 因为它具有一定的食疗之功，可能也通过南方丝绸之路传到了缅甸。公元8—11世纪初，缅甸的蒲甘附近一个寺庙中的一则碑铭提供了有关信众对阿利僧的供养，其中，每日须早晚两次供养米饭、牛肉、蒟酱及酒一瓶。[3]

如今，作为饮食品种的蒟酱在中国内地已不显于世。但是，在东南亚地区，人们将槟榔和一小片莱姆酸橙一起包在槟榔叶内咀嚼，此物被称为"蒟酱"；又因为盛"蒟酱"的盒子多为黑质红细纹的填漆漆器，东南亚漆工便称黑质红细纹的填漆漆器为"蒟酱"。[4]"蒟酱"一词的含义从一种饮食成品发展演变为一种类型的饮食器具，其传播的历史和发展包括"蒟酱"器具的制作工艺传播都是值得深入探讨和研究的问题。

八、秦汉时人口迁移和粽子等糯米食品在东南亚的传播

秦汉时期，由于百越人的一部分迁移至西南地区，并由此经南方丝绸之路而迁至泰国、缅甸、老挝等东南亚地区，加之东汉时汉朝军队南征交趾（今越南），粽子等糯米食品也随之传播到东南亚。

"越"本来是国名，其族属"闽"，但是后世习惯于以越为族称。战国以后，

---

① （清）吴其濬：《植物名实图考》卷25，中华书局1963年版，第637页。

② 郑金生、张同君译注：《食疗本草译注》，上海古籍出版社2007年版，第21页。

③ 净海：《南传佛教史》，宗教文化出版社2002年版，第31页。

④ 长北：《〈髹饰录〉与东亚漆艺——传统髹饰工艺体系研究》，人民美术出版社2014年版，第325—327页。

又出现"百越"的称呼，主要指古代南方沿海及岭南地区的古越部族。因这些古越部族众多纷杂且中原人对其不甚了解，故谓之为"百越"，如《吕氏春秋》中即将这些越族诸部统称为"百越"。吕思勉先生指出"自江以南则曰越"①。百越的分支很多，包括吴越、扬越、东瓯、闽越、南越、西瓯、雒越等，乃汉族的族源之一，在秦汉后，有一部分人群陆续向西南地区迁移，有的甚至通过南方丝绸之路继续向东南亚迁徙。游修龄、曾雄生先生认为，世界上存在着一个糯米饮食文化圈，长江下游地区是亚洲栽培稻的起源地，在距今约四五千年前水稻则陆续北上进入黄河流域，而古代非糯的籼稻或粳稻的栽培要比糯稻少，吴越人以糯米为主食。百越族的一部分自秦汉后陆续向西南地区的贵州、广西、云南及以南的泰、缅、老挝等地迁徙，仍保留以糯稻为主食的习惯，并非是他们迁到这些地方后才改以糯米为主食。②此外，徐成文在《中华饮食文化对周边国的影响》中通过分析研究认为，东汉时期，汉朝官兵南征交趾（今越南）一带，也将中国农历五月初五端午节吃的粽子带到了中南半岛，至今缅甸和东南亚其他地区仍保留着吃粽子的习俗，并且缅甸人常吃的"糯米饭团"与中国粽子的外形及制作方法几近相同。③可以说，中国的粽子在汉朝时传播到缅甸地区，缅甸人积极学习借鉴并创新，制作出缅甸的特色食物"糯米饭团"。而秦汉时期南方丝绸之路及其沿线地区部分人口的向南迁移，极大地影响了包括缅甸在内的东南亚地区制作和食用类似粽子等糯米食品。

第二节　隋唐时期：发展期

隋唐时期是南方丝绸之路上华夏饮食文明传播的发展期。此时，因政治统一、社会稳定，经济得到迅速恢复与发展，四川和云南地区也是如此。其中，成都平原更是因扩建都江堰水利工程和兴建许多水利工程而在农业生产上进一步提高，成为当时全国农业最发达的地区之一，手工业和商业也很发达，有"扬一益二"之称。与此同时，南方丝绸之路上的多条线路得到进一步拓展和疏通，与东南亚、南亚的道路更加通畅，使得南方丝绸之路上的贸易往来、文

---

① 吕思勉：《中国民族史》，中国大百科全书出版社 1987 年版，第 186 页。
② 游修龄、曾雄生：《中国稻作文化史》，上海人民出版社 2010 年版，第 417 页。
③ 徐成文：《中华饮食文化对周边国的影响》，《烹调知识》2012 年第 9 期。

化交流等也日益增多，华夏饮食文明对外传播内容也有所增加。

隋朝时期

公元581年，杨坚建立隋朝，对全国的地方行政制度进行重大改革，不仅取消了四川的郡一级行政机构，对原有的州、县大加省并，而且在少数民族地区不断开置州，巩固了对四川和云南的统治。隋朝末年，因隋炀帝暴政而爆发的全国性农民大起义基本没有波及四川，因此四川成为当时全国少有的安定地区。

隋朝时，四川开始实行均田制，促进了农业和手工业的发展，耕地总数与西汉时期规模相当，粮食已有较多积蓄，在隋末唐初时成为李渊倚重的战略后方，使其卒定天下于一。① 此时，成都的丝织等手工业生产也得到发展。随着农业和手工业发展，隋朝的成都已是著名的商业城市，"水陆所凑，货殖所萃"②。此时，南方丝绸之路由于沿线民族部落所阻而不甚通畅，尤其是石门道的通行更为不畅。开皇五年（585），兼法曹黄荣领始、益二州石匠，在石门造偏梁桥阁，才完全开通了这条道路。据《蛮书·云南界内途程》载："（石门）上有隋初刊记处云：'开皇五年十月二十五日，兼法曹黄荣领始、益二州石匠，凿石四孔，各深一丈，造偏梁桥阁，通越析州、津州。'"③ 它是这一时期对南方丝绸之路上部分道路的一次大整修。农业和手工业的发展以及道路的整修、通畅，促进了南方丝绸之路上的华夏饮食文明对外传播。

唐朝及五代时期

唐朝建立后，对地方行政区划进行过多次调整。对四川地区而言，当时把剑南东川、剑南西川和山南西道合称为"剑南三川"（简称"三川"），是唐朝四川的主要行政区划。除此之外，山南东道和黔中道也有部分地区在今四川境内。唐朝的四川地处西南边陲，还设有统领边防部队的军事机构，四川地区在唐朝前期出现了较长时间相对安定的局面，但"安史之乱"后逐渐进入动荡不安的时代，尤其是盆地西部常受到南诏、吐蕃的侵扰。其中，大和三年（829）

---

① 郭声波：《四川历史农业地理》，四川人民出版社1993年版，第44页。

② 《隋书》卷29《地理志上》，中华书局1973年版，第830页。

③ （唐）樊绰撰，向达校注：《蛮书校注》卷1，中华书局1962年版，第19页。

南诏入攻成都，掠走数万子女、百工，咸通十年（869）南诏复攻入成都平原却大败。尽管如此，相对于中原地区，四川地区仍较为安定，成为北方人民避难入居之地，同时还以财力、物力支持唐朝中央政府。公元 907 年，王建在成都称帝、建立起前蜀政权，其疆域包括剑南道（东川、西川）和山南西道的五十七州，囊括四川大部、陕西南部、甘肃东南部和湖北西部，所属面积在当时的五代十国中位居第三位。王建在位 12 年（907—918），注重选用才能、劝课农桑、轻省徭赋等，社会安定，经济得到发展，但其子王衍继位后则逐渐陷入腐败，公元 925 年被后唐所灭。到公元 934 年，孟知祥又在成都建立后蜀，称帝半年后去世，其子孟昶即位，实行与民休息的政策，使农业生产得以发展，巴蜀地区一度成为当时最为安定繁荣的地区。对云南地区而言，此时以大理为中心的南诏政权兴起。唐朝对南中地区的经营，在早期除了仍然派遣官吏进行统治外，最重要的政策便是帮助南诏首领皮罗阁兼并五诏、建立南诏王国，建都城于大和城。公元 738 年 9 月，唐玄宗册封南诏皮罗阁为云南王，但后来，南诏与唐朝发生争端并逐渐使南中地区从唐朝中央政府的控制中游离出去。在南诏的极盛时代，其疆域北抵大渡河，南至越北，西接缅印边境，东达贵州北部和广西西部。陆韧《云南对外交通史》指出，"尽管唐时云南处于南诏地方政权的统治下，但是作为中国不可分割的一部分，它的对外关系、对外交通的发展仍然是中国对外关系和中外交通的重要组成部分"①。云南地区成为唐朝与南亚、东南亚地区贸易往来与文化交流的重要连接区域。

　　唐朝及五代时，四川的农业、手工业和商业发展较快。唐朝时，成都平原继续扩建都江堰水利工程，眉州、青神、罗江等地又陆续兴建了许多水利工程，使得农业生产技术进一步提高。间作、复种的普遍推广，促使成都平原成为当时全国农业最发达的地区之一，物产丰富。四川的一些丘陵、山区适宜于茶树生长，中唐以后，茶树的种植面积不断扩大，当时的绵州、汉州、彭州、蜀州、邛州、眉州和雅州等地是全国主要的茶叶产区，蜀茶产量多、质量好。农业的发展，加上井盐业、造糖业、陶瓷制造业和纺织业等手工业的兴盛，使得四川的商业日趋繁荣，成都成为全国最繁华的商业都会之一，民间俗称"扬一益二"，即所谓"扬州与成都，号为天下繁侈，故称扬、益"②。进入

---

① 陆韧：《云南对外交通史》，云南人民出版社、云南大学出版社 2011 年版，第 130 页。
② （唐）李吉甫：《元和郡县图志》卷 2，贺次君点校，中华书局 1983 年版，第 1070 页。

五代，前蜀的农业发展兴盛。吴任臣在《十国春秋》记载的梓潼有通碑文反映当地农业情况："耒耕接肘，篝笠摩肩，闾阎风靡，稼穑云连。"[①] 据曾任前蜀和后蜀中枢大员的毛文锡所著《茶谱》记载，蜀中产茶地区较多，四川茶叶生产与唐朝相比有较大的发展，某些地区的茶叶生产已向专业化、商品化方向发展。前蜀王衍时，成都的商业繁荣，太后和太妃都广置邸店、以谋私利。除成都以外，商业较为繁荣的都市还有号称"蜀川巨镇"的梓州，盐业发达的陵州，地处交通冲要的阆州和夔州。[②] 到了后蜀，四川的社会经济依然繁富。张唐英《蜀梼杌》卷下载："是时蜀中久安，赋役俱省，斗米三钱，城中之人子弟，不识稻麦之苗，以笋竿俱生于林木之上，盖未尝出至郊外也。村落间巷之间，弦管歌诵，合筵社会，昼夜相接。府库之积，无一丝一粒入于中原，所以财币充实。"[③] 与此同时，云南地区的南诏社会经济也有一定发展。南诏都城大理成为当时云南地区政治、经济和文化的中心。在农业生产方面，粮食作物、经济作物的种植已相当普遍，如银生城界诸山出茶，蒙舍蛮以椒姜桂和烹而饮之；永昌、丽水、长傍、金山出产荔枝、槟榔、河黎勒、核桃；大厘城出产柑橘；丽水城、永昌还出产菠萝蜜果，大者如甜瓜，小者如橙柚。畜牧业生产也有较大发展，并在经济生活中占有重要地位，尤其是许多家庭饲养役用的马、牛、驴、骡、象等。此外，手工业也有一定发展，如井盐、金、银、锡等多有开采。在新的政治经济格局中，南诏的对外经济交流活动不断发展，其中对东南亚的缅甸、南亚的印度等地的商贸活动非常活跃。

唐朝及五代时期是南方丝绸之路的拓展期，尤其是滇印间的交通情况较之先秦汉魏南北朝时期已大有改善，通畅程度大为增强，四川境内不仅州县之间道路相通、往来便捷，对外交通也较为发达。此时，南方丝绸之路主要可分为蜀滇段、滇缅印段、滇越段、滇南出口通道等。第一，蜀滇段。唐朝从四川通往云南的道路有 10 余条，而最重要的是清溪道和石门道。清溪道即从成都出发、经川西到云南大理的路线，由零关道（青衣道、牦牛道）发展而来，又称南路，以别于北路石门道，也称邛部旧路、嶲州道、姚州道。此路在魏晋南北朝时则时开时闭，入唐以后成为交通干线，多次进行修筑。樊绰《蛮书》和《新唐书·地理志》引贾耽《记边州入四夷道里考实》对这段路程有记

① （清）吴任臣：《十国春秋》卷 44，中华书局 1983 年版，第 650 页。
② 陈世松主编：《四川简史》，四川省社会科学院出版社 1986 年版，第 108 页。
③ 傅璇琮等主编：《五代史书汇编》，杭州出版社 2004 年版，第 6095 页。

载。据《新唐书·地理志》："自清溪关南经大定城百一十里至达仕城，西南经菁口百二十里至永安城，城当滇、笮要冲。又南经水口西南度木瓜岭二百二十里至台登城。又九十里至苏祁县，又南八十里至嶲州。又经沙野二百六十里至羌浪驿。又经阳蓬岭百余里至俄准添馆。阳蓬岭北嶲州境，其南南诏境。又经菁口、会川四百三十里至河子镇城，又三十里渡泸水，又五百四十里至姚州，又南九十里至外沴荡馆。又百里至伕龙驿，与戎州往羊苴咩城路合。"①蓝勇通过参考前人研究成果和实地考察，认为清溪道的大致线路为：成都—邛崃—名山—荥经—汉源—甘洛—越西—喜德—冕宁—西昌—德昌—会理—永仁—大姚—姚安—祥云—大理。石门道，因其路途有险峻异常的石门关而得名，即秦五尺道、汉僰道，唐时也称为北路。②根据云南盐津县豆沙关石壁唐袁滋摩崖的记载，此道真正置为驿路是在贞元十年（794）。根据相关考证研究，唐朝石门道的大致线路为：成都—宜宾—盐津豆沙关—昭通—曲靖—昆明—楚雄—祥云—大理。③（盐津豆沙古镇上的石门关，见图3-4）第二，滇缅印段。《新唐书·地理志》载："自羊苴咩城西至永昌故郡三百里。又西渡怒江，至诸葛亮城二百里。又南至乐城二百里。又入骠国境，经万公等八部落，至悉利城七百里。又经突旻城至骠国千里。又自骠国西度黑山，至东天竺迦摩波国千六百里。又西北渡迦罗都河至奔那伐檀那国六百里。又西南至中天竺国东境恒河南岸羯朱嗢罗国四百里。又西至摩羯陀国六百里。"④滇缅印段是从南诏国的中心（今大理州）南通缅印的路线，其主线又分为西南路和正西路两条：一是西南路线，从南诏经骠国通天竺道，即从今缅甸掸邦东北角进入其内地，到达骠国都城，向西翻越黑山（今缅甸钦山）进入印度境内，可以看作是秦汉时期"蜀身毒道"的延伸。其路线大体如下：龙陵（诸葛亮城）—遮放—畹町—九谷—锡箔—叫栖或沙示—骠国都城—钦山地区—高哈蒂—隆格普尔—拉日马哈—印度中部地区（中天竺，今巴特那地区）。二是正西道路线，从南诏西出腾冲通天竺道，即从腾冲西北行入缅甸再到印度、西藏，是南诏通往骠国、吐蕃、天竺等地最为便利的一条捷径。《新唐书·地理志下》载："一路自诸葛亮城西去腾充城二百里。又西至弥城百里。又西过山，二百里至丽水城。乃西渡

---

① 《新唐书》卷42，中华书局1975年版，第1083页。
② 蓝勇：《南方丝绸之路》，重庆大学出版社1992年版，第52—54页。
③ 蓝勇：《南方丝绸之路》，重庆大学出版社1992年版，第74—75页。
④ 《新唐书》卷43下《地理志下》，中华书局1975年版，第1152页。

丽水、龙泉水，二百里至安西城。乃西渡弥诺江水，千里至大秦婆罗门国。又西渡大岭，三百里至东天竺北界箇没卢国。又西南千二百里，至中天竺国东北境之奔那伐檀那国，与骠国往婆罗门路合。"①"骠国往婆罗门路"即从大理经保山、龙陵、九谷到骠国都城、再到印度的道路。这两条通道在高黎贡山上的诸葛亮城分开，一路往西南，一路向西。第三，滇越段。此线路又有两条，即步头路、通海路，这两条路都与从宜宾地区南下的僰道相接，再向西北进入大理，最后沿博南古道通往东南亚和南亚的缅甸、印度等。《新唐书·地理志》对从安南到羊苴咩城（今大理）的路线、里程有较详细的记载："安南（河内）经交趾太平，百余里至峰州，又经南田，百三十里至恩楼县，乃水行四十里至忠城州。又二百里至多利州，又三百里至朱贵州，又四百里至甘棠州，皆生獠也。又四百五十里至古涌步，水路距安南凡千五百五十里。又百八十里经浮动山、天井山，山上夹道皆天井，间不容跬者三十里。二日行，至汤泉州。又五十里至禄索州，又十五里至龙武州……又八十三里至傥迟顿，又经八平城，八十里至洞澡水，又经南亭，百六十里至曲江，剑南地也。又经通海镇，百六十里波海河、利水至绛县。又八十里至晋宁驿，戎州地也。又八十里至拓东城，八十里至安宁故城，又四百八十里至云南城，又八十里至白崖城，又七十里至蒙舍城，又八十里至龙尾城，又十里至太和城，又二十五里至羊苴咩城。自羊苴咩城西至永昌……又入骠国境。"②其中，步头路早在汉朝就开通，即滇越进桑道，到唐朝是南方丝绸之路上仅次于主线的一条对外交通支线，兵旅、使节、商贾取行不断。第四，滇南出口通道。它是从滇南通向泰国的

图 3-4　石门道上的盐津豆沙古镇上的石门关（笔者拍摄于石门关）

①　《新唐书》卷43下《地理志下》，中华书局1975年版，第1152页。
②　《新唐书》卷43下《地理志下》，中华书局1975年版，第1151—1152页。

道路，其重要性相对而言不及它道，主要从龙尾城或永昌到开南城（景东西南澜沧江边），再沿澜沧江水路到弥臣国（缅甸南部毛淡绵、白古一带）至南海。此路也可从龙尾城到银生城（景东县），再取水陆路往文单、女王、婆罗门、阇婆、勃泥、昆仑等国（今东南亚诸国）。

　　在隋唐五代时期的南方丝绸之路上，中国与东南亚、南亚各国的交流和饮食文明传播主要是通过商人的贸易往来、官方使节的朝贡贸易及各类型的移民活动进行，而华夏饮食文明的对外传播内容包括食物原料、饮食器具、饮食风俗三个方面。其中，食物原料主要有盐，还有各种粮食作物及其生产技艺等；饮食器具主要是瓷器等；饮食风俗主要有儒家饮食思想及礼仪，尤其是宫廷饮食礼仪等，种类较为多样和丰富。

食物原料及其生产技术

　　一、南诏的井盐生产及贸易与食盐在缅甸等的传播

　　井盐是通过打井的方式抽取地下盐卤而煎煮制成的，为生产井盐而打制的竖井即是盐井。与海盐、池盐（湖盐）、岩盐（矿盐）相比，其生产工艺最为复杂，经历了不断发展的过程。明朝宋应星《天工开物》"井盐"载："凡滇、蜀两省远离海滨，舟车艰通，形势高上，其成脉即蕴藏地中。凡蜀中石山去河不远者，多可造井取盐。盐井周围不过数寸，其上口一小盂覆之有余，深必十丈以外乃得卤性，故造井功费甚难。"[1] 四川和云南地区都生产井盐，但是，从史料记载看，四川早在战国时期已打盐井、生产井盐，到唐朝时生产技术不断发展，并传播到云南地区的南诏国，而南诏国采用四川的井盐生产技术使得当地食盐产量大增并逐渐成为南方丝绸之路上的货币和主要贸易商品，进一步向南传播至缅甸等地区。

　　早在战国时期，四川地区已通过人工打造盐井的方式取得盐卤来生产食盐。《华阳国志·蜀志》："以李冰为蜀守""穿广都盐井、诸陂池。"[2]《太平御览·饮食部》引李膺《益州记》："越嶲先烧炭，以盐井水沃炭，刮取盐。"[3] 四川东汉井盐生产画像砖也清楚地再现了东汉四川盐井的形状。而《滇盐史论》

---

[1]　潘吉星译注：《天工开物译注》，上海古籍出版社 2016 年版，第 57 页。
[2]　刘琳校注：《华阳国志校注》卷 3，巴蜀书社 1984 年版，第 210 页。
[3]　（宋）李昉等：《太平御览》卷 865，中华书局 1960 年版，第 3841 页。

认为，到汉晋时期云南盐产地仍然是地下盐层的自然冒头收集，其采取方式最多只是粗放的挖坑取水熬卤，即是所谓"盐池"的形式，盐业生产还处于自然选取的较原始阶段。① 到唐朝时，四川地区的井盐生产持续发展，盐井的数量和产量都有所上升。根据张莉红统计，唐朝时四川井盐产地近 70 州县，盐井数从高宗上元时 90 井到宪宗时至少 209 井。唐朝文献缺乏井盐总量的记载，但从陵井的产量推之，唐武周时陵井岁产盐 65.52 万斤，陵井税额占全川盐井税额 26%，则可推算出全川盐产量约为 252 万斤。② 此时，在南方丝绸之路沿线的四川境内还涌现出一批高产的盐井，如广都盐井、临邛盐井、蒲江盐井、富义盐井以及陵井、卓筒小井等。其中，仁寿县的陵井相传为东汉道教始祖张道陵所开。李吉甫《元和郡县图志》卷 33 "剑南道下"记载，"纵广三十丈，深八十丈，益部盐井甚多，此井最大。以大牛皮囊盛水，引出之役作甚苦，以刑徒充役"。③ 由于盐井规模庞大，井径宽阔，井深超前，因此在汲取盐卤时使用了"大牛皮囊"以及类似杠杆原理的机械"引"出之，同时使用"刑徒充役"来承担繁重的劳动，可见其盐井生产水平有了更大提高。与此同时，南方丝绸之路的道路较为通畅，商品贸易和文化交流不断，四川的食盐便沿着南方丝绸之路通过商人贸易而运输到了云南少盐、缺盐的地区，四川的井盐技术也逐渐传播到了云南地区，云南地区的南诏国也出现了井盐生产。《蛮书·云南管内物产》载："其盐出处甚多，煎煮则少。安宁城中皆石盐井，深八十尺，城外又有四井，劝百姓自煎。……升麻、通海已来，诸爨蛮皆食安宁井盐，唯有览睒城内郎井盐洁白味美，惟南诏一家所食取足外，辄移灶缄闭其井。泸南有美井盐，河睒、白崖、云南已来供食。昆明城有大盐池，比陷吐蕃。蕃中不解煮法，以咸池水沃柴上，以火焚柴成炭，即于炭上掠取盐也。贞元十年春，南诏收昆明城，今盐池属南诏，蛮官煮之，如汉法也。东蛮磨些蛮诸蕃部落共食龙佉河水，中有盐井两所。剑寻东南有傍弥潜井、沙追井，西北有若耶井、讳溺井，剑川有细诺邓井，丽水城有罗苴井。长傍诸山皆有盐井，当土诸蛮自食，无榷税。蛮法煮盐，咸有法令。颗盐每颗约一两二两，有交易即以颗计之。"④

———————

① 黄培林、钟长永主编：《滇盐史论》，四川人民出版社 1997 年版，第 23 页。

② 张莉红：《在闭塞中崛起——两千年来西南对外开放与经济、社会变迁蠡测》，电子科技大学出版社 1999 年版，第 56 页。

③ （唐）李吉甫：《元和郡县图志》卷 33，贺次君点校，中华书局 1983 年版，第 862 页。

④ 向达校注：《蛮书校注》卷 7，中华书局 1962 年版，第 184—190 页。

《滇盐史论》分析指出，在从天然冒头或简单盐池一变为盐井形式上，可以说云南"井盐"采集原料的方式产生了大变化，此时云南的井盐生产方式具备了从井中提卤煎制食盐的含义，盐井出现，当可视为云南食盐生产的新发展。而在此以前，尚找不到云南范围内有"盐井"这一名称的记载。[①]《蛮书》记载的南诏制盐方式已经是煎煮法，"蛮官煮之如汉法"，与当时四川盐井制法相同，而吐蕃占领昆明盐井，不懂煎煮法，把卤水浇于柴上，烧柴成炭，于炭上取盐。这不仅说明南诏的制盐技术比吐蕃先进，也可以看出南诏的食盐生产技术受到四川井盐生产技术的直接影响。

　　由于采用了先进的井盐制作技术，南诏的食盐生产量和盐业产区不断扩大。因资料较为缺乏，目前尚不能估算出南诏地区的产盐数量，但在这一时期南方丝绸之路的贸易中，南诏食盐已占据重要地位，不仅成为南方丝绸之路上流通的盐币，而且作为重要商品输入到缅甸等地。根据《蛮书》载，此时云南地区的盐井甚多，有安宁五盐井、泸南美井、郎赎郎井、剑川傍弥潜井、沙追井及细诺邓井、兰坪若耶井、讳溺井等，开采者不下数十处，并且在商品交换中以颗盐充当货币。大约在公元9世纪盐块作为货币进入流通领域，到13世纪时盐币仍然作为货币畅行。《马可波罗行纪》中记录了意大利人马可·波罗曾沿着南方丝绸之路从四川经云南前往缅甸的所见所闻，成为研究南方丝绸之路及文化传播与交流的重要资料。《马可波罗行纪》记载："其小货币则用盐。取盐煮之，然后用模型范为块，每块约重半磅，每八十块值精金一萨觉（saggio），则萨觉是盐之一定分量，其通行之小货币如此。"[②]每块盐币盖君主印记，由官府发行。盐币从唐朝特定重量的颗盐，发展到后来由官府制作的钤印货币，反映出盐币由自然等价物向法定等价物的转化。盐币的畅行，说明南方丝绸之路商贸流通中，食盐占有重要地位。[③]

　　此外，南诏生产的食盐也传播到了缅甸境内。《蛮书·南蛮疆界接连诸番夷国名》载："骠国在蛮永昌城南七十五日程，阁罗凤所通也。"[④] 公元8—9世纪，南诏控制了上缅甸的部分地区，其统治者阁罗凤（748—779）筑城、管理伊洛瓦底江上游，又征调当地部落成员参加南诏军队。在这一时期，缅甸北部

---

①　黄培、钟长永主编：《滇盐史论》，四川人民出版社1997年版，第24页。

②　[意]马可·波罗：《马可波罗行纪》，冯承钧译，上海书店出版社2001年版，第282页。

③　张学君、张莉红：《南方丝绸之路上的食盐贸易》（续篇），《盐业史研究》1997年第3期。

④　向达校注：《蛮书校注》卷10，中华书局1962年版，第233页。

的生产获得很大发展，这与南诏重开南方丝绸之路有着极为密切的关系。南诏
对外交通条件的改善既是当时对外经济文化交流刺激下的产物，也为华夏饮食
文明对外交流和传播进一步创造了条件。滇缅印民间商品交易以永昌为中转大
站，中国西南地区的许多物品通过南方丝绸之路销到了缅甸、印度等地，如丝
绸、云南马等。① 同时，缅甸、印度的产品也通过此路进入中国西南地区。《蛮
书·南蛮疆界接连诸蕃夷国名》载：骠国"有移信使到蛮界河赕，则以江猪、
白氎及琉璃罂为贸易"②。《新唐书·骠国传》也载"与诸蛮市，以江猪、白氎、
琉璃罂缶相易"③。根据夏光南先生研究，河赕为南诏境内一大商品集散市场，
其位置当在大理附近的喜洲。当时的骠国系以卑谬为都城的缅人国家，城西
10 里为伊洛瓦底江。所谓移信使者，实为骠国朝贡南诏的使节及贸易商旅。④
在当时的记载中提到该地出产黄金、琥珀、盐、马、牛、羊、耕象等。申旭认
为在上面所提到的出产物品中，有些可能不是本地所产，而是通过贸易所得，
例如盐，可能来自云南的盐井。⑤ 南诏商人主要用价值高、易贮存、不易腐烂
的物品如纺织品、香料等进行贸易，也用部分饮食类物品如盐等来贸易。而在
东南亚地区，盐对人们饮食生活的意义更大。

二、移民与粮食作物及其生产技术的南传

唐朝在云南地区广泛"开路置驿"，后来南诏在云南地区崛起并将统辖范
围扩大到周边的东南亚部分地区，由于一部分从中原内地迁徙到云南地区的移
民以及被南诏掳掠的人口，不仅使得先进的食物原料生产技术传播到云南地
区，还以南诏为中介和重要节点，将其向南传播到缅甸等东南亚地区，促进了
当地食物原料及生产技术的发展。

这一时期，从内地迁移到云南的人群主要有戍兵、逃民和被掳掠者。第
一，戍兵。南诏尚未控制云南全境之前，唐朝在金沙江以南地区的州县均派有
戍兵把守。这些戍兵大多来自四川，最终留在了云南。据《通典》卷187载：

---

① 陆韧：《云南对外交通史》，云南人民出版社、云南大学出版社 2011 年版，第 137 页。
② 向达校注：《蛮书校注》卷 10，中华书局 1962 年版，第 233 页。
③ 《新唐书》卷 222 下《南蛮传下·骠传》，中华书局 1975 年版，第 6308 页。
④ 夏光南：《中印缅道交通史》，中华书局 1948 年版，第 53 页。
⑤ 申旭：《中国西南对外关系史研究——以西南丝绸之路为中心》，云南美术出版社 1994
年版，第 119 页。

"大唐麟德元年（664）五月，于昆明之弄栋川置姚州都督府，每年差兵募五百人镇守。"①《新唐书·杨国忠传》载："国忠虽当国，常领剑南召募使，遣戍泸南，饷路险乏，举无还者。"② 这些"举无还者"的戍兵后来都留在了云南。第二，逃民。这些逃民大多来自中原或巴蜀地区。《资治通鉴·唐纪》载，贞观二十二年（648）四月，"右武候将军梁建方击松外蛮，破之。初，嶲州都督刘伯英上言：'松外诸蛮暂降复叛，请出师讨之，以通西洱、天竺之道。'……其地有杨、李、赵、董等数十姓，各据一州，大者六百，小者二、三百户，无大君长，不相统壹，语虽小讹，其生业、风俗，大略与中国同，自云本皆华人，其所异者以十二月为岁首"。③《旧唐书·张柬之传》载，武后神功二年（699）五月，蜀州刺史张柬之《卜罢姚州疏》云："今姚州所置之官，既无安边静寇之心……唯知诡谋狡算……提挈子弟，啸引凶愚，聚会蒲博，一掷累万。剑南通逃，中原亡命，有二千余户，见散在彼州，专以掠夺为业"，故而"乞省罢姚州，泸南诸镇，亦皆悉废。于泸北置关，百姓非奉使入蕃，不许交通往来"。④ 第三，掳掠者。南诏曾发动战争、进攻四川地区，将俘获之人带回并令其从事相关劳动。《新唐书·南蛮传下》载："西川节度使杜元颖治无状，障候弛沓相蒙，时大和三年（829）也。嵯巅及悉众掩邛、戎、嶲三州，陷之。入成都，止西郛十日，慰赍居人，市不扰肆。将还，乃掠子女、工技数万引而南……南诏自是工文织，与中国埒。"⑤ 值得注意的是，南诏从外地掠夺来的人口中有许多工匠，他们在云南生活和劳作，对当地社会文化发展起到了一定的促进作用，尤其是对当地的食物原料生产带来了重要影响。

这些移民不仅带来了内地先进的食物原料生产技术，还丰富了食物原料品种，有效地促进了南诏食物原料及生产技术的发展。《通典》卷187说："其西洱河从嶲州西千五百里，其地有数十百部落，大者五六百户，小者二三百户。无大君长，有数十姓，以杨、李、赵、董为名家；各据山川，不相役属，自云其先本汉人。……其土有稻、麦、粟、豆，种获亦与中夏同，而以十二月为岁首。菜则葱、韭、蒜、菁，果则桃、梅、李、奈。有丝麻，女工蚕织之事。出

---

① （唐）杜佑：《通典》卷187，王文锦等点校，中华书局1988年版，第5062页。

② 《新唐书》卷206《外戚传·杨国忠传》，中华书局1975年版，第5850页。

③ 《资治通鉴》卷199，中华书局1956年版，第6255—6256页。

④ 《旧唐书》卷91《张柬之传》，中华书局1975年版，第2940—2941页。

⑤ 《新唐书》卷222中《南蛮传中·南诏下》，中华书局1975年版，第6282页。

施绢丝布，幅广七寸以下。早蚕以正月生，二月熟。畜则有牛、马、猪、羊、鸡、犬。"① 李昆生在《南诏农业刍议》中指出，唐朝时，南诏境内的农作物品种已是"五谷"齐全，既有北方的传统作物麦、粟、黍、稷，又有南方的传统作物稻，豆类作物也有种植。② 同时，南诏在农作物的种植与管理上呈现出较高水平。《蛮书·云南管内物产》记载南诏已有在同一田中交替种植大麦和粳稻的稻麦复种技术："从曲靖州以南，滇池以西，土俗唯业水田。种麻豆黍稷，不过町疃。水田每年一熟。从八月获稻，至十一月十二月之交，便于稻田种大麦，三月四月即熟。收大麦后，还种粳稻。小麦即于冈陵种之，十二月下旬已抽节，如三月小麦与大麦同时收刈。其小麦面软泥少味。大麦多以为麨，别无他用。酝酒以稻米为麹者，酒味酸败。"③ 李伯重指出，这一技术在唐高宗、武则天时产生于长江流域少数发达地区，作为普遍的种植制度则形成于盛唐、中唐时期，地域扩大到长江三角洲、成都平原和长江沿岸地区。④ 刘云明认为，南诏的稻麦复种技术在唐朝是接近内地先进水平的。⑤ 日本学者藤泽义美认为，南诏在农业方面采取集约经营方式等，显然是受到当时辉煌的唐文化的巨大影响，是从唐朝文化中模仿摄取的。⑥ 此外，由于移民的作用，铁制农具耦犁在南诏的使用及推广也提高了当地食物原料生产的水平。耦犁是一种铁制长辕犁，由二牛三人进行，出现在西汉时期。而云南地区关于耦犁耕作法的记载则出现在南诏时期，表明至迟在唐朝的边疆地区已经接受了中原先进的农耕技术。⑦《蛮书·云南管内物产》记载了二牛三夫的耕作法："每耕田用三尺犁，格长丈余。两牛相去七八尺，一佃人前牵牛，一佃人持按犁辕，一佃人秉耒。"⑧《新唐书·南诏传》则介绍"犁田以一牛三夫，前挽、中压、后驱"⑨。

① （唐）杜佑撰，王文锦等点校：《通典》卷 187，中华书局 1988 年版，第 5067 页。

② 李昆生：《南诏农业刍议》，载杨仲录、张福三、张楠主编：《南诏文化论》，云南人民出版社 1991 年版，第 172—180 页。

③ 向达校注：《蛮书校注》卷 7，中华书局 1962 年版，第 171 页。

④ 李伯重：《我国稻麦复种制产生于唐代长江流域考》，《农业考古》1982 年 2 期。

⑤ 刘云明：《大理国农业探略》，载尤中主编：《中国民族史研究》（第 1 辑），云南大学出版社 1997 年版，第 223—233 页。

⑥ ［日］藤泽义美：《古代东南亚的文化交流——以滇缅路为中心》，载伍加伦、江玉祥主编：《古代西南丝绸之路研究》，四川大学出版社 1990 年版，第 163—174 页。

⑦ 游修龄、曾雄生：《中国稻作文化史》，上海人民出版社 2010 年版，第 232 页。

⑧ 向达校注：《蛮书校注》卷 7，中华书局 1962 年版，第 171 页。

⑨ 《新唐书》卷 222 上《南蛮传上·南诏上》，中华书局 1975 年版，第 6270 页。

三个人分别"前挽、中压、后驱"来操作耦犁，说明其耕作法已相当成熟。这促使云南食物原料的生产发生深刻变化，极大地促进了生产力水平的提高。

此时的南诏处于南方丝绸之路的重要节点地区，与缅甸、越南等地有时在政治、经济上往来密切，有时则以战争相对，并将其掳掠的人口带到南诏，令其从事农业生产，客观上在一定程度促进了华夏食物原料生产技术在缅甸等东南亚国家和地区的传播。《蛮书·南蛮疆界接连诸蕃夷国名》载："蛮贼太和六年（832）劫掠骠国，虏其众三千余人，隶配拓东（今云南昆明），令之自给。"①《资治通鉴·唐纪》载，咸通四年（863）正月，"南诏两陷交趾，所杀虏且十五万人"②。南诏将这些被掳掠的人口押回云南，主要是为了保证滇池坝区有足够人力从事农业生产。而这些缅人、越南人从南诏学习了种植水稻等食物原料及生产技术，日后回家继续从事农业生产，在客观上促进了这些东南亚国家和地区饮食文明的发展。钟智翔、尹湘玲《缅甸文化概论》指出，"缅甸文化是在吸收了大量外来文化精华的基础上形成的。南诏文化对缅甸文化的形成功不可没。9 世纪时，南诏已控制了跨越缅甸北部直至阿萨姆的大片土地"，"后来南诏联合吐蕃发动了对唐朝的战争。缅北的先缅人被大量地征召入伍。南诏对这些缅人士兵管理严格而残酷。缅人也因此从南诏那里学到了各种作战经验以及生存手段。缅人花了大约 50 年的时间从南诏那里学会了各种文化技能，包括战略战术、骑马养马、平整土地、种植水稻等"。③南诏的粮食生产技术传入缅甸地区，促进了当地粮食生产的发展。在缅甸北部的农民也使用"二牛三夫"的方法耕种：用三尺犁，两牛中间架一格，一人在前牵牛，一人扶犁，一人在后下种。④

饮食器具及其制作技术

三、民间贸易与邛窑瓷器的南传

邛窑是四川的一个瓷窑系，主要分布在成都平原及川西南地区，因为它在邛崃南河十方堂固驿瓦窑山窑最先发现、又最具代表性，故而得名"邛窑"。邛窑瓷器，是隋唐时期西南地区最著名的瓷器，其地方特色鲜明、生活气息浓

---

① 向达校注：《蛮书校注》卷 10，中华书局 1962 年版，第 238 页。
② （宋）司马光编著、胡三省音注：《资治通鉴》卷 250，中华书局 1956 年版，第 8103 页。
③ 钟智翔、尹湘玲：《缅甸文化概论》，世界图书广东出版公司 2014 年版，第 24 页。
④ 何芳川主编：《中外文化交流史》（上卷），国际文化出版公司 2016 年版，第 419 页。

郁、品质优良，深受人们的喜爱。因此，沿着南方丝绸之路商人们通过商贸活动将邛窑瓷器源源不断地向南传播至东南亚、南亚等地。

邛窑主要烧制青瓷，始于东晋，发展于隋代，兴盛于唐和五代，在南宋中晚期衰落，其主要的贡献是在隋时率先创烧成功褐、黑、绿的多色高温彩绘瓷，并对此后的唐三彩及长沙窑的高温彩绘瓷均有极大的影响。[①] 邛窑的规模很大，包括十方堂古窑址、尖子山古窑址、瓦窑山古窑址、西河乡才冲土粑桥古窑址和固驿镇古窑址等，其中以位于南方丝绸之路重镇今邛崃的南河岸小平坝山上的十方堂古窑址最为集中、规模最大。邛窑是"四川地区古瓷窑遗址分布最广，面积最大，窑包最多，产品最精，产品流散最广，烧造时间延续最长"的民间瓷窑。[②] 与邢窑白瓷、越窑青瓷等相比而言，邛窑瓷器拥有独特的地方特色和浓郁的生活气息。在邛窑瓷器中，与餐饮器具相关的主要包括食器，如碗、盘、盏、碟等；饮器，包括酒壶、酒瓶、杯、茶盏、茶托等。[③] 从出土的邛窑餐饮器具来看，无论是它的釉色还是胎质都十分成熟、优良，尤其是在造型方面有较大的突破。陈丽琼在《四川古代陶瓷》中指出："初唐瓷器还沿袭隋唐的风格，中唐以后罐不再用桥形系，多用复式系。壶上多有短嘴流，其形有管状和八棱型两种。碗多为侈口，折腹，底为平足和玉璧底。杯，有高足杯和深腹侈口杯，腹中多有一圈状的把手。盘为坦底平足，有花瓣口沿。……茶托为盘状，花瓣口，中空形，或为敞口，斜弧壁，带沿平足托。这些均是这个时期陶瓷器的典型特征。"[④]

邛窑瓷器具有审美、实用、文化、经济等多方面的价值，常通过商品贸易沿着南方丝绸之路不断向南传播。对此，南方丝绸之路沿线地区有大量出土的邛窑瓷器可以证明。首先，在古临邛、邛州的邛窑瓷器中有大量的仿金银器类餐饮器具，而它们是邛窑产品外销的需要。胡立嘉在《南方丝绸之路与"邛窑"的传播》中认为："这类仿金银器中多为杯、碗、壶、盘、盒一类器物。其杯如上述彩绘葡萄纹细高脚（竹节）杯、折腹 'σ' 单耳杯、海棠杯、四曲、六曲杯（碗）、荷叶杯、葵口盘、莲瓣盘、船型杯和敞口单耳大杯，无疑都是异

---

① 董小陈、陈丽琼：《再论邛窑外销陶瓷》，《东方收藏》2017 年第 7 期。

② 陈显双：《邛崃县古瓷窑遗址调查记》，载《四川古陶瓷研究（二）》，四川省社会科学院出版社 1984 年版，第 36 页。

③ 王蓓蓓、刘美丽：《唐代邛窑瓷器及其所反映的社会生活》，《文物春秋》2007 年第 2 期。

④ 陈丽琼：《四川古代陶瓷》，重庆出版社 1987 年版，第 44 页。

域同类型金银器的陶瓷仿制品。这些杯、碗、盘多为模制。其碗盘底部菊纹、内外壁出筋、分瓣均仿于金银器锤碟工艺……具有浓烈的异域风味。"①（邛窑饮食器具见图 3-5、图 3-6）"这类仿制金银器陶瓷制品，无论器型和纹饰都与四川本地区文化传统不相协调，与民众一般的欣赏习惯有很大距离。再则这些花式繁多相对更精致的产品，原则上价位会比一般普通的适用器更高。而异域外邦的人对于来自中国、用他们十分崇拜的中国陶瓷做成、他们所习见的器物，则会倍感亲切而珍爱。这仅从中国唐代至清代外销瓷上都可以找到例证。"所以胡立嘉先生认为，邛窑生产的这批产品就是"外销瓷"。其次，境外的考古出土文物中有一些邛窑餐饮器具。20 世纪 30 年代，时任华西大学博物馆长的美国学者葛维汉到邛窑十方堂遗址现场考察研究后发表文章，在最后的附记中写道："为了写《邛崃陶器》这篇文章，我获得权利去访问了欧、美一系列的博物馆。在大英博物馆中，藏有底格里斯河（Tigris）附近沙马拉（Samarna）和勃罗明纳巴德（Braminabad）遗址'原位'出土的中国陶器。这些属于公元800—900 年的瓷片与邛窑出土遗物极为相似。"②葛维汉是第一个提出邛窑外销观点的学者，后来国内很多学者都认同此观点。此后，余祖信、陈丽琼等专家都提出邛窑外销瓷的问题。其中，陈丽琼等还提出了邛窑外销瓷的新证据，如从中国输入中东的"宽足圆壁浅碗"实为敞口宽沿、斜弧壁、平足（饼足）碗，应为邛窑五代青瓷碗。此外，在印度阿萨姆邦高哈蒂的地下发掘出类似中国西南一带使用的餐饮类瓷器。安巴里（Ambari）文化遗址位于高哈蒂城中心，该遗址古代沉积物约 2 米厚，保存了两个时期的文化层：第一时期从公元7 世纪到 13 世纪，称为前阿洪时期；第二时期从公元 13 世纪到 18 世纪，称阿洪时期。最底层还有公元初的文化层。③从安巴里遗址中发掘出大量文物，包括雕刻品、古砖和瓷器等。朱昌利《南方丝绸之路与中、印、缅经济文化交流》引《印度史料》载，其中属于前阿洪时期的物品有"用高岭土制作的具有独特式样的瓷器"，"瓷器制作精致……器皿没有任何涂釉和着色。主要形状包括球形的敞口和短颈罐子、平底酒杯、杯"，"使用高岭土制作瓷器不同于印度其他部分，它是很好的黏土……这使人联想到它可能是从中国传至布拉马普特拉河

---

① 胡立嘉：《南方丝绸之路与"邛窑"的传播》，《中华文化论坛》2008 年 S2 期。

② ［美］葛维汉：《邛崃陶器》，成恩元译，载《四川古陶瓷研究》编辑部编：《四川古陶瓷研究（一）》，四川省社会科学院出版社 1984 年，第 108 页。

③ 朱昌利：《南方丝绸之路与中、印、缅经济文化交流》，《东南亚南亚研究》1991 年第 3 期。

图 3-5　唐代邛窑褐绿双彩单柄花口瓷杯（笔者拍摄于成都市博物馆）

图 3-6　唐代邛窑三彩胡人抱角杯（笔者拍摄于四川大学博物馆）

流域，因为在中国这种黏土十分普遍地用来制作瓷器和赤陶艺术品"。[1] 这种瓷器可能是通过南方丝绸之路传播到此地的，学者们认为从发掘出的敞口和短颈罐子判断，与中国西南一带使用的瓷器十分相似。由于安巴里大量瓷器具有明显的特征，在印度将其命名为"安巴里"瓷器。同时，这类瓷器还在布拉马普特拉河流域其他地区发现，如提斯普尔、瑙岗的达瓦卡等地。据朱昌利《南方丝绸之路与中、印、缅经济文化交流》引《印度史料》，印度学者认为"安巴里发掘出有中国砑光特色的瓷器，证明这里是从中国经布拉马普特拉河流域到印度的正式商道，高哈蒂，水路码头，作为转运站起了重要作用"[2]。

通过商人的重重转输贸易，邛窑生产的瓷器包括饮食用瓷器沿着南方丝绸之路向南传到印度等国家和地区。如南诏越赕平原商人就常常往返于高黎贡山、寻传及骠国间经商。《蛮书·山川江源》载："河赕贾客在寻传羁离未还者为之谣曰：'冬时欲归来，高黎贡山雪。秋夏欲归来，无那穹赕热。春时欲归来，平中络赂绝。'"[3] 河赕，指唐朝西洱河地区，"河赕贾客"就是当时不畏艰险、远赴骠国、天竺去经商贸易的大理商人；寻传，即今缅甸伊洛瓦底江东岸之打罗。这首民间歌谣反映了当时沿云南通天竺道、往来

---

① 朱昌利：《南方丝绸之路与中、印、缅经济文化交流》，《东南亚南亚研究》1991 年第 3 期。

② 朱昌利：《南方丝绸之路与中、印、缅经济文化交流》，《南亚研究》1983 年第 2 期。

③ 向达校注：《蛮书校注》卷 2，中华书局 1962 年版，第 41 页。

滇缅印间的商人长途贩运、从事商贸的艰辛状况。虽然长沙窑、越窑、钧窑等的产品是对外传播的大宗，但可以肯定的是，邛窑生产的瓷器也在丝绸之路上进行传播，在今东南亚、南亚乃至西亚诸国出土和博物馆所珍藏的一些中国饮食用瓷器应该有邛窑的产品，只是这一问题还需要通过文献和实物进一步深入的研究和探讨。

四、朝贡贸易与瓷器的传播

朝贡贸易带有较强政治色彩，因此其贸易品种、数量受到限制，有时还会因为各种原因中断。唐朝时，南诏政权与东南亚国家多有贡使往来，同时东南亚国家的贡使亦通过南诏境而前往唐朝都城进行朝贡贸易。其中，中国瓷器便成为回赐品，沿南方丝绸之路传播到东南亚国家。

唐朝时，缅甸的骠国等与唐王朝之间有着较为密切的交往。骠国在7—8世纪正处于繁荣发展阶段。《新唐书·骠国传》记其疆域："东陆真腊，西接东天竺，西南堕和罗，南属海，北南诏。地长三千里，广五千里。"当时缅甸境内还有很多小国家和部落，"凡属国十八……凡城镇九……凡部落二百九十八，以名见者三十二"[①]。此时，缅甸地区的朝贡主要有5次。据史料记载，贞元年间，南诏归唐，骠国于公元800—802年两次遣使入唐，进献国乐、乐工。第二次且以王子舒难陀为使，随南诏使节一同进京，唐德宗授舒难陀太仆卿，授其父为太常卿，致书骠国王雍羌。骠国乐队在唐朝宫廷表演歌舞，诗人白居易、胡直钧等都有赋诗记录。此后，唐德宗贞元二十年（804）南诏携弥臣国遣使入唐朝贡。唐宪宗元和元年（806）南诏、骠国朝贡。唐懿宗咸通三年（862），骠国贡方物。

朝贡贸易带有明显和浓厚的政治色彩，但也不失为一种具有民族特色的物物交换，具有一定经济和文化意义。唐朝采取睦邻友好的对外政策，凡是外国前来通好，便"回赐"大量的土特产和日用品，其价值往往超过对方带来物品的价值。这种朝贡贸易不仅出现在南方丝绸之路上，也出现在北方丝绸之路和海上丝绸之路。英国历史学家霍尔指出朝贡和回赐在经济上的意义："中国把东南亚使团送来的礼品记载为贡品，东南亚则认为这些礼物的意义主要是在经济上，而不是在政治上。在早期，这是他们与中国进行贸易的唯一途径。而中

---

① 《新唐书》卷222《南蛮传下·骠传》，中华书局1975年版，第6307页。

国船只则很少远航南洋，正当的贸易只有通过进贡的使团来进行。此外，当中国送回一些礼物作为对他们的进贡的一种答谢时，这些礼物便成为南洋各国获取巨额利润的一种来源，因为其价值往往超过其贡品。必须提到的是，当时东南亚各国的统治者，就是该国最大的商人。"①回赐物品的价值远超朝贡物品的价值，这种朝贡贸易自然以满足统治者需要的奢侈品为主要内容，而唐王朝的回赠品除金钱、丝绸、布帛之外，还有各种瓷器。作为一种高技术含量的器具，饮食用瓷器在当时受到了东南亚各国的普遍青睐，直到明朝在东南亚很多国家的王宫和贵族家庭里，供奉小菜的碗钵精美雅致仍然是"身份显赫的象征"②。

饮食礼俗与思想

五、南诏子弟入唐学习与儒家饮食思想及礼仪的传播

唐朝时，南诏控制着云南地区和部分东南亚地区，与唐朝的关系较为复杂，但为了加强维护自身统治的需要，常常派遣南诏子弟到成都等地学习汉文化，主要是儒家学说，促使儒家饮食思想、礼仪及相关典籍在南诏及以南的地区进行传播。

范摅《云溪友议》载："西州韦相公皋……然镇蜀近二纪，云南诸蕃部落，悉遣儒生教其礼乐。"③《孙樵集·书田将军旁事》载："自南康公凿清溪道以和群蛮，俾由蜀而贡，又择群蛮子弟聚于锦城（即成都），使习书算，业就辄去，复以他继，如此垂五十年，不绝其来，则其学于蜀者不啻千百，故其国人皆能习知巴蜀风土山川要害。"④高骈《回云南牒》言："且云南顷者求合六诏，并为一蕃，与开道涂，得接邛、蜀。许赐书而习读，遣隆使而交欢，礼待情深，招延意厚；传周公之礼乐，习孔子之诗书。片善既知，大恩合报。"⑤南诏遣子弟到成都等地就学，其所学内容多为儒家学说，其中自然包括儒家饮食思想、

① ［英］霍尔：《东南亚历史的整体》，《东南亚历史译丛》1979 年第 1 期。

② ［澳］安东尼·瑞德：《东南亚的贸易时代：1450—1680 年》（第一卷），吴小安、孙来臣译，商务印书馆 2010 年版，第 49 页。

③ （唐）范摅撰，阳羡生校点：《云溪友议》卷中，上海古籍出版社 2012 年版，第 96 页。

④ （唐）孙樵：《孙樵集》卷 3，四部丛刊初编集部，上海书店 1989 年版，第 5 页。

⑤ （唐）高骈《回云南牒》，载（清）董诰：《全唐文》卷 80，中华书局 1983 年影印版，第 8430 页。

礼仪的内容。南诏学习儒家学说的目的是为了用来维护自身统治，如南诏王隆舜遣使者问客《春秋》大义，异牟寻在民间推行孝悌忠信礼义廉耻，都反映了统治者力图从儒家学说中寻找统治之策以巩固统治秩序。而儒家饮食思想和礼仪，强调以天子为中心，以尊卑分等级，以乐佑食，以宗法文化为尚。孔子提出"食不厌精，脍不厌细"和"八不食""三少食"等观点；孟子继承了孔子饮食思想中"礼"和"仁"并发展了"义"，提出"食志"不"食功"的人生追求，"养体"兼"养志"的孝道主张等。可以说，儒家饮食思想及礼仪的核心内容符合南诏统治者主观与客观的需要，因此逐渐将其推行于全社会，并被大众接受和传承，影响极为深远，而且随着时间推移，儒家饮食思想及礼仪的核心内容在宋朝时期的大理国影响更为突出、推行更加广泛。

六、使节往来与唐朝宫廷饮食礼俗的对外展示及传播

唐朝宫廷饮食品种丰富，制作精美，很多菜肴、饭食、点心都有色泽、造型等方面的严格要求，同时宫廷宴会十分频繁、种类较多、场面盛大，如宴请蕃使、喜庆加冕、庆功、祝捷、重大节日等都要举行盛大宴会。[①] 其中，宴请蕃使的宴会不仅对于巩固边疆、睦和邻国起到良好作用，还对外展示和传播了华夏饮食文明。而此时，东南亚的一些国家与唐王朝的关系密切，常派遣使节通过南方丝绸之路到唐朝朝贡，不仅在沿途受到隆重接待和设宴款待，甚至到长安后也受到唐朝皇帝的设宴款待，向其全方位地展示和传播了宫廷饮食礼俗。如真腊国使节通过南方丝绸之路来到唐朝朝贡，即受到了隆重的宴会款待。

位于中南半岛的真腊国从唐武德六年（623）始与中国交往起，到 8 世纪初真腊分裂为水、陆真腊以前，遣使到唐朝长安朝贡达 10 次之多。到 8 世纪初叶，真腊分裂成为水真腊和陆真腊两个国家。其中，陆真腊又名文单国，都城在今万象，曾多次遣使到唐朝长安朝贡，其所走的路线大多沿南方丝绸之路，从欢州等地而来，进入云南境后沿步头路而行。申旭指出，陆真腊（文单国）的大规模使团朝贡有两次，一次是天宝十二年（753）九月，文单国王子率其随从 26 人来朝，唐王朝授其属果毅都尉，赐紫金鱼袋，随何履光于云南征讨，事讫，听还蕃；另一次是大历六年（771），文单国副王婆弥携妻子和

---

① 姚伟钧：《玉盘珍馐值万钱　宫廷饮食》，华中理工大学出版社 1994 年版，第 92 页。

25 位大臣前来中国，唐王朝于三殿设宴招待来使，给予隆重的欢迎。大臣们还上奏唐王，给文单国来使加封爵位，唐王批准了此奏。① 据《册府元龟》载："代宗大历六年十一月，文单国王来朝并献驯象一十有一，宰臣等上言曰：'臣闻《春秋》二百四十年不纪祥瑞，而载异国之朝，其在《周书》，亦美西旅之献，盖重其德化及远天下大同也。伏唯宝应元圣文武皇帝陛下，以至敬事天地，以至孝奉宗祀；武功以定大难，文德以怀远人。故旧史未载之邦，前王不宾之长，声教所隔，言语莫通，悠扬南溟几千万里，瞻望中国，知有圣人，逾海而来，历年方至。绵邈重阻，奔波载驰，黄金饰冠，白珰充耳。服柔群象，牵致阙前，低回驯扰，稽颡屈膝。随万国而来度，与百兽而率舞。如知礼乐之节，益盛羽仪之容，有以彰仁化玄通，醇源溥畅，至和大顺，以兆昌期，事轶于轩皇，迹超于汉代矣。臣等谬尘枢近，获睹洪休，伏请宣付史官光昭简册。'手诏答曰：'文单远国自古未宾，能瞻八律之风，来申重译之贡。君臣入觐，嫔御偕朝，越海逾山，输琛献象，顾惭薄德，有迈前王。此皆宗社效灵，上幽玄赞。卿等寅亮台鼎，燮和神人，翼致感通，无远不届，水言辅弼，庆贺良深。所请付史官者依。'"② 唐朝中央政府与这些国家的官方交往，不仅是政治上的友好交往和经济、文化上的互动交流，而且也通过各种宴会活动客观上向外全方位地展示和传播了华夏饮食文明的集大成者——宫廷饮食礼俗。

真腊和文单国使者到中国以后，唐王朝除了设宴盛情款待、赠送精美瓷器之外，还邀请他们参观学习中国礼教文化，这也有助于华夏饮食文明尤其是饮食礼俗的对外传播。唐玄宗开元二年（714），"敕：夫国学者，立教之本，故观文字可以知道，可以成化。庠序爰作，皆粉泽于神灵；车书是同，乃范围于天下。自戎夷纳款，日夕归朝，慕我华风，敦先儒礼。由是执于干羽，常不讨而来宾；事于俎豆，庶既知而往学。被蓬麻之自直，在桑樜之怀音，则仁岂远哉？习相近也。自今已后，藩客入朝，并引向国子监，令观礼教"③。通过到国子监参观学习，真腊、文单及其他国家的使者看到和了解到当时中国礼仪，这对于华夏饮食文明尤其是饮食礼俗的对外传播和交流有着重要意义。

---

① 申旭：《老挝史》，云南大学出版社、云南人民出版社 2011 年版，第 76 页。

② （宋）王钦若等编：《册府元龟》卷 999，中华书局 1960 年版，第 11719 页。

③ （宋）宋敏求编：《唐大诏令集》卷 128，商务印书馆 1959 年版，第 689 页。

第三节 宋元时期：巩固期

宋元时期是南方丝绸之路上华夏饮食文明传播的巩固期。宋朝时，由于结束了五代十国的分裂局面，经济和社会有了较大的发展，四川地区农业、手工业和商业繁荣，云南地区虽然出现了大理国的地方政权，但与宋朝保持良好朝贡关系，使得四川和云南地区水陆交通也有较大发展，南方丝绸之路的一些线路虽有所阻隔、但整体上较为通畅。到了元朝，由于采取屯田等措施，加之结束了大理地方政权的割据局面，四川和云南的农业和手工业、商业等得到发展，同时元朝在交通要道上设置驿传，用于通达边情、布宣号令，使得南方丝绸之路更加通畅、呈现出很强的对外开拓性。由此，华夏饮食文明也随着南方丝绸之路积极向东南亚、南亚等地对外传播。

宋朝时期

公元 960 年初，宋朝建立，不久即派兵灭后蜀，并按照路、州、县三级地方行政区划进行治理。公元 1001 年，宋王朝重新对巴蜀地区的行政区划进行划分，主要包括益州路(后称成都府路、治今成都市)、梓州路(后称潼川府路、治今三台县)、利州路（治今陕西汉中市）、夔州路（治今奉节县）等 4 个行政区，简称川峡四路，四川由此得名。南宋时，因金与蒙古的统治区域已将四川与南宋中央分隔，且金与蒙皆攻宋，四川又是军事上的必经路线，所以宋朝中央政府给予四川地区更大的自主权。而此时，云南地区则有大理国兴起。大理国基本上继承了南诏的疆界，并内设八府、四郡、三十七部，更易制度，除苛令，实行封建领主制度。马曜《大理文化论》指出："大理政权与南诏不同的一个显著特点是不向外扩张，与邻国友好相处，多次主动向宋王朝要求内向和好。宋王朝北方有大敌，鉴于唐亡的经验教训，采取贸易（互市）作为羁縻的手段。"[①] 由此，宋朝与大理友好相处，并通过大理国的区域，与缅甸、印度等东南亚和南亚国家保持着政治、经济和文化的交往。

宋朝结束了五代十国的分裂混战局面，创造了安定的政治环境，使得四川

---

① 马曜：《大理文化论》，云南教育出版社 2001 年版，第 183 页。

的社会经济得到迅速发展。在农业方面，水利灌溉、耕作技术、粮食和经济作物的品种和产量上都有很大发展，四川成为全国农业生产技术水平最高的地区之一。在充分利用丘陵地区土地的同时，四川农民还积极开垦山区和边远地区土地，大批汉人移入南平军(今南川县境)和泸南等少数民族居住区开荒种地，使这些地方的农业得到飞跃发展。[①] 此时四川茶叶产量居全国之首，远销西北各族，还设有茶马司以掌管茶马贸易。而在手工业方面，井盐产量空前提高，并创造了开凿卓筒小井的新工艺；陶瓷业大放异彩，窑址星罗棋布，制陶工艺提高，产品数量和种类增多；在制糖业上，四川成为全国冰糖生产中心，以遂宁所产质量最好。成都是当时西南的大都会，是西南地区农业、手工业等产品如粮食、茶叶、纺织品、书籍等产品的集散中心，商业十分繁荣。而此时云南地区大理国的农业从南诏后期以来的凋敝走势中得以改变，并有相当程度的发展。大理国农作物的品种与同期的内地汉族地区基本相同，南诏时期的"二牛三夫"耕作法在大理国时期继续使用，但不排除在一些区域已有较之先进的"二牛二夫"式耕作法。[②] 大理的手工业很发达，大理刀和所雕刻的漆器质量很高。其畜牧业颇为发达，"大理马"闻名全国，每年有数千匹转贩到广西，成为宋朝战马的重要来源之一。

宋朝经济的发展和商业繁荣，促进了四川和云南地区水陆交通尤其是南方丝绸之路的发展。此时，南方丝绸之路是以主要干线和支线（辅线）结合、共同向东南亚和南亚地区辐射的重要交通网络，主要分为川滇缅印线和川滇桂越线、川滇越线等。

第一，川滇缅印线。该线路由川滇段、滇缅印段构成。其中，川滇段包括西川道、石门道和黔州支线。由于宋朝政权的政治态度等原因，此时从成都出发到云南的道路即川滇段相对梗阻，"在宋代尤其是南宋在政治、军事意义上讲几乎是闭塞不通的"[③]。其中，西川道，即唐朝的清溪道，在北宋前期仍然是大理政权与宋朝进行朝贡贸易和民间商贸的通道，但后来北方大敌当前、北宋朝廷即对大理及沿线地区采取不接触政策，仅进行互市。到了南宋，宋朝廷对西南事务更加消极，以大渡河为界，仅允许西南各族到黎州互市茶马，阻止一

---

① 陈世松主编：《四川简史》，四川省社会科学院，1986 年版，第 137 页。

② 刘云明：《大理国农业探略》，载尤中主编：《中国民族史研究》（第 1 辑），云南大学出版社 1997 年版，第 223—233。

③ 蓝勇：《南方丝绸之路》，重庆大学出版社 1992 年版，第 51—52 页。

切进贡互访和民间贸易，并专门在黎州城外一、二里处山口置一军寨，监察市马。因此，此道上的进贡贸易基本已断绝，完全代之以官府主控的茶马博易。石门道，在宋初时较通畅，但大部分时期也相对梗阻闭塞，只有官办茶马贸易还时而利用此道。黔州支线，据《蛮书》等有关史籍看这是一条取峡路经川东、黔府到云南的支线。① 根据《太平寰宇记》卷 120、《旧唐书》卷 197、《五代会要》卷 30 的记载，这条黔州支线应该是沿单江经黔州（彭水）入贵州中部群牁蛮，到南宁州、昆明接石门道。与川滇段相接的是滇缅印段，包括滇缅段、缅印段两部分，为延续唐朝时的滇缅印路线。北宋时，滇缅段通畅，当时大理到蒲甘共 50 程，官方往来和民间贸易多有取用。如宋庆历四年（1044）缅王阿奴律亲自到大理取佛牙。② 宋宗宁二年（1103），"缅人、波斯、昆仑三国进白象及香物"，宋政和五年（1115），"缅人进金花、犀象"③。在南宋时期仅为初期取用，以后便不见有关记载，但是当时人们还是了解此路的，根据南宋周去非的《岭外代答·蒲甘国》记载："蒲甘国，自大理五日程至其国，自衆里国六十程至之。隔黑水、淤泥河，则西天诸国，不可通矣。"④ 此时，缅印段几乎完全闭塞，这可能与当时海上丝绸之路兴盛、从天竺和蒲甘到宋朝多取海路有关。《岭外代答·通道外夷》："（蒲甘国）去西天竺不远，限以淤泥河不通，亦或可通，但绝险耳。凡三十二程。"⑤ 古代伊洛瓦底江称丽水，又称金沙江。唐丽水上游弥诺江古音与缅文"密奈"相近，即黑水之意。淤泥河，当指弥诺江上游今亲敦江上游胡康河谷，在古代缅印通道上。⑥

第二，川滇桂越线、川滇越线。其中，川滇段如上所述，此外还包括滇桂段（邕州道）、桂越段。滇桂段，是指从云南到广西的线路。"除了水路和川滇越道以外，宋代由于市马等原因，致使从四川到云南再经广西到越南北部的交通路线更加发达起来。"⑦ 到了宋朝，从邕州（今南宁）至善阐（今昆明）的通道，以邕州横山寨（今广西田阳县）为枢纽，由唐朝的一条干道发展为三条主

① 蓝勇：《南方丝绸之路》，重庆大学出版社 1992 年版，第 80 页。

② [英] 哈威：《缅甸史》，姚梓良译，商务印书馆 1973 年版，第 64 页。

③ （明）杨慎：《南诏野史》上卷，转引自余定邦、黄重言编：《中国古籍中有关缅甸资料汇编》上册，中华书局 2002 年版，第 331 页。

④ （宋）周去非撰，杨武泉校注：《岭外代答》卷 2，中华书局 1999 年版，第 84 页。

⑤ （宋）周去非撰，杨武泉校注：《岭外代答》卷 3，中华书局 1999 年版，第 122 页。

⑥ 蓝勇：《南方丝绸之路》，重庆大学出版社 1992 年版，第 122—123 页。

⑦ 申旭：《中国西南对外关系史研究》，云南美术出版社 1994 年版，第 174 页。

道，分别经自杞（今贵州兴义）线、特磨（今云南广南）线、罗殿（今贵州安顺、普定一带）线在善阐府汇合。周去非《岭外代答·通道外夷》载："中国通道南蛮，必由邕州横山聚。自横山一程至古天县，一程至归乐州，一程至唐兴州，一程至睢殿州，一程至七源州，一程至泗城州，一程至古那洞，一程至龙安州，一程至凤村山僚渡江，一程至上展，一程至博文岭，一程至罗扶，一程至自杞之境名曰磨巨，又三程至自杞国。自杞四程至古城郡，三程至大理国之境名曰善阐府，六程至大理国矣。自大理国五程至浦甘国，去西天竺不远，限以淤泥河不通，亦或可通，但绝险耳。凡三十二程。若欲至罗殿国，亦自横山寨如初行程，至七源州而分道。一程至马乐县，一程至恩化县，一程至罗夺州，一程至围慕州，一稈至阿姝蛮，一程至朱砂蛮，一程至顺唐府，二程至罗殿国矣，凡十九程。若欲至特磨道，亦自横山，一程至上安县，一程至安德州，一程至罗博州，一程至阳县，一程至隘岸，一程至那郎，一程至西宁州，一程至特磨道矣。自特磨一程至结也蛮，一程至大理界虚，一程至最宁府，六程而至大理国矣，凡二十程。所以谓大理欲以马至中国，而北阻自杞，南阻特磨者，其道里固相若也。闻自杞、特磨之间，有新路直指横山，不涉二国。今马既岁至，亦不必由他道也。"① 善阐府也并不是从邕州至大理国通道的终点，邕州至大理国道到善阐府后，与安南通天竺道相接，西经大理等地至缅甸、印度等国。宋朝时的邕州道是南宋购买大批战马的要道和南方丝绸之路的主线。桂越段，是指从广西到交趾的线路。根据周去非《岭外代答·通道外夷》等的记载，可以看出广西横山寨在宋朝已成为南方丝绸之路上的一个贸易中心。该线路取邕州道到邕州后，南可下钦州取海路，西南可至永平寨陆路到交趾古城，东可直达广州取海路，最重要的则是可东北连接岭南和中原各驿站、直通临安府，由此，将南方丝绸之路与海上丝绸之路紧密地结合起来了。此外，宋朝从四川经广西钦州等地也有道路通向越南。据周去非的《岭外代答·钦州博易场》载："凡交趾生生之具，悉仰于钦，舟楫往来不绝也。博易场在城外江东驿。其以鱼蚌来易斗米尺布者，谓之交趾蜑。"② 广西钦州交易场是为当地与越南的贸易往来而设置的一个重要贸易场所。

---

① （宋）周去非撰，杨武泉校注：《岭外代答》卷3，中华书局1999年版，第122—123页。

② （宋）周去非撰，杨武泉校注：《岭外代答》卷5，中华书局1999年版，第196页。

元朝时期

1253年，忽必烈率大军平定云南。1275年，元朝中央政府建立云南行省、直接统治云南，结束了南诏、大理等地方政权五六个世纪的割据局面。1279年年初，元朝平定巴蜀，建立四川行省，使之成为元朝全国11个行省之一，治所主要设在成都。在行省之下，四川分设四道宣慰司，作为行省与州县之间的承转机关，掌管军民事务。其中，川南道驻重庆，川东道驻潼川，川西道驻成都，川北道驻利州。元朝在四川沿边地区，如碉门（今天全县西）、鱼通（今康定县东北）等地设有宣慰司，这种土司制度大大改变了前代的羁縻制，进一步加强了四川与沿边少数民族地区的联系。

元朝初期，中央政府命令军队和官府部门大量措置屯田，尤其是在云南大量以内地征服兵士、地方兵及漏籍人户充之，实行屯田政策，促进了四川和云南地区的农业发展，粮食生产得到一定的恢复。其中，稻谷品种有了革新和改良。据元朝郭翼《雪履斋笔记》记载，峨眉县所产的"谷品甚繁"，他地罕闻其名。值得注意的是，赛典赤·赡思丁先主政四川，在四川实行军屯、民屯等促进农业生产发展的举措，后又任云南平章政事，或多或少地借鉴了他在四川实施的有效经验与措施和先进的农业生产技术，促进了云南地区农业生产的发展。而此时，四川的手工业发展不大，传统的酒、茶税课所占的比例很小；制盐业在元朝前期发展缓慢，到元末由于新盐井的开凿和政策的变化才出现好转。元朝的成都是当时西南地区最繁盛的都市，水上船舶甚众，商人运载商货往来上下游，"世界之人无有能想象其盛者"①。由于云南与内地的经济和文化交流加强，大量来自内地的军民将先进生产技术，包括手工业技术带到了云南，提高了云南手工业产品的质量，尤其是瓷器产品的质量。

与此同时，元朝交通十分发达，在全国广置驿传，用于通达边情、布宣号令。驿传又称"站赤"或"站"。此时的南方丝绸之路呈现出很强的对外开拓性。其路线开拓以成都为中心，着力向西南和东南境外拓展延伸，西南方向主要加强与今缅甸地区的联系，东南方向则将向越南的通道设为驿传，形成了严密的交通网络体系，主要包括川滇缅印线、川滇桂越线、川滇藏印线等；第

---

① [法]沙海昂注：《马可波罗行纪》，冯承钧译，上海古籍出版社2014年版，第229页。

一，川滇缅印线。该线路由川滇段、滇缅段构成。其中，川滇段包括西川道、石门道。西川道（清溪道），该道在宋朝闭塞后到元朝时广置驿站。至元十九年（1282）三月，脱铁木儿、刺真等奏在宋朝西川道基础上设置了经塔儿八合你到鸭池的驿站。由于此时云南政治、经济中心从唐宋时的以洱海为中心转向以滇池为中心，治中庆路（今昆明），所以这条路从成都南下至浍川站（今会理）后，改向南经黎溪、姜驿，从今江边渡口，经元谋县入云南。① 石门道，在元朝时得以通畅。滇缅段，是从云南到达缅甸的道路，蓝勇教授认为到达金齿（腾冲）后，主要可分4路进入今缅甸，即天部马道、阿郭道、骠甸道、蒙光路。② 第二，川滇桂越段。该线路由川滇段、滇桂段、滇越段构成。川滇段的路线如上所述。滇桂段，其主要道路是中庆邕州道，系宋朝邕州道路线，元朝开辟为驿站。《析津志·天下站台》载："中庆，正东晋宁、河杨、路杨，东南陆凉，正南偏东摩者、摩矣龙、必勒龙、维摩、正南嘉通龙、和菜、东南邕州。"③ 滇越段，主要是中庆临安安南道，系汉晋滇越扶桑道、唐滇越步头路，宋朝时一度闭塞，元朝时安南设立驿站，成为安南元朝使者通行大道。根据蓝勇《南方丝绸之路》考证，其沿途路线主要为：中庆站（昆明市）—晋宁州站（晋宁县东北晋城）—江州站（江川县治）—宁海府站（华宁县）—建州站（建水县）—蒙自八甸站（在今蒙自县治）—娘甸站（地望待考）。此路从建州站或宁海府站司到阿迷州（开远）至矣马同站（开远中和营）、落提站（又叫罗台站，文山乐诗冲）入安南。④

宋元时期，南方丝绸之路上华夏饮食文明的对外传播内容包括了食物原料、餐饮器具、饮食习俗与典籍等3个方面。其中，食物原料方面主要表现为茶叶等食物原料及生产技术在越南、缅甸和印度等东南亚、南亚地区的传播；饮食器具方面主要包括瓷器、漆器在缅甸等地的传播；饮食习俗与典籍方面主要有汉文典籍及饮食养生思想、饮食民间信仰等在越南、缅甸、泰国等东南亚地区的传播。其传播途径主要是通过人口迁移和商品贸易进行。

---

① 蓝勇：《南方丝绸之路》，重庆大学出版社1992年版，第106页。

② 蓝勇：《南方丝绸之路》，重庆大学出版社1992年版，第108页。

③ （元）熊梦祥撰，北京图书馆善本组辑：《析津志辑佚》，北京古籍出版社1983年版，第131页。

④ 蓝勇：《南方丝绸之路》，重庆大学出版社1992年版，第118页。

食物原料及其生产技术

一、人口迁移、往来与食物原料生产技术在缅甸和印度的传播

元朝时，中国与缅甸两国之间关系较为复杂，发生过 3 次较大战争，但友好交往与交流的时间更长，元朝士兵入缅作战和两国官方使节通过南方丝绸之路的来往、文化交流等都为华夏食物原料及生产技术在缅甸的传播提供了有利条件；其后，缅甸掸族的一个分支阿豪马人迁徙到阿萨姆地区，将所学的华夏水稻种植及其他先进农耕技术传播到迁徙地，促进了当地食物原料的生产，也使缅甸成为华夏饮食文明向南传播的中介和重要节点地区。

战争会破坏社会生产，战争之后的和平对于社会生产包括食物原料生产的发展十分重要。13 世纪中叶以后，中缅两国发生 3 次较大战争。第一次战争发生在 1277 年，缅军入侵中国边境干崖等地，驻南甸的元军赶往救援，史称"牙嵩羌"之战，缅军大败。第二次战争发生在 1283—1287 年，元军进攻缅甸，直至其都城蒲甘。第三次战争发生在 1300 年，缅王憍苴被废、掸族篡夺王位，缅王遗臣遣使向中国求援，元军入缅包围掸族封建主占领的木连城，驻缅 20 余多年。[①]《全元文》载姚燧《千户所厅壁记》："我元驻戍之兵，皆错居民间，以故万夫、千夫、百夫之长无廨城邑者。"[②] 元朝士兵长期在缅甸与当地人杂居、生活，客观上也将较为先进的农业生产技术和华夏饮食文明传播到缅甸地区。此外，战争之中也有和平的曙光。1300 年元朝对缅甸用兵时，统率元军的云南参知政事高庆等人协助当地人民抢修叫栖一带的水利灌溉工程，并开挖顶兑运河。[③] 缅甸史书《琉璃宫史》记载：丁兑堰是敏塞瑞南信在位时，在中国人来到敏塞时请他们修建的。[④] 这些水利工程成为缅甸食物原料生产的重要保障和缅甸人民的经济命脉，至今对缅甸的粮食及农业生产起着重要作用。

中缅之间除了战争，更多时间是和平友好的交往和交流。元朝在滇缅道上设驿站，对于加强云南地区与缅甸的联系起到了重要作用。元朝时，中缅的官

---

① 王介南：《中国与东南亚文化交流志》，上海人民出版社 1998 年版，第 244 页。

② 李修生主编：《全元文》（九），江苏古籍出版社 1999 年版，第 431 页。

③ 陈炎：《中缅文化交流两千年》，载周一良主编：《中外文化交流史》，河南人民出版社 1987 年版，第 18 页。

④ ［缅甸］蒙悦逝多林寺大法师等：《琉璃宫史》，李谋等译，商务印书馆 2007 年版，第 224 页。

方联系比以前增多。据统计,元朝时缅甸至少 13 次遣使入元,而元朝约有 6 次遣使入缅。[①] 驿道的通达、两国在政治联系上的加强、人员往来的增多,又促进了两国文化的交流,中国的历法、天文如星相、农业节气、干支纪年、五行、七曜日等在缅甸传播。[②] 而历法与食物原料的生产密切相关,中国历法在缅甸的传播有助于促进缅甸食物原料生产的发展。缅语中称中国人为"德由"(Tay-out)有多种说法,其中据伯希和考,因南诏大理国古称 Dai-lion,后讹传称之为 Tarok。缅人将中原王朝与南诏大理视同一致,即为今日"德由"一词的由来。[③] 不管是哪一种观点,都说明了南方丝绸之路上的人口迁移和人员往来对于缅甸社会产生了影响。至今,在缅语中有不少蔬菜、花果因系从中国传入,为与当地原产近似的物品区别,就在这些名词前面统统冠以"德由"二字(意即中国)。[④]

在元朝时,南方丝绸之路上的华夏饮食文明对外传播群体很广,超越了国界和民族界限的范畴。一些民族在学习吸收了华夏先进的食物原料生产技术之后,为了自身生存和发展而沿着南丝路迁移,逐渐将先进的华夏农耕技术传播到其他国家和地区。如,此时的缅甸,不仅通过与中国的人口迁移、往来学习和借鉴了华夏先进的食物原料生产技术,而且通过境内掸族的一个分支——阿豪马人的迁徙,将中国的水稻种植方法、牛耕生产技术等传到印度的阿萨姆地区,有效地促进了当地食物原料的生产。印度 S.L.Baruah 教授在其《关于南方丝绸之路的印度历史证据:阿豪马人迁居阿萨姆的路线》一文中介绍了在当时的阿豪马人沿着南方丝绸之路迁徙的经过和详细路线,他指出:"公元 13 世纪早期,纠康发(Sukapha)率领阿豪马人(一支泰掸族)从他们的茅隆(Maulung)祖国迁移到阿萨姆(茅隆是通过帕开特山隘口进入云南境内的蒙格里蒙格拉蒙 Mungrimungram 的一个区域,傣掸族是伟大的傣族或泰族的一个分支,现在分布于"西自阿萨姆,东至广西和海南,北自云南内地、南达泰国最南端的东南亚地区")。他们在这儿建立了一个王国,经过一段时间,版图扩展到整个布拉马普特拉河谷,并持续存在了长达 600 年的时间,直到 19 世纪早期被并入英

---

① 王介南:《中国与东南亚文化交流志》,上海人民出版社 1998 年版,第 244 页。

② 陈炎:《中缅文化交流两千年》,载周一良主编:《中外文化交流史》,河南人民出版社 1987 年版,第 18 页。

③ 李谋:《缅甸与东南亚》,世界图书出版广东有限公司 2014 年版,第 252 页。

④ [缅甸]杜生诰:《缅文中的汉语词汇》,李晨阳译,李谋校,载《中国东南亚研究会通讯》1996 年 1、2 期合刊。

属印度。用傣—阿萨姆语撰写的编年史（Chronicles）描写纠康发从上缅甸户拱谷地（the Hukong valley）的茅隆，长途跋涉到达东布拉马普特拉河谷的提潘（Tipam，现代煤城马格里塔 Margherita 附近），以及后来 1252 年在上阿萨姆的 Charaideo（现在石油城纳兹拉 Nazira 附近）建立他的指挥部的行程。从这些描写中，可了解到自缅甸通过帕特开山至阿萨姆一次旅行的细节。……在长达六个世纪的统治时间里，阿豪马人通过这条路线，维持了他们和祖国的联系。……最初照料帕特开路线的是阿豪马政府，但是在公元 1401 年，根据一个正式条约，帕特开山被确定为阿萨姆和孟岗（Mung—Kawng）之间的边界。从那时以后，这个责任落在孟岗政府身上，政府常常沿这条路线每隔十二英里或十五英里建立一个村庄或军事据点，以照料一切。随后，连结印度东北部和中国，经过缅甸、不丹和西藏的许许多多路线被开辟了。"①

阿豪马政府和孟岗政府巩固和发展了"阿萨姆—缅甸—中国"之间的交通，有利于政治、文化和经济交流。印度 S.L.Baruah 教授在文中分析到阿豪马人把在当时先进的华夏农耕技术传播到了上阿萨姆，"自古代以来就存在于东北印度和中国之间的贸易关系，不仅在经济方面，而且在文化方面相互也有影响。阿豪马人是具有良好的水稻耕作知识的先进农业民族，他们把这种水稻耕作法介绍到上阿萨姆，给当地人民的生活带来了根本的改变。阿豪马人也用水牛耕地。稻作和牛耕两种习俗，他们最初都是从中国人那里学来的。阿豪马人带来一种传统，即在一种名叫《Buranjis》的编年史中，经常记录各种各样的事件。这种传统很早以来就在中国人中间盛行，后来被泰人采用。在阿豪马人统治期间，撰写和编纂了数百种《Buranjis》，对印度的史书编纂工作作出了宝贵的贡献。在这方面，这个国家'一般说来，是异常缺乏的'。在建筑学、econography、绘画和音乐方面，也仍然能在修改了的形式中找出一些中国成分。它们中的一些成分肯定是沿着阿豪马人的迁徙路线（阿萨姆—缅甸路线），经帕特开山隘口，进入阿萨姆的"②。

---

① ［印度］S.L.Baruah：《关于南方丝绸之路的印度历史证据：阿豪马人迁居阿萨姆的路线》，江玉祥译，曾媛媛校，载江玉祥主编：《古代西南丝绸之路研究》（第二辑），四川大学出版社 1995 年版，第 290—302 页。

② ［印度］S.L.Baruah：《关于南方丝绸之路的印度历史证据：阿豪马人迁居阿萨姆的路线》，江玉祥译，曾媛媛校，载江玉祥主编：《古代西南丝绸之路研究》（第二辑），四川大学出版社 1995 年版，第 290—302 页。

二、茶马贸易与茶叶、食盐等在大理国、交趾等的传播

宋朝时，由于政治等原因，南方丝绸之路的贸易主要形式由之前的贡赐贸易转为茶马贸易和民间贸易。其中，茶马贸易在北宋始兴，而真正大规模的发展是在南宋。茶马贸易的主要表现形式在北宋是官府直接出面的博买，而到了南宋发展为以官督官买官卖茶马贸易的形式。在贸易品中，主要输入的是为统治阶级服务的军用品和高档奢侈品，如战马、珍禽异兽及制品和麻纺织品等，输出的则是茶和绢，主要是以茶易马等。在茶马贸易的同时，民间也进行私下交易，用马交换盐、米、文书等，扩大了民间贸易的范围。从贸易自由程度、品种和数量上看，茶马贸易成为当时南方丝绸之路主要贸易形式是一个很大的进步，不仅促进了民间贸易发展，也促进了华夏食物原料如茶叶和食盐等向大理国、交趾等地的大量传播。

宋朝承唐饮茶之风，并日益普及到民族地区。宋朝巴蜀地区生产的茶叶大多数是易马茶，专门行销边地，又称"边茶"。这种用粗老茶叶加工而成的砖茶、饼茶，茶味特浓，且有助于消化高脂肪、高蛋白食物，深受少数民族的喜爱，有大量需要。宋梅尧臣《南有嘉茗赋》云："华夷蛮豹，固日饮而无厌；富贵贫贱，亦时啜无厌不宁。"茶叶成为民族地区的生活必需品，但许多少数民族地区不产茶，却有大量良马出产，只能通过贸易来获得茶。因此，宋朝中央政府长期采取茶马贸易政策，在西南地区不仅与吐蕃以茶易马，而且与云南地区的大理国等也进行茶马贸易。《宋史·兵志十二》载南渡以前在黎、叙五州市羁縻马，嘉祐时黎州一年市马2100余匹。熙宁七年（1074）陕西茶马贸易因为政治军事原因而中断，因此宋朝委托成都府募杨佐到云南招诱西南夷买马，而杨佐一行10余人取阳山虚恨小道进入大理。杨佐撰《云南买马记》载："熙宁六年，陕西诸蕃作梗，互相誓约不欲与中国贸易，自是番马绝迹而不来。明年，朝旨委成都路相度，募诸色人入诏，招诱西南夷和买。峨眉进士杨佐应募，自倾其家赀，呼群不逞佃民之强有力者，凡十数人，货蜀之缯锦，将假道于虚恨（今四川峨边县），以使南诏。"[1] 杨佐一行从四川的峨边经凉山中部及宁南、会理，渡金沙江后至云南的姚安、大理。同时，宋朝政府在成都设置了都大提举茶马司，统管川、秦地区茶马贸易。茶马司的具体职责为制定

---

① （宋）杨佐撰：《云南买马记》，载（宋）李焘：《资治通鉴长编》卷267引，中华书局1985年版，第6539—6540页。

榷茶买马的政策，经营榷茶卖茶，筹集买马费用，组建买茶卖茶、买马机构，统管榷茶买马业务。南宋初年，茶马贸易真正成为大规模的互市。建炎三年（1129）实行赵开茶法，采取茶引制度，设置监督，实施商买商卖。绍兴十六年（1146），在成都府设立茶马司买马务，交易叙、黎、雅、泸等州马，号川马，主要是以锦和茶交易马匹。到淳熙年间（1174—1190），还在这个基础上形成了叙州地区的汉蕃互市。由于大部分川马、滇马矮小不适用于作战，因此宋政府主要是通过茶马贸易从经济和政治上加强与这些地区的沟通联系和安抚，以保持边境安宁。《宋会要辑稿·兵二二》云："每岁之秋，夷人以马请互市，则开场博易。厚以金缯，盖饵之以利，庸示羁縻之术，意宏远矣。"①而大理国等从宋得到茶，不仅满足了自身对茶叶的要求，也为当地在今后的茶叶生产创造了基础，可以说是促进了西南地区茶叶的生产。

南宋时期，由于北方道路受阻、买马困难，中央政府不仅在成都设茶马司进行茶马贸易，还在邕州（今广西南宁市）设置买马司，买马官常驻横山寨，以茶易马，大理马源源不断地输送到邕州地区，茶叶及食盐等食物原料则运输到大理国以及交趾等地。据范成大《桂海虞衡志》和周去非《岭外代答》等资料记载，南宋绍兴三年（1133）置提举买马司于邕州（今广西南宁市），绍兴六年（1136）令帅臣兼领，主持马政。《宋史·职官志》云都大提举茶马司"掌榷茶之利，以佐邦用。凡市马于四夷，率以茶易之"②。《岭外代答·宜州买马》条曰："马产于大理国。大理去宜州（今广西宜山县）十五程尔，中有险阻，不得而通。故自杞（今贵州兴义县）、罗殿（今贵州水西为中心的黔西北周边地区），皆贩马于大理，而转卖于我者也。"③宋朝文献记载西南多处产马，实际上这些马匹绝大多数来自大理国。宋朝邕州道的 3 条干线，即由善阐府分别经罗殿、自杞人、特磨到达邕州的道路，大理马都是运输途中的常项商品。周去非《岭外代答·经略司买马》载："产马之国曰大理、自杞、特磨、罗殿、毗那、罗孔、谢蕃、滕蕃等。每冬，以马叩边，买马司先遣招马官，赍锦缯赐之。马将入境，西提举出境招之，同巡检率甲士往境上护之。既入境，自泗城州行六日至横山寨，邕守与经干，盛备以往，与之互市，蛮幕谯门而坐，不与

---

①　刘琳、刁忠民、舒大刚等校点：《宋会要辑稿·兵二二》15 册，上海古籍出版社 2014 年版，第 9082 页。

②　《宋史》卷 167《职官七·提举常平司》，中华书局 1977 年版，第 3969 页。

③　（宋）周去非撰，杨武泉校注：《岭外代答》卷 5，中华书局 1999 年版，第 189 页。

蛮皆接也。东提举乃与蛮首坐于庭上，群蛮与吾兵校博易、等量于庭下。朝廷岁拨本路上供钱、经制钱、盐钞钱及廉州石康盐、成都府锦，付经略司为市马之费。经司以诸色钱买银及回易他州金锦彩帛，尽往博易。以马之高下，视银之重轻，盐锦彩缯，以银定价。岁额一千五百匹，分为三十纲，赴行在所。"①根据越南文献，当时的市马交易已经做到越南境内。而随着市马活动的扩大，广西与越南北部的其他交易往来也愈加频繁，其商品不仅有茶叶，还包括食盐、大米等食物原料，甚至包括饮食器具和其他土特产品。据周去非《岭外代答·钦州博易场》载："凡交趾生生之具，悉仰于钦，舟楫往来不绝也。博易场在城外江东驿。其以鱼蚌来易斗米尺布者，谓之交趾蜑。其国富商来博易者，必自其边永安州移牒于钦，谓之小纲。其国遣使来钦，因以博易，谓之大纲。所赍乃金银、铜钱、沉香、光香、熟香、生香、真珠、象齿、犀角。吾之小商近贩纸笔、米布之属，日与交人少少博易，亦无足言。唯富商自蜀贩锦至钦，自钦易香至蜀，岁一往返，每博易动数千缗，各以其货互缄，逾时而价始定。既缄之后，不得与他商议。其始议价，天地之不相侔。吾之富商，又日遣其徒为小商以自给，而筑室反耕以老之。彼之富商，顽然不动，亦以持久困我。二商相遇，相与为杯酒欢。久而降心相从，侩者乃左右渐加抑扬，其价相去不远，然后两平焉。官为之秤香交锦，以成其事。既博易，官止收吾商之征。其征之也，约货为钱，多为虚数，谓之纲钱。每纲钱一千，为实钱四百，即以实钱一缗征三十焉。"②当时，宋朝与大理、交趾等地区的大小商人及官方使节络绎不绝地往返于此道，其中富商大贾所贩货物称为"小纲"，官方遣使博易货物称为"大纲"。此外，宋朝的一些小商人携带大米等、官方使节携带食盐等进行商业贸易活动。

到了元朝，虽然不再专门进行市马交易，但中国西南通往越南的道路更加畅通，贸易也更加频繁。除了茶叶、食盐以外，销往越南的商品还有丝绸及其制品、瓷器、青铜器及各种农具、农副土特产品。③

三、民间贸易与茶叶在印度及缅甸的传播

印度原有野生大茶树和独特的食用茶叶的方式，但是，中国茶及种植方

---

① （宋）周去非撰，杨武泉校注：《岭外代答》卷5，中华书局1999年版，第187页。
② （宋）周去非撰，杨武泉校注：《岭外代答》卷5，中华书局1999年版，第196—197页。
③ 申旭：《中国西南对外关系史研究》，云南美术出版社1994年版，第184页。

式、饮用方式也通过多种途径、多种方式在较长的历史过程中传播到印度。最早在公元4世纪时西行求法的僧人通过南方丝绸之路可能已将茶叶传播到印度，唐朝时有零星记载，进入宋元时期，除了僧侣之外，商人的民间贸易成为中国茶传入印度的重要途径，不仅通过南方丝绸之路，也通过西北丝绸之路、海上丝绸之路等，对印度茶文化的发展起到了重要作用。另外，宋元时期，由于缅甸与中国的近邻关系，中国茶也通过民间贸易等途径传入缅甸。

印度阿萨姆地区是茶树的原生地，拥有野生茶树。20世纪70年代，日本学者提出了"照叶树文化带"的概念，认为在植物分布上，存在一个从日本列岛西半部经过朝鲜半岛南部，再到中国南部的四川、云南乃至于印度的阿萨姆地区的"东亚半月弧"，它们都属于暖温带照叶树林带，其中茶是照叶树的一种，而四川、云南、阿萨姆是照叶树林最中心的地方。[①]"四川、云南、阿萨姆同为茶树原生地，这个看法现在并无多大分歧"。[②]印度虽然拥有野生茶树，却没有干燥茶叶而后做成饮品的饮用方式，印度人最初对茶叶采取的是一种独特食用方式、而非中国式的饮用。江玉祥先生曾致信印度尼赫鲁大学的雷义教授（Prof.Haraprasad Ray），向他请教印度历史上利用茶的情况。雷义教授回复说，"印度佛教徒普遍用茶，主要是用茶树的青叶，将青茶叶榨出汁水来饮用（The green leaves were pressed and the juice taken）。这个用法至今还存在，特别在印度东北地区（即阿萨姆邦）"。《茶叶战争》中记载："事实上，西方一直没有中断过有关印度人吃茶的记述，西方最早记录印度人吃茶的资料，是荷兰人范·林索登1598年写的《旅行日记》，然而他的身份却不是什么作家、冒险家，而是一个葡萄牙主教的仆人。他以传教士的身份在印度生活了7年，所见的印度人吃茶方式很特别，印度人将茶拌着大蒜和油，当作蔬菜食用。印度人也会把茶放入汤中煮食。1815年，英国驻印上校莱特证实了这一吃茶方式。"[③]可见，印度阿萨姆邦地区的当地人主要是把茶树的新鲜叶子作为蔬菜食用或者将鲜叶榨汁饮用，并没有将它经过杀青、揉捻和干燥等加工工序制成可以长时间贮存的干茶叶，然后再加入开水制作成饮品。

---

① ［日］村井康彦：《东亚茶区的半月形分布》，王建译，《农业考古》1991年第2期。

② 江玉祥：《"茶者，南方之嘉木也。"——读陆羽〈茶经〉札记之一》，《农业考古》1996年第4期。

③ 周重林、太俊林著：《茶叶战争》，华中科技大学出版社2017年版，第102页。

　　那么，经过加工后的干茶叶制品（简称"茶"）是什么时候传入印度的呢？目前，关于中国茶传入印度的时间，学者们有不同意见。正如郁龙余先生认为，"茶最早是什么时候传过去的，这是一个尚待探讨、研究的问题。一般认为，印度的茶是从 1780 年以后发展起来的。但是，印度引种中国茶，应该大大早于这个时间。早在我国明代（十四世纪后期）出现了手搓炉焙的制茶工艺。后来，这种制茶工艺传到了印度，如果当时印度有一定数量的茶树种植，那么这种制茶工艺在印度只是一种屠龙之技，根本没有传入的必要和可能。所以我们认为，手搓炉焙制茶工艺传到印度的时候，茶在印度的引种已经有了相当的规模"[①]。季羡林在《中印文化交流史》中认为，两晋南北朝隋唐时期是中印文化交流的鼎盛期，"中国物品传入印度的，估计不在少数"，"桃和梨是从中国传到印度去的"，"印度杏也可能是从中国传入的"，"从中国传入印度的还有白铜、瓷土、肉桂、黄连、大黄、土茯苓等等。举世闻名的茶，更不必说了"。[②]但是，关于中国茶是何时传入印度的，没有展开论述。王玲认为，"印度人知茶是由我国西藏转播而去。有人估计唐宋之时印度人已经开始了解中国吃茶之法"[③]。黄时鉴《关于茶在北亚和西域的早期传播——兼说马可·波罗未有记茶》一文考察了茶在少数民族地区和中亚、西亚传播历史，指出唐朝茶已传入吐蕃与回鹘，在阿拉伯—伊斯兰文献中，最早提到中国有茶："在各个城市里，这种干草售价很高，中国人称这种草叫'茶'（sakh）。此种干草比苜蓿叶子还多，也略比它香，稍有苦味，用开水冲喝，治百病。"他推断，"茶在 10 至 12 世纪时肯定继续传至吐蕃，并传到高昌、于阗和七河地区，而且可能经由于阗传入河中以致波斯、印度，也可能经由于阗或西藏传入印度、波斯。"[④]薛克翘认为，"中国茶叶传入印度的时间约在唐宋之际"，并且认为"唐代藏王已非常熟悉内地的茶叶并拥有许多品种。西藏饮茶之风盖由此兴。其实西藏与南亚若干国家和地区关系密切，茶叶完全可以经西藏道传入印度。川滇地区亦自古有茶，茶叶也可能经滇缅道传入印度"[⑤]。唐朝时，关于印度有茶的记载很少。唐

①　郁龙余：《中印栽培植物交流略谈》，《南亚研究》1983 年第 2 期。

②　季羡林：《中印文化交流史》，中国社会科学出版社 2008 年版，第 86 页。

③　王玲：《中国茶文化》，中国书店 1992 年版，第 308 页。

④　黄时鉴：《关于茶在北亚和西域的早期传播——兼说马可·波罗未有记茶》，《历史研究》1993 年第 1 期。

⑤　薛克翘：《中印文化交流史》，中国大百科全书出版社 2017 年，第 213—214 页。

朝名僧义净在印度旅居求法期间，常用中药为人治病，曾用苦参汤和茶自疗。他在《南海寄归内法传》言："若患热病者，即熟煎苦参汤，饮之为善，茗亦佳也。自离故国，向二十余年，但以此疗身，颇无他疾。"[①]通过僧人带去的中国茶，会让部分印度人知晓茶叶及其功效，但是僧人携带的茶一般只是供自用，数量和影响有限，最重要的传播途径还是通过贸易。宋朝时，已出现直接记载印度有茶叶的文献。根据《中国印度见闻录》第41节注2的记载，在阿拉伯—伊斯兰文献中，侨居印度多年的比鲁尼撰著的《印度志》（约1030）中已经有茶（阿拉伯语 gǎ）的记载。[②]

季羡林曾在《中国蚕丝输入印度问题的初步研究》中分析了中国蚕丝输入印度的主要道路有南海道、西域道、西藏道、缅甸道、安南道，主要方式有商人运输、中国皇帝赠送、中国和尚携带。他说，"在唐代中国丝输入印度已经有极长的历史，但是一般老百姓还没有能够享受到丝的好处"，"到了宋代，印度人民，至少是靠近和中国通商的港口一带的人民，已经可以穿丝衣服"[③]。其实，中国茶在印度的传播道路和传播方式也存在类似的情况。季羡林虽然没有论述茶叶输入印度的道路，但是也应该是多种路径并存的。笔者认为，由于唐朝四川的茶文化发达，饮茶习俗普及，茶叶品质和产量在全国居于领先地位，这都使得茶叶可以经过云南、西藏等地，从川滇缅印线、川藏印线等传入印度，且具有一定的优势。结合前面"先秦魏晋南北朝时期僧人与茶叶的传播"的论述，可以说，最早至公元4世纪时西行求法的僧人通过南方丝绸之路可能已经将茶叶传播到印度，最晚至唐宋时，尤其是宋朝，茶叶不仅通过僧人，更多的是通过商人的民间贸易沿南方丝绸之路传播到了印度。需要指出的是，中国茶叶传播到印度是通过多种途径、多种方式共同作用的一个长期的历史过程，但是直到宋朝时都只是将茶叶品种传播到印度，其栽培茶树及茶叶生产的技术尚未传播到印度，这些经过长途贩运的茶叶在当地倍显珍贵，对普通印度人的饮食生活影响有限。那么，饮茶习俗是什么时候传入印度的呢？张星烺认为："饮茶习俗，13世纪以前，尚未传至亚洲西部。蒙古人征服诸部后，始传入也。蒙古文、突厥文、波斯文、印度文、葡萄牙文、新希腊文、俄文皆称茶

---

① 王邦维校注：《南海寄归内法传校注》卷3，中华书局1995年版，第161页。

② ［阿］苏莱曼等：《中国印度见闻录》，穆根来、汶江、黄倬汉译，中华书局1983年版，第76页。

③ 季羡林：《中印文化交流史》，中国社会科学出版社2008年版，第232页。

曰 Chai，实即茶之译音也。"[1] 而中国茶叶对于印度饮食生活和生产中的影响，要在 18 世纪英国人的推波助澜下才会更加彰显出来。

此外，由于缅甸和中国的云南接壤，而缅甸的茶叶盛产区为靠近中国云南的掸邦北部当拜、莫密、孟龙等地区，因此缅甸的茶叶很有可能是由中国的商人贸易或者移民带入。王全珍教授认为，大约在宋元时期，中国茶文化传入缅甸。缅甸人开始种植茶树，大约在蒲甘王朝时期（11—13 世纪）。[2] 缅甸学者敏吞吴著文认为，蒲甘王朝阿隆悉都王（1112—1167 在位）登基的那一年，在国内巡视时发现崩龙族、德努族居住的缅北山区已经种植茶树。崩龙族、德努族将所产的茶叶贡献给缅甸宫廷。[3] 王介南认为，公元 12 世纪，缅甸蒲甘王朝宫廷不仅能将新鲜茶叶制成干茶冲泡饮用，还能将新鲜茶叶腌成湿茶伴以油炸蒜头、油炸大豆等点心一起嚼吃，即所谓"拌茶"；缅甸人所制的干茶叶都是大叶茶，他们在嚼吃拌茶的同时，习惯佐以茶水，即在同一时刻，既把茶叶嚼咽下肚，又饮茶水。他们对于茶叶的应用，可谓"物尽其用"。[4] 古代缅甸人对于茶叶的最早认识是药用功能，将其称为"仙叶"，认为茶叶是一种能让人强身健体、增福添寿的营养珍品。至今在缅甸有句俗语："叶类珍品茶叶，果类珍品芒果，肉类珍品猪肉。"

饮食器具及其制作技术

四、民间贸易与邛窑瓷器等的南传

宋朝时，中国瓷窑分布于南北，产品都各具特色，制瓷规模不断扩大、工艺不断精进。其中，四川邛窑是西南地区特色突出的瓷窑之一，只是在北宋已逐渐衰落，到南宋时期停烧，烧造器物种类繁多，其中属于饮食器具的有壶、罐、瓶、钵、碗、盘、盏、碟、杯等。根据考古研究发现，宋朝邛窑产品仍然在南方丝绸之路沿线畅销，是当时民间贸易的重要商品。

据成都文物考古研究所、邛崃市文物保护管理所《邛崃市平乐镇古道遗址

---

① 张星烺编：《中西交通史料汇编》第 3 册，中华书局 1979 年版，第 199 页。

② 王全珍：《漫议缅甸茶文化》，载王介南主编：《南亚东南亚语言文化研究（第三卷）》，军事谊文出版社 2003 年版，第 243—244 页。

③ [缅甸] 敏吞吴：《晶亮的鲜叶》，《米亚瓦底》（缅文月刊）1993 年 10 月号。

④ 王介南：《中国与东南亚文化交流志》，上海人民出版社 1998 年版，第 129 页。

调查与试掘简报》一文所载，根据各次道路对应的地层关系及其出土遗物的特征分析，可以初步判断：L2 出土有宋代邛窑系的酱黄釉瓷片、青釉饼足碗瓷片和宋代铁钱残段等遗物，其时代应该可以早到宋代出土。T1L2 黄褐色土，夹杂大量炭屑、卵石和红砂石，厚 0—43 厘米。出土少量的邛窑系青釉饼足碗残片、酱黄釉瓷片、蓝釉瓷片、铁钱残段、青灰瓦残片和泥质灰陶锯齿纹陶片等。T5L2 灰褐色土，厚 3—5 厘米。出土少量的青釉圈足碗残片、黄釉瓷片和青灰砖等。此次调查与试掘是从考古学角度证实了属于南方丝绸之路的平乐古道其实际存在和具体途径路段。考古证明，平乐古道至迟在西汉时期就已经开通，后经历宋、明、清等不同历史时期的大规模修缮而延续使用至今。[①] 根据蓝勇教授的研究，在五代和宋朝川滇段的朝贡贸易中，各民族入贡的品种主要可以分成药物、动物及制品、海产品及珍宝、金属及制品、纺织品五类，主要都应是当地特产，也一定程度上反映了当地相互民间贸易商品情况。[②] 对于进贡，宋王朝常常以赏赐手段回赠，赐品中锦袍、裘衣、器币居多，如北宋咸平年间邛部川入贡便赐与其锦袍、裘衣、冠带、器币等。笔者认为，在这些赏赐的器物中，也应有邛窑餐饮器具。而邛崃市平乐镇古道遗址调查与试掘中出现了各种宋朝邛窑系瓷片，正是说明了在南方丝绸之路贸易中，邛窑餐饮器具仍然是重要的商品。

在印度一些地区出土的中国瓷器、陶器等也可能是沿着南方丝绸之路的川滇缅印段通过民间贸易而到达印度地区。据印度 Haraprasad Ray 教授《从中国至印度的南方丝绸之路——一篇来自印度的探讨》的一文中写道："从加罗丘陵向东行，我们发现布拉马普特拉河谷文明的中心 Pragjyotishpura。在 Ambari、高哈蒂（Guwahati）的发掘，足以证明布拉马普特河流域地区与中国和罗马从早期的历史时期起就可能有国际贸易联系。当时只有通过阿萨姆陆路，印度与中国有直接的贸易联系。除石雕、赤陶小塑像、着装的和裸体的石人（Blocks）、砖结构之外，在 Ambari 和 Bhismaknagar（阿鲁纳查尔邦）以东还发现了大量的高岭土陶器（瓷器）。这些瓷器是阿萨姆古代文化的独有特征。许多碗和盘碟底部的一些刻痕和未抛光的装饰以及一个大盘中央雕刻的莲花，使人联想到阿希恰特拉（Ahichattra）、俱尝弥（Kausambi）、拉杰加特（Rajghat）

[①]　成都文物考古研究所、邛崃市文物保护管理所：《邛崃市平乐镇古道遗址调查与试掘简报》，《成都考古发现》2005 年刊。

[②]　蓝勇：《南方丝绸之路》，重庆大学出版社 1992 年版，第 98 页。

和诃斯提那普尔（Hastinapur）的恒河遗址及远至白沙瓦（Peshawar）附近的 Charsudda 的相似装饰母题。因此，可推测 Ambari 罐（Pots）属于同一运河文化主体（Gangatic Complex）。Ambari 刻压的连续点饰陶器类型首次发现于本地治理（Pondicherry）附近的 Aritkamedu，后来，在奥里萨的 Sisupalgarh 和印度的许多其他遗址续有发现。高岭土陶瓷制品，在古代陶瓷制品中确实稀有。其中，Ambari 出土四块罗马文明的连续点饰陶片，时间早至公元第 1 和第 2 世纪。在印度其他部分，特别在德干（Deccan），这种珍贵多样的优良陶土（Kaolin）被用来制造赤陶小雕像。从公元早期至 12 世纪，像这样大量陶器的盛行，其中包括晚至公元 12 世纪中国青瓷（灰白色的表面覆盖着 zade 绿釉，有细裂纹痕迹），牢固地树立了阿萨姆的历史地位。发掘出土的带外倾边、短颈的瓶（jars），非常类似中国西南使用的陶瓶（the pottery vessels）。在布拉马普特拉河河谷发现这样独特的中国青瓷器，无疑证明从中国通过布拉马普持拉河谷至印度存在固定的商道。高哈蒂（Pragjyotishpur）的河港作为转运港，起到了非常重要的作用。"①

五、中缅贸易、人员往来与漆器及制作技术在缅甸的传播

中国是发现和利用漆液最早的国家。汉朝时，四川的漆器无论数量还是质量均为全国第一，并远销中外，在贵州、湖南、安徽和朝鲜半岛的乐浪郡附近等地都发现了大量的成都漆器。唐朝时，成都漆器制作技术传到了大理。沈德符《万历野获编》"云南雕漆"条说："唐之中世，大理国破成都，尽虏百工以去，由是云南漆织之器诸技，甲于天下。"②《云南科学技术史稿》指出："大理国时代的云南彩漆技术，闻名全国。许多器皿漆绘精美图案。大理国的漆器称为'漆雕'，不仅当时闻名于世，明代还视为珍宝，被誉为'宋剔'。"③ 到宋元时期，随着南方丝绸之路沿线国家和地区较为密切的贸易和人员往来，漆器及制作技术传播到缅甸，丰富了当地人民的物质文化生活。

申旭认为，"进入宋元时期，中国西南地区与缅甸的陆上贸易关系更加密

---

① ［印度］Haraprasad Ray：《从中国至印度的南方丝绸之路——一篇来自印度的探讨》，江玉祥译，曾媛媛校，载江玉祥主编：《古代西南丝绸之路研究》（第二辑），四川大学出版社1995 年版，第 279—280 页。

② （明）沈德符：《万历野获编》卷 26《云南雕漆》，中华书局 1959 年版，第 661 页。

③ 夏光辅等：《云南科学技术史稿》，云南科学技术出版社 1992 年版，第 73 页。

切起来，主要包括两个方面的原因。第一，宋朝时云南地区的大理国代替了唐朝的南诏国，进一步发展了与东南亚、南亚国家的贸易交往。还有一个更重要的原因是这一时期居住在中国西南和中南半岛北部地区的泰老人势力急剧增长，他们将吉蔑人的势力驱逐出这一地区，建立了诸多以泰、傣、老等为主体民族的国家，控制了西南丝绸之路的部分境外地段。由于他们有着共同的民族渊源，在语言、生产生活方式、文化、宗教、风俗习惯等各方面都存在着共同或相近之处，所以，彼此之间的交往更加频繁。"[1] 此时，宋朝通过大理国，也与缅甸往来密切。据统计，蒲甘王朝（1044—1287），作为缅甸创建统一的封建王朝，与宋朝之间的官方往来至少有过 4 次。如第三次为宋高宗绍兴六年（1136），这次缅甸入贡与大理国同来，应该是由南方丝绸之路。《宋会要辑稿·蕃夷七》记载详细："高宗绍兴六年七月二十七日，大理、蒲甘国表贡方物。是日，诏：'大理、蒲甘国所进方物除更不收受外，余令广西经略司差人押赴行在，其回赐令本路转运提刑司于应管钱内取拨付本司，依自来体例计价，优与回赐，内章表等先次入递投进，今学士院降敕书回答。'"[2] 而随着缅甸与大理国、宋朝之间朝贡贸易与民间贸易的密切，人员间往来随之密切，中国漆器制作技术逐渐传入缅甸，被缅甸吸收、借鉴和创新而形成自己的特色，丰富了缅甸人民在餐饮器具上的选择。王介南指出："十一世纪蒲甘王朝初期，中国的漆器制作技术传入缅甸。此后，缅甸人民逐渐把这种技术发展成一项民族传统工艺。蒲甘是缅甸漆器的主要产地。至二十世纪九十年代，蒲甘生产的漆器，有盛糖果的漆盘、漆盒、漆制香烟盒、漆制斋饭格盒，彩色油漆桌凳等二三百种。"[3]

饮食礼俗与思想

六、汉文典籍与饮食礼仪、习俗及思想的南传

宋元时期的中国是当时世界经济文化交流的中心，周边许多国家和民族都希望学习中国先进的文化和技术。通过以外国使节、留学人员等官派人员为主体的官方传播以及以商人、僧侣为主体的民间传播，汉文典籍沿南方丝绸之路

---

[1]　申旭：《中国西南对外关系史研究》，云南美术出版社 1994 年版，第 136 页。
[2]　刘琳、刁忠民、舒大刚等校点：《宋会要辑稿·蕃夷七》，上海古籍出版社 2014 年版，第 9965 页。
[3]　王介南：《中国与东南亚文化交流志》，上海人民出版社 1998 年版，第 132 页。

传播到沿线一些地区和国家，而这些典籍中所包含饮食礼仪、习俗与思想也随之向南传播到当时的大理国以及越南、缅甸等地。

《岭外代答·邕州横山寨博弈场》载："蛮马之来，他货亦至。蛮之所赍，麝香、胡羊、长鸣鸡、披毡、云南刀及诸药物。吾商贾所赍，绵缯、豹皮、文书及诸奇巧之物。于是译者平价交易。"① 不仅如此，中原文化也随南方丝绸之路的邕州道传至大理国。1173 年，大理国人李观音得、张般若师等 23 人卖马于邕州横山寨，用流畅的汉文写信给买马的官员求购汉文书籍，诸如《文选五臣注》《春秋后语》《五藏经》《初学记》《玉篇》《百家书》等。对此，《宋史·兵十二》载道，"乾道九年，大理人李观音得等二十二人至横山砦求市马，知邕州姚恪盛陈金帛夸示之。其人大喜，出一文书，称'利贞二年十二月'，约来年以马来。所求《文选》《五经》《国语》《三史》《初学记》及医、释等书，恪厚遗遗之，而不敢上闻也。"② 由此，宋朝汉文化在云南地区逐渐得到普及。这些汉文书籍中部分地记载儒家饮食礼仪、习俗的内容，而通过这些书籍在云南地区的传播，使当地人更加了解了其中的相应内容并加以吸收、借鉴。《景泰云南图经志书校注》引元初郭松年《大理行记》中云：大理之民"其宫室楼观、言语书数以至冠婚丧祭之礼，干戈战陈之法，虽不能尽善尽美，其规模、服色、动作云为略于汉。自今观之，犹有故国之遗风焉"。③ 这当是大理国时期云南情况的真实写照，当时云南地区的汉文化已经相当发达，华夏饮食文明诸如"冠昏丧祭"中的饮食礼仪也应得到不同程度的吸收、借鉴。这表明此时云南地区"无论是在衣食住行的物质文化，还是在冠昏丧祭、言语、书数的精神文化都与汉文化实现了很深的涵化"④。

与此同时，传入越南、缅甸的汉文书籍很多。因为中国传统的"药食同源"的观点，中国很多医药书记载了既是药物、也是食物的品种和食疗养生方，由此，中国医药著作如《黄帝内经》《脉经》在越南的传播，不仅促进了越南医学的发展，也将华夏饮食文明传播到越南。而此时，缅甸蒲甘王朝与中国建立了正式邦交关系，蒲甘王朝除直接派使者到宋朝，还与大理国有密切关系，并通过大理国与宋王朝密切联系。据《南诏野史》记载，崇宁二年（1103）："使

---

① （宋）周去非撰，杨武泉校注：《岭外代答》卷 5，中华书局 1999 年版，第 193—194 页。

② 《宋史》卷 198《兵十二·马政条》，中华书局 1977 年版，第 4956 页。

③ 李春龙、刘景毛校注：《景泰云南图经志书校注》，云南民族出版社 2002 年版，第 393 页。

④ 李晓斌：《历史上云南文化交流现象研究》，民族出版社 2005 年版，第 76 页。

高太连入宋，求经书六十九家，药书六十二本。……缅人、昆仑、波斯三夷，同进白象、香物。"[①]缅甸使者将中国经典著作和药书带回缅甸，对缅甸的饮食思想和医学等产生了积极的影响。

七、南方移民外迁与泰—傣人饮食民间信仰的形成

泰—傣人，主要是泛指泰国的泰人、老挝的寮人、越南的泰人、缅甸的掸人、印度阿萨姆邦的泰人和我国云南省的傣族等泰—傣系民族。据专家研究认为，泰—傣人与古代的华夏民族（泛指古代汉族）有着密切的内在关系，曾在中国境内居住、受华夏文明影响，随后部分人向南迁徙，将华夏文明包括华夏饮食习俗、民间信仰等传播到所在地，产生了深远影响。

泰—傣人在饮食民间信仰方面受到了比较明显的华夏文明的影响。谢远章认为"泰—傣人的先民与华夏民族有着密切的内在关系。在古代，他们一定受过华夏文明的熏陶，而这种熏陶是长期的、系统的和直接的，否则它不可能在一系列而且是关键的许多方面体现出熏陶的结果"；"泰—傣古文化之所以具有浓厚的华夏色彩，也许是由于泰—傣人先民在古代曾经在中华版图内居住，受我国封建朝廷的直接统治，因此信仰社稷。"[②]在饮食民间信仰方面，华夏文明对于泰—傣人的影响主要表现在两个方面：

第一，泰—傣人的"社曼社勐"信仰与华夏社神。社神（土地神）的信仰在中国的历史十分悠久，历代封建王朝都十分重视社祭，设立有祭社的祭坛。许慎《说文解字·示部》中对"社"的解释为："社，地主也，从示土；《春秋传》曰：'共工之子句龙为社神。'"[③]《礼记·祭法》云："共工氏之霸九州，其子曰后土，能平九州，故祀以为社。"《荆楚岁时记》记载："社日，四邻并结综会社，牲醪，为屋于树下，先祭神，然后飨其胙。"[④]"民以食为天"，对于社神的信仰，来自人们对于农业生产的重视以及对于土地的敬畏。谢远章首先从泰国、老挝、缅甸等国的历史文献中，梳理了泰—傣人的"社曼社勐"民间信

① （明）倪辂辑，（清）王崧校理、胡蔚增订，木芹会证：《南诏野史会证》，云南人民出版社1990年版，第268—269页。

② 谢远章：《泰—傣古文化的华夏影响及其意义》，《东南亚南亚研究》1989年第1期。

③ （汉）许慎撰，（宋）徐铉校，王宏源新勘：《说文解字》，社会科学文献出版社2005年版，第7页。

④ （梁）宗懔撰，姜彦稚辑校：《荆楚岁时记》，岳麓书社1986年版，第23页。

仰。泰—傣系民族自古以来就信仰祖先崇拜，他们认为祖先死后会化成幽灵、变成保护神庇护他们，所以，其家里有家神，村（曼）有村神，勐（邦国、城邑或地方）有勐神。他们称村神和地方神为"社曼社勐"，即村的社和地方的社。如泰国素可泰时期（12—13世纪）的碑铭，就提到"社"。刻于1292年的"兰甘亨碑"是当今世界上最早的泰文文献。谢远章《泰—傣古文化的华夏影响及其意义》引泰国《碑铭汇编》卷一，在其碑的第一面第21—24行说："当任何一个老百姓或贵族死去后，其房屋、祖先金子一般的社、象、谷仓、家庭仆役、槟榔园、蒌叶园，全部由其子嗣继承。"[1]"金子一般的社"，即指由已故祖先变为的保护神。其次，谢远章将"社曼社勐"民间信仰与中国的华夏社神信仰进行了对比研究，他认为"各地泰—傣系民族古代的社，毫无疑问是来源于中国春秋时期的社"，我国西双版纳地区的祭社勐大典虽然已经废除，但大多数村寨仍保留着祭社曼的风俗。在每年春耕后和秋收后都要举行祭社曼的仪式，在祭祀时每户献一只鸡，在龙林中先祭社然后煮吃。而泰—傣人的"社曼社勐"信仰习俗传承至今，且其祭祀仪式与中国古代在立春、立秋后的戊日或甲日祭祀社神的风俗十分相似，"直到现在，缅甸掸人、老挝寮人、越北泰族、印度阿萨姆泰人、泰北农村泰人，仍然信奉'社曼社勐'"[2]。

第二，泰—傣人的"谷神婆婆"信仰与华夏稷神。在中国古代，经常和"社"并列提及的就是"稷"（谷神）。中国很早就有关于谷神即后稷的传说。有邵氏的女儿姜嫄踏了巨人脚迹后怀孕而生子，此子曾经一度被丢弃，所以其名为弃。弃是周族的始祖，古代的周族认为他是开始种稷和麦的人，他曾做农官教民耕种，民众很尊重他。"稷"原来专指小米，后来泛指所有的五谷，后稷即五谷之王、去世后被尊封为谷神。中国古代，稷与社并列，《周礼·大宗伯》中称，以舞乐招神，还要用牲，"以血祭祭社稷、五祀、五岳。"朝廷专门建造社稷坛，每年隆重祭祀，明朝成祖帝时在北京建造的社稷坛留存至今。因为"社"与"稷"紧密联系、无法分离，"社稷"一词就逐渐成为"国家"的代称。谢远章认为，泰—傣系民族从华夏接受了祭社神，也可能同时接受了祭稷风俗，并且他还从大量的泰国、老挝等国外文献中发现了证据，"泰—傣系民族各个支系都有祭祀谷神的风俗。如泰国中部泰族称谷神为咪普索（五谷女

---

① 谢远章：《泰—傣古文化的华夏影响及其意义》，《东南亚南亚研究》1989年第1期。
② 谢远章：《泰—傣古文化的华夏影响及其意义》，《东南亚南亚研究》1989年第1期。

神），泰国北部也叫咪普索或普索女神。泰北史籍《勐拉明史志》中记载，古时收割前先祭普索女神，然后由穿白色衣裙处女摘一谷穗数谷粒预卜收成，单数歉收，双数丰收。老挝寮人每年七月均祭谷神"①。

总之，社稷信仰是我国古代重要的与华夏饮食文明密切相关的民间信仰，专家认为，由于泰—傣人的先民在古代曾经在中华版图内居住，受我国封建朝廷的直接统治，后来由于各种原因才南迁到越南的北部、泰国的北部、老挝的北部等地，因此泰—傣古文化具有浓厚的华夏色彩，信仰社稷。"从近年来中外学者的研究中，我们可以推断，壮傣民族的先民在公元前几个世纪的时候从岭南地区向南迁徙，其中一部分在云南沿元江、澜沧江、怒江南下，成为现今西双版纳、泰国、老挝、越南的傣系民族的先民。"②沿此思路，可以认为，原先居住在中华版图中的一部分泰—傣人应该是沿着南方丝绸之路，逐渐向南迁徙到东南亚、南亚等地区，同时也带去了深受华夏影响的社稷信仰以及其他饮食习俗等，对此，还需要进一步的文献和考古、民族志等资料的证据进行论证。

第四节　明清时期：由盛转衰期

明清时期是南方丝绸之路华夏饮食文明对外传播由繁荣转入衰落的时期。继元朝经营西南以后，明朝先后在西南设立四川布政使司、云南布政使司等，中国西南地区处于大一统的国度中。清朝继续推行卓有成效的行省制度，随着大规模的屯田、开矿、经商及多次移民迁入和休养生息等政策的实施，西南地区经济开发加快，生产力水平有了较大提高，经济渐趋兴盛。这为南方丝绸之路这一国际通道的发展及其华夏饮食文明对外传播的繁荣创造了基础条件。1840 年鸦片战争以后，中国逐渐沦为半殖民地半封建社会，西方列强均觊觎中国的西南地区，企图通过打开中国的西南门户而侵入整个中国，南方丝绸之路的主导权逐渐由沿线平等互惠的各国转移为西方列强，因而清朝后期华夏饮食文明虽然继续沿南方丝绸之路传播到了东南亚、南亚等地区，但随着南方丝

---

① 谢远章：《泰—傣古文化的华夏影响及其意义》，《东南亚南亚研究》1989 年第 1 期。
② 何芳川主编：《中外文化交流史》（上卷），国际文化出版公司 2016 年版，第 339 页。

绸之路政治格局和贸易、文化交流性质的改变，也进入了转折及衰落时期。

明朝时期

明朝时在四川相继建立起各府、州、县地方政权，其下又普遍建立了里、甲基层统治机构，在城市建立坊、厢统治机构，同时还在元朝设置土司制的基础上相继建立了 15 个名称分别为"军民府""招讨司""安抚司""宣慰司""宣抚司"的土司地区，促进了明王朝在四川统治政权的加强和民族地区的发展。明朝末期，四川地区的阶级矛盾越来越尖锐，社会危机十分严重，民变和兵变一再发生。自 1633 年始，张献忠起义军先后 5 次入川作战，并于公元 1644 年初攻克成都，建立国号为"大西"的政权。在云南，明朝中央政府采取了针对性强的一系列政策促进云南发展，改元朝的行中书省为承宣布政使司、提刑按察使司、都指挥使司，三司之上又有巡抚代表朝廷执行集权统治，同时进一步健全土司制度，从形式上把民族地区的地方政权组织直接纳入国家政权组织系统，有一套比较完整的制度，在保证中央集权统治的前提下，允许土司在自己辖区内按照本民族具体情况处理内部的事务。

为了巩固统治，明朝政府采取了一系列发展四川和云南经济的措施。在农业方面，兴修水利和实行屯田制，鼓励广泛植棉栽桑，促进了农业经济的较快发展，人口和耕地面积都有了扩大。在手工业方面，明朝四川丝织业得到发展，成都是全国重要的丝织中心；盐业生产远超元朝，盐井数量大幅度提升，采用机械汲卤的卓筒小井生产普遍发展起来；钢铁产地多，蜀铁远销外地；成都琉璃厂窑所制青瓷产品颇有名气，广元黑釉窑、巴县磁器口窑的生产规模不小，根据《邛崃市平乐镇古道遗址调查与试掘简报》记载，在明朝时的平乐道路中发现了酱釉瓷片、黑釉瓷片、蓝釉瓷片和青花瓷片等就是其贸易的证据。在商业方面，不少外地商人将四川绸缎、药材等商品销售到外地，并在四川安家落户。此外，明朝中央政府还把大量汉族人口从内地迁移到云南屯田、使其在当地逐渐占据多数，与当地少数民族共同开发生产，促进了云南经济大发展。据估计，明朝移民在云南垦殖和屯田的土地面积在 150 万亩—200 万亩之间，占当时登记在册的全省耕地面积的一半以上。[①] 大量汉族移民进入云南带

---

① 史云群：《明初云南安定局面的出现和农田水利事业的发展》，《思想战线》1975 年 6 期。

来了先进的生产技术和商品经济意识。明朝是云南开采铜银矿的鼎盛期，云南白银产量居全国之首。矿业的发展促进了工商之风在云南的盛行，大理一带已有朔望市，农夫在耕田之余负贩而出，而农妇勤织纺布以贸易，楚雄一带之民"性警捷，善居积，多为行商，熟于厂务"①。

明朝时，由于中国经济重心南移，南方丝绸之路交通网络中的一些道路发生了较大变化，但大致格局与前朝相似，主要干线包括川滇缅印线和滇南通越南道等两条。

第一，川滇缅印线。该线路由川滇段、滇缅印段构成。其中，川滇段又包括乌撒入蜀路、清溪道、石门道等 3 条线路。②一是乌撒入蜀路。这条路是明朝由四川入云南的最重要道路。明朝，在纳溪置倒马、石虎二关，《明一统志》卷 72 称是"本朝置路通云南交趾"。明朝文学巨匠四川人杨升庵多次往返于此道，并对沿途风物多有所记。二是清溪道。这条路在明初时曾得到较好整修、十分通畅、商贸发达，但明中叶以后由于战乱等原因而闭塞梗阻。三是石门道。明朝中叶以后至清朝，因滇东北许多土司反对改土归流，多在此道上扼关自守，致使道路梗塞。滇缅印段是从云南到缅甸、印度的道路。明朝永乐年间国力最强盛的时候，曾于今天境外西南的部分地区设有孟养、木邦、缅甸、底兀剌、古剌、底马撒、八百、老挝八个宣慰司，孟密、蛮莫二宣抚司，孟艮府、宁远州等，包括今缅甸除阿拉干地区以外的全部、泰国北部(今清迈地区)、老挝北部(今琅勃拉邦)地区和越南西北部的莱州地区。③明初曾在滇缅边界干崖、南甸、陇川宣抚司设古剌驿、甸头驿、累弄驿、南甸驿、罗卜思庄驿、孟哈驿、嘎赖驿等 7 个驿站以便交通。明朝入缅甸的主线即是元朝入缅主线阿郭道。此路从腾冲出发，经南甸宣抚司（梁河）、干崖宣抚司（盈江旧城）沿大盈江经盏达宣抚司（盈江）出铁壁关至八莫（今八莫新街）到江头城（今杰沙对岸），共 15 日程。从江头城 12 程至太公城，8日程至乌来城（今曼德勒）,5 日程至安正国城、5 日程至蒲甘缅王城（今蒲甘）。从江头城到昆明 38 程，共计此路 68 程。从腾冲保山南出滇缅主线外，还有腾冲入缅南路、腾冲入缅东南路、腾冲入缅西路、虎距关路等。缅甸通印度

---

① （清）嘉庆《楚雄县志》卷 1，载杨成彪主编：《楚雄彝族自治州旧方志全书·楚雄卷》（上），云南人民出版社 2005 年版，第 644 页。

② 蓝勇：《南方丝绸之路》，重庆大学出版社 1992 年版，第 123 页。

③ 方国瑜：《中国西南历史地理考释》，中华书局 1987 年版，第 774 页。

的陆路仍然主要取曼泥坡高地的诸山口及亲敦江上游的帕特开山与阿拉干山的几个山口出入。①

第二，滇南通越南道。明朝从云南到越南的驿道逐渐固定，通道也有所发展和增多。其中，昆明两广通道是从云南到广西再到越南的主要通道，并且可与海上丝绸之路连接。此路与唐宋时的邕州道主要路线基本相似。此外，还有昆明黎溪安南道，此路从滇阳驿、晋宁驿、江川驿、通海驿、江川驿、通海驿、曲江驿、新建驿到蒙自驿（蒙自县）、花丈驿、黎花驿（个旧市蛮耗），然后沿黎花江（今元江）经河口入安南。②

清朝时期

1646 年，清军攻入四川，张献忠的大西政权灭亡。从顺治三年（1646）到康熙四年（1665）的 20 年间，清朝的统治在与抗清势力的战争中逐步稳定。但是，在康熙十二、十三年之交（1673—1674），吴三桂、耿精忠、尚之信先后起兵反清，清军于 1681 年平定了吴三桂，巩固了清王朝在四川的统治。明末清初，四川战事频繁，社会经济遭到严重破坏，人口锐减，土地荒芜。为了恢复四川经济，清王朝实行了一系列休养生息的政策，多次蠲免四川应征钱粮，实施"湖广填四川"措施，鼓励湖广、江西、陕西、福建、广东等省无地少地农民入川开垦荒地，同时动员军队开垦屯田。在四川的民族地区，清政府还推行"改土归流"政策促进其多方面发展。鸦片战争后，中国逐步沦为半殖民地半封建社会，外国宗教势力进入四川，引发了四川人民的反抗。1890 年，中英签订《烟台条约续增专条》，重庆被辟为英国的通商口岸。1894 年甲午战争后，中日签订《马关条约》，被迫开放重庆等地为通商口岸。清朝末期，清政府在全国推行"新政"，四川总督积极响应，如振兴商务、奖励实业等，但是并不能从根本上改变政治和社会形势。而对于云南，清王朝在平定吴三桂等三藩之乱后，进一步了加强对该地统治，促进了云南各民族地区的统一。③清王朝在云南也设置了承宣布政使和提刑按察使分管行政和司法，上设总督、巡抚作为省的行政长官，省以下的机构是府、州、县。同时，在云南一些地区继

---

① 蓝勇：《南方丝绸之路》，重庆大学出版社 1992 年版，第 126—127 页。

② 蓝勇：《南方丝绸之路》，重庆大学出版社 1992 年版，第 134 页。

③ 尤中：《云南民族史》，云南大学出版社 1994 年版，第 459—465 页。

续实行土司制度，在一部分地区实行改土归流政策，流官政权加强了对少数民族地区的直接统治，促进了云南与全国在政治上的统一。1840 年鸦片战争之后，与云南相邻的缅甸在 1824—1885 年的 3 次英缅战争后沦为英国殖民地，19 世纪 80 年代后越南、老挝等则沦为法国殖民地。英法等国觊觎云南，从 1889—1898 年之间，云南蒙自、河口、思茅、腾冲等地海关先后开关，1905 年昆明口岸自行开关，五口岸开关对云南的社会经济产生了重要影响。

经过长期休养生息，四川和云南的经济都逐渐恢复。到了清朝中期，四川的人口不断增加，耕地面积迅速扩大，"到嘉庆二十五年（1820），滋生人丁达二千八百多万口，四川人口空前增多"①，粮食生产也迅速发展。在手工业方面，四川井盐业得到快速发展，在钻井、治井、打捞等生产技术方面出现了卓有成效的革新，完成了从宋明卓筒井向小深井的转化，川盐产销市场从清初起经历了逐步扩张，从本省市场向湖北、贵州、云南市场稳步发展的过程。制茶业在康熙二十五年（1686）的产量比明朝增加 3 倍；制瓷业、矿冶业等都发展较快。随着农业和手工业的发展，商业经济也发展起来，大小城市的商业贸易都很繁荣。到清朝后期，外国资本主义逐渐入侵四川、倾销商品，使四川的社会经济遭到严重破坏。对于云南地区，清朝总结了历史上该地区经济发展的经验，采取了一系列新的措施，推动了云南经济的发展。在农业方面，向山区以及半山区推进。清朝废除了明朝遗留下来的庄田制度，通过一定的条件使过去耕种庄田的农奴成为自由农民，在一定程度上具有历史的进步性。此外，还废除军屯制，将军屯田地并入民田，取消了"军户"与民户之间经济负担、政治管理上的差别，从而促进了农业的发展，增加了税收。清朝时，云南地方名茶普洱茶发展迅速，并带动了整个云南茶业发展。云南地方政府对普洱茶高度重视，加强了对滇南普洱府地区的开发，在思普地区较早推行改土归流的政策，实施茶引制，进一步推动了普洱茶商贸的发展。改土归流，也方便了内地的军、商、工农等人进入，吸引了大量内地人到六大茶山种茶、贩茶，他们带来了中原先进的制茶技术，促进了滇茶制作技术的改进和茶业贸易。很多四川人沿着南方丝绸之路进入倚邦、革登、莽芝等茶山，典型代表者如倚邦土弁曹当斋的祖父，如今云南的倚邦、革登、莽芝一带还有许多四川人后裔。南方丝绸之路上的重要城镇商业繁荣，人们利用当地资源进行商贸谋利。《滇略》载，永昌府"辐

---

① 陈世松主编：《四川通史》（第五册），四川大学出版社 1993 年版，第 183 页。

辏转贩，不胫而走四方。故其习尚渐趋华饰、饮食、宴乐"①。道光《普洱府志》载，"威远、宁洱产盐，思茅产茶，民之衣食资焉，客籍之商民于各属地，或开垦田地，或通商贸易而流寓焉"②。腾越人还从事长途贩运，参与国际贸易。《腾越乡土志·商务篇》载："腾越商人，向以走缅为多，岁去数百人。"③ 鸦片战争以后，云南蒙自等五口岸被迫开关，云南的对外贸易发生了变化，除云南人民在南丝路开展对外商贸往来与文化交流外，英、法等国更向云南倾销商品。

清朝时，南方丝绸之路在明朝的基础之上继续发展，并对一些传统的对外通道系统设驿，成为官方驿道。鸦片战争后，南方丝绸之路上的交通方式有所变化，从"由完全人畜驮运，向马帮运输与近代交通运输交融过渡"④。（云南马帮的塑像见图 3-7）这一时期，南方丝绸之路的主要干线包括川滇缅印线和滇南通东南亚诸道。

第一，川滇缅印线。该线路仍然由川滇段、滇缅印段构成。其中，川滇段包括 3 条道路：一是乌撒入蜀路。此路大体延续明朝路线，成为清朝转输川盐、滇铜、黔铜的交通要道。二是清溪道。此路在明中叶以后闭塞梗阻，清康熙时得到一定整修，在驿道上增设铺塘，用兵弁传递公文军情。川盐、云烟、普茶、黄丝等也是此路上重要的运输商品。三是石门道。此路在清雍正、乾隆后开通后通畅，是转运滇铜、川盐、川米等的要路，清道光时曾整修。滇缅印段延续了明朝的主线。此路从腾冲出发，经南甸宣抚司（梁河）、干崖宣抚司（盈江旧城）沿大盈江经盏达宣抚司（盈江）出铁壁关（道光以前在缅甸洗帕河内瓦兰岭下，道光后移至今陇川县邦外乡垒良西山梁）至八莫（今八莫新街）到江头城（今杰沙对岸），再从江头城至太公城、乌来城（即曼德勒）、安正国城、蒲甘缅王城（今蒲甘）。⑤ 由于云南与东南亚国家毗邻，处处皆可进入越南、老挝、缅甸等国，所以衍生出很多支线，而民间小道更是无法详述。腾冲成为通往缅甸的主要咽喉，清朝商人们可以从腾冲出发，经缅甸北部进入八莫，再转到缅甸其他地方。而从缅甸通往印度的陆路仍然延续明朝。此外，由于川滇

---

① （明）谢肇淛：《滇略》卷 4《俗略》，载方国瑜主编，徐文德等纂录校订：《云南史料丛刊》第六卷，云南大学出版社 2000 年版，第 694 页。

② （清）道光《普洱府志》序，清道光三十年（1850）刻本，第 1—2 页。

③ （清）寸开泰纂修：《腾越乡土志》卷 8，清光绪抄本，第 14 页。

④ 陆韧：《云南对外交通史》，云南人民出版社、云南大学出版社 2011 年版，第 262 页。

⑤ 蓝勇：《南方丝绸之路》，重庆大学出版社 1992 年版，第 126 页。

藏印线也有不同程度发展，从四川或云南出发，也可经过西藏地区到达尼泊尔、印度等地。缅甸完全沦为英国殖民地后，英国开始考虑延伸缅甸铁路进入云南。公元 1897 年，英国实际获得进入云南修筑铁路的权力，但由于滇缅铁路工程艰巨、费用巨大，迟迟未能动工。

第二，滇南通东南亚诸道。该线路主要包括 3 条线路，即从云南到老挝的道路、从云南或广西到越南的道路、从云南到泰国的道路。一是从云南到老挝的道路。明朝时，在云南境内，凡老挝使团经过的地方都设有驿站，并有一套固定的接待"礼制"。到了清朝，仅在西双版纳境内就设有勐仑、勐罕、勐征、勐胎和把岛、橄榄坝、勐型等驿站，表明通向老挝的丝绸之路已逐渐得到完善。从云南到老挝有多条交往通道。《缅甸图说》云："出孟宾南行交老挝界，再东抵越南界。……由猛腊走猛润隘出口一百五十里到南掌国（老挝）之猛温。又由乌得走整发隘出口至南掌国之补千掌。"① 此外，还有"贡象下路"："由景东历者乐甸，行一日至镇沅府，又行二日始达车里宣慰司之界。行二日至车里之普洱山，其山产茶。又有一山耸秀名光山，有车里头目居之。蜀汉孔明营垒在焉。又行二日至一大川原，广可千里，其中养象。其山亦为孔明寄箭处。又有孔明碑，苔涩不辨字矣。又行四日至车里宣慰司，在九龙山下临大江，亦曰九龙江，即黑水之末流也。由车里西南行十日至八百媳妇宣慰司（在今泰国清迈），又西南行一月至老挝宣慰司，又西行十五、六日至西洋海岸，乃摆古（在今缅甸）莽酋之地也。"② 上路是从云南到缅甸，下路是从云南到老挝、泰国，这两条道路相互连接，在缅甸摆古汇合后，与海上丝绸之路相连。二是从云南或广西到越南的道路。到了清朝，从云南和广西到越南都有数条道路可通。据《清朝文献通考·四裔考》载："安南即交趾，与滇、粤接界。由广西至其国，道有三：从凭祥州入则经文渊、脱朗、谅山、温州、鬼门关、保禄县，凡七日至安越县之市桥江；由思明府入则过摩天岭、思陵、禄平二州，又过车里江、安博州、耗军洞、凤眼县，凡八日至市桥江；自龙州入则由平而隘、七源州，四日至文兰平茄社，分二道：一从文兰过右陇县北山，经鬼门关，渡昌江，经世安、安勇二县，凡三日至市桥江；一从平茄县西，经武崖州、司农县，凡四

① （清）吴其祯：《缅甸图说》，载景振国主编：《中国古籍中有关老挝资料汇编》，中州古籍出版社 1985 年版，第 190 页。

② （清）师范：《滇系》，载景振国主编：《中国古籍中有关老挝资料汇编》，中州古籍出版社 1985 年版，第 203 页。

日至市桥江。市桥江在安越县境，昌江之南，诸路总会处。五十里至慈山府嘉林县，渡富良江入交州。由云南至其国，道有二：一由蒙自经莲花滩入程澜洞，循洮江源右岸，过水尾文盘、镇安、夏华、清波诸州县，凡二十七日至临洮府。又过山围县，兴化府白鹤县，凡十日，渡富良江；一由河阳隘，循洮江源左岸，过平源、福安、宣江、端雄诸府州县，凡二十三日至富良江，然皆山径欹见侧难行。若循洮江右岸入，乃大道也。"[1] 法国在越南实行殖民统治后，以深入中国为目标，积极在殖民地发展近代交通运输，不时派人到云南考察形势、图谋机会。1898 年，法国取得了滇越铁路的修筑权，1901 年法国成立了滇越铁路公司。滇越铁路越南段于 1901 年开工，1903 年完工；滇段铁路 1904 年正式开工，1910 年完工。滇越铁路所经的一些地段沿着南方丝绸之路而修筑，成为法国殖民者从越南方向进入中国的工具，影响了中国西南地区的经济。三是从云南到泰国的道路。据黄诚沅《滇南界务陈牍》载："商人由车里出外域贸易者有四道，一由易武猛白乌经猛岭，一由大猛龙至猛岭，一由猛混、猛艮至猛八，以上三路均可至暹罗之景梅（清迈）一带。其由孟艮西过达角江，则走缅甸路也。"[2] 又云："景梅（清迈）人烟稠密，土人名曰各骆，地产杉木、槟榔，城系砖造，极宽大高峻，有内外二重，现英人于此开设木行、药行，商贾云集。至

图 3-7　云南马帮塑像（笔者拍摄于云南腾冲和顺大马帮博物馆）

暹都水路十六天，陆程十二日，至盘安水路半日便可以到莫洛缅。"[3] 进入近现代时期，云南的马帮大多仍然沿着上述道路前往缅、泰、老等国进行贸易。从

①　清高宗敕撰：《清朝文献通考》（第二册），商务印书馆万有文库本，1935 年，第 1220 页。

②　（清）黄诚沅辑：《滇南界务陈牍》，载方国瑜主编：《云南史料丛刊》（第 10 卷），云南大学出版社 2001 年版，第 84 页。

③　（清）黄诚沅辑：《滇南界务陈牍》，载方国瑜主编：《云南史料丛刊》（第 10 卷），云南大学出版社 2001 年版，第 84 页。

云南经缅甸、老挝到达泰国清迈以后，既可以从水、陆两路到达曼谷，也可以由陆路到达缅甸南部的毛淡棉，这两个城市都是海上丝路的港口，即从云南到泰国、老挝等地的西南丝绸之路，已经和海上丝绸之路连接了起来。[①]

明清时期，南方丝绸之路上华夏饮食文明的对外传播内容包括了食物原料、餐饮器具、饮食品、饮食习俗等4个方面。其中，食物原料方面主要有食盐、茶叶及蔬果、蜜饯和禽畜等食物原料在缅甸、越南、印度等东南亚和南亚地区的传播；饮食器具方面主要包括瓷器、铁锅及其技术在越南、缅甸的传播和影响；饮食品方面主要有云南火腿、米粉等制作技术在越南、缅甸等地的传播；饮食礼俗及中餐馆方面主要有移民入缅与缅甸中餐馆及中餐厨师的出现，以及缅甸"汉人街"、寺庙、会馆与华夏饮食习俗在缅甸的传播。其传播途径主要是通过中国与东南亚、南亚的商贸往来尤其是滇商在南方丝绸之路沿线上的贸易与中国移民迁移到东南亚等地进行的。

食物原料及其农业生产技术

一、中外商人贸易与食盐在东南亚、南亚等国的传播

明清时期，由于食盐资源分布、生产规模的不均衡性，加之交通条件不同，四川、云南的食盐资源分布较多、开采和生产量较大，而缅甸、印度及越南北部等大量依靠中国的食盐输出，中国和缅甸、越南、老挝、印度等的商人纷纷进行食盐贸易，使食盐在当时的南方丝绸之路国际贸易中成为重要商品之一。

明朝时，云南盐业发展取得较大进步。明王朝先后在云南的食盐主要产地如黑井、白井、安宁盐井和云龙盐井设立4个盐课提举司，又在黑井、阿陋猴井、琅井、白井、安宁井、诺邓井、山井、师井、大井、顺盈井、弥沙井、兰州井设12个盐课司，使滇盐产量提升并成为交换缅甸棉花的重要商品。明初期在今缅中边境设置"三宣六慰"，这些"三宣六慰"的土司大部分向明朝称臣纳贡、关系密切，促进了中国与缅甸经贸关系的发展。《英宗正统实录》载，明朝正统九年（1444）总督军务兵部尚书王骥奏："近边牟利之徒私载军器诸物潜入木邦、缅甸、八百、车里诸处，结交土官人等，以有易无。"[②] 根据记

①　申旭：《中国西南对外关系史研究》，云南美术出版社1994年版，第17页。

②　《英宗正统实录》卷117，第3页，载余定邦、黄重言编：《中国古籍中有关缅甸资料汇编》上册，中华书局2002年版，第148页。

载，缅甸北部此时十分缺盐，各地均依赖中国输入的食盐。每当边境治安不宁或发生战乱，盐商停止输入食盐，缅北各地便发生盐荒。当时，中国对缅甸和印度的棉花十分感兴趣，因此食盐为当时中国输缅的最重要货物，而棉花为缅甸输入中国最大宗的商品。[①] 随着双方陆上贸易发展，缅中边境陆续形成贸易中心和货物集散地。中国商人循腾冲入缅正路输转大量食盐到缅甸，运回大量缅甸和印度的棉花。随着盐棉贸易发展，缅甸北部的中国商人数量大增，《西南夷风土记》载"江头城外有大明街，闽、广、江、蜀居货游艺者数万。而三宣六慰被携者亦数万"[②]。该书还记载在孟密境内一日一小市、五日一大市，贾客云集，一派繁荣景象。《明孝宗实录》载"蛮莫(今八莫)等处乃水陆会通之地，夷方器用咸自此出，货利之盛非他方可比"[③]。

明朝时，印度人也到云南从事盐业生产和贸易。赵小平、褚质丽指出，"大理云龙顺荡井对面(在公路上方)专门有一个墓葬群，所有墓碑正反面皆有碑文，正面碑文为中文，背面碑文为梵文。从碑文看，所葬之人全是自印度至云龙开采盐井和从事长途盐业贸易的"[④]。赵小平等还专门考察了这一墓葬群碑。云龙顺荡火葬墓群位于白石镇顺荡村，坐落在顺荡村莲花山上，墓地坐西朝东，墓葬多为横向排列，整个墓地依山势缓缓而下，是等腰三角形台地，总面积1.5万平方米。云龙白族自古就有火葬的习俗，产盐地区留下了许多火葬墓地，而梵文碑和梵文经幢只在顺荡保留下来，可以说，梵文碑和梵文经幢是顺荡火葬墓群中最重要的文化遗存物。火葬墓是明朝修建的，目前找到最早的一块是明代永乐六年(1408)的"故兄高波罗"碑文，之后永乐、宣德、正统、景泰、天顺、成化、弘治、嘉靖年间都有。最晚出现的碑文为明嘉靖癸丑(1553)，其时间跨度为165年。顺荡火葬墓群中的梵文碑是研究古代滇盐对外贸易的重要资料，值得更进一步研究。

---

① 路义旭：《论西南丝绸之路的研究状况》，《西南民族大学学报（人文社科版）》2003年第11期。

② （明）朱孟震：《西南夷风土记》，丛书集成初编本，载余定邦、黄重言编：《中国古籍中有关缅甸资料汇编》上册，中华书局2002年版，第352页。

③ 《明孝宗实录》卷153，第12—14页，载余定邦、黄重言编：《中国古籍中有关缅甸资料汇编》上册，中华书局2002年版，第183页。

④ 赵小平、褚质丽：《云南盐文化及其传播》，载曾凡英主编：《中国盐文化》（第8辑），中国经济出版社2015年版，第77页。

到了清朝，云南开采的盐矿已有 20 余座，主要是滇中的黑井、琅井、白井，滇西的乔后井、喇鸡井、云龙井、弥沙井，滇南的磨黑井、石膏井、益香井、磨歇井等。这些食盐产地都位于南方丝绸之路上，以它们为中心向外地运输，便形成不同的盐运道，也即是南方丝绸之路的重要支线，如滇盐沿着南丝路运销到越南。文山县是清代开化府的府治所在，是南丝路的重要节点，"井盐是文山行销越南北部地区的传统商品。越南虽是产盐之国，但当时的北部地区都不出盐，交通不畅、较为闭塞，从越南南方贩盐到北部，路远价高，不及从云南进口食盐则更为便宜，加之越南所产海盐呈颗粒状，食用不如井盐方便，味又苦涩。因此，越南北部地区人民所用之食盐多从开化府购入"①。此外，开化府马关县是云南与越南接壤的县份之一和对越南贸易的通商口岸，井盐也是马关县行销越南的重要商品。"清代时，马关县人口不足 6 万。据民国《马关县志》载，乾隆四年（1739）以前，马关每年要销阿陋井盐 23 万斤。如按马关当时人口计算，人均用盐 4 斤，显然不可能，食盐必有所余，而剩余之盐除往越南销售外，别无去处。乾隆六年（1741）前，马关县约有 1/3 的井盐销到越南。乾隆六年（1741），边境秩序不宁，清朝政府被迫封关、禁止通商，致使越南边民'经时不知盐味'。乾隆九年（1744），中越边境较为安定，当年马关售盐增至 40 万斤。到光绪十年(1745)，马秀县井盐的销量已达 167 万斤。越南从马关进口食盐的数量亦随之增大。"②在这一时期的南方丝绸之路上，食盐贸易主要依靠马帮作载运手段，除越南，还有不少盐井的食盐都是通过马帮远销到缅甸、老挝等地。③

二、滇商与茶叶在东南亚的传播

清朝云南茶业兴起之后，位于如今西双版纳和思茅地区的六大茶山逐渐形成，由于其所产茶多集中于普洱府，遂泛称为"普洱茶"。（普洱茶的不同类型产品，见图 3-8）《滇海虞衡志》载："普茶，名重天下，此滇之所以为产而资利赖者也。出普洱所属六茶山，一曰攸乐，二曰革登，三曰倚邦，四曰莽枝，

---

① 孙晓明：《新中国建立前云南与越南的贸易》，载政协云南省委员会文史资料委员会等编：《云南进出口贸易》（《云南文史资料选辑》第 42 辑），云南人民出版社 1993 年版，第 288 页。
② 孙晓明：《新中国建立前云南与越南的贸易》，载政协云南省委员会文史资料委员会等编：《云南进出口贸易》（《云南文史资料选辑》第 42 辑），云南人民出版社 1993 年版，第 291 页。
③ 申旭：《中国西南对外关系史研究》，云南美术出版社 1994 年版，第 245 页。

五曰蛮砖，六曰慢撒。"[1] 光绪年间《普洱府志》卷十九《食货志·物产》中说，六大茶山为倚邦、架布、熠崆、蛮砖、革登、易武。

其中，易武茶山属于勐腊县易武乡，曼撒茶山属于勐腊县曼腊乡。清乾隆前已有汉族在易武制团茶，同治年间茶叶产量大增，到光绪年间仅易武茶就达250多吨，茶叶产量位于六大茶山之首。其茶叶产品主要是七子饼圆茶，又称元宝茶。清朝咸丰后期，由于滇西战乱，普洱茶由易武转向销往东南亚，并经越南的莱州、老挝的丰沙里等地销往香港。光绪时期，易武已成为六大茶山最大的茶叶加工、出口基地和内外销售的中转地，普洱茶产销两旺并一直持续至清朝末民国初。这一时期，易武茶（含曼腊）每年外销量从光绪年间的250多吨增加至300多吨，1897年清政府在易武设海关，说明当时易武的对外贸易规模已非常大。易武街开设了10多家有名的茶号。其中，海内外闻名的大茶号就有10多家，如同庆号、同兴号、同昌号、元昌号等。[2] 清光绪二十六年（1900），易武的"同庆号"茶庄年经营茶叶700担，据易武一位当年帮"同庆号"挑过茶的老人说，茶叶运往昆明、越南莱州，四老斤一筒，衙门税和关帝庙里的香火每担出一斤，厘金由茶号庄主缴纳。[3] 攸乐茶山，现称基诺山，属景洪市基诺乡，由于过去从普洱至易武的茶马古道必先经过攸乐山，因此雍正七

图 3-8 普洱茶产品（笔者拍摄于云南省博物馆）

年（1729），清王朝在基诺山土司寨设攸乐同知后，基诺种茶制茶业已成规模。道光二十五年（1845），清朝政府专门修筑了攸乐至思茅厅、普洱府的茶马驿道，用来输送贡茶和外销普洱茶。倚邦茶叶年产千担，畅销昆明、香港等地。蒋文中《茶马古道研究》引英国人克拉克的《贵州省和云南省》一

① （清）檀萃辑，宋文熙、李东平校注：《滇海虞衡志校注》，云南人民出版社1990年版，第269页。

② 蒋文中：《茶马古道研究》，云南人民出版社2014年版，第142页。

③ 黄桂枢：《清代、民国时期景谷、勐腊等地的茶庄商号》，《中国茶叶》2008年第1期。

书记载，"著名的普洱茶产自倚邦的茶山"，"有许多江西人和湖南人在倚邦做买卖，每年有大量的货物从倚邦运往缅甸，有茶叶交易往来于仰光、掸邦、加尔各答、噶伦堡和锡金"。[①] 莽芝茶山，在乾隆后期有上万亩茶园，每年春秋两季，来自思茅、普洱、江城的马帮都来驮茶。革登茶山，位于象明乡的安乐和新发两个村，光绪以前有上万亩的茶园，茶叶年产量均在 500 担以上。曼庄茶山，东接易武，北连倚邦，清朝时有上万亩茶园。曼庄大寨包括周围 20 余个村寨统称为曼庄茶山，盛产茶叶，过去各村产茶都在 2000 担以上。[②]

随着工商业及对外贸易的发展，清朝中后期在云南逐渐形成了一批著名商帮、商行和商号，茶叶是其经营的重要商品。在滇商的共同努力下，普洱茶运销到了南丝路沿线的东南亚、南亚一带，如越南、缅甸、泰国、印度、马来西亚、新加坡、老挝等，并且普洱茶在这些区域的影响力日益扩大。

1. 滇商与茶叶在越南的传播

滇商主要通过云南的开化、思普、蒙自等地，将滇茶销往越南。越南每年需从云南的开化购进大量的茶叶。开化府输往越南的茶叶，除少部分自产外，其余均来自思茅、普洱等地。由于每年从开化出口的茶叶数量大，当地政府仅从过境茶叶中抽税，便可获得一笔不小的收入。清雍正十二年（1734），开化府奏请在开化地区设置税口，征收过境茶税，得到批准。于是，开化府在通往越南的道口上设卡，征收贩茶捐税，"每筒茶（重四十六两）征银二分，每百斤征税银三钱二分"。雍正十三年（1735），仅文山县的一个税口就"征收茶税银一百九十六两"。[③] 可见，文山县对越南的茶叶贸易十分可观。云南马关县在清时是开化府主要产茶地区之一，有茶农 5000 余户，茶叶年产量颇丰、几乎全销越南。麻栗坡是开化府茶叶主要产地，每年产茶六七千斤，几乎全销到越南河阳等地。[④]

思普厅在思茅未成为海关前，只有江城与越南有贸易往来。江城县在清朝时称勐烈。据民国《江城县志》记载，勐烈四通八达，东南与越南交界，把边

---

①　蒋文中：《茶马古道研究》，云南人民出版社 2014 年版，第 145 页。

②　蒋文中：《茶马古道研究》，云南人民出版社 2014 年版，第 150 页。

③　孙晓明：《新中国建立前云南与越南的贸易》，载政协云南省委员会文史资料委员会等编：《云南进出口贸易》（《云南文史资料选辑》第 42 辑），云南人民出版社 1993 年版，第 289 页。

④　孙晓明：《新中国建立前云南与越南的贸易》，载政协云南省委员会文史资料委员会等编：《云南进出口贸易》（《云南文史资料选辑》第 42 辑），云南人民出版社 1993 年版，第 289 页，第 291 页。

江、李仙江穿境而过为越南黑水河上游。由于江城地区交通方便，又有舟船之利，在清朝是云南与越南贸易的 3 个主要地区之一。清时江城县人口五千余户，地瘠民贫，物产不丰，经济极为落后，本地所产唯有茶叶和牛皮，出口越南之商品以此二项为主。江城在清朝时是云南优良茶叶产区之一，居民的经济收入主要靠出口茶叶，所以居民十之八九都种茶。江城茶叶产量颇大，每年产茶 10 万斤，"十之七八销之于越南猛莱"，江城年出口越南的茶叶可获银近5000 两。①

　　蒙自居滇南之要冲，南邻河口、屏边而与越南接壤，东邻文山、马关、西畴，西邻个旧，北邻建水、开远，自古为滇南的军事政治重镇。自光绪十五年（1890）蒙自开关以后，商业贸易日趋繁荣，成为中国西南边陲的重要经济城市。从 1890 年（蒙自开关）至 1910 年（滇越铁路通车），计有较大的商号 8 家，其中司裕号、朱恒泰、福顺昌、裕昌都出口茶叶。1910 年后，又陆续增加商号，如应云祥、信享泰、万来祥等也都出口茶叶。②

　　2. 滇商与茶叶在缅甸的传播

　　1644—1824 年间，滇缅边境贸易活跃，其中茶叶为缅甸所需，并且常由滇商赴缅贸易而来。据《清高宗实录》所载，乾隆三十三年（1768）奏："查缅夷仰给内地者，钢铁、锣锅、绸、缎、毡布、瓷器、烟茶等物。至黄丝、针线之类，需用尤亟。彼处所产珀、玉、棉花、牙角、盐、鱼，为内地商民所取资，往来俱有税口。自用兵以来，概行禁止。"③1788 年，中缅两国关系正常化后，滇商继续将茶叶运销到缅甸。据《缅甸史》译者引意大利传教士圣基曼奴著《缅甸帝国》（19 世纪初年成书）一书所言："缅甸的对外贸易，以甚多国家为对象，云南华商至拱洞沿阿瓦大江（即伊洛瓦底江）乘大舶至缅都，携来彼国商品、丝绸、色纸、茶叶、各种果子与其他杂货，归国时载运棉花、生丝、花盐、雀羽与一种黑漆。"④

---

　　① 孙晓明：《新中国建立前云南与越南的贸易》，载政协云南省委员会文史资料委员会等编：《云南进出口贸易》（《云南文史资料选辑》第 42 辑），云南人民出版社 1993 年版，第 297 页。

　　② 蒙自县政协文史委：《蒙自的进出口贸易》，载政协云南省委员会文史资料委员会等编：《云南进出口贸易》（《云南文史资料选辑》第 42 辑），云南人民出版社 1993 年版，第 302—308 页。

　　③ 《清高宗实录》卷 808，第 18 册，第 919—920 页；《阿里衮奏覆蛮暮新街贸易等项各情形折》（乾隆三十三年五月初三日），见台北故宫博物院编辑委员会编：《宫中档乾隆朝奏折》第 30 辑，1982 年版，第 531—532 页。

　　④ ［英］哈威：《缅甸史》，姚梓良译，商务印书馆 1973 年版，第 548 页。

1824—1826 年，第一次英缅战争进行时对缅北的滇缅贸易影响较小。王介南在《中国与东南亚文化交流志》中指出："十九世纪二十年代，即第一次英缅战争前后，中缅陆路贸易正处于历史上最兴盛的时期。滇缅之间的陆上商道有 6 条，其中 5 条由中国云南的腾冲、盈江、畹町进入缅甸的掸邦和克钦邦，另一条经由思茅和西双版纳转道泰国西北部进入缅甸掸邦的景栋，然后南下毛淡棉。在这些商路上，骡马商贩不绝于道。从云南输出的商品，有铁锅、铜器、瓷器、茶叶、干果、纸张、酒精等；从缅甸输入中国云南的，有棉花、食盐、玉石、琉璃、象牙等。估计每年贸易总额达 40 万—50 万英镑。"[1] 此时，茶叶仍然是商贸货物的重要组成部分。马尔科姆·霍华德的《缅甸王国游记》（Travels in the Burman Empire）一书的记载同时期的滇缅贸易，缅甸从云南输入的包括茶、各类干果等饮食类商品，输出的主要是棉花。[2]1852 年，第二次英缅战争爆发，由雍籍牙王朝统治的上缅甸对清朝的贸易并未减弱。该时期的滇缅贸易是缅甸对外贸易中较为重要的部分。1856—1873 年，云南爆发了回民起义，此时的滇缅贸易相对不稳定。在 1870—1880 年，英国为了加强殖民统治，加强在缅甸的交通建设，上下缅甸铁路、航道的开通使得中缅海上贸易的作用愈加凸显。此时，滇商仍在发展，并出现了一些在缅甸开设的商号如"永茂祥"商号，也大力经营茶叶。1885 年，第三次英缅战争后，缅甸全部沦为英国的殖民地。中英双方签订条约，英国在云南得到了增设通商口岸等权利。陈孺性《缅甸华侨史略》认为，英国吞并上缅甸之后，云南商贾虽然还继续来缅甸经营，但其数目已不如往昔。[3] 可以说，上缅甸易主后，其政治、经济政策的改变，在海上交通运输发展和上下缅甸铁路、航道畅通的背景下，南方丝绸之路上的商贸活动受到了极大影响，但是滇商排除各种困难，持续进行商贸活动，茶叶作为大宗商品仍然源源不断地输入缅甸，丰富了当地人民的饮食生活。

光绪年间，云南的下关已形成迤西帮，包括腾冲、鹤庆、喜洲等迤西商人。在迤西帮的大商号中，腾冲的有洪盛祥（时称洪兴福）、恒顺祥、春延记，

① 王介南：《中国与东南亚文化交流志》，上海人民出版社 1998 年版，第 251 页。

② Malcolm Howard, *Travels in the Burman Empire, Edinburgh: William and Robert Chambers*,1840, p.69.

③ ［缅甸］陈孺性：《缅甸华侨史略》，新加坡《南洋文摘》1965 年 5 卷 2 期，节录本见德宏州志编委会办公室编：《德宏史志资料》第 3 集，1985 年。

鹤庆的有兴盛和、日兴德、福春恒、庆昌和，喜洲的有义盛源等十多家。到光绪末年，1900 年前后，迤西帮迅速发展起来，到民国年间最终形成鹤庆、腾冲、喜洲三大商帮称雄的局面。[1] 清光绪年间，腾冲帮中的洪盛祥、茂恒、永茂和等 10 余家商号已在缅甸瓦城（曼德勒）、八莫、仰光等地设立分店。[2] 永茂和商号起源于 1850 年前后，原为其创始人李永茂在缅甸抹谷开设的"永茂祥"店铺，到了 1897 年商号迁至缅京曼德勒，更名为"永茂和"。永茂和在缅就地经营茶叶，历史较长，每年分别在南坎、昔卜、交墨 3 处收购茶叶。其中，南坎可收购春尖茶 1000 余担、二水茶 3000 余担，昔卜、交墨两地的茶会上可收购 2000 余担，约共 7000 担有余，而以昔卜的大山茶味清香、色碧绿、驰名全缅。缅人男女均好饮茶，所以每年春茶上市，即须购足一年销量，以供全年慢慢销售。3 处所购茶叶都运到曼德勒总号，雇缅甸女工筛选加工，分出甲乙丙三等，然后拣出甲乙丙等的样品，寄伊洛瓦底江下游毛淡棉、仁安羌等10 多个商埠主顾选购，丙等茶则留曼德勒就地销售。[3] 再如洪盛祥，是腾冲帮最大的商号之一。其创始人董绍洪早在 1875 年前后即赴缅甸经商，做滇缅生意，并创办"洪兴福"商号，先后在腾冲、保山、下关、八募、瓦城设号。1888 年，将洪兴福改为洪盛祥，从事滇缅进出口贸易。1908—1920 年，洪盛祥以腾冲为总栈，不仅在国内的保山、下关、昆明、嘉定、重庆、广州、上海、香港，还在国外的仰光、瓦城、腊戌、八募、加尔各答、哥伦堡等地设号，出口商品中茶叶与丝绸一起成为主要的两个大宗品。[4]

茶叶传入缅甸之后，缅甸人在吸收借鉴的基础上发展、变化，形成了自己独特的茶文化。缅甸人喜欢饮茶和吃茶，不仅会用新鲜茶叶制成干茶叶、茶叶粉后冲泡成茶水饮用，还擅长将新鲜茶叶腌制成湿茶并和其他食品拌在一起直接嚼吃，称之为"拌茶"。缅甸人有一边喝茶水、一边吃拌茶的习惯，即可以

① 杨永昌、苏松林：《下关商界的腾冲帮》，载腾冲县政协文史资料委员会编：《腾冲文史资料选辑》（第 3 辑），1991 年版，第 117—124 页。

② 杨育新：《民国年间大理华侨》，载中国人民政治协商会议云南省大理市委员会文史资料委员会编：《大理市文史资料》（第 6 辑），1997 年，第 45—53 页。

③ 李镜天：《永茂和商号经营缅甸贸易简史》，载政协云南省委员会文史资料委员会等编：《云南进出口贸易》（《云南文史资料选辑》第 42 辑），云南人民出版社 1993 年版，第 66—80 页。

④ 黄槐荣：《洪盛祥商号概况》，载腾冲县政协文史资料委员会编：《腾冲文史资料选辑》（第 3 辑），1991 年，第 29—36 页。

在同一时刻既喝茶水又吃茶叶。缅甸人所制的干茶叶都是大叶茶，制作工艺远不如中国茶的制作工艺那样精细。缅甸茶叶没有红茶、绿茶、花色茶之分，也无新茶、陈茶之区别，不讲究茶叶的形状和茶汤的色泽，因而缅甸人虽喜欢喝茶，但并不像中国人那样细品。[①]

三、滇商与蔬果、蜜饯及禽畜、杂粮等食物原料输入缅甸、越南

明清时期，滇商利用云南地区与缅甸、越南接壤的交通便利条件，积极通过南方丝绸之路向缅甸、越南运输大量的商品进行贸易。在其商品中涉及众多的食物原料，不仅有核桃、栗子、槟榔等果品、各种蜜饯，还有干鲜蔬菜、鸡鸭和甘薯、白糖等，丰富了当地的饮食生活。

中缅两国的商旅往来已有两千多年的历史，贸易商品历代都有变化。明清时期，往来于云南腾冲和缅甸八莫、密支那商道上的商队很多，主要运输力为骡马，有时还要加用驮牛。由于路途遥远和崎岖，滇商与缅甸进行贸易的食物原料具有易于保藏、不易腐烂的特征，在明朝时输出的食物原料主要是盐，到清朝时输出的食物原料品类更多，除了前述的茶和火腿之外，还有许多品种。在清缅战争前，滇缅边境贸易活跃，当时中国出口缅甸的主要是生活品，其中有核桃、栗子等坚果品种。交易时间为当年的秋冬至翌年的二月份；运输方式为主要采取牛马驮的方式；贸易地点为新街、老官屯等。傅恒在奏报中谈到清缅战争前滇缅贸易情况："内地附近民人以内地所产之铁针、棉线、布鞋、绸缎、红绿黄丝、布匹、核桃、栗子等物，用牛马驮至新街、老官屯与之贸易，至二月瘴发，即各散回。"[②]此时，滇商为缅甸输送了大量的来自中国的食物原料，在南方丝绸之路上的华夏饮食文明对外传播中继续发挥着重要作用。据1783 年到缅甸的意大利传教士圣迦曼诺记载，缅甸和中国云南的对外贸易中，云南华商携来的商品中除了茶叶，还有"各种果子"等食物原料。[③]英国人迈克尔·西姆斯 1795 年代表英国东印度公司出使缅甸，著有《1795 年受印度总督派遣出使阿瓦王国记事》（*An account of an embassy to the kingdom of Ava: sent*

---

① 王全珍：《漫议缅甸茶文化》，载王介南主编：《南亚东南亚语言文化研究（第3卷）》，军事谊文出版社 2003 年版，第 243—249 页。

② 中国第一历史档案馆藏《朱批奏折》外交类，第 142—1 号，乾隆三十五年一月十九日，傅恒奏折，转引自余定邦：《中缅关系史》，光明日报出版社 2000 年版，第 169 页。

③ ［英］哈威：《缅甸史》，姚梓良译，商务印书馆 1973 年版，第 548 页。

by the Governor-General of India, in the year 1795）一书，其对中缅陆路贸易有详细的记载："在缅甸首都与中国云南之间存在广泛的贸易，从阿瓦输出的主要商品是棉花"，而华商则输入的商品则有"各类蜜饯"。[①] 海勒姆·考克斯于1796 年抵达仰光，并任缅甸驻扎官，他在其著作《欧洲与缅甸》（Europe and Burma）一书中也记叙过缅中贸易的情况："棉花是缅甸最主要的出口产品；而从中国进口则是生丝、丝绸……果子干、精致的甜点、糖果"。[②] 第一次英缅战争（1824—1826），对于缅甸的南部影响较大，但对于缅甸北部的滇缅贸易影响较小，商业贸易仍然繁荣。根据克劳福德《1827 年印度总督遣使阿瓦王廷事录》（Journal of an embassy from the governor general of India to the court of Ava in the year 1827）详细地记载了当时滇缅贸易的情形，"中国云南人同缅甸进行大量贸易，其主要市场在缅甸王都，或者较准确地说是王都东北距其六里地的美地及八莫"，除了茶叶，从中国运来的食物原料类货物还有蜂蜜、火酒、干果及一些活的的禽畜（狗、鸡、鸭等），这些贸易主要由中国人掌控，"货物不用车辆载送，全用(云南) 马、骡子及驴"。[③]1852年第二次英缅战争爆发后，滇缅贸易仍然继续。根据亨利·裕尔《1885 年印度总督遣使团至阿瓦王廷记述》（A narrative of the mission sent by the governor-general of India to the court of Ava in 1855, with notices of the country, government, and people）的记载，除了丝和茶、火腿以外，从中国输入的还有蜂蜜、面、植物油、胡桃、栗子、各类蜜饯等食物原料。[④] 此时，云南的坐商——商号仍在发展，并出现了一些有影响力的商号从事中缅之间的贸易，包括食物原料的贸易，如"福春恒"商号由滇西大量运出粉丝、乳扇、弓鱼、核桃等食物原料，获得经济利益。1885 年第三次英缅战争后，缅甸全部沦为英国的殖民地。中英双方签订条约，根据《中英续议滇缅商务条约第八条》规定由云南进入缅甸的商品，除烟酒不许进口外，其他商品均不收税（如果由海道从仰光进口，则征收 15%的进口税）。这一条

---

① Symes Michael, *An account of an embassy to the kingdom of Ava: sent by the Governor-General of India, in the year 1795*, London: W. Bulmer and Co., 1800, p.325.

② D. G. E. Hall, *Europe and Burma*, Oxford: Oxford University Press, 1945, p.82.

③ Crawfurd John, *Journal of an embassy from the governor general of India to the court of Ava in the year 1827*, London: Henry Colburn, 1829, p.436.

④ Henry Yule, *A narrative of the mission sent by the governor-general of India to the court of Ava in 1855, with notices of the country, government, and people*, London: Smith Elder and Co., 1858, p.148.

约在客观上促进了南方丝绸之路上的贸易发展，许多云南著名商号都在从事食物原料的贸易。据海关统计，饵丝、干腌菜、腊腌菜、葵花子、核桃等食物原料，均为长期出口缅甸的土特产品。商业贸易的发展，食物原料类商品流通的扩大，促进了腾冲食物原料的生产。[①]（在缅甸抹谷所开设的中国店，见图 3-9）

图 3-9　缅甸抹谷的中国店 [②]

不仅是缅甸，越南也与云南接壤，历来都有食物原料方面的商贸往来。其中，开化府（今文山州）是云南与越南接壤最多的地区，也是自古以来云南与越南通商的主要地区。在蒙自、河口没有被辟为商埠之前，开化府与越南的贸易及运往越南的商品居全省之首，而在这些商品中食物原料占据了很大的份额，其中以广南鸭、开化槟榔、马关酒等最为畅销。清朝时，广南鸭以肉厚、

　　① 　马兆铭、黄槐荣、罗佩瑶：《腾冲——西南丝路重镇》，载腾冲县政协文史资料委员会编：《腾冲文史资料选辑》（第 3 辑），1991 年，第 1—10 页。

　　② 　Vincent Clarence Scott, *The silken East: a record of life and travel in Burma*, Vol.2, London: Hutchinson and Co., 1904, p.773.

肥嫩，成长周期短，产蛋多，腌制成腊鸭后味道极佳，在滇东南地区有很高声誉，也深受越南人民的喜食。广南养鸭户每年都要孵化四五十万只广南鸭，除在本地区销售外，越南北部地区的百姓每年都要从开化地区购入数以万计的广南仔鸭。开化所产的槟榔其形状似鸡心，味道纯正，比两广及越南出产的槟榔个大、味浓。越南人特别喜食开化槟榔，因此，槟榔也在越南很有市场。越南的河口产槟榔不多，主要是从云南临安府的阿邦渡寨购入，配以当地的红山梅出口越南。越南人认为，槟榔与河口产的红山梅一道嚼食，其味才佳。而红山梅只产于河口的腊哈地、老范寨两地，且产量低，年仅产 1000 余斤，越南人却争相购买。云南的马关县还有一些酿酒作坊，而与马关县相望毗邻的越南北部地区却无此业，因此越南北部山区百姓多到马关购酒。马关每年都要销售一定数量的酒到越南，马关县政府专设有抽收过境酒税。此外，马关的新鲜蔬菜、蜂蜜等商品也畅销于越南。如，云南建水的甘薯味香甜、无渣，越南人特别喜食，因此建水商家每年都要向越南出口 5000 公担甘薯。除了开化府，云南思茅地区也向越南出口众多品类的食物原料。据《云南对外经济近况》记载，思茅地区出口到越南的食物原料主要还有面粉、火腿、蜂蜜、红糖、白糖、酒、植物油、山薯、干鲜菜蔬、鲜咸鸭蛋、水果等。[①]

四、移民入缅及其在缅甸的食物原料生产与贸易

据缅甸华裔学者陈孺性的研究，自汉唐而宋元，进入缅甸的贾客大抵以川、滇（尤其是大理）的居民为最多，他们贸易的对象多为中缅边境的部落民族。[②] 但是，关于云南人移居缅甸的记载则是在明朝以后。随着与缅甸交往的增多，明朝流寓缅甸的中国人数量已达数万，隆庆年间流寓缅甸的中国人已形成自己的聚集区，江头城已出现中国人的聚居地——大明街，即唐人街，足见华侨华人兴盛。此外，入缅中国人的职业身份多样化，除了商贾，还有工匠、通事等。清朝时沿着南方丝绸之路入缅的移民更多，其中有许多人在缅甸主要从事食物原料的生产和贸易，丰富了缅甸人民的饮食生活。

---

① 孙晓明：《新中国成立前云南与越南的贸易》，载政协云南省委员会文史资料委员会等编：《云南进出口贸易》（云南文史资料选辑 第 42 辑），云南人民出版社 1993 年版，第 287—301 页。

② ［缅甸］陈孺性：《缅甸华侨史略》，新加坡《南洋文摘》1965 年 5 卷 2 期，节录本见德宏州志编委会办公室编：《德宏史志资料》第 3 集，1985 年。

1.移民从事食物原料生产与缅甸华侨农业区的出现

明清时期的中国移民多次较大规模地迁徙到缅甸，形成了相对集中的华人华侨群体，如随"永历入缅"而出现的华人移民集团——桂家。公元1646年，明朝桂王朱由榔被拥立于广东肇庆，号永历，但在清军追击下，经广西、贵州败走云南。1659年年初，他带着一批文武官员逃入缅甸，后因吴三桂带领的清军到达缅京阿瓦城郊，缅甸被迫交出永历，而大批随其入缅的中国人则留在缅甸。当时，随桂王朱由榔逃往缅甸的从行者"千四百四十八人，自买舟者六百四十六人，故岷王世子及总兵潘世荣、内监江国泰等九百人，马九百四十匹，陆行纤道入，期会于缅都"①。王宏道《论桂家历史著述中的"桂家"、"桂掸"问题》研究指出，寓缅的永历帝住阿瓦郊外者梗，历"咒水之祸"后只幸存340余人，其中一些人为了生存分散于附近各村，这些入缅者大都入赘缅家；白文选、李定国等曾率部4次入缅"迎驾"，营救队伍前后共计有3万—4万人，这些人历经多年战争后，幸存下来的很多人同随从永历入缅者一样流寓缅甸。这些流寓缅甸者与当地人通婚，逐渐形成缅甸境内的华人移民集团——桂家。② 流落在缅甸北部的"桂家"，其中一部分以种植经济作物维持生计。据哈威《缅甸史》记载："桂家之移植于曼德勒县妈搭耶附近之澳报者，愤缅王无道，缘其暴敛横征，课槟榔树税银每株四'安那'。按诸目下之税率，每株应纳之税，尚不足一'辨'，而当时之四'安那'，其价值无异于今之四'卢比'也。"③ 此外，清缅战争中，一些流寓缅甸的人也分散到缅甸各地从事种植业。

随着清初战乱的结束，中缅之间正常的经济交流逐渐得到了恢复和发展，而到缅甸的华人更趋增多。《南中杂说》记载："中原亡命之徒出关互市者，岁不下千百人。"④ 清乾隆时期，发生了清缅战争（1765—1769），一些清军官兵被俘虏，包括乾隆三十二年（1767）四月扬宁之军在木邦溃散等等，所俘者甚多。战后清王朝和缅甸雍籍牙王朝长期不和，这种政治关系致使大批中国战俘一直滞留在缅甸。哈威言："中国战俘二千五百名，仍羁缅京，或事种植，或

① （清）徐鼒：《小腆纪年》卷19，台湾大通书局1987年版，第268页。

② 王宏道：《论桂家历史著述中的"桂家"、"桂掸"问题》，云南民族学院民族研究所1980年5月。

③ ［英］哈威：《缅甸史》，姚梓良译，商务印书馆1973年版，第362—363页。

④ （清）刘昆：《南中杂说》，见方国瑜主编，徐文德、木芹纂录校订：《云南史料丛刊》（第十一卷），云南大学出版社2001年版，第360页。

事工艺，娶缅妇为妻。"① 清缅战事结束后，从陆路进入缅甸的云南人更多了，许多人从事种植业或其他手工业，并与当地人通婚而繁衍。此时，除了上缅甸已有零星的华侨聚居，随贸易的发展，上缅甸的华侨也出现了南移。

根据马尔科姆·霍华德的《缅甸王国游记》（*Travels in the Burman Empire*）载，1836 年实有居民 5000 人，如果包括郊区大约有 8000 人。在阿摩罗补罗郊外，中国人拥有一些甘蔗田，并制造大量质量很好、精制的红糖与黄糖。② 除了从事贸易外，上缅甸的华侨也在种植业（蔬菜批发）、制糖业中发展。19 世纪以来，中国人已在缅甸北部进行甘蔗种植和加工。③ 道光三年（1823），在距阿瓦数英里处，有中国人的甘蔗园，能制出极好的红糖，可与最好的古巴糖媲美。④ 这些甘蔗种植和加工的集体化程度极高，因此这个（些）甘蔗园应被看作专业的华侨农业区了。⑤ 在缅北，萨尔温江两岸河谷中有近 10 万华侨从事耕种、畜牧与山道贸易。华侨开发了大量荒地，建立村镇，畜养牛、羊、马等。⑥ 有学者指出，"近十万华侨从事多种经营，且建立起自己的村镇，已足可以被看成华侨农业区了"⑦。中国的许多蔬菜、水果种子也经华侨传播到缅甸，如包心菜、辣椒、蚕豆、油菜、杏、石榴、西红柿等都在缅甸生根发芽，人们为了与当地所产形体近似的物品加以区别，特在这些名称前统统冠以"德由"（缅语即"中国"）二字。

2. 移民从事食物原料的商业贸易

第一次英缅战争之后，缅甸的一部分即阿拉干与丹那沙林地区成为英国的殖民地，而缅王管辖区的华侨，尤其是缅北地区的华侨在滇缅贸易的繁荣中继续发展，各主要城镇都有华侨从事食物原料的商业贸易。瓦城、直埠（今实皆）、蛮幕（今八莫）、漾贡（今仰光）等地为华侨的主要聚集地。在瓦城

① [英] 哈威：《缅甸史》，姚梓良译，商务印书馆 1973 年版，第 453—454 页。

② Malcolm Howard, *Travels in the Burman empire*, Edinburgh: William and Robert Chambers, 1840, pp.35-36.

③ [缅甸] 陈义性：《上缅甸的华人》，《南洋问题资料译丛》1982 年第 2 期。

④ 吴凤斌主编：《东南亚华侨通史》，福建人民出版社 1994 年版，第 136 页。

⑤ 高伟浓：《清代华侨在东南亚：跨国迁移、经济开发、社团沿衍与文化传承新探》，暨南大学出版社 2014 年版，第 80 页。

⑥ 华侨志编纂委员会编：《缅甸华侨志》，华侨志编纂委员会 1967 年，第 259—260 页。

⑦ 高伟浓：《清代华侨在东南亚：跨国迁移、经济开发、社团沿衍与文化传承新探》，暨南大学出版社 2014 年版，第 80 页。

因内地之商彼者自成聚落、形成汉人街，直埂亦商民聚集之所，蛮幕、漾贡为南北两大都会。蛮幕滨江、多滇商，漾贡滨海、多粤商，皆设官榷其税。因为地理环境的影响，所以不同籍贯的华侨所聚集的地点不同，即在上缅甸以滇商为主，而在下缅甸则以粤商为主。其中，在缅王管辖区内，华侨主导着滇缅贸易。同时，由于地缘的关系，云南一部分地区的人们沿着南方丝绸之路不断迁移到缅甸并在当地扎根，一些地区因为迁移的人较多而形成了侨乡，其中知名的有云南腾冲的和顺乡。1835 年，鸡打（吉打 katha），位于八莫南边的一城镇的市场，充分供应了当地出产的各种上

图 3-10　尹蓉的塑像（笔者拍摄于云南腾冲和顺乡大马帮博物馆）

等蔬菜、鲜鱼及腌鱼，这些食物原料都是由中国人出售。此外，椰子干、糖、糟米和精米，也都是由中国人源源供应。① 第二次英缅战争后，英殖民者已占领缅甸的整个沿海地区，依旧实行自由移民政策，随着殖民经济迅速发展，下缅甸的华侨社会继续发展，而处于缅王统辖的华侨社会则因缅甸局势变化而发展。清朝王芝《海客日谭》中记载了当时上缅甸地区华侨的情况，在缅甸新街有"汉人街"，其房屋样式略如中国，有的还建瓦房，并建有"诸葛祠"；"滇人居此者约千人，腾越人居其九，以关汉寿行台为会馆。楼台廊阁壮丽，如中国制"。② 可见，此时聚居于新街的滇商人数可观。清道光至光绪时，随着在缅甸云南华侨的增多，出现了名震中缅的侨领尹蓉（1822—1901，其塑像见图 3-10）他在密切中缅关系、开辟沟通南丝路滇缅商道、发展滇缅贸易等方面发挥了极为重要的作用。上缅甸地区被英殖民者占领后，英国逐渐打开了中国的西南门户，滇缅贸易开始受英国控制。在英国的控制和主导下，缅甸华侨社会

---

① 　[英] 巴素：《东南亚之华侨》（上册），郭湘章译，台北正中书局 1966 年版，第 106 页。

② 　（清）王芝：《海客日谭》，光绪二年（1876）石城刊本，转引自余定邦、黄重言编：《中国古籍中有关缅甸资料汇编》（下），中华书局 2002 年版，第 1219 页。

的人口规模、政治、经济、社会等方面发生急剧变化并整合，滇缅贸易的各方面发展也受到不同程度影响。薛福成《出使日记续刻》载："至沿江各埠，生涯全属滇人。计轮船停泊，装卸货客之大埠二十三，小埠二十九。而滇商之众，首数阿瓦，约万二千人；次则新街、猛共，不下五千；其余各数十百人。至行商货驼，年常二三万，秋出春归。"①

在缅甸的华侨中，有很多人从事商业贸易，具有很强的商业实力。据肖彩雅的研究，一些外文资料叙述了缅甸王都曼德勒华侨具有较强的经济地位。如文森特·弗兰克所记述，在这个拥有 10 万人的城市里，中国人定居于郊外还有这个城市的南部，这个城市的大多数商业都掌握在他们手中；诺克斯·托马斯·华莱士说，大量的中国人定居在曼德勒，该地区的大部分商业都掌握在他们手中；阿奇·博尔罗斯则记述了曼德勒的贸易被中国人与穆斯林商人掌控。② 而在缅甸华侨的商业贸易之中，来自中国的饮食类商品一直是贸易的主角，甚至在一些地方，华侨垄断了部分饮食类商品的经营。肖彩雅引约翰·安德森对八莫市场贸易情况的较为详细的报告，其中包含多种食物原料类商品，八莫的茶饼、盐、蜜饯、枣、胡桃、栗子、葡萄干、苹果、马铃薯、豆类、西瓜子、槟榔子等来自云南，粗糖、糖果、肠线等许多商品被在八莫控制棉花市场的中国人所出售。③

由于中国移民在缅甸从事食物原料的生产和贸易，因此缅甸语言中的一些食物原料类词语明显地受到了来自南方丝绸之路上的重要地区——云南地区方言的影响，丰富了缅甸的语言词汇。这也从语言学角度证明了南方丝绸之路移民在传播华夏饮食文明方面发挥的作用。按汉语的借入方式，可以将受汉语影响的缅语分成音译、意译、意译加音译三类。其中，音译是缅语最主要的借入方式，这类借词也最多。由于借入时代与借词来源不同，在缅语中存在的方式有单用、双用、四用之分。单用，指缅语中只有译音词一种形式，不再为此类实体另创词语；双用，指缅语在吸收音译词时，又发明了一个意译词，并同时使用；四用，是指同一概念有四种形式，包括英语、缅语这两种语言和汉语的

① （清）薛福成：《出使日记续刻》卷 3，岳麓书社 1985 年版，第 512 页。
② 肖彩雅：《19 世纪初至 20 世纪初缅甸华侨社会的变迁》，硕士学位论文，厦门大学 2009 年，第 81 页。
③ 肖彩雅：《19 世纪初至 20 世纪初缅甸华侨社会的变迁》，硕士学位论文，厦门大学 2009 年，第 78 页。

两种方言（闽源语言、滇源语言），共四种表达形式。① 可以认为，滇源词语主要是来自沿南方丝绸之路进入的移民而带入的词语，闽源词语则主要是来自沿海上丝绸之路进入的移民而带入的词语。现将缅语中一些来自南方丝绸之路上移民的食物原料类词语列表如下：

表 3-1　缅语中部分食物原料类词语借用滇源词语情况列表

借用形式	举例			说明
单用的滇源词语	发音 [pei] 44 [kuo] 44 [uo] 11 [suen] 52 [tciau] 44 [thou] [tiou] 52 [tshai] 11	官话源词 白果 莴笋 藠头 韭菜		藠头与韭菜分别有意译形式"中国葱头"与"中国葱"，但极少出现
双用，即缅语以音译与意译两种方式同时引进的滇源词语	发音 译 [sA] 55 [kuo] 44 [pA] 11 [kuo] 44 [sA] 55 [kuo] 44 [pA] 11 [kuo] 44 [tciA] 11 [Niu] 52 [tou] 52 [si] 55 [tou] 11 [iA] 55 [pei] 44 [tshai] 52	官话源词 草果 八果 草果八果 酱油 豆豉 豆芽 白菜	缅语意 中国咖喱 中国咖喱 中国咖喱 豆鱼露 豆鱼酱 豆芽 白菜	[sA] 55 [kuo] 44 [pA] 11 [kuo] 44、[sA] 55、[kuo] 44 [pA] 11 [kuo] 44 三词同义，意译为"中国咖喱"；"豆豉"与"酱油"一对词译制时分别与缅甸特产鱼露与鱼酱对比而意译成"豆鱼露"与"豆鱼酱"；"豆豉"一词意译比音译常见；"酱油"则是滇音

备注：根据鲜丽霞、李祖清著：《缅甸华人语言研究》整理。

　　以上食物原料类滇源借词在缅语中的运用，从语言学的角度证明了南方丝绸之路上的中国移民在缅甸从事食物原料的生产和贸易时对缅甸饮食文明产生了重要影响。

饮食器具及其制作技术

五、人员、贸易往来与青花瓷器及制作技术在越南的传播、影响
　　明朝时，青花瓷已发展成熟，成为全国瓷业的主流，景德镇成为第一大青

---

① 鲜丽霞、李祖清：《缅甸华人语言研究》，四川大学出版社 2014 年版，第 39—62 页。

花瓷生产中心。此时，云南的青花瓷生产也取得了发展，成为第二大青花瓷生产中心。在 15 世纪，与云南接壤的越南也是烧制青花瓷较为成熟的国家。根据相关研究，可以认为，云南青花瓷器与越南青花瓷器两者之间有一定的联系，它们不仅均受景德镇青花瓷的影响而烧制出来，而且由于地缘优势，云南地区与越南之间的人员往来、商品贸易频繁，青花瓷及其制作技术也通过南方丝绸之路由云南而传入越南，并在当地传承发展。

自 20 世纪 60 年代开始，云南青花瓷及生产窑址被陆续发掘，主要窑厂有建水窑、玉溪窑、禄丰罗川窑、禄丰白龙井窑、大理凤仪敬天窑等，器型包括青花罐、玉壶春瓶、青花盘等。[①] 目前，学术界对云南青花瓷的创烧时间主要有 4 种观点：其一认为创烧于元初、成熟于元末，其二认为最早应推至宋中后期至元初，其三认为创烧于元末而成熟于明，其四认为明朝才创烧。[②] 其中，国内大多数学者都认同第三种说法，即云南青花瓷创烧于元末而成熟于明。元朝时大批元军进入云南可能带来了陶瓷加工技术，而在明朝，云南实行军屯和民屯，大量汉族人口移居到云南，进一步促进了云南陶瓷加工技术的提高。在经历元末的草创和明初兴盛的持续发展之后，从明朝弘治开始，云南青花瓷器出现了明显的败落迹象，烧制数量大幅度下降，到清朝初期，云南青花瓷基本绝烧。[③] 云南青花瓷具有造型质朴厚实、形制各异、胎色灰白、釉色青而泛黄、釉色凝重、装饰题材丰富，且笔法粗犷等特点。[④]（明朝云南青花瓷罐见图 3—11）云南青花瓷的烧造一直是明代边疆地区最早而且最长的，可以说开创了边疆地区烧造青花瓷器的新历史，经科学测试证明云南青花采用的是本土钴土矿，这对当地文化发展是一个重要的贡献。[⑤]

10 世纪初，越南已经可以烧制白瓷、青釉陶瓷等。根据考古资料表明，

---

① 王昆：《论云南青花瓷器的兴与衰》，载中国古陶瓷学会编：《中国古陶瓷研究》第 13 辑，紫禁城出版社 2007 年版，第 6 页。

② 王晰博：《中国云南与越南古代青花瓷关系初探》，《思想战线》2014 年第 5 期。

③ 王昆：《论云南青花瓷器的兴与衰》，载中国古陶瓷学会编：《中国古陶瓷研究》第 13 辑，紫禁城出版社 2007 年版，第 8 页。

④ 吕军：《云南青花瓷器的考古发现与研究》，载中国古陶瓷学会编：《中国古陶瓷研究》第 13 辑，紫禁城出版社 2007 年版，第 43 页。

⑤ 陆明华：《云南青花瓷烧造问题初探》，载中国古陶瓷学会编：《中国古陶瓷研究》第 13 辑，紫禁城出版社 2007 年版，第 39—41 页。

越南青花瓷的生产年代为 15 世纪上半叶，15 世纪中叶越南青花发展成熟。[①] 目前，有确切纪年的最早越南青花瓷是土耳其托普卡比宫廷博物馆收藏的一件长颈瓶，以青花缠枝牡丹纹为装饰，瓶腹部横书"大和八年匠人南策州裴氏戏笔"，此器生产的年代约为 1450 年。[②]

关于云南地区和越南两地创烧青花瓷的情况，都由于纪年资料和文献资料的缺乏，还有很多问题有待研究，但值得注意的是两地都出土了对方的瓷器。两者之间具有什么关系？目前，中国大多数学者认为主要是云南青花瓷对越南青花瓷产生了影响。[③] 越南的北部与云南接壤，通过南方丝绸之路的联系，历代以来的各种交往都很密切。有学者认为，进入明代初期，云南烧制

图 3-11　明代云南青花瓷罐（笔者拍摄于云南省博物馆）

青花的技术也传入了越南北部。越南发现的明代青花瓷器青花成色为铁灰色，而铁灰色青花正是云南青花的一大特征。[④] 陆明华《云南青花瓷烧造问题初探》指出："云南青花的出现给越南青花在 15 世纪的出现提供了十分重要的借鉴品种，倘若没有明初或更早些时候云南青花的烧造，没有云南青料的出现，越南青花在 15 世纪的烧造或许不会那么顺利。"[⑤] 在整个明代中期前，云南青花

①　王晰博：《中国云南与越南古代青花瓷关系初探》，《思想战线》2014 年第 5 期。

②　[英] 哈里·加纳：《东方的青花瓷器》，叶文程等译，上海人民美术出版社 1992 年。

③　刘兰华：《越南中部出土的中国古陶瓷》，载中国古陶瓷学会编：《中国古陶瓷研究》第 10 辑，紫禁城出版社 2004 年，第 356 页。

④　王昆：《论云南青花瓷器的兴与衰》，载中国古陶瓷学会编：《中国古陶瓷研究》第 13 辑，紫禁城出版社 2007 年版，第 13 页。

⑤　陆明华：《云南青花瓷烧造问题初探》，载中国古陶瓷学会编：《中国古陶瓷研究》第 13 辑，紫禁城出版社 2007 年版，第 41 页。

都不断远销至东南亚一带，以建水青花为例，郑和下西洋时，就带有建水的青花瓷器，建水青花被视为"国瓷"的一部分，在东南亚国家产生了广泛的影响。[①] 可见，通过南方丝绸之路和海上丝绸之路，云南的青花瓷器及其制作技术持续向越南及东南亚其他国家和地区传播，有利于满足当地民众对于饮食器具的更高需求。

此外，到了清朝，越南每年都要从云南文山进口一定数量的瓷器。但此时云南瓷器产量难以满足本省的需求，出口越南的瓷器都是内地商人从江西等产瓷器的地区远道转运到文山，因路远道艰、全靠马帮驮运，破损大且运价高，但销到越南仍有利可图，因此，与越南进行瓷器贸易的商人为数不少。此外，据《云南对外经济近况》载，清代思茅出口越南的饮食器具也有瓷器，还有铁制品、竹器、铜器等。[②]

六、鹤庆与云南餐饮器具在缅甸的传播

鹤庆，位于云南省西北部大理州北端，不仅盛产火腿，而且其制作的餐饮器具极具竞争力，是鹤庆商帮及其他云南商帮通过南方丝绸之路对缅甸等地开展贸易的主要商品之一，由此，鹤庆制作的铁锅、饮食用陶瓷器等传播至缅甸。

鹤庆，在明朝时属云南等处承宣布政使司，明太祖洪武十五年（1382）置鹤庆府，洪武三十年（1397）则升为鹤庆军民府，主要辖有剑川、顺州（今永胜西部）等地，正统八年（1443）时鹤庆军民府改土归流，废除了土官长达数百年的统治，使生产力得到了一定的解放，同时实施屯田政策。改土归流后的300多年，鹤庆的农业生产以自耕农为主。屯田，除军屯外，还有民屯。许多江南汉族人口移入鹤庆屯田，不仅给人烟稀少的边疆带来劳动力，还把江南地区的先进农耕技术、手工业生产技术等带到鹤庆地区，极大地促进了当地农业和手工业的发展。清朝时，鹤庆地区的手工业发达、远近驰名，制作的土陶器如土碗、土瓶、土罐等大量外销。冶炼业方面，铁锅年产 70 万斤，远销省内外。小炉匠业十分活跃，遍布甸北坝子许多村寨。铜工、铁工、锡工、铅工的

---

① 田丕鸿：《建水千年青花瓷》，载《云南日报》2004 年 5 月 10 日。

② 孙晓明：《新中国建立前云南与越南的贸易》，载政协云南省委员会文史资料委员会等编：《云南进出口贸易》（《云南文史资料选辑》第 42 辑），云南人民出版社 1993 年版，第 288—289 页。

手工艺品制造十分精妙考究，当时德宏、西双版纳及缅甸的八莫、密支那一带雨季多瘴气，故小炉匠选择旱季进入、雨水下地前返乡，即所谓"夏秋制备器具，秋谷登场后相率赴八猛各夷地及缅甸边境售器具"①。

　　农业和手工业的发展也为商业发展奠定了基础。鹤庆商业资本于咸同之乱后发展迅速，成为当时迤西三大商帮中实力最强的集团。在鹤庆商帮及其他云南商帮对缅甸销售的商品贸易中，鹤庆制作的餐饮器具是最具有竞争力和最重要的商品之一。其实，锣锅、瓷器等餐饮器具历来均为缅甸所需，据《清高宗实录》载，乾隆三十三年（1768）四月谕："蛮暮、新街一带，闻向为缅夷贸易处所，沿江而下，并有缅夷税口，则其地交易之货必多。但彼处所恃以通商何物？其仰给内地必欲得者何物？除与中国贸易外，复何处商往彼货贩：前此腾越州等处民人往来贸易，习为常事，必能备知其详。"寻奏："查缅夷仰给内地者，钢铁、锣锅、绸缎、毡布、瓷器、烟茶等物品，至黄丝、针线之类，须用尤亟。"②而在外文文献中也有云南商人携带各种材料制成的饮食器具与缅甸进行贸易的各种记载。如英国人迈克尔·西姆斯在《1795年受印度总督派遣出使阿瓦王国记事》一书载，华商除输入大宗的生丝和各类蜜饯之外，还有一些厨房用具和五金制品。③海勒姆·考克斯在《欧洲与缅甸》中也记载，缅甸除了从中国进口食物原料之外，还有各类铜制器皿、餐具、金属器具等。④克劳福德记载了当时的滇缅贸易情况，从中国运来的关系着饮食民生的货物有铁锅、铜器、陶制品（陶器、瓦器）等。⑤1852年，第二次英缅战争爆发，根据亨利·裕尔的记述，除了大宗商品丝和食物原料以外，还有银器、精致的罐、盘等铁制手工品。⑥

---

① 舒家骅：《鹤庆商业》，载《云南老字号》（《云南文史资料选辑》第49辑），云南人民出版社1996年版，第295页。

② 《清高宗实录》卷808，第18册，第919—920页；《阿里衮奏覆蛮暮新街贸易等项各情形折》（乾隆三十三年五月初三日），见台北故宫博物院编辑委员会编：《宫中档乾隆朝奏折》第30辑，1982年版，第531—532页。

③ Symes Michael, *An account of an embassy to the kingdom of Ava: sent by the Governor-General of India, in the year 1795*, London: W. Bulmer and Co., 1800, p.325.

④ D. G. E. Hall, *Europe and Burma*, Oxford: Oxford University Press, 1945, p.82.

⑤ Crawfurd John, *Journal of an embassy from the governor general of India to the court of Ava in the year 1827*, London: Henry Colburn, 1829, p.437.

⑥ Henry Yule, *A narrative of the mission sent by the governor-general of India to the court of Ava in 1855, with notices of the country, government, and people*, London: Smith Elder and Co., 1858, p.148.

饮食品种及其制作技艺

七、滇商与云南火腿等肉制品在缅甸等国的传播

清朝时，云南地区土特产受到东南亚人民的喜爱，特别是火腿逐渐成为南方丝绸之路上重要的贸易品传播到缅甸等国。根据哈威《缅甸史》中载，自中国输入缅甸之商品中就有云南生产的火腿。[①] 其中，行销缅甸最为著名的云南火腿是鹤庆火腿和宣威火腿。

鹤庆火腿，是鹤庆所制作的火腿，又称为"庆腿"。庆腿在腌制中就做成团形弯脚，色香味质量俱佳，它在鹤庆商帮的经营下远销缅甸等国。[②] 在同治、光绪年间形成的鹤庆商帮，由于互相呼应协同，在缅路、川路、藏路的经营竞争能力不断加强，商业贸易业务也迅速扩大。从光绪初年起，随着鹤庆商人的对外贸易的发展，本地的农副产品如火腿、腊肉等肉制品不断外销。由于鹤庆的自然地理环境和食物加工技术等原因，鹤庆的火腿、腊肉等成为远近畅销的名特产品，还通过南方丝绸之路远销到缅甸、泰国等地，甚至在民国初年其外销量就达 20 万斤以上。此外，用猪内脏制作的鹤庆猪肝鲊也大量行销省内外，成为著名的土特产品。由于火腿、腊肉等肉制品的大量外销，反过来极大地刺激了当地社会经济的发展，使养殖业和食品加工业得到进一步发展。养猪、腌制火腿和腊肉成为农户们重要的家庭副业，而出售火腿、腊肉的收入成为农户们年收入中的固定大项，从而又为农业再生产的投入提供了比较宽裕的资金。由于需求的旺盛，鹤庆商帮的各商号和单帮商人都在街上设点收购，或到集市上亲自挑选合格产品，经检验后成交。商号和商人们对各类产品都摸索出一套检验方法，如在收购火腿、腊肉时，用一根竹签插进肉内，取出后闻竹签上有无臭味，从而判断是否变质，这种检验方法叫作"打针"。而每支火腿在打针合格后，还需要再检验皮色外观。[③] 著名的云南鹤庆商帮之商号"福春恒"早在 19 世纪 70 年代，就开始大量地把鹤庆火腿以及粉丝、乳扇、弓鱼、核桃等饮食类土特产运销到缅甸，极受欢迎。[④]

---

① ［英］哈威：《缅甸史》，姚梓良译，商务印书馆 1973 年版，第 548 页。

② 古高荣、杨润苍：《茂恒商号及其云茂纺织厂始末》，载《云南进出口贸易》（《云南文史资料选辑》第 42 辑），云南人民出版社 1993 年版，第 90 页。

③ 熊元正：《鹤庆商帮与集市贸易》，载《云南老字号》（《云南文史资料选辑》第 49 辑），云南人民出版社 1996 年版，第 302—312 页。

④ 蒋万华：《福春恒的兴衰》，载《云南老字号》（《云南文史资料选辑》第 49 辑），云南人民出版社 1996 年版，第 84—85 页。

宣威火腿是云南地区制作的另一个著名火腿，它色润鲜艳，红白分明，咸时带甜，营养丰富，余味无穷。宣威火腿虽然为中国著名的火腿，但是由于宣威火腿表面较脏、粗大笨重、不便携带，在很长的一段时间内影响了销路。然而在滇东北商人浦在廷的努力下，通过引进先进的食品加工技术，改进了宣威火腿的质量和包装，打开了销路，将其远销到缅甸等东南亚国家。浦在廷出生于文人家庭，但他弃文而从马帮，凭借坚毅、果敢和不懈的意志，在青年时期就逐渐拥有了一个可观的大马帮，后来又成了滇东北颇有名望的商业家，开辟了到内地以致东南亚的商业之路。浦在廷从行商再到坐贾，拥有极为丰富的商业经验。他深知家乡盛产火腿，且质地优良、味道鲜美，但由于支头过大、携带不便、又不卫生，只能在本地区自产自销，如果将火腿制成罐头，不但能保持火腿味道鲜美的优点，而且方便携带和食用，这样就能打开销路，促进经济发展，改变贫穷落后的现状。于是，他邀约社会各界人士集资入股办厂，一面派人到广州学习生产罐头的技艺，一面到香港购回一套生产罐头的机器，于1910 年筹建成立了"云南宣和火腿罐头有限公司"，自己担任董事长兼总经理，开始了火腿罐头的生产。在整个试产过程中，他与工人一道劳作，把好质量关，做到不合格的火腿绝不入罐。尤其是对制片、封口、蒸煮等主要工序，他都要亲自检验。经过 3 个月的艰苦奋战，终于使火腿罐头试产获得成功。产品投入市场后，即因携带方便、应用广泛，更因质量优良、风味独特，而畅销全国，远销东南亚。进入民国以后，由于浦在廷的罐头产品行销海内外，迅速带动了大批工商业者加入火腿生产经营行列，宣威境内先后出现了上百家火腿商号，每年约 30 万罐火腿销往东南亚地区并进入欧美市场。①

八、移民入越南与米粉在越南的传播

米粉是一种米制品，是当今越南最具特色的饮食品种之一，被冠以"国食"的美誉。米粉在越南非常普遍，其中最具特色的是河内米粉。而关于米粉的来源在越南学术界有不同的观点，笔者认同的是华人移民将米粉传入越南的观点。

有越南学者从语言文化的角度来分析米粉的来源，陈海丽《中国饮食在越南的传承与嬗变》中引用多位越南学者的研究："华人在叫卖米粉的时候，为

---

① 蒲元华：《浦在廷与宣威火腿》，载《云南老字号》（《云南文史资料选辑》第 49 辑），云南人民出版社 1996 年版，第 243—247 页。

了简便，把牛脯粉的脯去掉，只用'ngau phan oi—'（牛粉），特别是后面的'phan oi'拉得重而长，于是成了今天越语的'pho'"[1]；"越南著名学者丁嘉庆教授也是从语言学角度解释了粉的来历；Nelly Krowolsky 和阮松教授在 2007 年越南饮食文化国际研讨会上作题为《关于外来与本土影响研究》的报告，指出米粉、饺子、腊肠、粉丝、豆腐、酱油等都是来源于中国。邓严万教授在研讨会上也表示，'越南的米粉和春卷均来自中国南方地区，但是传播到越南以后很快被越化，以至于现在几乎没有人知道它们曾经是外来食品的身份'。"[2] 中国学者范宏贵从语言文化学的角度，通过词汇语言来探究越南米粉的传播路线，认为："米粉是由两广人流入越南后传入的。华人以前一边挑着担子一边吆喝叫卖，由于广府话 mai fen er（卖粉啦）尾音拖得很长，fen er 变成 fe, n 音脱离，所以，现在越南就把粉称为'pho'。"[3] 总之，越南华侨将将米粉传入越南的观点如今已得到越南大多数人的肯定。米粉随着中国移民传播到越南后，逐渐地被接受和本土化再造，很快成为越南最受欢迎的食物。米粉最开始主要由中国移民制作售卖，1918 年第一家由越南人经营的粉店在河内的扇行街（pho hang quat）出现，此后在越南的粉店纷纷涌现。1930 年以后，越南米粉的发展达到顶峰，其口味也基本确定。[4] 笔者认为，清朝时从中国云南到广西再到越南的南方丝绸之路仍然畅通，人员和贸易往来频繁，云南和广西地区都擅长制作米粉、米线，可以推断，从南方丝绸之路迁入越南的中国移民与米粉在越南的传播肯定具有一定的关系。

饮食习俗与中餐馆

九、移民入缅与缅甸中餐馆及中餐厨师的出现

清朝时，中国人大量沿着南方丝绸之路移入缅甸定居、生产生活。其中，有一些人在缅甸创办中餐馆、制作和经营中国菜，有的人则利用自身掌握的中

---

[1]　陈海丽：《中国饮食在越南的传承与嬗变》，硕士学位论文，广西民族大学 2010 年，第 16 页。

[2]　陈海丽：《中国饮食在越南的传承与嬗变》，硕士学位论文，广西民族大学 2010 年，第 16 页。

[3]　范宏贵、刘志强：《越南语言文化探究》，民族出版社 2008 年版，第 26 页。

[4]　陈海丽：《中国饮食在越南的传承与嬗变》，硕士学位论文，广西民族大学 2010 年，第 16 页。

餐制作技艺、成为中餐厨师，使当地人切实品尝到中餐的独特风味，促进了华夏饮食文明在缅甸的传播。

这一时期，中国移民特别是来自云南的移民在缅甸的八莫（又译为"八募"、蛮莫）、曼德勒等地创办了中餐馆以及茶馆等。根据寸鹤志口述，黄槐荣、马兆铭整理的《八募的腾侨商情》记载：1885年缅甸全部沦为英国殖民地，缅甸在八募设"温几（缅语县长）"一员，有属官五人，英国设领事一员，有"洋兵"30人驻防。根据中缅商约规定：中国商人可以自由进出缅甸。由此腾冲、八莫之间的贸易更为频繁。中国移民"在八募街市上有食馆五家，其中腾冲人开设的有二家；茶馆四家，腾冲开设的一家；开旅馆的二家，是腾冲洞山人。"[①] 温斯顿《在上缅甸的四年》（*Four Years in Upper Burma*）中叙述上缅甸的华侨时指出："在曼德勒的中国人很多，占据几乎一条长街的左右两边，人们称之为中国街。在镇区中也有这样的街道。他们定居下来，与缅甸女子结婚，并过得很快乐。他们比缅甸人更擅长做生意。他们比缅甸人更精明、更有进取心、更坚忍、更勤劳"，"有些中国人则是开酒店"。[②] 我们可以推断，酒店在经营中，应该会提供餐饮包括中餐及服务。斯科特在论著中描述了定居在八莫、曼德勒、抹谷的中国人，指出"在曼德勒的中国人餐馆很受欢迎"。[③] 此外，他还记述道："抹谷也有中国的杂货店及餐馆，且生意兴隆。"[④] 如今，在仰光和曼德勒等地分布着大大小小的华人餐馆，北京烤鸭和乳猪等受到了缅甸富裕阶层的欢迎。段颖《曼德勒的华人饮食：族群互动、地方化和身份认同》指出，"曼德勒的多数中餐馆都是云南人开的，常见菜品包括辣子鸡、酸辣汤、酸菜炒肉、黄焖鸡。大部分餐馆都有自己的'特色'，即招牌菜。例如，在来自滇西的腾冲人经营的云南餐馆中，用猪耳朵制作的大薄片，即被誉为最具特色的地方菜。腾冲人经常到这家餐馆用餐，以解乡愁"[⑤]。

---

① 寸鹤志口述，黄槐荣、马兆铭整理：《八募的腾侨商情》，载腾冲县政协文史资料委员会编：《腾冲文史资料选辑》（第3辑），1991年，第279—282页。

② W. R. Winston, *Four Years in Upper Burma*, London: C. H. Kelly, 1892, p.40.

③ Vincent Clarence Scott, *The silken East: a record of life and travel in Burma*, Vol.1, London: Hutchinson and Co., 1904, p.372.

④ Vincent Clarence Scott, *The silken East: a record of life and travel in Burma*, Vol.2, London: Hutchinson and Co., 1904, p.773.

⑤ 段颖：《曼德勒的华人饮食：族群互动、地方化和身份认同》，载［马来西亚］陈志明主编：《东南亚的华人饮食与全球化》，公维军、孙凤娟译，厦门大学出版社2017年版，第179页。

除开办中餐馆之外，有的中国移民因厨艺高超，不仅从事厨师职业，还进入缅甸宫廷、成为缅王御厨。如腾冲人寸建柱，生于清朝道光年间，为和顺乡寸家湾人，早年到缅甸佣工，因擅长厨艺被缅甸贡榜王朝末代国王锡袍王相中、聘为宫廷厨师。清朝光绪十一年（1885），英国军队占领缅甸，锡袍王和王后素浦叻雅被英军流放后，寸建柱才带着缅王平日所赐物品返回故乡和顺，颐养天年。如今，和顺还有年长的老人知道，在和顺陷河边有一个名为"大洋盘"之地，其起源与寸建柱把从缅甸带回家的琉璃碗碟抛进陷河之事有关。①据说，寸建柱从缅甸带回家的琉璃碗碟，周围及底部嵌缅甸抹谷所产的红、蓝宝石，做工精细，造型别致，邻里们有红白喜事之时常向他家借用。缅甸的琉璃碗碟传入和顺乡，不仅代表着和顺人入缅的历史，也证明了在缅甸居住生活的中国人职业里确实有厨师这一身份的存在，只是由于厨师身份相对不高，在文献资料中的有关记载很少而已。

在缅甸的中餐馆和中国厨师必然要制作中国菜，为中国移民和缅甸人服务。久而久之，缅语中便出现了一些来自中国移民的菜点类词语。根据鲜丽霞、李祖清的《缅甸华人语言研究》，缅甸语言中的一些菜点类词语明显受到了来自南方丝绸之路上云南方言的影响，这也从语言学角度证明了沿南方丝绸之路入缅的中国移民在缅甸传播了中国菜点及其制作方法，影响了缅甸人的饮食生活。

如单用的滇源词语。

发音	官话源词
[sA]¹¹ [kuo]⁵⁵	砂锅
[koc]⁵⁵ [pau]¹¹	宫保
[mi]⁵⁵ [cie]¹¹	米线
[tuo]¹¹ [lA]¹¹ [tci]¹¹	剁辣鸡

如双用，缅语以音译与意译两种方式同时引进的滇源词。

发音	官话源词	缅语意译
[man]¹¹ [tou]¹¹	馒头	蒸面包
[pʰau]⁵²	泡	泡

再如意译加音译的借入方式在缅语中的数量要少一些，但其中仍然有一部分。

---

① 董平主编：《走出国门的腾冲人》，云南民族出版社2009年版，第36—38页。

例一：

发音：

[si]⁴⁴ [tchuen]¹¹ [mA]¹¹ [1A]¹¹ [xen]⁵⁵

音译＋意译：

[si]⁴⁴ [tchuen]¹¹ [mA]¹¹ [1A]¹¹＋[xen]⁵⁵

释义：

四川麻辣菜

发音：

[mA]¹¹ [1A]¹¹ [xen]⁵⁵

音译＋意译：

[mA]¹¹ [1A]¹¹＋[xen]⁵⁵

释义：

四川麻辣菜

例二：

发音：

[suen]¹¹ [dan]¹¹ [hin]⁵⁵ [ie]¹¹

音译＋意译：

[suen]¹¹ [dan]¹¹＋[hin]⁵⁵ [ie]¹¹

释义：

酸汤（菜汤）

其中，[suen]¹¹ [dan]¹¹ [hin]⁵⁵ [ie]¹¹ 由 [suen]¹¹ [dan]¹¹ [hin]⁵⁵（酸汤）音译加上意译类名 [hin]⁵⁵ [ie]¹¹hinye（菜汤）而来。[1]

十、缅甸"汉人街"、寺庙、会馆与华夏饮食习俗在缅甸的传播

明清时期，从"永历入缅""清缅战争"，到英缅战争、英国殖民者占领缅甸后打开中国西南门户，中国人多次较大规模地移入缅甸定居、生产生活，或农或商。而随着入缅华侨数量的增多，不仅出现了华人华侨群体、华侨农业区，还在一些城市逐渐形成了华人华侨的聚集区，如"汉人街"等。同时，由于经济实力日益雄厚、思乡之情的影响，更由于有利于团结力量、更好地在异

---

① 鲜丽霞、李祖清：《缅甸华人语言研究》，四川大学出版社 2014 年版，第 41—45 页。

国他乡生存生活，在华人数量较多的地方，人们兴建了神庙、会馆，不管是代表神缘的佛教观音寺、道教关帝庙，还是代表地缘关系的会馆等，其实展示的都是传统华夏文明的精神世界和物质世界的标志性符号。而这些地方也成为华夏饮食风俗的集中展示地，成为华夏饮食文明对外传播的聚集地。

清朝前期，移入缅甸的华侨聚族而居、互相照应，逐渐形成了独具特色的华人社会，有的地方还出现了"汉人街"，传统的华夏文明和风俗习惯得到了保持和延续。如在缅甸都城——阿瓦，不仅形成了由华人聚居的汉人街，而且还由华人担任街长，或称"客长"。彭崧毓《缅述》中介绍了"客长"的作用，即"汉人与夷人讼，必与客长共听之。汉人直，则治夷人以罪；夷人直，则罚汉人以银"[1]。可见，客长维护着汉人街上汉人的权益，具有相当的权力和威望。此外，蛮暮（即八莫、八募）、漾贡（仰光）等地也有华人社区存在。《缅述》还提及："蛮暮、漾贡，为南北两大都会。蛮暮滨江，多滇商，漾贡滨海，多粤商。"[2] 据布赛尔《东南亚的中国人》中所引资料可知，在这个时期八莫有房屋约 1500 座，但如果将附近的一些村落一并计算大概有 2000 座，其中至少有 200 座为中国人所居住，除了永久居住的缅甸人外，这里经常有中国人、掸人及可钦人等很多外来人，他们有的是来交易货物，有的是来做佣工。[3] 而《八募的腾侨商情》对八莫"汉人街"上的商号有较详细记载：由于中缅商约规定中国商人可以自由进出缅甸，使得腾冲、八莫之间的贸易更为频繁，清末民初，八募就有长达一华里多的汉人街，"两边店铺林立，一百多家商号中，华人商号占 80%，而腾冲开设的商号又占华人商号的 70%；其余为广东、福建人。当时腾冲在八募较有名的商号是张宝廷开设的宝华公司，寸如东开设的福盛公司，以及洪盛祥、永茂和、茂生盛、德兴隆、华盛荣、怡怡和、广茂祥，三十年代，又增加了茂记、德记、惠记、树三记、凯生祥等商号。这些商号多数经营棉花、棉纱、棉布、玉石等生意，也有经营百货、五金、煤油、干鱼等生意的"[4]。

---

① （清）彭崧毓：《缅述》，载李根源辑，杨文虎、陆卫先主编：《〈永昌府文征〉校注》卷 20《纪载》，云南美术出版社 2001 年版，第 3577 页。

② （清）彭崧毓：《缅述》，载李根源辑，杨文虎、陆卫先主编：《〈永昌府文征〉校注》卷 20《纪载》，云南美术出版社 2001 年版，第 3575 页。

③ ［英］布赛尔：《东南亚的中国人》卷 2，《南洋问题资料译丛》1958 年第 1 期，第 11 页。

④ 寸鹤志口述，黄槐荣、马兆铭整理：《八募的腾侨商情》，载腾冲县政协文史资料委员会编：《腾冲文史资料选辑》（第 3 辑），1991 年，第 279—282 页。

这一时期，云南商人在缅北以八莫、阿瓦、阿摩罗补罗、实阶、景栋等地为主要据点，活动遍及缅甸整个北部地区。而随着进入缅甸的云南人增多，缅北出现了两座云南人兴建的寺庙。[①] 这些寺庙不仅是人们在异国他乡的精神慰藉，也成为华夏饮食文明的展示和传播集中地。

第一，建于阿摩罗补罗的观音寺。该寺庙建于乾隆末年，后曾经 3 次失火，又在道光十八年（1838）建成。阿摩罗补罗是缅甸人对伊洛瓦底江边的阿瓦与其东北三里的称呼，位于曼德勒以南，从孟驳到敏同历代缅王都以此地为京城，是缅甸当时的政治、经济、文化中心。从古到今，滇侨旅居这里的很多。当孟驳王在位时，阿瓦人口 20 余万，其中滇侨近 1 万人，他们除经商外，还任中缅两国朝廷的高级"通事"、向缅甸人传授纺织丝纱技术，促使阿瓦成为丝织业中心，至今此地仍是缅甸纺织业的重要基地。正是在华侨众多、贸易发展、中缅人民和睦相处的良好基础上，滇侨于 1773 年在华侨集中的汉人街上修建了阿瓦云南观音寺，在清光绪二年（1876）新都曼德里的云南会馆未修建以前，它实际上具有云南会馆的意义和作用，是华侨在缅甸的最早纪念建筑。1783 年缅王孟陨时迁都阿瓦稍北的阿摩罗补罗，仍属阿瓦范围，不过中心移到洞缪（缅语南都），华侨又称该寺为洞缪观音寺。阿瓦观音寺建成后，先后 3 次遭火灾，现存者是清光绪十八年（1838）在旧基原址上所建，一共三进，每进有正殿、两相、庭院、门、窗、梁、柱，雕刻龙、凤、孔雀、荷花等，由中国和缅甸工匠、艺人合作建成。寺内祀观音、如来、关公，悬挂许多匾额，多为侨商祈祝生意亨通的词语，如"以义为利""豫大丰亨"等。寺前是汉人街，商业繁盛，人口稠密。寺内的《重修观音寺》碑文是一件珍贵的文物和侨史资料。从文中"两国修睦，丝棉往来……商人鱼贾而入"及"诸色京广土货"的叙述，可知阿瓦商业繁荣、国际贸易活跃、移居缅甸的华侨众多。碑末刻有捐款人名 630 余名，著名商侨 10 家（清乾隆时建寺捐款人 5000 余人），其中有腾冲著名商号"三成号"等，有的人名前还冠以"汉人王爷""稿蕴们"（税务官）"德禄蕴们"（中国事务官）等官衔，说明华侨中有不少人在缅甸宫廷任职。捐款华侨人名中，以李、寸、尹、刘、张、许等姓为最多，这些姓都是云南著名侨乡和顺的大族，从和顺现存的各姓家谱可以核对出阿瓦观音寺碑文的不少人名。和顺乡旅缅华侨之多、出国之早，在清乾隆时编纂的《腾越州志》

---

① 　何平：《移居东南亚的云南人》，《云南大学学报（社会科学版）》2005 年第 3 期。

即有记载:"和顺乡,周围不满十里,离城七八里,居民稠密,通事熟夷语者,皆出于其间也。"观音寺尚保存矮脚圆桌一张,华侨用它先后宴请孟驳、敏同等缅王进御膳(因缅人席地而坐,不习惯坐高桌)。[①] 由此可见,阿摩罗补罗观音寺也有聚会宴客的功能。

清朝官员王芝《海客日谭》中记述在缅甸新街有"汉人街",而后又到曼德勒、阿摩罗补罗等地,受到腾越籍华侨的欢迎和接待,"甲申至缅甸都城……近晚腾越人黄柱臣等以车来迎,遂舍舟遵江干行约四里,至金多眼财神祠,憩行李焉。乙酉(翌日)腾越人士公宴观音寺,观孔雀"[②]。此外,他还因李德方之请,"自金多眼财神祠移行李于谙拉菩那城和顺玉行"[③]。王芝还记载阿摩罗补罗城滇人有4000余家,闽、广人百余家,川人才5家。王芝在此两地期间,还多次受到滇商及其他中国人士之邀,出席在观音庙、财神祠、西月摩江干等处设立的宴会。可见,在中国寺庙等处可以举办中国式宴会,提供中国饮食品种,是华夏饮食物质文明和精神文明集中展示和对外传播的重要空间和场所。

第二,建于八莫的关帝庙。该庙始建于嘉庆十一年(1806)。当时移居缅甸的滇商以忠义为团结的信条,一切交易皆在关帝庙内举行,还曾设有私塾。这座建筑宏伟的关帝庙全部毁于战火,后又重建。虽然清朝时在关帝庙中开展活动的资料十分缺乏,但是从民国时期关帝庙所开展的活动可推断清朝时的民间祭祀、婚丧节庆等活动在庙中开展的情形。

据《八募的腾侨商情》一文载:八募汉人街的街头盖有关帝庙,乃腾越旅缅八募的同乡首倡捐资建盖的。关帝庙占地约五亩,分前后两进,前进正殿塑关云长像,房屋高大雄伟,两旁盖有厢楼,对面有回廊戏台;后进为观音阁,有观音塑像。三十年代以后,历任同乡会长有刘玉和、马斯法、寸楚生、李惠泉、董立道等人。会长领头,于每年农历五月十三日于关帝庙杀猪宰羊,召集旅居八募华人大会,欢宴一天,一是纪念关云长赴宴的英雄气魄,象征着华侨

---

① 尹文和:《阿瓦云南观音寺——缅甸华侨最古老的纪念建筑》,载腾冲县政协文史资料委员会编:《腾冲文史资料选辑》(第3辑),1991年,第251—256页。

② (清)王芝:《海客日谭》,光绪二年(1876)石城刊本,载余定邦、黄重言编:《中国古籍中有关缅甸资料汇编》(下),中华书局2002年版,第1226页。

③ (清)王芝:《海客日谭》,光绪二年(1876)石城刊本,载余定邦、黄重言编:《中国古籍中有关缅甸资料汇编》,中华书局2002年版,第1227页。

也是只身远赴异国谋生创业、"一心有汉"的爱国热情；一是不分籍贯的同乡联欢，以增进情谊，团结互助。关帝庙还提供同乡婚丧嫁娶时宴客使用。关帝庙内设管事房，有专职管事一人，负责管理关帝庙财产及同乡会的银钱出入；逢年过节还唱戏，平时经常上演皮影戏，多是封神、列国、三国、西游记、水浒等内容，但演出时不仅华人争相观看，缅甸人、印度人都争相去看。① 由此可以推断，清朝时期的八莫关帝庙也是一个重要的展示和传播华夏饮食文明的集中地。

　　除了上述两座寺庙外，还有两座云南人的建筑物：一是孟拱的关帝庙，一是以前瓦城的云南会馆。其中，瓦城云南会馆的规模和影响最大。云南会馆原在缅甸古都阿瓦，建于清乾隆三十八年（1773）。光绪二年（1876），时任缅王国师的旅缅腾冲华侨尹蓉又于缅京曼德里再建云南会馆（最初叫腾越会馆，后改迤西会馆，辛亥革命后才称云南会馆），位于缅甸中心地的通衢大街，即今汉人街。建筑经费也是由尹蓉一言劝导、华侨人人乐捐。会馆正殿象和顺乡中天寺皇殿，这座巍峨高大富丽堂皇的建筑，前后三进，以会馆为主体，附设有孔圣殿、关帝庙、观音殿，会馆大殿高悬"斯文在兹"巨大横匾，落款领衔正是尹蓉。云南会馆建成后，缅甸、印度以及后来的英国达官大吏、普通群众都纷纷到会馆参观，欣赏中国建筑艺术，叹服规模之壮观、工程之浩大、华侨团结之伟力。② 可见，瓦城的云南会馆已经成为华夏文明的集中展示地，有助于华夏饮食文明在缅甸的传播。

　　总之，沿着南方丝绸之路进入缅甸的华侨，把他们的精神信仰、物质信仰和一些饮食礼仪、习俗带入缅甸。缅甸的汉人街、华人华侨兴建的寺庙和会馆等华夏文明聚集地寄托着人们的乡思、乡情，不仅是入缅华人华侨在节日里聚会和婚丧嫁娶时举办宴会的重要场地，也是华人华侨招待缅甸各方重要人士举行宴会的重要场地。可以说，华夏饮食风俗，包括节日食俗、人生礼仪食俗、社交宴会食俗等都在这些华夏文明的集聚地得到全方位地展示和传播，也使得当地的缅甸人乃至印度人通过这个窗口感受到华夏饮食文明的魅力。

---

　　① 寸鹤志口述，黄槐荣、马兆铭整理：《八莫的腾侨商情》，载腾冲县政协文史资料委员会编：《腾冲文史资料选辑》（第 3 辑），1991 年，第 279—282 页。

　　② 尹文和：《缅京云南会馆及其创始人》，载腾冲县政协文史资料委员会编：《腾冲文史资料选辑》（第 3 辑），1991 年，第 257—262 页。

第四章　丝路上华夏饮食文明
对外传播特点与价值

第一节　传播特点及规律

华夏饮食文明是世界饮食文明的重要组成部分，不仅历史悠久、内涵丰富、个性突出，而且长盛不衰。究其原因，可以说多种多样，除了中国人注重"民以食为天"、对美好饮食的不懈追求和在饮食制作技艺上的不断传承、发展和创新之外，与华夏饮食文明同世界其他文明之间不断交流、互鉴有着非常重要的关系。而华夏饮食文明在积极吸取外来饮食文明元素、发展壮大的同时，也依托先进的饮食文明优势，沿着丝绸之路不断向外传播，不仅促进了世界其他饮食文明的发展，也造福于当地的人民。由于受到政治、经济、外交和交通工具与技术等多种因素的影响，古代丝绸之路上华夏饮食文明对外传播历程大致可分为 4 个时期，即先秦至汉魏南北朝时期、隋唐时期、宋元时期、明清时期。而在每个时期里，不论是西北丝路、南方丝路还是海上丝路，华夏饮食文明对外传播在传播者、传播内容以及传播区域等方面都呈现出不同的传播特点。这里，首先在前面第一章、第二章、第三章分析论证的基础上，以 4 个时期为经，以传播者、传播内容及传播区域、影响等为纬，归纳、阐述西北丝路、海上丝路、南方丝路上华夏饮食文明对外传播的特点，再进一步总结出古代丝绸之路上华夏饮食文明传播的总体规律。

一、先秦汉魏晋南北朝时期

华夏饮食文明对外传播最早出现在西北丝路和南方丝路上。在先秦汉魏晋南北朝时期，西北丝路上华夏饮食文明对外传播处于形成发展期，而海上丝路和南方丝路上的华夏饮食文明对外传播基本处于形成期。

据史料显示，早在商周时期，中国的中原地区已与中亚、西亚有了初期交流，贸易交换区域已经逐渐扩展至甘肃的河西走廊、新疆和中亚一带。汉朝建立后，经济社会逐渐兴盛，农业发展促进了手工业提升，汉武帝的反击匈奴战争在客观上成就了中西方经济文化交流的第一个高潮。张骞西使一举凿开西域交通南北干道上的历史阻隔，开辟了中原地区连接中亚、西亚的道路，西北丝绸之路上的南北二道正式形成，使华夏文明第一次通过西北丝绸之路直接与中亚和南亚印度发生接触。西汉政府设立西域都护府，更保证了西北丝路贸易活动的顺利进行。汉使与商旅们穿过塔里木盆地和中亚山岭谷地，直达伊朗高原，东汉甘英更是深入到安息的条支海边即波斯湾，探寻欧亚交通路线。而南方丝路的起点是中国西南地区的成都，在汉朝以前，就有从成都出发、通往西南夷及境外的民间通道。至汉朝，在张骞建议下，汉武帝开始大规模经略西南，恢复和整治了"南夷道"和"旄牛道"两条主要交通干线。魏晋南北朝时期，南方丝路沿线国家的官方交往暂时停顿，但民间交往却未有中断。海上丝绸之路在汉朝以前已出现雏形，到汉魏南北朝时期初步形成，主要包括两条干线，即东海航线和南海航线。但是，从总体来看，在先秦汉魏晋南北朝时期，中国对外交流主要依靠陆上交通，海上交流的活动范围及规模则因造船及航海技术等的限制而相对较小，由此，3 条丝绸之路上的华夏饮食文明对外传播在传播者、传播内容以及传播区域等方面也具有了不同的特点。

（一）传播者与传播途径

这一时期，丝绸之路上华夏饮食文明的主要传播者较为多元，包括战俘工匠、屯田驻军、外交使节、早期移民、文人学士、商人等，但在规模和数量上相对较小，在传播途径上主要集中在移民传播、官方贡赐传播、民间商贸传播3 种，并且 3 条丝绸之路上的传播者与传播途径也不尽相同。

在西北丝绸之路上，少数民族间或者民族政权与中原王朝间的战争带来的民族迁徙、战俘工匠、屯田驻军等成为华夏饮食文明的重要传播者。首先，在这条丝路上，自古战争频繁，带来了西域诸族西迁或军队、工匠流动，如大月氏之西迁、匈奴败于汉王朝和匈奴的西征、河西陇右的汉人西迁高昌等都是如此，在客观上推动了民族大迁徙，而民族大迁徙又推动了文化的传播。汉朝军队在西域有过多次军事行动，必然会留下一些降、俘及流亡人员。这类人大多是劳动者出身,具有农耕或手工技能,对于传播中原的生产经验和技术有重要作用。《魏书·吐谷浑》记载元嘉八年(431)西秦被灭,大批西秦故地的汉人迁入吐谷浑境内,对于吐谷浑当地的开发起了重大作用。其次,外交使节、文人学士也成为推动西北丝路上华夏饮食文明传播的重要群体。在西北丝路上,汉朝通过外交使节,将各类礼品赐予西域各首领或贵族,并通过和亲等外交手段,促进了汉文化深入到西域并产生深刻影响。张骞通西域后,成帝不断派遣使者到西域,使者相望于道。西域都护府建立后,朝贡贸易与和亲政策是汉王朝西部外交的主要手段。汉朝大批商品、能工巧匠等进入西域诸国,和亲公主们带去随行、陪嫁人员、文人学士、各种技艺人才以及用具、器皿、服饰、书籍等,这种较大规模的文化传播发生在宫廷王室,是一种长年累月的熏陶与感染,比民间传播的作用更大、更有效。第三,在早期商贸活动推动下,商人已成为此时西北丝绸之路上华夏饮食文明对外传播最为持久的人群。在西北丝路上,商业贸易将汉朝与中亚、西亚甚至欧洲联系在一起。常任侠先生曾指出:"在汉唐之间,西域各族中,推广汉族文化,汉族移居的商贾与政治上的领导者,也都是文化上的推广者。"①塞人、乌孙人、月氏人等早期西北游牧民族是华夏饮食文明最早的西传者,"主要分布中亚、西亚广大地区,其中一部分曾散居中国西部";公元前6世纪,塞人与希腊人在黑海的殖民城邦建立了通商贸易关系,交往频繁,塞人部落通过其游牧方式,在中国至希腊这一遥远的距离空间,充当了最早的丝绸商贩角色。②而这种贸易活动所携带的商品不仅仅是丝绸,还包括许多源自华夏的特色商品,无形中推动了华夏饮食文明的西传。此外,自西汉丝绸之路畅通以来,沿线城邦国如精绝、于阗,中亚诸国如康居、大宛、大月氏(贵霜王朝)等国与汉朝贸易关系十分密切,是中国丝绸及其他商品西运的重要居间者,也是华夏饮食文明西传的重要节点与枢纽。

　　在海上丝绸之路上,早期移民、官方使节、商人成为传播的主要人群。在东海航线方向,传播者以移民和儒学博士为主、官方使节及其他人群为辅,通过移民的传授、自身实践和当地建立的教育机构、制度等进行传播。如朝鲜半岛上设立太学和经学博士,中国和朝鲜半岛的五经博士受邀到日本,其

---

①　常任侠:《汉唐间西域传入内地的杂技艺术》,《新疆社会科学》1982年第2期。

②　樊保良:《略论中国古代少数民族与丝绸之路》,《兰州大学学报(自然科学版)》1994年第2期。

任务都是传授儒家经典。在南海航线方向，则以使节为先导，移民和商人紧随其后，通过外交和贸易进行传播。随着汉武帝遣使"黄支国"，开辟了中国第一条通往印度的远程航线。中国先民基于各种原因，凭借一定的航海技术出海探索，到达东南亚地区，并与当地原住民融合，将原产于中国的黍粟稻等食物原料及生产技术传播至东南亚，为东南亚农业发展和人民生活水平的提高打下了一定基础。此时，商人们也借助船舶将中国陶器包括饮食器具带到东南亚、南亚等地。仅东南亚一些国家文化遗址中就发掘出了大量汉朝陶器，如在印度尼西亚，荷兰考古学家就在苏门答腊、加里曼丹、巴厘、爪哇和苏拉威西诸岛发现了中国汉朝陶器。大量汉朝陶器的出现应该都得益于当时频繁的商贸活动。

在南方丝路上，商人、移民等群体在有意无意中传播了华夏饮食文明。如在巴蜀地区，"即铁山冶铸，运筹策，倾滇蜀之民"，"巴蜀民或窃出商贾"，蜀商输出货物有"铜、铁竹木之器具"。蜀商有坐商和行商，不仅开创性地将成都特产铁器、铜器、漆器等输入西南夷地区出售，留下了有关"蒟酱""蜀布""邛杖"等著名商品的销售记载，还将商品销售到了远在异域的身毒（印度）。另外，这一时期的南方丝绸之路上已经出现境外商人活跃的身影，并在永昌郡（今保山）形成了国际商贸活动。任乃强《中西陆上古商道——蜀布之路》一文认为蜀国自周秦之际与周边王国及其境外已经通商，认为汉武帝意欲开通西南夷通身毒时，滇国已垄断了西南夷民族商业，并提出："印度和缅甸商人则已到达滇国。即在汉武帝之前，已存在身毒（印度）东来滇国进行商贸交易。"[1] 云南西部的永昌（今保山）曾一度成为这种贸易往来和文化传播的中心和枢纽。《华阳国志·南中志》载，永昌郡有"闽濮、鸠僚、僄越、裸濮、身毒之民"[2]。"僄"即"骠"，在今缅甸境内；"身毒"即印度，说明当时哀牢与缅甸、印度等地的交往相当频繁。而这些境外商人就将中国的青铜器、陶器、漆器等饮食器具通过南方丝绸之路传播至周边地区。一些早期移民也将当时的粮食作物、饮食器具及其制作技术、粽子等饮食品传播至缅甸等地。如古代蜀人沿着南方丝路的南迁对东南亚地区稻米的种植产生了影响。

---

① 任乃强：《中西陆上古商道——蜀布之路》，《文史杂志》1987 年第 1、2 期。

② 刘琳校注：《华阳国志校注》卷 4，巴蜀书社 1984 年版，第 430 页。

(二) 传播内容

这一时期，尽管处于华夏饮食文明对外传播交流的早期，但是传播的内容已较为丰富，涉及食物原料、饮食器具、饮食品、饮食礼俗与思想等多个方面，而食物原料和饮食器具的传播相对比较普遍。从3条丝路角度看，传播内容上也有所不同。

在西北丝绸之路上，食物原料及农业生产技术的传播尤其显著，其次是饮食器具和饮食礼仪与思想的传播。公元前2世纪大月氏西迁至大夏，就把中国的农作物以及先进的农业生产技术带到那里，对于促进当地的经济社会发展起到了一定作用。张骞通使西域以来，中西通路顺畅，中西交流更加频繁，原产于中国的许多植物原料也随之传入西域，并经由西域商队传至了欧洲。汉朝开始在新疆地区屯田，牛耕技术、铁器等生产工具相应地传入该地。此外，从这一时期开始，饮食器具就已作为中国古代最具竞争优势的对外输出产品而变成每个阶段最主要的传播内容。此时，以汉朝陶器、漆器、青铜器等为代表的饮食器具不断向外传播。据史料记载，沿着西北丝绸之路自中原西来的商品中，漆器与丝绸并驾齐驱，是占有重要地位的一种商品。与此同时，华夏饮食礼仪与思想已经开始有所传播。如西汉时细君、解忧等公主沿西北丝绸之路远赴西域和亲，将华夏饮食礼俗特别是皇族上层人士的饮食礼仪等传播至乌孙、龟兹等地，只是缺乏较为详细、确凿的记载。大批来自河西、陇右等地的汉人移居高昌地区，传播了华夏饮食思想，延续了汉族传统食物结构。

在海上丝绸之路上，华夏饮食文明传播内容相对其他时期而言比较少，包括食物原料、餐饮器具和饮食典籍、饮食礼俗及思想3个方面，并且沿东海航线的传播内容多于南海航线上，后者仅集中于食物原料和餐饮器具两个方面。首先，以水稻为主、兼有多种农作物及其生产技术在这一时期开始传播，且主要集中于东亚、东南亚地区。如箕子及其移民将先进的殷商文明带入朝鲜，并教当地人耕种技术，采用井田方式进行农作物生产，丰富了当地食物原料，为古朝鲜人的饮食生活打下了良好基础；以徐福为代表的大批中国移民东渡日本，开启了中日海上贸易和文化交流，将水稻与多种农作物及其生产技术传入了日本。此外，在日本还传入了养猪技术。其次，多种材质的餐饮器具及其制作技术传播到东亚、东南亚、南亚地区，主要包括陶器、铁器和漆器。在海上丝绸之路东海航线方向，卫满朝鲜灭亡后，汉武帝设立"汉四郡"，使得汉文化大量传到朝鲜半岛，漆器、铁器、铜器、陶器及其制作技术也随之传入。汉朝时中国与日本也有直接交往，日本与汉朝建立了朝贡关系，双方派遣使节互访，同时大批移民继续东渡日本并定居、被称为"归化人"，将汉朝先进文化大量传入日本，包括餐饮器具在内的各种铁器、陶器、漆器及其制作技术也随之传到日本。在海上丝绸之路南海航线方向，近年来东南亚出土的大量汉朝陶器证明当时中国的饮食器具在当地的传播和重要地位。第三，中国饮食典籍与礼俗、思想主要传播到朝鲜半岛和日本列岛。如与箕子一起入朝鲜的五千人中，"诗书礼乐及百工之具皆备"，不仅传播了先进食物原料生产技术，也传播了先进的制度法规和饮食礼仪与习俗。在日本，随着儒家思想和典籍的传入，涉及饮食的典籍和华夏饮食礼俗、思想得到相应传播，并且可能主要是在王侯显贵之间传播。

在南方丝绸之路上，借助于商人、移民等群体的传播，食物原料、餐饮器具、饮食成品3个方面已开始通过南方丝绸之路向南至缅甸、越南、印度等东南亚和南亚地区传播并在当地产生一定影响。第一，随着古代蜀人因战乱而沿着南方丝绸之路向南迁徙到东南亚的一些地区地，将稻米、粟米等粮食类食物原料及其生产技术传播到所在地，并对当地食物原料种植、食用等产生了深远影响，同时蜀商和僧侣也将食盐和茶叶向南传播；第二，通过南方丝绸之路的移民迁徙和商贸往来活动，饮食用的青铜器、铁器、陶器、漆器及其制作技术传播至东南亚的缅甸、越南和南亚的印度等地；第三，饮食成品在此时开始向南传播，除了蜀商将蒟酱传入南越地区外，一部分百越人沿南方丝绸之路迁迁徙至东南亚地区，将粽子等糯米食品传播于此。

（三）传播区域

在这一时期，丝绸之路上华夏饮食文明对外传播及影响的直接区域相对来说并不是十分广大，但是，如果将间接传播及影响的区域合并后共同考察，就会发现当时的传播区域已经开始形成早期的传播网络。

在3条丝绸之路上，华夏饮食文明的传播区域及影响各有不同。在西北丝路方面，粟、黍由亚欧大陆的大草原，经阿拉伯、小亚细亚传入东欧、中欧等地区；桃、杏、梨等水果经由中亚向西传播到波斯，再扩散到地中海沿岸各国；饮食用漆器传入楼兰、精绝等西域国家和中亚的贵霜王国；筷箸、甑等餐饮器具传入高昌、楼兰、精绝等西域国家。在海上丝路上，黍、粟、稻、桃、杏、柑橘等粮食、果蔬以及井田等农耕技术、家猪饲养技术，饮食用漆器、陶器、铁器及其制作技术，饮食的儒家经典及儒家饮食礼仪等传入了朝鲜半岛、日本列岛；东南亚、南亚等地区也深受陶器等中国饮食器具影响。然而，限于造船技术及航海水平等多方面原因，当时华夏饮食文化传播的海上区域以东海航线上的东亚地区为主、以南海航线上的东南亚、南亚等地为辅，多集中在对朝鲜半岛、日本列岛的传播且影响较大，对东南亚、南亚等地也有传播，但是影响很小。在南方丝路上，今天的中南半岛内陆地区以及南亚在此时也都有了一些华夏饮食文化元素的传播。

现根据文献资料、出土文物及相关研究等，将先秦至汉魏南北朝时期3条丝绸之路上华夏饮食文明对外传播的传播者、传播内容及传播区域进行分类梳理、归纳，制作出以下"先秦至汉魏南北朝时期3条丝绸之路上华夏饮食文明对外传播一览表"，以便较为全面系统、直观清晰地呈现和反映这一时期丝绸之路上华夏饮食文明对外传播的规律与特点。

表4-1　先秦至汉魏南北朝时期3条丝绸之路上华夏饮食文明对外传播一览表

路线	传播类别	主要传播品种	主要传播地区	主要传播者
北方丝绸之路	食物原料及其生产技术	1. 粟、黍 2. 桃、杏、梨等水果 3. 水利设施、铁器、牛耕等农耕技术	粟、黍由亚欧大陆的大草原，经阿拉伯、小亚细亚传入东欧、中欧等地区； 桃、杏、梨等水果经由中亚向西传播到波斯，再扩散到地中海沿岸各国； 饮食用漆器传入楼兰、精绝等西域国家和中亚的贵霜王国； 筷箸、甑等餐饮器具传入高昌、鄯善（楼兰）、精绝等西域国家； 汉代贵族饮食礼仪传入龟兹和乌孙，节庆食俗和饮食思想传入高昌	移民、外交使节、商人
	饮食器具及其制作技术	1. 饮食用漆器 2. 筷箸等饮食器具 3. 甑、磨等谷物烹制加工用具		
	饮食品及其制作技术			
	饮食习俗、礼仪及中餐馆	1. 汉代贵族饮食礼仪 2. 节庆时令观念 3. "五谷为养，五果为助，五畜为益，五菜为充"饮食结构		

续表

路线	传播类别	主要传播品种	主要传播地区	主要传播者
海上丝绸之路	食物原料及其生产技术	1. 黍、粟、稻等粮食作物 2. 桃、杏、柑橘、葫芦、甜瓜、芋、菱角等果蔬原料 3. 家猪及其饲养技术 4. 铜、铁制农具和井田及牛耕等农耕技术	东亚地区的朝鲜半岛、日本列岛：大量传入黍、粟、稻、桃、杏、柑橘等粮食、果蔬以及井田等农耕技术、家猪饲养技术；传入饮食用漆器、陶器、铁器及其制作技术；传入涉及饮食的儒家经典及儒家饮食礼仪； 东南亚地区的都元国、邑卢没国、谌离国、夫甘都卢国；传入黍、粟、稻的生产技术；传入饮食用陶器及其制作技术； 南亚地区的黄支国、已程不国；传入了传入饮食用陶器及其制作技术	移民、使节、早期海商、僧侣等
	饮食器具及其制作技术	1. 饮食用陶器及其制作技术 2. 饮食用漆器、铁器及其制作技术		
	饮食品及其制作技术			
	饮食礼仪与习俗	1. 涉及饮食的儒家经典 2. 儒家饮食礼仪		
南方丝绸之路	食物原料及生产技术	1. 水稻 2. 盐 3. 茶叶	西南夷地区如滇国、夜郎：主要传入盐、铁制炊餐器具与农具、饮食用漆器、蒟酱； 东南亚如交趾、堂明、邑卢没国、谌离国、掸国等：主要传入水稻、盐、饮食用青铜器、铁制炊餐器具与农具、饮食用陶器、蒟酱、粽子等糯米食品； 南亚如身毒等：主要传入茶叶、铁制炊餐器具与农具、饮食用陶器	商人、移民、僧人、使节等
	饮食器具及其制作技术	1. 饮食用青铜器 2. 铁制炊餐器具与农具 3. 饮食用陶器 4. 饮食用漆器		
	饮食品及其制作技术	1. 蒟酱 2. 粽子等糯米食品		
	饮食习俗、典籍、礼仪及思想			

备注：主要资料来源情况：

北方丝绸之路：司马迁《史记》，班固《汉书》，陈寿《三国志》，玄奘《大唐西域记》，甘肃省文物考古研究所《居延新简释粹》，方豪《中西交通史》，王介南《中外文化交流史》，中外关系史学会

《中外关系史译丛》（第1辑），杨建新、卢苇《丝绸之路》，[日]石田斡之助《中西文化之交流》，[法]阿里·玛扎海里《丝绸之路中国—波斯文化交流史》，[美]劳费尔《中国伊朗编》《丝绸之路考古研究》，[美]赫西《桃、李、杏、樱桃的育种进展》《大英百科全书》，[法]葛乐耐《驶向撒马尔罕的金色旅程》等著述；新疆、中亚等地的考古遗址发掘成果：哈密地区古堡五墓地出土3000年粟；尼雅遗址发现的粟类碳化物；沙雅南、轮台南、罗布泊北和吐鲁番等地均发现了汉代水渠遗址；拜城县柯尔克孜千佛洞中出现的"二牛抬杠"耕作图；阿富汗喀布尔贝格拉姆遗址出土汉代漆器；吐鲁番、楼兰遗址、尼雅遗址发现筷箸，吐鲁番文书中记载甑、高昌人饮食品种。

　　海上丝绸之路：班固《汉书》，范晔《后汉书》，陈寿《三国志》，郦道元《水经注》，杨孚《异物志》，沈约《宋书》等；[日]坂本太郎等《日本书纪》《续日本纪》，[高丽]金富轼《三国史记》，[朝鲜]韩百谦《箕田考》，张建世编译《日本学者对绳纹时代从中国传去农作物的追溯》，[日]赤泽建《日本的水稻栽培》，[日]西本丰弘《论弥生时代的家猪》，[日]木宫泰彦《日中文化交流史》等著述；日本列岛、朝鲜半岛的遗址考古发掘成果，东南亚、南亚等地的遗址考古发掘成果。

　　南方丝绸之路：郦道元《水经》，常璩《华阳国志》，李石《续博物志》，司马迁《史记》，童恩正《试谈古代四川与东南亚文明的关系》，季羡林《中印文化交流史》，江玉祥《古代西南丝绸之路研究》（第1辑、第2辑），蓝勇《南方丝绸之路》，申旭《中国西南对外关系史研究》，张莉红《在闭塞中崛起——两千年来西南对外开放与经济、社会变迁蠡测》，段渝《西南早期对外交通与南方丝绸之路》，越南东山文化考古遗迹等。

二、隋唐时期

　　隋唐时期，3条丝路上的华夏饮食文明对外传播都有不同程度的发展乃至兴盛，其中，西北丝路上华夏饮食文明对外传播达到了鼎盛期，而海上丝路和南方丝路上华夏饮食文明对外传播都进入了发展期。

　　公元581年，杨坚建立隋朝，结束了自汉末至南北朝四百余年的分裂和战乱，开启了强盛隋唐帝国的序幕，这一时期也成为各条丝绸之路大发展的时期，丝绸之路因贸易频繁而多有新道开辟，其涵盖内容得到了充分体现。从公元7世纪到公元9世纪的300多年间是西北丝绸之路史上最繁荣兴盛的时期，沿线政治和社会较为稳定、各方管理有效，贸易往来、文化交流空前兴盛，华夏饮食文明西传内容丰富，波斯、中亚昭武九姓各国作为此条丝路的贸易中间商发挥着巨大作用，但在9—10世纪，由于沿线战乱割据等原因，西北丝绸之路贸易时通时断，华夏饮食文明对外传播有所减少。而此时，随着中国经济重心的南移，南北大运河的疏浚推动了长江、黄河两大经济区域的连通，沿海经济不断繁荣，加之中央政府采取开放的对外政策、航海造船技术的进步以及频繁的宗教等文化交流，海上丝绸之路不断延伸、扩展，文化交流、经济贸易在东海航线上较为频繁、在南海航线上也日益增多，海上丝绸之路上的华夏饮食文明对外传播得到较大发展。在南方丝绸之路上，由于沿线政治、社会较为稳定，经济得到发展，多条线路得到进一步拓展和疏通，仅从四川通往云南的道路就达 10 余条，与缅甸、印度等的商业活动也较为活跃，华夏饮食文明对外传播也随着发展。从总体来看，在隋唐时期，中国对外交流在继续依靠陆上交通的基础上，海上交流的活动范围及规模则因造船及航海技术等的提升而逐渐扩大，由此，3 条丝绸之路上的华夏饮食文明对外传播在传播者、传播内容以及传播区域等方面也具有不同特点。

（一）传播者与传播途径

隋唐时期，西北丝路上担当主力的传播者发生了变化，来往商旅、屯田移民的作用越发突显，官员、外交使节的作用相对弱化。海上丝绸之路上的传播者主要有商人、僧人、移民、使节、旅行家、留学生等，构成都十分多元。其中，在东亚区域，使节、僧人起到了关键传播作用；在东南亚等地区，中外商人的作用逐渐突显。南方丝路上，传播群体不断扩大、类型多样，主要有商人、使节、移民、僧人等。概括来说，贸易传播、移民传播、贡使传播乃至伴随着宗教交流而进行的传播是隋唐时期 3 条丝绸之路上华夏饮食文明传播最主要途径。

在西北丝绸之路上，其传播者与传播途径主要有两类：一是来自波斯、粟特等中亚和西亚商旅的贸易传播。唐朝时，中国创造的高度物质文明和精神文明吸引着各国的商人、政治家、艺术家等各类人物，同时开放政策又将中外经济文化交流推向高潮，西北丝路贸易由此进入黄金时期。据《全唐文·讨高昌诏》记载："自伊吾以西，波斯以东，商旅相继，职贡不绝。"这一时期，不仅中外商人往来不断，还有大量外商长期居留中国，尤其是波斯商非常活跃，他们遍布长安、洛阳、广州、扬州等大城市，甚至在一些中小城市都有踪迹。开元初年，睢阳（今河南商丘）有位波斯商人自称"我本王贵种也，商贩于此，已愈二十年"。中原地区精致的饮食器具、极具华夏特色的食材原料与饮食品种纷纷经由商旅传入中亚、西亚的广大地区。二是来自西北边陲驻军、迁徙屯田之人的移民传播。士兵长驻防地，允许携带家口，并出现专门从事屯田的军队，某些军屯已具有移民性质。这些军人的家属自然也成为边地移民的一部分。由于汉族移民的开垦，唐朝中叶时包括河西走廊在内的陇右道已成为以农业为主的富庶地区。龟兹是安西节度使驻地和主要屯兵地、屯田地，有较多汉人。在龟兹附近的库木土拉石窟中，半数以上壁画具有中原汉族风格。这些汉族移民将大量的农业生产技术、饮食品种、饮食思想等带到丝路沿线各居住地，是华夏饮食文明传播的一支重要力量。

在海上丝绸之路，东海航线与南海航线上的传播者与传播途径有所不同。东海航线上，使节（遣隋使、遣唐使）、留学生、僧侣、商人、移民等成为当时东亚区域华夏饮食文明传播的重要群体。其中，由于日本和朝鲜半岛与隋唐王朝的交流充满了官方色彩，遣隋使、遣唐使以及随使团而行的留学生、僧侣往来在饮食文明传播上发挥着极其重要的作用。如唐朝日本派出遣唐使 10 余次，有的使团规模十分庞大。到中国学习的日本留学生还把中国岁时食俗带回了本国，如元旦饮屠苏酒，正月初七吃七种菜，三月上旬摆曲水宴，五月初五饮菖蒲酒，九月初九饮菊花酒等。其中，端午节粽子引入日本后，日本人又根据自己的饮食习惯做了改进，发展出若干品种，如道喜粽、饴粽、葛粽、朝比奈粽等。公元 8 世纪中叶，唐朝高僧鉴真一行历经艰险、东渡日本，带去了许多中国食品及制作技艺。在南海航线上，随着其道路从东南亚延伸至印度洋乃至红海沿岸，商人、僧侣以及旅行家成为传播着华夏饮食文明的群体，尤其是商人海上贸易发展更直接推动了食物原料、饮食器具等的传播。为了管理海外贸易事务，唐朝就在广州专门设立了"市舶使"，这是中国历史上首次设立的专门管理市舶的职官和机构，反映了当时对海外贸易的重视，也体现了当时海上贸易的繁荣。商人群体的构成较为多样，有中国人，也有阿拉伯人、波斯人、印度人等，他们通过"广州通海夷道"，把茶叶、瓷器、铜器、铁器等承载着华夏饮食文明的商品源源不断地输入东南亚、南亚乃至阿拉伯地区。除商人之外，越来越多国家的旅行家、僧侣、贡使等开始到唐朝游历、传教，有意无意间开始记述、传播着华夏饮食文明。如阿拉伯旅行家苏莱曼的《苏莱曼东游记》将在唐朝所见所闻记录下来，传回自己的国家，使更多国家能够更加生动清晰地了解中国的总体情况。其中，唐朝饮食习俗也跟随这些人的书籍、文字在丝路沿线各国传播。

在南方丝绸之路上，其传播者与传播途径主要有两类：首先是商人的贸易传播。此时，文献明确记载，云南已有长途贩运商人的出现，民间贸易往来占有一定比重。南诏越赕平原商人往返于高黎贡山、寻传及骠国间经商。《蛮书》载："河赕贾客在寻传羁离未还者，为之谣曰：'冬时欲归来，高黎贡山雪。秋夏欲归来，无那穹赕热。春时欲归来，平中络赂绝。'"① 河赕，指唐朝西洱河地区，"河赕贾客"就是当时不畏艰险、远赴骠国、天竺去经商贸易的大理商人；寻传即今缅甸伊洛瓦底江东岸之打罗。从这首歌谣可以看出当时从云南长途贩运、往来滇缅印间的商人从事商贸活动的艰辛。其次，向南迁徙者的移民传播。在这一时期，文献中已明确记载出现了因为贸易而留居他国的华侨。如大理一带的商人已大量在边境进行贸易，已有羁离未还者。这些"羁离未还者"是史籍上首次有明确记载从陆路前往并流寓缅甸的云南籍中国人。一般说来，"从有对外贸易始，就有因贸易而'住蕃的华侨'"② 中国人流寓缅甸，应该开始于缅中贸易的开始。据《蛮书》的记载，唐朝开始出现通过陆路寓缅未还的中国人（陆路华侨、上缅甸华侨）。这些通过南方丝绸之路寓缅未还的中国人，带去了华夏饮食原料、生产技术和饮食风俗，在华夏饮食文明对外传播中的具有十分重要的作用。最后，使节传播。如前所述，朝贡贸易中，地方政权不仅从唐朝中央政府获得了大量的纺织品、瓷器等统治阶层需求的奢侈品，更为重要的是，通过朝贡途中的长时间旅程，获得了沿途地方官员的热情款待，唐朝皇帝也亲自设宴款待，使他们通过宴饮形式了解了华夏饮食习俗，尤其是上层阶级的宴饮习俗、宴饮品种，为其回国后进行传播奠定了基础。

（二）传播内容

隋唐时期，西北丝绸之路的兴盛和海上丝绸之路、南方丝绸之路的发展使得华夏饮食文明传播的内容进一步多元、丰富，涉及食物原料及其生产技术、饮食器具及其制作技术、饮食品及其制作技术、饮食典籍与礼俗等。其中，食物原料、饮食器具的传播依然是隋唐时期最为主要的传播内容，与先秦汉魏南北朝时期相比，除了粮食作物外，多种蔬菜、水果以及茶、调味品都得到了较多、较为广泛的传播。在饮食器具方面，以唐朝瓷器代表的饮食器具被传播到更为广泛的区域。而饮食品及其制作技术、饮食典籍与习俗、礼仪等的传播则对日本的影响最为深远。

在西北丝绸之路上，食物原料及其生产技术的传播内容更为丰富，主要包括 4 个方面：一是河西、高昌移民屯田与稻作在西域多地的传播。伴随着河西

---

① 向达校注：《蛮书校注》卷 2，中华书局 1962 年版，第 41 页。
② 吴凤斌：《东南亚华侨通史》，福建人民出版社 1994 年版，第 9 页。

和高昌地区驻军与移民的增加，稻作在西北丝绸之路沿线继续发展。敦煌、高昌地区水利事业的蓬勃发展，为当地农垦种植奠定了良好基础，也为栽培水稻创造了必备的条件。二是波斯商队的丝路贸易与生姜等调味料的传播。生姜是很早就通过丝绸之路向中亚、西亚各国输出的商品之一，跟随西北丝路的传播，西亚、欧洲各国开始较为广泛地使用生姜。三是粟特人等中亚民族的贸易活动与茶叶的西传。从茶叶向外传播的时间来看，通过西北丝绸之路，西亚和阿拉伯国家得到茶叶的时间最迟应在唐朝中晚期，而最重要和最可能的是粟特人进行贸易所为。四是安西都护府的设立与唐朝的和亲政策，也促进了食物原料及生产技术的西传。在饮食器具方面，呼罗珊大道的商贸活动带来了大量饮食器具的传播。由于阿拉伯帝国雄踞西亚和中亚广大地区，其境内的东西交通畅通无阻，著名的呼罗珊大道横贯其中，中国的瓷器便沿着西北丝绸之路、经由呼罗珊大道传入阿拉伯等地。在饮食品及制作技术方面，借助于唐设置西州后的中原移民，部分面食品种和制作技艺传入西域，如饺子、各类花色面点等。

对于海上丝绸之路而言，此时的传播内容更为多元，既涉及食物原料、饮食器具、饮食品及其制作技术，也涉及饮食典籍、饮食制度、饮食礼仪与习俗等。其中，东海航线上的食物原料传播类别多、品种丰，不仅涉及粮食和豆类如荞麦、玉米、豌豆、豇豆、蚕豆等，水果、蔬菜如杏、梅、橘、银杏、枇杷、葡萄、肉桂、枣、石榴、苹果、柿、土梨、甘蔗及胡萝卜、莴苣、慈姑、芜菁、茄子、栗等，调味料有胡椒、酱、醋、砂糖、石蜜、蔗糖等，还有茶叶及种茶制茶技术。其中，最早由学问僧最澄、空海、永忠将茶叶、茶种及其制茶、饮茶技艺传入日本，产生了重要影响。相对于东亚地区的朝鲜半岛和日本来说，食物原料沿海上丝路在东南亚、南亚等地传播并不显著。在饮食器具上，瓷器也随着商船不仅传播到了朝鲜半岛、日本，还大量传播到东南亚、南亚、阿拉伯地区甚至北非，给当地民众带去了华夏饮食文明的魅力，这也被当前沿海上丝路多国考古发现所证明。如唐朝瓷器大量输往马来半岛、马来群岛、菲律宾群岛等地。在马来西亚，吉打的江湾（古称卡塔哈）出土了唐绿釉瓷器，在柔佛河流域古遗址中也发现了唐青瓷残片，彭亨州的哥拉立卑附近则发掘出了唐四耳青瓷樽。[1] 印度尼西亚也多有唐朝瓷器被发现，在玛朗南郊和爪哇的遗址和墓葬中，都曾发现长沙窑的褐斑螭柄执壶以及类似器物。南苏拉

---

[1]　韩槐准：《南洋遗留的中国古外销陶瓷》，新加坡青年书局 1960 年版，第 4—6 页。

威西出土了唐凤头清水壶。① 在饮食品及其制作技术上，传播最多、影响最为深刻的当属日本。如豆腐及制作技术、饭粥米面食品及制作技术、腌腊及许多果蔬类菜肴制作技术都是在这一时期传至当地并发扬光大。日本人将从唐朝传入的点心称为唐菓子，并依样仿造，在当时日本市场上能够买到的唐菓子就有20余种。在饮食典籍与礼俗、思想传播上，日本受影响最为显著。如以吉备真备为代表的留学生和遣唐使从唐朝带回众多的典籍包括饮食典籍，并通过教育教学对唐朝及以前的中国饮食礼仪、习俗与思想在日本进行传播和推广，对日本人饮食生活和日本文明进程都具有重大意义。

对于南方丝绸之路而言，通过商人的贸易往来、官方使节的朝贡贸易和各类型的移民活动，华夏饮食文明向东南亚、南亚各国进行传播，其传播内容主要包括食物原料、饮食器具、饮食风俗3个方面。其中，云南地区的南诏是南方丝绸之路上华夏饮食文明对外传播的重要中介和节点。第一，在食物原料方面，盐扮演了重要角色。唐朝时蜀地的井盐生产技术南传到云南地区的南诏国，南诏采用此技术生产出大量食盐、使其成为南方丝绸之路上的主要贸易品并进一步传播至缅甸等地区。同时，部分从中原等地迁徙到南诏的移民带来了先进的种植水稻等食物原料及生产技术，到南诏学习缅人、越南人又将其传入缅甸等东南亚地区，在一定程度上促进了当地食物原料生产水平的提高；第二，在饮食器具方面，最突出的是邛窑瓷器包括饮食用瓷器，通过民间商人的重重转输贸易和官方朝贡贸易往来沿着南方丝绸之路不断地向南传播至东南亚、南亚等地，并且此时的邛窑已有专门生产的"外销瓷"；第三，在礼俗与思想方面，不仅有南诏子弟入唐学习后向南传播儒家饮食思想及礼仪，而且东南亚的一些国家派遣使节入唐朝贡、看到和体验唐朝的礼仪，尤其是宫廷饮食礼仪等。

（三）传播区域

唐朝，先进的文化、技术和繁荣富强的经济社会使其成为世界重要的强国之一，极大地推动了华夏饮食文明的对外传播，传播广度大大超过了前朝，囊括了东亚、东南亚、南亚、中亚、西亚、北非乃至红海沿岸，并已逐渐实现关键节点的基本连通，形成了3条丝绸之路上华夏饮食文明协同传播的总体网络格局。

---

① 　长沙市文化局文物组：《唐代长沙铜官窑址调查》，《考古学报》1980 年第 1 期。

隋唐时期奉行积极的对外开放政策,在西北丝路上,沿线各国大多与中国保持政治、经济和文化的密切联系,使中西交通的干道比以往更加通畅繁荣,中西贸易大为发展,人员往来也更为频繁,除了唐朝派往西域的官吏、戍边军队外,还有不少中原汉人移居西域,华夏饮食文明不仅在中亚诸国广泛传播并产生了重大影响,而且以中亚为重要节点和中转站,传播或辐射至西亚的广阔区域。与此同时,唐朝还与西亚的吐火罗、波斯和大食等国建立了直接的官方联系和贸易往来,也为华夏文明的西向传播创造了条件。在海上丝绸之路方面,随着隋唐时期中国经济重心的南移、造船技术、航海的进步,通过海上丝绸之路进行华夏饮食文明传播的范围较前一时期有所扩大,不再局限于东亚、东南亚,还传播至印度洋沿岸乃至红海沿岸诸国,初步形成了连通亚欧非的海上文化交流与传播通道。其中,东亚地区的日本以及朝鲜半岛,对隋唐时期的饮食文化接受最为全面、系统,受到的影响最大,甚至影响至今。而隋唐时期的南方丝路则限于地理位置、自然环境等原因,继续绵延于中南半岛及南亚次大陆,但是已与海上丝绸之路、西北丝绸之路相互连通,形成传播网络,共同推动丝绸之路上华夏饮食文明的对外传播。

现根据文献资料、出土文物及相关研究等将隋唐时期 3 条丝绸之路上华夏饮食文明对外传播的传播者、传播内容及传播区域进行分类梳理、归纳,制作出以下"隋唐时期 3 条丝绸之路上华夏饮食文明对外传播一览表",呈现和反映明清时期丝绸之路上华夏饮食文明对外传播的特点与规律。

表 4-2　隋唐时期 3 条丝绸之路上华夏饮食文明对外传播一览表

路线	传播类别	主要传播品种	主要传播地区	主要传播者
北方丝绸之路	食物原料及其生产技术	1.稻作 2.生姜 3.梨 4 茶	稻作传入敦煌、高昌等地;生姜入波斯、欧洲;茶传入敦煌、西域羁縻诸州、中亚和西亚;瓷器越葱岭到波斯及两河流域、转阿拉伯半岛,至欧洲;面食制作与装饰技艺传入高昌;饮食思想进入敦煌、高昌,越过葱岭进入中亚与西亚地区	移民商人外交使节

路线	传播类别	主要传播品种	主要传播地区	主要传播者
	饮食器具及其制作技术	1.饮食用瓷器		
	饮食品及其制作技术	1.面食制作与装饰技艺		
	饮食习俗、礼仪及中餐馆	1.药食同源饮食思想 2.岁时节令风俗		
海上丝绸之路	食物原料及其生产技术	1.茶及种茶制茶技术 2.荞麦、玉米、豌豆、豇豆、蚕豆等粮食和豆类 3.杏、梅、橘、银杏、枇杷、葡萄、肉桂、枣、石榴、苹果、柿、土梨、甘蔗及胡萝卜、莴苣、慈姑、芜菁、茄子、栗等果蔬 4.胡椒、酱、醋、砂糖、石蜜、蔗糖等调味品	东亚地区的日本:传入茶及种茶制茶技术,大量传入粮食、豆类、果蔬和调味品;传入饮食用瓷器、筷箸、多种菜点及制作技术以及儒家饮食思想及宴会礼仪等; 东亚地区的朝鲜半岛:主要传入茶及种茶制茶技术、饮食用瓷器和儒家饮食制度与宫廷饮食礼仪; 东南亚地区的林邑、真腊、室利佛逝、诃陵、渤尼等:主要传入饮食用陶瓷器及其制作技术南亚地区的印度东西海岸各古国、师子国等,西亚的波斯:主要传入饮食用陶瓷器及其制作技术; 阿拉伯半岛的大食等国以及北非、东非部分地区:主要传入饮食用陶瓷器及其制作技术	使节、僧侣、留学生、海商、移民、旅行家等
	饮食器具及其制作技术	1.饮食用陶瓷器(白瓷、青瓷等) 2.筷箸等饮食器具		
	饮食品及其制作技术	1.豆腐及制作技术 2.饭粥米面食品及制作技术 3.腌腊及鱼鸟、果蔬类菜点制作技术		
	饮食礼仪与习俗	1.宴会及箸食礼仪 2.儒家饮食制度与宫廷饮食礼仪 3.饮茶与饮酒礼仪习俗		

续表

路线	传播类别	主要传播品种	主要传播地区	主要传播者
南方丝绸之路	食物原料及生产技术	1.盐 2.粮食作物类食物原料	南诏地区：主要传入盐、粮食作物类食物原料、饮食用瓷器、儒家饮食思想及礼仪； 东南亚如交趾、文单、骠国等：主要传入盐、粮食作物类食物原料、饮食用瓷器、唐朝宫廷饮食礼俗； 南亚如天竺诸国等：主要传入饮食用瓷器	商人、使节、移民等
	饮食器具及其制作技术	1.饮食用瓷器		
	饮食品及其制作技术			
	饮食习俗、典籍、礼仪及思想	1.儒家饮食思想及礼仪 2.唐朝宫廷饮食礼俗		

备注：主要资料来源情况：

北方丝绸之路： 魏征《隋书》，李延寿《北史》，玄奘《大唐西域记》，杜环《经行记》，宋祁、欧阳修等《新唐书》，敦煌文书，吐鲁番文书，司马光《资治通鉴》，[阿]伊本·胡尔达兹比赫《道里邦国志》，[法]阿里·玛扎海里《中国波斯文化交流史》，尚衍斌《西域文化》，高启安《唐五代敦煌饮食文化研究》，邱庞同《中国面点史》，荣新江《从撒马尔干到长安：粟特人在中国文化遗迹》，王钺、李兰军《亚欧大陆交流史》，[意]康马泰《唐风吹拂撒马尔罕》等著述；中亚、新疆等地考古遗址发掘成果：撒马尔罕古城大使厅壁画（唐高宗武则天与端午节）、吐鲁番市阿斯塔那墓葬发掘出土文物、敦煌出土《新修本草》和孟诜的《食疗本草》的唐代抄本。

海上丝绸之路： 魏征《隋书》、刘昫《旧唐书》、欧阳修等《新唐书》、樊绰《蛮书》、义净《南海寄归内法传》和《大唐西域求法高僧传》、苏莱曼《苏莱曼东游记》，以及[高丽]金富轼《三国史记》、[新罗]崔致远《桂苑笔耕录》、[日]藤原绪嗣等《日本后纪》、[日]真人元开《唐大和上东征传》、[日]丹波康赖《医心方》、[日]源顺《倭名类聚抄》、[日]杨胡史真身《杨氏汉语抄》、[日]圆仁《入唐求法巡礼行记》、[日]木宫泰彦《日中文化交流史》、[日]田中静一《中国饮食传入日本史》、[日]一色八郎《箸の文化史》、[日]古濑奈津子《遣唐使眼里的中国》、耿鉴庭和耿刘同《鉴真东渡与豆腐传日》等著述；日本奈良等地寺院的茶园遗迹，日本和朝鲜半岛等遗址出土的瓷器考古发掘成果，东南亚、南亚、西亚、东非、北非等地遗址出土的瓷器考古发掘成果和收藏的中国瓷器。

南方丝绸之路： 樊绰《云南志》，刘昫《旧唐书》，宋祁、欧阳修《新唐书》，司马光《资治通鉴》，王溥《唐会要》，杨升庵《南诏野史》，方国瑜《西南历史地理考释》，薛克翘《中印文化交流史》，屈小玲《方丝绸之路沿线古国文明与文明传播》，胡立嘉《南方丝绸之路与"邛窑"的传播》，四川邛窑遗址等。

三、宋元时期

宋元时期，3条丝路上的华夏饮食文明对外传播呈现出明显的不同之处。其中，西北丝绸之路上华夏饮食文明对外传播进入了渐衰至短暂复兴期，海上丝绸之路上的华夏饮食文明对外传播进入兴盛期，而南方丝绸之路上的则处于巩固时期。

在经过五代的多年分裂与纷争后，宋朝建立，成为一个相对统一的王朝，但其北部地区先后为辽、西夏、金所占据，陆路交通受阻，西北丝绸之路贸易和文化交流随之逐渐衰落，原有的国际性很强的陆路丝路贸易受到严重影响，转变为局部性的边境互市贸易；进入元朝，随着钦察汗国、察合台汗国、窝阔台汗国和伊利汗国4大汗国建立以及西方基督教传教士的东来，中西方陆上交通再度畅通和大发展，西北丝绸之路上的中西方贸易与文化交流也较为频繁和广泛，华夏文明包括饮食文明也较多地向西传播。而在海上丝绸之路上，宋朝由于西北丝绸之路的交通阻碍而更加倚重海上交通，加之经济重心的南移、促进海外贸易政策的实施与造船、指南针技术等运用，使海上丝绸之路的贸易往来和文化交流快速发展，进入元朝则继续保持航海事业强盛的发展势头，海上丝路上华夏饮食文明对外传播也有了空前发展、更为广泛和深入。在南方丝路上，宋朝时四川地区经济、社会繁荣和谐，云南地区的大理国与宋王朝有着良好而密切的关系，南方丝绸之路较为通畅；进入元朝，大理国灭亡，元政府在四川和云南分别建立行省、在交通要道上设置驿传，并与缅甸建立官方关系，使得南方丝绸之路更加通畅，加之茶马贸易和民间贸易增多，华夏饮食文明也随着持续向南以至东南亚、南亚等地传播。从总体来看，宋元时期，由于政治、经济、社会、外交和科学技术、交通工具等多重因素综合影响，中国对外交流发生改变，西北丝绸之路上的道路交通、贸易往来、文化交流倚重度让位于海上丝绸之路，而南方丝绸之路则相对平稳，由此，3条丝绸之路上的华夏饮食文明对外传播在传播者、传播内容以及传播区域等方面呈现出不同特点。

（一）传播者与传播途径

宋元时期，海上丝绸之路开始全面超越西北丝绸之路、成为传播的主要通道。在这一时期，丝绸之路上的华夏饮食文明主要传播者与隋唐时期较为相似，构成类别的变化不大，主要包括商人、使节、旅行家、僧侣、移民等。但这一时期商人的作用更加突显，尤其是在海上丝绸之路当中，从事海外贸易的商人在数量、规模、实力上都创下新高。此时，在传播途径上，商贸传播已成为主流，其次为移民传播、宗教传播。

对于海上丝绸之路而言，宋元时期除了与高丽是官方与民间双重交流传播外，与其他国家和地区的交流传播中僧侣、商人和旅行家的地位尤为突出。如宋朝与日本没有建立正式的官方外交关系，但民间交流频繁，华夏饮食文明传入日本与隋唐时期日本官方推动为主的传播方式截然不同，基本上以民间僧侣、商人为主，而且僧侣地位高、是外交使者，其交流兼具半官方与半民间性质，而商人地位低、重在贸易，形成东亚贸易圈、贡献很大。在南海航线上，出现了如宋元时期的蒲寿庚和阿拉伯中间商等为代表的海商，借助庞大的船队和官方背景推进海上贸易，也带动了华夏饮食文明在海上丝路南海航线上的传播，考古发掘成果是明证。如目前在巴基斯坦、马尔代夫、文莱、伊朗、伊拉克、叙利亚、黎巴嫩、阿曼、也门、埃及、苏丹、埃塞俄比亚、索马里、肯尼亚等地均有宋元瓷器出土，并且元瓷的数量和种类都大于宋瓷，其中景德镇窑的白瓷、青白瓷和青花瓷与龙泉窑青瓷是输出到亚非诸国的大宗产品。此外，中外旅行家的游历及其他文字记载也是此时饮食文明传播的重要特点：一方面，西方旅行家将他们在中国所见所闻的包括中国饮食状况在内的内容通过文字传至欧洲、非洲以及阿拉伯地区，间接地传播了华夏饮食文明的部分内容；另一方面，中国旅行家也开始沿海上丝路游历各国，记录了当时中国人在当地贸易、侨居和华夏饮食文明传播情况。

与海上丝路蓬勃兴旺相比，西北丝路上华夏饮食文明的传播则有较大起伏，时断时续。这一时期，西北丝绸之路上华夏饮食文明的传播者和途径主要是移民传播、贸易传播。宋元时期，西北地区经历长期的战乱，不得不西迁的移民在客观上成为华夏饮食文明西传的传播者。尤其是耶律大石率领众人西迁到中亚、建立西辽，以及成吉思汗及其子孙西征、建立元朝及4大汗国，客观上将华夏文明包括饮食文明传入中亚、西亚，并产生一定影响。除了移民，商人及其商贸活动也是当时该路上饮食文明的主要传播者与传播途径。北宋时期华夏饮食文明在西北丝绸之路沿线的传播主体和方式为贸易传播，分为榷场贸易、和市贸易、贡赐贸易3种，茶、酒、面食等众多饮食传播至党项羌人、回鹘人等聚集区。此外，元朝时，欧洲的传教士和商人们也经西北丝绸之路来到中国，其来往书信与著述中也有许多涉及中国人饮食生活的内容，通过相关资料的流传，逐步加深了欧洲对中国饮食文化的了解。这也是华夏饮食文明传播的一种途径。

在南方丝路上，宋元时期朝贡贸易式微，贸易主要形式由贡赐贸易转为茶马贸易和民间贸易[①]，尤其是宋代茶马贸易的发展更提升了华夏饮食文明的对外传播规模和影响力。在茶马贸易中，主要是以茶易马，宋王朝主要输出茶和绢，输入战马、珍禽异兽及制品等。在茶马贸易同时，各少数民族与宋朝商人交易往往私下以马易盐、米、文书等，扩大了民间贸易。民间贸易的发展，使贸易发展到一个新水平，会促使国际性贸易的发展。南方丝绸之路上茶马贸易、民间贸易并重，有关国计民生中的盐、米以及文化用品也交易较多，贸易水平较高，规模更大。因此，从华夏饮食文明传播的角度来看，茶马贸易成为南方丝绸之路主要贸易形式是很大的进步，不仅促进了民间贸易的发展，更有利于华夏饮食文明全方位的对外传播。除了商品贸易传播外，南方丝绸之路华夏饮食文明的传播者和传播途径还有通过人口迁移进行的移民传播。

（二）传播内容

宋元时期，丝绸之路上华夏饮食文明传播内容相对隋唐时期更为丰富，尤其是海上丝绸之路，成为3条丝路中传播数量和种类最多的路线。南方丝路在茶马贸易和民间贸易带动下，茶的传播占比较大。在西北丝路当中，饮食思想、礼仪、典籍、习俗通过商人、旅行家等人的文字记述开始被传至欧洲。

在西北丝路上，华夏饮食文明传播内容较为丰富。首先是食物原料，主要是北宋中原王朝与党项羌人的政治经济交往与食物原料及生产技术传播。公元11世纪初，西夏占领了河西走廊后，全面控制了西北丝绸之路在其境内的路段，各类先进的中原农耕技术、农具传入，茶马贸易兴盛，推动了茶文化在西北地区民族中的传播，茶叶成为其日常生活中的必需品。其次是饮食器具，主要是回回商人的贸易活动与瓷器类饮食器具传播。来往于丝绸之路东西沿线的回回商人从事着国际性贸易，将中亚、西北亚及欧洲的香料、珠宝、药材等运至中国，换取中国是丝绸、瓷器、麝香、大黄及沿途土特产向西贩卖。四大汗国建立后，其中的伊利亚汗国的陆路瓷

---

① 蓝勇：《南方丝绸之路》，重庆大学出版社1992年版，第101—102页。

器贸易十分兴盛，中国瓷器经过中亚、西亚，再传入欧洲。波斯在这个环节中也起到媒介作用，中国瓷器的传入使波斯陶瓷兴起和发展。第三是饮食品种，借助于马可·波罗等人的游记，向欧洲与世界展示了光彩夺目的华夏饮食文明，包括线面与挂面及制作工艺、粮食酿造酒的传播等，书中描绘的部分中国食物也被欧洲人接受，并在其后漫长的时期里逐渐在西方饮食生活中扮演着越来越重要的角色。第四是饮食典籍、礼仪与思想的传播。如《马可波罗行纪》中对元朝宫廷饮食礼仪与思想的记录与传播等；忽思慧《饮膳正要》等食经和养生典籍等在四大汗国的传播，使得中国饮食养生思想得以向西传播。

在海上丝绸之路上，华夏饮食文明的传播内容已全面且丰富，不仅包括粮食作物、蔬菜作物、水果作物、调味品，还包括各种餐饮器具、饮食品及其制作技术、饮食习俗礼仪等。如食物原料方面，有茶及种茶制茶技术，稻、麦等粮食作物，荔枝等水果，姜、糖等调味品；餐饮器具方面，有饮食用瓷器（青白瓷、青瓷、黑釉瓷等）、漆器及制作技术，铁锅、筷箸等烹饪、进餐工具等；饮食品方面，有面条、馒头及面食品，饭粥及蔬菜类素食及其制作技术，鱼鲜、肉类菜肴及其制作技术；饮食礼俗方面，有饮茶与饮酒礼仪习俗，儒家饮食思想等。在海上丝绸之路东海航线上，最具代表性的传播内容当属饮食成品和饮食习俗在日本的传播。如日本通过僧侣、学者、官员往来和学校教育等对宋朝茶文化及儒家饮食礼俗的学习吸收、借鉴和创新发展取得突出成效，影响深远。此外，宋元时期，由于各种原因往来于宋日间的普通人迫于生计而制作、出售饮食品，也传播了华夏饮食文明。其中，影响最大、知名度极高的是元朝浙江人林净因将中国的馒头制作技术传播至日本，并在后世发扬光大，被尊为"日本馒头始祖"。在南海航线上，各种炊餐器具成为传播内容的主流，尤其是铜铁质炊具的传播说明当时中国在烹饪工具的制造和使用上具有领先优势，对海外诸国产生了深远影响。如航海家汪大渊就将所见所闻记录成书，成为当今了解海上丝路沿线国家情况的重要史料，其中就记载了炊餐器具包括铁锅、铜鼎和瓷质餐具等在亚非地区的传播情况。

在南方丝绸之路上，宋元时期华夏饮食文明的对外传播内容包括食物原料、餐饮器具、饮食典籍与礼俗3个方面。第一，食物原料方面。随着人口迁移、往来和茶马贸易，水稻、茶叶、盐、其他土特产品等食物原料及生产技术在越南、缅甸和印度等东南亚、南亚地区的传播。如公元 13 世纪早期，纠康发率领阿豪马人（泰掸族一支）迁移到阿萨姆，将所学的华夏水稻种植及其他先进农耕技术传到印度的阿萨姆地区，有效地促进了当地农业生产的发展。第二，饮食器具方面。主要通过商人民间贸易及人员往来，以邛窑瓷器为代表的大批瓷器和漆器及制作技术传播到缅甸等地，丰富了当地人民的物质文化生活。第三，饮食典籍与礼俗方面。主要包括汉文典籍及饮食养生思想、民间信仰等在越南、缅甸、泰国等东南亚地区的传播。尤其是泰—傣人曾在中国境内居住、受华夏文明影响，后向南迁徙，将华夏文明包括华夏饮食习俗、民间信仰等传播到所在地，产生了深远影响。

（三）传播区域

相较于隋唐时期，宋元时期华夏饮食文明的对外传播区域并没有太大变化，在保持原有传播区域的基础上，在传播深度上有了进一步增强，为明清时期丝绸之路上华夏饮食文明对外传播网络的进一步完善打下了基础。

在西北丝路上，尽管受到战乱等影响，华夏饮食文明依然传播至中亚、西亚甚至欧洲，在传播的广度尤其是元朝在地域、人口的覆盖面上达到空前程度，但在传播的深度上，华夏饮食文明在沿线传播地区的历史影响却有所减弱。在南方丝路上，华夏饮食文明对外传播区域更加固定，包括中南半岛的缅甸、越南、柬埔寨、老挝等以及延伸至南亚的印度，在传播的内容上较前代更为广泛。在海上丝绸之路上，华夏饮食文明传播区域还是大多集中在东亚、东南亚、南亚以及更为遥远的非洲红海沿岸，也在一定程度上说明当时从中国延伸至红海沿岸的海上丝绸之路南海航线已十分成熟，但是由于交流频率更高，在传播的深度和广度上则进一步加强，特别是元朝在东海航线上的两次东征失利更加强了对南海航线的经营，加强了在南海航线诸国上对元朝饮食文化的传播。

现根据文献资料、出土文物及相关研究，将宋元时期 3 条丝绸之路上华夏饮食文明对外传播的传播者、传播内容及传播区域进行分类梳理、归纳，制作出以下"宋元时期 3 条丝绸之路上华夏饮食文明对外传播一览表"，呈现和反映明清时期丝绸之路上华夏饮食文明对外传播的特点与规律。

表4-3 宋元时期3条丝绸之路上华夏饮食文明对外传播一览表

路线	传播类别	主要传播品种	主要传播地区	主要传播者
北方丝绸之路	食物原料及其生产技术	1.水稻等农作物及耕种技术 2.茶	茶传播至西夏北部的蒙古诸部和其他远藩、西州回鹘； 饮食用瓷器经中原地区沿丝绸之路传播至西亚伊利亚汗国； 米酒、面条、冰激凌传播至古代意大利； 饮食礼仪和典籍在四大汗国的传播，中国食经和多部医学典籍在西亚得到传播	商人、外交使节、旅行家
	饮食器具及其制作技术	1.饮食用瓷器		
	饮食品及其制作技术	1.米酒、面条、冰激凌等食品		
	饮食习俗、礼仪及中餐馆	1.元朝宫廷礼仪 2.《饮膳正要》等食经		
海上丝绸之路	食物原料及其生产技术	1.茶及种茶制茶技术 2.稻、麦等粮食作物 3.荔枝等水果 4.姜、糖等调味品	东亚地区的日本：再传入茶及种茶制茶技术；传入饮食用瓷器及制作技术，大量传入面食品、饭粥及蔬菜类素食及制作技术和饮茶礼仪等； 东亚地区的朝鲜半岛：传入茶、饮食用瓷器，大量传入面食品、饭粥及鱼肉果蔬类菜肴制作技术和儒家饮食礼仪 东南亚地区的真腊、三佛齐、兰无里、阇婆、渤泥等国：主要传入饮食用瓷器、漆器、铁锅、铜鼎、筷箸等炊餐器具；传入稻麦蔬果等食物原料及各种农业技术；传入饮酒等习俗； 南亚地区的注辇、南毗等国：主要传入饮食用瓷器、铁锅等炊餐器具； 西亚的大食等；东非、北非地区的勿斯里、默伽腊等古国及地中海沿岸国家：主要传入饮食用瓷器等	僧侣、海商、移民、旅行家等
	饮食器具及其制作技术	1.饮食用瓷器（青白瓷、青瓷、黑釉瓷等）及制作技术 2.漆器（漆盘等） 3.铁锅、铜鼎 4.筷箸等饮食器具		
	饮食品及其制作技术	1.面条、馒头及面食品 2.饭粥及蔬菜类素食及其制作技术 3.鱼鲜、肉类菜肴及其制作技术		
	饮食礼仪与习俗	1.饮茶与饮酒礼仪习俗 2.儒家饮食礼仪		

续表

路线	传播类别	主要传播品种	主要传播地区	主要传播者
南方丝绸之路	食物原料及生产技术	1. 水稻及其他粮食类原料 2. 蔬菜水果类原料 3. 茶叶 4. 盐及其他	大理地区：主要传入茶叶，盐及其他，瓷器，漆器，汉文典籍与饮食礼仪、习俗及思想； 东南亚如越南、真腊、八百媳妇国、缅甸等国：主要传入水稻及其他粮食类原料，蔬菜水果类原料，茶叶，漆器，汉文典籍与饮食礼仪、习俗及思想，饮食民间信仰； 南亚如天竺诸国等：主要传入水稻及其他粮食类原料，茶叶，饮食用瓷器	商人、使节、移民等
	饮食器具及其制作技术	1. 饮食用瓷器 2. 饮食用漆器		
	饮食品及其制作技术			
	饮食习俗、典籍、礼仪及思想	1. 汉文典籍与饮食礼仪、习俗及思想 2. 饮食民间信仰		

备注：主要资料来源情况：

北方丝绸之路：薛居正《宋史》、叶隆礼《契丹国志》、西夏文字典《文海》、宋濂等《元史》、[意]马可·波罗《马可波罗行纪》、忽思慧《饮膳正要》、贾思勰《齐民要术》、李志常《长春真人西游记》、张广达《西域史地丛稿初编》、白滨《西夏通史》、纪宗安《西辽史论·耶律大石研究》、李汶忠《中国蒙古族科学技术史》、[日]三上次男《陶瓷之路——东西文明接触点的探索》等著述；新疆、中亚考古发掘成果：新疆发现北宋钱币、内沙布尔古城发现宋代瓷器、马什哈德的博物馆中陈列着大量的元代瓷器。

海上丝绸之路：朱彧《萍洲可谈》，周去非《岭外代答》，赵汝适《诸蕃志》，脱脱等《宋史》，范质等《宋会要》，徐兢《宣和奉使高丽图经》，周达观《真腊风土记》，汪大渊《岛夷志略》，宋濂等《元史》，[意]马可·波罗《马可波罗行纪》，伊本·白图泰《伊本·白图泰游记》，马素提《黄金牧地》，以及[朝鲜]郑麟趾等《高丽史》，[高丽]佚名《老乞大》，[高丽]佚名《朴通事》，[韩]金英美《韩国国立中央博物馆藏高丽遗址出土中国瓷器》，[韩]李旭正《面条之路——传承三千年的奇妙饮食》，[日]荣西《吃茶养生记》，[日]圣同上人《禅林小歌》，[日]玄惠法印等《庭训往来》，[日]道元《永平清规》，[日] 森鹿三《中国茶传入日本》，[日] 木宫泰彦《日中文化交流史》，[日] 楢崎彰一《日本出土的宋元陶瓷和日本陶瓷》，[日] 森村建一《濑户美浓窑对福建陶瓷的模仿和中日禅僧》，[日] 田中静一《中国饮食传入日本史》，[日] 原田信男《日本料理的社会史》，[日] 川岛英子《林净因来日的由来及子孙盐濑家之概历》和杨昭全、何彤梅《中国—朝鲜·韩国关系史》，王辑五《中国日本交通史》，欧阳希君等《欧阳希君古陶瓷探究文集》法缘《南宋求法日僧圆尔辩圆——对日本佛教文化的贡献与影响》，徐静波《日本饮食文化：历史与现实》等著述；日本、朝鲜半岛遗址出土的瓷器考古发掘成果和收藏的中国瓷器，东南亚、南亚、西亚、东非、北非等地遗址出土的瓷器考古发掘成果和收藏的中国瓷器。

南方丝绸之路：徐松《宋会要辑稿》，宋濂《元史》，周去非《岭外代答》，郭松年《大理行记》，达仓宗巴·班觉桑布《汉藏史集——贤者喜乐赡部洲明鉴》，刘雨茂、苏奎、刘守强《邛崃市平乐镇古道遗址调查与试掘简报》，王介南《中国与东南亚文化交流志》，吴兴南《云南对外贸易史》，谢远章《泰—傣古文化的华夏影响及其意义》，邛崃市平乐镇古道遗址、印度部分遗址等。

四、明清时期

明清时期是中国封建社会晚期和重大转折时期，由于丝绸之路的政治格局和贸易、文化交流的性质发生极大改变，各条丝路上的华夏饮食文明对外传播虽有不同程度的发展，但基本上都进入衰落轨迹。其中，西北丝绸之路上华夏饮食文明对外传播进入了日渐衰落期，海上丝绸之路、南方丝绸之路的华夏饮食文明对外传播都进入由盛转衰期。

这一时期，随着大航海时代的来临，中西方贸易和文化交流更多地倚重于海上丝绸之路。此时，中国已开始萌芽新的资本主义生产关系，但封建王朝仍不断强化中央集权与专制，不同程度地实行海禁、甚至闭关锁国的政策，限制和阻碍对外贸易的发展，使得中国在对外贸易方面处于劣势地位，而欧洲人却在地理大发现后得到政府支持，通过海上航线积极扩张、到亚非拉美等地区建立殖民地，掌握海上贸易的主动权、占据主导地位，由此，海上丝绸之路的华夏饮食文明对外传播也逐渐由盛转衰。在西北丝绸之路上，沿线许多地区和国家战争连绵、社会长期动荡、经济发展缓慢甚至停滞，加之交通工具基本没有改善等原因，西北丝绸之路十分不畅，沿线的贸易往来和文化交流逐渐衰退，即使清朝中期在西北丝绸之路的南北大道上出现了两大贸易与文化交流的中心，但其贸易也兼具国际性和内陆封闭性，此后则更加走向衰落，沿此条丝路的华夏饮食文明对外传播也日益衰落。在南方丝绸之路上，明朝及清朝鸦片战争以前，随着政府管理制度的加强和休养生息、大规模移民屯田等政策的实施，西南地区经济发展较快、生产力水平不断提高，南方丝绸之路较为畅通，华夏饮食文明向南传播较为兴盛，但清朝后期，中国沦为半殖民地半封建社会，南方丝绸之路的主导权逐渐由沿线平等互惠的各国转移至西方列强之手，华夏饮食文明向南传播也出现转折并逐渐衰落。总的来说，明清时期，丝绸之路的发展与华夏饮食文明对外传播深受世界格局和中国国力变化等因素的影响，虽然继续传播到亚洲、非洲、欧洲乃至美洲，但是由于政治格局和贸易、文化交流性质的极大改变，各条丝路上的华夏饮食文明对外传播先后不同程度地走向衰落。

（一）传播者与传播途径

明清时期，海上丝绸之路已经是华夏饮食文明对外传播的最重要通道。与其他两条丝绸之路相比，海上丝绸之路上的华夏饮食文明在对外传播载体上更加多元，传播规模上也前所未有。这一时期，除了以郑和下西洋为代表、有官方背景的传播群体外，还包括传教士、华人华侨移民、商人、留学生、旅行家等。而在西北丝路和南方丝路上，商人和移民的传播作用更为突出。此时，丝绸之路上华夏饮食文明的对外传播途径更为多元，其中，最为重要的是移民传播、商贸传播、宗教传播。

在海上丝绸之路上，华夏饮食文明对外传播的传播者和传播途径最为显著的是传教士、商人和华人华侨移民的传播影响，即宗教传播、贸易传播和移民传播。16世纪中叶以后，西方文化以传教士为媒介相继进入中国，此后直至清朝灭亡的20世纪前期，极大地影响了中国的社会政治和生活。传教士们在中国长期生活，直接了解和体验华夏饮食文明，同时将自身的饮食生活习惯、观念、知识等展示给中国，回国后又直接将所见所闻的华夏饮食文明传播至所在国。此外，商贸传播也不容小觑。如荷兰、英国等国组建的东印度公司对中国茶叶、瓷器贸易，也向西方国家极大地传播了华夏饮食文明。移民传播，在明清之前既已有之，但是到明清时则更为突出。此时，移民涉及范围更广、规模十分庞大，尤其是清中叶后，基于各种原因，中国人舍生历险、远涉重洋到异国他乡、形成了星布世界的格局。许多国家或多或少出现的"唐人街""中华街"正是华人华侨社会性聚居的写实反映，其间基本都创办了中餐馆。他们在新的生息地保持着故土文化，在展示和传播华夏文明的同时，也在不断接受、渗入当地的主体文化。正是他们的这种传播作用，才使世界更直接、更真切地认识和感受到了华夏饮食文明的独特魅力，才对中餐逐渐产生了较为广泛和积极的认同。

在西北丝绸之路上，华夏饮食文明的传播者和传播途径主要是商人贸易传播和移民传播，并且对中亚、西亚地区产生了长期持续影响：第一，局部性的国际贸易活动直接造就了华夏饮食文明的深度传播。明清时期，陕西、山西等多地商人云集西北边陲，其贸易的主要内容为茶、盐、瓷器、药材、皮毛货等，茶叶通过商人们的多次转运至中亚、西亚各地，并且随着制茶工艺演进、茶品改良丰富，不仅满足了中亚、西亚地区人们对茶的需求，还催生当地产生了丰富各异的茶饮文化，实现了华夏饮食文明的深度传播。第二，因战争而引发的移民成为此时西北丝路华夏饮食文化对外传播的主要力量之一。明清时期，西北回民起义军余部等群体西迁中亚并定居、后来被称为"东干人"，他们在新的居住地传承和弘扬着华夏饮食文明，影响至今。

在南方丝绸之路上，与前代相比，明清时期华夏饮食文明对外传播中，传播者的重要作用特别突出，主要表现在移民传播，尤其以缅甸华人华侨的数量、影响最为重要。此时，沿南方丝绸之路进入缅甸的华人华侨，他们的职业身份逐渐多样化，主要有商人、农民、手工业生产者、服务业经营者、政府人员等，不仅通过饮食类商品的贸易、饮食原料的生产、饮食服务行业的经营等方式在缅甸多途径地传播华夏饮食文明，还通过汉人街、会馆、中餐馆等华夏文明集聚地和华夏饮食文明的集中展示地，全方位、立体地传播了华夏饮食文明丰富的内涵，从而对缅甸的饮食文明产生了深远影响。

（二）传播内容

明清时期，丝绸之路上华夏饮食文明传播的内容更加全面、丰富，其传播程度上也更加深入，特别是中餐馆等前代很少传播的内容也在这一时期开始从无到有、从少到多地传向世界各地；一些华夏饮食品和习俗、礼仪也在许多传播接受地产生了深远影响，并不断发扬光大、延续至今，甚至融合、发展成一些国家和地区的传统。

这一时期，海上丝绸之路传播的内容最为丰富多元，不仅包括饮食原料及种植养殖技术、饮食器具及制作技术、饮食品及其加工技术、饮食典籍与饮食习俗、礼仪，更包括中餐馆。它们沿着海上丝绸之路都得到了更大程度传播，其中一些元素在传播接受地产生了深刻影响。如茶叶种植制作技术及饮茶习俗的传播。明清时期，种茶及制茶技术在东南亚、南亚得到广泛传播，茶叶成为当地重要的出口产品，并延续至今。此时，茶也被传至欧洲，饮茶习俗开始被欧洲人所接受、并在欧洲形成了独特的饮茶习俗，欧洲也成为当今世界上重要的茶叶消费区域。其中，英国红茶习俗就是中国茶被引入后、在当地不断发展而形成的，如今已影响到全世界。又如中餐及制作技术，在这一时期被华人华侨移民、留学生、商人等带至所在国，创办中餐馆，为今天中餐在世界的发展格局打下了基础。在 18 世纪末、19 世纪初的英国，华侨华人海员开始集中在英国伦敦、利物浦、卡英、必列士图等港口，主要经营的业务之一就是中餐馆。在北美洲，19 世纪中后期，华工来到加拿大淘金和修建铁路，不久，就有华人开始经营饭馆；[①] 在美国，中餐发展也始于 19 世纪中期，1855 年时已有华人抵达内华达州，到 1870 年时此地的华人数量已达 3132 人，他们多数在大城镇里经营中餐馆。[②] 中国人注重"民以食为天"，中餐味美可口、品种丰富，制作技术难易兼备，人人会做，因此，经营中国餐馆成为早期华侨华人在异国他乡的主要谋生手段和传统职业。虽然当时的中餐在欧洲、美洲等地发展较为缓慢且并不顺利、影响有限，但依然在当地扎根，成为当地华人华侨的支柱产业之一，同时生动形象地传播了华夏饮食文明，给当地人带去了异域风情。时至今日，中餐已遍布世界，不论规模还是质量水准都跃上了一个新的台阶，成为世界各地了解华夏饮食文明的重要窗口。

在西北丝路上，这一时期，华夏饮食文明主要包括食物原料、饮食器具、饮食品、饮食习俗等内容，都得到了一定传播。如明朝时西北丝绸之路的茶叶贸易依然交往兴盛，茶在中亚、西亚地区被广泛接受，更诞生了以波斯茶文化为代表的西亚茶文化。又如清朝西北回民迁徙中亚，不仅将一些水稻、蔬果等农作物及其种植栽培技术带到当地，还传承弘扬了华夏饮食品及其制作技艺，传播了华夏饮食礼仪包括茶俗、茶礼，由此催生了当地茶礼的形成。

---

① 魏安国等：《从中国到加拿大》，上海社会科学院出版社 1988 年版，第 21 页。

② 徐海荣：《中国饮食史》卷 6，杭州出版社 2014 年版，第 262 页。

此外，在饮食器具方面，明朝中前期，帖木儿王朝与中国有着极为紧密联系，通过贡赐贸易等形式，瓷器被运至帖木儿王朝、成为当地统治者重要的日常饮食器具。

南方丝绸之路上，明清时期华夏饮食文明的对外传播内容也丰富多元，既包括饮食原料及生产技术、餐饮器具及制作技术、饮食品及其加工技术，也包括饮食习俗、礼仪，还有中餐馆。在食物原料方面，类别众多、品种丰富，除了传统的茶叶、食盐以外，蔬果类原料有包心菜、辣椒、蚕豆、油菜、杏、石榴、西红柿等，干藏类原料有云南火腿及其他肉制品、干腌菜、腊腌菜等，还有食糖、蜜饯、杂粮和禽畜等，主要通过中国和缅甸、越南、老挝、印度等的商人特别是云南地区的商人通过南方丝绸之路运到东南亚、南亚一带进行贸易。在餐饮器具方面，通过人员往来和商贸，将云南的青花瓷器及生产技术与鹤庆的铁锅等传播至越南、缅甸等地。在饮食品方面，云南商人将鹤庆、宣威火腿等肉制品传播至缅甸，也有移民将米粉传入越南。在饮食礼俗与中餐馆方面，最典型的是移民入缅，建立"汉人街"及会馆等，创办中餐馆，使这些地方成为华夏饮食风俗的集中展示地和饮食文明对外传播的聚集地，全方位地展示和传播节日食俗、人生礼仪食俗、社交宴会食俗等华夏饮食风俗。

（三）传播区域

随着世界各大洲之间海洋交通的发展，明清时期海上丝绸之路华夏饮食文明对外传播已突破原有丝绸之路的空间范围，并通过部分关键城市、重要节点进一步完善了网络化分布，其传播的区域和范围得到前所未有的拓宽，从传统的亚欧非延伸至美洲、大洋洲等地。

明清时期，海上丝绸之路发展最为明显和突出，传播的区域和范围也得到更大的扩展，并与西方海上贸易活动结合，共同将华夏饮食文明推向了世界各地。究其原因，一方面受益于中国造船技术和航海水平的提高，最典型的是郑和下西洋率领的庞大船队；另一方面也因为西方航海家的地理大发现，西方殖民者、传教士、商人等群体纷纷抱着各种目的来到东方，直接或者间接地将中国饮食介绍传播到了西方，东西方文明之间的交流实现了真正意义上的碰撞和双向互动。饮食文明上的传播与交流也成为这一时期世界文明传播与交流的重要内容。与此同时，西北丝绸之路上华夏饮食文明对外传播的区域在缩小，主要集中在中亚、西亚地区，却具有长期持续性；南方丝绸之路上华夏饮食文明对外传播的区域与之前相比区别不大，依然与中南半岛内陆地区、南亚等地维持着"细水长流"的状态。

现根据文献资料、出土文物及相关研究，将明清时期3条丝绸之路上华夏饮食文明对外传播的传播者、传播内容及传播区域进行分类梳理、归纳，制作出以下"明清时期3条丝绸之路上华夏饮食文明对外传播一览表"，呈现和反映明清时期丝绸之路上华夏饮食文明对外传播的特点与规律。

表4-4　明清时期3条丝绸之路上华夏饮食文明对外传播一览表

路线	传播类别	主要传播品种	主要传播地区	主要传播者
北方丝绸之路	食物原料及其生产技术	1.茶 2.水稻及蔬果栽培技术	茶经甘肃，至新疆，转运传播至波斯、印度西北部和阿拉伯地区； 水稻及蔬果栽培技术，华夏茶礼、食礼，烹制工艺、调味技艺、菜品经由东干人传播至中亚多国； 瓷器经由明朝—帖木儿王朝的贡赐贸易在中亚、西亚的深入传播，喀布尔、撒马尔罕、马什哈德； 内地蒸馏酒技艺在河陇、新疆各地传播，粮食蒸馏酒传入中亚哈萨克诸地； 东干人在中亚各地开设中餐馆，传播华夏饮食文化	商人、移民、外交使节
	饮食器具及其制作技术	1.饮食用瓷器		
	饮食品及其制作技术	1.蒸馏酒技艺 2.菜点的烹制、调味技艺及菜品		
	饮食习俗、礼仪及中餐馆	1.饮茶礼仪 2.进餐礼仪 3.中餐馆		

路线	传播类别	主要传播品种	主要传播地区	主要传播者
海上丝绸之路	食物原料及其生产技术	1.茶及种茶制茶技术 2.水稻、高粱、大豆、绿豆、黑豆、红豆等粮食和豆类 3.龙眼、荔枝、柑橘、葡萄干、凤梨、无花果、石榴、西瓜、槟榔子、甘蔗、佛手柑、橄榄、南枣、椰子、菠萝蜜等果品 4.油菜、茼蒿、山药、蚕豆、葱、茴香、生姜、大白菜、小白菜、芹菜、韭菜、豇豆、扁豆、芡实、花生、冬笋、鹿角菜、紫菜、茴香、藕粉等蔬菜 5.砂糖、白砂糖、棒砂糖、冰砂糖及蔗糖制作技术 6.牛耕、犁耙等农耕技术	东亚地区的日本：大量传入茶和豆类、蔬果与蔗糖及其制作技术；大量传入饭粥、菜肴、点心等各类品种及其制作技术；传入进餐方式，创办中餐馆东亚地区的朝鲜半岛：传入茶和果蔬；大量传入饭粥、菜肴、点心等各类品种及其制作技术；创办中餐馆； 东南亚地区的爪哇、真腊、旧港、暹罗、吉兰丹、满剌加、苏门答腊、渤泥等：主要传入茶和豆类、蔬果与蔗糖及其制作技术；牛耕、犁耙等农耕技术；中餐及烹饪方法、甘蔗酿酒法、花生榨油法；饮食用瓷器、铁锅、筷箸等炊餐器具及其制作技术；中餐进餐方式；食疗养生思想 南亚地区的柯枝、加异勒、古里等：主要传入茶及其制作技术；饮食用瓷器等炊餐器具；饮茶习俗； 阿拉伯半岛的祖法儿、天方等：主要传入饮食用瓷器及其制作技术； 非洲地区的木骨都束、竹步、麻林地等：主要传入饮食用瓷器及其制作技术；	海商、移民、传教士、使节、旅行家、留学生、海员等
	饮食器具及其制作技术	1.饮食用瓷器（青花瓷、青瓷、青白瓷、五彩瓷等） 2.瓷器制作技术 3.铁锅等烹饪器具及其制作技术 4.筷箸等饮食器具		
	饮食品及其制作技术	1.饭粥、菜肴、点心等各类品种及其制作技术 2.甘蔗酿酒法 3.花生榨油法 4.中餐及烹饪方法		
	饮食习俗、礼仪及中餐馆	1.饮茶习俗 2.进餐方式 3.食疗养生思想 4.中餐馆		

续表

路线	传播类别	主要传播品种	主要传播地区	主要传播者
海上丝绸之路			西欧的荷兰、英国、法国等国：主要传入了大豆、柑橘、油菜、大白菜等粮食、豆类、蔬果作物及其种养殖技术；饮茶习俗；中餐及中餐馆；饮食用瓷器及其制作技术	
南方丝绸之路	食物原料及生产技术	1. 盐 2. 茶叶 3. 蔬果、蜜饯及禽畜、杂粮等食物原料	东南亚如越南、老挝、八百媳妇国、暹罗、缅甸等：主要传入盐，茶叶，蔬果、蜜饯及禽畜、杂粮等食物原料，饮食用青花瓷器，云南餐饮器具，云南火腿等肉制品，米粉，中餐馆及中餐厨师，华夏饮食习俗； 南亚如印度等：主要传入盐	商人、移民等
	饮食器具及其制作技术	1. 饮食用青花瓷器 2. 云南餐饮器具		
	饮食品及其制作技术	1. 云南火腿等肉制品 2. 米粉		
	饮食习俗、典籍、礼仪及思想	1. 中餐馆及中餐厨师 2. 华夏饮食习俗		

备注：主要资料来源情况：

北方丝绸之路：张廷玉《明史》，陈诚《西域行程记》《西域番国志》，《清圣祖实录》，《清高宗实录》，椿园《西域闻见录》，和宁《回疆通志》，彭树智《阿富汗史》，阿克巴尔《中国纪行》，杨绍猷、莫俊卿《明代民族史》，王致中、魏丽英《明清西北社会经济史研究》，魏明孔《西北民族贸易研究：以茶马互市为中心》，俞雨森《波斯和中国——帖木儿及其后》，王国杰《东干族形成发展史——中亚陕甘回族移民研究》，丁宏《东干文化研究》等著述；中亚考古：中亚塔石卡拉古城遗址。

海上丝绸之路：马欢《瀛涯胜览》，费信《星槎胜览》，张燮《东西洋考》，巩珍《西洋番国志》，赵翼《簷曝杂记》，黄省曾《西洋朝贡典录》及《明史》《明会典》，黄遵宪《日本国志》等，[波兰]卜弥格《中国植物志》，[意]利玛窦《利玛窦中国札记》，(英国)布赛尔《东南亚的中国人》，[意]乔凡尼·贝利尼《群神宴》，[美]科尔《在菲律宾的中国瓷器》，[美]陈依范《美国华人史》，[葡萄牙]曾德昭《大中国志》，[葡萄牙]安文思《中国新史》，[法]杜赫德《耶稣会士中国书简集》和《荷印大百科全书》，[朝鲜]洪万选《山林经济》，[朝鲜]徐有榘《林园十六志》，[日]中川忠英《清俗纪闻》，[日]奥村繁次郎《实用家庭中国饮食烹饪法》，[日]木宫泰彦《日中文化交流史》，[日]田中静一《中国饮食传入日本史》，[日]大庭脩《江户时代中国典籍流播日本之研究》，[日]篠田统《中国食物史研究》，[日]原田信男《日本料理的社会史》，以及季羡林《蔗糖史》，台湾"中央研究院"历史语言研究所《清季中日韩关系史料》，徐静波《日本饮食文化：历史与现实》，邱庞同《中国菜肴史》，罗晃潮《广东旅日华侨小史》，和杨昭全、孙玉梅《朝鲜华侨史》以及杨昭全、何彤梅《中国—朝鲜·韩国关系史》；东南亚、南亚、西亚、非洲、欧洲等地遗址出土的瓷器考古发掘成果和收藏的中国瓷器。

　　南方丝绸之路：张廷玉等《明史》，阮元《云南通志稿》，赵尔巽等《清史稿》，蒋文中《茶马古道研究》，鲜丽霞、李祖清《缅甸华人语言研究》，《云南文史资料第四十九辑"云南老字号"》，吴凤斌《东南亚华侨通史》，高伟浓《清代华侨在东南亚：跨国迁移、经济开发、社团沿衍与文化传承新探》，赵小平、褚质丽《云南盐文化及其传播》，[英] Winston W R, Four years in Upper Burma。

五、总体规律

　　通过以上论述可见，古代丝绸之路上华夏饮食文明对外传播的总体规律包括 5 个方面：

（一）对外传播历程的阶段性

　　从传播历程来说，中国古代华夏饮食文明传播大致经历了 4 个阶段，并且每个阶段当中不同丝绸之路上的传播发展情况也有差异。第一个阶段是先秦至汉魏南北朝时期。由于这一时期造船及航海技术水平较低，对外交往是以陆路为主。在西北丝路和南方丝路上最早出现了华夏饮食文明的对外传播，海上丝路则相对晚一些。其中，这一时期的西北丝路上华夏饮食文明对外传播已处于形成发展期，尤其是汉朝张骞出使西域以后，中原与西域往来频繁，中外文明得以较多地交流，华夏饮食文明出现了第一次对外传播的高峰。而海上丝路、南方丝路的华夏饮食文明对外传播则基本处于形成期。第二个阶段是在隋唐时期。这一时期是中国古代经济社会最为发达的阶段之一，中国不仅以广阔的胸襟积极吸纳海外文化，也通过丝绸之路将华夏饮食文明传播到其他国家和地区，带来了华夏饮食文明对外传播的大发展。此时，3 条丝路上都较为兴盛，特别是西北丝绸之路上的华夏饮食文明传播达到了鼎盛时期，而海上丝路、南方丝路的华夏饮食文明对外传播则处于发展期。第三个阶段是宋元时期。与之前相比，这一阶段，随着沿线政治、经济和社会发展、外交等因素的起伏变化，西北丝绸之路上华夏饮食文明的传播进入了渐衰至短暂复兴的时期，海上丝路开始超越陆上丝路成为对外交流和传播的主要通道，海上丝路上的华夏饮食文明对外传播进入了兴盛期，而南方丝绸之路上华夏饮食文明的传播则处于巩固发展时期。第四个阶段是明清时期。这一阶段丝绸之路发展与华夏饮食文明传播深受世界格局和中国国力变化影响，尽管继续传播到了亚洲、非洲、欧洲乃至美洲，但也随着海上贸易的兴起以及丝绸之路沿线政治格局、文化交流与贸易性质以及主导权的变化，西北丝绸之路上华夏饮食文明对外传播进入了日渐衰落期，海上丝绸之路、南方丝绸之路的华夏饮食文明对外传播都进入由盛转衰期。

总的来说，西北丝绸之路上传播华夏饮食文明对外传播的时间较早，经历了先盛后衰的发展历程；海上丝绸之路上的华夏饮食文明对外传播则是"后起之秀"，随着造船技、航海技术的不断进步，逐渐兴盛并成为传播的主要通道；南方丝绸之路上的华夏饮食文明传播起始时间较早，且相对比较平稳发展，整体上的起伏变化不大。

（二）内在价值性与传播内容的丰富性

文化的价值是文化存在的根据，是文化生命力的标志，也是文化传播的前提条件。文化的传播不仅是一个输出的过程，更是一个选择和接纳的过程，而选择和接纳的前提是对特定文化价值的认可。[①] 一般来说，文化底蕴越深、质量和品位越高，其价值性就越大，传播的概率就越高，更容易广泛传播和被接受。华夏饮食文明能够沿丝绸之路广泛传播到亚洲、欧洲、非洲乃至美洲等，正是基于其内在价值性。孙中山《建国方略》开篇言："我中国近代文明进化，事事皆落于人后，惟饮食一道之进步至今尚为各国所不及"，"是烹调之术本于文明而生"。[②] 华夏饮食文明不仅拥有悠久的烹饪历史、精湛的烹饪技艺、独特的饮食科学，而且饮食品种丰富、饮食民俗多彩、饮食著述繁多。辉煌灿烂而又特色鲜明的华夏饮食文明成了中国文化对外传播中最具生命力和吸引力的组成部分，即使在清朝末年中国沦为半殖民地半封建社会后，仍然顽强地进行着对外传播。

在内在价值性推动下，古代丝绸之路上华夏饮食文明得到了广泛传播，传播内容也十分丰富。根据前面的相关研究，其对外传播的内容包括食物原料及生产技术、饮食器具及其制作技术、饮食品及其制作技术、饮食习俗与礼仪、饮食典籍与思想、餐饮店铺等多个方面，不仅有物质文明的传播，也有精神文明、制度文明等相关内容的传播，涉及饮食生活的方方面面，在传播接受地产生了十分深远的影响。

---

①　刘宽亮：《文化论纲：哲学视野中的文化问题研究》，中国社会出版社2004年版，第225—226页。

②　黄彦编注：《建国方略》，广东人民出版社2007年版，第5、6页。

（三）对外传播者与传播途径的多元性

人是文化的载体，也是文化传播的主要媒介。丝绸之路上华夏饮食文明的对外传播主要都是通过人员的接触和交流进行的。其传播者的构成类别十分多元，不仅包括官方使节、达官显贵、僧侣、传教士，也包括商人、各种移民、留学生、旅行家、海员等，几乎囊括了社会各个阶层。在传播途径上也多种多样，最主要是官方朝贡贸易传播、民间商贸传播、宗教传播和移民传播等。如在民间商贸传播方面，贸易作为物质文化传播的途径是不言而喻的，实际上，精神文化也常常以贸易作为重要的传播途径，只是这种文化传播不是从传播文化的目的出发达到的效果，而是一种无意识的传播行为。在古代漫长的岁月中，中国对外贸易长期处于世界领先的地位，来来往往的商人将大量的中国物品流入世界市场。① 与这个过程一致的是，古代丝绸之路上的华夏饮食文明元素也随着沿线的商贸活动被广泛传播至相关国家和地区，并且在当地生根发芽，影响至今。

（四）对外传播受众的广泛性

华夏饮食文明对外传播过程中，不仅传播者多元，而且在传播受众上也十分多元、具有较强的广泛性。在传播受众中，既有古代丝绸之路沿线各国、各地区的君王、达官显贵等社会上层人士，也有这些国家和地区的中下层人士，尤其是大量的普通民众群体。可以说，古代丝绸之路上华夏饮食文明的传播并影响到了沿线许多国家和地区的社会各个阶层。如在明清时期，中国瓷器被传播至欧洲，最初由于价格昂贵，瓷器更多的是成为王室贵族阶层的专属品，一些精美瓷器还被上层社会所收藏、成为他们身份与财富的象征，但是，随着瓷器贸易的逐渐增大，特别是中国瓷器制作技术由法国殷弘绪等传入欧洲，中国瓷器开始走进欧洲寻常百姓家庭、成为他们日常生活中必不可少的饮食器具。由此，中国瓷器在欧洲社会各个阶层得到广泛使用，不仅提高了欧洲社会各阶层人士的饮食生活品质，也使欧洲人更为直接地了解和感受到华夏饮食文明。

（五）对外传播影响的不平衡性

华夏饮食文明对外传播影响的不平衡性主要体现在两个方面，即主要传播内容、区域传播影响程度的不平衡。武斌指出，中华文化向海外的传播，在各

---

① 庞杰：《食品文化简论》，中国轻工业出版社 2012 年版，第 216 页。

地、各民族产生的影响上很不相同,不仅影响的深度和广度不同,而且影响的性质也很不同。而文化传播的强度和影响首先与距离有关。一般说来,两个民族相距越近,互相间的文化传播和借用也就越频繁,两种文化之间的相似处也就越多。① 古代丝绸之路上华夏饮食文明对外传播的内容及区域影响程度,可以分为3个层面:第一是东亚、东南亚地区,华夏饮食文明传播的内容及所产生的影响程度最为广泛和深入。如日本、朝鲜半岛、东南亚的诸多国家,华夏饮食文明传播的内容全面而丰富,不仅包括大量的食物原料及生产技术、饮食器具及其制作技术、饮食品及其制作技术、餐饮店铺等物质文化和技术文化层面,也包括系列的饮食习俗与礼仪、饮食制度与思想等精神文化和制度文化,从这些国家当代人们饮食生活的多个方面仍然能看出华夏饮食文明在当地产生的广泛且深刻影响。第二是中亚、西亚和南亚等地,华夏饮食文明传播的内容及所产生的影响与东亚、东南亚地区相比则相对减少,主要包括一些食物原料及生产技术、饮食器具及其制作技术,也包括少量饮食品及其制作技术、饮食礼俗与思想等,如水稻及其他农作物的种植、瓷器使用及制作、茶叶及茶礼等,但时至今日,这些地区人们饮食生活中能够直接反映华夏饮食文明影响的相对较少。第三是欧洲乃至非洲、美洲等地区,华夏饮食文明传播的内容及产生的影响较为单一。这些地区离中国十分遥远,在交通工具和技术条件不发达的先秦汉魏南北朝时期,所能传播到那里的华夏饮食文明元素十分稀少,直至隋唐以后,随着造船技术和航海水平的提高,海上交通大发展,华夏饮食文明的部分元素才逐渐传播至当地,但其传播的内容及所产生的影响较为单一,主要集中于茶的饮用和瓷器使用,稍次的是中餐馆与一些饮食品的制作技艺等。其次,文化传播的强度和影响还与区域之间文化差异程度有关。文化传播的阻力通常来自文化差异。一般而言,文化传播容易向文化差异小的地区传播,而不容易向文化差异大的地区传播。如东亚文化圈内的文化差异较小,文明的传播就相对延续和深入,相对来说,与中亚、西亚乃至欧洲、美洲地区之间的文化差异较大,在文明传播的影响程度上就相对较弱。

　　总的来说,古代丝绸之路上华夏饮食文明的对外传播形成了一个以中国为中心、向四周辐射和渗透,并且随着距离与文化差异的增加,其传播内容和影响程度逐渐递减的空间分布态势。在古代丝绸之路华夏饮食文明对外传播中,

---

　　① 武斌:《中华文化海外传播史》第1卷,陕西人民出版社1998年版,第34页。

食物原料及生产技术、饮食器具及其制作技术、饮食品及其制作技术、餐饮店铺等物质文化、技术文化占据主要地位，传播速度较快、传播区域较广、传承起前锋作用，更容易传播和被接受；饮食礼仪习俗、饮食思想、饮食制度等精神文化、制度文化占据次要地位，其传播速度较慢，传播区域及影响也相对受到局限。

第二节　价值及启示

古代丝绸之路不仅是中外贸易往来、东西方文明交流之路，也是古代中国走向世界、展示其伟大创造力和灿烂文明的门户，更是古代华夏文明与多种文明交融互鉴、共同促进世界文明发展之路。2013 年 9 月，习近平主席在哈萨克斯坦和印度尼西亚提出共建丝绸之路经济带和 21 世纪海上丝绸之路，即"一带一路"倡议。从历史层面来看，西北丝绸之路、海上丝绸之路、南方丝绸之路等构成的交通网络成为中国与东亚、东南亚、南亚、中亚、西亚以及欧洲、非洲等地区进行经贸与文化交流的大通道，古代丝绸之路是人类文明的宝贵遗产，沉淀着和平合作、开放包容、互学互鉴、互利共赢的丝路精神；从现实层面来看，人类社会处于挑战频发的时代，世界经济增长亟待注入新动力，世界各地区、各国家人民的联系往来呈现前所未有的紧密，"一带一路"倡议着眼于推动中国新一轮的对外开放，着力推动沿线国家共同发展，成为构建人类命运共同体的主动作为。2017 年 5 月，在"一带一路"国际合作高峰论坛开幕式上，习近平主席发表题为《携手推进"一带一路"建设》主旨演讲，更向全世界表明要将"一带一路"建设成为"和平之路、繁荣之路、开放之路、创新之路和文明之路"。为此，这里在前面章节论述的基础上，首先阐述古代丝绸之路上华夏饮食文明对外传播的多重价值，并以史为鉴，对当前"一带一路"建设加强华夏饮食文明与沿线国家和地区的交流和传播、推动沿线国家共同发展和人类命运共同体的构建提出一些思考与建议。

一、古代丝绸之路上华夏饮食文明对外传播的价值

古代丝绸之路是中外贸易往来、东西方文明交流之路，把古代中国的华夏

文明与印度文明、波斯文明、阿拉伯文明以及古希腊与古罗马文明紧密地连接起来，极大地促进东西方文明的交流与发展。而华夏饮食文明作为华夏文明的重要组成部分，长期以来在古代丝绸之路上进行了大量的交流、传播，促进了自身以及沿线其他国家和地区饮食文明的发展与进步，具有历史、文化、社会和经济方面的多重价值。

（一）历史价值

古代丝绸之路华夏饮食文明传播的历史价值在于华夏饮食文明沿古代丝绸之路呈网络状传播，从一个侧面形象地展现了华夏文明的历史成就和世界饮食文明的变迁历程。

古代丝绸之路包含陆上与海上两大交通体系，构成了人类历史上历史最悠久、连接地域广泛且国家、民族众多的道路交通网络。古代丝绸之路起于东方的中国，远至西方的古罗马，不仅是一条东西方政治、经济的大动脉，也是一条东西方文明的交流与传播之路，曾是连接世界上最古老的文明古国——中国、印度、埃及、巴比伦以及古罗马等国家的重要纽带，在古代丝绸之路所通过的地区，还曾出现过波斯帝国、马其顿帝国、罗马帝国、奥斯曼帝国等地跨亚、非、欧的世界大帝国，毫不夸张地说，古代丝绸之路从政治、经济、文化等方面影响和推动了世界上很大一部分人口最稠密地区的社会历史发展。在此之间，华夏饮食文明自丝绸之路肇始之时就已随着人员的交通与交流、贸易往来等得以传播，历经数千年，从粟、稻等粮食作物、各类果蔬及其生产技术、饮食器具、种类繁多的饮食品及其制作技艺到饮食典籍、饮食礼仪与思想等，内容十分丰富。随着时代发展与变迁，古代丝绸之路的主要干线与重要支线纵横交错、密织成网，沿丝绸之路对外传播的华夏饮食文明也因此形成了网络状传播形态，而且在不同时代的传播内容也各有不同，但都充分体现和代表着当时华夏饮食文明的最高水平。如历代饮食器具沿丝绸之路的传播，就生动诠释了中国饮食器具发展历史。从3条丝路饮食器具传播来看，先秦至汉魏南北朝时期均传播的是陶器、铁器、漆器及其制作技艺，到隋唐至宋元时期，中国瓷器制作技艺不断提升、声名远播，瓷器及制作技艺在丝绸之路上的传播比重不断增大；明清时期，中国瓷器工艺更是世界领先，瓷器的传播则成为饮食器具传播中的绝对主力军，充分体现中国手工业技艺在各个阶段发展的历史成就。

(二）文化价值

古代丝绸之路华夏饮食文明传播的文化价值，主要在于华夏饮食文明沿古代丝绸之路传播中所蕴含的先进性、开放性与包容性。

文明是指人类在一定发展阶段所形成的历史形态，包括了文化的基本构成，而文化是一定阶段文明的具体存在模式。① 文明的内在价值总要通过文化的外在形式体现出来，而文化的外在形式之中又总会包含着文明的内在价值。饮食文明常常需要通过饮食文化的外在形式得以实现，而饮食文化的基本构成要素包括食物原料及生产技术、饮食器具及其制作技术、饮食品及其制作技术、饮食习俗与礼仪、饮食典籍与思想、餐饮店铺等多个方面。而华夏饮食文明作为世界饮食文明的重要组成部分，在世界饮食文明发展过程长期居于先进的地位，并且其先进性不仅仅局限于某个领域、某个方面，而是整体性、全方位地处于世界领先地位。在前面的各章节中用较大篇幅阐述了反映华夏饮食文明先进性的各类饮食原料、饮食器具、饮食品种以及饮食礼俗与思想等沿丝绸之路传播的具体情况，也阐述了它们在传播接受地所受到的喜爱、接纳和发展的情况。其实，在当今世界许多地区和国家都能看到古代先进的华夏饮食文明传播踪迹及所产生的影响。

除了先进性，古代丝绸之路上传播的华夏饮食文明还极具极强的开放性与包容性。古代丝绸之路联通世界的东方和西方，沿线包含有丰富多样的文明形态，如大河农耕文明、海洋商业文明和草原游牧文明等，而伴随着丝绸之路的延伸，华夏饮食文明的优秀成果在沿丝绸之路传播的历程中主要以商品贸易、外交往来、族群移民等多种和平途径和方式，广泛传播至沿线各地区、各个国家，与当地不同的文明类型形成交融与和谐共生的局面，并且以其先进性而具有的极强辐射力在周边地区形成了独特的文化辐射场，对当地的饮食文明产生深远影响。由此，惠泽于当地人民，也使世界许多地区多元化的文明形态中常常拥有了华夏饮食文明的身影，同时也折射出和平合作、开放包容、互学互鉴、互利共赢的精神追求。如茶叶及饮茶起源于中国，沿丝绸之路广泛传播到东亚、东南亚、西亚、中亚、西亚以及欧洲、非洲等，并且被这些地区广泛接受，甚至在吸收和借鉴的基础上发展创新出各地独特的饮茶方式，形成独特的茶文化，其中最著名的是日本茶道和英国红茶文化，如今，它们与中国茶文化

---

① 林坚：《文化学研究引论》，中国文史出版社 2014 年版，第 66 页。

一起并列、成为世界茶文化中著名的三大流派。

（三）社会价值

古代丝绸之路华夏饮食文明传播的社会价值，主要在于华夏饮食文明在古代丝绸之路沿线传播，不仅丰富了受传播地区人民的饮食生活，而且影响和促进了当地饮食文明与社会的发展，提升了人们对生活之美的认知。

饮食文明是一个国家、地区物质文明和精神文明的标尺。丝绸之路是"流动的文化之河"，世界各国、各地区、各民族的饮食文明因此路而交流、互通，饮食作为最具亲和力的文化形态在漫长的丝路文明交流史中扮演着重要的角色。而华夏饮食文明沿丝绸之路的传播、对沿线受传地区人民饮食生活和社会发展起到巨大促进作用的事例有很多，最典型的有粮食等食物原料及生产技术、瓷器和茶叶等。如古代中国是农业大国，黍、粟、稻等粮食作物及种植技术在历史上长期领先于世界其他国家和地区，通过各条丝绸之路，在漫长历史中传播到东亚、东南亚、南亚和中亚、西亚等地，被当地的人们所接受和采用，甚至形成了"稻作文化圈"，促进了这些地区粮食作物的生产，丰富了人们的饮食生活。又如瓷器，作为一种日用品，特别是作为饮食器皿，在欧亚非美4大洲广泛传播，美化了这些地区人们的生活，使他们的日常饮食、宫廷宴会更增了典雅风范。尤其是当饮茶习惯在英国等国成为时尚后，瓷器逐渐成为欧洲各阶层人士追求和使用的饮食器具，甚至可以说中国瓷器融入了他们的物质生活、成了他们日常生活不可或缺的部分。法国国王路易十五掀起的以中国瓷器代替贵金属银质器皿的"日用品革命"，更使中国瓷器进入法国乃至欧洲国家的千家万户，改变着他们多方面使用瓷器的生活方式，由此形成的瓷器文化推动了欧洲人们的生活方式和物质文明的进步，促进了欧洲的社会发展。此外，茶起源于中国，沿着丝绸之路进行了长达一千多年的传播，至今几乎遍及了世界的每一个角落。这种健康饮料的传播与普及，给世界各国带去了新的文明生活方式，为提高世界人民健康水平、促进社会和谐发展作出了巨大贡献。

（四）经济价值

古代丝绸之路华夏饮食文明传播的经济价值，主要在于因饮食类相关商品及的贸易交换而带来的沿线各国、各地区经济发展和生产力提升。

从先秦汉魏南北朝开始到明清时期，丝绸之路不断发展成为连接欧洲、亚洲和非洲乃美洲的庞大商贸网络，无论是陆上丝绸之路还是海上丝绸之路都进行着长期且大量的商品运输和贸易活动。而在这些商品贸易中有中国生产的大量饮食类相关产品，包括食物原料、饮食器具、饮食生产工具等，涉及多个行业和产业，其中高技术含量、高附加值的饮食类商品成为丝绸之路上的主要贸易产品。通过丝绸之路沿线各国、各地区官府和民间商人进行的饮食类中国商品贸易活动，不仅使丝绸之路沿线各国、各地区直接获得了极大的商业利益，而且有力地带动了中国及其他相关国家和地区农业、手工业、城市工商业的发展与兴盛。以中国而言，有 3 个事例足以说明：一是丝绸之路上漆器贸易与汉朝蜀郡手工业的发展。漆器作为一种昂贵的奢侈品，在汉朝时已沿着丝绸之路不断向外传播，1924 年和 1925 年在朝鲜乐浪古墓内发现了大量的有铭文漆器，其中即有汉朝蜀郡的产品，可见汉朝时巴蜀漆器手工业极为发达，产品广为行销，由此使得漆器的制作者和经营者获利颇丰。司马迁指出，当时在大城市里，如果有"木器髤（上漆）者千枚"或"漆千斗"，那么其财产"亦比千乘之家"。蜀郡的漆器，就其产量之大、质量之高和行销范围之广等方面来看，在全国都是首屈一指的。二是茶叶贸易与清朝安徽、福建等地的经济发展。安徽的徽、歙和祁门诸地，以产茶闻名于世，也以善贾而著称全国，史称清祁门"服贾者十七，服农者十三"，"休门百姓，强半经商"。清朝初年，"徽商岁至粤东，以茶商致巨富者不少"①。福州与武夷茶区相距不远，1856 年福州出口茶叶激增至 4097 万磅，超越广州、成为仅次于上海的第二大茶叶输出口岸，被称作"驰名世界的茶叶集中地"，1861 年，茶叶出口占该埠出口总值的82%。② 三是瓷器贸易与景德镇的城市发展。明朝时，景德镇瓷业工匠创造了永窑甜白、宣窑青花、成化五彩、民窑青花等，民窑所产精细瓷器价值更加昂贵，使得景德镇逐渐跻身于全国著名都会之列、成为瓷业都会，制作的许多瓷器沿海上丝绸之路运销海外，甚至专门制作"外销瓷"，获利极大，因此又促进了景德镇地区的瓷器生产与城市发展。此外，丝绸之路饮食相关商品蕴藏的巨大商业利益也使得沿线其他相关国家、地区和民族因商而兴，发展壮大，如波斯人、粟特人、阿拉伯人、回鹘人以及荷兰人、英国人等，都通过丝绸之路进行中国饮食类相关商品的运输和贸易而获得巨大商业利益，有的甚至促进了

---

① 张海鹏、王廷元：《明清徽商资料选编》，黄山书社 1985 年版，第 174 页。

② 林齐模：《近代中国茶叶国际贸易的衰减：以英国为中心》，《历史研究》2003 年第 2 期。

所在国家的发展和强大。

二、对当代"一带一路"华夏饮食文明对外传播的启示

随着习近平主席"一带一路"倡议的提出，丝绸之路作为华夏文明对外传播的和平通途已成为世界关注的焦点。而作为华夏文明重要组成部分的华夏饮食文明，是对外传播中最具亲和力、最乐意为人接受的重要内容，在中外文化交流中扮演着先行者和永恒参与者的角色。古代丝绸之路传播的华夏饮食文明至今依然在世界许多国家活态传承、影响极大，是华夏文明对外传播中最鲜活的样本。如今，在习近平主席倡导构建人类命运共同体思想指引下，应当借助现代科技手段和更加多样的途径，将优秀的华夏饮食文明以更为丰富多元的面貌在"一带一路"沿线进行更为广泛和深入的传播，与世界人民共享中华民族的生活智慧与劳动成果，为推动沿线国家共同发展和构建人类命运共同体作出应有的贡献。

（一）坚定文化自信，创新华夏饮食文明传播模式

"古往今来，中华民族之所以在世界有地位、有影响，不是靠穷兵黩武，不是靠对外扩张，而是靠中华文化的强大感召力和吸引力。"[①]华夏饮食文明以其悠久历史、深厚内涵、独特精神气质和强大的经济助推力为特征，对丝绸之路沿线各国、各地区产生了深远影响。然而，进入 21 世纪，人类社会进入了全新时代，世界各国间经济、政治、文化交流日益频繁，中华民族的伟大复兴需要深厚的文化软实力作为重要支撑，优秀的华夏饮食文明就是其重要组成部分，必须高度重视优秀的华夏饮食文明在"一带一路"建设中的重要作用，其传播思路和方式的创新更迫在眉睫。

1. 充分认识当代华夏饮食文明传播在"一带一路"建设中的重要作用

"美食无国界"，不同国家、地区和种族的人民可由美食相聚、相知，丝绸之路沿线各国、各地区、各民族人民对华夏饮食文明的接受、借鉴、融合与创新，为世界饮食文明大家庭增添了更多的精彩元素。在经历了数千年的文明互

---

① 中共中央宣传部：《习近平总书记在文艺工作座谈会上的重要讲话学习读本》，学习出版社 2015 年版，第 12 页。

鉴之后，华夏饮食文明作为华夏文明的重要组成与标志符号性，对世界许多国家和地区的饮食文明产生了深远影响。如今，在"一带一路"建设中加强华夏饮食文明的对外传播，不仅具有重要纽带作用，而且能进一步丰富"一带一路"沿线国家、地区和各民族人民的饮食生活，促进社会经济和谐发展。据中国外文局对外传播研究中心《中国国家形象全球调查报告2015》发布内容第六部分显示，"中医、武术和饮食是海外受访者眼中最能代表中国文化的元素"。中国美食成为文明与文化交流传播的重要内容。2017年5月，中国烹饪协会首度发布了《中国美食海外认知度调查报告》，调查显示，随着近年来中国美食在国外推广力度的加大，中国美食在海外认知度达53.5%，受访者绝大部分将中国美食作为中国文化及中国形象的典型代表，美食成为中国文化在外国友人面前展示的窗户与桥梁。其中，美国受访者对"中国美食"兴趣度最高，有73.4%的受访者非常愿意和比较愿意品尝地道中国美食。"中国美食"成为最受欢迎的"国家符号"，更扮演着融通中外的特殊角色。在中外经济文化交流中，中国美食作为中国人生活智慧与中国传统文化的缩影，也是中外文化交流的重要纽带，更可实现费孝通先生"各美其美，美美以共，天下大同"的文化多元性、多样性发展。美食文化是一种行走的经济，也是一种拥有温度的历史，当今的中国在"一带一路"建设中应当而且可以用极具亲和力、最易接受的饮食文化及其他传统文化去感染和感动沿线各国、各地区、各民族乃至世界。

2.充分运用现代科技手段，积极主动开展当代华夏饮食文明对外传播

从华夏饮食文明传播的历史来看，其传播方式更多地属于为被动型传播，一是沿线各国、各地区、各民族因其对华夏文明的向往与倾慕而主动学习，二是伴随着商贸活动而传播至外国，三是经由各种类型的移民而进行的人际传播。如今，美食文化传播与推广是国际文化交流中最具亲和力、最为和平的文化传播与推广方式，拥有极强的感染力，直通人心、造福人类，能充分体现"一带一路"倡议中所提的"国之交在于民相亲，民相亲在于心相通"。"文化的最终目的是在人间实现真善美"，当代华夏饮食文明融入了更多的人文关怀和更为丰富多元的美食成果，因此，应当在"一带一路"建设的大背景下，从中华民族最深沉的精神追求的深度、从国家战略资源的高度、从推动中华民族现代化进程的角度，将华夏饮食文明作为国家形象构建、中华民族文化宣传与推广的重要内容，转变传播思维、创新传播手段和模式，借助现代高科技手

段，自信主动地、大规模地向世界展示与推广。中华美食作为世界知名的三大美食体系之一，是世界范围内影响最广的中国特色文化，通过"一带一路"沿线国家和地区进行中华美食全面、深入、系统的传播，能够最大限度地实现中华文化世界传播，造福沿线人民，进而提升中华文化软实力与核心竞争力。

（二）加强饮食文化遗产挖掘与保护传承，构建"一带一路"饮食文化共同体

"一带一路"建设根植于历史，源于人类共同的精神财富，与文化遗产息息相关。2015 年 6 月，中国与吉尔吉斯斯坦、哈萨克斯坦联合申请的"丝绸之路：长安—天山廊道路网"入选联合国教科文组织《世界遗产名录》。丝绸之路是一个世界的概念，超越了一国疆域，申遗成功将沿路各国乃至世界各国联结起来，给人们带来超越个体、超越种族、超越国家文化财富和精神地标。

"一带一路"沿线的饮食文明形态多样，内涵丰富，是全人类重要的物质财富与精神财富。一方面，华夏饮食文明沿丝绸之路传播，并与沿线各国、各地区、各民族本土的饮食文明充分结合，形成了丰厚的历史文化遗产；另一方面，丝绸之路沿线多样化的饮食文明中常常闪耀着华夏饮食文明的光辉，许多饮食文明形态与华夏饮食文明都有着或多或少的联系。"一带一路"沿线各国、各地区、各民族的饮食文化遗产，既是记载这段历史的"活化石"，更是文明交流的符号，承载着千古常新的丝路精神，成为人类文明的宝贵遗产，在促进民心相通、弘扬丝路精神、推动"一带一路"建设中发挥着越来越重要的纽带作用。因此，应当以"一带一路"建设为引领，国家文化旅游主管部门和"一带一路"沿线各地的文化主管部门组织相关高校、科研机构、烹饪（饮食）行业协会与相关企业，大力加强对沿线饮食文化遗产的挖掘、保护、传承和弘扬工作，不断加强与联合国教科文组织等国际组织的深度合作，不断提高饮食类非物质文化遗产挖掘与保护传承的国际参与能力，向世界传递文化遗产保护传承的中国声音；同时，通过跨国申遗、饮食文化交流、学术研讨等途径，开展一系列有关"一带一路"饮食文化遗产的国际交流与合作，从而在更广阔的空间内构建"一带一路"饮食文化共同体。

（三）促进中餐走出去，更好地推动"一带一路"沿线中餐发展与繁荣

中餐是中国优秀传统文化的重要组成部分，为中国经济社会的繁荣和中华

优秀文化的传播作出了积极贡献。中餐在海外的发展经过了由小到大、由零星到规模的历程，目前，"有华人的地方，就有中餐馆"。据世界中餐业联合会发布数据显示，到 2018 年，海外中餐馆已超过 60 万家，类型多样，其总体营业额也超过了 2500 亿美元。它们遍布世界各地，受到人们广泛追捧，"不仅成为遍及世界各地的华侨华人思念家乡的平台寄托，也成为外国人了解中国的窗口"，是活色生香的中国优秀传统文化集中展示场所。但是，由于海外中餐馆主要是清末开始较多地出现，而且大多数是华人华侨在当地为了谋生而创办，到如今，许多海外中餐馆档次低、技术力量薄弱、菜点创新不够，严重影响了自身发展和对中国优秀文化的展示，也在一定程度上制约了中国形象和文化软实力的提升。近年来，国务院侨办将"海外中餐繁荣计划"纳入"海外惠侨工程"之一。为此，更应以史为鉴，结合当今优势，采取切实可行措施，一方面促进当今国内优秀的中餐企业融入"一带一路"建设，积极走出去，开拓海外市场，展示新面貌、新形象；另一方面推动海外中餐业的升级转型、实现繁荣发展，与国内中餐业相融共生、交相辉映，形成享誉世界的中国饮食文化产业和当代中国文化传播的巨大正能量，助力推动"一带一路"国际倡议，进一步弘扬中华优秀文化。

1. 依托"一带一路"国际倡议，助推丝路沿线国家和地区中餐业发展

随着全球经济一体化进程不断加深，当今华夏饮食文明的传播空间与"一带一路"经济圈正在进一步重叠。"一带一路"贯穿亚欧非大陆，一头是活跃的东亚经济圈，一头是发达的欧洲经济圈，中间广大腹地国家的经济发展潜力巨大。中餐作为华夏饮食文明的综合载体在丝路沿线国家和地区已经历了生存期和发展期，为后来者奠定了一定的基础。在"一带一路"建设背景下，国内中餐企业可以在沿线国家选择、采集更多独具特色的原料和食材，创新中式餐饮，给国内消费者带来多样化的创新菜式。"一带一路"建设，也为餐饮业态的创新提供更为广阔的空间，如大规模的人群流动催生各种团餐如铁路餐、航空餐、旅游餐等，这些业态的形成和发展将带来更大、更直接的经济效益和社会效益。与此同时，国内中餐企业到海外发展还应及时做好各种准备，应对各种挑战。如中国餐饮企业在布局"一带一路"沿线国家和地区时，必须深入研究所在地区和国家的法律法规、饮食习惯和文化差异等，做到"入乡问俗""入乡随俗"，兼顾特色化与本土化，在自身实现国际化发展的同时，助推丝路沿线国家和地区中餐业发展。

2.构建陆海空与网络一体的丝路立体传播网络，带动中餐及相关产业发展

在"一带一路"建设的背景下，沿线各国、各地区中餐产业的发展将带动相关的食物原料、调辅料、食品半成品、饮食器具、食品加工机械等产品需求，为中国相关产业的发展开拓了新市场与新空间。古代丝绸之路的交通往来，已积极利用当时的自然条件和较为先进的交通工具，形成了以驼马为主的陆上丝绸之路和以船只为主的海上丝绸之路。如今，则应利用现代交通工具和高科技手段，尤其是航空技术和网络技术成果，着力推动构建陆上、海上、空中、网络四位一体、互联互通的立体丝绸之路华夏饮食文明交流与传播网络，利用电子商务、大数据云计算技术为"一带一路"沿线国家中餐产业发展、中华饮食文化传播搭建网上通途，打造新型中餐发展平台，即互联网＋跨境电商智慧云平台、海外中餐原材料物流平台、WMS立体化仓储平台，实现"中餐原材料海外仓储基地＋国内仓储基地＋海外中餐馆"的一体化跨境中餐原材料联通体系。由此，将会极大满足海外中餐产业发展，带动中外餐饮食品相关行业产值攀升，同时更有利于弘扬中国餐饮文化，提升中国文化的软实力。

3.构建技术与人才培养机制，提升"一带一路"沿线国家地区中餐业整体水平

"人才是第一生产力"。从目前"一带一路"沿线各国各地区的中餐产业来看，技术与人才的缺失成为制约其发展的最大因素。通过对法国、西班牙、荷兰等欧洲各国中餐业经营者的调研显示，技术落后、专业人短缺和竞争环境恶化是海外中餐发展的主要问题；另一方面，国内优秀的餐饮品牌企业走国际化发展的道路同样步履艰辛，面临特色食物原料的安全标准不一、餐饮专业人员劳务输出不畅、经营管理人才稀缺等问题。因此，必须构建海外中餐的技术与人才培养机制，主要包括三个方面：第一，通过国务院侨办近年来实施的"中餐繁荣计划"，重点提升"一带一路"沿线国家中餐业水平，弘扬中华饮食文化。据统计，截至目前，国务院侨办已在全国设立了4个"海外惠侨工程——中餐繁荣基地"，依托扬州大学、四川旅游学院、顺德职业技术学院、福建商学院等院校，通过学历教育、技术培训等，支持海外华人华侨中餐事业发展。第二，借鉴法国"米其林"美食指南、国内"黑珍珠"餐厅指南等形式，开展海外中餐评定。建议在一些华夏饮食文明传播较深入、中餐业发展较成熟的国家和地区实施中餐馆的等级评定，宣传优秀的海外中餐品牌，帮助成长型中餐

企业提高水平，促进良性竞争，带动"一带一路"沿线中餐业水平提升。第三，继续鼓励国内中餐品牌走出国门，吸收海外中餐业优质资源，拉动海外中餐转型。建议国家相关部门成立专门的"中餐走出去"政策研究与管理实施机构，政府主管部门与行业协会组织、品牌餐饮企业、相关院校和科研机构等建立长期密切的沟通机制，打造餐饮品牌出海样本，大力推行标准化、规范化，大力培养高素质、综合性的餐饮人才队伍，为餐饮企业走出去提供技术与人才支撑。

（四）构建"一带一路"饮食文化旅游资源数据库，促进"一带一路"旅游发展

2015 年，国家发展改革委、外交部、商务部联合发布了《推动共建丝绸之路经济带和 21 世纪海上丝绸之路的愿景与行动》，目的是让古代丝绸之路焕发新的生机活力，以新的形式加强亚欧非各国紧密联系，促进互利合作、共同发展。其中的一段着重提到加强丝绸之路沿线旅游，指出："加强旅游合作，扩大旅游规模"，"联合打造具有丝绸之路特色的国际精品旅游线路和旅游产品"，"推动 21 世纪海上丝绸之路邮轮旅游合作"。如今，"一带一路"建设已成为世界许多国家和地区高度认同与瞩目的经济引擎和大舞台，"亚洲旅游资源丰富，出国旅游的人越来越多，应该发展丝绸之路特色旅游，让旅游合作和互联互通建设相互促进"，"互联互通，旅游先通"的新思维，正在全面推动我国旅游创新发展。据中国国家旅游局预测，2016—2020 年间，中国将为"一带一路"沿线国家输送 1.5 亿人次中国游客和 2000 亿美元的旅游消费，还将吸引沿线国家 8500 万人次游客来华旅游，拉动旅游消费月 1100 亿美元。[①] 而饮食文化是人类在饮食生产、消费中所创造、引发的一切行为、精神现象及其总和，具有地域性、民族性、传承性、交融性、审美性和娱乐性等特征。旅游从实质上看是一种物质和精神的综合性活动，一方面饮食服务业是旅游业重要的组成部分，另一方面游赏、娱乐是旅游的目的，以食品为物质形态的饮食文化也是游客愉悦的对象。因此，无论从物质还是精神的角度，饮食文化与旅游有着天然联系，是旅游文化不可或缺的重要组成部分。美食作为重要的旅游资源，对于丝路沿线国家游客有着强大吸引力，旅游餐饮消费作为旅游活动的重

---

① 宋瑞：《2015—2016 年中国旅游发展分析与预测》，社会科学文献出版社 2016 年版，第 8 页。

要组成部分，其拉动旅游业消费增长的作用不可小觑。为此，应当将数千年来"一带一路"沿线国家和地区的人民积累的类别多样、品种繁多的美食资源加以挖掘、整理，构建"'一带一路'饮食文化旅游资源数据库"，包括"一带一路华夏饮食文明对外传播数据库"，并针对游客需求，与沿线国家和地区联合打造具有丝绸之路特色的国际精品旅游线路，精心设计多种"一带一路"旅游产品，甚至直接设计推出"一带一路美食旅游"，促进沿线国家和地区旅游合作与共赢。

总之，"一带一路"国际倡议下的华夏饮食文化传播，应以经济合作为主轴，以人文交流为支撑，以开放包容为基础，以互利双赢为宗旨，契合沿线国家的共同需求，在平等的文化认同框架下，将中亚、南亚、东南亚、西亚以及欧洲、非洲等区域连接起来，以利于互通有无、优势互补，使泛亚和亚欧区域合作良性互动，从而迈上一个新台阶。在不久的将来，蕴含着深厚历史人文情感、丰富多元现代化基因的当代华夏饮食文明，一定会为"一带一路"沿线国家和地区的人们带来最精彩、最美好的体验，这也是中国与世界各国人民共享劳动成果、共建人类美好家园的重要途径。

主要参考文献

一、历史文献

《史记》《汉书》《后汉书》《隋书》等，中华书局 1959 至 1977 年版。

（晋）常璩撰，刘琳校注：《华阳国志校注》，巴蜀书社 1984 年版。

（唐）杜环撰，张一纯笺注：《经行记笺注》，中华书局 1963 年版。

（唐）段成式撰，方南生点校：《酉阳杂俎》，中华书局 1981 年版。

（唐）樊绰撰，赵吕甫校释：《云南志校释》，中国社会科学出版社 1985 年版。

（唐）封寅撰，赵贞信校注：《封氏见闻记校注》，中华书局 1958 年版。

（唐）李林甫等：《唐六典》，中华书局 1992 年版。

（唐）李泰等撰，贺次君辑校：《括地志辑校》，中华书局 1980 年版。

（唐）陆羽撰，沈冬梅校注：《茶经校注》，中国农业出版社 2006 年版。

（唐）孟诜原撰，（唐）张鼎增补，郑金生、张同君译注：《食疗本草译注》，上海古籍出版社 2007 年版。

（唐）玄奘、辩机原撰，季羡林校注：《大唐西域记校注》，中华书局 1985 年版。

（唐）虞世南编撰：《北堂书钞》，中国书店 1989 年版。

（宋）王钦若等编：《册府元龟》，中华书局 1960 年版。

（宋）叶隆礼：《契丹国志》，齐鲁书社 2000 年版。

（宋）李昉编纂：《太平御览》，中华书局 1960 年版。

（宋）孟元老：《东京梦华录》，中国商业出版社 1982 年版。

（宋）司马光编著、（元）胡三省音注：《资治通鉴》，中华书局 1956 年版。

（宋）吴自牧：《梦粱录》，中国商业出版社 1982 年版。

（宋）徐兢撰：《宣和奉使高丽图经》，中华书局 1985 年版。

（宋）赵汝适原撰，杨博文校释：《诸蕃志校释》，中华书局 1996 年版。

（宋）周去非著，杨武泉校注：《岭外代答校注》，中华书局 1999 年版。

（宋）朱彧：《萍洲可谈》，中华书局 2007 年版。

（元）忽思慧：《饮膳正要》，人民卫生出版社 1986 年版。

（元）李志常述：《长春真人西游记》，中华书局 1985 年版。

（元）汪大渊原撰，苏继庼校释：《岛夷志略校释》，中华书局 1981 年版。

（元）熊梦祥撰，北京图书馆善本组辑：《析津志辑佚》，北京古籍出版社 1983 年版。

（元）耶律楚材撰，李文田注：《西游录注》，中华书局 1985 年版。

（元）周达观原撰，夏鼐校注：《真腊风土记校注》，中华书局 1981 年版。

（明）陈诚等撰：《西域行程记 西域番国志 咸宾录》，中华书局 2000 年版。

（明）费信撰，冯承钧校注：《星槎胜览校注》，中华书局 1954 年版。

（明）巩珍撰，向达校注：《西洋番国志》，中华书局 2000 年版。

（明）黄省曾撰，谢方校注：《西洋朝贡典录校注》，中华书局 2000 年版。

（明）黄衷：《海语》，中华书局 1991 年版。

（明）马欢撰，冯承钧校注：《瀛涯胜览》，中华书局 1955 年版。

（明）张燮：《东西洋考》，中华书局 1981 年版。

（清）《阿里衮奏覆蛮暮新街贸易等项各情形折》，见台北故宫博物院编辑委员会编：《宫中档乾隆朝奏折》1982 年版。

（清）《清实录》，中华书局 1987 年版。

（清）顾炎武：《天下郡国利病书》，上海古籍出版社 2002 年版。

（清）黄遵宪：《日本国志》，清光绪十六年（1890）羊城富文斋刻本。

（清）彭崧毓：《缅述》，载李根源辑，杨文虎、陆卫先主编：《〈永昌府文征〉校注》，云南美术出版社 2001 年版。

（清）钱洵编制：《光绪通商综核表》，清光绪十四年（1888）刻本。

（清）清高宗敕撰：《清朝文献通考》，商务印书馆 1935 年版。

（清）檀萃辑，宋文熙、李东平校注：《滇海虞衡志校注》，云南人民出版社 1990 年版。

（清）王大海：《海岛逸志》，香港学津书店 1992 年版。

（清）谢清高述，杨炳南记，冯承钧注释：《海录注》，中华书局 1955 年版。

（清）徐继畬：《瀛寰志略》，上海书店出版社 2001 年版。

（清）薛福成：《出使日记续刻》，岳麓书社 1985 年版。

（清）薛福成：《出使英法意比四国日记》，岳麓书社 1985 年版。

广州市地方志编纂委员会办公室编：《元大德南海志残本附辑佚》，广东人民出版社 1991 年版。

黄时鉴点校：《通制条格》，浙江古籍出版社 1986 年版。

（清）和宁：《回疆通志》，台北文海出版社 1966 年版。

浙江省地方志编纂委员会编：《宋元浙江方志集成》，杭州出版社 2009 年版。

"中央研究院"历史语言研究所编：《明实录附校勘记》，中华书局 2016 年版。

[阿] 苏莱曼等：《中国印度见闻录》，穆根来、汶江、黄倬汉译，中华书局 1983 年版。

[阿] 伊本·胡尔达兹比赫：《道里邦国志》，宋岘译注，中华书局 1991 年版。

[波斯] 阿里·阿克巴尔：《中国纪行》，张至善编，生活·读书·新知三联书店 1988 年版。

[朝鲜] 徐居正等：《东国通鉴》，韩国景仁文化社 1994 年版。

[朝鲜] 郑麟趾等：《高丽史》，首尔大学藏奎章阁本。

[意] 马可·波罗：《马可波罗行纪》，冯承钧译，上海书店出版社 2001 版。

[高丽] 金富轼：《三国史记》，杨军校勘，吉林大学出版社 2015 年版。

[高丽] 一然：《三国遗事》，陈蒲清、（韩）权锡焕注译，岳麓书社 2009 年版。

[高丽] 佚名：《老乞大谚解》，中华书局 2005 年版。

[高丽] 佚名：《朴通事谚解》，中华书局 2005 年版。

[摩洛哥] 伊本·白图泰：《伊本·白图泰游记》，马金鹏译，华文出版社 2015 年版。

[日] 舍人亲王等：《日本书纪》，经济杂志社 1897 年版。

[日] 黑板胜美编：《续日本纪》，经济杂志社 1897 年版。

[日] 山冈俊明：《类聚名物考》，历史图书社 1974 年版。

[日] 圆仁：《入唐求法巡礼行记》，顾承甫、何泉达点校，上海古籍出版社 1986 年版。

［日］真人元开：《唐大和上东征传》，汪向荣校注，中华书局 2000 年版。

［日］中川忠英编著：《清俗纪闻》，方克、孙玄龄译，中华书局 2006 年版。

［土耳其］奥玛·李查译：《克拉维约东使记》，杨兆钧译，商务印书馆 1985 年版。

A. Cecil Carter, ed., The Kingdom of Siam, New York: G. P. Putnam's Sons, 1904.

Anderson John, A report on the expedition to western Yunan via Bhamo, Calcutta: Office of the Superintendent of Government Printing, 1871.

Bradley, Bangkok Calendar, Bangkok: Press of the American Missionary Association, 1871.

Crawford John, Journal of an embassy from the governor general of India to the court of Ava in the year 1827, London: Henry Colburn, 1829.

Henry Yule, A narrative of the mission sent by the governor-general of India to the court of Ava in 1855, with notices of the country, government, and people, London: Smith Elder and co., 1858.

Malcolm Howard, Travels in the Burman Empire, Edinburgh: William and Robert Chambers, 1840.

Symes Michael, An account of an embassy to the kingdom of Ava, sent by the Governor-General of India, in the year 1795, London: W. Bulmer & Co., 1800.

Vincent Clarence Scott, The silken East, a record of life and travel in Burma, Vol.1（1904）, London: Hutchinson & co..

Winston W. R., Four years in Upper Burma, London: C. H. Kelly, 1892.

二、今人著述

《四川古陶瓷研究》编辑部编：《四川古陶瓷研究》，四川省社会科学院出版社 1984 年版。

蔡凤书：《中日交流的考古研究》，齐鲁书社 1999 年版。

曹增友：《传教士与中国科学》，宗教文化出版社 1999 年版。

岑仲勉：《汉书西域传地理校释》，中华书局 1981 年版。

岑仲勉：《隋唐史》，中华书局 1982 年版。

曾维华主编：《中国古代通史图表》，学林出版社 1993 年版。

曾问吾：《中国经营西域史》，商务印书馆 1936 年版。

芃岚：《7—14 世纪中日文化交流的考古学研究》，中国社会科学出版社 2001 年版。

陈椽编：《茶业通史》，农业出版社 1984 年版。

陈高华、吴泰：《宋元时期的海外贸易》，天津人民出版社 1980 年版。

陈荆和：《十六世纪之菲律宾华侨》，香港新亚研究所 1963 年版。

陈瑞德等：《海上丝绸之路的友好使者·西洋篇》，海洋出版社 1991 年版。

陈尚胜、陈高华：《中国海外交通史》，文津出版社 1997 年版。

陈世松主编：《四川通史》，四川大学出版社 1993 年版。

陈万里：《陈万里陶瓷考古文集》，紫禁城出版社 1997 年版。

陈依范：《美国华人史》，韩有毅等译，世界知识出版社 1987 年版。

陈椽编：《茶业通史》，中国农业出版社 2008 年版。

丁笃本：《丝绸之路古道研究》，新疆人民出版社 2010 年版。

丁宏：《东干文化研究》，中央民族大学出版社 1999 年版。

方国瑜：《中国西南历史地理考释》，中华书局 1987 年版。

方豪：《中西交通史》，上海人民出版社 2015 年版。

冯承钧：《中国南洋古代交通史》，商务印书馆 1937 年版。

甘肃省文物考古研究所：《居延新简释粹》，兰州大学出版社 1988 年版。

高启安：《唐五代敦煌饮食文化研究》，民族出版社 2004 年版。

高伟浓：《清代华侨在东南亚：跨国迁移、经济开发、社团沿衍与文化传承新探》，暨南大学出版社 2014 年版。

韩槐准：《南洋遗留的中国古外销陶瓷》，青年书局 1960 年版。

韩长赋等编：《中国农业通史》，中国农业出版社 2016 年版。

何芳川主编：《中外文化交流史》，国际文化出版社 2007 年版。

何汉文：《华侨概况》，神州国光社 1931 年版。

洪石：《战国秦汉漆器研究》，文物出版社 2006 年版。

黄文弼：《塔里木盆地考古记》，科技出版社 1958 年版。

黄文鹰等：《荷属东印度公司统治时期巴城华侨人口分析》，厦门大学南洋研究所 1981 年版。

嵇翥青：《中国与暹罗》，中外广告社 1934 年版。

纪宗安：《西辽史论·耶律大石研究》，新疆人民出版社 1996 年版。

季羡林:《蔗糖史》,中国海关出版社 2009 年版。

季羡林:《中印文化交流史》,中国社会科学出版社 2008 年版。

江玉祥主编:《古代西南丝绸之路研究》,四川大学出版社 1995 年版。

蒋文中:《茶马古道研究》,云南人民出版社 2014 年版。

蒋致洁:《丝绸之路贸易与西北社会研究》,兰州大学出版社 1995 年版。

孔远志:《中国印度尼西亚文化交流》,北京大学出版社 1999 年版。

蓝勇:《南方丝绸之路》,重庆大学出版社 1992 年版。

李必樟译编:《上海近代贸易经济发展概况——1854—1898 年英国驻上海领事贸易报告汇编》,上海社会科学院出版社 1993 年版。

李明欢:《欧洲华侨华人史》,中国华侨出版社 2002 年版。

李明伟:《丝绸之路贸易史》,甘肃人民出版社 1993 年版。

李谋:《缅甸与东南亚》,世界图书出版广东有限公司 2014 年版。

李润田等编:《中国交通运输地理》,广东教育出版社 1990 年版。

李澍田等,吉林师范学院古籍研究所编:《涉外经济贸易》,吉林文史出版社 1995 年版。

李文治编:《中国近代农业史资料》第一辑(1840—1911),生活·读书·新知三联书店 1957 年版。

刘凤鸣编:《山东半岛与东方海上丝绸》,人民出版社 2007 年版。

刘继宣、束世澄:《中华民族拓殖南洋史》,台湾商务印书馆 1934 年版。

刘俊文:《敦煌吐鲁番唐代法制文书考释》,中华书局 1989 年版。

陆韧:《云南对外交通史》,云南大学出版社 2011 年版。

罗桂环:《近代西方识华生物史》,山东教育出版社 2005 年版。

罗晃潮:《日本华侨史》,广东高等教育出版社 1994 年版。

罗开玉、谢辉:《成都通史》,四川人民出版社 2011 年版。

欧阳希君:《欧阳希君古陶瓷探究文集》,香港世界学术文库出版社 2005 年版。

欧志培:《中国古代陶瓷在西亚》,《文物资料丛刊》第二辑,文物出版社 1978 年版。

潘光旦编:《中国民族史料汇编》,天津古籍出版社 2005 年版。

潘义勇:《中国南海经贸文化志》,广东经济出版社 2013 年版。

丘守愚编:《东印度与华侨经济发展史》,正中书局 1947 年版。

邱庞同：《中国菜肴史》，青岛出版社 2010 年版。

邱庞同：《中国面点史》，青岛出版社 1995 年版。

屈小玲：《南方丝绸之路沿线古国文明与文明传播》，人民出版社 2016 年版。

申旭：《老挝史》，云南大学出版社、云南人民出版社 2011 年版。

申旭：《云南移民与古道研究》，云南人民出版社 2012 年版。

申旭：《中国西南对外关系史研究》，云南美术出版社 1994 年版。

沈福伟：《丝绸之路——中国与西亚文化交流研究》，新疆人民出版社 2010 年版。

沈福伟：《中国与西亚非洲文化交流志》，上海人民出版社 1998 年版。

沈福伟：《中西文化交流史》，上海人民出版社 1985 年版。

台湾"中央研究院"历史语言研究所编：《清季中日韩关系史料》，"中央研究院"近代史研究所 1972 年版。

王炳华：《丝绸之路考古研究》，新疆人民出版社 1993 年版。

王超：《跨国民族文化适应与传承研究》，中国社会科学出版社 2013 年版。

王国杰：《东干族形成发展史——中亚陕甘回族移民研究》，陕西人民出版社 1997 年版。

王辑五：《中国日本交通史》，商务印书馆 1937 年版。

王介南主编：《中国与东南亚文化交流志》，上海人民出版社 1998 年版。

王维：《华侨的社会空间与文化符号——日本中华街研究》，中山大学出版社 2014 年版。

王治来：《中亚史纲》，湖南教育出版社 1986 年版。

王致中、魏丽英：《明清西北社会经济史研究》，三秦出版社 1996 年版。

魏明孔：《西北民族贸易研究：以茶马互市为中心》，中国藏学出版社 2003 年版。

温广益等编：《印度尼西亚华侨史》，海洋出版社 1985 年。

文物编辑委员会编：《文物考古工作三十年 1949—1979》，文物出版社 1979 年版。

吴凤斌主编：《东南亚华侨通史》，福建人民出版社 1994 年版。

吴晗辑：《朝鲜李朝实录中的中国史料》，中华书局 1980 年版。

伍加伦、江玉祥主编：《古代西南丝绸之路研究》，四川大学出版社 1990 年版。

武斌：《中华文化海外传播史》，陕西人民出版社 1998 年版。

夏光辅等：《云南科学技术史稿》，云南科学技术出版社 1992 年版。

夏光南：《中印缅道交通史》，中华书局 1948 年版。

夏秀瑞、孙玉琴编：《中国对外贸易史》，对外经济贸易大学出版社 2001 年版。

鲜丽霞、李祖清：《缅甸华人语言研究》，四川大学出版社 2014 年版。

向达：《唐代长安与西域文明》，生活·读书·新知三联书店 1957 年版。

徐海荣主编：《中国饮食史》，杭州出版社 2014 年版。

徐静波：《日本饮食文化：历史与现实》，上海人民出版社 2009 年版。

许序雅：《唐代丝绸之路与中亚历史地理研究》，西北大学出版社 2000 年版。

杨富学：《回鹘文献与回鹘文化》，民族出版社 2003 年版。

杨建成主编：《菲律宾的华侨》，台北"中华学术院"南洋研究所 1986 年版。

杨建成主编：《泰国的华侨》，台北"中华学术院"南洋研究所 1986 年版。

杨建新、卢苇编著：《丝绸之路》，甘肃人民出版社 1988 年版。

杨昭全、何彤梅：《中国—朝鲜·韩国关系史》，天津人民出版社 2001 年版。

杨昭全、孙玉梅：《朝鲜华侨史》，中国华侨出版社 1991 年版。

叶文程：《中国古外销瓷研究论文集》，紫禁城出版社 1988 年版。

尤中：《云南民族史》，云南大学出版社 1994 年版。

尤中：《中国西南边疆变迁史》，云南大学出版社 2015 年版。

游修龄、曾雄生：《中国稻作文化史》，上海人民出版社 2010 年版。

余定邦、黄重言编：《中国古籍中有关缅甸资料汇编》，中华书局 2002 年版。

余定邦：《中缅关系史》，光明日报出版社 2000 年版。

俞雨森：《波斯和中国——帖木儿及其后》，商务印书馆 2015 年版。

张广达：《西域史地丛稿初编》，上海古籍出版社 1994 年年版。

张礼千：《马六甲史》，商务印书馆 1941 年版。

张莉红：《在闭塞中崛起——两千年来西南对外开放与经济、社会变迁蠡测》，电子科技大学出版社 1999 年版。

张如安：《南宋宁波文化史》，浙江大学出版社 2013 年版。

张士尊:《纽带——明清两代中朝交通考》,黑龙江人民出版社 2012 年版。

张文德:《明与帖木儿王朝关系史研究》,中华书局 2006 年版。

张星烺编注:《中西交通史料汇编》,中华书局 2003 年版。

赵予征:《丝绸之路屯垦研究》,新疆人民出版社 2009 年版。

郑炳林校注:《敦煌地理文书汇辑校注》,甘肃教育出版社 1989 年版。

周一良主编:《中外文化交流史》,河南人民出版社 1987 年版。

周正庆:《中国糖业的发展与社会生活研究——16 世纪中叶至 20 世纪 30 年代》,上海古籍出版社 2006 年版。

朱杰勤:《东南亚华侨史》,高等教育出版社 1990 年版。

朱雷:《敦煌吐鲁番文书论丛》,甘肃人民出版社 2000 年版。

朱培初编著:《明清陶瓷和世界文化的交流》,轻工业出版社 1984 年版。

庄国土:《华侨华人与中国的关系》,广东高等教育出版社 2001 年版。

[澳] 安东尼·瑞德:《东南亚的贸易时代:1450—1680 年》,吴小安译,商务印书馆 2010 年版。

[法] 阿里·玛扎海里:《丝绸之路——中国—波斯文化交流史》,耿昇译,中华书局 1993 年版。

[法] 葛乐耐:《驶向撒马尔罕的金色旅程》,毛铭译,漓江出版社 2016 年版。

[法] 拉则尔:《中国移民》,布勒斯劳 I. U. Kern's,1876 年版。

[韩] 李旭正:《面条之路——传承三千年的奇妙饮食》,[韩] 韩亚仁、洪微微译,华中科技大学出版社 2013 年版。

[吉尔吉斯] 苏三洛:《中亚东干人的历史与文化》,郝苏民、高永久译,宁夏人民出版社 1996 年版。

[马来西亚] 陈志明主编:《东南亚的华人饮食与全球化》,公维军、孙凤娟译,厦门大学出版社 2017 年版。

[美] 康拉德·希诺考尔、米兰达·布朗:《中国文明史》,袁德良译,群言出版社 2008 年版。

[美] 劳费尔:《中国伊朗编》,林筠因译,商务印书馆 1964 年版。

[美] 西·甫·里默:《中国对外贸易》,卿汝楫译,生活·读书·新知三联书店 1958 年版。

[缅甸] 蒙悦逝多林寺大法师等:《琉璃宫史》,李谋等译,商务印书馆

2007 年版。

［日］白鸟库吉：《康居粟特考》，傅勤家译，山西人民出版社 2015 年版。

［日］大庭脩：《江户时代中国典籍流播日本之研究》，戚印平等译，杭州大学出版社 1998 年版。

［日］丹波康赖：《医心方》，人民卫生出版社 1955 年版。

［日］古濑奈津子：《遣唐使眼里的中国》，郑威译，武汉大学出版社 2007 年版。

［日］木宫泰彦：《日中文化交流史》，胡锡年译，商务印书馆 1980 年版。

［日］千宗室：《〈茶经〉与日本茶道的历史意义》，萧艳华译，南开大学出版社 1992 年版。

［日］荣西：《吃茶养生记：日本古茶书三种》，王建等译，贵州人民出版社 2004 年版。

［日］三上次男：《陶瓷之路——东西文明接触点的探索》，胡德芬译，天津人民出版社 1983 年版。

［日］山内旭：《筷子刀叉匙》，丁怡、翔昕译，台北蓝鲸出版有限公司 2002 年版。

［日］藤田丰八：《西域研究》，杨炼译，山西人民出版社 2015 年版。

［日］田中静一：《中国饮食传入日本史》，霍风、伊永文译，黑龙江人民出版社 1990 年版。

［日］小山富士夫：《陶瓷大系》，日本平凡社 1974 年版。

［日］篠田统：《中国食物史研究》，高桂林、薛来运等译，中国商业出版社 1987 年版。

［日］羽田亨：《西域文化史》，耿世民译，新疆人民出版社 1981 年版。

［日］原田信男：《日本料理的社会史》，周颖昕译，社会科学文献出版社 2011 年版。

［日］长泽和俊：《丝绸之路史研究》，钟美珠译，天津古籍出版社 1990 年版。

［瑞典］斯文·赫定：《丝绸之路》，江红，李佩娟译，新疆人民出版社 1996 年版。

［苏］弗鲁姆金：《苏联中亚考古》，新疆维吾尔自治区博物馆编译，新疆维吾尔自治区博物馆 1981 年版。

［意］康马泰：《唐风吹拂撒马尔罕：粟特艺术与中国、波斯、印度、拜占

庭》，毛铭译，漓江出版社 2016 年版。

　　[英] W. J. 凯特：《荷属东印度华人的经济地位》，王云翔等译，厦门大学出版社 1988 年版。

　　[英] 安格斯·麦迪森：《世界经济千年史》，伍晓鹰等译，北京大学出版社 2003 年版。

　　[英] 巴素：《东南亚之华侨》，郭湘章译，台北正中书局 1966 年版。

　　[英] 哈里·加纳：《东方的青花瓷器》，叶文程等译，上海人民美术出版社 1992 年版。

　　[英] 哈威：《缅甸史》，姚梓良译，商务印书馆 1973 年版。

　　[英] 斯当东：《英使谒见乾隆纪实》，叶笃义译，群言出版社 2014 年版。

　　[英] 温斯泰德：《马来亚史》，姚梓良译，商务印书馆 1958 年版。

　　[英] 罗伯茨：《东食西渐：西方人眼中的中国饮食文化》，杨东平译，当代中国出版社 2008 年版。

Bagch P.C., *India and China's- Thousand Years of Cultural Relations*, Greenwood Press, 1971 2nd edition.

Barpujari, H. K., *The Comprehensive History of Assam*,（volume one, Ancient Period）, Guwahati: Publication Board Assam, 1990.

Davies D. W., *A Primerof Dutch Seventeenth Century Overseas Trade*, Martinus Nijhoff, 1961.

Hall D. G. E., *Europe and Burma*, Oxford: Oxford University Press, 1945.

Jörg C. J. A., *Porcelain and the Dutch China Trade*, Martinus Nijhoff, 1982.

Kristof Glamann, *Dutch——Asiatic Trade:1620 ~ 1740*, Martinus Nijhoff, 1981.

Kordosis M., *China and the Greek World*, Historicogeographica, 1992.

Parlasca K., *Ein Hellenistisches Achat-Rhyton in China*, Artibus Asiae, 1975.

　　备注：期刊论文已在脚注列出，此处不列入。

后　记

饮食是人类赖以生存的最基本条件，也是礼仪道德的重要基础。饮食文明内涵丰富，包括饮食原料、品种、器具和餐馆酒楼，以及饮食礼仪、民俗、思想和饮食制作技术等，是人类物质文明和精神文明的有机组合。华夏饮食文明完整、系统、发达，独树一帜。孙中山《建国方略》开篇言："烹调之术本于文明而生"，中国"饮食一道之进步，至今尚为文明各国所不及"。在古代，华夏饮食文明对外传播的主要路径是丝绸之路，其传播内容除了人们常列的茶叶、瓷器外，还有许许多多。自丝绸之路开通以来，虽然时光荏苒，但通过丝路传播到域外的华夏饮食文明却仍然具有极强的生命力与亲和力，不断地活态传承、影响极大，为深入研究华夏文明对外传播提供了鲜活的样本。随着习近平主席"一带一路"建设的宏伟蓝图提出，丝绸之路作为华夏文明对外传播的和平通途，再次成为世界关注的焦点。而华夏饮食文明是华夏文明对外传播中最具亲和力、最乐意为人接受的重要内容，在丝绸之路文明交流互动中扮演着先行者和永恒参与者的角色，是华夏文明的醒目符号与标志，成为世界许多地区文明发展的重要基因，对人类文明作出了独特贡献。但是，目前关于丝绸之路的研究，主要集中在历史、地理、考古和政治、经济、宗教、艺术、交通等领域，对华夏饮食文明的对外传播研究较少，使丝绸之路的研究领域有所欠缺，难以借古鉴今、充分认识和发挥华夏饮食文明在对外传播中的独特作用，在一定程度上影响了当今中华文明更好地走向世界，因此急需加以研究。

近年来，我们围绕中外饮食文化交流展开了一系列活动与研究，深刻感受到华夏饮食文明在世界各地所展现的特殊优势和魅力，也一直在思索如何弥补华夏饮食文明对外传播研究领域的缺憾。经过多年准备，我们申报的2014年国家社科基金项目"古代丝绸之路与华夏饮食文明对外传播网络研究"获得批准立项。项目组不仅收集和查阅了大量的中外相关历史资料、研究成果，还分别到丝绸之路沿线一些国家的重点城市进行了10余次实地调研，召开和参加相关学术会议，通过 3 年多的不懈努力，最终顺利完成了项目研究任务并圆满结项。此后，项目组又对研究成果进行了反复修改完善，形成书稿并付梓出版。

本书在广义丝绸之路概念框架内，以先秦至明清时期为时间段，主要选取西北丝绸之路、南方丝绸之路、海上丝绸之路 3 条丝路上的华夏饮食文明对外传播为研究对象，以历史学为根基，充分运用文化人类学和传播学等多学科原理，搜集丰富资料、多方引证，采取以点带面、突出重点、点面结合的方法，在梳理、论述丝绸之路上华夏饮食文明对外传播历史状况的基础上，不仅较为全面系统地归纳、总结出先秦至汉魏南北朝、隋唐、宋元、明清 4 个历史时期丝绸之路上华夏饮食文明对外传播的特点与规律，梳理并列出各时期丝绸之路上华夏饮食文明对外传播的主要情况一览表，而且较为系统地阐述了古代丝绸之路上华夏饮食文明对外传播的多重价值，唤醒并引起人们关注古代丝路传播出去的华夏饮食文明因子，同时，对加强华夏饮食文明与沿线国家和地区的交流和传播、促进当前"一带一路"建设、推动沿线国家共同发展提出了一些思考与建议。本书旨在做到有经有纬、有史有论，地分亚欧乃至美非，时间由古代延伸到现代，构成一个较为完整的体系，以期在一定程度上丰富丝绸之路、饮食文化研究领域的研究内容，对当今华夏饮食文明及华夏文明对外传播具有一定的借鉴意义。

本书是集体辛勤劳动的结晶。杜莉作为项目负责人牵头并全面负责，刘彤在选题和总体框架论证、实地调研和资料收集等方面作出了重要贡献。书中各部分的具体撰写分工如下："绪论"由杜莉、王胜鹏、刘军丽、张茜分工撰写完成；第一章"西北丝绸之路与华夏饮食文明对外传播"由刘军丽撰写完成；第二章"海上丝绸之路与华夏饮食文明对外传播"由杜莉、王胜鹏撰写完成；第三章"南方丝绸之路与华夏饮食文明对外传播"由张茜撰写完成；第四章"古代丝绸之路上华夏饮食文明对外传播特点与价值"由王胜鹏、刘军丽完成。最后，由杜莉进行全书的统稿。

丝绸之路上古代华夏饮食文明对外传播内容异常丰富，涉及的历史阶段和地域跨度极大，相关资料浩繁且零散，由于时间、能力和篇幅等所限，本书虽经反复修改，但还会有错谬不当和遗漏之处，敬请专家和读者予以指正。

需要特别说明的是，本书在研究撰写过程中，得到了四川省社会科学联合会和四川旅游学院领导的关心和大力支持，还得到段渝教授、高启安教授、邱庞同教授及徐新建教授等许多专家学者和荷兰中饮公会俞斌主席、英国知名美食作家扶霞女士等国内外餐饮同行朋友们的指导与帮助。人民出版社翟金明先生在对书稿的精心编辑过程中也提出了许多非常宝贵的修改意见和建议。在本书出版之际，对给予我们大力支持、指导与帮助的领导、专家和朋友们表示衷心感谢！

杜　莉

2019 年 10 月于成都